装备科技译著出版基金

天线技术手册

（第3册）

Handbook of Antenna Technologies

[新加坡] 陈志宁　　　　　　　　　　　主编

[美　国] 刘兑现　　[日本] 中野久松
　　　　　　　　　　　　　　　　　　　编
[新加坡] 卿显明　　[德国] 托马斯·兹维克

　　　崔万照　张生俊　董士伟　总主译
　　　刘　硕　王建晓　李霄枭　　译

国防工业出版社

·北京·

著作权合同登记　图字:军-2019-036号

图书在版编目(CIP)数据

天线技术手册.3/(新加坡)陈志宁主编;刘硕等译.—北京:国防工业出版社,2023.12

书名原文:Handbook of Antenna Technologies

ISBN 978-7-118-12744-7

Ⅰ.①天… Ⅱ.①陈… ②刘… Ⅲ.①天线—手册 Ⅳ.①TN82-62

中国国家版本馆 CIP 数据核字(2023)第 256671 号

First published in English under the title

Handbook of Antenna Technologies

Edited by Zhi Ning Chen, Duixian Liu, Hisamatsu Nakano,

Xianming Qing and Thomas Zwick

Copyright © 2016 Springer Nature Singapore Pte Ltd.

This edition has been translated and published under licence from Springer Nature Singapore Pte Ltd.

本书简体中文版由 Springer 授权国防工业出版社独家出版发行。版权所有,侵权必究。

※

国防工业出版社出版发行

(北京市海淀区紫竹院南路23号　邮政编码100048)

雅迪云印(天津)科技有限公司印刷

新华书店经售

*

开本 710×1000　1/16　插页 3　印张 37¼　字数 656 千字

2023 年 12 月第 1 版第 1 次印刷　印数 1—1500 册　定价 269.00 元

(本书如有印装错误,我社负责调换)

| 国防书店:(010)88540777 | 书店传真:(010)88540776 |
| 发行业务:(010)88540717 | 发行传真:(010)88540762 |

《天线技术手册》
编审指导委员会

主　任：陈志宁

副主任：李　军　　孟　刚　　李　立　　刘佳琪

委　员：洪　伟　　和新阳　　宋燕平　　李正军
　　　　方大纲　　金荣洪　　夏明耀　　李文兴
　　　　李小军　　刘兑现　　龚书喜　　卿显明

《天线技术手册》
翻译工作委员会

主　任：崔万照

副主任：张生俊　董士伟

委　员：(按姓氏笔画排序)

于晓乐　万国宾　马　鑫　马文敏
王　栋　王　瑞　王伟东　王明亮
王建晓　王彩霞　艾　夏　白　鹤
朱忠博　刘　英　刘　硕　刘　鑫
刘军虎　孙　渊　李　升　李　韵
李霄枭　杨　晶　杨士成　张　宁
张　凯　陈有荣　林先其　郑　颖
胡伟东　莫锦军　倪大宁　崔逸纯
董亚洲　曾庆生　谢拥军　薛　晖

中 文 版 序

天线不仅是所有无线系统不可或缺的单元,更是扮演着增强系统性能、扩展系统功能角色的部件甚至子系统。自 1887 年,德国物理学家海因里希·赫兹(Heinrich Hertz)首次使用我们现在所熟知的电容端加载偶极子天线来证明无线电波的存在,天线理论与技术已经得到巨大的发展。特别是自 21 世纪起,借助计算机科学和大规模集成电路的巨大发展,各种无线系统已经广泛地渗透到各个行业及我们的日常生活中,风斯在下,天线技术也有了长足的进步。

在我 2012 年加入新加坡国立大学后不久,施普林格亚洲分部的 Yeung Siu Wai Stephen 博士就来到我的办公室,热情地邀请我编撰一部天线方面的手册。当时,我是非常犹豫的。因为作为一门历史悠久的技术,行业里已经有了许多优秀的经典手册,而且一直都有新的手册问世。如何能够呈现出一本另具特色的手册是一个挑战。另外,我没有编辑手册的经验,想象中那一定是一个浩大的工程,耗时费力。在足足犹豫和思考了半年之后,我才答应试着准备一个写作计划,准备全面、深入地介绍天线理论、技术与应用方面的最新进展。特别是,我提出了所有章节中要包括该类技术的原创介绍,让学生们和年轻的研究员通过此手册更好地掌握天线技术发展的来龙去脉,既学到创新的思路也可以避免"再发明""再创造"。同时,我也要求出版社能够让读者按章节下载,减轻读者的经济负担,更大程度地普及天线技术。出版社非常配合,完全同意我的想法。于是,我决定开始这项工程,挑战自己。

我的出版计划得到了天线界三位专家(Tatsuo Itoh、Ahmed Kishk、Wong Kin-Lu)的一致认可和鼓励。记得 Itoh 教授在他的评估反馈中说:这对谁都将是一个前所未有的挑战。但是,我对它非常有信心。面对着自己草拟出的 100 个章节专题,既有兴奋,更有压力。于是,我决定邀请学界中的几位朋友,一起努力。不奇怪,一些同仁看到这个宏大计划后婉拒了。在我的力邀之下,刘兑现(美国),中野久松(日本),卿显明(新加坡)及托马斯·兹维克(德国)4 位好友加入

了编辑团队。在我们的共同努力下，140余位专家和学者直接贡献了本手册的76个章节共计3500页。多年的老师老友周永祖教授欣然为书作序，欣慰、褒奖与鼓励溢于文字之间。

《天线技术手册》于2016年9月由施普林格出版社出版发行了。看着厚厚的4卷手册，回想着编辑过程中的各种经历，感慨万分。4位编辑朋友，都非常专业及时地审读了所负责的书稿，对整个手册的编辑工作出谋划策，为手册的按时出版付出了巨大的努力。Nakano教授作为蜚声天线界的学者，婉拒了我邀请他作为共同主编的邀请。他说一个主编正好，并对我的主编工作给予了极大的支持。在工作即将大功告成之际，我主动和出版社力争，打破常规，坚持将所有编辑的姓名印在手册的封面上。期间，所有作者也都辛勤地工作，把自己最新的成果奉献给读者。一些作者克服了各种各样的困难，按时交稿。也有几个章节的作者们，在我协调章节内容时，积极配合，大篇幅地调整了自己的原书稿。特别遗憾的是，好友Hui Hon Tat博士在他提交第一稿后两个月内就辞世了。从时间上推测，他是在入院后完成的初稿。为了告慰他，我接手了那篇手稿后续的全部工作，完成了他的遗愿。

《天线技术手册》英文版共分为4卷，涵盖了天线理论、设计和应用。天线形式从基本的偶极子天线延伸至近来的超材料天线；工作频段从很低的VHF频段向上达至太赫兹频段；加工工艺包括了从简单的印制电路板到先进的LTCC和MEMS等。应用包括了通信、雷达、遥感、探测、成像等；应用平台包含了陆基平台、飞机、舰船和卫星等。全套手册实现了理论、技术与应用的立体全覆盖。我坚信这部汇聚当今天线技术发展的最新成果与大量的当代天线界专家智慧的巨作(至少从重量和页数上看)，一定会惠及天线教育、技术与研究。期待《天线技术手册》成为当前天线理论和技术发展历程的重要记录。

《天线技术手册》英文版出版后，已经获得了令人鼓舞的反响。截止于2019年底，施普林格出版社的下载量已超45万次，在线读者达2000多人。陆续收到的积极反馈，令我和其他作者备感欣慰。尤其是中国空间技术研究院西安分院、空间微波技术重点实验室、试验物理与计算数学重点实验室等单位的同仁们，他们在研究工作中已充分利用了《天线技术手册》，并称多受启迪。所以，当崔万照博士代表分院提出希望能有机会将这部书翻译为中文版，以便更多更好地服务中文读者时，我完全没有犹豫，尽管这对我完全没有任何经济利益。能够有机

会把手册更好地推广到中国这个巨大的天线技术群体中,从而更大地体现此书的价值,为国内天线技术发展贡献绵薄之力,也是我们编辑及作者的荣耀。我本人也从事过翻译工作,深知这项工作的巨大挑战。"信达雅"是翻译工作的"三难"(严复语),尤其是翻译一本技术专著。在几个学术单位的大力支持下,一个朝气蓬勃的翻译团队很快就成军了!在过去两年里,我一直与团队的各位学者交流互动。我非常欣赏他们认真的工作态度与热情无私的投入,我为中国天线界的未来感到无比欣慰。终于,这部二次创作的《天线技术手册》以新的光彩面世了。

我也要特别感谢国防工业出版社,在这部译著策划过程中,国防工业出版社迅速和施普林格出版社确定了版权转让,装备科技译著出版基金给予了全额资助。

最后,我要再次感谢所有原著的作者们和编辑们,感谢他们的奉献与分享。我坚信他们的聪明才智,经过中文这一桥梁,必将使更多的人受惠。

"天真线实",这是我向东南大学赠送原著时的留言。"天真",保持着孩子似的对未知好奇的科学素养;"线实",坚持着工匠般的对挑战执着的工程精神。

陈志宁

于新加坡国立大学

2020 年 2 月 6 日

译　者　序

《天线技术手册》是新加坡国立大学陈志宁教授联合上百位知名学者，集多年心血而成的重要学术成果，于 2016 年由施普林格出版社出版，并在国际天线理论与工程界引起巨大反响。中国空间技术研究院西安分院和空间微波技术重点实验室的研究人员较早接触到这部书，并在工作中加以应用，产生了显著的促进作用。为使这套手册更好地为国内天线界学者和工程师所用，在手册指导委员会的领导下，翻译工作委员会经过 2 年的努力完成了译校工作。

《天线技术手册》英文版共分 4 卷，为使这套书的利用更有针对性，我们将中文版分为 8 册。在内容上《天线技术手册》中文版保持了原版的风貌，充分表现原作者的思想。这套中文版的《天线技术手册》必将成为天线技术研究者重要的案头参考。

《天线技术手册》(第 3 册)共由 11 章构成，是英文原著第 2 卷的前半部分，内容主要涉及线天线、环天线、微带贴片天线、反射面天线、螺旋，螺线，杆状天线、介质谐振天线、介质透镜天线、圆极化天线、相控阵、自补偿与宽带天线、菲涅尔区盘状天线等内容。

"线天线"一章的作者为日本筑波大学 Kazuhiro Hirasawa，本章由刘硕翻译，王建晓互校。该章节主要介绍了线天线在时域谐波电磁场中的基本特性。分析了典型长度发射线天线的输入阻抗、电流分布以及辐射方向图等内容。

"环天线"一章的作者为英联邦女王陛下通信中心的 P.J. Massey，英联邦埃塞克斯大学的 D. Mirshekar-Syahkal 以及斯温西大学工程学院的 A. Pal・A. Mehta，本章由刘硕翻译，王建晓互校，该章节主要介绍了环形天线中电小天线与电大天线的广泛应用。详细讨论了电小天线与线圈天线在辐射、损耗、调谐、品质因数以及匹配等方面的不同特性等内容。

"微带贴片天线"一章的作者为美国密西西比大学 K. F. Lee 与英国伦敦大学电子与电气系的 K. -F. Tong，本章由刘硕翻译，王建晓互校，该章节主要对建

模技术以及微带贴片天线的基本特点进行了简要的介绍。其次讨论了天线带宽的展宽方法，之后介绍了双频以及多频天线的设计方法。之后介绍了尺寸缩减技术，圆极化贴片天线以及频率捷变。

"反射面天线"一章的作者为澳大利亚西南威尔士 T.S. Bird，本章由李霄枭翻译，刘硕互校，该章节介绍了反射面天线的基本设计与分析，叙述了抛物面反射天线由于表面误差与焦点位置偏移对其辐射方向图的影响。此外还介绍了采用偶极子、波导、喇叭等不同馈电类型的抛物面反射天线。

"螺旋、螺旋线与杆状天线"一章的作者为日本法政大学科学与工程学院的 Hisamatsu Nakano 与 Junji Yamauchi，本章由林先其翻译，王建晓互校，该章节介绍了各种天线辐射圆极化波的基本数值方法。介绍了一种新颖的可在双波段辐射反向圆极化波的螺旋天线。以及利用介质杆讨论了一种具备不连续辐射特性的表面波天线。

"介质谐振天线"一章的作者为马来西亚拉曼大学的林永福（Eng Hock Lim）、中国华南理工大学的潘咏梅（Yong-Mei Pan）、中国香港城市大学的梁国华（Kwok Wa Leung），由林先其翻译，王建晓互校。本章回顾了介质谐振天线的发展历程与技术难点，介绍了小型化与集成化介质谐振天线，首次提出了基于地板小型化技术的全向辐射介质谐振天线，介绍了毫米波介质谐振天线的最新进展。

"介质透镜天线"一章的作者为葡萄牙里斯本大学的卡洛斯·费尔南德斯（Carlos A. Fernandes）和爱德华多·利马（Eduardo B. Lima）、葡萄牙里斯本大学的豪尔赫·科斯塔（Jorge R. Costa），由林先其翻译，王建晓互校。本章回顾了多种不同类型介质透镜天线及其设计方法，详细介绍了典型的透镜天线的设计案例；回顾了不同透镜天线的分析方法，介绍了透镜天线的馈电结构、介质材料特性、制备方法以及测量技术；详细介绍了介质透镜天线的一些应用实例。

"圆极化天线"一章的作者为加拿大曼尼托巴大学的洛特·沙菲（Lot Shafai）、玛丽亚·普尔（Maria Z. A. Pour）、阿塔巴克·拉希迪安（Atabak Rashidian）和美国南阿拉巴马大学赛义德·拉蒂夫（Saeed Latif），由曾庆生翻译，刘硕互校。本章介绍了圆极化的定义和实现方式，介绍了基于双偶极子天线和四偶极子天线的圆极化波产生方法，介绍了基于单馈电、双馈电、微扰结构、顺序旋转法的圆极化波产生方法，讨论了圆极化天线的数值计算方法和测量方法。

"相控阵天线"一章的作者为日本三菱株式会社的丸山隆(Takashi Maruyama)、木平一成(Kazunari Kihira)、宫下弘明(Hiroaki Miyashita),由王建晓翻译,刘硕互校。本章介绍了相控阵天线的基本功能和组成结构,介绍了相控阵天线的方向图综合方法与阵列校准方法,阐述了数字波束形成技术和MIMO技术。

"自互补天线与宽带天线"一章的作者为日本东北大学的佐屋国雄(Kunio Sawaya),由王建晓翻译,刘硕互校。本章回顾了非频变天线与宽带天线的发展历程,介绍了自互补特性与自相似特性的基本原理,讨论了不同形式的自互补天线与对数周期天线,还论述了基于自相似特性的非频变天线以及其他类型的宽带天线。

"菲涅尔区平板天线"一章的作者为智利费德里科圣玛利亚理工大学的克里斯托·克里斯托夫(Hristo D. Hristov),由胡伟东翻译,王建晓互校。本章回顾了菲涅尔区平板天线的发展历程,介绍了菲涅尔区平板的天线模式、技术要点、聚焦方法,介绍了多种不同的平面菲涅尔区平板天线形式,及用于太赫兹频段的菲涅尔区平板天线研究进展。

本册翻译组

英 文 版 序

非常高兴为这部重要的天线手册作序。正值1865年麦克斯韦方程提出150周年之际,出版这套天线手册是很有意义的。尽管天线技术已经发展约一百年了,其重要性至今仍然存在。1886年,海因里希·赫兹(Heinrich Hertz)所做的关键实验证明了无线信号传输的可能性。而1895年,古格列尔莫·马可尼(Guglielmo Marconi)的工作则强调了无线通信的重要性。他随后利用简单的天线在地表上传输无线电信号,所用天线是安装在大地表面的四分之一波长偶极子,接收机很长,是靠风力升起的一串电线,也就是风筝。另一方面,尼古拉·特斯拉(Nicola Tesla)早在1891年就在研究利用感应线圈进行无线能量传输。

通信、遥感和雷达技术已经推动了天线技术的突飞猛进。一些最著名的例子包括1926年发明的八木宇田天线、喇叭天线、天线阵列、反射天线和贴片天线。贴片或微带天线是由George Deschamps于1953年提出的,后来经由许多科研人员发展,包括Yuen Tse Lo。此外,Paul Mayes从事宽带天线的研究,例如从八木宇田天线变形而来的对数周期阵列天线。Deschamps、Lo和Mayes都是我之前的亲密同事。最近,天线技术的重要性因手机行业的需求而愈加显著,要求天线的体积越来越小,且要持续小型化。

计算机技术的出现为用于天线结构建模的数值方法注入了发展活力。稳健、高效和快速的数值方法可以处理一些问题,其发展催生了诸多商业化软件来仿真天线性能。天线可以先在计算机上虚拟地建立原型,并在实际制造之前对其性能进行优化。这样的流程大大降低了成本,也为在不产生过高成本的情况下进行工程设计提供了机会。

目前已有许多商业化仿真软件套件可用,这极大简化了天线设计。此外,这些软件套件还可以释放天线工程师的创造力,扩大他们的设计空间。数值方法在商业软件套件中找到用武之地,这些方法为有限元法、矩量法和快速多极算法。更多算法还将出现在商业软件中:概念研究到商业应用之间的滞后时间一

般需要 10 年到 20 年。除了计算机硬件性能的提高外，快速求解器的出现也推动着天线设计中计算电磁学的发展，这些快速求解器包括快速多极求解器、分层矩阵求解器和减秩矩阵求解器等。

天线设计也是波物理和电路物理的交叉产生的一个有趣领域。通过匹配网络的设计可将能量馈入天线，这需要利用电路设计方面的丰富知识。但是，能量在天线之间传输的方式是基于波物理的，因此天线孔径、增益、辐射方向图和极化等概念对天线至关重要。因此，低频电磁波和高频电磁波同样重要。实际上，对于许多反射面天线，波是准光学范畴，那么可以使用高频近似方法进行分析。另一方面，与电路物理的接口需要开展多尺度分析，这是计算电磁学研究的一个热门领域。

由于纳米制造技术的迅速发展，现在可以光波长的尺度实现纳米结构，这在光学领域刺激了纳米天线的发展。到了光学范畴，往往需要再次回顾或重新使用微波领域中的许多天线概念，这种模式已经用于自发和受激发射，以及 Purcell 因子增强。同样，光学也是一个需要新思想的领域。

我也很高兴看到，在新加坡国立大学陈志宁教授的领导下组织了本书这些章节。自从 1994 年我第一次访问中国，就认识了陈教授，那时他还是个年轻的中国人。我出生在海外，第一次中国之行充满了幻想与现实之间的冲突，但是陈教授作为一个直率的年轻人，以其强烈的好奇心给我留下了深刻的印象。自从我在马来西亚长大以来，包括新加坡在内的环太平洋地区的经济增长也触动了我的心弦，当初马来西亚和新加坡还属于一个国家。我多次访问新加坡，其间很高兴地了解到陈教授在新加坡国立大学（NUS）和资信与通信研究院（I^2R）开展的创新研究。这套手册正值新加坡建国 50 周年（SG50）之际出版，也有着特殊的意义。

周永祖
伊利诺伊大学香槟分校
2015 年 10 月 10 日

英文版前言

距离詹姆斯·克拉克·麦克斯韦(1831-1879)发表以最初形式的麦克斯韦方程组为重点内容的《电磁场的动力学理论》①已经过去了一个半世纪。麦克斯韦方程组在数学上描述了光和电磁波以光速在空间中的传播。毋庸置疑,麦克斯韦方程组是继艾萨克·牛顿的运动定律和万有引力定律之后最重要的物理学突破。麦克斯韦的贡献已经影响且仍在继续影响物理学世界和我们的日常生活。麦克斯韦被认为是电磁场理论领域的创始人。谨以《天线技术手册》一书的出版,向麦克斯韦方程组诞生150周年致敬。

随着VLSI(超大规模集成电路)和计算机科学的进步,无线技术已经快速渗透到我们日常生活的各个方面;在日常活动中几乎每个人都拥有不止一部无线设备,如手机、笔记本电脑、非接触智能卡、智能手表等。天线作为辐射和感应电磁波或电磁场的关键部件,无疑已经在所有的无线系统中都扮演了不可替代的独特角色。因此,这些新兴的无线应用也聚焦在天线技术上,尤其是最近30年间,推动天线技术向着高性能、小型化、可嵌入集成发展。

当前国际上天线技术的最新特点是电性能可调控,或者说天线已经从无源部件发展成为集成有信号处理单元的智能化的子系统。波束形成、MIMO、大规模(Massive)MIMO、多波束天线系统等技术已经广泛应用在先进移动通信、雷达及成像系统中。天线技术和功能越来越复杂,对于天线的设计和优化必须系统地考虑。为了达到所期望的系统性能,天线需要紧密地联合射频通道、射频前端甚至信号处理单元进行综合设计,MIMO系统就是一个天线综合设计的典范。同样,天线技术的突破性发展也强烈地依赖于新材料和新制造工艺的进步。如同现存的PCB和LTCC工艺,最近兴起的基于增材工艺的3D打印技术掀起了天线设计和制造的新纪元。遗憾的是在材料方面天线可用的材料种类并不

---

① "A Dynamical Theory of the Electromagnetic Field",原文Electrodynamic有误。——译者注

多,但是最近电磁超材料(基于常规材料的人工电磁结构)这一新奇物理概念的提出为新型天线设计技术打开了一扇新窗口。

我清晰地记得,在我的硕士学位答辩中,一位评审老师问我是否准备好在天线工程这个困难与枯燥的领域内开展学术研究。30年过去了,我很赞同他当时的观点,一个优秀的天线工程师不仅要精通工程方面的知识,同样需要关注其他领域的知识,例如数学、物理、机械甚至材料学。然而,对于他所提到的呆板的工程法则,我却认为天线设计可以是一种有趣且具有活力的工作。当你将天线设计看作是一门艺术工作时,其中就包含了对于特定的天线性能、形状、尺寸以及方向的变化。尤其是当天线与无线通信系统的其他部分相融合时(这里的融合并不是传统的集成),天线技术将进入一个全新且充满启迪的新时代。对于天线技术而言,应借助不落窠臼的思维方式来激励技术上的挑战。

为了忠实地反映天线技术的最新进展和正在出现的技术挑战,我们邀请了享誉全球的140位专家合著《天线技术手册》,该手册包含76个章节共3500页。然而,最初只是因为不知道如何在许多其他有关天线(一个非常经典的领域)的手册之外制作一本独特的手册,因此当来自施普林格亚洲分部的Yeung Siu Wai Stephen博士找到我时,我对启动这个巨大项目犹豫不决。为了让读者充分认识和获益于《天线技术手册》,我围绕三个主要目标构建了本手册。首先,作为教学指导工具书,较适合的目标读者将是初级研究人员、工程师、研究生。为了帮助读者避免可能的迷惑,所有的章节都将为读者提供有关具体主题足够的历史背景信息。其次,除了基础和经典天线技术,与电磁主题相关的最先进技术也将被纳入手册,进一步加强读者对于现代天线技术的认识。最后,除了传统的纸质印刷品,读者也可逐章下载电子文件。我希望本手册将为天线技术的从业者(新手或专家)提供翔实且更新的参考指南。

如果没有这个强大的编写团队的帮助,其中包来自括美国IBM沃森研究中心的刘兑现博士,来自日本Hosei大学的中野久松教授,来自新加坡信息通信研究中心的卿显明博士与来自德国Karlsruhe技术中心的托马斯·兹维克教授,我们不可能在一年内完成这个巨大的编撰工作。通过艰苦的工作,我们选择并决定了90个标题,并且联系了相关的作者,复审了初稿,并与作者们商讨了每一章的修改等,这是一个非常花费时间的任务。我们要衷心地感谢Barbara Wolf女士,尤其也要感谢Saskia Ellis女士,她对该书在施普林格出版社成功出版提供

了大力支持与专业指导。我们对所有作者致以最诚挚的感谢,他们花费宝贵的时间通过竭诚合作,为本手册做出了优秀贡献。

所有编委包括刘兑现博士、中野久松教授、卿显明博士和托马斯·兹维克教授,都要对各自家庭的巨大支持和理解表示感谢,具体来说,刘兑现博士向其妻子黄霜女士致谢,卿显明博士向其妻子杨晓勤女士致谢,中野久松教授分别向来自日本 Hosei 大学的 Junji Yamauchi 教授和 Hiroaki Mimaki 讲师致谢,感谢他们对该项工作的热情帮助。

这套手册涵盖了与天线工程相关的很宽范围的主题。

第 1 部分　理论:综述和介绍简要论述了天线相关的电磁学基础和非传统天线领域的最新主题,比如纳米天线和超材料。

第 2 部分　设计:单元和阵列更新了传统天线技术的最新进展,先进的技术因其高性能而适用于特定的应用,为保持完整性,也论及重要的天线测量装置和方法。

第 3 部分　应用:系统及天线相关问题,作为天线技术的重要部分,阐述了特殊无线系统中天线的原创设计理念。

陈志宁
新加坡国立大学
2015 年 10 月 10 日

总 目 录

第 1 册

第 1 部分　理论:概述与基本原理——引论和基本原理

第 1 章　麦克斯韦及其电磁理论的提出与演变

第 2 章　蜂窝通信中无线电波传播的物理及数学原理

第 3 章　天线仿真算法及商用设计软件

第 4 章　天线工程中的数值建模

第 5 章　天线仿真设计中的物理边界

第 6 章　天线接收互阻抗的概念与应用

第 2 册

第 2 部分　理论:概述与基本原理——天线领域新主题及重点问题

第 7 章　超材料与天线

第 8 章　天线设计优化方法

第 9 章　超材料传输线及其在天线设计中的应用

第 10 章　变换光学理论及其在天线设计中的应用

第 11 章　频率选择表面

第 12 章　光学纳米天线

第 13 章　局域波理论、技术与应用

第 14 章　太赫兹天线与测量

第 15 章　3D 打印天线

第 3 册

第 3 部分　设计：单元与阵列——介绍及天线基本形式

- 第 16 章　线天线
- 第 17 章　环天线
- 第 18 章　微带贴片天线
- 第 19 章　反射面天线
- 第 20 章　螺旋,螺旋线与杆状天线
- 第 21 章　介质谐振天线
- 第 22 章　介质透镜天线
- 第 23 章　圆极化天线
- 第 24 章　相控阵天线
- 第 25 章　自互补天线与宽带天线
- 第 26 章　菲涅尔区平板天线

第 4 册

- 第 27 章　栅格天线阵列
- 第 28 章　反射阵天线

第 4 部分　设计：单元与阵列——高性能天线

- 第 29 章　小天线
- 第 30 章　波导缝隙阵列天线
- 第 31 章　全向天线
- 第 32 章　分集天线和 MIMO 天线
- 第 33 章　低剖面天线
- 第 34 章　片上天线
- 第 35 章　基片集成波导天线
- 第 36 章　超宽带天线

第 5 册

第 37 章　波束扫描漏波天线

第 38 章　可重构天线

第 39 章　径向线缝隙天线

第 40 章　毫米波天线与阵列

第 41 章　共形阵列天线

第 42 章　多波束天线阵列

第 43 章　表面波抑制微带天线

第 44 章　宽带磁电偶极子天线

第 5 部分　设计:单元和阵列——天线测量及装置

第 45 章　天线测量装置概论

第 46 章　微波暗室设计

第 47 章　EMI/EMC 暗室设计、测量及设备

第 48 章　近场天线测量技术

第 6 册

第 49 章　小天线辐射效率测量

第 50 章　毫米波亚毫米波天线测量

第 51 章　可穿戴可植入天线评估

第 6 部分　应用:天线相关的系统与问题

第 52 章　移动通信基站天线系统

第 53 章　终端 MIMO 系统与天线

第 54 章　无线充电系统天线

第 55 章　局部放电检测系统天线

第 56 章　汽车雷达天线

第 57 章　车载卫星天线

第 58 章　卫星通信智能天线

第 59 章　WLAN/WiFi 接入天线

第 7 册

第 60 章　体域传感器网络设备天线

第 61 章　面向生物医学遥测应用的植入天线

第 62 章　医学诊治系统中的天线与电磁问题

第 63 章　全息天线

第 64 章　辐射计天线

第 65 章　无源无线天线传感器

第 66 章　磁共振成像天线

第 67 章　航天器天线及太赫兹天线

第 68 章　射电望远镜天线

第 8 册

第 69 章　面向无线通信中的可重构天线

第 70 章　微波无线能量传输天线

第 71 章　手持设备天线

第 72 章　反射面天线的相控阵馈源

第 7 部分　应用:天线相关的系统与问题——天线相关的特殊问题

第 73 章　传输线

第 74 章　间隙波导

第 75 章　阻抗匹配与巴伦

第 76 章　天线先进制造技术

本 册 目 录

第3部分 设计与陈列—介绍及天线基本形式

第16章 线天线 ... 3

- 16.1 引言 ... 4
- 16.2 历史 ... 4
- 16.3 分析 ... 5
- 16.4 发射偶极子天线 ... 11
- 16.5 单极子天线 ... 15
- 16.6 接收偶极子天线 ... 16
- 16.7 接收功率和再辐射功率 ... 19
- 16.8 八木天线 ... 21
- 16.9 结论 ... 24
- 参考文献 ... 25

第17章 环天线 ... 27

- 17.1 介绍 ... 28
- 17.2 电小环路和线圈天线介绍 ... 28
  - 17.2.1 介绍 ... 28
  - 17.2.2 辐射和损耗 ... 29
  - 17.2.3 接收天线和人为电噪声 ... 39
  - 17.2.4 调谐组件和品质因数 ... 41
  - 17.2.5 邻近效应与失谐 ... 44
  - 17.2.6 匹配 ... 48

17.3 全波环路天线 ·· 49
　17.3.1 介绍 ·· 49
　17.3.2 全波谐振回路 ·· 51
　17.3.3 接近金属结构的全波谐振环路 ·································· 52
　17.3.4 调谐谐振环形天线 ·· 57
　17.3.5 圆极化谐振环形天线 ·· 59
　17.3.6 双频谐振环形天线 ·· 60
　17.3.7 双频带圆极化谐振环形天线 ····································· 62
　17.3.8 平面反射器上的谐振环路 ·· 63
　17.3.9 定向谐振环路天线阵 ·· 65
　17.3.10 平面反射器上的双菱形/圆环形天线(Biquad 天线) ··· 66
　17.3.11 平面反射器上的圆极化双菱形/圆环形天线 ················ 67
　17.3.12 带有寄生环路的圆极化双菱形环形天线 ···················· 67
17.4 可重构多馈源环路及其阵列 ··· 68
　17.4.1 介绍 ·· 68
　17.4.2 背景 ·· 68
　17.4.3 波束转换的辐射原理 ·· 70
　17.4.4 使用高阻抗表面降低高度 ·· 71
　17.4.5 结合电子射频开关电路的电子波束转换 ······················ 72
　17.4.6 应用于高增益广角转向、宽扫描和低栅瓣的 SLA 阵列 ···· 74
　17.4.7 基于 HHIS 的 SLA 对使用倾斜和轴向模式的增益
　　　　波束转向进行演示 ·· 75
17.5 结论 ·· 85
参考文献 ·· 86

第18章 微带贴片天线 ·· 90

18.1 介绍 ·· 91
18.2 模式技术与基本特性 ·· 94
　18.2.1 模式技术的简要概述 ·· 94
　18.2.2 基本特性 ··· 95

18.3 宽带技术 …… 102
　18.3.1 一般性评论 …… 102
　18.3.2 叠层贴片 …… 104
　18.3.3 口径-耦合贴片 …… 106
　18.3.4 宽带 U 形缝隙贴片天线 …… 107
　18.3.5 宽带 L 形探针耦合贴片天线 …… 112

18.4 双频与多频设计 …… 114
　18.4.1 介绍性评论 …… 114
　18.4.2 U 形缝隙贴片的使用 …… 114

18.5 减小贴片尺寸的方法 …… 121
　18.5.1 一般性评论 …… 121
　18.5.2 采用短路墙的四分之一波长贴片 …… 123
　18.5.3 部分短路贴片与倒 F 平面天线 …… 125
　18.5.4 短路针的使用 …… 125
　18.5.5 采用短路针的宽带 U 形贴片天线 …… 127
　18.5.6 关于有限地板面尺寸效果的讨论 …… 129

18.6 圆极化设计 …… 130
　18.6.1 圆极化贴片天线的基本原理 …… 130
　18.6.2 宽带单馈电圆极化贴片天线 …… 131

18.7 频率捷变与极化捷变贴片天线 …… 141
　18.7.1 频率捷变微带贴片天线 …… 141
　18.7.2 捷变极化 E 形贴片天线 …… 146

18.8 结论 …… 151

参考文献 …… 155

第 19 章 反射面天线 …… 161

19.1 绪论 …… 162

19.2 背景知识 …… 163
　19.2.1 反射面天线简史 …… 163

19.3 反射面天线简介 …… 172

	19.3.1	基本术语	172
	19.3.2	抛物面天线	177
	19.3.3	非理想反射面	185
	19.3.4	反射面的馈源	188
	19.3.5	其他反射面结构	198
19.4	反射面天线的应用		217
	19.4.1	卫星通信	217
	19.4.2	双极化气象雷达	221
	19.4.3	射电天文	224
19.5	结论		225
参考文献			226

第20章 螺旋,螺旋线与杆状天线 228

20.1	简介		229
20.2	螺旋天线		229
	20.2.1	阿基米德螺旋天线	230
	20.2.2	基于超材料的螺旋天线	231
20.3	螺旋线天线		238
	20.3.1	端射模式螺旋线天线	239
	20.3.2	背射螺旋线天线	241
20.4	杆状天线		243
	20.4.1	介质杆状天线	244
	20.4.2	改进型介电杆天线	249
	20.4.3	人造介电棒状天线	255
20.5	总结		258
参考文献			258

第21章 介质谐振天线 260

21.1	引言	261
21.2	发展和存在的问题	262

21.3 小型化和集成化介质谐振天线 ································ 264

    21.3.1 集成底层正交耦合器的圆极化介质谐振天线 ············ 264

    21.3.2 底层集成180°耦合器的差分介质谐振天线 ············· 269

21.4 地平面小型化介质谐振天线 ··································· 271

    21.4.1 水平全向圆极化介质谐振天线 ························ 271

    21.4.2 小型化准全向介质谐振天线 ·························· 279

21.5 毫米波小型化介质谐振天线 ··································· 284

21.6 结论 ·· 298

参考文献 ·· 299

第 22 章 电介质透镜天线 306

22.1 引言 ·· 307

22.2 透镜理论 ·· 308

    22.2.1 透镜类型 ·· 309

    22.2.2 透镜设计的几何光学法 ······························ 310

    22.2.3 其他透镜的设计方法 ································ 314

22.3 透镜设计加工和测试 ·· 317

    22.3.1 离体透镜设计实例 ·································· 317

    22.3.2 集成透镜设计 ······································ 320

    22.3.3 透镜材料 ·· 341

    22.3.4 透镜制造 ·· 344

    22.3.5 透镜馈源 ·· 345

22.4 应用 ·· 353

    22.4.1 应用概述 ·· 353

    22.4.2 透镜应用实例 ······································ 354

22.5 结论 ·· 363

参考文献 ·· 364

第 23 章 圆极化天线 371

23.1 引言 ·· 372

23.2 基本公式和定义 372
23.3 圆极化辐射源 375
 23.3.1 案例一：两个同时存在的无穷小电偶极子 376
 23.3.2 案例二：两个有限正交电流 378
 23.3.3 案例三：四个顺序旋转电偶极子源 382
 23.3.4 案例四：混合电源和磁源 387
23.4 实际应用 388
 23.4.1 具有一维电流分布的天线 388
 23.4.2 具有二维电流分布的天线 388
 23.4.3 具有三维电流分布的天线,介质谐振器天线 393
 23.4.4 设计实例:双层微带环形天线 404
23.5 结论 415
参考文献 416

第24章 相控阵天线 419

24.1 引言 420
24.2 阵列天线的功能 421
24.3 阵列天线的特征 422
 24.3.1 直线阵列天线 422
 24.3.2 平面阵列天线 426
 24.3.3 增益、波束宽度和副瓣电平 430
 24.3.4 互耦 432
 24.3.5 基于周期边界条件的无限阵列分析 434
24.4 天线方向图综合 434
 24.4.1 低副瓣幅度分布 434
 24.4.2 平面波综合 436
 24.4.3 极大极小值算法 438
 24.4.4 单元稀疏算法 439
 24.4.5 遗传算法 443
24.5 阵列天线校准 448

24.5.1	系统构成与测量原理	448
24.5.2	REV 方法在实际系统中的应用	451
24.5.3	REV 方法测试时间减缩技术	452
24.5.4	真时延校准	452

24.6 数字波束形成 ………………………………………………… 453

24.6.1	DBF 的发展历程与功能	453
24.6.2	DBF 天线的基本构成	454
24.6.3	DBF 天线的特征	455

24.7 自适应阵列 ……………………………………………………… 456

24.7.1	自适应阵列的发展历程	456
24.7.2	自适应阵列的功能	456
24.7.3	优化算法	458

24.8 MIMO 技术 ……………………………………………………… 464

24.9 总结 ……………………………………………………………… 465

参考文献 …………………………………………………………… 466

第 25 章 自互补天线与宽带天线 ……………………………………… 470

25.1 引言 ……………………………………………………………… 470

25.2 自互补天线 ……………………………………………………… 471

25.2.1	自互补天线理论	471
25.2.2	自互补天线的改进形式	474

25.3 具有对数周期形状的自互补天线改进形式 …………………… 478

25.4 螺旋天线 ………………………………………………………… 484

25.4.1	平面螺旋天线	484
25.4.2	阿基米德螺旋天线	484
25.4.3	圆锥螺旋天线	486

25.5 其他宽带天线 …………………………………………………… 486

25.5.1	双锥天线和蝶形天线	486
25.5.2	锥削槽天线	488

25.6 总结 ……………………………………………………………… 489

参考文献 ··· 490

第26章　菲涅耳区平板天线 ··· 493

26.1　介绍 ··· 494

26.2　天线模式的平面 FZP ··· 496

26.3　FZP 操作要点 ··· 508

26.4　天线模式下的曲线 FZP ··· 513

26.5　菲涅耳波带片聚焦方法 ··· 516

26.6　平面 FZP 透镜天线 ··· 519

26.7　低剖面 FZP 天线阵列 ··· 528

26.8　平面 FZP 反射器天线 ··· 528

26.9　曲面 FZP 天线 ··· 533

26.10　太赫兹频段 FZP 天线 ··· 538

26.11　平环圆锥形菲涅耳区天线:低太赫兹天线 ··· 543

参考文献 ··· 546

附录:缩略语 ··· 552

第 3 部分
设计与陈列—介绍及天线基本形式

第16章
线天线

Kazuhiro Hirasawa

摘要

本章介绍了时谐电磁场中线性天线的基本特性。简要介绍应用矩量法,以获得天线上的电流分布。对于发射天线,文中展示出了四个典型线天线的输入阻抗、电流分布和辐射方向图。对于接收天线,当接收天线输入阻抗达到共轭匹配状态时,给出其电流分布和散射方向图。分析了接收天线在三种不同平面波入射角度下的接收功率和辐射功率。应用戴维南等效电路讨论了接收功率的计算。八木天线部分则展示了电抗加载八木天线的最佳增益,并与端射天线阵列进行比较。

关键词

矩量法;线天线;发射天线;接收天线;戴维南等效电路;接收功率;再辐

K. Hirasawa(✉)
筑波大学信息科学与电子研究所,日本
e-mail:hirasawa@ieee.org

射功率；散射功率；电抗加载；八木天线；端射天线阵列；最优化；双二次规划法。

16.1 引言

本章中只考虑时谐电磁场。16.2 节中,简要介绍了线性单极子天线的发展历史和分析方法。16.3 节介绍矩量法(MoM)在线性导线天线中的应用,尤其是解决了电场边界值问题以获得发射天线上的电流分布。在"发射偶极子天线"部分,讲述了不同长度线天线的特性参数,如输入阻抗、电流分布和辐射方向图。在"单极子天线"一节中,讲述了无限大接地平面的单极子天线与偶极子天线之间的等效性。在"接收偶极子天线"一节,用矩量法分析了平面波入射的接收天线,天线的输入功率、接收功率和再辐射功率来源于天线上的输入电压和感应电流。同时讨论了矩量法和戴维南等效电路在接收偶极子天线中的应用。在"接收功率和再辐射功率"一节中,介绍了当接收天线输入阻抗达到共轭匹配状态时的接收功率和再辐射功率。在"八木宇田天线"一节,讲述八木宇田天线的基本特性,并比较了加载负载电抗的八木宇田天线的最佳增益与端射阵列的最佳增益。

16.2 历史

1886 年,H. R. Hertz(Hertz,1962；Weeks,1968)使用平面加载偶极子天线发射电磁波,如图 16.1 所示(长度约 1.5m),他的实验显示并验证了 J. C. Maxwell(1873)1864 年预测的电磁波的存在。1901 年,G. Marconi 制作了一个扇形单极子天线,如图 16.2 所示(高约 45m)。它由 50 根垂直线导线组成,用于传输英格兰至加拿大的第一个跨大西洋无线信号(Weeks,1968)。天线由水平桅杆支撑的两个垂直导线构成。

1906 年,德福雷斯特发明了第一个真空三极管,可以连续放大比 G. Marconi 所使用的更高频率的信号。此后,半波对称极子天线也应用于无线通信。H. Yagi (1928)和 S. Uda (1926)利用半波长线天线发明了八木宇田天线。

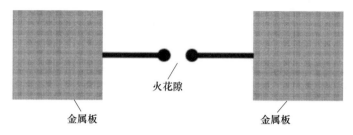

图 16.1　H. R. Hertz 实验的平面加载偶极子发射天线

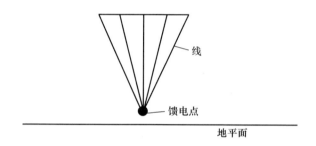

图 16.2　G. Marconi 通信系统中接地平面上的单极子发射天线

E. Hallén、L. V. King、H. C. Pocklington 和 R. W. P. King 是计算线性导线天线上电流分布的早期贡献者(Pocklington, 1897; King, 1937, 1956; Hallén, 1938)。天线分析最困难的问题是如何求解天线上的电流分布。

随着计算机的发展,频域数值分析方法的出现。例如,矩量法(Harrington, 1993)广泛应用于各类天线的分析(Hirasawa and Haneishi, 1991; Balanis, 2005; Stutzman and Thiele, 2012; Kraus and Marhefka, 2002)。

16.3　分析

本章中,我们只讨论时谐电场 E 和磁场 H。在时谐因子 $e^{j\omega t}$ 中,$\omega = 2\pi f$(f 是工作频率)。自由空间(ε_0, μ_0)中的长度为 h,半径为 a 的线天线,如图 16.3 所示。假设天线是无损的,$a = 0.001\lambda$(λ 是自由空间波长),馈电间隙是无限小的。在馈电加载电压会在天线上产生电流。通过分析电流分布,就易于计算天线的特性,如输入阻抗和增益。本章还介绍了 FORTRAN 程序(Hirasawa and Ha-

neishi,1991)可用于计算天线传输特性。

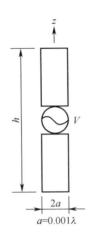

图 16.3　沿 z 轴放置的偶极子天线,高度为 h,半径为 a,电压为 V

使用等效定理(Harrington,2001)来获得线天线上的电流分布。在图 16.4 中,假设封闭表面 C 在天线的外部。并且考虑等效问题,其中 C 外部的 E 和 H 与原始问题相同,并且 C 内部的电场 E 和磁场 H 为零。这种情况是通过使用外加电场 E^{imp} 和等效电流密度 J_s 来实现的

$$J_s = n \times H \tag{16.1}$$

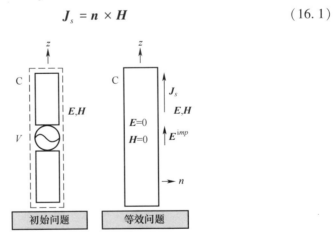

图 16.4　等效原理:在闭合曲面外具有相同的电磁场

单位矢量 n 垂直闭合曲面 C 指向外侧的,在式(16.1)中,H 是曲面 C 上的磁场,C 上的 E^{imp} 在天线馈电位置处产生电压 V。按照等效原理,C 内的电场近

似为零，C内的天线等导体可以被忽略。因此，J_s 可存在自由空间中，自由空间的格林函数可用于求解边值问题，从而可以从已知的 E^{imp} 得到 J_s。

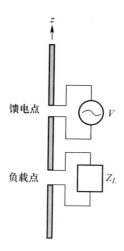

图 16.5　添加源 V 和负载阻抗 Z_L 的发射天线

在图 16.4 所示的等效问题中，封闭曲面 C 内的电场变为

$$E_z(J_z) + E_z^{imp} = 0 \tag{16.2}$$

假设 J_z 是等效线电流且和 E_z^{imp} 在曲面 C 内外是恒定不变的；另一方面，C 以外的边界条件变为

$$E_z^{imp} = \begin{cases} \dfrac{V}{d_0} & 馈电 \\ 0 & 其他 \end{cases} \tag{16.3}$$

在式(16.2)和式(16.3)，由于细导线很细($a = 0.001\lambda$)，所以仅考虑电场的 z 分量的边界条件。外加电场 E_z^{imp} 在馈电点之外非零，V 是已知的馈电电压，d_0 是无限小馈电间隙的距离。

接下来，考虑具有一个负载阻抗 Z_L 的天线，如图 16.5 所示。总电场为 $E_z + E_z^{imp}$ 在闭合曲面 C 中变为零，见式(16.2)，其中无限小馈电间隙的负载阻抗为 Z_L，$E_z + E_z^{imp}$ 等于 E_z^L。

$$E_z(J_z) + E_z^{imp} = \begin{cases} E_z^L & 负载 \\ 0 & 其他 \end{cases} \tag{16.4}$$

在矩量法应用于求解边界条件之前(式(16.2)、式(16.3)和式(16.4)),线电流密度 J_z 与电流 I_n 假定为

$$J_z(z') = \sum_{n=1}^{N} I_n J_{zn}(z') \tag{16.5}$$

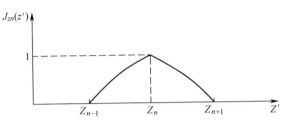

图 16.6　线天线上的电流函数

N 是其中 n 次展开函数的次数,n 次展开函数为

$$J_{zn}(z') = \begin{cases} \dfrac{\sin k(z' - z_{n-1})}{\sin k(z_n - z_{n-1})} & z_{n-1} \leqslant z' \leqslant z_n \\ \dfrac{\sin k(z_{n+1} - z')}{\sin k(z_{n+1} - z_n)} & z_n \leqslant z' \leqslant z_{n+1} \\ 0 & 其他 \end{cases} \tag{16.6}$$

$\Delta z = h/(N+1)$,$z_{n+1} - z_n = z_n - z_{n-1} = \Delta z$,$k = 2\pi/\lambda$(图 16.6)(Stutzman and Thiele,2012)。电流系数 I_n 是一个复数,且满足式(16.2)、式(16.3)和式(16.4)所示的边界条件。

对于电流 J_{zn},矢量 $A_n(x,y,z)$ 只有 z 分量,电场 E_{zn} 表示为

$$E_{zn} = -j\omega\mu_0 A_{zn} + \frac{1}{j\omega\varepsilon_0} \cdot \frac{\partial^2 A_{zn}}{\partial z^2} \tag{16.7}$$

$$A_{zn}(x,y,z) = \int_{-\Delta z}^{\Delta z} \frac{J_{zn}(r') e^{-jk|r-r'|}}{4\pi |r-r'|} \tag{16.8}$$

位移矢量在基本坐标系 x,y 内表示为 $\boldsymbol{r} = (x\boldsymbol{x} + y\boldsymbol{y} + z\boldsymbol{z})$,$\boldsymbol{r}' = (x'\boldsymbol{x} + y'\boldsymbol{y} + z'\boldsymbol{z})$,$Z$ 是从原点到 C 上的观测点 (x,y,z),以及分别在点 (x',y',z') 上的线电流。曲面半径为 a 的圆柱体表面上由于 Z 轴上的电流 J_z,电场 $E_{zn}(z)$ 变为

$$E_{zn}(z) = -\frac{j30}{\sin(k\Delta z)}\left[\frac{e^{-jkr_{n-1}}}{r_{n-1}} - \frac{2\cos(k\Delta z) e^{-jkr_n}}{r_n} + \frac{e^{-jkr_{n+1}}}{r_{n+1}}\right] \tag{16.9}$$

式中：r_{n-1}，r_n 和 r_{n+1} 是 z' 轴上的点 z_{n-1}、z_n 和 z_{n+1} 到半径为 a 的圆柱体 C 上的点 z 的距离（图 16.7）（Jordan and Balmain，1968）。

内积为

$$\langle E_n(z), J_w(z) \rangle = \int_{\Delta z} E_n(z) \cdot J_w(z) \mathrm{d}z \qquad (16.10)$$

$E_n(z)$ 是由 C 上的电流 $J_{zn}(Z')$ 产生的电场，在式（16.6）中 $J_w(z)$ 是 C 上的加权函数。

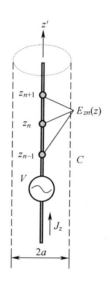

图 16.7　圆柱曲面 C（半径为 a）上线电流 $J_{zn}(Z_0)$ 上的电场 $E_{zn}(z)$

首先，讨论没有阻抗负载 Z_L 的发射天线上的电流分布，如图 16.3 所示。选择加权函数 $J_w(z)$ 该函数与式（16.6）中的展开函数相同，并将矩量法应用于边界条件，式（16.2）、式（16.3）和式（16.9）的内积。然后，将联立线性方程导出为

$$\sum_{n=1}^{N} Z_{mn} I_n = V_m (m = 1, 2, 3, \cdots, N) \qquad (16.11)$$

矩阵 $[Z]$ 中的元素 Z_{mn} 是两个偶极子之间的互阻抗（z' 轴上的 $z_{n-1} - z_{n+1}$ 和表面 C 上的 $z_{m-1} - z_{m+1}$）。无限小馈电点是 z_n 和 z_m。互阻抗 z_{mn} 是从式（16.10）得到：

$$Z_{mn} = \int_{z_{m-1}}^{z_m} \frac{\sin k(z - z_{m-1})}{\sin k(z_m - z_{m-1})} E_{zn}(z) \mathrm{d}z - \int_{z_m}^{z_{m+1}} \frac{\sin k(z_{m+1} - z)}{\sin k(z_{m+1} - z_m)} E_{zn}(z) \mathrm{d}z$$

(16.12)

式(16.12)可以通过使用高斯求积(Abramowitz and Stegun,1965)来进行数值计算,式(16.11)可以用矩阵形式写成

$$[Z][I] = [V] \tag{16.13}$$

其中阻抗矩阵[Z]为$N \times N$维矩阵,电流矩阵[I]和馈电电压矩阵[V]为$N \times 1$维矩阵。通过求解联立线性方程组得到未知电流矩阵[I]。

矩阵[V]只有一个非零元素,对应于馈电点。馈电点的选择必须与展开函数的峰值重合(图16.6)。然后,输入阻抗Z_{in}为

$$Z_{in} = \frac{V}{I} \tag{16.14}$$

式中:V和I是对应于式(16.13)中的[V]和[I]的元素。

对于阻抗负载为Z_L的发射天线,如图16.5所示,从边界条件式(16.3)和式(16.4)获得矩阵方程:

$$[Z][I] = [V] + [V^L] \tag{16.15}$$

式中:Z_L是加载在与函数峰值相对应的负载点(图16.6)。负载电压矩阵[V_L]($N \times 1$)的第m个元素为

$$V_m^L = -\int_{z_{m-1}}^{z_{m+1}} E_Z^L J_{zm}(z) \mathrm{d}z \tag{16.16}$$

$$= -Z_L I_N \quad (n = m) \tag{16.17}$$

I_n是矩阵的第n个元素。式(16.15)和式(16.17),联立可得矩阵方程为

$$[Z + Z^L][I] = [V] \tag{16.18}$$

得出带有负载的矩阵[Z_L]为$N \times N$,且第n对角元素Z_{mn}^L为非零元素。在式(16.13)和式(16.18)中,假设电压[V]矩阵已知未知电流矩阵可由[I]的数值获得。

电场E_θ是沿z轴方向放置的线性偶极子(长度为h)的唯一远场分量,从式(16.7)得到

$$E_\theta = \mathrm{j}\omega\mu_0 A_z \sin\theta \tag{16.19}$$

$$A_Z = \frac{e^{-jkr}}{4\pi r} \int_{-\frac{h}{2}}^{\frac{h}{2}} J_Z(Z) e^{jkz\cos\theta} dz \tag{16.20}$$

增益 G 定义为

$$G = 4\pi r^2 \frac{|E_\theta|^2}{\eta_0 p} \tag{16.21}$$

在式(16.21)中 $\eta_0 = \sqrt{\mu_0/\varepsilon_0}$，$r$ 是天线到远电场 E_θ 的距离，天线的输入功率 P 由馈电点处的电压 V 和电流 I 表示：

$$P = \text{Re}(VI^*) \tag{16.22}$$

式中：Re 和 * 分别表示"实部"和"共轭"。E_θ 与式(16.20)中的 $1/r$ 成正比，增益 G 在远场中相对于 r 是恒定的。因此，相同输入功率 P 与增益 G 越高，远场电场 $|E_\theta|$ 越大，如式(16.21)所示。

16.4 发射偶极子天线

图 16.8 显示了一个带发射机的发射偶极子天线与其等效电路。等效电路通常不使用电场 **E** 和磁场 **H** 来分析天线，而是从电路的角度来解释某些天线的功能，左侧图片是发射机的戴维宁等效电路，电流 I 通过流入终端 1，当输出端 1－1′开路时，电压 V_g 是发射机的开路电压。阻抗 Z_g 是源开关断开时发射机的输入阻抗。如果仅需要得知在天线上的电流 I，而不需要知道发射机的细节，则复杂的发射机电路可简单地由电压源和阻抗表示。阻抗 $Z_{in} = (R_{in} + jX_{in})$ 是天线的输入阻抗，R_{in} 是与天线的辐射功率密切相关的辐射阻抗。本章讨论了具有馈电电压 V 的发射偶极天线，如图 16.8 所示，并且为简单起见此处省略了发射机。同样需要注意的是，当 $Z_g = 0$ 时，电压 $V=V_g$。

为了研究馈电点位置的影响，在图 16.9 中示出了偏置馈电偶极子天线（$a = 0.001\lambda$）。长度 d_f 是从偶极底端到馈源的距离。半波长偶极天线的输入阻抗如图 16.10 所示，其中 d_f 从 0 变为 0.5λ。由于 R_{in} 在偶极子的末端附近非常大，所以电流很小，由于电流的最大值在中心处，在偶极子中心处 R_{in} 最小。由于偶极子末端存在大量电荷积累，所以在偶极子末端 X_{in} 变为容性，中

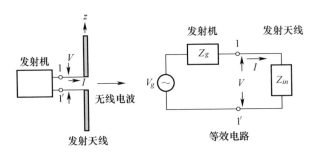

图 16.8　输入电流为 I 的发射天线及其等效电路

心处由于电流最大,所以感应电容最小。从阻抗匹配的角度来看,馈电点的最佳位置大约是半波长偶极子的中心,这是中心馈电的半波长偶极子被广泛使用的原因之一。

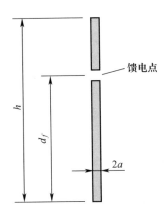

图 16.9　偏置馈电偶极子天线

图 16.11 显示了中心馈电偶极天线高度 h/λ 变化时的输入阻抗 Z_{in} ($d_f = h/2$, $a = 0.001\lambda$)。实部 R_{in} 在 $h = 0.9\lambda$ 和 1.9λ 附近取得最大值。当 h 小于 0.5λ 时,虚部 X_{in} 为容性。X_{in} 在 0.5λ, 0.9λ, 1.5λ, 1.9λ 和 2.5λ 附近变为零。当 X_{in} 为零时,称为天线谐振。可分为两种谐振状态:串联谐振(0.5λ, 1.5λ 和 2.5λ)和并联谐振(0.9λ, 1.9λ)。对于串联谐振,R_{in} 值不大,但对于并联谐振 R_{in} 值非常大,并且偶极天线通常用在串联谐振,特别是在第一串联谐振($h = 0.5\lambda$)附近。输入电阻 R_{in} 在 $h = 0.5\lambda$ 附近为 70～100 [Ω],并且与馈电传输线可以获得良好的阻抗匹配。

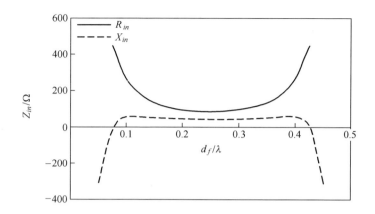

图 16.10 偏馈半波对称阵子天线的输入阻抗 $Z_{in}=(R_{in}+jX_{in})$

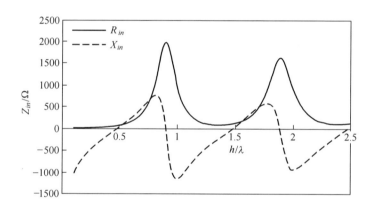

图 16.11 不同长度中心馈电半波对称阵子天线的输入阻抗 $Z_{in}=(R_{in}+jX_{in})$

图 16.12 示出了 $h=0.5\lambda$,λ,1.5λ 和 2λ 的偶极子上的电流分布($d_f=h/2$),其中电压 $V=1V$。电流振幅每半波长都会有一个峰值。当 $h=0.5\lambda$ 和 λ 时,除馈电点外,相位几乎不变。当 $h=1.5\lambda$ 和 2λ 时,除了馈电之外,相变约为 180°。

图 16.13 显示了归一化的垂直辐射方向图,图 16.12 中 $|E_\theta|$ 对应的电流。水平辐射方向图 $|E_\theta|$ 是全向的。当电流相位恒定时,半波长或全波长偶极子,只有一个辐射峰值。但当电流相位产生变化,在偶极子长度 $h=1.5\lambda$ 和 2λ 时,辐射的能量被分配到多个方向,这导致在期望的方向上的辐射效率低,或在

其他方向上产生的不期望的辐射。因此,半波长偶极天线由于其可实现单向垂直辐射和易于阻抗匹配而被广泛使用。

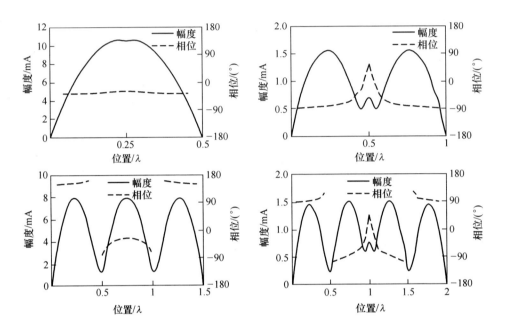

图 16.12　中心馈电偶极子($h=0.5\lambda,1\lambda,1.5\lambda$ 和 2λ)的电流幅值与相位($V=1[V]$)

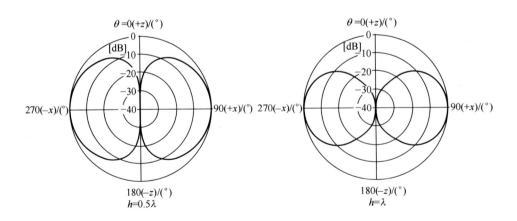

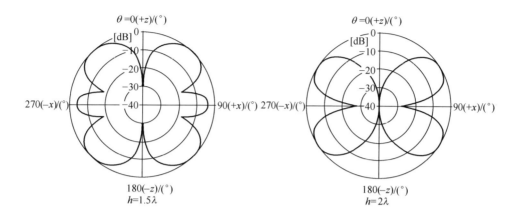

图 16.13　中心馈电偶极子的垂直面归一化辐射方向图(电流分布如图 16.12 所示)

16.5　单极子天线

无限大接地平面(如地面和建筑物屋顶)上的单极天线可用于减小天线尺寸而不牺牲通信质量。对于第一次跨大西洋无线通信系统,G. Marconi 制作了一个单极天线(约 45m),其中地球被用作大型地平面(图 16.2)。发射机的工作频率低于 100kHz,相对于天线的波长,单极子天线的尺寸仍然很小(1968)。

无限大接地平面上的单极子天线相当于偶极子天线,如图 16.14 所示。单极子天线上的电场和电流与偶极子天线上半空间中的电场和电流分布相同。因为单极天线的微小馈电距离为 Δd,偶极天线的馈电距离为 $2\Delta d$,所以单极子馈电时的电压 $V^m = E_z^{imp}\Delta d$ 变为偶极子馈电时的 $V^d = E_z^{imp}(2\Delta d)$ 的一半,其中 E_z^{imp} 是外加电场,如图 16.4 所示。因此,它们的输入阻抗 Z_{in}^m 和 Z_{in}^d 具有以下关系:

$$Z_{in}^m = \frac{2V^m}{2I^m} = \frac{V^d}{2I^d} = \frac{Z_{in}^d}{2} \tag{16.23}$$

由于 $V^m = V^d/2$ 和 $I^m = I^d$,因此 $P^m = P^d/2$。此后,从式(16.22)和式(16.21)中,单极子和偶极子增益 G^m 和 G^d 之间的关系表示为

$$G^m = G^d/2 \tag{16.24}$$

16.6 接收偶极子天线

沿 z 轴放置的接收天线和等效电路如图 16.15 所示,该天线假定平面波 E^{imp} 入射,且负载阻抗 Z_L 加载在图 16.15 中所处位置。Z_{in} 和 V_0 分别是接收天线的输入阻抗和开路电压。在图 16.4 和图 16.15 中,E^{imp} 在发射天线的馈电点上,且在接收天线的外面。因此,对于接收天线,边界条件与式(16.4)类似,且矩阵方程中电流分布如式(16.18)所示,假定接收点无限小且对应于展开函数的峰值(图 16.6)。

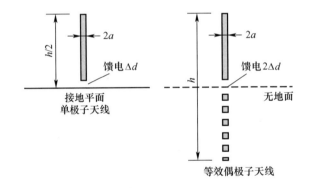

图 16.14 无限大接地平面的单极子天线与等效偶极子天线

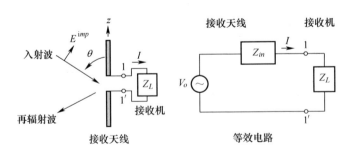

图 16.15 输入电流为 I 的接收天线及其等效电路

入射平面波被假定为

$$\boldsymbol{E}^{imp}(z) = \boldsymbol{u}_i \mathrm{e}^{-\mathrm{j} k_i \cdot zz} \tag{16.25}$$

当单位矢量 u_i 为指定极化。波数矢量 k_i 是入射波的方向，$|k_i|=2\pi/\lambda$。入射电压矩阵 $[V]$ 中的元素为

$$V_m = \int_{z_{m-1}}^{z_{m+1}} J_{zm} z \cdot u_i \mathrm{e}^{-\mathrm{j} k_i \cdot zz} \mathrm{d}z \tag{16.26}$$

高度为 $h=0.5\lambda$、λ、1.5λ 和 2λ 的中心加负载的接收偶极子的电流分布，如图 16.16 所示，其中假设电场 $E_\theta^{imp}=-1(\mathrm{V/m})$ 归一化入射 ($\theta=90°$)，接收端负载 $Z_L = Z_{in}^*$。图 16.16 可以与图 16.12 中的发射天线的电流分布进行比较。其中 $h=0.5\lambda$、λ、1.5λ，振幅峰值出现在每个半波长处，与发射天线类似。当 $h=2\lambda$ 时，接收状态下只有两个振幅峰值，而不是发射天线的四个峰值。这是因为电流分布和接收特性也取决于入射波和接收端的负载值(Hirasawa，1987)。图 16.17 显示了归一化的垂直再辐射方向图 $|E_\theta|$，其中电流分布见图 16.16。比较图 16.17 和图 16.13，当 $h=0.5\lambda$ 和 λ 时情况相似，仅存在一个峰值 ($\theta=90°$)。当 $h=1.5\lambda$ 时，图 16.17 中的最大值在 $\theta=90°$ 方向，而不在图 16.13 中的 $\theta=45°$。与辐射方向图完全不同的是再辐射方向图中没有零点。当 $h=2\lambda$ 时，$\theta=90°$

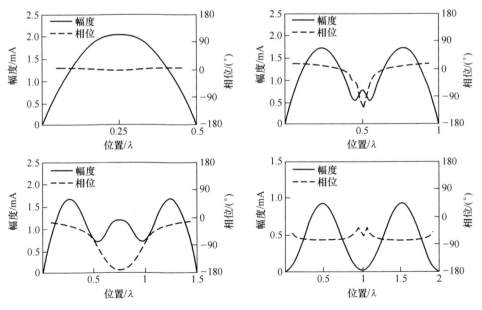

图 16.16 中心馈电接收偶极子($h=0.5\lambda$，1λ，1.5λ 和 2λ)的电流幅值与相位 ($Z_L=Z_{in}^*$，$E_\theta^{imp}=-1(\mathrm{V/m})$，$\theta=90°$)

方向上存在峰值,而在辐射图中不存在零点。水平再辐射模式$|E_\theta|$是全向的。由互易定理,天线的接收和辐射方向图是相同的(Stutzman and Thiele,2012),接收方式在此不做讨论。

图 16.15 中的开路电压 V_o 可以通过矩量法从短路电流 I_s 得出。当$[Z_L]$为零时,式(16.18)接收点的电流矩阵$[I]$中的元素变为短路电流 I_s。

$$V_o = Z_{in}I_s \qquad (16.27)$$

图 16.15 中,端口 1-1′左侧的戴维南等效电路仅适用于计算负载为 Z_L 时的电流和接收功率(Silver,1949)。因此,一般情况下,再辐射功率不会包含 Z_{in} 消耗的功率。类似图 16.14 所示等效定理,也可认为单极子中的电磁场和偶极子上半空间电磁场相同。等效定理中的有效区域非常重要。

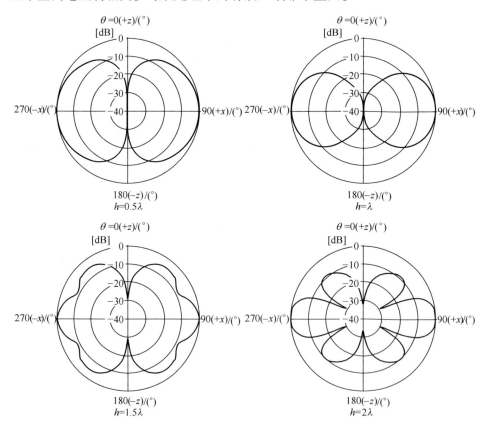

图 16.17　中心馈电偶极子的垂直面归一化辐射方向图(电流分布如图 16.16 所示)

第 16 章　线天线

因此,接收和再辐射的功率分别表示为

$$P_{in} = \sum_{n=1}^{N} \text{Re}(V_n I_n^*) \qquad (16.28)$$

$$P_{re} = \text{Re}(Z_L)|I|^2 \qquad (16.29)$$

$$P_{ra} = P_{in} - P_{re} \qquad (16.30)$$

通过对球体空间内的能量密度($|E_\theta|^2/\eta_0$)积分可以得到再辐射能量 P_{ra},在式(16.29)中,电流 I 是接收端加负载电阻 Z_L 时的接收电流。通过矩量法得到式(16.28~16.30)中的能量,另外,P_{ra} 也可以通过戴维宁等效电路获得。

16.7　接收功率和再辐射功率

1994 年以来,通过矩量法和戴维南等效电路原理对偶极子接收天线的接收功率和再辐射(或散射)功率进行研究。通过矩量法来计算中心加载负载 $Z_L = Z_{in}^*$ 时的偶极子天线和八木天线的辐射功率和接收功率,并显示了戴维宁等效电路的限制(Hirasawa et al.,1994,1997)。自此,一直存在关于接收天线在戴维南等效电路原理和再辐射功率的各种讨论(Collin 2003;Onuki et al.,2007;Best and Kaanta,2009)。

在本节中,展示了中心加载负载电阻 $Z_L = Z_{in}^*$ 的偶极子天线对于三个入射角度 θ = 90°、60°、30°的入射,接收和再辐射功率,当负载阻抗为中心加载电阻时,负载中将接收到最大功率。这里假设入射电场场强 $|E_\theta^{imp}|$ = 1(V/m)。图 16.18 表示对称阵子长度 h 和接收功率 P_{re} 的关系,当开路电压 V_0 已知,则根据戴维南等效电路(图 16.15)可以计算得到接受功率 P_{re}。图 16.19 表示散射能量 P_{ra} 与对称阵子长度 h 的关系。通过球体内空间积分的能量密度($|E_\theta|^2/\eta_0$)可以得到散射能量 P_{ra}。散射能量 P_{ra} 不能通过戴维南等效计算得到,因为图 16.15 中电路图左边终端 1-1'等效问题只是用于电流 I 和接收能量 P_{re} 的计算。图 16.20 中所表示的 P_{re}/P_{ra},是当入射角度分别为 θ = 90°、60°、30°,对称阵子长度 h 高于 0.9λ、0.6λ、0.55λ 时,散射能量会大于接收能量。图 16.21 显示了 $h = \lambda$ 时的电流分布(幅值),当电入射角度为 30°时,在接收处入射波的电流幅值接近于 0。因此,相应的 P_{re} 和 P_{re}/P_{ra} 将会变得很小。

图 16.18~图 16.20 表明,当 h 大于某个值时,接受天线最多可以接收和散

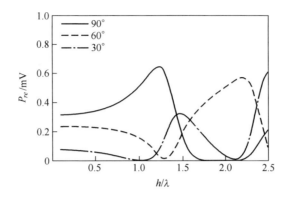

图 16.18　对应电流分布中心馈电偶极子的垂直面归一化辐射方向图

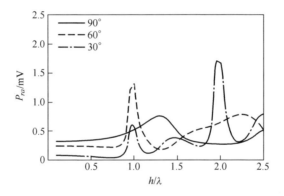

图 16.19　对应电流分布中心馈电偶极子的垂直面归一化辐射方向图

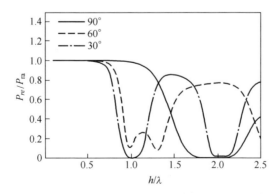

图 16.20　对应电流分布中心馈电偶极子的垂直面归一化辐射方向图

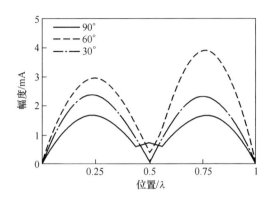

图 16.21 对应电流分布中心馈电偶极子的垂直面归一化辐射方向图

射一半的入射能量,并且接收到的不到 50% 的入射功率。这也可以通过将接收偶极子天线上的电流分布分离成耦合组件和非耦合组件来解释。其中前者对负载的接收功率有贡献,而后者仅对散射的功率有贡献(Onuki et al.,2007)。

16.8 八木天线

图 16.22 典型的六元八木宇田天线(Yagi,1928;Uda,1926)。它由一个馈电偶极子、一个反射器和一个引向器组成。反射器是位于馈电偶极子后面的导线,通常比馈电偶极子稍长。引向器由馈电偶极子前面的几根导线组成,它们比馈电偶极子短一些。导线元件间距为 $0.25\lambda \sim 0.375\lambda$,单元之间的相互耦合很强。反射器和引向器在 x 轴方向可有效地引导电磁场。因此,只通过一个馈电阵子,天线即可在 x 轴方向上具有高增益。随着导线数量的增加,增益逐渐增大。由于结构简单,质量轻,易于制造。因此,它被广泛用做许多国家的 TV、FM 接收天线。

图 16.23 显示了一个加载负载电抗的八木宇田天线,其单元间隔相等。每个单元都是 $a = 0.001\lambda$ 的半波长导线。电抗负载与馈电的位置位于单元中心。除了馈电之外,可通过加载电抗组件来改变导线上的电流分布。图 16.24 中,将 x 轴方向上的最佳增益($\theta = 90°, \varphi = 0°$)与图 16.25 中所示的所有单元激励的端射阵列进行比较。通过使用双二次规划方法(Hirasawa,1980,1987,1988)获得

最佳增益的负载电抗值。如图 16.24 所示，当元件间隔 $d=0.35\lambda$ 时，电抗负载和馈电的最佳增益之间的差值为 0.8dB。图 16.26 给出了负载电抗的八木宇田天线的归一化水平辐射图（$\theta=90°$）以及当 $d=0.35\lambda$ 时的端射阵列的归一化水平辐射图。端射阵列的旁瓣比经过优化的八木宇田天线的旁瓣略低，并且端射阵列的增益略高。图 16.27 和图 16.28 显示了具有最佳增益的八木宇田天线的输入阻抗和负载电抗值。随着 d 变小，R_{in} 变小。因此，在 $d=0.3\lambda \sim 0.375\lambda$ 时，增益和阻抗匹配较好。如图 16.28 所示，最佳增益的负载电抗值是容性。可通过准确调整六个馈电电压来实现最佳增益是相当困难的，但是通过调整 5 个电容器容易获得最优化的八木宇田天线。

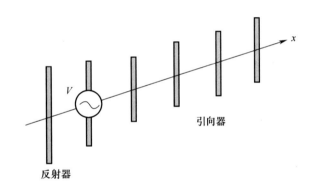

图 16.22 六元八木宇田天线

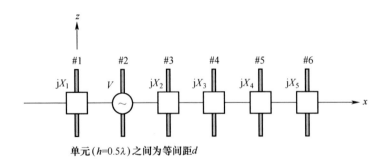

图 16.23 六元等间距半波长阵子电抗加载八木宇田天线

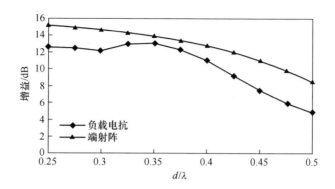

图 16.24　六元电感加载八木宇田天线最优增益与端射天线增益对比

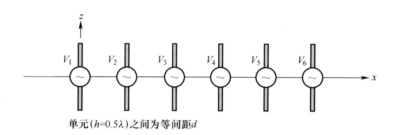

图 16.25　六元等间距半波长阵子端射阵列

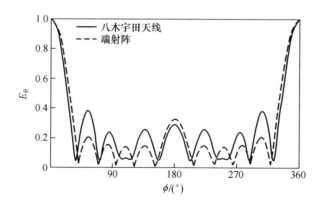

图 16.26　八木天线和 $d=0.35\lambda$ 端射天线阵列归一化水平辐射方向图

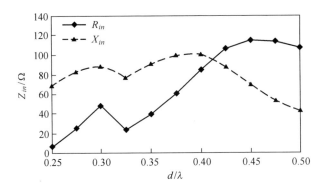

图 16.27　八木天线输入阻抗与阵元间距 d 的关系

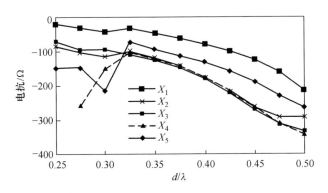

图 16.28　电感加载八木天线最优增益

16.9　结论

本章简要阐述了线天线的发展历史及其频域分析方法。然后,利用矩量法的电场边界条件来解释发射和接收线性导线天线。通过使用矩量法,计算传输线性导线天线特性,如输入阻抗、电流分布和辐射方向图。对于接收天线,当入射波为平面波时,可通过在接收点加载输入阻抗的复共轭阻抗的方法,来显示天线的电流分布、辐射方向图、接收功率和散射功率。此外,还讨论了接收天线戴维来南等效电路的应用。最后,展示了一个加载电抗的八木宇田天线,并与端射阵列的增益进行了比较。

交叉参考：

▶第 75 章　阻抗匹配巴伦

▶第 4 章　天线工程中的数值模拟

▶第 8 章　天线工程中的优化方法

参考文献

Abramowitz M, Stegun IA (1965) Handbook of mathematical functions. Dover, New York, pp 916-919

Balanis CA (2005) Antenna theory: analysis and design, 2nd edn. Wiley, New York

Best SR, Kaanta BC (2009) A tutorial on the receiving and scattering properties of antennas. IEEE AP Mag 51:26-37

Collin RE (2003) Limitations of the Thevenin and Norton equivalent circuits for a receiving antenna. IEEE AP Mag 45:119-124

Hallén E (1938) Theoretical investigation into the transmitting and receiving qualities of antennae. Nova Acta Regiae Soc Sci Upsaliensis Ser VI 11:1-44

Harrington RF (1993) Field computation by moment methods. IEEE, New York

Harrington RF (2001) Time-harmonic electromagnetic fields. IEEE, New Jersey, Chapter 3

Hertz HR (1962) Electric waves. Dover, New York

Hirasawa K (1980) Optimum gain of reactively loaded Yagi-Uda antenna. IEICE Trans J63-B:121-127

Hirasawa K (1987) Reduction of radar cross section by multiple passive impedance loadings. IEEE J Ocean Eng (Spec Issue Scattering) OE-12:453-457

Hirasawa K (1988) The application of a biquadratic programming method to phase only optimization of antenna arrays. IEEE Trans Antennas Propag AP-36:1545-1550

Hirasawa K, Haneishi M (eds) (1991) Analysis, design and measurement of small and low-profile antennas. Artech House, Dedham, Chapter 2

Hirasawa K, Shintaku M, Morishita H (1994) Received and scattered power of receiving antenna. IEEE Antennas Propag Int Symp 1:205-208

Hirasawa K, Sato A, Ojiro Y, Morioka T, Shibasaki S (1997) Thevenin equivalent circuit and scattered power. Prog Electromag Research Symp 1:63-63

Jordan EC, Balmain KG (1968) Electromagnetic waves and radiating systems, 2nd edn. Prentice-

Hall, Englewood Cliffs, pp 333-338

King LV (1937) On the radiation field of a perfectly conducting base-insulatedcylindrical antenna over a perfectly conducting plane earth, and the calculation of the radiation resistance and reactance. Phil Trans R Soc 236:381-422

King RWP (1956) Theory of linear antennas. Harvard University Press, Cambridge, MA

Kraus JD, Marhefka RJ (2002) Antennas for all applications, 3rd edn. McGraw-Hill, New York

Maxwell JC (1873) A treatise of electricity and magnetism. Oxford University Press, Oxford

Onuki H, Umebayashi K, Kamiya Y, Hirasawa K., Suzuki Y (2007) A study on received and reradiated power of a receiving antenna. EuCap 2007

Poklington HC (1897) Electrical oscillations in wires. Proc Camb Philos Soc 9:324-332

Silver S (ed) (1949) Microwave antenna theory and design. Mc-Graw-Hill, New York, Chapter 2

Stutzman WL, Thiele GA (2012) Antenna theory and design. Wiley, New Jersey

Uda S (1926) On the wireless beam of short electric waves. J IEE (Japan) 46:273-282

Weeks WK (1968) Antenna engineering. McGraw-Hill, New York

Yagi H (1928) Beam transmission of ultra short waves. Proc IRE 16:715-740

第 17 章
环天线

Peter J. Massey, P. Fellows, Dariush Mirshekar-Syahkal, Arpan Pal, and Amit Mehta

摘要

本章介绍环天线,涵盖具有广泛应用范围的电小型和电大型环路天线的应用。一方面它们仍然是模拟无线电等旧式广播系统的一部分;另一方面它们越来越受到当前高清视频传输和接收的关注。本章从电小环路和线圈天线开始,涵盖介绍了辐射和损耗,调谐,品质因数和匹配的不同方面。随后呈现谐振全波回路及其极化。指出了如何将环路放置在通信设备导电表面的闭合区域附近而不损失效率的技术。在最后一部分中,讨论了单元件波束控制环路天线及其阵列,该技术用于使设备可实现高吞吐量和高增益宽扫描范围。

P. J. Massey ✉ P. Fellows
英女王政府通信中心,英国
e-mail:Peterma@ hmgcc. gsi. gov. uk

D. Mirshekar-Syahkal
埃塞克斯大学,英国
e-mail:dariush @ essex. ac. uk

A. Pal and. Mehta
英国斯望西大学,英国
e-mail:a. Pal @ swan. ac. uk;a. mehta @ swan. ac. uk

关键词

环天线;圆极化天线;线圈天线;电小天线;定向天线;铁氧体天线;接收天线;人为噪声;多馈天线;谐振天线;菱形天线;开关馈电;可重构环形天线及其阵列;宽角扫描高增益自适应阵列

17.1 介绍

环形天线是辐射导体形成环路的天线。环形天线自无线电发展以来已经存在并且不断发展。因此,"环形天线"现在成为一个学科领域,它的所有功能都无法仅在一章或任何一本书中涵盖。本章将介绍其三个特定的方面:

(1) 电小环形天线及其衍生类:电小型多线圈;

(2) 全波自谐振环路,以及如何修改它们以覆盖不同的频带并在高频辐射出不同的极化;

(3) 通过在馈电之间的切换来控制辐射模式的多馈源环路。

以上这些方面的共同特点是节省物理空间。电小环形天线和线圈天线因体积小而节省空间。通过与已经占据空间的传导结构共享该空间,可以使用全波循环来节省空间。它们也可以与其他环路结合形成辐射体。通过重复使用相同的辐射单元(环路)来生成多个波束,这样也可节省空间。

17.2 电小环路和线圈天线介绍

17.2.1 介绍

(1) 什么是电小环路和线圈天线。电小天线是远小于波长的天线。此外,对于下面所要讨论的环路和线圈天线来讲,可以假定环路周围和沿线圈长度的距离足够短,以致电流可近似为恒定。

由于小型结构上的电流与辐射之间的转换系数较低,这是由于电流对辐射的贡献抵消了回路和线圈天线中的谐振(详见"辐射和损耗"小节),因此电小天线通常需要调谐元件形成谐振,以便其载流量和参与辐射的耦合量最大化。对

于电小线圈和环形天线,这意味着在感应线圈或环路的两端跨接一个或多个电容器进行调谐。另外,它们还需要与收发器进行某种连接。有很多方法可以来实现这一点,其中一些我们在"匹配"小节中再讨论。然而,除了确保天线阻抗或者噪声与收发器电路匹配以外,匹配方法通常对天线性能几乎没有影响,这更多地取决于天线的几何形状以及天线周围的环境。

(2) 应用。电小环路和线圈天线的主要应用是作为中波和长波广播无线电接收机的天线。早期的天线内部充满了空气。20 世纪 50 年代开始引入高导磁率的软铁氧体,缠绕铁氧体磁芯的线圈天线现在成为中长波接收的天线。("接收天线和人为电噪声"部分给出了为什么它们可以广泛应用于此的原因。)

20 世纪下半叶,发现电小环路和线圈天线在无线寻呼机的一个主要应用,即工作在 UHF 频段(超高频频带;300MHz~3GHz)的环形天线上。相对于其他形式天线,它的显著优点是其具有相对较小的尺寸,并且寻呼机不会因为携带在用户身上而导致失谐(例如,安装在腰带上,夹在衬衫上或放在口袋中)。

(3) 章节概述。本节内容安排如下。首先,在"辐射和损耗"的中,计算了电小线圈和线圈的辐射和损耗,以及电小偶极子的辐射和损耗。这些计算表明,电小环和线圈比相同尺寸的偶极子辐射效率低。其次是"接收天线和人为电噪声""近场噪声""远场噪声""调谐组件和品质因数""品质因数""电小环路或线圈天线的电感求解方法"以及"邻近效应和失谐"等这些内容解释了尽管其效率低下,但是环路和线圈天线在无线电接收和近人体应用中受欢迎的原因。这些小节涵盖①人为电噪声对接收天线性能的影响;②调谐组件的损耗以及如何求解组件值;③与人体和其他附近物体的耦合失谐。最后一小节"匹配"讨论了前面章节中尚未涉及的那些匹配问题。

在本节中几乎没有讨论天线的阻抗带宽。这是因为电小环和线圈天线的应用更倾向于窄带通信。对于电小环和线圈,天线带宽主要由天线的欧姆损耗决定。对于大部分设计来说,天线带宽的下限约为 0.5%,通常为 1%~2%,这在应用上已经足够了。

17.2.2 辐射和损耗

本小节通过对发射天线的计算来讨论辐射和损耗。由互易定理可知天线在接收时的效率和发射时的效率是相同的(参见文献(Collin,2001)关于互易定理

的讨论和推导）。

1. 辐射电流

为了计算环形天线或线圈天线的辐射，可以使用 Schelkunoff 公式计算远场电流（Schelkunoff,1939）（另见文献（Lee,1984））。该公式来自磁矢位 A 和电标量 Φ 的电场公式。一般表示为

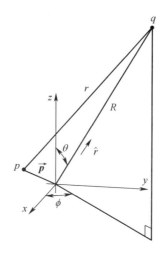

图 17.1　计算辐射所用坐标系

$$A = \frac{\mu}{4\pi} \iiint_V J \frac{e^{-jkr}}{r} dv \quad \Phi = \frac{\mu}{4\pi\varepsilon} \iiint_V \rho \frac{e^{-jkr}}{r} dv \quad (17.1)$$

式中：J 是电流密度；ρ 是电荷密度；r 是点 p 处的电流或电荷源与检验电荷 q 的磁矢位 A 或者电势 Φ 之间的距离，v 表示在体积上的积分（图 17.1），则电场 E 由下式给出：

$$E = -j\omega A - \nabla \Phi \quad (17.2)$$

参见文献（Collin,2001），推导了上述公式。

例如，Schelkunoff 公式表明，当电场由远场引起时，可以进行以下简化：

$$\frac{e^{-jkr}}{r} \cong \frac{e^{-jkR}}{R} e^{jk\boldsymbol{p}\cdot\boldsymbol{r}} \quad (17.3)$$

式（17.3）中 R 是天线中心与 q 之间的距离，r 是远场中从天线中心指向 q 的方向矢量，p 是点 p 的位置矢量。在 r,θ,ϕ 球面坐标系中，A 的径向分量与 Φ 在 E 方向的分量进行抵消，E 可以用下式表示：

$$\boldsymbol{E} = -J\omega\{0, A_\theta, A_\varphi\} \tag{17.4}$$

式(17.1)可简化为

$$\boldsymbol{A} \cong \boldsymbol{A}_{FF} = \frac{\mu}{4\pi} \frac{\mathrm{e}^{-jkR}}{R} \iiint_v \boldsymbol{J} \mathrm{e}^{-j k \boldsymbol{p} \cdot \boldsymbol{r}} \mathrm{d}v \tag{17.5}$$

2. 电小偶极子

在应用上述公式计算小环路或线圈的辐射之前,将其应用于更简单电小偶极子也会起到一定的作用。假设电小偶极子沿着 z 轴取向,其终端位于坐标系的原点。终端电流标记为 I_0。电流的大小沿着臂的开路端衰减。衰减的方式取决于偶极子臂的形状,但实际上对于小天线,人们可以将电流分布近似为线性,在臂的末端衰减为 0。因此,电流 I 可以用下式来表示:

$$I(z) = I_0 \left(1 - \frac{|z|}{\frac{l_0}{2}}\right) \quad for\ -\frac{l_0}{2} \leqslant z \leqslant \frac{l_0}{2} \tag{17.6}$$

偶极子的总长度为 l_0,每个偶极子臂长为 $l_0/2$。在式(17.6)中,I 的幅度设定为电流的均方根(rms)值,从而避免在辐射功率和欧姆损耗的公式中对 1/2 因子的需要。峰值是均方根值的 $\sqrt{2}$ 倍(Harrington,2001)。

式(17.5)的指数部分可展开为

$$\mathrm{e}^{jk\boldsymbol{p} \cdot \boldsymbol{r}} = 1 + s + \frac{s^2}{2!} + \frac{s^3}{3!} + \cdots (s = jkz\cos\theta) \tag{17.7}$$

对于 $kz \ll 1$ 的情况,只有前面几项才有意义。把这个近似值和公式 $I(z)$ 代入远场公式中得

$$\boldsymbol{A} = \frac{\mu}{4\pi} \frac{\mathrm{e}^{-jkR}}{R} \frac{I_0 l_0}{2} z \tag{17.8}$$

$$E_\theta = \frac{j\omega\mu}{4\pi} \frac{\mathrm{e}^{-jkR}}{R} \frac{I_0 l_0 \sin\theta}{2} \quad E_\varphi = 0 \tag{17.9}$$

式中:z 是 z 方向上的单位方向矢量。辐射功率密度由下式给出:

$$P_{\mathrm{Rad}T\ \mathrm{depole}} = \frac{|\boldsymbol{E}|^2}{Z_0} = \frac{\left(\frac{\omega\mu|I_0|l_0\sin\theta}{8\pi R}\right)^2}{Z_0} = Z_0\left(\frac{|I_0|l_0\sin\theta}{4\lambda R}\right)^2 \tag{17.10}$$

总辐射功率是辐射功率密度在半径 R 范围内的积分：

$$P_{\text{RadT dipole}} = 2\pi R^2 \int_0^\pi Z_0 \left(\frac{|I_0|l_0\sin\theta}{4\lambda R}\right)^2 \sin\theta \, \mathrm{d}\theta = \frac{Z_0\pi}{6}\left(\frac{|I_0|l_0}{\lambda}\right)^2 \quad (17.11)$$

定向性由下式给出：

$$D_{\text{dipole}} = \frac{4\pi P_{\text{Rad dipole}}}{P_{\text{RadT dipole}}} = \frac{3\sin^2\theta}{2} \quad (17.12)$$

比较辐射功率与电阻损耗所损失的功率是有一定作用的。假设偶极子是由电阻率为每平方米 ρ_w 的导线制成的，那么损耗由下式给出：

$$P_{\Omega\text{ dipole}} = 2\rho_w \int_0^{\frac{l_0}{2}} |I_0|^2 \left(1 - \frac{|z|}{\frac{l_0}{2}}\right)^2 \mathrm{d}z = \frac{1}{3}\rho_w |I_0|^2 l_0 \quad (17.13)$$

辐射效率 R. E. 由下式给出：

$$\text{R. E.} = \frac{P_{\text{RadT}}}{P_{\text{RadT}} + P_\Omega} = \frac{\text{P. F.}}{\text{P. F.} + 1} \quad (17.14)$$

功率因数 P. F. 可以表示为

$$\text{P. F.} = \frac{P_{\text{RadT}}}{P_\Omega} \quad (17.15)$$

当 P. F. ≪ 1 时，则 R. F. ≈ P. F. 对于偶极子则有

$$\text{R. F.}_{\text{dipole}} = \frac{Z_0\pi l_0}{2\rho_w\lambda^2} \quad (17.16)$$

因此功率因数在较低辐射效率的情况下与偶极子长度成正比。例如，当偶极子长度为 1/20 波长，则有 P. F.$_{\text{dipole}} \cong 0.079 Z_0/(\rho_w\lambda)$，当偶极子长度 1/100 波长，则有 P. F.$_{\text{dipole}} \cong 0.016 Z_0/(\rho_w\lambda)$。

3. 电小导线环

为了计算来自小环路中的电流的辐射，首先考虑小矩形环路的情况。然后将结果扩展到平面任意形状的环路。

考虑一个电小矩形环，其边与 x 和 y 轴平行。暂且只考虑平面中的远场电场，其中 $\phi = 0$，其远场的方向矢量的形式为 $\boldsymbol{r} = \boldsymbol{x}\sin\theta + \boldsymbol{z}\cos\theta$，其中 $\boldsymbol{x}, \boldsymbol{y}$ 和 $\boldsymbol{z}$ 是 x，y 和 z 方向上的单位长度方向矢量。因此有 $\boldsymbol{p}\cdot\boldsymbol{r} = p_x\sin\theta + p_z\cos\theta$ 和

$$\mathrm{e}^{\mathrm{j}k\boldsymbol{p}\cdot\boldsymbol{r}} = \mathrm{e}^{\mathrm{j}k(p_x\sin\theta + p_z\cos\theta)} = \mathrm{e}^{\mathrm{j}kp_x\sin\theta}\mathrm{e}^{\mathrm{j}kp_z\cos\theta} \quad (17.17)$$

将此代入式(17.5)中得到：

$$\begin{aligned}\boldsymbol{A}_{FF} &= \frac{\mu}{4\pi}\frac{\mathrm{e}^{-\mathrm{j}kR}\mathrm{e}^{\mathrm{j}kp_z\cos\theta}}{R}\iiint_v \boldsymbol{J}\mathrm{e}^{\mathrm{j}kp_x\sin\theta}\mathrm{d}v \\ &= \frac{\mu}{4\pi}\frac{\mathrm{e}^{-\mathrm{j}kR}\mathrm{e}^{\mathrm{j}kp_z\cos\theta}}{R}\left(\int_{x_1}^{x_2}\mathrm{d}x(\boldsymbol{x}I_0\mathrm{e}^{\mathrm{j}kx\sin\theta}-\boldsymbol{x}I_0\mathrm{e}^{\mathrm{j}kx\sin\theta})+\int_{y_1}^{y_2}\mathrm{d}y(\boldsymbol{y}I_0\mathrm{e}^{\mathrm{j}kx_2\sin\theta}-\boldsymbol{y}I_0\mathrm{e}^{\mathrm{j}kx_1\sin\theta})\right)\end{aligned}$$

(17.18)

将 x_1 和 x_2 之间平行于 x 轴的边和在 y_1 和 y_2 之间平行于 y 轴的边延伸并且与偶极子的情况一样，I_0 的大小对应其均方根 rms 的值。

相对于 x 的积分是针对平行于 x 轴的两个臂，并且这些臂所产生的作用彼此抵消。保留了平行于 y 方向两个臂的作用。积分内的指数可以使用泰勒展开式进行表示：

$$\mathrm{e}^{\mathrm{j}kp_x\sin\theta} = 1 + s_x + \frac{s_x^2}{2!} + \frac{s_x^3}{3!} + \cdots \quad s_x = \mathrm{j}kp_x\sin\theta \quad (17.19)$$

在积分中没有涉及展开的第一项。这使得第二项变得更重要，积分化简为

$$\begin{aligned}\int_{y_1}^{y_2}\mathrm{d}y(I_0\mathrm{e}^{\mathrm{j}kx_2\sin\theta}-I_0\mathrm{e}^{\mathrm{j}kx_1\sin\theta}) &\cong \int_{y_1}^{y_2}\mathrm{d}yI_0\mathrm{j}k(x_2-x_1)\sin\theta \\ &= I_0\mathrm{j}k\sin\theta(y_2-y_1)(x_2-x_1)\end{aligned}$$

(17.20)

$(y_2-y_1)(x_2-x_1)$ 是矩形回路的长度和宽度的乘积 $A_{\text{rectangular loop}}$，因此 A_{FF} 可以简化为

$$\boldsymbol{A}_{FF} = \frac{\mathrm{j}k\mu}{4\pi}\frac{\mathrm{e}^{-\mathrm{j}kR}\mathrm{e}^{\mathrm{j}kp_z\cos\theta}}{R}I_0\sin\theta A_{\text{rectangular loop}}\hat{y} \quad (17.21)$$

把式(17.21)代入远场的等式中得到：

$$\begin{aligned}E_\theta = 0 E_\varphi &= \frac{\omega\mu k}{4\pi}\frac{\mathrm{e}^{-\mathrm{j}kR}\mathrm{e}^{\mathrm{j}kp_z\cos\theta}}{R}I_0\sin\theta A_{\text{rectangular loop}} \\ &= c_{\text{rect}}I_0\sin\theta A_{\text{rectangular loop}}\end{aligned}$$

(17.22)

式中：C_{rect} 代表独立于 $I_0\theta$ 和环路尺寸的因子。它可以通过用 ω 和 k，光速 c 和波长 λ 来表示，$c\mu$ 和 Z_0 可以表示如下：

$$\frac{\omega\mu k}{4\pi} = \frac{4\pi^2 c\mu}{4\pi\lambda^2} = \frac{\pi Z_0}{\lambda^2} \quad (17.23)$$

$$c_{\text{rect}} = \frac{e^{-jkR}e^{jkp_z\cos\theta}}{R}\frac{\pi Z_0}{\lambda^2} \quad (17.24)$$

现在考虑在平行于 xy 平面中的任意轮廓的环 L_A，在 xz 平面中的点 q 处的远场，其电流 I_0 以逆时针方向绕其流动。为了计算远场，可以进行一个思考性的实验，其中环路所包围的区域填充有小型矩形环路，所有小环路都以 I_0 为中心沿逆时针方向环绕。在相邻的矩形环路之间的边界上，电流抵消，因此矩形环路内部的净电流为 0，与 L_A 相同。电流不抵消的唯一地方是外部边界处，这里的电流是 I_0，与环外的任意地方相同。因此，任意线圈的辐射场与矩形线圈网格的辐射场相同。矩形线圈网格的辐射是通过对各个环的场进行求和得到的，对于 E_ϕ，它是面积 $C_{\text{rect}}\sin\theta$ 的和，或者：

$$E_\varphi = c_{\text{rect}}I_0 A_{LA}\sin\theta \quad (17.25)$$

式中：A_{LA} 是环路所包含的总面积。

以上是针对 $\phi = 0$ 的远场点计算出来的。但是结果适用于 ϕ 取任意角度，可注意到由于 xy 平面中环的形状是任意的，所以可以围绕 $-\phi$ 得到 z 轴上的表达式，并得出相同的结果。所以上面的公式适用于所有 ϕ。

辐射功率密度由下式给出：

$$P_{\text{Rad loop}} = \frac{|\boldsymbol{E}|^2}{Z_0} = \frac{|c_{\text{rect}}|^2(|I_0|A_{LA}\sin\theta)^2}{Z_0} = Z_0\left(\frac{\pi|I_0|A_{LA}\sin\theta}{\lambda^2 R}\right)^2$$

$$(17.26)$$

辐射总功率由下式给出：

$$P_{\text{RadT loop}} = 2\pi R^2\int_0^\pi Z_0\left(\frac{\pi|I_0|A_{LA}\sin\theta}{\lambda^2 R}\right)^2\sin\theta d\theta = \frac{8Z_0\pi^3}{3}\left(\frac{|I_0|A_{LA}}{\lambda^2}\right)^2$$

$$(17.27)$$

欧姆损耗由下式给出：

$$P_{\Omega\text{ loop}} = \rho_w\oint dl\,|I_0|^2 = \rho_w p_{LA}|I_0|^2 \quad (17.28)$$

式中：P_{LA} 是环路的边界。

功率因数由下式给出：

$$\mathrm{P.F.}_{\text{wireloop}} = \frac{P_{\text{RadT loop}}}{P_{\Omega\,\text{loop}}} = \frac{8Z_0\pi^3}{3\rho_w p_{LA}}\left(\frac{A_{AL}}{\lambda^2}\right)^2 \tag{17.29}$$

为了与偶极子的结果进行比较,我们可以考虑一个边长为 l_0 的方形环。如果 $l_0 = \lambda/20$,那么 $\mathrm{P.F.}_{\text{loop}} \cong 0.0026Z_0/(\rho_w\lambda)$,并且当 $l_0 = \lambda/100$ 时,$\mathrm{P.F.}_{\text{loop}} \cong 2.1\times10^{-5}Z_0/(\rho_w\lambda)$。因此,对于使用长 20 英尺由相同导线所做的天线来说,偶极子的功率因数比环路的好 30 倍,对 100 倍波长天线而言,偶极子的功率因数是环形天线的 760 倍。

为了稍后与带状金属环的情况相比较,考虑线直径远大于趋肤深度是有其必要的。由于 $\rho_w = \rho_s/(\pi d)$ 中 ρ_s 是表面电阻率。因此可以得到:

$$\mathrm{P.F.}_{\text{wireloop}} = \frac{8Z_0\pi^4 d}{3\rho_w p_{LA}}\left(\frac{A_{AL}}{\lambda^2}\right)^2 \tag{17.30}$$

4. 带状金属的电小环

某些电小环形天线由金属条而不是导线构成,这样就可以减少环路的欧姆损耗。辐射场的计算可以看作是来自沿着 z 轴堆叠的电小线回路集合的场的总和。因此,除了计算电流密度与 z 的积分外,场计算还包含了上面的小导线环的计算,也就是说,式(17.25)可以修改为

$$E_\varphi = \int_{z_1}^{z_2} \mathrm{d}z\, c_{\text{rect}}(z) I(z) A_{LA}(z)\sin\theta \tag{17.31}$$

c_{rect} 中的 z 因子是 $\mathrm{e}^{jkz\cos\theta}$,其可以通过泰勒展开扩展为

$$\mathrm{e}^{jkz\cos\theta} = 1 + s_z + \frac{s_z^2}{2!} + \frac{s_z^3}{3!} + \cdots \quad s_z = jkz\cos\theta \tag{17.32}$$

当 k_z 较小时,常数项占优势,其他项可以忽略不计。通常环路具有恒定的横截面积 A_{LA},那么等式(17.31)的右边与等式(17.25)类似,辐射功率和辐射总功率的公式参见式(17.26)和式(17.27)。

欧姆损耗的公式为

$$P_{\Omega\,\text{strip loop}} = \oint \mathrm{d}l \iint_S \mathrm{d}S\rho\,|J|^2 = \rho p_{LA}\iint_S \mathrm{d}S\,|J|^2 \tag{17.33}$$

式中:ρ 是体电阻率,J 是电流密度,P_{LA} 是环路的周长,S 上的二重积分表示在条带横截面上的积分。电流密度的变化取决于环路几何形状;并且感应电流趋于被拉向金属带的内侧。同时它还取决于 z,因为电流集中在条带的角落附近。

因此,二重积分难以去计算电流密度。但是,对于许多应用来说,条的厚度明显大于趋肤深度,因此公式可写为

$$P_{\Omega\,\text{striploop}} = \rho_z p_{LA} \left(\int_{z_1}^{z_2} \mathrm{d}z (|J_{S\text{inner}}|^2 + |J_{S\text{outer}}|^2) + \int_{x_{\text{inner}}}^{x_{\text{outer}}} \mathrm{d}x (|J_{S\text{top}}|^2 + |J_{S\text{bottom}}|^2) \right)$$

(17.34)

式中:ρ_s是每平方的欧姆数的表面电阻率;J_s是表面电流密度;"内部"和"外部"分别用$x = x_{\text{inner}}$和$x = x_{\text{outer}}$表示条带的内部和外部表面;而"顶部"和"底部"表示条带的顶部$z = z_2$和底部$z = z_1$处的表面。上述积分很难去分析。但是,对于广泛适用于 VHF(甚高频频带;30~300 MHz)和 UHF 体载环路(如无线电寻呼机)的情况,已经进行了数值研究。这些数值研究已经表明可以做出以下近似表达:

$$P_{\Omega\,\text{striploop}} = \rho_S p_{LA} \beta \left(\int_{z_1}^{z_2} \mathrm{d}z 2 \, |J_S|^2 \right) = 2\rho_S p_{LA} \beta l_z \, |J_S|^2 = \rho_S p_{LA} \beta \frac{|I_0|^2}{2l_z}$$

(17.35)

$l_z = (z_2 - z_1)$是条带的宽度。换句话说,假设电流密度是恒定的并且沿着内侧和外侧,可以通过计算欧姆损耗来近似计算功耗。由于电流引起的附加损耗主要在条带的内侧并且集中在条的边缘处。顶部和底部的表面电流通过引入β因子来处理,其中$1 < \beta < \sim 1.6$。结合式(17.27),可以得到表达式:

$$\text{P. F.}_{\text{strip loop}} = \frac{16 l_z Z_0 \pi^3 \left(\frac{A_{AL}}{\lambda^2} \right)^2}{3\rho_S p_{LA} \beta}$$

(17.36)

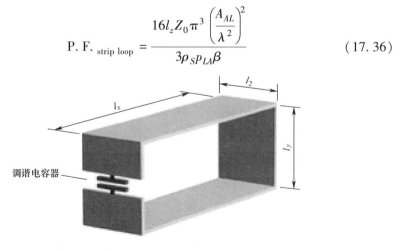

图 17.2 矩形环的尺寸

虽然调谐电容在其短边中的一个显著的位置上(请参见"邻近效应和失调"小节),但其位置对式(17.39)的有效性无关紧要。这就是与式(17.30)之间的区别:

$$\frac{\text{P. F.}_{\text{strip loop}}}{\text{P. F.}_{\text{wire loop}}} = \frac{2l_z}{d\pi\beta} \tag{17.37}$$

在无线电寻呼机中,通常有足够的空间可用于使用5mm宽的带状金属,或者可以使用较粗的电线(如1mm直径)来节省材料成本。

使用5mm宽的条带来代替直径为1mm的导线功率因数会提升$10/(\pi\beta)$,这个值(取决于β)介于2~3之间,或者3~4.8dB间。

并且由于式(17.14)计算P. F. 的较小值,这在辐射效率上给出了类似的差异。这似乎是一个非常有用的改进,然而正如在"远场噪声"小节中讨论的那样,通常这种天线性能差异对接收机的整体性能几乎没有影响。

对于人体携带的甚高频和超高频环路的应用,矩形环路尤为重要(请参见"近场效应和失谐"小节)。如$P_{LA} = 2(l_x + l_y)$,其中l_x是整个环路的长度,l_y是整个环路的宽度(见图17.2)。欧姆损耗的公式简化为

$$P_{\Omega\text{rectangular strip loop}} = (l_x + l_y)\rho_S\beta\frac{|I_0|^2}{l_z} \tag{17.38}$$

结合公式(17.26)给出

$$P_{\Omega\text{rectangular strip loop}} = \frac{\dfrac{8Z_0\pi^2}{3}\left(\dfrac{|I_0|^2 l_x l_y}{\lambda^2}\right)^2}{(l_x + l_y)\rho_S\beta\dfrac{|I_0|^2}{l_z}} = \frac{1.48 \times 10^{-23} f^{\frac{7}{2}} l_z (l_x l_y)^2}{\beta\sqrt{\rho_r}(l_x + l_y)} \tag{17.39}$$

式中:f是频率(Hz);l_x, l_y和l_z是以米为单位的回路尺寸;ρ_r是相对于韧铜的体积电阻率($1.72 \times 10^{-8}\Omega$m);并用体积电阻率公式计算了表面电阻率公式。

$$\rho_S = \sqrt{\pi f \rho \mu} \tag{17.40}$$

式(17.39)已经在工业中用于寻呼机接收机设计选择的早期评估中。在这种情况下,已经发现,与调谐电容器相关的损耗也可以通过增加β的估计值来达到3左右(Massey,2001)。

5. 电小线圈

来源于线圈的电场可以通过将它们近似为沿着平行于 z 轴的线圈轴间隔开的小环的集合。对于 N 匝线圈，线圈的辐射场由下式给出

$$E_{\varphi \text{coil}} = Nc_{\text{rect}}I_0 A_{LA}\sin\theta \qquad (17.41)$$

和

$$P_{\text{Rad coil}} = \left(\frac{N\pi |I_0| A_{AL}\sin\theta}{\lambda^2 R}\right)^2 \qquad (17.42)$$

辐射总功率由(17.43)式给出

$$P_{\text{Rad coil}} = \frac{8Z_0\pi^3}{3}\left(\frac{NI_0 A_{AL}}{\lambda^2}\right)^2 \qquad (17.43)$$

指向性由式(17.44)给出

$$D_{\text{coil}} = \frac{4\pi P_{\text{Radcoil}}}{P_{\text{Radcoil}}} = \frac{3\sin^2\theta}{2} \qquad (17.44)$$

这与电小偶极子的方向性公式相同。由于上面的公式适用于所有 N，也包括 N=1 的情况，所以环路具有与单匝线圈相同的方向性。至于回路和一般线圈，P_{Rad} 和 $P_{\text{Rad}T}$ 仅取决于总电流 I_0 并且独立于导线或条带的横截面；方向性与导线或条带的尺寸与横截面无关，欧姆损耗为

$$P_{\Omega \text{coil}} = N\rho_w p_{LA} |I_0|^2 \qquad (17.45)$$

所以，

$$\text{P.F.}_{\text{coil}} = \frac{8NZ_0\pi^3}{3\rho_w p_{LA}}\left(\frac{A_{AL}}{\lambda^2}\right)^2 \qquad (17.46)$$

直接看上去，式(17.46)似乎表明线圈比环路有优势，即功率因数提高了 N 倍，其中 N 是匝数。如果仅限于使用特定的导线，那么线圈确实比环路有优势。但考虑如果使用具有一根导线的回路，但是有 N 股线圈，优势就将不会这么明显。总电流 I_0 保持不变，并且等式 (17.27) 成立。但是，假设导线直径明显大于趋肤深度，则欧姆损耗与导体横截面周长的倒数成比例，并且减小了 N 倍。因此，用一个导线由 N 股导线制成的回路相比，导线束没有性能优势。

在实际中，环形天线很少由多股导线制成。使用金属带通常节省多股导线所占据的多余空间。

线圈受欢迎的原因是它们的阻抗高于环路，这对于使用无线阀门接收器应

用来说尤其重要。在这些应用中使用包括一个阻抗变压器线圈天线的替代方案,该变压器本身使用线圈制造,并且价格相对昂贵。

由于电小环路或线圈的辐射与环路或线圈横截面的面积平方成正比,而偶极子的辐射与偶极子长度平方成正比,但随着天线尺寸的减小,电小环路比偶极子天线更快速地变得低效。尽管偶极子型结构的效率更高,但是环形天线由于其多个优点而仍然被使用。这些优点呈现在以下几个方面:

(1) 人为电噪声:人为干扰的近场主要是电子的。因此,对电近场不敏感的天线不易受这种噪声干扰。

(2) 调谐组件的品质因数:电小环路天线需要电容器来调谐组件。一般而言,这些电小环路天线具有比电小偶极天线所使用的电感器更高的品质因数,因此损耗更小。

(3) 接近失谐:附近的物体,如金属板和人体可以调谐电小天线。失谐量取决于天线的类型和方向,某些环形天线的形状和优选方向更适用于许多 VHF 和 UHF 安装应用中。

以下各节将更详细地介绍这些优点。

17.2.3　接收天线和人为电噪声

1901 年马可尼在第一次成功跨大西洋通信时,对于接收天线,他使用了一根悬挂在风筝上的长导线天线(实际上是一个电单极天线)。然而到了 20 世纪 30 年代,环天线几乎用于所有消费类无线电接收机。天线类型发生这种变化的原因是在过去的 30 年中,人为电噪声大大增加。当这种噪声来自附近的声源并且接收器处于声源的近场时,噪声通常具有更大的电场,并且环形天线具有明显的优势,因为它们对电场不敏感——参见"近场噪声"。噪声源进一步降低了影响天线性能优势的因素——请参见"远场噪声"节。

1. 近场噪声

对于距离比波长更小的噪声源,噪声主要来自电场。因此,对磁场更为敏感的环天线会减少近场噪声(Blok and Rietveld,1955)。近场噪声中溢出的电场在长波长和中波长处特别强,有时称为"空中效应"。在抑制近场噪声时,确保天线真正起到环天线的作用,并且不会无意中耦合到附近导体以形成偶极天线这点非常重要的。这个问题在"邻近效应和阻塞"小节中讨论。

2. 远场噪声

电小环路和线圈天线通常比长导线天线效率更低(损耗更大)。然而,到了 20 世纪 30 年代,人为环境噪声的增加使得由于天线自身损耗造成的性能下降没有那么明显。对此全面分析需要讨论噪声系数及其在系统噪声分析中的应用[参见实例 ITU(2001)](原文是这么写的),这超出了本章的范围。大环境噪声减少天线损耗的影响机制可以用一些例子来解释。

接收机精确检测信号传输的能力受限于信号的功率电平 P_{SO} 与接收机输入端的随机噪声功率电平 P_{NO} 的比值。如果天线是无损的,那么这些功率将对应于天线接收的信号功率 P_{SI} 和噪声功率 P_{NI}。但是,天线损耗会降低该比率,即 P_{SO}/P_{NO}。因此,研究信号与噪声如何随天线损耗发生变化很重要,可以参考下式:

$$f_a = \frac{\dfrac{P_{SI}}{P_{NI}}}{\dfrac{P_{SO}}{P_{NO}}} = \frac{P_{SI}P_{NO}}{P_{SO}P_{NI}} \qquad (17.47)$$

(如果在讨论双端口电路的输入和输出功率,那么这个比率将被称为"天线噪声因素",以 dB 为单位的值通常称作噪声系数,然而,术语"天线噪声系数"通常应用于描述环境噪声超过热噪声的情况,为避免混淆,术语"天线噪声因素"和"天线噪声系数"将不在本小节的其余部分中使用。)

对于一个理想天线,入射到天线上的信号将从空间转移到天线终端,并且不会引入额外的噪声: $P_{SO} = P_{SI}$, $P_{NO} = P_{NI}$ 并且 $f_a = 1$。但是不能忽略,实际天线由于电阻损耗而衰减。这不仅降低了信号和来自大气的噪声,而且还会引入与天线温度成比例的噪声。因此,对于实际天线而言,$f_a > 1$。如果衰减由 $g < 1$ 来表示,那么 $P_{SO} = gP_{SI}$,并且空间输出的噪声功率是 gP_{NI},输出处的总噪声功率是空间加上由天线电阻产生的噪声: $P_{NO} = gP_{NI} + (1-g)kT_0B$ 其中 k 是玻尔兹曼常数,T_0 是天线结构的温度,B 是测量功率的带宽。代入 f_a 的公式即:

$$f_a = \frac{1}{g}\frac{gP_{NI} + (1-g)kT_0B}{P_{NI}} = 1 + \frac{(1-g)kT_0B}{gP_{NI}} \qquad (17.48)$$

假设一个匹配良好的接收天线是有损的,如它只有 10% 的效率。那么 $g = 0.1$ 和 $f_a = 1 + 9KT_0B/P_{NI}$。入射环境噪声功率与天线结构的噪声温度的关系为,P_{IN}

$= kT_0B$，则$f_a = 1 + 9 = 10$，或以 dB 表示，天线损耗可将信噪比降低 10dB。因此，对于这种低环境噪声的例子，信号衰减 10dB，环境噪声衰减的 10dB 由天线电阻引入的噪声组成。

在高环境噪声环境中考虑相同的接收天线，如果环境噪声水平 $P_{NI} = 9kT_0B$ 并且 $f_a = 1 + 9 \times (1/9) = 2$，以 dB 为单位，信噪比降低 3dB。高环境噪声的存在降低了由于天线引起的信噪比的增加。为了在 $P_{NI} = kT_0B$ 时达到相同的 3dB 劣化水平，天线效率必须达到 50%。

在北美、欧洲和其他许多地域的城市和农村地区，人为电磁噪声已达到不容忽视程度。在这些地区频率达到 100MHz 时，天线捕获的噪声功率通常比 kT_0B 高出一百倍或 20dB。对于效率为 10% 的天线在这种环境下，信噪比仅降低 0.37dB。为了在 $P_{IN} = kT_0B$ 的情况下实现这种有限的降级，天线效率必须要达到 92%。

由于在下一段中解释的原因，将导致 P_{NI} 的人为噪声功率随着频率的降低而增加。因此，人为噪声对降低天线效率引起的性能退化在较低的频段更明显。相反，对于较高的 UHF 频段和更高的频段，人为噪声功率太低以至于接收天线的性能受其天线效率的影响比较大——即信噪比增加 ndB，损耗也增加 ndB。

大气人为射频噪声具有功率密度谱（W/m²/Hz），其频率随位置而变化。然而，由接收天线接收到的人为噪声功率（以 W/Hz 为单位）的数量是功率密度谱和天线接收面积的乘积，并且 P_{NI} 是在计算天线损耗之前接收到的噪声功率。发射和接收天线与 Friis 方程之间的互易关系表明，无损接收天线的接收面积与波长平方或频率平方的倒数成正比。该反平方的关系使表明 P_{NI} 随着频率的增加其衰减的比任何功率密度频谱的增长更快，并且意味着不论位置如何，随着频率降低，人为噪声功率 P_{NI} 快速增加。见 Wagstaff 和 Merrickd（2003）系列 P_{NI} 如何随频率变化的例子。

17.2.4 调谐组件和品质因数

本小节讨论组件和电路的品质因数，以及它们在电小偶极子和环路性能方面的重要意义。还包含了如何求解电小环形天线的电感及其调谐电容方面的讨论。

1. 品质因数

电小的偶极子需要电感来调节，环形天线需要电容来调节。与这些调谐组

件相关的电阻损耗对天线性能有不利影响。组件制造商根据品质因数指定的损耗如下，电容器的品质因数 Q_C 和电感器的品质因数 Q_L 定义为

$$Q_C = \frac{2\omega E_C}{P_C} = \frac{1}{\omega C R_{SC}}, Q_L = \frac{2\omega E_L}{P_L} = \frac{\omega L}{R_{SL}} \quad (17.49)$$

式中：E_C 是电容器中存储的时间平均能量；P_C 是电容器消耗的时间平均功率，C 是电容；R_{SC} 是当与无损耗电容 C 串联时损耗功率 P_C 的电阻；E_L 是存储在电感器中的时间平均能量；P_L 是电感消耗的时间平均功率；L 是电感；R_{SL} 是与理想无损耗电感 L 串联时耗散功率 P_L 的电阻。

电路的品质因数是其储存能量与每个周期消耗的能量之比。对于串联或并联 LC 电路，总功耗 P_T 可以表示为

$$P_T = P_C + P_L \quad (17.50)$$

然后

$$\frac{P_L}{\omega E_T} = \frac{1}{Q_T} = \frac{1}{Q_C} + \frac{1}{Q_L} \quad (17.51)$$

式中：E_T 是存储在电路中的能量，并且当该能量在电感和电容之间转换时，$E_T = 2E_C = 2E_L$ 成立。

LC 电路具有重要意义是因为：

（1）一个电小偶极子所表现出来的性能就像一个电容，它具有与之相关的欧姆损耗和辐射电阻损耗。它使用电感来进行调谐。

（2）电小环或线圈所表现出来的性能就像一个电感，它具有与之相关的欧姆损耗和辐射阻抗损耗阻。它使用电容来进行调谐。

考虑到这一点，式(17.50)可以写成：

$$P_T = P_{\text{antenna}} + P_{\text{tune}} = P_\Omega + P_{\text{Rad}T} + P_{\text{tune}} \quad (17.52)$$

式中：P_{tune} 是调谐组件的欧姆损耗，在"辐射和损耗"小节中，P_Ω 是天线的欧姆损耗；$P_{\text{Rad}T}$ 是天线的辐射功率。式（17.52）可以改写为

$$\frac{1}{Q_T} = \frac{1}{Q_{\text{antenna}}} + \frac{1}{Q_{\text{turn}}} = \frac{1}{Q_\Omega} + \frac{1}{Q_{\text{Rad}T}} + \frac{1}{Q_{\text{turn}}} \quad (17.53)$$

由调谐元件引起的欧姆损耗的增加与具有理想调谐元件的欧姆损耗之比为

$$\frac{P_\Omega + P_{\text{tune}}}{P_\Omega} = Q_\Omega \left(\frac{1}{Q_\Omega} + \frac{1}{Q_{\text{tune}}} \right) = 1 + \frac{Q_\Omega}{Q_{\text{tune}}} \quad (17.54)$$

制造商的数据表中列出了大多数商用电容和电感的品质因数,市售电容的品质因数通常为几千。市场上可买到的电感通常品质因数从 20~200 不等。由于电小天线通常比调谐元件大得多,电流分布在较大的导电表面上,所以电小偶极子的欧姆损耗品质因数 Q_Ω 通常比电容的 Q_C 好一点,电小环或线圈的因子 Q_Ω 通常比电感的 Q_L 好一点。所以可以发现,对于一个电小偶极子,有

$$\frac{Q_\Omega}{Q_{\text{tune}}} \approx \frac{\sim 2000}{20 \sim 200} 与 \frac{p_\Omega + p_{\text{tune}}}{p_\Omega} > \sim 11 \quad (17.55)$$

对于电小环路有

$$\frac{Q_\Omega}{Q_{\text{tune}}} \approx \frac{20 \sim 200}{2000} 与 \frac{p_\Omega + p_{\text{tune}}}{p_\Omega} > \sim 1 \quad (17.56)$$

因此,用于调整电小环路或线圈的电容,通常比用于调谐电小偶极子电感的损耗小得多。

2. 计算电小环路或线圈天线的电感

有几种计算电感的方法。有针对各种环形和线圈的计算公式,如 Balanis(2005),针对简单的圆形截面导线回路以及 Grover(2009),针对多种回路和线圈配置的选择。近年来,电磁仿真在计算电感方面比公式更有用并且通常更精确,而且可以为其环境中的实际回路建模,如适用于接收器可变的非圆形形状和变化的横截面,就要考虑接收器内附近金属件的影响。然而,实际上,这些理论方法通常都不能解释环路/线圈的电感起到的所有作用,这可能包括制造公差和结构变化。因此,确定电感最可靠方法就是测量。在无线电和微波频率下,确定天线环路/线圈电感的实际方法是将调谐电容置于线圈两端,并使用网络分析仪扫描天线的最低谐振频率。然后从谐振频率 f_0 和调谐电容器 C 的已知电容值计算电感 L:

$$L = \frac{1}{(2\pi f_0)^2 C} \quad (17.57)$$

使用网络分析仪确定谐振频率的方法取决于在环路/线圈天线上连接方式。如果网络分析仪连接在环路/线圈的两端,则对阻抗峰值大小的最低频率进行扫描。注意在这种情况下,环路/线圈和网络分析仪之间的连接使用平衡线路或平衡—不平衡变压器很重要;否则,结果将受到不平衡馈电外导体表面电流的影响而不准确。

或者,如果匹配电路已经搭建好(关于匹配电路类型的讨论参见"匹配"小节),那么网络分析仪可用于找到插入损耗中出现峰值的最低频率。

上述用于确定天线电感谐振方法的精确度通常受调谐电容器的值的公差限制。这些都会随电容器类型和系列而变化,但通常都在 2%~10% 之间。这些公差也限制了电小环/线圈天线的工作频率可以使用现成的固定装置预置的精度。对于固定频率天线,使用可调节的微调电容器与固定电容器并联是一种不错的方法,这样天线的频率可以在使用前进行调整。

17.2.5 邻近效应与失谐

在本小节中,为了设置解释环形天线优点的场景,我们首先讨论偶极子的邻近失谐,对于电小型偶极子和电小型环形线圈天线,失谐可以通过以下方式发生:

(1) 电容耦合到附近的物体——这个额外的电容增加了调谐电容。

(2) 电感耦合到附近的物体——附近的金属表面产生与环路上的电流相反的电流,并起到减小电感的作用。

所以接近的电容性耦合降低了谐振频率,接近的电感性耦合增加了谐振频率。下面介绍一些示例。

以下所有示例在其图中均显示了导电体表面。这些是用来表示如薄片或厚导电体如金属块表面的,由于人体是由高介电损耗的传导流体和组织构成,对天线也有类似的影响。图 17.3 显示了一个垂直于导体表面的偶极子,主体的电容性耦合发生在电偶极子靠近导体表面的那一端,然而,由于导电体相对远离上臂,该电容对调谐影响很小。相比之下,图 17.4 显示了偶极子平行于导体表面放置的情况。每个尖端与导电体之间的电容远大于尖端之间的电容。因此,导电体的存在提供了使天线失谐的尖端间的高电容路径。此外,导体中激发的电流与偶极子中的电流方向相反,因此抵消了其辐射。

上述结论是,偶极子天线适合在导体附近使用,只要它们的取向垂直于导体表面即可。但对于人体安装的设备,天线的伸出通常是不合需要的,所以很难将偶极子天线垂直于人体进行设计放置,正如以下所讨论的,环形天线提供了一种可以在身体上的低轮廓替代方案。

图 17.5 和图 17.6 显示了电小环路中的邻近耦合的一些示例。这些形状使

用一个长且相对较窄的环,这是一种常见的形状,因为它适合于安装佩戴在用户身体旁的口袋中的寻呼机之类的装置上。有关如何将这种类型的环形回路安装在无线寻呼机中的示例,请参见图17.9。

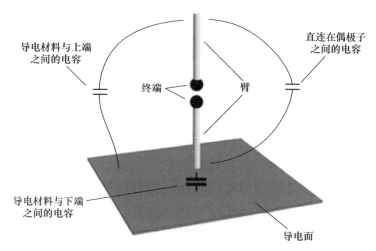

图17.3 偶极子垂直于导体表面

黑色线条显示尖端之间以及从尖端到导电表面之间的近似等效电容。从一个尖端到另一个尖端通过的空间,经过导电表面(如图中左边的路径和下中心的路径)的场线距离大于直接在尖端之间通过空间传导的场线距离。这表明由于存在导电表面而引起的尖端之间的附加电容小于自由空间中尖端之间的原有的电容。

当我们将环形天线安装在身体佩戴的设备中时,为了避免图17.5中讨论的电感感应电流的不利影响,重要的是要将环形天线所在的平面垂直于身体的表面进行放置。并且为了避免在图17.6所示的放置形式中看到的电容性失谐,而将调谐电容器安装在环路长边的末端显得很重要,图17.7显示了调谐电容器的优选位置和接近导电体时的环路方向。

除了引起失谐和减少辐射的问题之外,邻近耦合还会增加耦合噪声。耦合噪声的增加会通过以下两种方式发生。首先是如果附近的结构自身携带噪声。电源线是一个常见的例子,除了承载50~60Hz的电源信号之外,它们的电流可

以被从连接设备中接收到的射频噪声干扰。其次，如果将偶极子型天线结构添加到环路或者线圈中会产生电容性耦合。然后偶极子结构接收近场电场，利用环路降低近场噪声的优势将被削弱。

可用于电容性邻近耦合的电容，环路或线圈的大小成比例。邻近电容的影响取决于环路/线圈的电感及其调谐电容。如果线圈的圈数越大，那么调谐电容会更小。邻近电容将更加显著。与几圈或单圈的相同规格的导线相比，大圈数的大量金属线也增加了邻近电容。

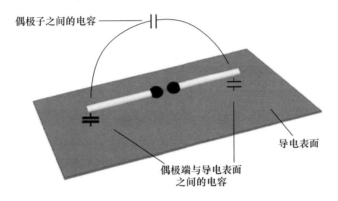

图 17.4　偶极子平行于导体表面

黑色线条显示尖端之间以及从尖端到导电表面之间的近似等效电容。从一个尖端到另一个尖端通过空间，经过导电表面(如图中左边的路径和下中心的路径)的场线的距离远小于直接在尖端之间通过空间传导的场线距离。这表明由于存在导电表面而引起的尖端之间的附加电容远大于自由空间中尖端之间的电容。

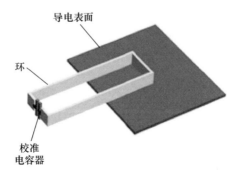

图 17.5　与环形回路之间的电感性邻近耦合

平行于环路平面(或垂直于线圈轴线)的导电片的存在降低了环路(或线圈)的电感,因为电流在与环路中的反方向传导的导电片中被激发。因此,天线的谐振频率得到了增加。

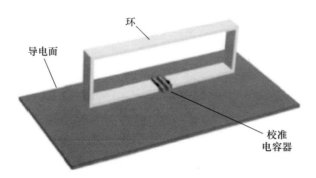

图 17.6　与环路间的电容性邻近耦合

环路和导电片之间的电容增加了调谐电容的电容,降低了谐振频率。将调谐电容放置在环形天线长边的中间是最差的位置,由于天线容易因电容耦合而发生失谐,其机理如图 17.4 所示。当电片放置在天线长边附近且不放置调谐电容器时,就会发生这种情况。为此,调谐电容器通常放置在狭窄的一侧或附近。

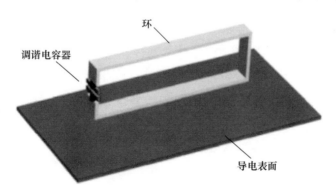

图 17.7　导电体旁边的电小环路的优选位置和取向

在 20 世纪初,技术人员使用多匝线圈在调谐电容器两端提供最大电压和高阻抗,以便直接驱动广播无线电接收器的阀门电网。据了解,使用单匝回路将减少邻近电容的影响并减少近场噪声。但是,为了满足阀的输入级的阻抗要求,我们将需要变压器,这会增加产品的成本(Blok and Rietveld,1955),结合软铁氧体

高导磁率芯可以减小线圈的直径,从而减少邻近的电容耦合。在 Blok 和 Rietveld 于 1955 年发表的文献和 Snelling 于 1988 发表的文献中可以找到使用软铁氧体磁芯的建议。软磁铁氧体已成功用于提高线圈和环形天线在达到甚高频频率下的性能。然而,软磁铁氧体的磁导率降低,并且损耗随着频率的增加而增加,在甚高频外,空心环形线圈具有最佳性能。

17.2.6 匹配

图 17.8 展示了一些可能情况下的匹配结构。可看出,其中大多数结构具有非常相似的特性(Massey,2009),因此匹配结构的选择由除了提供最佳射频(RF)性能之外的其他因素决定,例如:

(1) 图 17.8(a)中所示的调谐电容的直接连接提供了最高的阻抗。

(2) 图 17.8(b)中所示的电容桥很容易在印刷电路板(PCB)上实现,环的末端连接到印刷电路板(PCB)上。具体实际应用见图 17.9。

(3) 通过图 17.8(c)中的回路或线圈进行过环攻丝对于实验工作是非常实用的,因为可通过移动攻丝点来调整阻抗匹配。现实应用见图 17.10。

(4) 利用图 17.8(d)中的一个小耦合环路进行感应耦合,将巴伦构建为耦合结构。这通常是由于天线和耦合回路之间磁通量的不完全传递与接收为代价来实现小的损耗(通常约 1dB 或更小)。

这些示例中的前三个要求要么连接到平衡端口,要么使用巴伦。

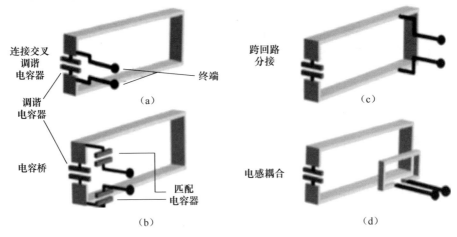

图 17.8　一些环形或线圈天线的匹配方式

图 17.9　在寻呼接收机中实现电容电桥电路

图 17.9 是移除了外壳和电池的无线电寻呼机,其中可将环形天线镀银以获得最大的导电性。匹配电路如图 17.8(b)所示,并且接收器具有平衡输入端口。然而,为了使调谐电容和匹配电容安装在 PCB 上,回路的末端被焊接到 PCB 的轨道上。调谐电容由微调电容与固定电容并联组成。这是因为固定电容器通常具有比可调电容器更大的 Q 值;另一方面是因为大部分调谐电容由固定电容供电,调谐范围仅包含所需调整的范围(而不是中心频率的两倍范围,如果仅依靠微调电容来提供所有调谐电容)。因此,调整器旋转角度的调谐频率的变化会较小,并且使天线调谐更容易。这是因为如果其靠近环形天线,对电机内的永磁体会造成重大损失。

17.3　全波环路天线

17.3.1　介绍

最后部分的电小天线必须始终用电容器进行调谐,以使其工作在所需的频率。本节讨论一种足够大到可以产生自谐振的环路,在环路中的间隙之间的端子之间具有有限的电阻和非常低的电抗。随着环路尺寸的增加,当环路的周长约为一个波长,即全波环路时,将发生自谐振。与电小环路相反,全波环路通常具有良好的效率,并且可用于高效传输以及接收见图 17.10。

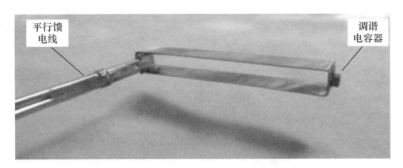

图 17.10 在一个环路上采用平衡式馈电进行攻丝

在一个平衡馈点上对环路进行直接攻丝的结构平衡式馈线由两根 50Ω 同轴半刚性电缆焊接在一起组成。电缆内径由一个等功分及 180° 相差的功分移相器馈电,将不平衡的 50Ω 馈线转换为两个彼此相位差 180° 的 50Ω 信号,从而获得 $50\Omega + 50\Omega = 100\Omega$ 的平衡阻抗。为了能够在电路和天线之间轻松连接和断开,一些插座已经焊接到天线上,并且将装配到插座中的导线焊接到同轴电缆内导体的端部。这种结构上的安排用于测量不同形状环路的性能,并用于测量靠近环路的部件带来的影响。单个可调整的调谐电容器提供非常大的调谐范围,但是它非常敏感。对于批量生产来言,优先使用与可调电容器并联的固定电容器进行调谐,具体实物见图 17.9。

本节内容安排如下:"谐振全波环路"小节讨论了基本的全波环路结构,强调其辐射电阻通常约为 200Ω 或更高。后续的小节详细介绍了如何添加其他功能来优化全波环路并调整其性能。

"与金属结构接近的谐振全波环路"一小节描述了全波环路的自身谐振阻抗如何通过将环路放置在导电结构周围而降低到适合于直接连接到低阻抗(如 50Ω)端口的值。为了说明原理,以平板电脑的电子设备等平面导电结构为例。此后的章节分别展示了频率调谐方法(小节"调谐谐振环天线")和如何创建圆极化(小节"圆极化共振环形天线")。接下来,引入寄生回路来修改频带范围(小节"双频段谐振环形天线")。这些可以与创建圆极化的方法相结合论述,如章节"双频段和圆极化共振环形天线"中所述。

其余小节用来描述用环路创建定向天线的方法。首先,在小节"平面反射器上的谐振环"中考虑了接地平面上的环形回路。子章节"定向谐振环形天线

阵列"讨论了寄生元件之间的间距,以创建一个具有高方向性的八木天线阵列。制造高效且结构相对紧凑的定向天线的另一种方法是将共用馈电回路安装在接地平面上方大约四分之一波长处。方式极化形式在章节"平面反射器(双锥天线)上的双菱形/圆形环形天线"进行了详尽的描述,而圆极化形式在"圆形偏振双菱形/环形平面反射器上的环形天线"小节中得以详细描述。最后,带宽扩展的方法在子章节"具有寄生环路的宽带圆极化双菱形环形天线"中进行了详尽的描述。

17.3.2 全波谐振回路

全波环路结构可以几乎是任何形状,如圆形、正方形、菱形和三角形,如图 17.11 所示。全波环路结构可以由三维结构构造(如由导线或管)。它也可以具有平面结构,如由金属片制成或蚀刻到印刷电路板的导体上。全波共振环形天线通常由一对(通常是弯曲的)并联的半波振子近似,因为它们的电流和电压分布与全波环路类似。近似的偶极子对在相位上产生谐振,并且在电流几乎为零的尖端连接。在彩图 17.11 中,这些连接点用红色点表示并标记为 $I_{\min}$。

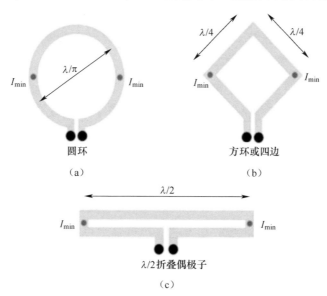

图 17.11 全波环形天线的一些例子(彩页见书末)

在共振时,圆形和方形环形天线的辐射电阻约为 200Ω,并且折叠的半波偶

极子的辐射电阻约为 300Ω。辐射方向通常与天线所在平面垂直(垂直于图面)。对于图示的所有天线,辐射方向图是立体环形的(甜甜圈形),其最小辐射方向在图中为水平方向。辐射方向性随着形状变化而略有变化,因此圆形环路的最大方向性系数约为 1.5(1.76dBi),方形环路的最大方向性系数为 1.7(2.3dBi),折叠半波振子的最大方向性系数为 1.64(2.15dBi)

17.3.3　接近金属结构的全波谐振环路

通过有意将环路连接到周围的结构如电路板或金属外壳,可以利用谐振回路在其馈电点处具有较大的特性阻抗(表示从此处开始的环路特性阻抗)这一特点创建具有宽和低轮廓的高效辐射天线。为了解释其工作原理首先考虑一个全隔离的大型全波环形天线,设计工作在 500MHz,由 50Ω 馈线进行馈电。彩图 17.12 中的左上图显示了一个矩形环路示例。在该图中,环路以黄色表示,FR4 印刷电路板用绿色表示,天线馈点的位置以红色表示。印制电路板长 200mm,宽 100mm。

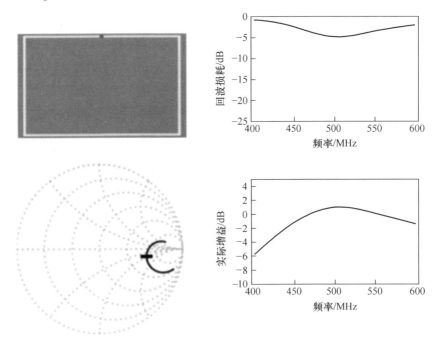

图 17.12　FR4 板上的基本矩形全波回路(彩页见书末)

第17章　环天线

在500MHz时,可以看到输入阻抗超过150Ω,回波损耗> −5dB,实现的增益并不理想,在+1dBi左右。导致其实际增益不理想的主要原因是因为天线的输入阻抗与50Ω馈线间的阻抗严重失配(实际增益被定义为在相同输入功率的条件下,天线在某方向上某点产生的功率密度与理想点源(各向同性天线)在同一点产生的功率密度的比值)。还应注意,工作在500MHz处的天线具有较大尺寸使其占据了很大的面积。

该图从左上角开始按顺时针顺序依次展示了天线的回波损耗,垂直于天线所在平面的天线实际增益,还有将天线反射系数反映到特性阻抗为50Ω的归一化史密斯圆图(频带范围均是400~600MHz)。在史密斯圆图中,标记放置在500MHz处现在考虑在其他组件存在的情况下运行相同的天线,作为例子,彩图17.13显示了一个在天线内部大部分区域填充了一块铜制的接地板(由一个大的黄色矩形表示),该例中被表现为一块电路板。然而,这种结构也可以是金属壳体或其他导电的组件。在这种情况下环路与铜制接地表面之间发生的耦合导致环路特性阻抗的改变。可以使用这种附加结构来改善环形天线的性能,因此它被认为是一个(合作)的结构。

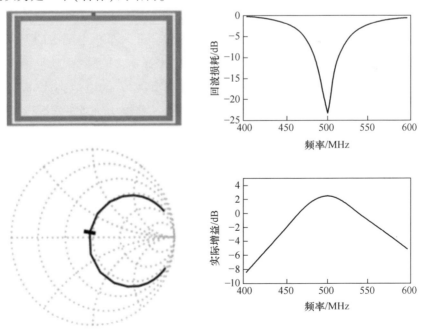

图17.13　在FR4介质薄片上对匹配阻抗进行改变的基本全波回路(彩页见书末)

考虑图 17.13 的示例并与图 17.12 进行对比,可以看出,接地平面的增加导致环路特性阻抗的显著变化。由此产生的阻抗现在更接近馈入的输入阻抗 50Ω,因此结构上的改变导致了天线的匹配和整体性能的改善。图 17.13 的其余图片表明,当天线工作在设计频率 500MHz 处,谐振明显更强,天线的回波损耗< 20 dB。实际增益也增加到超过 2.5dBi。

该图来自 CAD 文件。平板电脑的后盖已被拆除,用以显示黄色突出部份表示的环路,并且其宽度已被放大(加倍)以提高可视性。环路围绕在平板电脑 PCB 板的周边内部,但是通过平板电脑前盖的边缘沿着最靠近两侧的大部分环路并不能从图中看见。馈点位置用红色表示,图中的银色矩形片表示覆盖屏幕驱动电路的铝片。平板电脑的屏幕无法看到,因为它位于视图的远端。请参见图 17.15 以获取更详细的 CAD 模型,主板上装有电路和电池,图 17.16 显示了实际生活中一个用来演示的模型及其测量结果。

1. 应用示例

考虑一个现实生活中的例子,将图 17.13 所示的原理应用于一个小型平板电脑上。在这个例子中,平板电脑周围插入了一个单圈谐振环形天线,环形天线被设计为在大约 400MHz 频率下工作。环的位置与平板电脑中的其余结构紧密耦合,以便适当地修改阻抗。图 17.14 中显示出了并入平板电脑中的天线的简化计算机辅助设计(CAD)视图。环路以黄色突出显示,并紧密跟随平板电脑外壳的边界。对于此演示示例,该回路设计可使具有触摸屏,电池,电路板以及包含 WiFi 天线和大型 NFC(近场通信)天线的后盖这些结构时能正常运行。

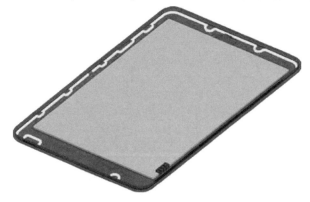

图 17.14 平板电脑屏幕周围的谐振环天线

图 17.15 中的左上角显示了平板电脑的更详细的 CAD 图像,主板上装有电路和电池。然而,为了实现环形天线,这种部件使用了结构塑料,这可以防止环形天线的短路。图 17.15 的其余部分显示了所安装的天线获得的模拟仿真结果。在这个演示示例中,如果没有额外的匹配,天线的阻抗在中心频率(410MHz)处约为 25Ω,实际增益为 0.7 dBi,−3dB 增益带宽超过 50MHz。410MHz 为该特定天线的谐振频率。该天线也可调谐到其他频率,将在"调谐谐振环形天线"小节中讨论。

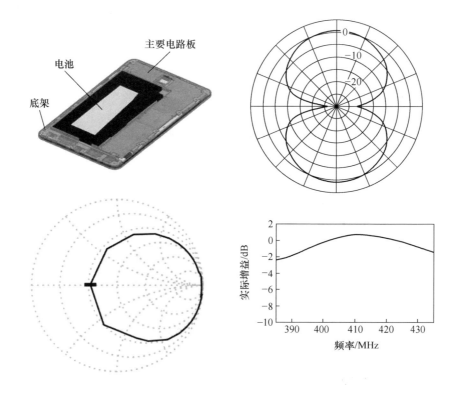

图 17.15 平板电脑屏幕周围的全波天线的仿真结果

该图从左上角开始按顺时针顺序依次显示了①背部已移除的平板电脑的 CAD 模型②垂直于沿平板长轴切割平板平面的切面实际方向图③在垂直于平板平面的方向上的实际增益与频率的关系曲线④将 380MHz 和 440MHz 之间的 S11 回波损耗绘制在史密斯圆图上,中心归一化阻抗为 50Ω。在史密斯圆图中,

标记处频率为410MHz,对应于此天线的谐振频率。

2. 测试样本与测试结果

如图17.16(a)所示,制造了一款真实生活中的模型,其中包括一台带有改装环形天线的平板电脑。为了清晰起见,我们显示了移除后盖与NFC天线的平板电脑。图17.16(b)中测量并说明了改装天线的实际增益。图17.16(a)还显示了测量中使用的轴的方向。为了测量方便有效,天线与图17.16(a)中的图像相比被"倒置"安装,使得其测试电缆下垂并且在其未穿过环形天线的情况下连接到馈电电缆。

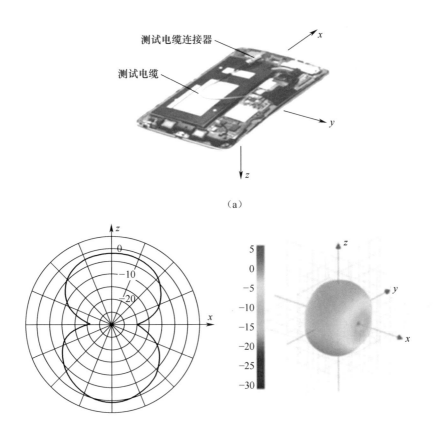

(a)

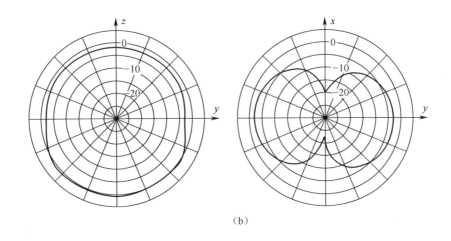

(b)

图 17.16 平板电脑及其辐射测量结果

该结构的实际的谐振频率发生在 425MHz，该频率略微高于预期值。这是因为在该仿真中应用了大量简化措施，其目的是为了能够实现初步设计。实际中有许多细节在仿真中并没有体现。然而，回波损耗和增益响应（图 17.16 未示出）的测量值与仿真结果是一致的。为了论证这种多结构协同工作的原理，图 17.16(b) 中给出了在 425MHz 频点的实际增益方向图。

从图 17.15 的仿真结果和图 17.16 的测量结果可以看出，具有高阻抗的全波回路结构非常适用于天线与金属结构共存的应用。这些金属结构可以与环形结构协作使用，以实现良好的天线性能。对于其他更常见的天线，如贴片或印制倒 F 天线(PIFA)，金属结构的存在对安装的天线性能会产生更大的不利影响。

17.3.4 调谐谐振环形天线

谐振环形天线表现的性能与一对连接的偶极子天线类似（参见"全波谐振环形天线"小节）。这个概念可以被认为是以下一些降低大型环形天线谐振频率的理论依据（出发点）。环形天线的两个高电流节点位于其组成部分的偶极子天线的中心。如图 17.17 的例子所示，这两个点其中一个在馈电点，另外一点在从馈电点至天线一半长度的位置。

将电感放置在距馈点一半天线长度的环路中间位置的高电流节点处可增加天线的电长度并降低其谐振频率。这种放置方式的例子如图 17.18 所示。如果电感放置的位置更接近图 17.18 中示例的左侧或右侧,其对于电流分布和电长度的影响将更小。

电感值对于环路回波损耗的影响如彩图 17.19 所示。天线谐振频率随电感值的变化而变化。

在图 17.19 中可以看出,阻抗可调节的全波环结构对电感负载响应良好,在所示调谐频率下均保持有用的匹配带宽。当然,在此例子中,环路与结构之间的耦合将在可调频率范围的中心频率处实现最佳匹配,以确保在所有工作频率下达到最佳匹配。

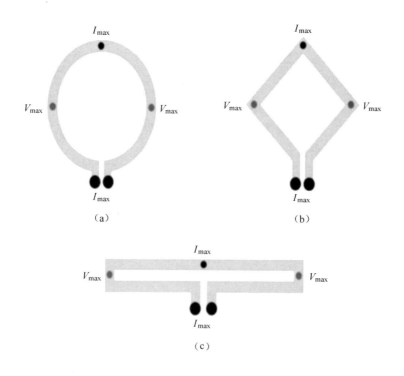

图 17.17　全波偶极子天线的高电压和高电流点
(a)圆环;(b)方环或四边;(c)λ/2 折叠偶极子。

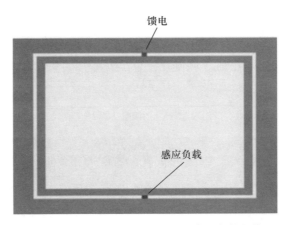

图 17.18　加载在高电流节点处的感性负载的位置

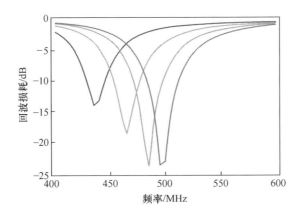

图 17.19　谐振环形天线在调谐电感发生变化时的回波损耗随频率变化而变化的曲线
0.1nH 对应红色的曲线，10nH 对应橙色曲线，32nH 对应绿色曲线，47nH 对应蓝色曲线。（彩图见文末）

17.3.5　圆极化谐振环形天线

如图 17.20 所示，通过在环路中加载电容间隙，谐振环形天线还可以实现圆极化。这些在环路结构中的容性间隔会产生一种等幅且相位线性改变的行波电流分布。环形天线的圆极化通常通过在环路中的某处位置断路来实现。对于图 17.20 所示的情况，如果设计为单一断点，将保留最接近馈电点的那个中断点。然而，图 17.20 显示出了一种将单一间断点更改为一对中断点的情况，因为这种

形式允许设计者进行更大规模的调整。在该例子中,该天线回路几乎做到其周长精确到一个单位波长,并且电容器各自的位置通常距离馈电点分别为$-1/6\lambda$和$+1/3\lambda$,即相隔$\lambda/2$。重点要注意,这些点的位置将受到环与周边结构的耦合以及基板和周围材料的显著影响,因此这些点的位置应只作为指导。

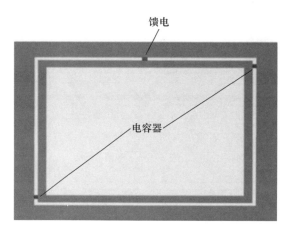

图 17.20　圆极化环路天线中的电容器位置

左右旋圆极化旋向的变化可通过回路结构中电容间隙位置的镜像改变即从上半部分到下半部分的转换来实现即可。可通过改变电容值的方式简单地调谐圆极化响应,可使用变容二极管或类似作用的电子元件来改变电容值使其调谐。彩图 17.21 展示了圆极化环形天线的增益方向图和反射系数图。

17.3.6　双频谐振环形天线

用于实现谐振环形天线具备双频带的一种方法是将一个或更多的次级环路耦合到主要的谐振环路。次级回路既可以放在主回路的内圈也可以置于外圈,或者同时置于其内外圈,该次级回路可以有效地充当寄生谐振回路。下面所述的示例是建立在"接近金属结构的全波谐振环路"小节开头所述的协同结构加载环路的基础上,并使用主回路外部的次级回路进行电感加载,以进一步降低第二谐振点的谐振频率。

双谐振环形天线如图 17.22 所示,单谐振环响应的结果如图 17.13 所示。

注意到次级回路主要与天线的高电流部分相耦合,所以主回路的高电压(低电流)部分应与次级回路更加分开;这样可以防止主回路的高压节点处的垮

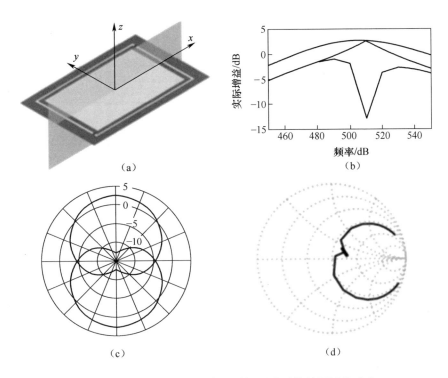

图 17.21 加载电容性负载的谐振环形天线的圆极化响应

如图 17.21 所示,沿顺时针顺序,17.21(a)是一个天线的三维图形,该图形即图 17.20 所示天线,图 17.21(c)方向图所在平面即为该图中灰色的切平面;图 17.21(b)的曲线是在 z 方向的实际增益有关频率的曲线;图 17.21(d)反射系数反映在中心归一化阻抗为 50Ω 的史密斯圆图上的曲线(频段范围 $450\sim550\mathrm{MHz}$);图 17.21(c)中以红蓝色显示的切割平面在 510MHz 处实际增益的右旋和左旋圆极化分量,实际增益都是黑色曲线。在史密斯原图上,该曲线频率分布在 450MHz~550MHz 之间,标记点在频率为 510MHz 处。)(彩图见书末)

电场现象。图 17.23 将双环路结构与图 17.13 中的单环路结构的实际增益进行比较。

可以从图 17.23 增益与频率的关系曲线中发现较低频率响应通常具有比高频响应更高的品质因数(具有更窄的增益峰值)。这不仅是因为在较低频率下天线的电尺寸(自由空间中的波长尺寸)减小,而且也与环路之间的耦合作用相关。

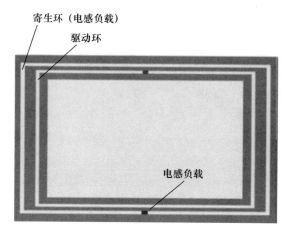

图 17.22 双频带谐振环形天线

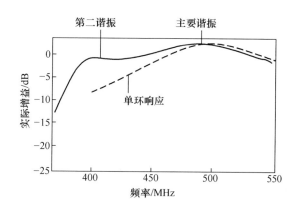

图 17.23 单谐振环形天线与双谐振环形天线的实际增益

17.3.7 双频带圆极化谐振环形天线

通过组合前面小节中描述的两种或更多种方法,即电感加载的方法,可以实现双频带圆极化谐振环形天线。图 17.24 给出了一个例子。这里应该注意到寄生回路没有加载电容性阻抗,因为来自主回路的圆极化波强烈地耦合到次级(寄生)回路中。在其他情况下,为了获得耦合强度较小的圆极化,有必要在寄生回路中引入电容性加载。

彩图 17.25 给出图 17.24 中所给天线的增益相关频率的响应曲线,其增益

第17章　环天线

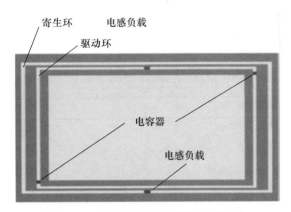

图17.24　双频带圆极化谐振环形天线

方向垂直于图24所给的天线平面,该平面面对读者。如果方向图增益所取方向相反(垂直纸面向里),则红色和蓝色的曲线将互换。

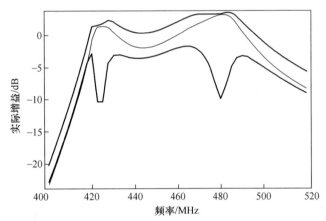

图17.25　带有主次双谐振环路的双频圆极化天线的增益随频率变化的曲线

(黑色曲线代表总增益,蓝色曲线代表左旋圆极化分量的增益红色曲线代表右旋圆极化分量的增益)

(彩图见书末)

17.3.8　平面反射器上的谐振环路

全波谐振环路元件通常应用在地平面上,以提高其方向性和增益方面的性能。在自由空间中,环路元件适当大的实际输入阻抗是有用的,与反射面的接近程度可以被用来调整天线的输入阻抗而无须调整对环路的周长。这样便很容易匹配到 50Ω,从而可以从标准同轴电缆馈电。图 17.26 给出了垂直于反射平面

的增益和方向性系数,其中在垂直于平面的方向上绘制了反射平面上的谐振环附近的辐射。方向性系数曲线用虚线绘制,实际增益用实线绘制。从彩图 17.26 中可以看出,当单匝谐振环形回路放置在反射面上时对其方向性有着显著地改善。

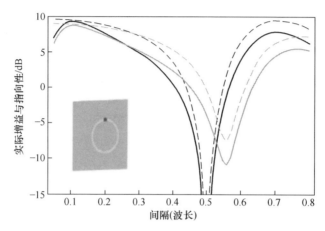

图 17.26　无限接地平面和平面反射器上的谐振回路的方向性系数和实际增益曲线
(有关图的关键字以及天线和反射平面的详细信息,请参见上述文本)

图 17.26 中,无限大平面响应的曲线是黑色的,而在 $2\lambda/3$ 长方形平面反射器上的响应以绿色曲线显示。该回路是一个内径为 0.28λ,外径为 $1/3\lambda$ 的平面环结构。环表面和反射表面相平行,图的横轴显示为两平面分离的距离。在图 17.26 中可发现一些有趣的现象:

(1) 当环路距反射表面约 0.11 波长时,环路的特性阻抗与 50Ω 正好相匹配。

(2) 在间距很小时,无限大反射平面与有限大的反射面两种情况的实际增益与方向性系数很接近,但只要给出一段稍大一些的间距,无限大平面情况对应的增益明显更高。

(3) 当间距正好为半波长时,无限大平面情况将不再辐射。

(4) 有限反射面的情况下辐射在较高间距处具有最小值但并未完全消失。

(5) 随着间隔距离的增加,增益和方向性系数的下一个极大值点的间隔距离超过 0.7λ。对于无限大接地平面,其增益幅值大小接近间距 0.11 波长时的峰值,但在有限大小反射面情况下,它比间距 0.11 波长时的峰值略减小。

17.3.9 定向谐振环路天线阵

到目前为止,仅讨论了位于同一平面内的耦合环,如图 17.27 中左侧所示的耦合环,三条环其中起到驱动作用的是中心环路,其外侧为低频寄生回路,内侧为高频寄生回路。将两寄生回路稍微远离驱动回路,该过程如图 17.27(b)所示,这样可以提升增益。类似于传统八木偶极子天线阵列中寄生元件的方式,低频环路起到反射器的作用,而高频环路充当引向器。反射器也可以采用板的形式(如图 17.26 所示)。

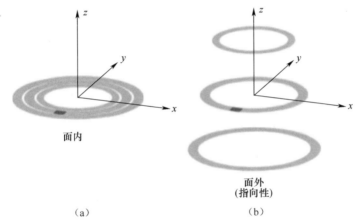

图 17.27 共面的耦合环形回路和将寄生回路远离驱动回路的一组不共面谐振环

可以为不同作用的圆环分别给出一些典型的尺寸(周长),以便实现一个定向谐振环形天线阵列。它们分别是:

反射器:1.05 波长

驱动作用的圆环:1 波长

引向器:0.95 波长

反射器与驱动圆环之间的间距和驱动圆环与引向器之间的间隔取决于元件的数量,并且间距近似遵循用于设计传统八木天线的线性元件之间的间距。在八木天线的设计中,反射器与有源振子间隔大约为 0.15 个波长,并且在两个相邻的引向器之间以及在有源振子和其最近的引向器之间也存在大约 0.2 个波长间隔。

17.3.10 平面反射器上的双菱形/圆环形天线(Biquad 天线)

Biquad 有几种形式,其中最著名的是并联馈电和串联馈电,如图 17.28 所示。相较于同等面积的贴片天线,这些天线的增益更高,并且由于其深度(环路与地面反射器之间的距离,用于优化馈电电阻),它们有更加显著的带宽。同时易于制造,使得其在 WiFi 波段被无线电爱好者社区广泛采用。在最低的设计频率下,每个环路的周长通常为一个波长(沿着环路的外侧测量),内圆周用于设置谐振频带的高频部分。

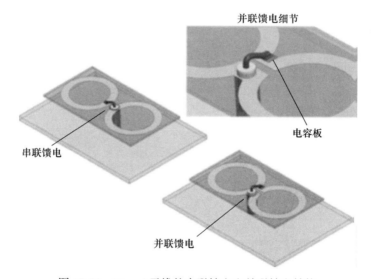

图 17.28　Biquad 天线的串联馈电和并联馈电结构

图 17.28 展示了两种可能的馈电结构:串联馈电配置中所展示的直接连接馈电和放大图中所展示的并联配置电容性馈电。在电容馈电装置中,馈电同轴电缆的中心引脚连接到一块小电容板上,电容板位于形成环路的金属层相反的一面(图 17.28 中 PCB 板的下面)。因此,该环路由电容耦合馈送到该板上。这种配置方式可在馈电点上提供额外的电容,这可以消除由于馈电电缆上裸露的中心导体所引起的附加电感。这些附加电感在高频处尤其显著,所以电容性馈电在这里非常适用。需要注意的是,任何一种馈电装置都可以采用 Biquad 的串联和并联模式。

17.3.11 平面反射器上的圆极化双菱形/圆环形天线

全波环形天线的菱形形式具有四个线性边,每条边长度为0.3个波长。为了引起圆极化,在环路结构中引入电容性中断,这与"圆极化共振环形天线"小节中所讨论的类似,并且实现了恒定振幅和线性变化相位的行波电流分布。电容通常是位于距馈电点1/6环路长度处(这取决于极化需求)的位置。电容可以通过跟踪、布线中断或采用集总元件来实现,这取决于所采用的构造技术。

两个圆极化环路组合形成一个双菱形环路,天线结构如图17.29所示,图中展示了两种合理的馈电配置。为了观察清楚,所描述的图上没有显示环路下面的接地板。

在Morishita等(1998)的研究中,串联馈电和并联馈电的天线轴比带宽(<2dB)均已达到20%以上,其中串联馈电的增益为11dBi,并联馈电的增益为10dBi。

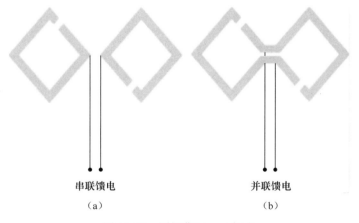

(a) 串联馈电　　　(b) 并联馈电

图17.29　圆极化biquad概念

17.3.12　带有寄生环路的圆极化双菱形环形天线

这种天线设计对上面所讨论的圆极化双菱形环路概念进行了扩展,在主驱动环内引入了一组较小的寄生元件,如图17.30所示(Lee et al.,2005)。相较于串联馈电下25%的圆极化带宽(轴比为-2dB下测得),并联馈电结构的带宽显著增加为50%。

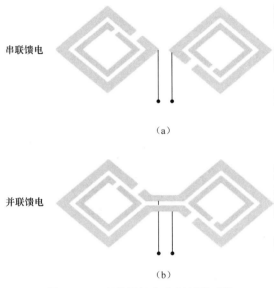

串联馈电

（a）

并联馈电

（b）

图 17.30　宽带圆极化共振环形天线

17.4　可重构多馈源环路及其阵列

17.4.1　介绍

上一节关于全波环形天线及其衍生物的文章描述了如何在一个装置的导电结构周围或附近安装环路以提高效率,且设备增加的额外体积很少。本小节将介绍另一种节省空间的方法,即通过馈源间的转换,重新利用环形天线的辐射结构以获得多种不同的辐射模式。为了获得定向的高增益转向性能,环路位于接地板上方。此外,本节将讨论如何使用高阻抗表面来减少环路和接地板之间的距离,同时保持良好的频率并转换波束形状。最后,将介绍用于实现高增益扫描的波束转换环形天线阵列的最新研究成果。

17.4.2　背景

随着移动通信系统从 4G 到 5G 的升级换代,承诺消费者终端设备(手机、平板电脑等)能够以 1 千兆/s 以上的速度进行工作,为了解决信道问题,人们将极

大的注意力转移到波束转换天线技术的发展上。模式可重构天线具有生成多个辐射模式的能力,并且可以将波束指向信号到达的预期方向并避开噪声源。从收发器的角度来看,这意味着更高的信噪系统能够提供更高的数据吞吐能力。后续的优势包括减少多路径效应,降低传输功率,延长电池寿命,提高覆盖范围,减少同信道间的干扰(避免人为干扰)以及提高切换速度。这里介绍的单元可重构天线具有特殊的意义,因为它们不需要在传统相控阵天线情况下(Liberti and Rappaport,1999;Pozar,1986)具备有复杂移相器的多个天线单元。对于近似等效性能情况,单元自适应天线在尺寸上比传统相控阵天线小75%,速度快10倍,成本便宜95%。

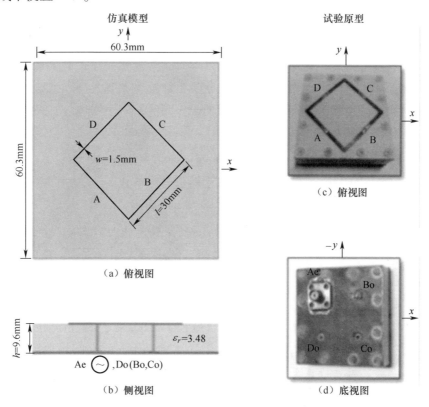

图 17.31 带有四个馈电点的方环形天线

左边为天线的仿真模型,右边为天线的实验模型(a)为天线仿真模型的俯视图;
(b)为天线仿真模型的侧视图;(c)为天线实验模型的俯视图;
(d)为天线实验模型的底视图,显示一个活动的 SMA 馈电和三个开路馈电。

2003—2004 年开始了对单元波束转换/波束切换模式可重构天线的早期研究(Huff et al.,2003;Mehta and Mirshekar-Syahkal,2004)。用于实现单元转换天线的各种行波状态下的结构已经研究(Huff and Benhard,2006;Jung et al.,2006;Mehta et al.,2006)。这些天线采用多个开关来改变沿外围周长的电流分布以实现可重构的方向图。这些早期的设计有三大限制。首先,由于电流分布不同,从一个开关到另一个开关间的天线极化不同,这将导致极化的随机性。在线路极化敏感的情况下,极化随机性将会导致波束转换没有效果;其次,一些配置具有很多开关,这将引入比较显著的辐射损耗;最后,这些设计都不能实现从一个开关到另一个开关的辐射均匀性。

为了克服这些限制,提出了应用于可切换波束转换的行波天线——对称平面方环天线(SLA)(Mehta and Mirshekar-Syahkal,2007;Pal et al.,2008),如图 17.31所示。其结构的对称性使可重构方向图的极化和样式在波束之间没有任何改变。因此,特定的SLA已经演变成为更加紧凑和有效的阵列结构。接下来将会介绍实现波束转换天线的逐步演变。

17.4.3 波束转换的辐射原理

在接地板上放置一个外轮廓长度大于两倍波导波长 λ_g 的方环形天线,其中行波状态占主导地位,天线在电流流动方向斜入射一段波束($\theta_{max} \approx 32°$)。就波导波长 λ_g 而言,外周长度越大,波束的倾斜程度越高。对于在相对介电常数为 ε_r 的介质板一侧带线上流动的电流,介质板另一侧为空气,$\lambda_g = \lambda_0/\sqrt{(1+\varepsilon_r)/2}$,$\lambda_0$ 为自由空间波长。图 17.31 显示了为 5GHz WiFi 波段的波束转向应用而设计的带有四个馈电点的 SLA。环路的中心(测试)频率为 5.2GHz。金属方环的外围周长为 120mm,被蚀刻在材料为 Rogers 4350B 的介质基板上,其相对介电常数 ε_r 为 3.48。天线放置在距离接地板 9.6mm 处。方环的中心(测试)频率为 5.2GHz,λ_0 = 57.6mm,电流在周长为 120mm 的金属环上流动,λ_g = 38.7mm。因此环路周长为 3.1λ_g。天线高为 9.6mm,平面尺寸为 60.3 × 60.3mm。

为了一次实现转换,在四个馈源点中选择一个对天线进行激励,此点标记为 Ae,另外三个端口(Bo、Co、Do)保持开路。该馈电装置相对于整个天线结构会产生沿方环分布的不对称的行波电流并产生一个指向激励源相对空间象限($0° \leq \phi \leq 90°$)的不对称行波,如图 17.32 显示天线的阻抗带宽超过 12%

（610MHz）。倾斜的波束所产生的特定性能用于实现波束转换，四个馈源彼此对称，同时激励并切换一个馈源，倾斜的波束将在天线前方空间的四个象限内移动，此概念在图 17.33 中有所描述。

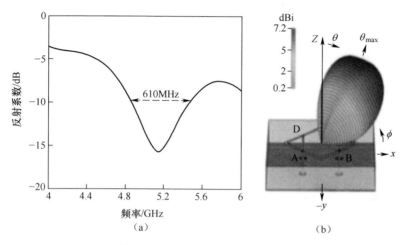

图 17.32　SLA 反射系数的频率响应以及 5.2GHz 处的辐射方向图
（a）反射系数；（b）辐射方向图

17.4.4　使用高阻抗表面降低高度

对于许多现代设备，天线必须具备剖面。然而，上述所提出的例子中其厚度为 9.6mm，这对于大多数现代便携式无线设备来说是非常厚的。为了克服这个问题，使用混合高阻抗表面（HHIS）可降低高度大约 50%（Deo et al.，2010）。HHIS 实质上是 EBG（电磁带隙）结构，它允许地面和金属方环保持接近而不影响天线的辐射性能。为此，采用了一个双层的基板，其上层高度为 1.5mm，采用 $\varepsilon_r = 3.48$ 的 Rogers 基板，其上印有方形环。该层放在 HHIS 基质层上面。HHIS 基质层高 3.2mm，其上表面有 6×6 个方形金属贴片。每个方向贴片的边长为 8.8mm，相邻贴片间的间隔为 1.5mm。HHIS 结构外围的方格通过金属化通孔短路接至地面，每个通孔的直径为 3mm。为了减少从侧面发出而导致方向性降低的旁瓣，只在最外侧的贴片上插入通孔。HHIS 层位于接地面上，四个馈电销钉垂直向上对环形带线产生激励。此结构不仅将初始 SLA 的高度从 9.6mm 降低到 4.7mm，而且还在 $\theta_{max} = 32°$ 和 $\phi_{max} = 45°$ 处有额外的带宽和 8.8dBi 的更

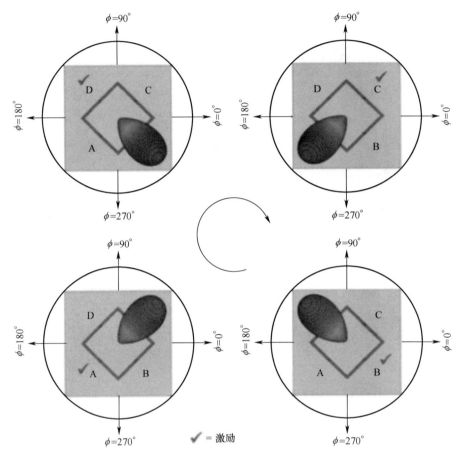

图 17.33 通过 SLA 四个馈源对波束转换进行演示(波束端口远离激励源)

高方向性,见图 17.34。

17.4.5 结合电子射频开关电路的电子波束转换

图 17.35 显示了基于 HHIS 且带有射频开关网络的 SLA 的实验模型及仿真模型。在实验中,使用基于 PIN 二极管的射频开关(Deoet et al.,2011)将射频的主输入端连接到其他四个端口(J1-J4)中的任意一个。通常可以通过单片机的二进制控制逻辑来选择四个 SMA(超小型版本 A)连接器端口中的一个,从而提供与运行 C 语言算法/逻辑代码的台式计算机相连开关的直流电压。为了缓解多路径效应,端口扫描算法将会快速扫描四个端口,衡量从四个端口中接收到的

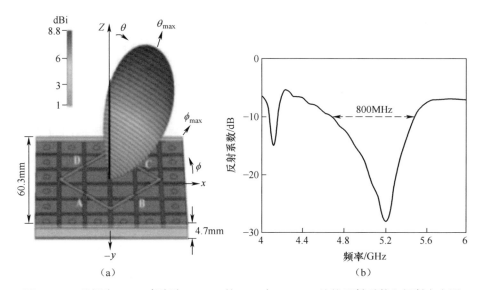

图 17.34 基板为 HHIS 高度为 4.7mm 的 SLA 在 5.2GHz 处的反射系数和辐射方向图
(a)辐射方向图;(b)反射系数。

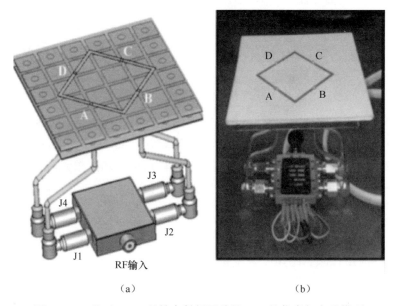

图 17.35 基于 HHIS 且结合射频开关的 SLA 的仿真与实验模型
(a)仿真模型;(b)试验原型。

信号干扰(S/I),通过比较四个 S/I,锁定 S/I 最高的端口,并继续监测。如上所述,通过每次选择一个馈电,SLA 可以在四个不同的象限($0°\leq\phi\leq90°$, $90°\leq\phi\leq180°$, $180°\leq\phi\leq270°$, $270°\leq\phi\leq360°$)上对其倾斜的辐射波束进行转向。随着 PIN 二极管目前的发展,可用的 PIN 二极管具有:几十纳秒的开关速度,低插入损耗(1~2dB)和大功率处理能力。

除了四个象限上四个倾斜的光束,SLA 还可以生成圆极化轴(Pal et al., 2013)和半圆形波束(Pal et al., 2011)。对于轴向,需要使用正交相移对 SLA 的四个端口同时进行激励。轴向波束可以用于垂直定位的通信系统,如卫星、无人驾驶飞行器(UAV)、飞机等。以相同的相位对 SLA 的四个端口同时进行激励时,将会产生半圆形波束。半圆形模式适用于信号来自除了底部和顶部的各个方向的情况。这方面的例子包括从移动车辆上的陆地站接收无线电和数字电视。

17.4.6 应用于高增益广角转向、宽扫描和低栅瓣的 SLA 阵列

在相控阵天线系统中,用可变相位对多个天线单元进行激励,从而在指定方向上对波束进行转向,在不希望的方向对辐射进行抑制。这已经在军事应用中运用多年;然而,无线通信的近期发展将人们的注意力转移到适用于 5G、60GHz、卫星电视、蜂窝基站等商业应用的阵列天线系统。传统的相控阵天线采用固定辐射模式的偶极子天线或接地板上的贴片组成网格,通常贴片天线的轴向具有 6~7dBi 的侧面方向性。根据相控阵理论,一个阵列系统的网络模式由单元模式与阵列因子的乘积给出。因此,相控阵系统的扫描角和辐射增益由单个天线的单元辐射模式所决定。当阵列的扫描角增加超过单元模式的半功率波瓣宽度(HPBW),阵列的辐射增益至少降低 3dB。基于此现象,对于这样的轴向系统,典型的 3dB 扫描被限制在从顶点开始的-40 ~+40 范围内(包括一个栅瓣〈-10dB 标准)。有限的扫描范围抑制了相控阵天线在商业和国防方面的广泛应用,这些应用在倾斜的角度也需要高增益信号。这个问题可以通过采用模式可重构 SLA 作为单元来解决,它可以产生一个倾斜的可控波束作为其基础模式。本质上,包含模式可重构单元的 SLA 阵列可以为网络模式的形式组成提供额外的自由度。最近,已经出版了将单元自适应模式应用于各种场景的文章(Roach et al., 2007;Wu et al., 2010)。

从图 17.32b 和图 17.34a 可看出，SLA 的主辐射朝一个方向倾斜(一个方向增益高，相反的方向增益低)；因此，其阵列系统将会在倾斜的角度上提供更高的增益。此外，当系统将波束从单元模式中移开，阵列中的栅瓣将开始起作用。对于具有轴向单元模式的贴片天线，当转向超过 $\theta_{max} > 40°$ 时，栅瓣开始占据主导地位。然而，在 SLA 阵列中，天线单元的倾斜波束开始于 $\theta_{max} \approx 32°$，因此阵列的栅瓣只会出现在波束转向超过 $\theta_{max} > 60°$。除了可以在倾斜的方向提供高增益，SLA 也适用于视轴转向。像早期所提到的，Pal 等(2013)提出 SLA 可以通过调整四个端口的相位顺序将其基本模式从倾斜波束变为圆极化轴向波束。因此，将 SLA 倾斜波束扫描和轴向波束结合，可以得到一个完整的高增益扫描范围，这对于传统的贴片和偶极子天线单元来说是不可能的。接下来所述的基于 HHIS 的 SLA 阵列将会对此概念进行详细的描述。

17.4.7　基于 HHIS 的 SLA 对使用倾斜和轴向模式的增益波束转向进行演示

下面的描述是 Pal 等提出的相似结构(2014)。

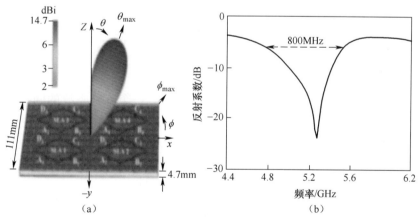

图 17.36　SLA 2×2 阵列的辐射方向图以及端口 A_1 为激励，其他端口开路的单元

(a)辐射方向图；(b)反射系数。

1. 天线的反射系数

图 17.36 显示了基于 HHIS 的四个方环 2×2 的阵列。每个 SLA 环路都具有和图 17.34 显示一致的规格。同样，为了抑制旁瓣，在四周打 3mm 的通孔并通过中间的阵列将 HHIS 贴片短路到接地板上。此外，还有两个通孔线穿过结

构的中间将四个独立的 SLA 分开。阵列的平面尺寸为 111×111mm,高度保持 4.7mm 不变。此外,每个 SLA 均含有四个馈电端口,整个网络阵列系统含有 16 个端口并从底部进行馈电。这些端口被标记为 (A_1,B_1,C_1,D_1),(A_2,B_2,C_2,D_2),(A_3,B_3,C_3,D_3),(A_4,B_4,C_4,D_4)。天线阵列工作在 5GHz Wi-Fi 波段,对于 A_1 激励,其反射系数带宽为 800MHz(16%),如图 17.36(b)所示。此阵列有两种工作模式:一种是产生可转向的高增益离轴倾斜波束,另一种是产生可转向的高增益轴向波束。对于倾斜波束转向,取决于象限,一次只激励四个端口,其余端口开路。例如,要在第一象限($0°≤\phi≤90°$)生成一个转向波束,四个 A 端口($A_1 - A_4$)需要被激励。对于轴向波束模式,所有的 16 个端口应同时被激励,条件是每个独立的 SLA 的四个端口彼此相位正交。这两种模式的选择可以通过以下的馈电网络完成(图 17.37)。对于轴向模式,所有的 16 个 SPST(单刀单掷)射频开关都应该接通,对于倾斜模式,只需接通四个 SPST,其余开关都开路。开关设置和相移可以通过电脑控制自动选择。

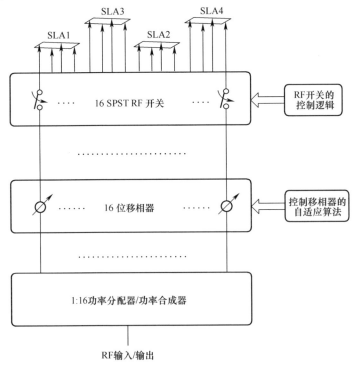

图 17.37　2×2 阵列馈电网络的框图

对于 2×2 配置,天线阵因子由 Balabis 给出(2005):

$$AF(\theta,\phi) = \frac{1}{4}\left\{\frac{\sin(\psi_x)}{\sin\left(\frac{\psi_x}{2}\right)}\right\}\left\{\frac{\sin(\psi_y)}{\sin\left(\frac{\psi_y}{2}\right)}\right\} \quad (17.58)$$

式中:

$$\psi_x = kd_x\sin\theta\cos\phi + \beta_x$$
$$\psi_y = kd_y\sin\theta\cos\phi + \beta_y$$
$$k = 2\pi/\lambda$$

d_x = 两个单元在 x 方向的距离
d_y = 两个单元在 y 方向的距离
β_x = 两个单元在 x 方向的相移
β_y = 两个单元在 y 方向的相移
λ = 波长

最大的辐射波束和栅瓣位于:

$$(kd_x\sin\theta\cos\phi + \beta_x) = \pm 2m\pi \quad m = 0,1,2,\cdots$$
$$(kd_y\sin\theta\cos\phi + \beta_y) = \pm 2n\pi \quad n = 0,1,2,\cdots \quad (17.59)$$

为了使主波束沿着 $\theta = \theta_{max}$,$\phi = \phi_{max}$ 传播,两个单元间的相移在 x 方向和 y 方向必须等于:

$$\beta_x = -kd_x\sin\theta_{max}\cos\phi_{max}$$
$$\beta_y = -kd_y\sin\theta_{max}\sin\phi_{max} \quad (17.60)$$

对于图 17.36 所示的 SLA2×2 阵列,$d_x = d_y = 51$mm $= 0.9\lambda_0$。通过上述公式,在不同的 θ_{max} 处,倾斜和轴向最大值在空间中被转向为各种最大值,图 17.38 显示了角度截止在 $\phi_{max} = 45°$ 时的结果。结果表明,对于倾斜波束配置,在 $\theta_{max} = 32°$ 时可以达到 14.7dBi 的最大方向性,对于轴向波束配置,在视轴上可以得到 13.6dBi 的方向性。因此,倾斜和轴向模式一起可以在 -60°~60°(因为模式有 ≤10dB 的栅瓣)的扫描范围内提供一个接近恒定的高增益值(14.7~12.7dBi)。对于非可重构相控阵系统,要实现这样的高增益宽扫瞄范围是非常困难的。例如,使用贴片天线单元(6dBi)的阵列大约需要 9 个单元以得到相似的视轴增益,但不能提供倾斜角度上的 14dBi 增益。因此,当系统部署需要覆盖广阔的天空,这里提出的系统将具有重大意义,尤其是对于机载和航海应用。

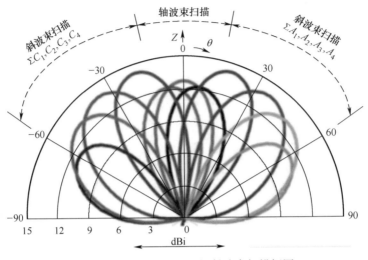

图 17.38 $\phi_{max} = 45°$ 处辐射波束扫描框图

2. 概念性例子

问题 1: 辐射电阻 R_r 的概念在各种应用中都非常有用,尤其是对于包含偶极子和环形天线的线天线与到发射机或接收机的匹配电路中。其表达式为

$$R_r = \frac{P_{\text{Rad }T}}{|I_0|^2} \qquad (17.61)$$

式中: I_0 为有效电流, $P_{\text{Rad }T}$ 为天线的辐射功率,如"辐射与损耗"小节中所述。

(1) 考虑到单匝小环形天线的总辐射功率为

$$P_{\text{RadT loop}} = \frac{8Z_0 \pi^3}{3} \left(\frac{|I_0| A_{LA}}{\lambda^2}\right)^2 \qquad (17.62)$$

环形天线的辐射电阻可以用下式计算:

$$R_{r\text{loop}} = 31171 \left(\frac{A_{LA}}{\lambda^2}\right)^2 \qquad (17.63)$$

或

$$R_{r\text{loop}} = 20\pi^2 \left(\frac{C}{\lambda}\right)^4 \qquad (17.64)$$

式中: $C = 2\pi a$ 是半径为 a 的圆环周长。

那么 n 匝小环形天线辐射电阻的表达式是什么?

第 17 章 环天线

（2）考虑到天线的辐射效率为式（17.14）

$$R.E. = \frac{P_{\text{Rad}T}}{P_{\text{Rad}T} + P_\Omega} \qquad (17.65)$$

证明：对于环形天线，其减少为

$$R.E. = \frac{R_{r\text{loop}}}{R_{r\text{loop}} + R_{\Omega\text{loop}}} \qquad (17.66)$$

式中：$R_{\Omega\text{loop}}$ 为环形天线的欧姆损耗电阻。

（3）证明：当导线直径 d 大于趋肤深度 δ（$d \rangle \delta = \sqrt{2/(\omega\mu_0\sigma)}$）时，半径为 a 的单匝环形天线的欧姆损耗电阻表达式为

$$R_{\Omega\text{loop}} = \left(\frac{a}{d}\right)\rho_S \qquad (17.67)$$

式中：$\rho_S = \sqrt{\omega\mu_0/(2\sigma)}$ 为表面电阻。σ 为金属/合金环路的电导率并与电阻率 ρ 有关，$\sigma = 1/\rho$。

（4）计算电导率 $\sigma = 6.3 \times 10^7 \text{S/m}$ 的银线制成的单匝环形天线的辐射电阻、损耗电阻、效率、品质因数和输入阻抗。环形天线的半径 $a = \lambda/30$，导线半径 $d = \lambda/3000$，且工作频率为 200MHz。

（5）为了使环形天线工作在 200MHz，电容器应并联在环路两端，计算谐振时的电容值和天线的输入电阻。如果将电容器串联在环路上那么谐振频率和输入阻抗将会有什么变化？

解：

（1）将 $P_{\text{Rad}T\text{loop}} = 8Z_0\pi^3(|I_0|A_{LA}/\lambda^2)^2/3$ 代入辐射电阻表达式，得

$$R_r = \frac{P_{\text{Rad}T}}{|I_0|^2} = \frac{8Z_0\pi^3}{3}\left(\frac{A_{LA}}{\lambda^2}\right)^2 \qquad (17.68)$$

① 由于空气的固有阻抗 $Z_0 = 120\pi = 377\Omega$，则 R_r 的表达式为

$$R_r = 8 \times 120\pi \times \pi^3(A_{LA}/\lambda^2)^2/3 = 31171(A_{LA}/\lambda^2)^2$$

② 环路的面积 $A_{LA} = \pi a^2$，则 R_r 可以写为

$$R_r = \frac{8Z_0\pi^3}{3}\left(\frac{\pi a^2}{\lambda^2}\right)^2 = \frac{120\pi \times \pi}{2 \times 3}\left(\frac{2\pi a}{\lambda}\right)^4 \qquad (17.69)$$

将周长 $C = 2\pi a$ 代入，式（17.68）变为 $R_r = 20\pi^2(C/\lambda)^4$

当环形天线的匝数为 n 时，假设电流以 n 倍加权，即 $I_0 \to nI_0$。因此辐射功

率会增大 n^2 倍(参考辐射功率表达式)。这表明 n 匝环形天线的 R_r 是单匝环形天线的 n^2 倍。

③ 通过辐射阻抗表达式 $R_r = P_{\text{Rad}T}/|I_0|^2$,可知环形天线的总辐射功率为

$$P_{\text{Rad}T} = R_{r\text{loop}}|I_0|^2 \tag{17.70}$$

同理,单个环形天线产生的总欧姆功率损耗为

$$P_\Omega = R_{\Omega\text{loop}}|I_0|^2 \tag{17.71}$$

将上述表达式代入辐射效率 $R.E. = P_{\text{Rad}T}/(P_{\text{Rad}T} + P_\Omega)$,可得

$$R.E. = \frac{P_{\text{Rad}T}}{P_{\text{Rad}T} + P_\Omega} = \frac{R_{r\text{loop}}|I_0|^2}{R_{r\text{loop}}|I_0|^2 + R_{\Omega\text{loop}}|I_0|^2} = \frac{R_{r\text{loop}}}{R_{r\text{loop}} + R_{\Omega\text{loop}}} \tag{17.72}$$

④ 表面电阻率 ρ_S 单位为 $\Omega \cdot \text{cm}$。因为电流沿着环路流动,所以环路的损耗电阻可以由下式得出

$$R_{\Omega\text{loop}} = \frac{\rho_S}{2\pi d}2\pi a = \frac{a}{d}\rho_S \tag{17.73}$$

值得注意的是 n 匝环形天线的损耗电阻不仅仅是单匝环形天线的 n 倍,这是因为场与环路之间存在耦合,这会改变电流的分布从而改变损耗电阻的值。然而,如果环路被充分分离,可以用 n 倍近似。

⑤ 为了得到天线的辐射电阻,将环路的半径 $a = \lambda/30$ 代入天线的面积公式

$$A_{LA} = \pi a^2 = \pi\left(\frac{\lambda}{30}\right)^2 \tag{17.74}$$

然后将此公式代入辐射电阻,得

$$R_{r\text{loop}} = 31171\left(\frac{A_{LA}}{\lambda^2}\right)^2 = 31171\left(\frac{\pi\left(\frac{\lambda}{30}\right)^2}{\lambda^2}\right)^2 = 31171\left(\frac{\pi}{30^2}\right)^2 = 0.38\Omega \tag{17.75}$$

接下来计算损耗电阻,表面电阻率定义为

$$\rho_S = \sqrt{\frac{\omega\mu_0}{2\sigma}} = \sqrt{\frac{\pi \times 200 \times 10^6 \times 4\pi \times 10^{-7}}{6.3 \times 10^7}} = 3.54 \times 10^{-3} \tag{17.76}$$

然后将表面电阻率、环路半径 $a = \lambda/30$,导线半径 $d = \lambda/3000$ 代入损耗电阻的表达式,得

$$R_{\Omega\text{loop}} = \left(\frac{a}{d}\right)\rho_S = [(\lambda/30)/(\lambda/3000)] \times 3.54 \times 10^{-3} = 0.35\Omega$$

(17.77)

天线的辐射效率为

$$R.E. = \frac{R_{r\text{loop}}}{R_{r\text{loop}} + R_{\Omega\text{loop}}} = \frac{0.38}{0.38 + 0.35} = 52\% \quad (17.78)$$

为了计算品质因数 Q，需要知道环路的电感值。电感 L 是外部电感 L_{extloop} 和内部电感 L_{intloop} 的总和，即：

$$L = L_{\text{extloop}} + L_{\text{intloop}} \quad (17.79)$$

外部电感，与环线外部磁场的存储有关，可以由近似表达式（Johnson and Jasik, 1993）得到：

$$\begin{aligned} L_{\text{extloop}} &= \mu_0 a \left[\ln\left(\frac{8a}{d}\right) - 2 \right] \\ &= 4\pi \times 10^{-7} \left(\frac{1.5}{30}\right) \left[\left(\ln\left(\frac{\lambda}{30}\right) / \left(\frac{\lambda}{3000}\right) \right) - 2 \right] = 2.94 \times 10^{-7} \text{H} \end{aligned}$$

(17.80)

内部电感，和环线内部磁场存储有关，可由以下表达式计算：

$$L_{\text{intloop}} = \frac{1}{\omega}\left(\frac{a}{d}\right)\rho_S = \frac{1}{\omega} R_{\Omega\text{loop}} = \frac{0.35}{2 \times \pi \times 200 \times 10^6} = 2.8 \times 10^{-10} \text{H}$$

(17.81)

可以看出，通常情况下 $L_{\text{extloop}} \gg L_{\text{intloop}}$，所以 L_{intloop} 可以忽略不计。因此，环形天线的品质因数 Q 为

$$Q = \frac{\omega L}{R_{r\text{loop}} + R_{\Omega\text{loop}}} \cong \frac{2\pi \times 200 \times 10^6 \times (2.94 \times 10^{-7})}{0.38 + 0.35} = 506 \quad (17.82)$$

为了计算天线的输入阻抗，需要借助环形天线的等效电路。在此电路中，辐射电阻与损耗电阻与环形天线的电感串联，因此：

$$\begin{aligned} Z_{\text{inloop}} &= R_{r\text{loop}} + R_{\Omega\text{loop}} + j\omega L \cong 0.38 + 0.35 + j2\pi \times 200 \times 10^6 \times 2.94 \times 10^{-7} \\ &= 0.73 + j369.5\Omega \end{aligned}$$

(17.83)

正如所料，输入阻抗为感性。

⑤ 为了得到电容器的电阻 C，当电容与环路并联时产生天线的输入导纳为

$$Y_{in} = jC\omega + \frac{1}{R + j\omega L} \qquad (17.84)$$

其中 $R = R_{rloop} + R_{\Omega loop}$，$L = L_{extloop} + L_{intloop}$，可以写成以下形式：

$$Y_{in} = \frac{R + j\{C\omega[R^2 + (L\omega)^2 - L\omega]\}}{R^2 + (L\omega)^2} \qquad (17.85)$$

谐振时，输入导纳的虚部将会消失，得到

$$C[R^2 + (L\omega)^2 - L] = 0 \qquad (17.86)$$

其电容值为

$$C = \frac{1}{[R^2 + (L\omega)^2]} \cong \frac{1}{L\omega^2} = \frac{1}{2.94 \times 10^{-7} \times (2\pi \times 200 \times 10^6)^2}$$

$$= \frac{1}{0.464 \times 10^{12}} = 2.15 \text{pF} \qquad (17.87)$$

在上面和下面的计算中，因为电阻值比电抗值小得多，所以忽略了电阻。通过谐振时天线的输入导纳可以得到其输入电阻：

$$Y_{in} = \frac{R}{R^2 + (L\omega)^2} \qquad (17.88)$$

$$Z_{in} = \frac{R^2 + (L\omega)^2}{R} \cong \frac{(L\omega)^2}{R} = \frac{(2.94 \times 10^{-7} \times 2\pi \times 200 \times 10^6)^2}{0.38 + 0.35} = 187 \text{k}\Omega$$

$$(17.89)$$

当电容器与环路串联时，天线的谐振频率与之前的近似相等（200MHz）。然而，谐振时的输入阻抗急速变小，等于：

$$R = R_{rloop} + R_{\Omega loop} = 0.38 + 0.35 = 0.73\Omega \qquad (17.90)$$

注释：

（1）电容器的品质因数 Q_C 通常在 200（低成本可变电容器）~2000（高品质因数电容器）的范围内。对于本例中 2.15pF 的电容器，根据关系式 $Q_C = 1/(\omega C R_{SC})$，其中 R_{SC} 为电容器的有效串联电阻，可得 R_{SC} 范围为 2Ω（Q_C 为 200）到 0.2Ω（Q_C 为 2000）。这些值与环形天线的 R_{rloop} 和 $R_{\Omega loop}$ 是相当的，这表明在实际设计计算时，应考虑非理想电容器的损耗。此数学运算的详细过程超出了这些例子的范围。然而，通过上述分析的扩展，可以看出实际电容器有限品质因数的影响通常是减小并联电容器中调谐环路的谐振阻抗，增加串联电容器中调谐环路的谐振阻抗。

（2）发射机和接收机通常需要阻抗位于上述串联和并联调谐电容器的两个极值之间。这可以认为是图 17.8(b)中串联和并联电容器组合装置的灵感，它可以在串联电容器阻抗特别低（并联电容器消失）和并联电容器阻抗特别高的情况之间提供任何电阻，以实现所有的调谐，这些串联电容器的电容很高以至于它们的电抗可以忽略不计。

问题 2：一个小环形天线水平放置在有限大小的理想导体上方，距离有限地面为 h（图 17.39）。假设在没有地平面的情况下天线的辐射方向图随下式变化：

$$E_\theta = k\sin(\theta) \tag{17.91}$$

式中：k 为常数，求地平面存在时，此天线的辐射方向图表达式。

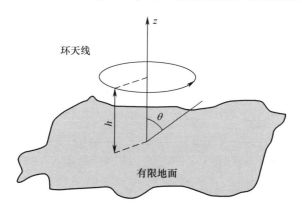

图 17.39 问题 2 中讨论的平行放置在有限理想导体上方的环形天线

解：因为地面为理想导体，所以可以用环形天线来代替。此图像为距离地平面 h 处的另一个环形天线，它携带的电流与原始环形天线的电流方向相反，即两个单元间的相移为 π。可以将系统假设为具有两个环形天线的线阵，在非标准化形式中，含有 N 个单元线阵的阵因子为

$$AF = \frac{\sin\left(\dfrac{N}{2}\psi\right)}{\sin\left(\dfrac{1}{2}\psi\right)} \tag{17.92}$$

式中：$\psi = \beta s\cos\theta + \alpha$。在此情况下，两个单元之间的距离 $s = 2h$，单元的数量 $N = 2$，超前的相位 $\alpha = \pi$，所以，阵列因子可简化为

$$AF = \frac{\sin\left[\frac{2}{2}\left(\frac{2\pi}{\lambda}2h\cos(\theta)+\pi\right)\right]}{\sin\left[\frac{1}{2}\left(\frac{2\pi}{\lambda}2h\cos(\theta)+\pi\right)\right]} = \frac{\sin\left[\frac{2\pi}{\lambda}2h\cos(\theta)+\pi\right]}{\sin\left[\frac{1}{2}\left(\frac{2\pi}{\lambda}2h\cos(\theta)+\pi\right)\right]}$$

$$= 2\cos\left[\frac{1}{2}\left(\frac{2\pi}{\lambda}2h\cos(\theta)+\pi\right)\right] \tag{17.93}$$

然后利用方向图乘法法则可以得到整体的辐射方向图：

$$E_{\phi T} = 天线单元方向图 \times 阵因子$$

$$= 2k\sin(\theta)\cos\left[\left(a\frac{h}{\lambda}\cos(\theta)+\frac{1}{2}\right)\pi\right] \tag{17.94}$$

从此表达式中可以得到以下结论：

① 沿着环路轴（$\theta = 0$）的 $E_{\phi T} = 0$。

② 地平面上方（$\theta = \pi/2$）的 $E_{\phi T} = 0$。

③ $E_{\phi T}$ 具有随 h/λ 变化的波束方向性。

问题 3：假设一个位于 x-y 平面上的方环形天线，其中心在坐标轴原点，馈电方式如图 17.40 所示。画出小方环形天线和一个波长方环形天线在 y-z 平面的辐射方向图。

解：由于小方环形天线导线上的电流近似均匀（图 17.40 左），所以其辐射方向图与圆环形天线相似。因此图 17.41（左）显示的其 y-z 截面的方向图是全向的。

如果考虑到图 17.40（右）所示第一次谐振时天线上的电流分布，则一个波长的方环形天线的方向图更为复杂。天线左右臂上的电流是相反的，所以它们产生的辐射很少。主要是上下臂上的电流产生辐射。这些臂可以等效为是由四分之一波长间距的两个偶极子天线组成的阵列。这种情况下，yz 截面上的方向图沿 z 轴辐射最大（由于两个偶极子的场在结构上相互干扰）（图 17.41 右）。y 方向上的辐射强度大约是 z 方向上的一半（具有 90° 相移的偶极子两个场的矢量和）（图 17.41 右）。还可以预测其他两个主平面上辐射方向图的截面。在 x-z 平面上，辐射在 $\pm x$ 方向存在零点，在 $\pm z$ 方向存在最大值。在 x-y 平面，辐射沿 x 轴存在零点，z 轴的值为前面所述值的一半。此外，参考"测试示例和范围图"小节中的图 17.16，其天线的辐射方向图与本例相似。

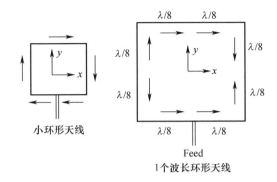

图 17.40 正方形环状天线上的电流分布

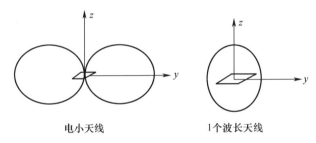

图 17.41 正方形环状天线辐射方向图沿 yz 面的切面图

17.5 结论

本章按照波长大小的顺序介绍了三类环形天线:电小环形(线圈)天线,全波环形天线和可重构多馈源环路。此顺序也反映了环形天线的历史发展,电小天线在无线发展的历史早期被提出,而可重构多馈源环路当今仍是研究课题。

纵观环形天线的历史,其普遍性使它们不可避免地与其他创新事物相结合。例如,电小天线是第一批被用于具有天线多样性的商业产品中的天线。直到 20 世纪 50 年代早期,含有一对相互角度偏离的环路的无线电被销售,使用者可以在环路间来回切换以获得最好的接收效果(Blok and Rietveld,1955)。在第二次世界大战后,电小环形天线与新型软铁氧体材料结合,通过降低天线效应,以获得具有相似敏感度且接收噪声更少的较小型天线。如今,可重构多馈源环路被

放置在高阻抗表面的上方以减小环路和接地板间的距离,同时高阻抗表面可以减少环路馈源间的隔离。

环形天线的研究仍然是一个很活跃的领域。一份关于 IEEE Xplore 数据库中从 2014 年初到 2015 年 6 月(进行搜索的日期)所发表文章的研究报告显示,123 篇文章中的题目含有"环形天线",环形天线起主要作用的文章数目是这个的三倍。在过去几年,热门的研究和应用领域包括:

(1) 用超材料结构创建环路(例:Nakano et al.,2013a;Zhang et al.,2015)

应用于医疗体内和植入物的环形天线(例:Alrawashdeh et al.,2014;Lee and Jung et al.,2015)

(2) 手持式多频段移动通信设备中的环形天线(例:Ban et al.,2015)

(3) 使用环路天线作为阵列中的圆极化单元(例:Nakano et al.,2013b;Hirose et al.,2012,2015a,2015b)

鉴于新出版物的近期性质,很难预测这些话题将会怎样发展,并且哪个发展方向是最有意义的。然而,可以肯定的是,佩戴在用户身体上或者其他便携设备上的天线产品中,电小环形天线将会继续扮演着很重要的角色。此外,行波环路可以提供宽阻抗带宽和自适应天线单元方向图的独特能力,以上这些将会实现用于通信和传感器系统中的宽带可重构阵列。

交叉参考:

▶第 75 章 阻抗匹配和巴伦

▶第 33 章 低剖面天线

▶第 7 章 超材料和天线

▶第 31 章 全向天线

▶第 24 章 相控阵天线

▶第 49 章 小天线的辐射效率测量

参考文献

Alrawashdeh R,Huang Y,Sajak A A B(2014) A flexible loop antenna for biomedical bone implants. In:8th European conference on antennas and propagation,pp 861-864

Balanis CA(2005) Antenna theory,analysis and design,3rd edn. Wiley,Hoboken,Chapter 5:

Loop antennas. ISBN 0-471-66782-X

Ban Y-L, Qiang Y-F, Chen Z, Kang K, Guo J-H (2015) A dual-loop antenna design for heptaband WWAN/LTE metal-rimmed smartphone applications. IEEE Trans Antennas Propag 63(1):48-58

Blok H, Reitveld JJ (1955) Inductive aerials in modern broadcast receivers. Philips Tech Rev 16(7):181-212

Collin RE (2001) Foundations for microwave engineering. Wiley, New Jersey, Chapter 2

Deo P, Mehta A, Mirshekar-Syahkal D, Massey PJ, Nakano H (2010) Thickness reduction and performance enhancement of steerable square loop antenna using hybrid high impedance surface. IEEE Trans Antennas Propag 58(5):1477-1485

Deo P, Pant M, Mehta A, Mirshekar-Syahkal D, Nakano H (2011) Implementation and simulation of commercial rf switch integration with steerable square loop antenna. Electron Lett 47(12):686-687

Grover FW (2009) Inductance calculations, working formulas and tables. Dover, New York Harrington RF (2001) Time harmonic electromagnetic fields. Wiley, New York

HiroseK, ShibasakiT, NakanoH (2012) Fundamentalstudyonnovelloop-line antennasradiatinga circularly polarized wave. IEEE Antennas Wirel Propag Lett 11:476-479

Hirose K, Shinozaki K, Nakano H (2015a) A loop antenna with parallel wires for circular polarization—its application to two types of microstrip-line antennas. IEEE Antennas Wirel Propag Lett 14:538-586

Hirose K, Shinozaki K, Nakano H (2015b) A comb-line antenna modified for wideband circular polarization. IEEE Antennas Wirel Propag Lett 14:1113-1116

Huff GH, Bernhard JT (2006) Integration of packaged RF MEMS switches with radiation pattern reconfigurable square spiral microstrip antennas. IEEE Trans Antennas Propag 54(2):464-469

Huff GH, Feng J, Zhang S, Bernhard JT (2003) A novel radiation pattern and frequency reconfigurable single turn square spiral microstrip antenna. IEEE Microw Wirel Component Lett 13(2):57-59

ITU-R (2001) Recommendation, P.372-7, "Radio noise" Johnson RC, Jasik H (eds) (1993) Antenna engineering handbook, 3rd edn. McGraw-Hill, New York, Smith GS, Chapter 5: Loop antennas. ISBN 1063-665X

Jung CW, Lee M, Li GP, Flaviis FD (2006) Reconfigurable scan-beam single-arm spiral anten-

na integrated with RF-MEMS switches. IEEE Trans Antennas Propag 54(2):455-463

Lee KF (1984) Principles of antenna theory. Wiley, Chichester

Lee C, Jung C (2015) Radiation-pattern-reconfigurable antenna using monopole-loop for fitbit flex wristband. IEEE Antennas Wirel Propag Lett 14:269-272

Li R, DeJean G, Laskar J, Tentzeris MM (2005) Investigations of circularly polarized loop antennas with a parasitic element for bandwidth enhancement. IEEE Trans Antennas Propag 53(12):3930-3939

Liberti JC, Rappaport TS (1999) Smart antennas for wireless communications: IS-95 and third generation CDMA applications. Prentice-Hall, Englewood Cliffs

Massey PJ (2001) New formulae for practical pager design. In: 11th international conference on antennas and propagation (ICAP), Manchester, vol 1, pp 265-268

Massey PJ (2009) Single tuned electrically small antennas. In: Loughborough antennas and propagation conference, 16-17 Nov, pp 497-500

Mehta A, Mirshekar-Syahkal D (2004) Spiral antenna with adaptive radiation pattern under electronic control. In: Antennas and Propagation Society international symposium, IEEE, vol 1, 20-25 June, pp 843-846

Mehta A, Mirshekar-Syahkal D (2007) Pattern steerable square loop antenna. Electron Lett 43(9):491-493

Mehta A, Mirshekar-Syahkal D, Nakano H (2006) Beam adaptive single arm rectangular spiral antenna with switches. IEE Proc Microw Antennas Propag 153(1):13-18

Morishita H, Hirasawa K, Nagao T (1998) Circularly polarised wire antenna with a dual rhombic loop. IEE Proc Microw Antennas Propag 145(3):219-224

Nakano H, Yoshida K, Yamauchi J (2013a) Radiation characteristics of a metaloop antenna. IEEE Antennas Wirel Propag Lett 12:861-863

Nakano H, Iitsuka Y, Yamauchi J (2013b) Loop-based circularly polarized grid array antenna with edge excitation. IEEE Trans Antennas Propag 61(8):4045-4053

Pal A, Mehta A, Mirshekar-Syahkal D, Massey P (2008) Short-circuited feed terminations on beam steering square loop antennas. Electron Lett 44(24):1389-1390

Loop Antennas 785

PalA, MehtaA, Mirshekar-SyahkalD, NakanoH (2011) Asquare-loopantennawith4-portfeeding network generating semi-doughnut pattern for vehicular and wireless applications. IEEE Antennas Wirel Propag Lett 10:338-341 PalA, MehtaA, MarhicME (2013) Generatingapurecircularlypo-

larisedaxialbeam fromapattern recon fi gurable square loop antenna. IET Microw Antennas Propag 7(3):208-213

Pal A, Mehta A, Lewis R, Clow N (2014) Phased array system consisting of unit pattern recon fi gurable square loop antennas. In: Antennas and Propagation Society international symposium (APSURSI), IEEE, pp 1658-1659, 6-11 Jul

Pozar DM (1986) Finite phased arrays of rectangular microstrip patches. IEEE Trans Antennas Propag AP-34(5):658-665 RoachTL, HuffGH, BernhardJT (2007) Ontheapplicationsforaradiationreconfi gurableantenna. In: Second NASA/ESA conference on adaptive hardware and systems (AHS), Aug, pp 7-13

Schelkunoff SA (1939) A general radiation formula. In: Proceedings of the I. R. E. , Oct 1939, pp 660-666

SnellingEC(1988) Softferrites -properties andapplications, 2ndedn. Butterworth, London. ISBN 0-408-02760-6

van der Zaag PJ (1999) New views on the dissipation in soft magnetic ferrites. J Magn Magn Mater 196-197(1999):315-319

Wagstaff AJ and Merricks N (2003) Man-Made Noise Measurement Programme (AY4119) final report. Issue2, MassConsultantsLimited, Sept2003. This report was downloadable from www. ofcom. org. uk. Last accessed 30 Dec 2014. In particular see section 5. 1

Wu JC, Chang CC, Chin TY, Huang SY, Chang SF (2010) Sidelobe level reduction in wide-angle scanning array system using pattern-recon fi gurable antennas. Microwave Symposium Digest (MTT), IEEE MTT-S, 23-28 May, pp 1274-1277

Zhang Y, Wei K, Zhang Z, Li Y, Feng Z (2015) A compact dual-mode metamaterial-based loop antenna for pattern diversity. IEEE Antennas Propag Lett 14:394-397

第18章
微带贴片天线

Kai Fong Lee and Kin-Fai Tong

摘要

微带贴片天线(MPA)的基本几何结构包括一个印刷在接地介质基板上或悬置于金属地上的金属贴片。该天线通常由同轴探针或者带状线馈电。采用同轴馈电时,探针的中心导体将直接连接在贴片上,其外导体与金属地板连接。采用带状线馈电时,通常有以下3种方式可将能量耦合到贴片上:通过直接连接的方式,通过临近耦合的方式,通过口径耦合的方式。贴片天线的想法始于1950年之前,但是在近20年间,该型天线的发展并不活跃,其主要原因是该型天线固有的窄带特性。直到1970年,微带贴片天线才开始吸引天线团体的关注,天线设计者们开始意识到这种天线所具备的优势,这其中就包括低剖面,易与表面共形,便于加工,易与电路集成等优势。在过去的30年中,众多的研究者开始专注于展宽微带贴片天线带宽与天线其他方面性能提高的研究。本章将对模式技术

K. F. Lee(✉)
e-mai:Leek@ olemiss. edu
美国密西西比州大学电气工程系,美国
K. -F. Tong ✉
英国伦敦大学电子电气工程系,英国.
e-mail:K. tong @ ucl. ac. uk

与微带贴片天线的基本特性做简要介绍,然后对天线宽带技术进行讨论,并对双频与多频天线设计,天线尺寸减小技术,圆极化贴片天线、频率与极化捷变设计展开讨论。在本章的结尾处将做出结论性的评价。

关键词

微带天线;宽带贴片天线;圆极化贴片天线;小尺寸贴片天线;双频与多频贴片天线

18.1 介绍

微带天线的想法是从印刷电路技术中产生的,对于一个电子系统而言,不仅能在电路组件与传输线上利用该项技术,而且在辐射单元上也利用了该项技术。微带贴片天线的基本几何结构如图 18.1 所示。其结构包括一个印刷在接地基板上,或悬置于金属地上的金属贴片与一个在合适位置背馈于金属地板的馈电组成。贴片形状原则上可以是任意的。实际上、矩形、圆形、等边三角形与环形均是常见的形状。天线的馈电通常采用同轴探针或者带状线。探针的末端与贴片直接连接或在靠近贴片的位置进行耦合馈电,或者通过一个口径面进行耦合馈电。对于矩形贴片而言,这些形式如图 18.2 所示。电磁能量首先被引导或者

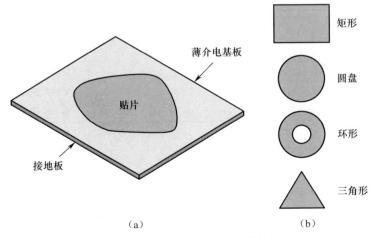

图 18.1 微带贴片天线的基本结构

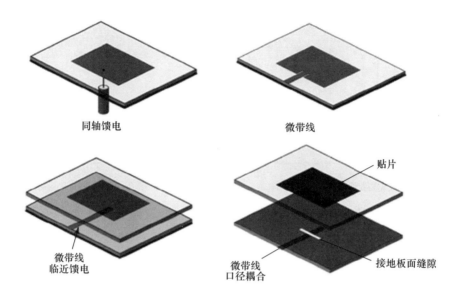

图 18.2 微带贴片天线的四种基本馈电结构

耦合到贴片下方的区域,其边沿的工作模式类似于一个开路的谐振腔。一些能量从腔体中泄露出去并且辐射到空间当中,这个过程就形成了天线的工作模式。

四种馈电方法的优点与缺点列于表 18.1 中。在四种馈电方法中,同轴馈电法与带状线直馈法最为常见。

表 18.1 对于微带贴片天线四种常见馈电方法的比较

	优 点	缺点
同轴馈电	易于匹配 低寄生辐射	引入厚度 介质板, 更高焊接要求
微带线	单片式 易于集成 易于通过控制插入位置获得匹配	来自馈线的寄生辐射,尤其在厚介质板上时微带线的宽度过宽
临近耦合	馈电与贴片无须直接连接 对于贴片基板与更厚的馈电基板,能够更高效利用其厚度	需要多层加工工艺

（续）

	优　　点	缺点
口径耦合	采用两块基板来避免高介电常数基板对天线带宽与效率的负面影响 无须将探针与贴片直接连接从而避免了大体积探针的电抗效应与采用宽尺寸带状线 由于接地板隔离了辐射贴片，从而抑制了来自探针与设备的辐射	多层加工需求 高后瓣辐射

贴片天线想法的出现是由 Deschamps 在 1950 年之前提出（Deschamps and Sichak），但是在之后的 20 年里，该型天线并不活跃。直到 1970 年，该型天线才引起天线团体的一系列注意，这是由于人们认可其具备的各种优势。这其中就包括低剖面，易于表面共形，易于加工，适合应用电路集成技术，从而可以使主动与被动电路单元在同一块基板上被刻蚀。该型天线的主要特性为带宽较窄，通常小于 5%。在过去几十年的研究成果中，贴片天线不仅可以获得两位数的带宽，并且一系列关于双频与多频，双极化与圆极化，尺寸缩小，可重构的设计方法应运而生。微带贴片天线已经在商业与军事的无线工业中得到了广泛的应用，或许可以不夸张地说，该型天线已经成为天线设计师们最为喜爱的天线类型。关于微带贴片天线的文献十分广泛，这其中就包括在期刊中成千上万的研究文章。这里也有一些评审文章，手册中的章节与 10 几本书，这些文献的部分清单将在参考文献中列出（Bahl and Bhartia，1980；Cheny and Chia，2005；Debatosh and Antar，2010；Garg，2000；Huang，2008；Jamws and Hall，1981，1989；Kumar and Ray，2003；Lee and Tong，2012；Lee and Chen，1997；Richards et al.，1981；Pozar，1992；Shafai，2007；Wong，2002；Zurcher and Gardiol，1995）。

在本章节中，将在"模式技术与基本特性"部分对微带贴片天线的模式技术与基本特性展开简要的描述。宽带技术部分主要介绍了四种主要的带宽展宽技术。在"双频与多频设计"这部分中介绍双频与多频天线的设计。天线尺寸缩小方法与圆极化将在题目为"贴片尺寸减小法"与"圆极化设计"的部分进行介绍。"频率捷变与极化捷变贴片天线"中展示了一些频率捷变与极化捷变的贴片天线。结论性的评价将在"结论"部分中给出。为了保证章节在制定分配的长度内，双极化设计与微带阵列天线的内容并未在本章中阐述。

18.2 模式技术与基本特性

18.2.1 模式技术的简要概述

有两种途径计算微带贴片天线的性能。一种是设计出基于一系列简单假设的物理模型;另一种方法是试图解算服从边界条件的麦克斯韦方程组。

如图 18.1(a)中的同轴馈电微带贴片天线,是一种众所周知的腔体物理模型(Lo et al.,1979)被开发出来,用于推导天线的特性。该方法是基于一系列简单假设,且针对薄基板十分有效。对于各种形状的贴片,这些假设能够确定分析贴片与接地板面之间的场。由此,对于基本几何结构微带贴片天线的辐射与阻抗特性可以进行计算。通过腔体模型来获得天线的基本特性将在"基本特性"这部分介绍。

更多的一般性方法用于瞄准求解全套麦克斯韦方程组,而不是依赖于薄基板假设,该方法被称作全波法。此类方法是将天线结构上的电流作为未知量进行求解。通过获取电流所产生的场来满足边界与激励条件,对于未知电流积分方程的求解可以通过一些数字方法来解决,如矩量法(Mosing and Gardiol, 1985)。全波法的另一种途径是将麦克斯韦方程组转化为两个不同的方程,将其组成合适的模型作为边界条件,用数字的方法来解决时域内的问题(Reineix and Jecko,1989),这就是我们熟知的有限时域法(FDTD)。另一种方法,所熟知的有限单元法,是通过 Rayleigh-Ritz 变化法(Salon and Chari,1999)来解决用矢量波方程组的形式来表达麦克斯韦方程组。

腔模模型为我们提供了物理分析方法,但是这种方法仅仅是对基本的微带贴片天线的分析效果较好,即,薄基板上的导体贴片,且贴片的形状是易控的分离变量。全波法具有处理厚基板,各种馈电方式与厚且复杂结构的能力,如多层、多贴片联合或不联合寄生单元,短路墙与短路柱,也包括在贴片上开槽。然而该方法需要耗费大量的计算时间且不需要提供太多的物理分析。

在过去的 20 年中,许多基于全波法的商业仿真软件应运而生。这些软件在快速发展的微带贴片天线研究中扮演着关键的角色。这些软件已经成为天线设计中必须具备的工具。部分商用电磁仿真软件已在表 18.2 中列出。本章中所涉及的天线仿真结果主要基于 IE3D 与 HFSS。其中一些结果是在软件内部采

用瞬时法与 FDTD 来获得。

表 18.2　商用电磁仿真软件目录

软件名称	理论模型	模型尺寸	公司
Ensemble(Designer RF)	瞬时法	2.5	Ansoft（ANSYS）
IE3D	瞬时法	2.5	Zeland
Momentum	瞬时法	2.5	Agilent
EM	瞬时法	2.5	Sonnet
PiCasso	瞬时法/遗传法	2.5	EMAG
FEKO	瞬时法	3D	EMSS
Microwave studio	FDTD	3D	CST
Fidelity	FDTD	3D	Zeland
HFSS	有限单元	3D	Ansoft（ANSYS）

18.2.2　基本特性

微带贴片天线的基本特性可以通过腔体模型对一个微带贴片进行同轴馈电来获得。我们可以假定该腔体模型内的基板厚度远远小于其波长。在贴片下方的区域可以认为是由顶部和底部电墙构成（$E_t = 0$），考虑到薄基板的假设，磁墙（$H_t = 0$）分布在腔体侧面。位于贴片下方的场为横向磁场，而电场垂直于贴片。这些场主要是通过求解服从于边界条件与馈电的波动方程来确定的。通过该等效原则的优势，腔体外部的场可以通过在腔体激励区域的等效源来计算。

采用这种方法，采用探针为矩形，圆形，环形和等边三角形贴片馈电的特性已经在 70 年代末期与 80 年代得到了理论预测与实验证明。(Lee and Dahele，1989)。同时在不同的细节上，有大量相似形状的贴片且与其形状关联不大。传统矩形贴片天线如图 18.3 所示。矩形贴片天线与微带天线具有很多的共同点。

（1）腔体内的场为横磁场，电场方向沿 z 轴传播且独立于 z 轴。以下是无限数量的模式，每个模式通过一对整数来表示：

$$E_z = E_0 \cos\frac{m\pi x}{a} \cos\frac{n\pi y}{b} \quad m,n = \text{整数} \tag{18.1}$$

（2）该腔体模型的边界由顶部的电壁与四周的磁壁组成，每个模式的谐振频率由贴片的尺寸与基板的相对介电常数 ε_r 确定。其关系可以表示为

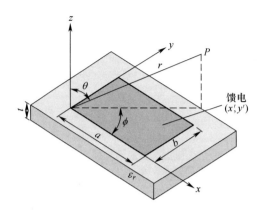

图 18.3　矩形贴片的几何结构

$$f_{mn} = \frac{k_{mn}c}{2\pi\sqrt{\varepsilon_r}} \qquad (18.2)$$

式中

$$k_{mm} = \left[\left(\frac{m\pi}{a}\right)^2 + \left(\frac{n\pi}{b}\right)^2\right]^{\frac{1}{2}} \qquad (18.3)$$

式中:c 为真空中光的传播速度。

(3) 由于场的边缘效应,贴片的形状应当略微大于其实际尺寸,从经验上,一般通过引入腔模理论设计公式来计算这种现象,实际上贴片上部与下部的介质并不相同,这些变化的因素通常是由贴片到贴片。

对于矩形贴片,当 $a>b$ 时,存在一个常用的基本模式的公式,该公式可以精确到测量值的 3% 以内,其表达形式为

$$f_r = \frac{c}{2(a+t)\sqrt{\varepsilon_e}} \qquad (18.4)$$

式中

$$\varepsilon_e = \frac{(\varepsilon_r + 1)}{2} + \frac{(\varepsilon_r - 1)}{2}\left[1 + \frac{10t}{b}\right]^{\frac{-1}{2}} \qquad (18.5)$$

式中:ε_e 为有效介电常数。

(4) 激励域的等效源(垂直于侧壁)为表面磁流密度,其与该区域内的切向电场相关,由图 18.4 所示,它们,

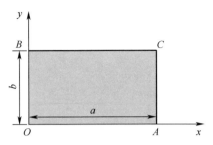

图 18.4 矩形贴片俯视图

沿 OA 壁的方向：

$$M_s = -n \times E = +y \times z \times E_0\cos\frac{m\pi x}{a} = +xE_0\frac{m\pi x}{a} \quad (18.6)$$

沿 AC 壁的方向：

$$M_s = -n \times E = -x \times z \times E_0\cos m\pi\cos\frac{n\pi y}{b} = +yE_0\cos m\pi\cos\frac{n\pi y}{b} \quad (18.7)$$

沿 CB 壁的方向：

$$M_s = -n \times E = -y \times z \times E_0\cos\frac{m\pi x}{a}\cos n\pi = -xE_0\cos\frac{m\pi x}{a}\cos n\pi \quad (18.8)$$

沿 BO 壁的方向：

$$M_s = -n \times E = +x \times z \times E_0\cos\frac{n\pi y}{b} = -yE_0\cos\frac{n\pi y}{b} \quad (18.9)$$

无限大地的效果是每个 M_s 源的两倍。侧壁上 TM_{01} 模与 TM_{10} 模的电场与表面磁流分布如图 18.5 所示。

对于 TM_{10} 模而言，磁流沿着 b 方向幅度相同且同相，磁流沿 a 方向的相位满足正弦分布且不同相，在该区域中，b 边为辐射边，因为其主要对辐射做出贡献。而 a 边为非辐射边。类似的，对于 TM_{01} 模而言，磁流沿着 a 方向幅度相同且同相，沿 b 边满足正弦分布规律。因此对于 TM_{01} 模而言，a 边为辐射边。

（5）为了满足馈电的边界条件，贴片下方的场可以表示为各种模式的合成。这些模式的幅度与相位由激励来确定。该模式的谐振频率等于激励的频率，且在谐振处具有最大的幅度。

（6）每个谐振模式都有自己的辐射特点。对于矩形贴片而言，其常见模式为 TM_{10} 模与 TM_{01} 模。然而，TM_{03} 模仍然受到了一些关注。这三种模式都是

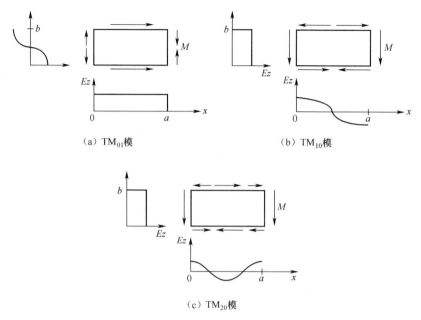

(a) TM_{01}模　　　　　(b) TM_{10}模

(c) TM_{20}模

图 18.5　侧壁磁流分布图

宽辐射方向图。对于 $a = 1.5b$ 时的两种不同介电常数的计算出的方向图如图 18.6 所示。在主要的平面内，TM_{01} 模与 TM_{03} 模式具有类似的线极化，而 TM_{10} 模正交于其他两种模式。方向图表现出对参数 a/b 与 t 并不敏感。然而，它们随着介电常数 ε_r 的变化会有明显的改变。TM_{10} 模与 TM_{01} 模的典型的半功率波束宽度大约为 $100°$，这些模式的典型增益值为 5dBi。大部分其他模式的方向图有着最大的宽度。例如，TM_{11} 模式的方向图如图 18.6 所示。

图 18.7 为 Lo 等(1979)给出的当矩形贴片的边长 $a = 11.43$cm，$b = 7.6$cm，介电常数 $\varepsilon_r = 2.62$，$t = 0.159$ 时，天线在 TM_{01} 模与 TM_{10} 模式时的计算与实测辐射方向图。E_θ 与 E_ϕ 为 $\phi = 0°$ 与 $\phi = 90°$ 两个角度的实测切面方向图。从实验中可以发现，在不同情况下，极化的一个分量相对于其他分量可以忽略不计。我们称极化中的主要分量为主极化，而正交于主极化的分量称之为交叉极化。对于薄基板，其交叉极化主要是由激励起的高次模所产生。Huynh 等(1988)分析了影响交叉极化的几个主要参数，这其中包括：长宽比(a/b)、馈电位置与相对介电常数。

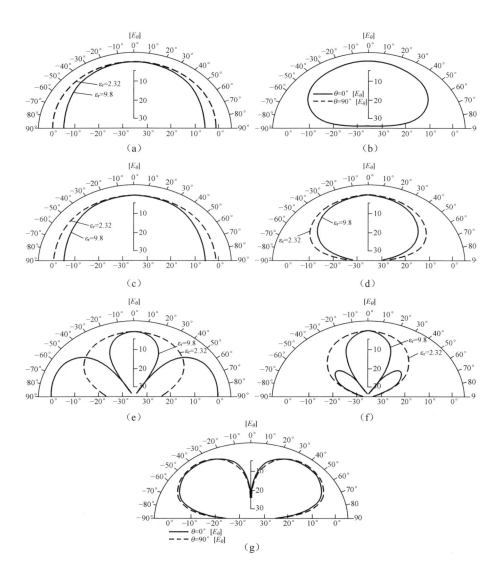

图 18.6 当矩形贴片的边长 $a/b=1.5$, $f_{nm}=1\mathrm{GHz}$ 与 (i) $\varepsilon_r=2.32$, $t=0.318, 0.159, 0.0795\mathrm{cm}$; (ii) $\varepsilon_r=9.8$, $t=0.127, 0.0635, 0.0254\mathrm{cm}$; (a) TM_{01}, $\phi=90°$; (b) TM_{10}, $\phi=0°$; (c) TM_{01}, $\phi=90°$; (d) TM_{01}, $\phi=0°$ (e) TM_{03}, $\phi=90°$; (f) TM_{03}, $\phi=0°$; (g) TM_{11}, $\varepsilon_r=2.32$

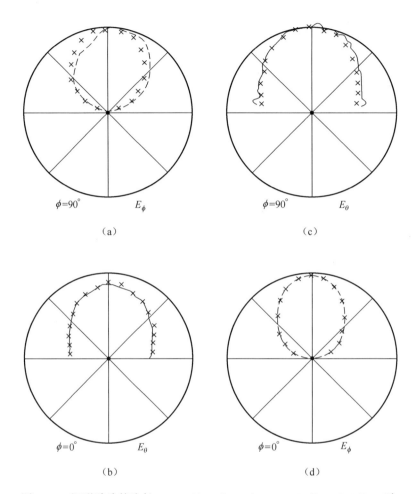

图 18.7 矩形贴片的边长 $a=11.43\text{cm}, b=7.6\text{cm}, \varepsilon_r=2.62, t=0.159\text{cm}$ 时,
其理论(×)与实测(实线与虚线)值在 $\phi=0°$ 与 $\phi=90°$ 面的辐射方向图。
(a)与(b)是谐振频率为 804MHz 处的(1,0)模;(c)与(d)是谐振频率为 1187MHz 处的(0,1)模。
(此图来自 Lo 等,1979 I.E 转载许可)。

对于每种模式,在远场区的两个正交平面,一个面指定为 E 面,另一个指定为 H 面。远区的电场位于 E 面内,而远区的磁场位于 H 面内。在这些面内的方向图分别称为 E 面与 H 面方向图。对于 TM_{01} 模而言,对于远场的贡献来自侧壁上(包括辐射边界)的磁流密度。参考图 18.3 与图 18.5,其展示了这些磁流的方向,其中 E 面为 Y-Z 面($\phi=90°$),H 面为 X-Z 面($\phi=0°$)。

对于 TM_{10} 模而言,再次参考图 18.3 与图 18.5,可以看到其中 E 面为 X-Z 面($\phi = 0°$), H 面为 Y-Z 面($\phi = 90°$)。采用合适的设计,通过利用两个模式可以获得圆极化。这部分的内容将会在"圆极化设计"章节中介绍。

(7) 在谐振时,输入的谐振小于基板的谐振,当馈电在贴片的边缘时,输入谐振达到最大。当馈电位置沿贴片边缘向内移动时,谐振频率随之减小。对于矩形同轴馈电的贴片激励起的 TM_{01} 模式与 TM_{10} 模式而言,其减小趋势满足余弦函数的平方。图 18.8 给出了同轴馈电矩形贴片的两个模式的谐振电阻。

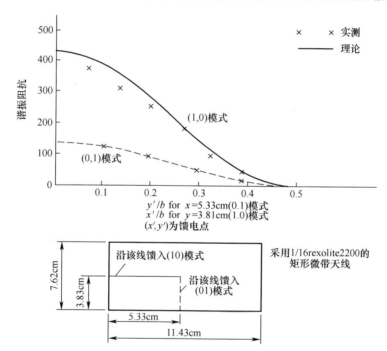

图 18.8 当矩形贴片的各参数 $a = 11.43$cm, $b = 7.62$cm, $\varepsilon_r = 2.62$, $t = 0.159$cm 时,且贴片被激励起 TM_{01} 模与 TM_{10} 模时,天线的谐振电阻随馈电位置的变化曲线。

(来自 Richards,1981 I.E 转载许可)

(8) 通过选择合适的馈电位置,谐振电阻可以同馈电线的电阻进行匹配,当使用薄基板时(厚度 $t = 0.03$ 个波长),其在谐振频率处的电感将远小于馈电的电感,结果会出现一个十分接近一致的电压驻波比(VSWR 或 SWR)。随着谐振频率的漂移,驻波比增加。对于线极化而言,通常定义阻抗带宽为驻波比小于等于 2,对应回波损耗为 10dB,或者定义为 -10dB 的反射系数(散射参数 S_{11})的这

段区域。这就是我们通常所说的天线带宽,同时天线的方向图对频率不敏感。对于圆极化而言,带宽通过驻波比小于2与小于3dB轴比进行定义。

(9) 贴片天线的损耗包括辐射,镀铜,电介质与表面波损耗。对于薄基板而言,表面波可以忽略。根据 Wood(1981) 的研究,指出当天线的表面波辐射不足总辐射量的25%时,需满足 $\varepsilon_r = 2.32$ 时,$t/\lambda_0 < 0.07$;$\varepsilon_r = 9.8$ 时,$t/\lambda_0 < 0.023$。某一特定模式的品质因数由存储与损耗的能量比决定,同时品质因数还决定天线的阻抗带宽。

(10) 通常情况下,阻抗带宽随着基板厚度 t 增加而增加,且与 $\sqrt{\varepsilon_r}$ 成反比例。然而,采用低介电常数的基板会导致馈电线产生高强度的辐射,然而采用较高介电常数的基板时,当基板的厚度增加时由于表面波的产生,从而导致辐射效率的降低。此外,当基板的厚度超过 $0.05\lambda_0$ 时,其中 λ_0 为自由空间中的波长,此时天线无法与馈电线进行匹配。结论是,对于基本几何形状的微带贴片天线的阻抗带宽通常限定在5%以内。

18.3 宽带技术

18.3.1 一般性评论

一些无线通信系统的工作频率见表18.3。

表18.3 一些无线通信系统的频率

系统	工作频率	全工作带宽
高级移动电话服务(AMPS)	UL:824~849MHz DL:869~894MHz	70MHz(8%)
全球移动通信系统(GSM)	UL:880~915MHz DL:925~960MHz	80MHz(8.7%)
全球定位系统(GPS)	L1:1575.42MHz L2:1227.60MHz L5:1176.45MHz	P码:20.46MHz C/A码:2.046MHz (最大相对带宽.1.7%)
个人通信服务(PCS)	UL:1710~1785MHz DL:1805~1880MHz	170MHz(9.5%)

(续)

系统	工作频率	全工作带宽
全球移动通信系统（UMTS）	UL：1920～1980MHz DL：2110～170MHz	250MHz（12.2%）
Wi-Fi IEEE 802.11（a,b,g,n） IEEE 802.11 ac	（b,g,n）2400～2497MHz （a,n）5150～5350MHz （a,n）5725～5825MHz 5170～5330MHz 5490～5710MHz 5735～5835MHz	（a,b,g）20MHz （n）20,40MHz （最大相对带宽.0.8%） 20,40,80, 160MHz （最大相对带宽3%）
无线千兆比特	56160～64800MHz	8640MHz （最大相对带宽3%）
WiMAX	M2300T～01/02 2300～2400MHz M2500T～01 2496～2690MHz M3500T～02/03/05 3400～3600MHz	100MHz 194MHz 200MHz （最大相对带宽5.7%）
蓝牙	2400～2483.5MHz	83.5MHz（3.4%）

一些系统（如GPS）的带宽十分的窄，表18.3中的5个系统需要带宽超过8%以上。根据之前的讨论，天线形式为接地基板上印制导体贴片的这种基本微带贴片形式的天线，其固有特征为窄带特性，因此这样的天线不能满足这些系统的需求。然而，通过采用有损耗的基板可以提高天线的带宽，但是这样会降低天线的效率，不能令人满意。在过去的30年里，大量的展宽微带贴片天线带宽的技术获得了发展，通过各种设计使天线带宽达到10%～60%。需要指出的是：20%的带宽就可以覆盖表18.3中前两个应用频段。30%的带宽可以覆盖第三，第四，第五个合并应用频带。

对于高效率微带贴片天线的设计，这些方法应当遵循以下一条或多条原则：

（1）通过引入寄生单元或者寄生缝隙来引入附加谐振点，使其与主谐振点进行融合，从而可以获得一个宽带的响应。

（2）采用厚度大且具有低介电常数的基板。

（3）通过方案设计来降低厚基板的失配问题。

遵循以上原则的一些宽带设计现在已经实现。

18.3.2 叠层贴片

对于提高微带贴片天线带宽的方法中,当前比较流行的一种方法是采用寄生贴片来产生两个或多个谐振点。如果将这些谐振点进行适当的排列,那么将其合并起来的带宽将远远地大于只有单个谐振点情况下的带宽。这种方法类似于耦合调谐电路。一般有两种排列方式:叠层结构的几何形式为馈电结构与寄生贴片分别在各自的层内(Sabban,1983;Lee et al.,1987,1995;Barlately et al.,1990),对于共面结构而言,所有的贴片都位于同一层内(Kumar and Gupta,1984)。使用薄基板。共面几何结构通过多个贴片提高了侧面区域的利用率。但是其并不像叠层几何结构那样受欢迎,因此将不再后续中讨论。

关于双层叠层贴片天线,Lee 等(1987)在期刊上发表了一批文章,图 18.9 给出了其结构分析。该基板的相对介电常数 $\varepsilon_r = 2.17$,基板厚度 $t = 0.254$mm。各层基板通过空间距离进行分隔。贴片之间的距离是相同的,其中,$a = 1.5$cm,$b = 1.0$cm。可以观察到,当贴片被激励起 TM_{01} 模式时,天线的谐振频率近似在 10GHz 处,其阻抗带宽为 13%,此时贴片间距为 0.0508cm($0.017\lambda_0$)。该型天线的带宽几乎比没有寄生贴片的天线带宽大了一个量级。后来,Lee 等将全波瞬时分析法进一步发展,并且发展了一个多层微带贴片天线的电脑程序。图 18.10 给出了使用这个程序的代表性设计指导,表 18.4 给出了工作在中心频率为 5GHz 的天线。在表 18.4 中,设计 1 给出了无介质覆盖物天线的相关参数,

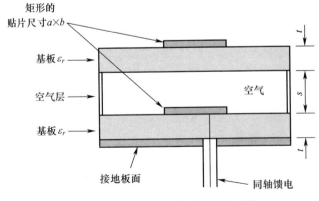

图 18.9 矩形电磁口径叠层贴片天线

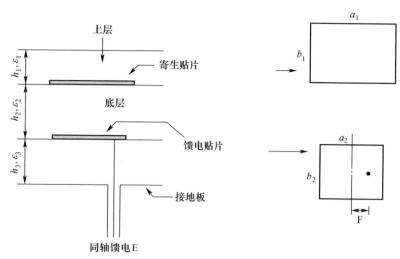

图 18.10 加载覆盖物的电磁口径微带贴片天线

该设计可以获得 12% 的带宽。当一个的厚度为 0.26mm 且相对介电常数为 2.2 的覆盖物放在寄生贴片的顶部时,设计 2 所给出的参数可以得到 12% 的阻抗带宽。设计 3 中给出的天线参数可以获得 15% 的带宽,且该天线并未采用相关覆盖物。当中心频率发生变化时,只需要按比例调整参数的长度,根据(贴片尺寸,基板与覆盖物的厚度,馈电位置)

表 18.4 叠层电磁耦合贴片天线在中心频率 5GHz 处的设计实例

带宽(BW) (VSWR≤2)	12% 设计 1	12% 设计 2	12% 设计 3
ε_1	1.0	2.2	1.0
ε_2	1.2	1.2	1.2
ε_3	2.2	2.2	2.2
h_1/mm	0.0	0.26	0.0
h_2/mm	3.580	3.630	3.500
h_3/mm	0.493	0.486	1.200
a_1/cm	2.296	2.198	2.300
b_1/cm	1.275	1.465	1.278
a_2/cm	2.000	2.027	2.000
b_2/cm	1.111	1.351	1.111
F/cm	0.928	0.940	0.900

叠层贴片的方向图在整个带宽内稳定,典型的 E 面与 H 面的半功率带宽分别为 76°与 86°。单贴片的 E 面与 H 面的半功率带宽分别为 92°与 86°。叠层贴片的增益为 6.0dBi,单贴片的增益为 5.2dBi。可以明显地观察到,通过将叠层贴片的几何结构拓展为多寄生贴片的多层层结构,附加谐振将会被继续引入,因此天线带宽将会被进一步展宽。然而,当天线多于两层时,天线会变得很厚。

18.3.3 口径-耦合贴片

1) 关于口径-耦合馈电的一般性讨论

当前对于贴片天线馈电方法比较流行的方式为同轴探针直连贴片或者采用带状线连接贴片,而另一种方法具有一系列优势,该方法是利用带状线通过地板上的口径(缝隙)来耦合获得能量,其结构如图 18.1d 所示。开放式微带线位于地板下方的介质板上,而贴片天线位于地板面上方的一个独立的介质板上。这两个结构是通过它们之间地板面上的口径面进行电磁耦合的。在 Pozar(1985)的早期文章中,这种口径是以小圆孔的形式出现的。后来,这种口径更常见的形式为窄的缝隙。如表 18.1 所列,该馈电方法的一个优势是馈电网络通过地板与辐射单元相隔离。这样可以避免寄生辐射。该种馈电方式的另一个优点是:移相器与放大器等有源器件可以集成在高介电常数的馈电基板上从而可缩减尺寸,而辐射贴片可以安装在低介电常数的基板上,从而可以提高天线的带宽与辐射效率。

缝隙从带状线耦合到的能量传送给贴片可以产生谐振也可以不产生谐振。典型的非谐振缝隙可以获得 6%~7% 的带宽,但是通过采用厚的基板可以获得 10%~13% 的带宽,然而探针电感的问题并不适用于这里。当缝隙谐振时,相对于贴片的谐振点,缝隙谐振可以产生另一个谐振点,从而可以使天线的阻抗带宽拓展到 20%。然而,谐振缝隙会导致天线产生较大的后瓣,从而会降低天线的增益以及在特定的应用中引起互扰问题。

对于同轴馈电的微带天线,口径耦合贴片天线的阻抗带宽能够通过叠层或者共面单元进行进一步的拓展。

在下一部分中,我们将会实现一个采用谐振缝隙的宽带口径耦合贴片天线的实例。

2) 宽带口径耦合贴片天线实例

图 18.11 中展示了 Croq 和 Papiernik(1990)通过采用谐振缝隙与相对较厚的泡沫材质的基板贴片,来分析口径耦合贴片天线。需要指出的是,这里采用了一个介质覆盖(天线罩)用于保护贴片。

实测与计算阻抗如下,在 4.85~6.1GHz 这个频率范围内,天线驻波比小于 1.5,其相对应的带宽为 22%。天线在整个带宽内大约有 8dB 的增益。天线在 5.6GHz 处的方向图最大后前比为-14dB,整个频带内的方向图后前比为-12dB。口径耦合缝隙贴片天线的主要缺陷是其具有大的背向辐射。

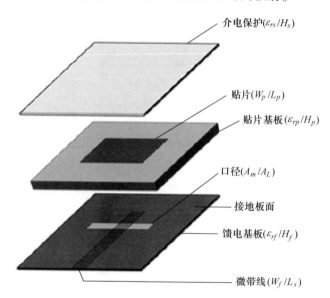

图 18.11 Croq 和 Papiernik(1990)在文章中对口径耦合贴片天线的分析

(1)馈电:$\varepsilon_{rf}=2.2$;$\mathrm{tg}\delta=0.001$;$H_f=0.762$mm;$W_f=2.32$mm;$L_s=2.85$mm;

(2) Slot:$A_w=0.8$mm;$A_L=15.4$mm;(3) Square patch $W_p=17$mm;$H_p=5.5$mm;erp = 1;

(4) Radome:$H_s=1.6$ mm;$\varepsilon_{rs}=2.2$;$\mathrm{tg}\delta=0.001$。

18.3.4 宽带 U 形缝隙贴片天线

叠层贴片采用一个单馈电贴片与一个寄生贴片的结构可以获得 20%的带宽,然而口径耦合贴片利用谐振缝隙可以获得 25%的带宽。前者结构中不止一层也不止一个贴片,而后者的结构也不止一层,同时该结构还有着更复杂的馈电结构与大的后瓣辐射。图 18.12 展示了 Huynh 和 Lee(1995)在 1995 年首次提

出的一种单层单馈电 U 形缝隙宽带贴片天线的设计。Lee 与 coworkers 等(Lee et al., 1997, 2010; Tong et al., 2000; Clenet and Shafai, 1999; Weigand et al., 2003)对此做出了大量的研究。它们可以确定采用空气作为基板(厚度为 $0.08\lambda_0$)的 U 形缝隙贴片天线可以提供超过 30% 的阻抗带宽,采用相似厚度的基板材料可以获得超过 20% 的阻抗带宽。

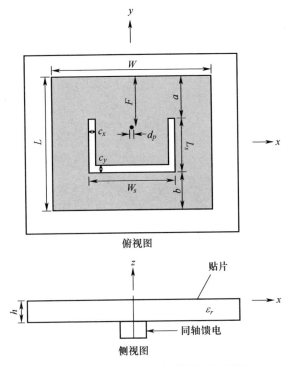

图 18.12 矩形 U 形贴片天线的几何结构

Huynh 与 Lee (1995)在最初的研究中,该型天线的宽带特性已经通过实验证明。在他们的论文中指出,对于带宽的贡献主要有以下几点因素:(1)空气基板;(2)相对厚的基板(大约 $0.08\lambda_0$);(3)通过 U 形缝隙引入的电容来抵消馈电的电感;(4)通过 U 形缝隙引入附加谐振,使其与贴片的谐振点相融合,从而使天线获得一个宽带响应。后来,Lee 等(1997)进行了更全面的实验并且利用时域有限差分法对 U 形缝隙贴片天线进行模拟。图 18.13 给出了该天线驻波比的相应结果。其阻抗带宽达到 30%。其实测方向图(这里并未给出)在整个带宽内十分稳定。天线的 E 面与 H 面的波束宽度大约分别为 70° 与 65°。天线的

增益值大约为 7.5dBi。大约比传统微带天线高出 2dBi。E 面的交叉极化是微不足道的。在整个频带的中心频点处,H 面的交叉极化比主极化低 12dB,但是其交叉极化在带外边缘处提高了 8dB。

上述这些研究以及其他研究显示当采用高度大约为 $0.08\lambda_0$ 的厚空气基板时,天线可以获得超过 30% 的阻抗带宽,这里需要指出的是,一些应用场合并不需要这样宽的带宽。例如表 18.3 中所提及的,在移动通信服务(AMPS)大约需要 8.1% 的带宽就足够了。同样的,在全球移动通信系统(GSM)中,仅仅需要 8.7% 的带宽。然而,传统的贴片天线不能实现这样的带宽(Lee and Luk,2010),现在已经证实,这些应用中所需的带宽采用厚度仅仅为 $0.033\lambda_0$ 的 U 形缝隙贴片天线即可实现,该天线可以获得 12% 的带宽。这项研究中所采用的天线的尺寸见表 18.5,研究结果见表 18.6。

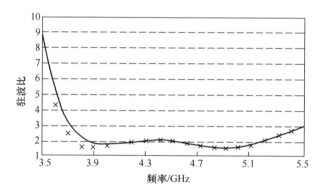

图 18.13　具有下列尺寸的 U 形缝隙天线的驻波比:$W = 36$mm,
$L = 26$mm,$F = 13$mm,$W_s = 12$mm,$L_s = 20$mm,$a = 2$mm,$b = 4$mm,
$c_x = c_y = 2$mm,and $h = 5$mm(×实测,-计算)(Lee et al.,1997 IET,获得转载许可)

表 18.5　对于不同厚度空气基板的 U 形缝隙贴片天线的尺寸(单位:mm)
(Lee et al.,2010)(IEEE,已获得转载权)

h/mm	W	L	W_S	L_S	a	b	F
1	35.5	26	12	10.7	0.1	0.6	15
2	35.5	26	11	12.3	0.6	0.8	15
3	35.5	26	11	14.2	0.9	1	15
4	35.5	26	11	16.2	1.8	1.6	15

(续)

h/mm	W	L	W_S	L_S	a	b	F
5	35.5	26	11	20	3.8	2.1	15
6	35.5	26	11	21	4.3	2.1	15

表 18.6 对于不同厚度空气基板的探针馈电 U 形缝隙贴片天线的仿真与实测阻抗带宽。对于不同厚度的空气基板,天线的尺寸略有不同。在所有的实例中,同轴馈电探针的内径为 0.4mm。

(Lee et al., 2010 IEEE, 已获得转载权)

h/mm	相对波长的厚度	仿真		实测	
		工作频率/GHz	带宽/(%)	工作频率/GHz	带宽/(%)
1	0.018	5.13-5.41	5.31		
2	0.033	4.73-5.23	10.04	4.44-5.01	12.1
3	0.048	4.45-5.2	15.54	4.19-4.95	16.6
4	0.063	4.2-5.28	22.78	4.05-5.1	23.0
5	0.078	3.98-5.32	28.81	3.8-4.94	26.1
6	0.089	3.8-5.14	29.97	3.74-4.98	28.4

1. 材料型基板

虽然在第一部分调研了采用空气或泡沫基板的 U 形缝隙贴片天线,随后通过调研证实,这种宽带设计同样适用于材料型基板。正如预期的那样,采用材料基板的天线带宽小于采用空气或泡沫作为基板的天线带宽。Tong 等(2000)同时通过实验研究以及 FDTD 分析了两种均采用相对介电常数 $\varepsilon_r = 2.33$ 的天线。这其中的一个天线的尺寸见表 18.7,该天线的工作频率与带宽见表 18.8,天线的 3-dB 增益带宽与阻抗带宽相当,并且该天线在整个匹配带宽内具有 7dBi 的平均增益。

表 18.7 以毫米为单位的天线尺寸(单位:mm)

ε_r	W	L	W_S	L_S	B	F	c_x	c_y	h
2.33	36.0	26.0	14.0	18.0	4.0	13.0	2.0	2.0	6.4

表 18.8　表 18.7 中天线的工作频率与带宽

	f_1/GHz	f_0/GHz	f_0/GHz	BW/GHz	BW/(%)
计算	2.87	3.28	3.69	0.82	25.0
实测	2.76	3.16	3.56	0.80	25.3

2. U 形缝隙与 E 形贴片天线的各种形式

使用 U 形缝隙结构获得宽带特性并不局限于矩形贴片。(Bhalla and Shafai,2002)报道了一种宽带圆形 U 形缝隙贴片天线。缝隙的形状可以采用各种形式,如圆形缝隙与 V 形缝隙(Rafi and Shafai,2004)。通过令水平缝隙的宽度趋于 0,同时将两个垂直缝隙拓展到贴片的边缘,这样就可以得到一个 E 形贴片(Yang et al.,2001a)。该天线的结构如图 18.14 所示。在 U 形缝隙中,平行的缝隙为电路提供了一条额外的路径,从而使天线产生了第二个谐振。两个平行的缝隙可以引入一个电容,用于抵消探针所产生的电感,因此该型天线可以采用相对较厚的基板。Yang 等(2001a),在 E 形贴片采用厚度大约为 0.08λ 的空气基板,可以使其在中心频率 2.4GHz 处获得大约 30% 的阻抗带宽。天线的各个参数如下:$L=70$, $W=30$, $h=15$, $X_f=35$, $Y_f=6$, $L_s=40$, $W_s=6$ 与 $P_s=10$。地板尺寸 $=14\times21$mm。

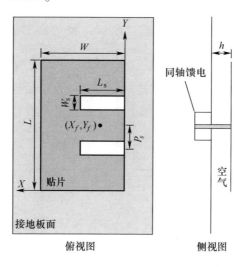

图 18.14　E 形贴片天线的几何结构

18.3.5 宽带 L 形探针耦合贴片天线

宽带 L 形探针耦合贴片天线、在第一篇关于宽带 U 形缝隙天线的文章之后很快就发表出来了,其介绍了另一种宽带单层单贴片天线。这种设计通过使用 L 形探针馈电的方法使天线获得宽带特性。Nakano 在电磁耦合螺旋天线(Nakano et al. ,1997)中第一次使用 L 形馈电。Luk 等(1998a)中,第一次将其使用在贴片天线中。天线结构如图 18.15 所示。该设计使用了低介电常数的基板(空气或泡沫),其厚度大约为自由空间波长的 0.1 倍。馈电采用了一种改进版本的同轴探针。不是将中心处的导体垂直与贴片连接,而是将一部分导体向水平方向弯曲。探针水平臂的长度大约为四分之一个波长。探针的水平部分产生了一个电容可以抵消垂直部分的电感。Luk 等(1998a)对宽度 W_x = 30mm 与长度 W_y = 25mm 的矩形贴片采用 L 形探针进行试验。L 形探针与 50 欧姆的 SMA 发射器的内导体直接连接,其水平臂 L_h = 10.5mm,垂直臂 L_v = 4.95mm。该贴片天线被激励起 TM_{01} 模。该贴片采用厚度 H = 6.6mm 的泡沫层做支撑,其介电常数接近于一致。在匹配频带内,该厚度接近于 $0.08\sim0.12\lambda_0$。L 形探针的垂直臂与贴片下边沿的距离 D = 2mm。探针的半径为 0.5mm。图 18.16 为实测驻波比与增益关于频率变化的函数。天线的带宽(VSWR < 2)为 36%,其平均增益值为 7.5dBi。图 18.17 为天线在 4.53GHz 处的实测辐射方向图。从图中可以看到其主极化方向图在侧向方向严格对称。其 E 面(y-z 面)的交叉极化是

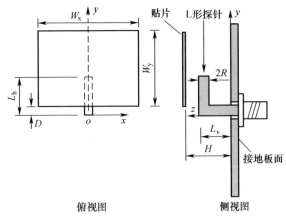

图 18.15 采用 L 形探针馈电的贴片天线的几何结构

微不足道的。H 面（x-z 面）大约在 $\theta=30(°)$ 方向上的交叉极化十分高。该天线的仿真是采用 IE3D 软件，其结果与实测结果具有好的一致性。

后来的相关研究包括采用双 L 形探针来提高增益和降低交叉极化（Mak et al.，2005）与 T 形探针馈电的天线（Mak et al.，2000）。

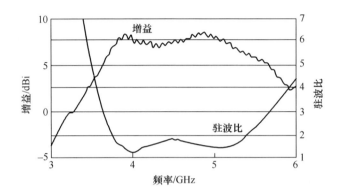

图 18.16 实测增益与驻波比对频率的曲线

（来自 Luk et al.，1998a）（1998 IET，获得转载许可）

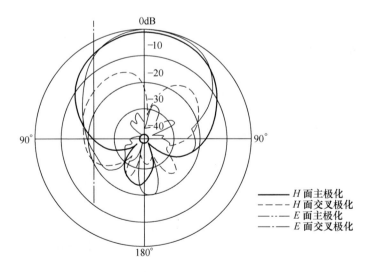

图 18.17 实测在 4.53GHz 处的辐射方向图（Luk et al.，19980a）

（1998 IET，获得转载许可）

18.4 双频与多频设计

18.4.1 介绍性评论

在无线通信的应用中涉及两个或多个频带。有些时候,宽带天线能够覆盖所感兴趣的频带。然而,采用宽带天线的缺陷是天线会接收到无用频带的信号,除非是引入一些滤波网络来拒绝某些频段的信号。换言之,双频或者多频设计的优势是其只关注感兴趣的频段,因此其更合乎需求。各频率间距可相对靠近也可相对较远。已经开发出了各种设计方案来满足所需要的性能指标,这其中包括:通过产生多谐振;通过采用多模式;通过在宽带天线中引入阻带隔离。Long 等采用叠层圆形与叠层环形贴片来设计双频天线。Anguera 等(2003)将该技术拓展到多频。双频或三频特性也可以通过在矩形贴片上加载一个或两个短截线来实现(Deshmukh and Ray,2010);或者通过利用矩形贴片的 TM_{01} 模式或者 TM_{03} 模式;或者利用等边三角形贴片的 TM_{10},TM_{20},TM_{11} 模式(Lee et al.,1988)。近年来发现,引入 U 形缝隙结构,最初可以进行宽带工作,通过合适的改进,也可以进行双频或者多频的工作(Lee et al.,2008,2011)。这些改进将会在下一部分进行详细的讨论。

18.4.2 U 形缝隙贴片的使用

大部分对于 U 形缝隙贴片天线的研究是关于它的宽带性能。然而,近期的研究显示其还能用于双频或多频设计。这里有两种途径,取决于频率比大于或小于 1.5,这两种情况被称为大频率比和小频率比。

1. 大频率比

对于频率比大于 1.5 的情况,双频设计的途径是采用同轴馈电以及调整 U 形缝隙的尺寸,从而使贴片的谐振与缝隙的谐振不会合并产生一个宽带响应。图 18.18 给出了分别工作在 2.0GHz 与 4.8GHz 两个中心频率的 U 形缝隙贴片天线。贴片的尺寸 L(54mm)决定低频谐振,而高频谐振取决于 U 形缝隙的尺寸。图 18.19 为关于频率的仿真的反射系数(S_{11})。低频与高频的阻抗带宽分别为 3.5% 与 18.2%。其辐射方向图类似于宽带 U 形贴片天线。

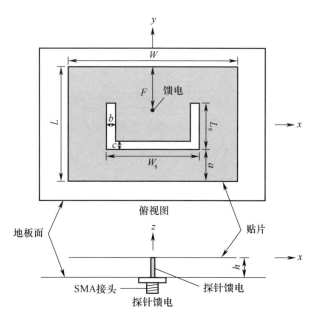

图 18.18 双频 U 形缝隙贴片天线

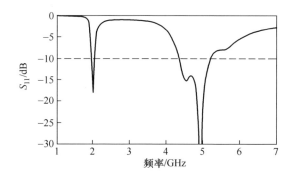

图 18.19 仿真双频 U 形缝隙贴片天线的反射系数(S_{11})，
天线尺寸 $W=64\text{mm}$，$L=54\text{mm}$，$F=28.4\text{mm}$，$W_s=34\text{mm}$，$L_s=22\text{mm}$，
$a=8.4\text{mm}$，$b=11\text{mm}$，$h=6\text{mm}$

　　为了实现三频的功能，则需要两个缝隙。虽然需要使用两个 U 形缝隙，可以发现将第二个缝隙采用 H 形缝隙会具有更好的灵活性。图 18.20 展示了一个 U 形缝隙结合一个 H 形缝隙在 1.96GHz、4.16GHz 与 5.44GHz 处产生谐振。图 18.21 展示了反射系数(S_{11})相应曲线。三个频段的阻抗带宽分别为：低频 2.6%，

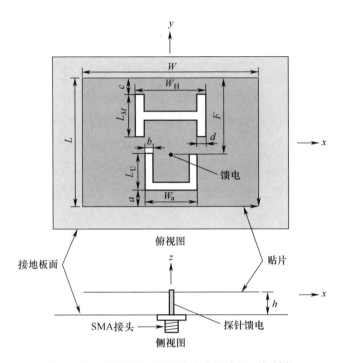

图 18.20 三频段 U 形缝隙贴片天线的几何结构

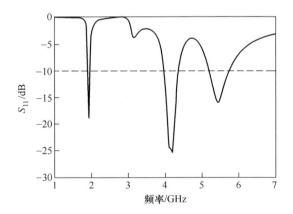

图 18.21 图 18.20 中结构的三频 U 形缝隙贴片天线的反射系数(S_{11})仿真结果,天线尺寸:
$W=64$mm,$L=54$mm,$F=28.4$mm,$W_U=34$mm,$L_U=22$mm,$W_H=28$mm,$L_H=13.5$mm,
$a=8.4$mm,$b=11$mm,$c=1.5$mm,$d=2$mm,$h=6$mm

中频 9.8%,高频 10.4%。图 18.22 展示了三个频段的辐射方向图。主极化的方向图十分稳定。低频段的交叉极化电平小于主极化 20dB,在中频(4.2GHz)与高频(5.4GHz)的中心频点处,其倾角处的交叉极化电平值较高,这是因为天线的电厚度大于 0.08 个波长以及来自垂直同轴馈电的辐射很大。

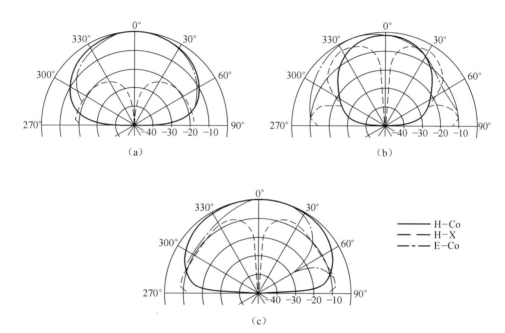

图 18.22 三频 U 形贴片天线在(a)1.94GHz,(b)4.16GHz 与 (c)5.44GHz 处的仿真辐射方向图

(来自 Lee 等,2010 IEEE,获得转载许可)

一个三频天线同样可以通过在一个双频 U 形缝隙矩形贴片天线的辐射边上放置开放性的短截线电路来实现,而不是在贴片上切出第二个缝隙。四频响应可以通过使用两个短截线来获得。图 18.23(a)给出了一个例子(地板面并未给出)。其基板采用环氧树脂玻璃($\varepsilon_r = 4.3, h = 0.159$cm, and tan$\delta$ = 0.02)。该三频天线的实测电压驻波比如图 18.24 所示。实测的谐振频率与仿真值 770,952 和 1100MHz 以及与之对应的带宽 16,18,22MHz 有着很好的一致性。最后,四频段响应可以通过一个加载短截线的矩形贴片与两个不等长的半 U 形缝隙获得,与图 18.23 中的解释一致。

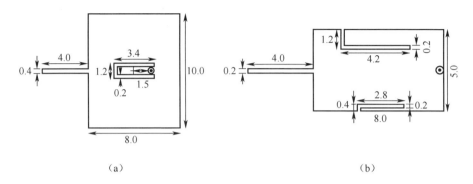

（a）　　　　　　　　　　　　　　　　　（b）

图 18.23　加载短截线的 U 形缝隙贴片天线的几何结构

(a)三频段；(b)四频段(来自 Deshmukh and Ray (2010) # 2010 IEEE，获得转载许可)。

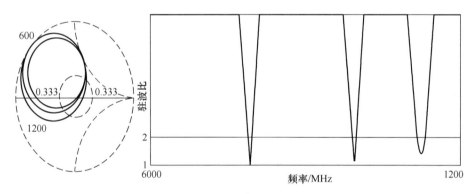

图 18.24　图 18.23a 中三频天线的电压驻波比响应

（来自 Deshmukh and Ray,2010 IEEE，获得转载许可）

2. 小频率比

Lee 等(2008，2011)介绍了一种在频率比小于 1.5 的情况下，设计双频与三频贴片天线的简单方法。该方法是从宽带天线入手。当合适尺寸的 U 形缝隙在贴片的合适位置上刻蚀时，将会在原先的宽带内引入一个阻带隔离。原有的宽带天线就变成一个双频天线。当在贴片内刻蚀出第二个 U 形缝隙时，带内将会引入两个带阻隔离，从而获得一个三频天线。该宽带天线可以是一个 L 探针馈电的贴片，同轴馈电的叠层贴片，口径耦合叠层(Lee et al.,2011)，或者为 U 形缝隙贴片天线(Mok et al.,2013)。在下文中，将会详细的介绍采用 L 形探针馈电的应用。图 18.25(a)展示了一个宽带 L 形探针馈电的矩形贴片。当在

该贴片上刻蚀一个 U 形缝隙时(图 18.25(b))时,原先的匹配带宽内将会引入一个阻带隔离,此时即会得到一个双频天线。当两个 U 形缝隙(图 18.25(c))引入时,天线匹配带宽内将会引入两个阻带隔离,此时即会得到一个三频天线。

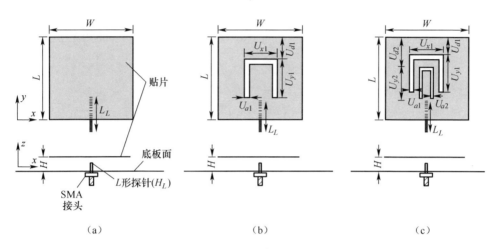

图 18.25 三种天线的几何结构

(a)宽带;(b)双频;(c)三频。

表 18.9 所提出天线的尺寸(单位:mm)(Lee et al.,2008)
@ 2008 IEEE,已获得转载权)

天线	W	L	H	H_L	L_L	U_{a1}	U_{d1}	U_{x1}	U_{y1}	U_{a2}	U_{d2}	U_{x2}	U_{y2}
a	22	18	5	3.5	8.5								
b	22	18	5	3.5	8.5	0.8	2	7.5	10.8				
c	22	18	5	3.5	8.5	0.8	2	7.5	10.8	0.8	3.5	4.5	10.8

表 18.9 中列出了这些天线的尺寸,Lee 等(2008),采用空气基板的天线不仅使用 IE3D 软件获得其仿真结果,同时也获得了实测结果。图 18.26 给出了天线的仿真与实测回波损耗,同时表 18.10 列出了天线的阻抗带宽($S_{11} < -10\text{dB}$)。仿真与实测结果具有合理的一致性。仿真与实测结果的差异是由于加工天线原型过程中的制造误差造成的。图 18.27,图 18.28 与图 18.29 展示了三幅天线的辐射方向图。天线的方向图为宽边辐射,其极化方式为线极化。

对于天线 b,通过 U 形缝隙引入的阻带隔离点大约在 5.5GHz 处。阻带隔离的频点与 U 形缝隙长度之间的关系见表 18.11。两个引入 U 形缝隙天线中各缝

隙的总长约为其对应波长的一半。最终得到的双频天线的频率比 $f_2/f_1 = 1.30$，其中 f_2 与 f_1 分别为高频与低频对应频段的中心频点。对于天线 c，引入的两个 U 形缝隙对应的阻带频点约为 5.5GHz 与 6.2GHz。最终得到的三频天线对应的频率比 $f_3/f_1 = 1.34$ 与 $f_2/f_1 = 1.16$，其中 f_3，f_2 与 f_1 为高频段，中频段与低频段对应的中心频点。需要指出的是，频率比取决于天线 a 的带宽，即30%带宽的这个例子。如果一开始采用带宽更宽的天线，如带宽为40%，后续得到的双频与三频天线的频率比会更大。

一种具有四频特性的贴片天线可以通过在贴片上刻蚀出三个半波长 U 形缝隙来实现。另一种方法是采用多层堆叠贴片（Anguera et al.，2003）

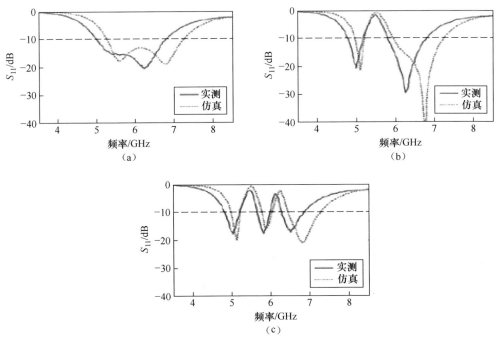

图 18.26　三种天线的仿真与实测反射系数（S_{11}）

(a) 宽带；(b) 双频；(c) 三频。

表 18.10　仿真与实测阻抗带宽（Lee et al.，2008@ 2008 IEEE，已获得转载权）

天线	仿真/GHz	实测/GHz
a	5.26~7.25（31.8%）	5.00~6.80（30.5%）

(续)

天线	仿真/GHz	实测/GHz
b	4.97~5.22(4.9%), 5.24~7.26 (20%)	4.80~5.18 (7.6%), 5.80~6.80 (15.9%)
c	4.95~5.20(4.9%), 5.74~6.00(4.4%), 6.41~7.24 (12.2%)	4.80~5.18 (7.6%), 5.63~5.95 (5.5%) 6.25~6.83 (8.9%)

18.5 减小贴片尺寸的方法

18.5.1 一般性评论

在许多应用中,贴片的尺寸为自由空间波长的一小部分,这样是令人满意的。微带天线的谐振长度约为 $\lambda/2$,其中 λ 为介质基板中的波长。由此得出结论可以通过采用高介电常数的基板来缩小贴片的尺寸。然而这样的贴片天线的阻抗带宽较窄。这就促使我们寻求其他缩减尺寸的方法。

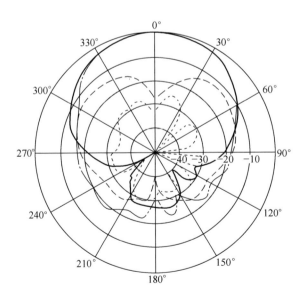

图 18.27 表 18.9(a)中宽带天线在 5.9GHz 处的实测辐射方向图
((—H-Co,--H-x,—·—E-Co,-----E-x))

(来自 Lee 等人 (2008) © 2008 IEEE,已获得转载权)

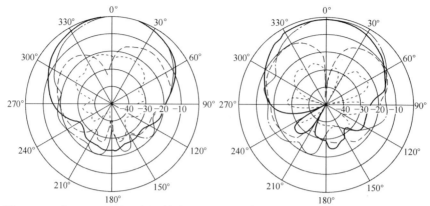

图 18.28 表 18.9(b)中双频天线在(a)5.0GHz 与(b)6.3GHz 处的实测辐射方向图 ((—H-Co,---H-x,—·—·E-Co,-----E-x))

(Lee et al.,(2008). @ 2008 IEEE,已获得转载权)

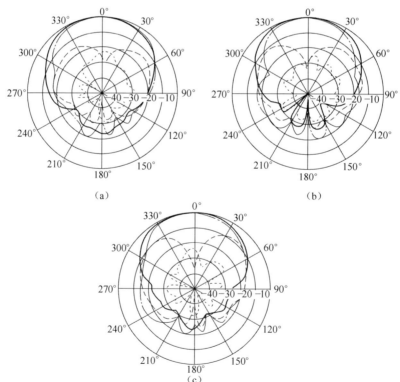

图 18.29 表 18.9(c)中三频天线在(a)5.0GHz、(b)5.8GHz 与(c)6.55GHz 处的实测辐射方向图((—H-Co,--H-x,—·—E-Co,-----E-x))

(Lee et al.,2008. © 2008 IEEE,已获得转载许可)

通过在沿电场中的零点处放置一个短路墙,该短路墙穿过贴片的中心,其谐振长度即可以减少一半(Pinhas and Shtrikman,1988;Chair et al.,1999;Lee et al.,2000)。如果纵横比保持不变,该区域所占面积将会缩减 4 倍。另一种缩减谐振长度的技术是在馈电附近添加短路柱(Waterhouse et al.,1998)。这些短路柱相当于电容与贴片的谐振电路相耦合,从而提高了基板介电常数的效率。可以看到将短路柱放置在合适的位置可以将圆贴片的谐振长度缩小 3 倍,相当于整个贴片的面积缩小 9 倍。宽带技术,诸如叠层贴片,U 形缝隙与 L 形探针馈电等技术可以用于获得小尺寸宽带天线(Shackelford et al.,2003),见表 18.11 这些方法导致了天线辐射方向图具有高的交叉极化,这在室内移动通信应用中并不是一个劣势。一种低交叉极化设计是采用折叠贴片,但是该结构较厚且加工困难(Luk et al.,1998b)。

表 18.11　带阻隔离频率与 U 形缝隙总长度之间的关系

(Lee et al.,2010. @ 2010 IEEE,已获得转载权)

天线	带阻隔离频点		U 形缝隙的总长度	
b	5.5GHz		27.5mm(0.504λ_0)	
c	5.5GHz	6.2GHz	27.5mm(0.504λ_0)	24.5mm(0.506λ_0)

18.5.2　采用短路墙的四分之一波长贴片

图 18.30 中展示了 Chair 等(1999)实现的四分之一波长贴片的实验结果。贴片与地板之间采用泡沫基板,基板厚度为 h,其相对介电常数为 1.08. 贴片的

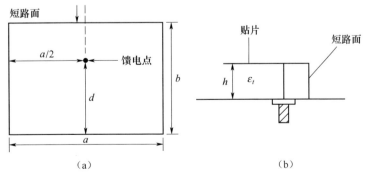

图 18.30　局部短路贴片的几何结构

边长分别为 $a=b=3.06$cm,将一个边短路。贴片采用同轴馈电,馈电点的位置为 $x=0, y=d$,其中 d 为馈电点与开放性边之间的距离,同时调整 d 到最佳匹配。

对厚度一般为 2mm~7mm 天线的谐振频率,方向图与带宽(VSWR < 2)进行测试。谐振频率范围从 2.19~2.46GHz,带宽范围从 $h=2$mm($0.017\lambda_0$)时的 3.59%到 $h=7$mm($0.058\lambda_0$)时的 17.66%。对应同样厚度与宽度的半波长贴片其带宽范围为 1.57% ~ 5.55%,但是其长度是四分之一波长贴片的 2 倍。这些结果已经通过仿真软件得到了证实。四分之一波长短路贴片比半波长贴片具有更宽的带宽,这是由于其具有小体积,因此其拥有更小的储能,从而使其具有更小的 Q 值与更大的带宽。这一结论仅适用于空气/泡沫基板,而并非适用于基板支撑表面波天线的情况。Lee 等(2000)在研究中发现,短路贴片在采用 $\varepsilon_r=2.32$ 与 $\varepsilon_r=4.0$ 的基板时比对应半波长天线具有更窄的带宽。这样的情况可以归因于半波长贴片比四分之一波长贴片具有更多的表面波损耗,从而使得前者具有更宽的带宽。

表 18.12　图 18.31 中短路正方形贴片的实测增益值

h/mm	f_0/GHz	宽边增益/dBi	最大增益与方向
3	2.06	2.5	2.5 在 0°
5	2.17	2.5	3.5 在 30°
7	2.46	0.2	2.2 在 45°

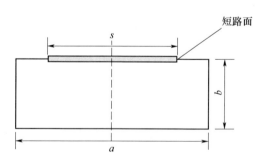

图 18.31　部分短路贴片的几何结构

Chair 等(1999)给出的实测方向图显示其在 E 面具有大的交叉极化。同时还显示,对于不同的厚度,最大辐射方向位于边射方向。表 18.12 中总结了在谐振频率处 $h=3,5,7$mm 对应的边射方向(同样是其最大辐射方向)的实测增益

值。可以看到该天线的典型最大增益范围为 2~3.5dBi。其增益值大约为半波长贴片的一半。

18.5.3　部分短路贴片与倒 F 平面天线

图 18.31 展示了其短路壁的结构,该短路壁并不是完全跨越宽度为 a 的贴片的宽边,其长度满足 $s \leqslant a$。Hirasawa 和 Haneishi（1992）给出了一种采用部分短路壁来降低天线谐振频率的方法。Lee 等表明这种方法是通过牺牲带宽来实现的。他们的结果来源于采用 IE3D 软件对 $a=3.8\mathrm{cm}, b=2.5\mathrm{cm}, h=3.2\mathrm{cm}$ 与 $\varepsilon_r=1.0$ 的天线进行的计算,结果显示当 s/a 从 1.0 减少到 0.1 时,其谐振频率将从 2.69GHz 处降低到 1.61GHz,这就代表频率或尺寸相应减少了 60%。然而,当 $s/a=1.0$ 降低到 $s/a=0.1$ 时,天线的带宽减少了 7.4%。图 18.32 中所示的部分短路贴片的天线形式就是所熟知的平面倒 F 天线（PIFA）,这是因为其侧视图看上去像一个倒置的 F。短路墙的宽度近似为 $0.2L_1$,然而 L_1 与 L_2 的尺寸为八分之一个波长的量级。

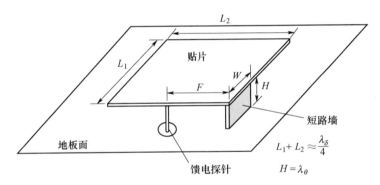

图 18.32　采用倒 F 贴片减小尺寸

18.5.4　短路针的使用

另一种减小贴片尺寸的方法与倒 F 法十分的相似,该方法就是采用短路柱（Waterhouse et al.,1998）。图 18.33 给予了说明。

短路针引起了贴片下方场的来回反射。当场的穿梭距离一旦大于半波长时,场就开始辐射。由于多次反射,导致贴片的物理尺寸减小。由于场反射的非单向性,场会从贴片几乎所有的边沿辐射出来,这就导致了高的交叉极化。然而,对于特定的应用,如在多径环境中的移动手机通信,高交叉极化场并不是一个问题。

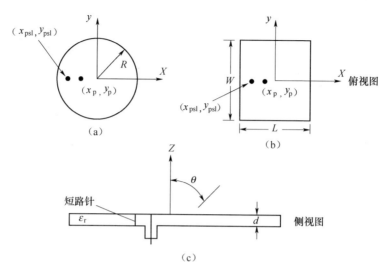

图 18.33 采用短路柱的圆形与矩形贴片

当短路针靠近馈电时,贴片的谐振电路即作为一个电容与探针耦合。这样就相当于提高了基板的介电常数,这样就进一步降低了贴片的频率或尺寸(实测波长)。图 18.34 中的实线为图 18.34a 中圆形贴片($x_p = 6.2$mm, $x_{ps} = 8.3$mm,与 $y_p = y_{ps} = 0$)的仿真回波损耗,该天线采用泡沫基板,其介电常数 $\varepsilon_r = 1.07$,厚度 $t = 10$mm。采用 IE3D 仿真软件。与未采用短路柱的天线相比,该贴片的半径缩小了 3 倍,其面积缩小了 9 倍。泡沫基板的厚度为 0.06 个波长,其阻抗带宽为 6.3%。图 18.35 给出了天线在 1.9GHz 处的仿真辐射方向图。如前所述,该型天线的交叉极化非常高。其仿真结果与实验结果十分一致(Waterhouse et al.,1998)。

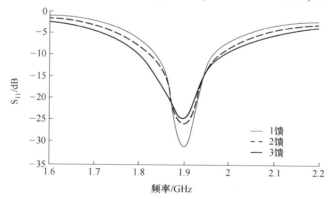

图 18.34 对于不同数量短路针的微型贴片天线的仿真回波损耗

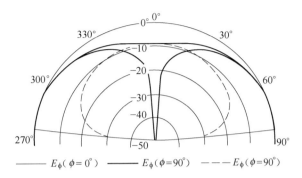

图 18.35　单天线短路柱的微型贴片在 1.9GHz(10dB/div)处的仿真辐射方向图

通过采用短路柱可以使天线的带宽略有改善。图 18.36 给出了采用两个和三个短路柱的圆形贴片。图 18.34 中的虚线为这些示例的反射系数(S_{11}),具有 2 个短路针贴片的带宽为 7.9%,三短路针贴片的带宽为 10%。

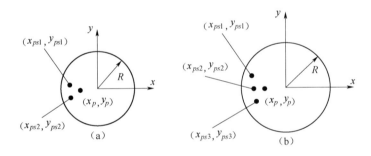

图 18.36　圆贴片具有(a)2 个和(b)3 个探针（单位 mm 且不按比例）

(a) $R=13.2\text{mm}, x_p=4.95, x_{ps1}=x_{ps2}=11.08, y_{ps1}=1.95, y_{ps2}=1.95$;

(b) $R=15.4, x_p=2.35, x_{ps1}=13.3, x_{ps2}=x_{ps3}=14.1, y_{ps1}=0$,

$y_{ps2}=5.13, y_{ps3}=5.13$。

18.5.5　采用短路针的宽带 U 形贴片天线

在"口径耦合贴片"部分已经讨论了可以将短路针技术用于宽带 U 形缝隙贴片天线。图 18.37a 中给出了一个采用短路柱的 U 形贴片的例子(Shackelford et al.,2001)。该 U 形缝隙贴片的长 $L=70\text{mm}$(0.2 个波长),宽 $W=84\text{mm}$(0.24 个波长),其中 λ_0 为该 U 形贴片的中心频率 0.86GHz 处所对应的波长。该贴片由短路柱与空气中的探头线支撑。短路柱与探针馈电的半径分别为 4.65mm 与

2mm。短路柱与探针馈电位于 U 形贴片的非辐射边,该贴片放在一个 $1\times1\lambda_0$ 的地板面上。图 18.38 给出了该天线的实测与仿真的驻波比。天线的匹配频率范围从 0.75 至 0.97GHz,具有 25.6% 的阻抗带宽。该 U 形缝隙贴片的面积仅为 $0.5\times0.5\lambda$。图 18.39 给出了天线在 0.85GHz 处 X-Z 面与 Y-Z 面的仿真辐射方向图。

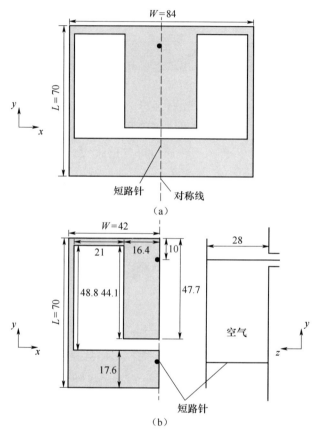

图 18.37 (a)采用短路针的 U 形贴片与(b)采用短路针的半 U 形贴片

Shackelford 等(2003)对采用材料基板的加载短路柱的 U 形缝隙贴片天线进行了分析。该天线的尺寸有可能通过在对称平面上移除一半的结构来进一步减小其面积(Chair et al.,2005)。图 18.38(b)给出了这样的一副天线,同时图 18.39 给出了该天线的电压驻波比,与其相对应的带宽为 20%。

第 18 章 微带贴片天线

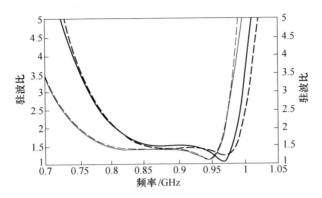

图 18.38 短路柱 U 形缝隙贴片天线的实测与仿真驻波比

——半 U 形缝隙(实测)。┈┈半 U 形缝隙(仿真)。——全 U 形缝隙(实测)。┈┈全 U 形缝隙(仿真)。（来自 Chair et al.,2005）© 2005 IEEE,已获得转载权）

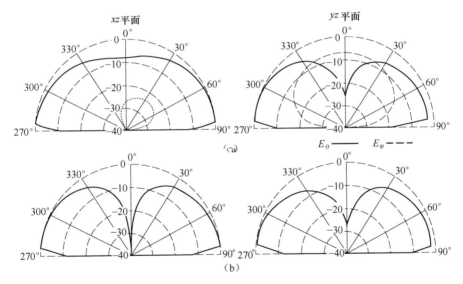

图 18.39 短路针 U 形贴片天线在 0.9GHz(10dB/div)处的仿真辐射方向图
(a)半 U 形缝隙;(b)全 U 形缝隙。

18.5.6 关于有限地板面尺寸效果的讨论

与大多数文献中介绍的贴片尺寸减小技术一样,其并未提出地板尺寸的影响。基于近期采用 CST 微波工作室仿真软件对使用泡沫基板的短路贴片的分

析,可以发现与无限大地板的例子相比,有限地板实例的中心频率,带宽与增益分别出现了中心频率偏离 5%,带宽较少 10%,增益降低 1.5dB,直到其地板面缩小到小于 $0.5\lambda_0 \times 0.5\lambda_0$ 的量级(Tong et al.,2011)。

通常情况下,必须谨慎的考虑地板面尺寸的影响,其依赖于特定的天线以及天线馈电的位置(Best,2009)。

18.6 圆极化设计

18.6.1 圆极化贴片天线的基本原理

上一节描述了线极化的设计。在许多情况下,如多径/衰减环境与地球电离层中的空间飞行器的通信,这些情况下使用圆极化会更可靠。圆极化贴片天线可以分为三种形式:单馈电、双馈电与序列旋转馈电。

图 18.40(a)与图 18.40(b)给出了一个近似正方形贴片与一个近似圆形(椭圆形)贴片。图 18.40(c)与图 18.40(d)给出了一个切角正方形贴片与一个缺口圆形贴片。虽然图 18.40 给出的是同轴馈电,但是该贴片同样可以采用微带线或者口径耦合进行馈电。

在适当的频率,这四种结构均能形成两个正交的线极化波,且这两个线极化的波可以在宽角度内具有 90°的相位差。这种设计十分简单,但是当采用薄基板时,其轴比带宽十分的窄。通过在相对厚的基板上采用 U 形缝隙与 L 形探针或者采用叠层贴片技术,天线的轴比带宽可以提高到 10%以上。

单馈电圆极化贴片天线的基本原理是引入了维度的扰动,通过在合适的位置对贴片进行馈电,可以产生两个极化正交的模式,而这两个模式的谐振频率略有不同。对于几乎所有的矩形贴片与几乎所有的圆贴片,一个维度的微扰与其他维度的微扰略有不同。对于正方形切角贴片与圆形缺口贴片,它们的扰动是由沿对角线的两个略微不同的扰动组成。

在侧向方向内,两个正交模式合成的辐射电场的幅度与相位如图 18.41 所示。这两个模式对应的谐振频点分别为 f_a 与 f_b。在频率 f_0 处,该频率近似为 f_a 与 f_b 间的中点,这两个模式的幅度相等而相位相差 90°,从而得到了圆极化。这样条件下的完美圆极化只产生在侧向方向上。随着偏离频率 f_0 或者偏离侧向方

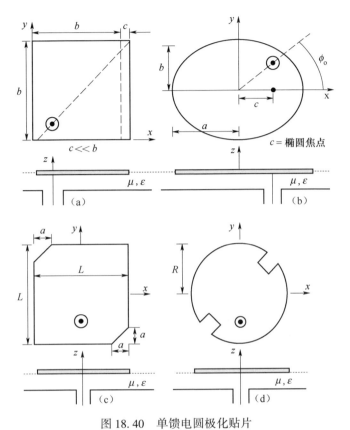

图 18.40 单馈电圆极化贴片

(a)近似正方形贴片;(b)近似圆(椭圆贴片);(c)正方形切角贴片;(d)圆形缺口贴片。

向,将会得到椭圆极化。圆极化天线只能在一定的频率范围内使用,即同时满足回波损耗小于 10dB(回波损耗带宽,RLBW)与轴比带宽小于 3dB(轴比带宽,ARBW)。这两个带宽的重合区域将被认为是圆极化的带宽。

18.6.2 宽带单馈电圆极化贴片天线

就像回波损耗带宽提高的例子一样,我们发现可以通过提高基板的厚度来提高天线的轴比带宽。然而,当轴比带宽与回波带宽重叠时,这样的厚度是十分有限的。对于图 18.40 中的单馈电贴片天线,其获得圆极化带宽小于 1%。对于厚基板,可采用 U 形缝隙贴片、E 形贴片、叠层贴片,也可以采用 L 形探针馈电技术,我们发现不仅可以有效地提高回波损耗带宽与轴比带宽,而且能够使其重

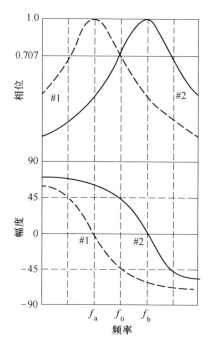

图 18.41 两个正交模式的幅度与相位

合。关于正方形切角 U 形缝隙贴片,圆极化改进型 U 形缝隙贴片与圆极化改进型 E 形贴片将会进行详细的讨论。

1. 正方形切角 U 形缝隙贴片

圆极化可以采用切角正方形贴片进行设计。圆极化天线的一个需求是:轴比带宽应当在回波损耗带宽内或者等于阻抗带宽。对于正方形切角贴片而言,其重合带宽十分窄。对于采用厚度为 $0.02\lambda_0$ 空气基板的天线,其重合带宽约为 0.8%。Yang 等证明了通过增加基板的厚度能够个别提高轴比带宽与阻抗带宽,当轴比带宽位于阻抗带宽范围内时,这样的提高是十分有限的。换言之,通过采用 U 形缝隙切角贴片与厚度约为 $0.1\lambda_0$ 的基板,在天线的阻抗带宽范围内其轴比带宽可以达到 6.1%。图 18.42 给出了 Yang 等(2008)所分析天线的几何结构。

该贴片的尺寸为 28.6mm(W)×28.6 mm(L),其地板尺寸为 100mm×100mm。该天线采用同轴探针馈电同时采用空气基板。采用 IE3D 仿真软件,分别对 5 种基板厚度天线的回波损耗带宽与轴比带宽进行了分析。对于每个例

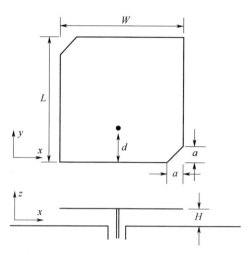

图 18.42 单探针馈电的正方形切角贴片天线的几何结构

子,表 18.13 给出了天线获得最佳性能时切角与馈电位置的参数。表 18.14 给出了天线的仿真结果。

可以看到,随着基板的厚度从 1mm($0.016\lambda_0$)提高到 3mm($0.046\lambda_0$)时,天线的回波损耗带宽从 4.0% 提高到 7.4%,而天线的轴比带宽从 0.8% 提高到 3.1%。当基板的厚度进一步增加到 4mm($0.06\lambda_0$)时,其回波损耗带宽下降到 4.0%,而轴比带宽持续增加到 3.8%。需要着重指出的一点是:实例 2 在最开始时,其两个频带并不重合。因此,仅有实例 1 中的轴比带宽是包含于回波损耗带宽的,并且其有用的带宽是由天线的轴比带宽来决定,其频率范围是从 4.90GHz ~4.94GHz,其对应的相对带宽为 0.82%。

表 18.13 图 18.43 中所示天线的参数

实例	基板厚度 H/mm		a/mm	d/mm
1	1	$0.016\lambda_0$	3.3	8.2
2	1.5	$0.024\lambda_0$	4.5	7.2
3	2	$0.032\lambda_0$	4.9	5.5
4	3	$0.046\lambda_0$	5.9	5.1
5	4	$0.06\lambda_0$	6.9	4.3

表 18.14 表 18.13 中不同实例的仿真结果

实例	基板厚度 H/mm		仿真/GHz	
			回波损耗带宽	轴比带宽
1	1	$0.016\lambda_0$	4.86~5.06 (4.0%)	4.90~4.94 (0.82%)
2	1.5	$0.024\lambda_0$	4.88~5.08 (4.0%)	4.79~4.86 (1.45%)
3	2	$0.032\lambda_0$	4.85~5.11 (5.2%)	4.68~4.78 (2.1%)
4	3	$0.046\lambda_0$	4.81~5.18 (7.4%)	4.52~4.66 (3.1%)
5	4	$0.06\lambda_0$	4.89~5.09 (4.0%)	4.40~4.57 (3.8%)

图 18.43 给出了当 U 形缝隙添加到正方形切角贴片中天线的几何结构。分析了三种不同的厚度。表 18.15 给出了天线的尺寸,同时表 18.16 给出了天线的仿真与实测结果。

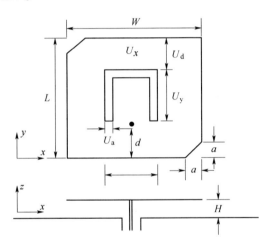

图 18.43 单馈电 U 形缝隙正方形切角贴片

表 18.15 图 18.44 中所示天线的参数

(参数 a, d, U_a, U_d, U_x 与 U_y 的单位均为 mm)

实例	基板厚度 H		a	d	U_a	U_d	U_x	U_y
6	4mm	$0.05\lambda_0$	5.7	12.6	1	9.8	12	14
7	6mm	$0.08\lambda_0$	7.7	9.6	1	9.8	12	14
8mm	7.5mm	$0.1\lambda_0$	8.2	5.6	1	9.8	11	14

第18章 微带贴片天线

表 18.16 表 18.15 中实例的结果

实例	基板厚度		仿真/GHz		实测/GHz	
			回波损耗带宽	轴比带宽	回波损耗带宽	轴比带宽
6	4mm	$0.05\lambda_0$	3.83~4.18 (8.7%)	3.96~4.05 (2.2%)	—	—
7	6mm	$0.08\lambda_0$	3.73~4.2 (11.9%)	3.96~4.12 (4.0%)	3.66~4.16 (12.8%)	3.91~4.12 (5.23%)
8	7.5mm	$0.1\lambda_0$	3.84~4.08 (6.1%)	3.84~4.09 (6.3%)	3.88~4.08 (5.0%)	3.82~4.05 (5.84%)

以下是观察到的:

(1) 当U形缝隙添加到贴片上时,与未添加U形缝隙的贴片相比,其谐振频率有所降低。

(2) 通过调整U形缝隙的尺寸,天线的回波损耗带宽与轴比带宽可以重叠。

(3) 当 $H=6\text{mm}(0.08\lambda_0)$,天线的重合带宽为 5.23%。可以将其与 0.82% 带宽的无U性缝隙的贴片天线进行比较。当然,这样的结果是以增加天线厚度为代价的。

图18.44与图18.45是 $H=6\text{mm}$ 与7.5mm的实例在同一个频点处的 S_{11},轴比与辐射方向图的仿真与实测结果。

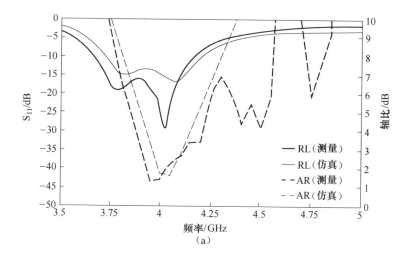

(a)

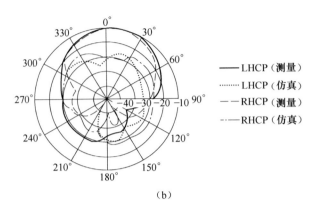

(b)

图 18.44 实例 7 的仿真与实测特性，天线在 3.95GHz 处的辐射方向图

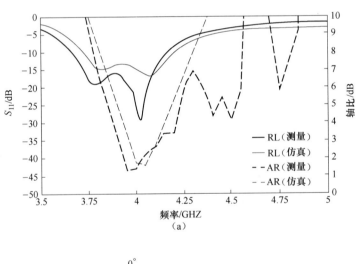

(a)

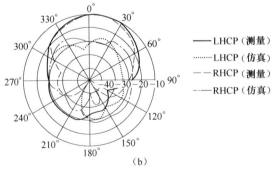

(b)

图 18.45 实例 8 的仿真与实测结果

2. 改进型圆极化 U 形缝隙贴片天线与改进型圆极化 E 形贴片

代替切角正方形贴片，圆极化也可以通过在正方形贴片上引入不对称 U 形缝隙（不等臂）来产生（Tong and Wong，2007）或者采用改进型 E 形贴片，其包含两个平行且不等的缝隙（Khidre et al.，2010）。这些天线的几何结构分别如图 18.46 与图 18.47 所示。通过使用相对厚的基板（$0.08\lambda_0$），可以得到一个与 U 形缝隙正方形切角贴片天线相同量级的带宽。

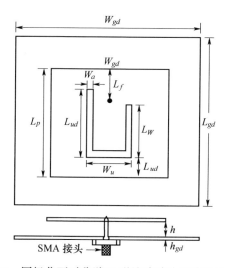

图 18.46　圆极化不对称臂 U 形缝隙贴片天线的几何结构

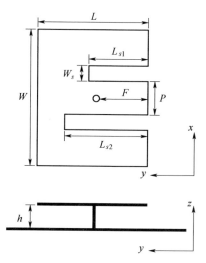

图 18.47　圆极化改进型 E 形贴片天线的几何结构

Khidre 等(2010),分别采用空气基板与介电常数为 2.2 基板的设计进行了研究。

设计工作在 IEEE802.1b/g 频段(2.4~2.5GHz)的最优尺寸分别列举在表 18.17,表 18.18 与表 18.19 中。图 18.48 与图 18.49 给出了采用空气基板天线的 S_{11} 与轴比的仿真结果。从结果来看,改进型 E 形贴片获得了 10.1% 的阻抗带宽(2.35~2.6GHz),同时不对称臂 U 形缝隙具有 9.25% 的带宽(2.37~2.6GHz),同时切角 U 形缝隙贴片具有 9.65% 的阻抗带宽(2.27~2.5GHz)。很显然,所有实例的轴比带宽都与各自的回波损耗带宽保持一致,结果显示改进型 E 形贴片的圆极化带宽为 6.5%(2.38~2.54GHz),不对称臂 U 形缝隙天线的轴比带宽为 4%(2.39~2.49GHz),切角 U 形缝隙天线的轴比带宽为(2.39~2.5GHz)。

图 18.50 与图 18.51 分别给出了采用材料基板天线的 S_{11} 与轴比的仿真结果。从结果来看,改进型 E 形贴片具有 10.6% 的阻抗带宽(2.39~2.66GHz),同时不等臂 U 性缝隙天线具有 6.9% 的阻抗带宽(2.38~2.65GHz)同时切角 U 性缝隙天线具有 13.1% 的阻抗带宽(2.41~2.75GHz)。再者,所有实例的轴比带宽都与各自的回波损耗带宽保持一致,结果显示改进型 E 形贴片可以获得 3.6% 的圆极化带宽(2.41~2.5GHz),不等臂 U 形缝隙天线可以获得 2.8% 的圆极化带宽(2.36~2.55GHz),同时切角 U 形缝隙天线可以获得 3.3% 的圆极化带宽(2.39~2.5GHz)。

表 18.17 改进型圆极化 E 形贴片的尺寸(单位:mm)

(Khidre et al.,2010)ⓒ 2010IEEE,已获得转载权)

ε_r	H	W	L	W_s	L_{s1}	L_{s2}	P	F
1	10	77	47.5	7	19	44.5	14	17
2.2	6.7	63	33.5	4	27	6	20	10

表 18.18 改进型圆极化 U 形缝隙贴片的尺寸(单位:mm)

(Khidre et al.,2010)ⓒ 2010IEEE,已获得转载权)

ε_r	H	L_p	W_p	L_{u1}	L_{ur}	L_{ub}	W_u	W_s	L_f
1	10	43.7	43.7	27.3	19.8	10.3	16.9	2.3	12.5
2.2	6.7	32.7	32.7	20	13.5	8.9	11.4	1.5	12

表 18.19 改进型圆极化 U 形缝隙贴片的尺寸(单位:mm)
(Khidre et al.,2010)ⓒ 2010 IEEE,已获得转载权)

ε_r	H	L	W	a	d	U_a	U_d	U_x	U_y
1	10	48.2	48.2	12.2	10	2.1	19.8	23	19
2.2	6.7	36	36	7.7	6.5	1.2	19.6	15.5	11.5

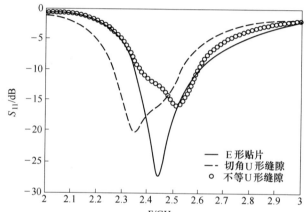

图 18.48 E 形贴片,不等臂 U 形缝隙与 U 性缝隙切角贴片天线的 S_{11},
空气基板(Khidre et al.,2010 ⓒ 2010 IEEE,已获得转载许可)

这三种设计的圆极化天线已经被 Yang 等(2008),Tong 与 Wong(2007)与 Khidre 等通过实验验证。

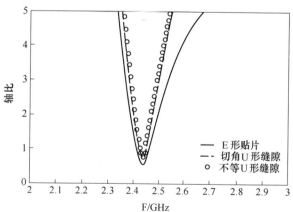

图 18.49 E 形贴片,不等臂 U 形缝隙与切角 U 性缝隙贴片天线的轴比,
空气基板(Khidre et al.,2010 ⓒ 2010 IEEE,已获得转载许可)

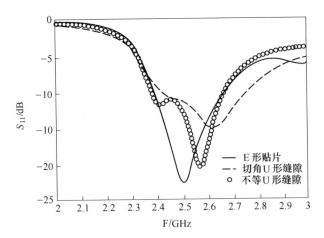

图 18.50　E 型贴片,不等臂 U 形缝隙与切角 U 形缝隙天线。$\varepsilon_r = 2.2$
（Khidre et al.,2010 ⓒ 2010 IEEE,已获得转载许可）

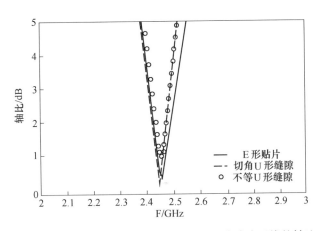

图 18.51　E 形贴片,不等臂 U 形缝隙与切角 U 形缝隙贴片天线的轴比,空气基板
（Khidre et al.,2010 ⓒ 2011 IEEE,已获得转载许可）

3. 更宽带宽的圆极化天线的设计

Yang 等(2008),通过在使用空气基板的切角正方形贴片上采用 L 形探针,其可用带宽可以达到 16%。Chung 与 Mohan(2003),通过采用切角叠层贴片,其可以获得 17%的可用带宽,同时天线相对前者较厚。

对于薄基板($<0.03\lambda_0$),可以通过双馈点产生具有 90°相位差的两个正交模式来

获得好的圆极化带宽,如图 18.52 所示。这种馈电方法可以获得 10%的轴比带宽,同时保证了薄基板,尽管付出了增加馈电复杂度的代价(Hall and Dahele,1997)。

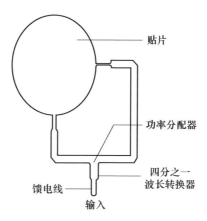

图 18.52　双馈圆极化贴片天线

双馈点设计可以认为是多馈电设计的特例。可以看到,在多个合适的位置采用序列馈电可以使其获得恰当的相位,可以消除交叉于圆极化的分量,从而提高轴比带宽(Hall and Dahele,1997)。

就像线极化的例子一样,在很多情况下缩减圆极化贴片天线的尺寸是可取的,并且也已经开发了许多方法。由于页面的限制,这里就不详细阐述了。读者们可以查阅"无线通信中的小天线"(Wong et al.,2012)。

18.7　频率捷变与极化捷变贴片天线

在某些应用中,我们希望在不需要加工新天线的情况下可以改变天线的工作频率。在其他应用中,改变天线的极化的能力能够更有效地进行频率分配。对于频率捷变天线与极化捷变天线的设计方法主要包括变容二极管,短路针,可调空气间隙,具有开关控制缝隙的贴片天线,具有开关控制缝隙的 U 形缝隙与 E 形贴片。在本章中要介绍其中的一些内容。

18.7.1　频率捷变微带贴片天线

利用变容二极管优化给定尺寸的一组贴片,谐振频率主要是由基板的相对介

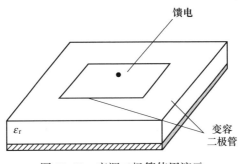

图 18.53 变调二极管使用演示

电常数 ε_r 来控制。如果有一些方法可以改变 ε_r，那么谐振频率将发生改变。实现这点的一种方法就是在贴片与地板之间添加变容二极管，如图 18.53 所示。该二极管可以提供一个偏置电压，且控制着变容二极管，因此其可对基板的介电常数产生作用。Bharita 与 Bahl(1982) 采用该方法做了一个实验，其结果如图 18.54 所示。矩形贴片的最低模式对应的谐振频率随偏置电压升高，该偏置电压受控于二极管的电容。在该实验中，可以看到，10V 的偏置电压可以获得约 20% 的调谐范围。当偏置电压为 30V 时，该范围可以提高到 30%。需要指出的是，频率对应偏置电压的曲线并不是线性关系。Waterhouse 等获得了类似的结果。

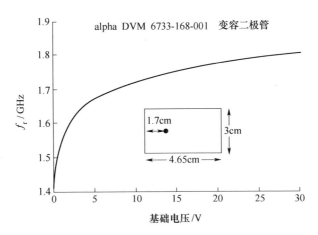

图 18.54 加载变容二极管矩形贴片天线的谐振频率与偏置电压

1. 使用短路柱调谐

ε_r 值的改变可通过在贴片与地板之间不同的位置引入短路柱来实现。这些

短路柱相当于电感,因此基板的有效介电常数会受到影响。这种方法首次由 Schauber 等介绍,图 18.55 给出了 Schauber 等在矩形贴片上采用双短路柱的一个实验。

图 18.55 中的实线为实测结果,由该图显示,天线的谐振频率依赖于两个分离的短路柱。约 18% 的调谐范围可以通过在 0mm 至整个贴片宽度的范围内改变两个短路柱之间的距离来获得。

采用腔模理论分析具有短路柱的矩形贴片是不可能的。全波分析是十分必要的,同时有很多商业仿真软件可以获得仿真结果。

图 18.55 与图 18.56 中的虚线为采用 Zeland IE3D 仿真软件给出的仿真谐振频率与 S_{11}。

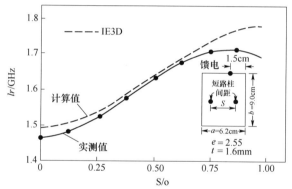

图 18.55　基板厚度为 $t=1.6$mm,介电常数为 $\varepsilon_r=2.55$,尺寸为 6.2cm×9.0cm 的矩形贴片天线的谐振频率对应分离接线柱之间距离的曲线图

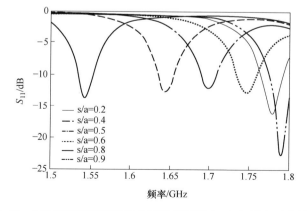

图 18.56　6 组不同间距探针的仿真反射系数(S_{11})与频率对应的曲线

2. 通过可调节空气间隙法调谐

通过在微带贴片天线的基板与地板面之间引入空气间隙来改变腔内的有效介电常数。这种方法可以用于调谐(Dahele and Lee,1985)。图18.57给出了具有空气间隙的微带贴片天线的几何结构。馈电结构并未给出,且不做详细讨论。

考虑到腔体位于导电贴片的下方。该腔体分为两层:一层是厚度为 t 的基板;另一层是厚度为 Δ 的空气区域。与无空气间隙的实例相比,其腔内的有效介电常数更低。结果显示,各种模式的谐振频率都有所提高。由于有效介电常数会随 Δ 的增大而减小,当其增大为自由空间时,即 Δ 趋于无穷大,这样就可以调整空气间隙 Δ 来调整谐振频率。作为附带效果,天线的带宽也会在一定程度上提高,这是由于介电媒质厚度的增加以及有效介电常数在一定程度上的降低。需要指出的是,通过调整 Δ 可以用于补偿基板与蚀刻的公差。

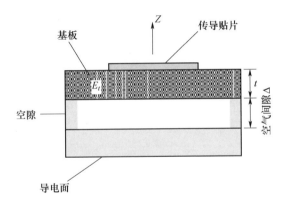

图18.57 带有空气间隙的微带贴片天线的几何结构

图18.58中双层腔体的有效介电常数与谐振频率的一个启发式,推导过程中可以将其看作一个双层电容来获得。

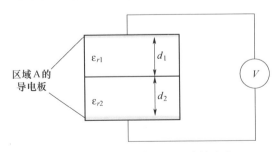

图18.58 由两个介电层组成的电容

总电容可以等效为两个电容的串联：

$$C = \frac{\varepsilon_1 \varepsilon_2 A}{\varepsilon_1 d_2 + \varepsilon_2 d_1} = \frac{\varepsilon_{\text{eff}} A}{d_1 + d_2} \tag{18.10}$$

其中

$$\varepsilon_{\text{eff}} = \frac{\varepsilon_1 \varepsilon_2 (d_1 + d_2)}{\varepsilon_1 d_2 + \varepsilon_2 d_1} \tag{18.11}$$

将该结果应用于图 18.58 中的几何结构中：

$$\varepsilon_{\text{eff}} = \frac{\varepsilon \varepsilon_0 (t + \Delta)}{\varepsilon_r \varepsilon_0 \Delta + \varepsilon_0 t} = \frac{\varepsilon (t + \Delta)}{(t + \Delta \varepsilon_r)} \tag{18.12}$$

由于 $\varepsilon_r > 1$,

$$\varepsilon_{\text{eff}} < \varepsilon \quad , \Delta > 0$$

$$\varepsilon_{\text{eff}} = \varepsilon \quad , \Delta = 0$$

如果将有效介电常数用于谐振频率的公式中,我们将会得到 TM_{nm} 模式,

$$f_{nm}(\Delta) = f(0) \sqrt{\frac{\varepsilon}{\varepsilon_{\text{eff}}}} \tag{18.13}$$

式中：$f_{nm}(0)$ 为无空气间隙的谐振频率。

对于 f_{nm} 式(18.13)可以适用于任意贴片形状。随着空气间隙宽度的提高,ε_{eff} 降低,而谐振频率随之升高。f_{nm} 依赖于 Δ,然而其并不是按照线性规律变化。

矩形、圆形与圆环形贴片采用空气间隙同轴馈电时,可以采用 Lee 与 co-workers 的腔模理论进行分析,也可以采用全波分析(Dahele and Lee,1985)。该结论已经得到实验的证明。其典型的调谐范围可从 0% 到 20%。

对于采用空气间隙法的同轴贴片而言其缺点为,天线的空气间隙每次改变时,同轴探针需要与贴片进行重新焊接。当贴片的馈电采用口径或带状线耦合时,该缺点可以避免,该结论已经得到 Mao 等(2011)的证明。

讨论：

与采用变容二极管,短路柱,或可切换缝隙的方法相比(Yang and Rahmat-Samii,2001b),空气间隙法具有以下优势：

(1) 该方法适用于任何形状的贴片。

(2) 采用该方法不需要添加其他部件或者在贴片上刻蚀缝隙。

(3) 对于包含多单元的阵列而言,该方法具有独特的吸引力。为此当阵列

中的单元采用口径或者带状线馈电时,所有单元的谐振频率仅通过单独的空气间隙进行调控。

其缺陷为:空气间隙改变了天线的机械结构。然而,一种基于微电子机械系统的可调圆形贴片天线已经被开发出来(Jackson and Ramadoss,2007)。

18.7.2 捷变极化 E 形贴片天线

极化捷变天线是指可以改变天线的极化特性。这类天线也可以称作极化可重构天线,该类天线的关注度在过去的十年中有所提升。对于无线应用而言,极化的灵活性是一个理想的特性,这是由于其通过频率复用可以获得两个正交的极化,从而可以获得 2 倍的系统容量,而不需要整合多个天线,从而可以使无线设备更轻更加紧凑。对于微波标签系统,可重构圆极化天线可以提供一种有力的调制方案。该类天线在多输入多输出系统(MIMO)中也具有潜在的应用价值。极化扭转的功能也能够在诸如 PIN 二极管与 RF-MEM 等切换设备的辅助下完成。Yang 与 Rahmat-Samii(2002)采用可切换缝隙演示了一种圆极化分集的可重构贴片天线。该天线获得了 3% 的圆极化带宽。Qin 等(2010)通过在 U 形缝隙上采用 PIN 二极管,建立了两种天线原型。第一种原型可以在线极化与圆极化之间进行切换,第二种原型可以在两种不同的圆极化之间进行切换,并且该原型具有 2.8% 的圆极化带宽。Khidre 等(2013)设计并建立了圆极化捷变贴片天线,该天线在 E 形贴片上采用了 PIN 二极管,同时获得了 7% 的圆极化带宽。Khidre 等(2013)所研究的极化捷变天线的理论,设计以及特性将在后边展示。

1. 工作原理

图 18.59 中给出了在 E 形贴片缝隙上加载两个开关的结构图,表 18.20 给出

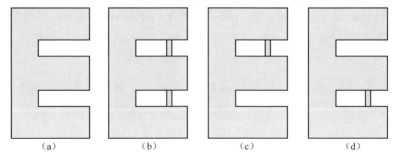

图 18.59 开关状态的可重构 E 形贴片天线

(a)线极化状态 1;(b)线极化状态 2;(c)左旋圆极化状态 3;(d)右旋圆极化状态 4。

了天线可能拥有的4种状态。在状态1下,原始E形贴片的谐振点位于f_L且天线辐射出线极化(LP)的场(Yang et al.,2001a)。在状态2下,当两个开关处于ON状态时,这就意味着允许表面电流通过它们,使得缝隙周围的电流路径变短。因此,其电长度更短,同时其谐振频率f_H会变得更高($f_H>f_L$)。在状态2下,由于天线具有对称的结构,其极化为线性的。因此,从状态1到状态2或者反之亦然,这样就得到了一个具有线极化的频率可重构的E形贴片。

表 18.20 天线可能的结构(Khidre et al.,2013.@2013IEEE,转载许可)

状态	开关1	开关2	频率	极化
1	OFF	OFF	f_L	LP
2	ON	ON	f_H	LP
3	ON	OFF	f	LHCP
4	ON	OFF	f	RHCP

近年来,报道了通过采用E形贴片激励起圆极化场并获得宽的有效的带宽(9.27%)(Khidre et al.,2010)。令其中一个缝隙比另一个短,这样就引入了不对称结构并在贴片上产生扰动,这样就产生圆极化的场。因此,E形贴片天线在状态3下,上面的缝隙短于下面的缝隙,在位置靠上缝隙的合适位置设置开关,这样就可在谐振频率f处($f_L<f<f_H$)获得左旋圆极化。以类似的方式,状态4可以获得右旋圆极化。根据上述原理实现了宽带极化可重构E形贴片天线。图18.60给出了E形贴片天线在状态3下的电流分布,当电流沿顺时针旋转时,即产生左旋圆极化。

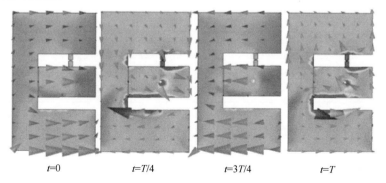

图 18.60 E形贴片天线在状态3下一个周期内的电流分布

(Khidre et al.,2013 © 2013 IEEE 获得转载许可)

2. 天线设计

图 18.61 给出了带有标注的可重构 E 形贴片天线的几何结构。该贴片印刷于一个薄片状的 RT/duroid5880 基板上,其介电常数 $\varepsilon_r = 2.2$,厚度 $t = 0.787\text{mm}$。该基板采用一个单馈同轴探针馈电并悬置于地板上方 10mm 处。尽管该天线采用了空气基板覆盖来获得宽带,但是薄的介质基板还是便于安装微波部件。天线的尺寸可以通过 Khidre 等(2010)的描述过程来获得。

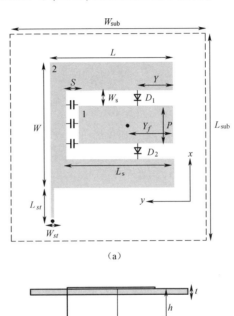

(a)

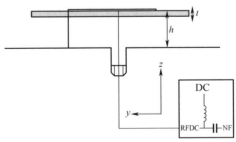

(b)

图 18.61 集成 DC 偏置电路的单馈可重构 E 形贴片天线的几何结构

(a) 顶视图;(b) 侧视图:$L_{sub} = 140\text{mm}$, $W_{sub} = 80\text{mm}$,

$L = 43\text{mm}$, $W = 77\text{mm}$, $L_s = 30\text{mm}$, $W_s = 7\text{mm}$, $P = 17\text{mm}$, $Y_f = 14\text{mm}$,

$L_{st} = 28\text{mm}$, $W_{st} = 0.3\text{mm}$, $S = 0.5\text{mm}$, $h = 10\text{mm}$, $t = 0.787\text{mm}$

(来自 Khidre et al.,2013 © 2013 IEEE,获得转载许可)

两个 PIN 二极管嵌入于 E 形贴片天线的缝隙中。将一个宽度 s = 0.5mm 的窄缝合并在 E 形贴片的表面,用于避免直流电穿过二极管的终端。因此,该 E 形贴片被划分为两个部分:内部与外部。将三个隔离电容插入窄缝中,用于保持射频的连续性。E 形贴片的外部部分为直流地,该直流地是通过一个四分之一波长的窄传输线来实现,而短路是通过垂直通孔来实现,如图 18.61(b)所示。这就保证了 E 形贴片的边缘具有高阻抗值并且因此保证了 E 形贴片表面的射频电流不受干扰。地板对于直流电与射频信号而言很常见。地板尺寸为 200×100mm。射频与直流控制信号是通过天线的同轴馈电来提供,而射频与直流控制信号的叠加可以通过 bias-T 射频/直流隔离来实现。因此,当内部的 E 形贴片带正电荷时,D_2 二极管应当为开状态,而 D_1 二极管为关状态,从而可以产生右旋圆极化。对于左旋圆极化,DC 的接线端必须被反转,因此,D_1 二极管为开状态,而 D_2 二极管为关闭状态。

3. 天线性能

仿真和实测 S_{11} 与轴比在开关状态 3 与状态 4 下的结果分别如图 18.62 与图 18.63 所示。可以观察到,仿真与实测结果具有好的一致性。由于结构的对称性,S_{11} 与轴比可以在两种状态下保持切换,这是该设计的一个优点。从图 18.62 可以观察到,状态 3 下与状态 4 下的 S_{11} 几乎相同。同样的,如图 18.63 所示,在两种开关状态下轴比同样保持一致。表 18.21 列出了天线的仿

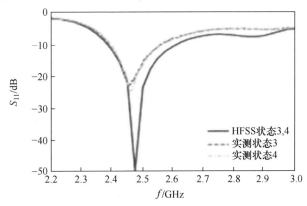

图 18.62 文中所提天线在状态 3 与 4 下的仿真与实测 S_{11}

(Khidre et al.,2013 © 2013 IEEE,经许可转载)

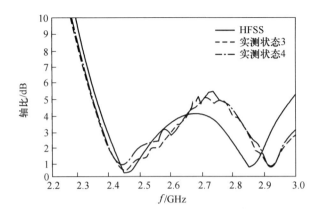

图 18.63　文中所提天线在状态 3 与状态 4 下的仿真与实测轴比

(Khidre et al.,2013 ⓒ 2013 IEEE,经许可转载)

真计算与实测阻抗与轴比带宽的对比。从表 18.21 可以看到,天线实测有 7% 的重合带宽(-10dB S_{11} 与 3dB 轴比带宽),(2.4~2.575GHz),这种宽带特性适用于单馈可变极化微带天线设计。

表 18.21　天线在状态 3 与状态 4 下的仿真与实测带宽比较

(Khidre et al.,2013 ⓒ 2013 IEEE,经许可转载)

参数	仿真	实测
S_{11}(<-10dB)	2.39~2.6GHz(8.4%)	2.4~2.575GHz(7%)
轴比(<-10dB)	2.4~2.6GHz(8%)	2.38~2.6GHz(8.8%)

图 18.64 给出了天线在 2.45GHz 处的辐射方向图,从中可以观察到仿真与实测结果有着好的一致性。y-z 面的辐射方向图在切换后仍保持不变,由于天线结构的对称性,x-z 面的辐射方向图是镜像的。如图 18.65 所示,给出了增益随频率变化的实测与仿真结果。再者,由于结构的对称性,在两种模式下天线两个面的增益相同。为了避免冗余,仅仅展示了右旋圆极化。根据仿真与实测,天线的最大实际增益为 8.7dBi,而天线的实测 3dB 增益带宽为 2.31~2.63GHz(13%),表 18.21 中的结果展示了天线的增益带宽能够覆盖天线的 S_{11} 与轴比带宽。

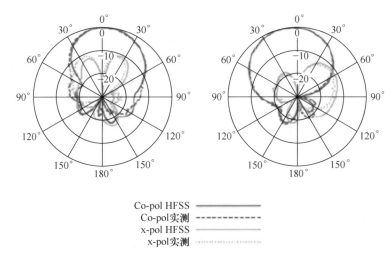

图 18.64　文中所提天线在 2.45GHz 处的仿真与实测的方向图

(a)状态 3 下的 xz 面方向图；(b)状态 3 下的 yz 面方向图；(c)状态 4 下的 xz 面方向图；
(d)状态 4 下的 yz 面方向图（Khidre et al.,2013. © 2013 IEEE,经许可转载）

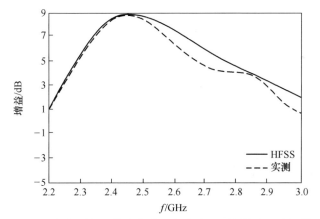

图 18.65　文中所提天线在状态 3 与状态 4 下的仿真与实测增益

（Khidre et al.,2013 © 2013 IEEE,经许可转载）

18.8　结论

本章始于对基本结构微带贴片天线的馈电模式,工作机理与性能特点进行介

绍。接着介绍了复杂结构与多用途天线在军事,空间,商业与医学中的大量应用。

尽管过去三十年的发展让人感到十分的钦佩,但仍然存在着一些挑战。例如,缩小天线尺寸,目前大量开发出的方法都是瞄准缩小贴片的尺寸,然而关于地板尺寸对天线性能影响的有效指导还未获得充分的发展。在宽带方面,所有有效的方法均导致了天线体积的增加,这就使得微带天线低剖面的优势有所降低。因此,对于宽带,高效,低剖面贴片天线的研究仍然会是一个活跃的研究领域。

除了基本结构,本章缺少对大部分结构设计指导的讨论,如宽带 U 形缝隙贴片、L 形探针馈电贴片与短路柱。天线设计者不得不依赖于试错的方式来使用仿真软件。开发出有用的公式/指导/程序对天线设计者获得第一个削减的途径参数会为其带来很大的帮助,从而避免了依赖试错的方式进行仿真。

本章的结尾处展示一些分别应用于空间,军事,商业与医疗中的几种微带贴片天线,这些应用是很有启发意义的。

图 18.66 展示了一个用于空间航天飞机上的成像雷达天线,该天线是由微带贴片阵列天线构成。图 18.67 展示了一张微带阵列天线照片,该天线可以赋形在一个桶状表面,如飞机或火箭的机身。图 18.68 展示了一个移动电话中的贴片天线。图 18.69 展示了一个由 L 形探针馈电的贴片天线所组成的基站阵列。图 18.70 展示了一个应用于 GPS 的圆极化切角 U 形缝隙天线。最后,图 18.71a 给出了一个在微波医疗应用中共形于涂药器表面的柔性微带贴片的草图(Kobayashi et al.,1989)。在临床环境下该型涂药器(Ichinoseki-Sekine et al.,2007)的照片,如图 18.71b 所示,该贴片天线工作在 434MHz 频率处为人体特定区域输送微波能量,从而消灭恶性肿瘤。

(a) (b)

图 18.66 航天飞机成像雷达天线图片,其中包括一个微带贴片阵列天线

(a)在实验室中;(b)飞行中(由 NASA 喷气推进实验室提供)。

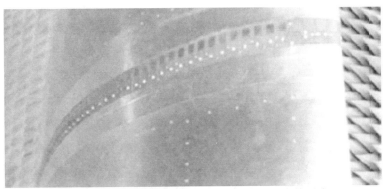

图 18.67 一个微带阵列天线被用在共形于一个筒形表面
(由空军研究实验室提供/天线技术分支,汉斯科姆空军基地,USA)

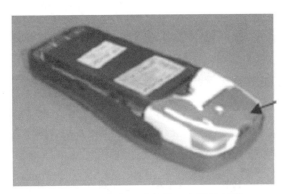

图 18.68 移动电话中的一个贴片天线

图 18.69 由 L 形探针馈电贴片构成的一个基站天线阵列
(由中国香港城市大学电子工程系提供)

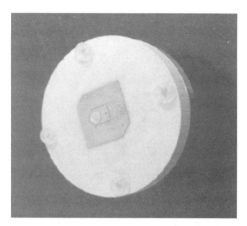

图 18.70　由 U 形缝隙与正方形切角贴片构成一个 GPS 天线
（由中国香港城市大学电子工程系提供）

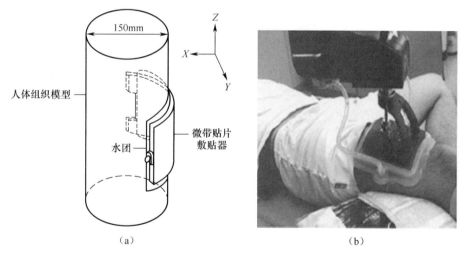

图 18.71　(a)安装在弯曲表面上的柔性微带贴片在发热医疗上的应用
(Kobayashi et al.,1989 ⓒ 1989 年获得 IEEE 再次印刷许可)(b)位于人体大腿上的热疗系统中的涂药器(Ichinoseki-Sekine et al.,2007 ⓒ 2007 年获得英国运动医学杂志再次印刷许可)

交叉参考：

▶第 71 章　手持设备中的天线

▶第 23 章　圆极化天线

▶第 33 章　低剖面天线

- ▶第 24 章　相控阵
- ▶第 69 章　无线通信中的可重构天线
- ▶第 29 章　小天线
- ▶第 44 章　宽带电磁偶极子天线

参考文献

1. Anguera J, Font G, Puente C, Borja C, Soler J (2003) Multifrequency microstrip patch antenna using multiple stacked elements. IEEE Microwave Wireless Compon Lett 13(3):123-124. Bahl I, Bhartia P (1980) Microstrip antennas. Artech House, Dedham.

2. Barlately L, Mosig JR, Sphicopoulos T (1990) Analysis of stacked microstrip patches with a mixed potential integral equation. IEEE Trans Antennas Propag 38(5):608-615.

3. Best SR (2009) The significance of ground-plane size and antenna location in establishing the performance of ground-plane-dependent antennas. IEEE Antennas Propag Mag 51(6):29-43.

4. Bhalla R, Shafai L (2002) Broadband patch antenna with a circular arc shaped slot. In: IEEE Antennas and Propagation Society international symposium (IEEE Cat. No. 02CH37313), IEEE, pp 394-397, San Antonio, Texas

5. Bhartia P, Bahl I (1982) A frequency agile microstrip antenna. In: 1982 Antennas and Propagation Society international symposium. Institute of Electrical and Electronics Engineers, pp 304-307, Albuquerque, New Mexico

6. Chair R, Lee KF, Luk KM (1999) Bandwidth and cross-polarization characteristics of quarter-waveshorted patch antennas. Microw Opt Technol Lett 22(2):101-103

7. Chair R, Mak C-L, Kishk AA (2005) Miniature wide-band half U-slot and half E-shaped patchantennas. IEEE Trans Antennas Propag 53(8):2645-2652.

8. Chen ZN, Chia MYW(2005) Broadband planar antennas: design and applications. Wiley-Chichester Chung KL, Mohan AS (2003) A systematic design method to obtain broadband characteristics for singly-fed electromagnetically coupled patch antennas for circular polarization. IEEE Trans Antennas Propag 51(12):3239-3248

9. Clenet M, Shafai L (1999) Multiple resonances and polarisation of U-slot patch antenna. ElectronLett 35(2):101-103.

10. Croq F, Papiernik A (1990) Large bandwidth aperture-coupled microstrip antenna. Electron Lett 26(16):1293-1294

11. Dahele JS, Lee KF (1985) Theory and experiment on microstrip antennas with airgaps. IEE Proc H Microwaves ntennas Propag 132(7):455–460

12. Dahele J, Lee K, Wong D (1987) Dual-frequency stacked annular-ring microstrip antenna. IEEE Trans Antennas Propag 35(11):1281–1285.

13. Debatosh G, Antar YMM (2010) Microstrip and printed antennas: new trends, techniques and applications. Wiley, Hoboken.

14. Deschamps GA, Sichak W (1953) Microstrip microwave antennas. In: Third USAF symposium onantennas, Monticello, Illinois

15. Deshmukh AA, Ray KP (2010) Multi-band con fi gurations of stub-loaded slotted rectangular microstrip antennas. IEEE Antennas Propag Mag 52(1):89–103.

16. Garg R et al (2000) Microstrip antenna design handbook. Artech House, Boston

17. Hall PS, Dahele JS (1997) Dual-band circularly polarized microstrip antenna. In: Lee KF, Chen W (eds) Advances in microstrip and printed antennas. Wiley Interscience, New York, pp 163–217

18. Hirasawa K, Haneishi M (1992) Analysis, design, and measurement of small and low-profile antennas. Artech use Publishers, Boston

19. Huang J (2008) Microstrip antennas: analysis, design, and application. In: Balanis CA (ed) Modern antenna handbook. Wiley, Hoboken

20. Huynh T, Lee KF (1995) Single-layer single-patch wideband microstrip antenna. Electron Lett 31(16):1310–1312

21. Huynh T, Lee KF, Lee R (1988) Crosspolarisation characteristics of rectangular patch antennas. Electron Lett 24(8):463–464

22. Ichinoseki-Sekine N et al (2007) Changes in muscle temperature induced by 434 MHz microwave hyperthermia. Br J Sports Med 41(7):425–429

23. Jackson R, Ramadoss R (2007) A MEMS-based electrostatically tunable circular microstrip patch antenna. J Micromech Microeng 17(1):1–8

24. James JR, Hall PS (eds) (1989) Handbook of microstrip antennas. Peregrinus, London

25. James JR, Hall PS, Wood C (1981) Microstrip antenna theory and design. Peregrinus, London

26. Kalialakis C, Hall PS (2007) Analysis and experiment on harmonic radiation and frequency tuning of varactor-loaded microstrip antennas. IET Microwaves Antennas Propag 1(2):527–535

27. Khidre A, Lee KF, Yang F, Elsherbeni A (2010) Wideband circularly polarized E-shaped

patch antenna for wireless applications. IEEE Antennas Propag Mag 52(5):219-229

28. Khidre A, Lee KF, Elsherbeni A, Yang F (2013) Circular polarization recon fi gurable wideband Eshaped patch antenna for wireless applications. IEEE Trans Antennas Propag 61(2):960-964

29. Kobayashi H, Nikawa Y, Okada F, Mori S (1989) Flexible microstrip patch applicator for hyperthermia. In: Digest on Antennas and Propagation Society international symposium, IEEE, pp 536-539, San Jose, CA

30. Kumar G, Gupta K (1984) Broad-band microstrip antennas using additional resonators gap-coupled to the radiating edges. IEEE Trans Antennas Propag 32(12):1375-1379

31. Kumar G, Ray KP (2003) Broadband microstrip antennas. Artech House Publishers, Boston

32. Lee KF, Chen W (1997) Advances in microstrip and printed antennas. Wiley Interscience, New York

33. Lee KF, Dahele JS (1989) Characteristics of microstrip patch antennas and some methods of improving frequency agility and bandwidth. In: James JR, Hall PS (eds) Handbook of microstrip antennas. Peregrinus, London, pp 111-214

34. Lee KF, Luk KM (2010) Microstrip patch antennas. Imperial College Press, London

35. Lee K, Tong K (2012) Microstrip patch antennas- basic characteristics and some recent advances. Proc IEEE 100(7):2169-2180

36. Lee RQ, Lee K, Bobinchak J (1987) Characteristics of a two-layer electromagnetically coupled rectangular patch antenna. Electron Lett 23(20):1070-1072

37. Lee KF, Luk KM, Dahele JS (1988) Characteristics of the equilateral triangular patch antenna. IEEE Trans Antennas Propag 36(11):1510-1518

38. Lee K-F, Chen W, Lee RQ (1995) Studies of stacked electromagnetically coupled patch antennas. Microw Opt Technol Lett 8(4):212-215

39. Lee KF, Luk KM, Tong KF, Shum SM, Huynh T, Lee RQ (1997) Experimental and simulation studies of the coaxially fed U-slot rectangular patch antenna. IEE Proc Microwaves Antennas Propag 144(5):354-358

40. Lee KF, Guo YX, Hawkins JA, Chair R, Luk KM (2000) Theory and experiment on microstrip patch antennas with shorting walls. IEE Proc Microwaves Antennas Propag 147(6):521-525

41. Lee KF, Yang SLS, Kishk AA (2008) Dual- and multiband U-slot patch antennas. IEEE Antennas Wirel Propag Lett 7:645-647

42. Lee KF, Yang SL, Kishk AA, Luk KM (2010) The versatile U-slot patch antenna. IEEE Antennas Propag Mag 52(1):71-88

43. Lee KF, Luk KM, Mak KM, Yang SLS (2011) On the use of U-slots in the design of dual- and tripleband patch antennas. IEEE Antennas Propag Mag 53(3):60-74

44. Lo Y, Solomon D, Richards W (1979) Theory and experiment on microstrip antennas. IEEE Trans Antennas Propag 27(2):137-145

45. Long S, Walton M (1979) A dual-frequency stacked circular-disc antenna. IEEE Trans Antennas Propag 27(2):270-273

46. Luk KM, Mak CL et al (1998a) Broadband microstrip patch antenna. Electron Lett 34(15):1442-1443

47. Luk KM, Chair R, Lee KF (1998b) Small rectangular patch antenna. Electron Lett 34(25):2366-2367

48. Mak C, Lee K, Luk K (2000) Broadband patch antenna with a T-shaped probe. IEE Proc Microwaves Antennas Propag 147(2):73-76

49. Mak C-L, Wong H, Luk K-M (2005) High-gain and wide-band single-layer patch antenna for wireless communications. IEEE Trans Veh Technol 54(1):33-40

50. Mao Y, Padooru Y, Lee KF, Elsherbeni A, Yang F (2011) Air gap tuning of patch antenna resonance. In: 2011 I. E. international symposium on antennas and propagation (APSURSI), IEEE, pp 3088-3090, Spokane, Washington

51. Mok WC, Wong SH, Luk KM, Lee KF (2013) Single-layer single-patch dual-band and triple-band patch antennas. IEEE Trans Antennas Propag 61(8):4341-4344

52. Mosig J, Gardiol F (1985) General integral equation formulation for microstrip antennas and scatterers. IEE Proc H Microwaves Antennas Propag 132(7):424-432

53. Nakano H, Yamazaki M, Yamauchi J (1997) Electromagnetically coupled curl antenna. Electron Lett 33(12):1003-1004

54. Pinhas S, Shtrikman S (1988) Comparison between computed and measured bandwidth of quarterwave microstrip radiators. IEEE Trans Antennas Propag 36(11):1615-1616

55. Pozar DM (1985) Microstrip antenna aperture-coupled to a microstripline. Electron Lett 21(2):49-50

56. Pozar DM (1992) Microstrip antennas. Proc IEEE 80(1):79-91

57. Qin P-Y et al (2010) Polarization recon fi gurable U-slot patch antenna. IEEE Trans Antennas Propag 58(10):3383-3388

58. Rafi G, Shafai L (2004) Broadband microstrip patch antenna with V-slot. IEE Proc Microwaves Antennas Propag 151(5):435–440

59. Reineix A, Jecko B (1989) Analysis of microstrip patch antennas using finite difference time domain method. IEEE Trans Antennas Propag 37(11):1361–1369

60. Richards WF, Lo YT, Harrison DD (1981) An improved theory for microstrip antennas and applications. IEEE Trans Antennas Propag 29(1):38–46

61. Sabban A (1983) A new broadband stacked two-layer microstrip antenna. In: 1983 Antennas and Propagation Society international symposium, Institute of Electrical and Electronics Engineers, pp 63–66, Houston, Texas

62. Salon S, Chari MVK (1999) Numerical methods in electromagnetism. Academic, San Diego

63. Schaubert D et al (1981) Microstrip antennas with frequency agility and polarization diversity. IEEE Trans Antennas Propag 29(1):118–123

64. Schneider MV (1969) Microstrip lines for microwave integrated circuits. Bell Syst Tech J 48(5):1421–1444

65. Shackelford AK et al (2001) U-slot patch antenna with shorting pin. Electron Lett 37(12):729–730

66. Shackelford AK, Lee KF, Luk KM (2003) Design of small-size wide-bandwidth microstrip-patch antennas. IEEE Antennas Propag Mag 45(1):75–83

67. Shafai L (2007) Wideband microstrip antennas. In: Volakis JL (ed) Antenna engineering handbook. Mc Graw Hill, New York

68. Tong K-F, Wong T-P (2007) Circularly polarized U-slot antenna. IEEE Trans Antennas Propag 55(8):2382–2385

69. Tong KF et al (2000) A broad-band U-slot rectangular patch antenna on a microwave substrate. IEEE Trans Antennas Propag 48(6):954–960

70. Tong KF, Lee KF, Luk KM (2011) On the effect of ground plane size to wideband shorting-wall probe-fed patch antennas. In: 2011 IEEE-APS topical conference on antennas and propagation in wireless communications, IEEE, pp 486–486, Torino, Italy

71. Waterhouse RB, Shuley NV (1994) Full characterisation of varactor-loaded, probe-fed, rectangular, microstrip patch antennas. IEE Proc Microwaves Antennas Propag 141(5):367–373

72. Waterhouse RB, Targonski SD, Kokotoff DM (1998) Design and performance of small printed antennas. IEEE Trans Antennas Propag 46(11):1629–1633

73. Weigand S et al (2003) Analysis and design of broad-band single-layer rectangular u-slot mi-

crostrip patch antennas. IEEE Trans Antennas Propag 51(3):457-468

74. Wong KL (2002) Compact and broadband microstrip antennas. Wiley Interscience, New York

75. Wong H, Luk KM, Chan CH, Xue Q, So KK, Lai HW (2012) Small antennas in wireless communications. IEEE Proc 100(7):2109-2121

76. Wood C (1981) Analysis of microstrip circular patch antennas. IEE Proc H Microwaves Opt Antennas 128(2):69-76

77. Yang F, Zhang, X-X, Rahmat-Samii (2001a). Wide-band E-shaped patch antennas for wireless communications. IEEE Trans Antennas Propag 49(7):1094-1100

78. Yang F, Rahmat-Samii Y (2001b) Patch antenna with switchable slot (PASS): dual-frequency operation. Microw Opt Technol Lett 31(3):165-168

79. Yang F, Rahmat-Samii Y (2002) A reconfigurable patch antenna using switchable slots for circular polarization diversity. IEEE Microwave Wireless Compon Lett 12(3):96-98

80. Yang S et al (2008) Design and study of wideband single feed circularly polarized microstrip antennas. Prog Electromagn Res 80:45-61

81. Zhong SS, Lo YT (1983) Single-element rectangular microstrip antenna for dual-frequency operation. Electron Lett 19(8):298-300

82. Zurcher J, Gardiol F (1995) Broadband patch antenna. Artech House Publishers, Boston

第 19 章
反射面天线

Trevor S. Bird

摘要

进入21世纪后,反射面天线广泛应用于通信和雷达,常见于塔架上用于点对点通信链路,房屋上用于付费电视和新闻中星际航行的宇宙飞船上。本章介绍了有关反射面天线设计和分析的基础知识。反射面天线聚焦特性的历史可以追溯到很久以前,但是其中一些复杂的特性,如散焦直到最近一段时间才被关注。一些基础的反射面几何学被认为来源于几何光学。反射面设计的基础理论建立在严格的抛物面几何学分析基础之上,包括其辐射方向图和焦点区域场。由于表面误差或者不一致性,实际的反射面天线具有一些缺陷,本章总结了这些缺陷对反射面天线辐射方向图的影响。通过描述偶极子、波导和喇叭馈源的特性,概述了馈源对抛物面天线的意义。本章讨论了其他类型的反射面天线,包括偏置抛物面天线,对称与偏置卡塞格伦结构和球面天线。并介绍了两种反射面赋形的技术。最后,本章论述了反射面天线在卫星通信、气象雷达射电天文中的典型应用。

T. S. Bird (✉)
澳大利亚新南威尔士州伊斯特伍德安特恩尼蒂
e-mail: tsbird@optuseet.com.au; tsbird@ieee.org

关键词

反射面；抛物面；卡塞格伦；球面；赋形；口径遮挡；畸变；偏置抛物面；馈源；天线；波束赋形；双极化雷达；射电天文

19.1 绪论

进入 21 世纪,反射面天线广泛应用于通信系统和雷达应用中,常见于塔架上用于点对点通信链路,房屋上用于付费电视和新闻中星际航行的宇宙飞船上。对于社会上许多人来说,反射面天线已经成为技术进步和先进性的象征。对于大多数人来说,设计和使用反射面天线让人兴致盎然,却对深入学习已经成熟的概念和理论提不起兴趣。试然很多基础概念已经为人所熟知,但是像很多其他领域一样,如果要了解反射面天线一些重要的细节问题,则需要拥有详尽的知识,设计能够满足指标不断增长的未来天线。本章将会重点介绍反射面天线的设计准则。这种方法介绍了重要的技术和概念,帮助读者了解基本的反射面设计准则,并给出了该设计方法的优势。本章可以被认为是学习高等天线的第一课。

在发射过程中,反射面天线将另一个天线(馈源)发射的信号在远场汇聚成窄波束。在反射面前方附近,其口径场均匀,向反射面边缘的法线方向上快速射出。按照不同的馈源布置方法,波束可以扫描或者拓展覆盖有限的二维区域,例如,从太空覆盖地球表面。在接收过程中,入射信号经过反射面定向汇聚到馈源并接收信号。由互易性原理(Balanis,1982)可知,接收和发射过程的分析方法相同。

下面将简要介绍反射面天线的发展历史,并利用几何光学描述一些基本的反射面结构。背景知识将总结反射面天线分析的标准方法,"绪论"将通过对抛物面严谨地分析来介绍反射面天线的基本设计原则,随后概述了反射面的缺陷,如表面误差和不一致性对其辐射方向图的影响,"反射面天线绪论"中也论述了反射面天线的简单馈电方法和技术。后半部分阐述了偏置抛物面天线和卡塞格

伦天线。最后介绍了三种反射面天线的典型应用,即卫星通信,双极化气象雷达和射电天文。

19.2 背景知识

19.2.1 反射面天线简史

反射面天线的历史最初借鉴了光学天文学的基本机构,如抛物面天线、牛顿天线和卡塞格伦天线。很久以前,抛物面能够聚焦太阳光线的能力就为人们所熟知。相传在公元 3 世纪,阿基米德就研究了抛物面反射器,并在锡拉库扎围城战中利用这些反射器点燃了罗马的舰队。19 世纪末期,赫兹早期的试验验证了 James Clerk Maxwell 的预言,他将一个柱形抛物面天线和一个火花间隙发生器连在一起,工作频率约为 450MHz。反射面由木质框架支撑的锌皮制成,和火花间隙发生器激励偶极子沿着其焦距摆放,如图 19.1 所示。1895 年,Bose 在测量材料电性质的实验中用到了平面反射面。在接下来的早期实验中很少再用到反射面天线,直到 1920 年代 UHF 和微波频率源更加实用以后,反射面天线天才再次用于通信和雷达的相关实验。20 世纪 30 年代,Marconi 为了研究 UHF 传输,将反射面天线安装在自己的 Electra 号船上。1931 年 3 月,一条跨越英吉利海峡从法国 Calais 到英国 Dover 的中继电话线路问世,这条线路的名字为 Micro-Ray,工作频率为 1.67GHz,采用 10 英尺(3m)的抛物面碟形天线(图 19.2a)。这次演示的结果是在 1934 年,建成了一条从法国 Lympne 到英国 St Ingevert 的一条永久线路。20 世纪 30 年代,美国贝尔实验室(BTL)研制了一系列设备,包括工作频率高达 500MHz 的反射面天线,为工作在这些频率的中继线路做准备。这些优势直到高效率和更高频率的要求的电源出现才得以显现。1937 年,先锋射电天文学家 Grote Reber 在自家后院架设了一个 9m 的碟形天线,在那里他把天线对准天空,开启了射电天文的全新领域。1938 年,英国开展了早期的机载雷达实验,采用一个工作在 30cm 波长的 2 英尺(60cm)见方的柱形抛物面天线。1940 年,Boot 和 Randall 发明的磁控管使得分米波雷达和通信在技术上变得可行。早期的应用促使空中拦截雷达的技术革新,1941 年英国和美国将碟形天线安装在航空器上。同一时期,其他采用反射面天线的防御设备也得到了发展(如

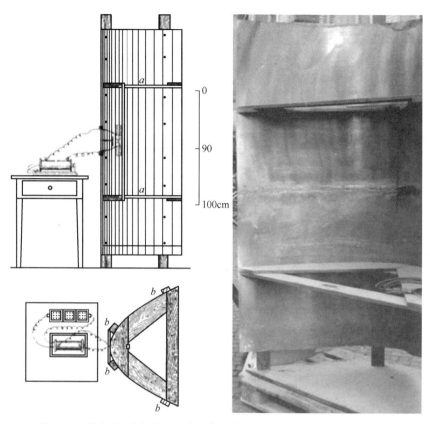

图 19.1 赫兹在"电辐射"实验中使用的柱形抛物面天线或者说镜子,现存放于德国 Karlsruhe(Hertz,1892)

炮瞄雷达)。反射面理论也取得了较大的进展。20 世纪 40 年代,几家研究机构的技术发展不局限于几何光学,尤其是美国的 MIT 辐射实验室,其技术报告和总结在 1945 年以后被编入教科书,得到了广泛传播。特别地,Samuel Silver (1985)在其微波天线著作中详细论述了反射面天线设计,并且成为此后的 30 年内重要的参考文献。因此在 1940 年代早期,雷达技术给反射面天线的研究带来了强大的驱动力,这也催生了很多进步,如改进的馈源技术和波束赋形天线,其中反射面在两个相互正交的平面上赋形,用以产生特定形状的波束。20 世纪 50 年代,这个概念在更广远的应用中得到了巩固,如地球通信链路。同时,反射面天线在射电天文领域也得到了发展,英国 Jodrell Bank、澳大利亚 Parkes 和美国 Greenbank 分别建立起了 3 座直径超过 60m 的大型抛物面天线。1960 年代,

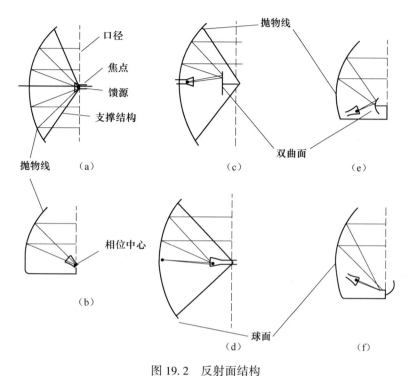

图 19.2 反射面结构

(a)对称抛物面天线;(b)偏置抛物面天线;(c)对称卡塞格伦天线;
(d)球面天线;(e)偏置卡塞格伦天线;(f)偏置格里高利天线。

为全球通信投入使用的地球同步静止轨道卫星使用了多种类型的碟形天线用于通信网络,在大陆间传输电话和电视信号。1962 年在英国康沃尔郡的贡希利建立的第一个商用卫星通信的反射面天线,用于和 Telstar 卫星通信。实用的稳定卫星平台(如消自旋平台)结合高增益星载反射面天线,可以实现实时指向地球的窄波束。在地面上,由于信号质量提升,可以使用更小更廉价的反射面天线(如 30m)。世界上很多国家为此在中心地区建立了很多固定碟形天线,作为卫星通信站。1963 年,第一个双反射面结构的卡塞格伦天线(图 19.2(e))诞生于日本。这得益于对反射面天线更深刻的理解和设计技术的进步。20 世纪 60 年代广泛使用的计算机和 20 世纪 70 年代计算机设计工具的进步,同时伴随着技术的发展(如几何衍射理论的进步),提升了反射面天线的性能和设计精度。本章将论反射面天线的相关技术。两篇关于反射面天线设计和应用的综述包含了有价值的信息,一篇发表于 20 世纪 80 年代(Rusch,1984),另一篇发表于 20 世

纪90年代末(Bird and James,1999)。在研究反射面天线的细节时,两篇文献都值得研读。

1. 反射面的基本结构

反射面的基本结构如图19.2所示。大多数结构源于光学天文学,且被设计成只在一个方向上将信号增益最大化,这个性质由口径上的幅度和相位分布决定。图19.2a是最常见的抛物面结构。偏置抛物面的结构如图19.2b所示。另一种常见的反射面类型是球形反射面,见图19.2d,球形反射面没有一个固定的焦点,而是一条沿着轴向的焦线。带有副反射面的抛物面卡塞格伦天线如图19.2c所示。由于馈线可以很短,图19.2e中的天线具有更好的性能,如更高的增益,这也有助于降低天线的噪声温度。轴对称反射面系统的弊端在于馈源、副反射面或者其他支撑结构引起的遮挡效应。这些遮挡会降低天线的增益,更会影响副瓣电平。通过偏置馈电的方法可以避免遮挡效应,如图19.2b、19.2e和19.2f所示。尽管非对称结构会带来一些设计问题,但是这些天线的性能优于同类型的对称结构天线。图19.2b中单偏置馈电天线的一个问题是交叉极化水平较高。然而,通过引入副反射面可以在很大程度上克服这个缺陷,如图19.2e和19.2f所示,沿着馈源角度摆放副反射面,经过合理的调整可以抵消由于偏置馈电带来的交叉极化问题。球面反射面等效于格里高利结构,其包含一个凹面副反射面,如图19.2f所示。作为接收天线时,在主反射面焦点外侧的第二反射面将来自主反射面的信号二次汇聚到最终的焦点。此外,如果副反射面赋形,主反射面和副反射面的整体可以只有一个焦点。还有其他常见的反射面结构此处没有提到,常见于一些特殊的应用场景,如Schwartzfeld系统中用于波束旋转。

2. 几何光学和反射面的射线追踪描述

理想导体表面的反射定律要求入射和反射光线s_i和s_r满足以下关系:

$$(s_i - s_r) \cdot n = 0 \tag{19.1a}$$

$$(s_i + s_r) \cdot n = 0 \tag{19.1b}$$

其中$\hat{n}$垂直于反射表面Σ,所以:

$$s_r = s_i - 2n(ns_i) \tag{19.1c}$$

因此,公式(19.1)表明s_i和s_r在同一平面内,入射光线相对于法线等于反射光线角度即360°减去另一条射线的角度。

表面的边界条件要求总的切向电场为0,且法向分量保持连续。如果E_i是

第 19 章 反射面天线

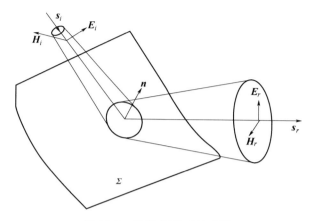

图 19.3 导体表面 Σ 的反射

入射电场,E_r 是反射电场,这就要求:

$$(E_i + E_r) \times n = 0 \tag{19.2a}$$

和

$$(E_i - E_r) \cdot n = 0 \tag{19.2b}$$

取式(19.2a)和 $\hat{n}$ 的叉积,结果为 $(E_i + E_r) - n[(E_i + E_r) \cdot n] = 0$
结合式(19.2b)可以发现:

$$E_r = 2n(n E_i) - E_i \tag{19.3}$$

式(19.3)给出了表面 Σ 处的反射电场和入射电场的关系。抛物面的反射场是平面波,因此必须考虑从反射面到口径的平面波程 s_r(图 19.3)引入的额外相移。因为总路径长度是 $2f$,从焦点到反射面的波程为 ρ。

$$s_r = 2f - \rho$$

因此,任意入射场在平面 $z=0$ 处的口径场近似为

$$E_a = [2n(n \cdot E_f) - E_f] e^{-jk(2f-\rho)} \tag{19.4a}$$

$$H_a = \frac{1}{\eta_o} z \times E_a \tag{19.4b}$$

假设馈源天线向反射面辐射的入射电场为

$$E_i = (\psi' F_\psi(\psi', \xi') + \xi' F_\xi(\psi', \xi')) \exp(-jk\rho')/\rho' \tag{19.5}$$

其中,起始坐标 (ρ', ψ', ξ') 是相对于馈源相位中心的相对坐标。多种类型的馈源(比如波导和喇叭)可以表示为馈电函数:

$$F_\psi(\psi',\xi') = A(\psi')\cos\xi, F_\xi(\psi',\xi') = -B(\psi')\sin\xi' \tag{19.6}$$

如果 $A(\psi) = B(\psi)$，式(19.5)变成：

$$\boldsymbol{E}_i = A(\psi')(\boldsymbol{\psi}'\cos\xi' - \boldsymbol{\xi}'\sin\xi'))\exp(-jk\rho')/\rho' = \boldsymbol{x}'A(\psi')\exp(-jk\rho')/\rho'$$

这表明入射场为线极化，辐射方向图是轴对称的。

假设馈源的相位中心和反射面焦点重合。为了便于计算，假设反射面为理想抛物面，此时 $\rho = 2f/(1-\cos\psi)$ 是焦点到抛物反射面的距离。通过基本方法，该面的法线可以表示为：

$$\boldsymbol{n} = \boldsymbol{\rho}\cos\frac{\psi}{2} + \boldsymbol{\psi}\sin\frac{\psi}{2}$$

将该式和式(19.5)代入式(19.4a)，口面处的电场可以表示为

$$\boldsymbol{E}_a = -[\boldsymbol{\rho} F_\psi\sin\psi + \boldsymbol{\psi} F_\psi\cos\psi + \boldsymbol{\xi} F_\xi](1+\cos\psi)\frac{\exp(-jk2f)}{2f}$$

当利用直角坐标时，口径场的表达式为

$$\boldsymbol{E}_a = -[\boldsymbol{x}(F_\psi\cos\xi - F_\xi\sin\xi) + \boldsymbol{y}(F_\psi\sin\xi + F_\xi\cos\xi)](1+\cos\psi)\frac{\exp(-jk2f)}{2f} \tag{19.7}$$

将式(19.25)代入式(19.26)，口径场可化简为

$$\boldsymbol{E}_a = -\left[\boldsymbol{x}(A(\psi)\cos^2\xi + B(\psi)\sin^2\xi) + \boldsymbol{y}\sin2\xi\left(\frac{A(\psi)-B(\psi)}{2}\right)\right]$$

$$\times(1+\cos\psi)\frac{\exp(-jk2f)}{2f} \tag{19.8}$$

更进一步，对于一个具有轴对称方向图的线极化馈源，其口径场可以表示为

$$\boldsymbol{E}_a = -\boldsymbol{x}A(\psi)(1+\cos\psi)\frac{\exp(-jk2f)}{2f} \tag{19.9}$$

3. 口径场与傅里叶变换

面天线的辐射场可以通过电流在口面上的积分求得。一般情况下，天线的口径场可以表示为其口面上的电流和磁流。假设，表面 Σ 上的电流和磁流分别为 $\boldsymbol{J}_s$ 和 $\boldsymbol{M}_s$，如图19.4所示，可以通过近似方法估算或者通过严格方法计算获得。表面 Σ 上的电流和磁流激发的远场辐射场可以表示为

$$\boldsymbol{E} \approx \frac{jk}{4\pi}\frac{e^{-jkr}}{r}\boldsymbol{r}\int_\Sigma[\boldsymbol{M}_s - \eta\boldsymbol{J}_s\boldsymbol{R}]\exp(jk\boldsymbol{r}\boldsymbol{r}')dS' \tag{19.10a}$$

第 19 章 反射面天线

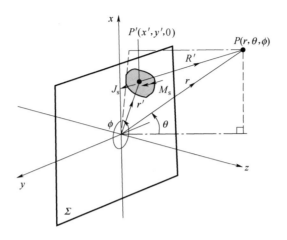

图 19.4 从观察点 P 计算源 P' 激发的辐射场

且：

$$H = \frac{1}{\eta_o} \boldsymbol{r} \times \boldsymbol{E} \quad (19.10\text{b})$$

其中，$\boldsymbol{r}$ 是辐射方向的单位向量，$\boldsymbol{R}$ 是从源点（起始坐标）指向远场的单位向量，如图 19.4 所示。$\eta_0 = \sqrt{\mu_0/\varepsilon_0}$ 是自由空间的波阻抗，其中 μ_0 和 ε_0 分别是自由空间的磁导率和介电常数。公式 19.10(b) 表明口径辐射场的波前是球面波。在远场区，因为没有 r 方向的辐射分量（如 $E_r = 0 = H_r$），因此场的极化与辐射球面相切。对于沿着 x-y 平面放置的口面，其面电流和磁流分别为

$$\boldsymbol{J}_s = \boldsymbol{n}\boldsymbol{H}_a, \boldsymbol{M}_s = -\boldsymbol{n}\boldsymbol{E}_a \quad (19.11)$$

式中：$(\boldsymbol{E}_a, \boldsymbol{H}_a)$ 是口面上的总场，由式(19.9a)可得辐射场为

$$\boldsymbol{E} \approx -\frac{\mathrm{j}k}{4\pi} \frac{\mathrm{e}^{-\mathrm{j}kr}}{r} \boldsymbol{r} \int_A [\boldsymbol{z}\,\boldsymbol{E}_a + \eta(\boldsymbol{z}\,\boldsymbol{H}_a) \times \boldsymbol{r}] \exp(\mathrm{j}k\boldsymbol{r}\,\boldsymbol{r}')\,\mathrm{d}S' \quad (19.12)$$

利用球坐标系和直角坐标系的标准向量关系，即

$$\boldsymbol{x} = \boldsymbol{r}\sin\theta\cos\phi + \boldsymbol{\theta}\cos\theta\cos\phi - \boldsymbol{\phi}\sin\phi$$

$$\boldsymbol{y} = \boldsymbol{r}\sin\theta\sin\phi + \boldsymbol{\theta}\cos\theta\sin\phi + \boldsymbol{\phi}\sin\phi$$

$$\boldsymbol{z} = \boldsymbol{r}\cos\theta - \boldsymbol{\theta}\sin\theta$$

式(19.13)可以表示成球面分量：

$$E_r = 0 \quad (19.13\text{a})$$

$$E_\theta \approx \frac{jk}{4\pi} \frac{e^{-jkr}}{r} [(N_x\cos\phi + N_y\sin\phi) - \eta_o\cos\theta(L_x\sin\phi + L_y\cos\phi)]$$

(19.13b)

$$E_\phi \approx \frac{jk}{4\pi} \frac{e^{-jkr}}{r} [\cos\theta(-N_x\sin\phi + N_y\cos\phi) + \eta_o(L_x\cos\phi + L_y\sin\phi)]$$

(19.13c)

其中,N_x,N_y,L_x 和 L_y 是以下向量的分量。

$$N(u,v) = \int_A E_a(x',y')\exp(j2\pi(ux' + vy'))\mathrm{d}x'\mathrm{d}y' \quad (19.14a)$$

$$L(u,v) = \int_A H_a(x',y')\exp(j2\pi(ux' + vy'))\mathrm{d}x'\mathrm{d}y' \quad (19.14b)$$

u 函数为

$$u = \frac{1}{\lambda}\sin\theta\cos\phi \quad (19.15a)$$

v 函数为

$$v = \frac{1}{\lambda}\sin\theta\sin\phi \quad (19.15b)$$

u-v 平面经常被用来表示远场的两个方向而不是标准球面角度。从式(19.14)可以看出分量 N 和 L 是 x-y 和 u-v 平面之间的口径场分量的二维傅里叶变换。当口面的磁场和电场通过式(19.4b)联系在一起,L 和 N 的关系如下:

$$L = \frac{1}{\eta_o}zN$$

因此,式(19.13(b))和式(19.13(c))可以化简为

$$E_\theta \approx \frac{jk}{4\pi} \frac{e^{-jkr}}{r}(1 + \cos\theta)(N_x\cos\phi + N_y\sin\phi) \quad (19.16a)$$

$$E_\phi \approx \frac{jk}{4\pi} \frac{e^{-jkr}}{r}(1 + \cos\theta)(-N_x\sin\phi + N_y\cos\phi) \quad (19.16b)$$

显然,通过式(19.16)或者式(19.13)可以得到远区场和口面场分布的傅里叶变换关系,口径分布和傅里叶的关系如图 19.5 所示。

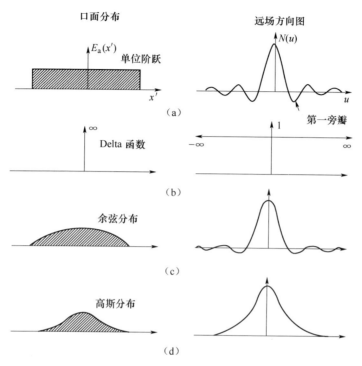

图 19.5　简单口面电流分布对应的傅里叶变换关系及其结果
(a)单位阶跃；(b)Delta 函数；(c)余弦分布；(d)高斯分布。

4. 物理光学方法

分析反射面天线辐射问题涉及对实际反射表面电流的估算,并通过麦克斯维方程将这些电流转换成远场分布。修改前一节给出的场表达式,用以适应基本电流总和的变化——对于反射面天线来说,主反射面和副反射面的物理尺寸相对于波长来说都比较大。一个很好的近似方法是将反射面上任意一点的感应电流近似地认为与无限大导体表面的电流情况相同。这种方法称为物理光学(physical optics,PO)。之前提到的相关的导体表面的场方程中不包含磁流。

如果馈源辐射到反射面表面的磁场 $\boldsymbol{H}_f$,则反射面的表面电流为

$$\boldsymbol{J}_s = 2\boldsymbol{n}\boldsymbol{H}_f\big|_{\text{reflector}\Sigma} \tag{19.17}$$

式中: $\boldsymbol{n}$ 为反射面 Σ 指向外部的单位法向量。式(19.17)中出现系数 2 是因为导体表面的总磁场是入射场的两倍。

式(19.17)可以代入式(19.10)来计算辐射场。在反射面 Σ 上没有磁流,因此辐射电场可以写做:

$$E(r,\theta,\phi) = -\frac{jk\eta_o}{4\pi}\frac{e^{-jkr}}{r}[F(\theta,\phi) - r(F(\theta,\phi)r)] \quad (19.18)$$

其中

$$F(\theta,\phi) = \int_{\Sigma} J_s \exp(jkr\,r') dS' \quad (19.19)$$

此处的原始坐标是反射面表面的源分量。式(19.18)中,方括号内部的第二项是用来抵消第一项产生的径向分量,远场区没有径向分量。

19.3 反射面天线简介

在介绍过基础知识,明确了图19.2中基本的反射面结构之后,本节将介绍反射面天线的辐射特性。在开始之前,先介绍一些基本术语的定义。

19.3.1 基本术语

1. 馈源

反射面天线的一个基本元件是馈源。馈源的作用是按照特定的能量分布来照射反射面。傅里叶变换关系表明,如果馈源的辐射呈大角锥形,天线的波束将比均匀照射的情况下更宽。此外,均匀分布时的第一旁瓣幅度高于锥形照射的情况。当口面场的相位有梯度变化时,波束将会偏离口径中心。

最常用的馈源是波导或者喇叭,在频率低于1GHz时也会选择偶极子作为馈源。偶极子在没有反射面的情况下,很大一部分能量会从后瓣辐射出去,结合反射面的辐射来产生旁瓣的零点,也提高了奇数旁瓣的电平。喇叭的后向辐射水平降低,并且降低了宽频范围内的输入反射系数。

2. 波束宽度和辐射方向图

反射面天线的波束宽度与馈源在反射面上的照射情况关系密切。根据傅里叶变换关系,均匀照射的直径为 D 的圆形口径,其半功率波束宽度(half-power beamwidth,HPBW)约等于 $1.02/(D/\lambda)$。当口面分布为 $(1 - (2r/D))^p$ 时,HPBW 在 $p \geq 1$ 的情况约增大为 $[1.27^{(p+1)/2}](\lambda/D)$,其中 r 是口面上某点到

口面中心的距离。辐射方向图通常以穿过远场球体图样切口的形式呈现,具有两个对称的平面。对于产生特定波束的反射面,通常采用二维图像来表示辐射方向图。对于一个采用式(19.25)所描述馈源激励的反射面,所关注的辐射方向图在两个主要平面内分别是平行于电场极化的平面 E 面和垂直于它的 H 面。我们也关注 45°平面上的交叉极化(图 19.6)。后文将详细介绍这些方向图的具体定义。

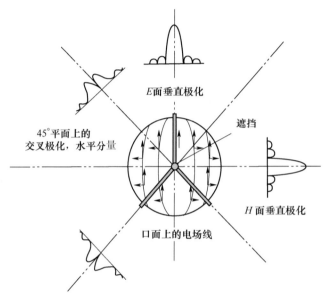

图 19.6 口径场与辐射方向图各个切面的关系

3. 反射面天线的增益和效率

如果在 (θ,ϕ) 点接收到相同的功率,天线增益定义为天线的全向辐射功率与总输入功率的比值。因此,设 P_r 是 (θ,ϕ) 点的功率密度,P_T 是总输入功率,则 (θ,ϕ) 点的增益定义为

$$G(\theta,\phi) = \frac{4\pi r^2 P_r}{P_T} \qquad (19.20\text{a})$$

此外,远场处的功率密度定义为 $P_r = |\boldsymbol{E} \cdot \boldsymbol{E}|/2\eta_0$,其中电场为 $\boldsymbol{E}(r,\theta,\phi) = (\boldsymbol{\theta} E_\theta(\theta,\phi) + \boldsymbol{\Phi} E_\phi(\theta,\phi))\exp(-jkr)/r$。在远场,磁场定义为 $\boldsymbol{H}(\theta,\phi) = (\boldsymbol{r} \times \boldsymbol{E})/\eta_0$,因此公式(19.20a)化简为

$$G(\theta,\phi) = \frac{2\pi(|E_\theta|^2 + |E_\phi|^2)}{\eta_o P_T} \qquad (19.20\text{b})$$

最大增益方向位于反射面天线的轴向附近或者照射方向,又或者在偏离轴向不远的方向上。

在均匀的口径和相位条件下,直径为 D 的反射面的最大增益为

$$G_o = \left(\frac{\pi D}{\lambda}\right)^2 \tag{19.21}$$

反射面的照射通常呈锥削分布,用以将旁瓣保持在可接受的低水平。因此,反射面天线的增益小于式(19.21)给出的计算值。考虑到锥削照射,最大增益通常定义为

$$G_{\max} = \eta_a G_o \tag{19.22}$$

式中:η_a 是和均匀照射相比的口径效率。

值得一提,式(19.22)忽略了反射面系统的损耗,包括馈源的泄漏、失配和反射面的误差等。可以为每一种损耗因素引入效率因数,并将其包含到式(19.20)中。首先考虑馈源泄漏,馈源辐射的功率密度为

$$P_f = \frac{1}{2\eta} |\boldsymbol{E}_f|^2$$

由此计算馈源的总辐射功率为

$$P_T = \int_0^{2\pi} \mathrm{d}\xi \int_0^{\pi} P_f \rho \sin\psi \mathrm{d}\psi \tag{19.23}$$

式(19.23)中的功率并没有被反射面完全收集,其中一部分功率落在了反射面以外,引起功率损耗称为溢出功率。反射面接收到角度 ψ_c 内的功率为

$$P_c = \frac{1}{2\eta} \int_0^{2\pi} \mathrm{d}\xi \int_0^{\psi_c} |\boldsymbol{E}_f|^2 \rho \sin\psi \mathrm{d}\psi \tag{19.24}$$

由于溢出而损失的功率为

$$P_s = P_T - P_c = \frac{1}{2\eta} \int_0^{2\pi} \mathrm{d}\xi \int_{\psi_c}^{\pi} |\boldsymbol{E}_f|^2 \rho \sin\psi \mathrm{d}\psi$$

溢出效率定义为反射面接收集到的功率和辐射的总功率之比:

$$\eta_s = \frac{P_c}{P_T} = 1 - \frac{P_s}{P_T} \tag{19.25}$$

将式(19.23)和式(19.24)代入,可以表示为

$$\eta_s = \frac{\int_0^{2\pi} \mathrm{d}\xi \int_0^{\psi_c} |\boldsymbol{E}_f|^2 \rho \sin\psi \mathrm{d}\psi}{\int_0^{2\pi} \mathrm{d}\xi \int_0^{\pi} |\boldsymbol{E}_f|^2 \rho \sin\psi \mathrm{d}\psi} \tag{19.26}$$

理想情况下，η_s 应该接近 1，其典型值一般为 80%~90%。因此由式（19.22）定义的最大天线增益可以表示为

$$G_{\max} = \eta_a \eta_s \left(\frac{\pi D}{\lambda}\right)^2 = \eta_a \eta_s G_o \qquad (19.27)$$

按照同样的方法，针对其他损耗也可以定义相应的损耗因数：

η_f = 馈源失配效率

η_c = 导体效率

η_r = 反射面表面粗糙度效率

和溢出效率类似，这些效率也可以包含在增益函数中。考虑了所有损耗以后，可以很方便地通过所有效率因数定义整体效率：

$$\eta_T = \eta_a \eta_s \eta_f \eta_c \eta_r \qquad (19.28)$$

最大天线增益可以表示为

$$G_{\max} = \eta_T G_o \qquad (19.29)$$

后面的章节将会讨论反射面结构与增益的联系。

4. 边缘锥削和边缘照射

由于馈源从一定距离外照射反射面，根据不同的反射面类型，照射会随着角度变化。例如，对于抛物面天线，焦点到反射面边缘的距离大于到其中心的距离。正如前文所述，辐射方向图和口径照射密切相关，尤其是锥削照射。因此，实际中通常参考反射器边缘的场电平作为衡量天线波束宽度和副瓣电平的经验法则。采用两个不同的术语，通常可以互换。

（1）边缘照射（在边缘处的照射）是指，当在同一个球面上测量场强值时，馈源沿着边缘方向辐射的场强和沿着反射面顶点方向场强的比值（球面半径是焦点到反射面最高点的距离）。

（2）边缘锥削是馈源场在反射面边缘的真实场强和反射面顶点处场强的比值。边缘锥削和边缘照射的区别是由从半径为 f 的球面到反射面额外的距离 δ 引起的自由空间损耗。如果 E 是边缘照射，按照定义，边缘锥削 T 为

$$T = E/L_e$$

式中：$L_e = (f+\delta)/f$ 是边缘锥削损耗。对于抛物面来说 $\delta = f/(4f/D)^2$，因此 $L_e = 1 + [1/(4f/D)^2]$。采用分贝表示，该关系式为

$$\text{边缘角锥} = \text{边缘照射} - L_e \qquad (19.30)$$

例如,一个 $f/D = 0.35$ 的抛物面被一个边缘照射为 -10dB 的馈源照射,边缘锥削为 -13.58dB。

5. 辐射方向图的主极化和交叉极化

天线的远场正切于以天线为中心的球面,因此 $E_r = 0$,如图 19.7 所示。因此,该球面上其余的场分量沿着 θ 和 φ 方向。如果分量 E_θ 和 E_φ 同相且不随时间变化,则为线极化场。当场分量之间有 $\pm 90°$ 的相位差,则为圆极化场。对于任意相位差,则为椭圆极化场。

极化通常随着远场球面的位置而变化,因此根据应用需求控制主辐射方向上的极化很重要。上面和 H 面的切割方式(E、H 无需加粗)如图 19.7 所示,对于拥有对称的两个平面的反射面或者馈源,这种切面方式通常提供了足够的信息。此外,了解场分量的极化很有用。为此,对于给定的电场 E,用一个该方向上的单位向量表示参考极化,或者主极化分量为 $\boldsymbol{p}$,用另一个正交的单位向量 $\boldsymbol{q}$ 表示交叉极化方向,因此:

$E_p = \boldsymbol{E} \cdot \boldsymbol{p}$,电场的主极化分量

$E_q = \boldsymbol{E} \cdot \boldsymbol{q}$,电场的交叉极化分量

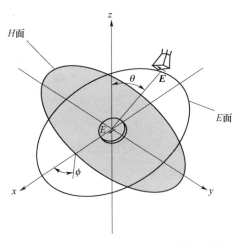

图 19.7 主平面的辐射方向图切割示意图

在定义了向量 $\boldsymbol{p}$ 和 $\boldsymbol{q}$ 之后,电场 E 在球面上的两个分量可以写为

$$\begin{bmatrix} E_p(\theta) \\ E_q(\theta) \end{bmatrix} = \begin{bmatrix} \cos(\phi - \phi_o) & \sin(\phi - \phi_o) \\ \sin(\phi - \phi_o) & -\cos(\phi - \phi_o) \end{bmatrix} \cdot \begin{bmatrix} E_\theta(\theta, \phi) \\ E_\phi(\theta, \phi) \end{bmatrix} \quad (19.31)$$

其中，ϕ_0 是参考方向。例如，如果参考极化沿着 $\phi_0 = 0°$ 方向，E 面就是 $\phi = 0°$ 平面：

$$E_p(\theta) = E_\theta(\theta, 0), E_q = -E_\phi(\theta, 0) \quad (19.32\text{a})$$

与之正交的 H 面为 $\phi = 90°$ 平面：

$$E_p(\theta) = E_\phi\left(\theta, \frac{\pi}{2}\right), E_q = E_\theta\left(\theta, \frac{\pi}{2}\right) \quad (19.32\text{b})$$

$\phi = 45°$ 平面对应的场分量可以表示为

$$E_p(\theta) = \frac{1}{\sqrt{2}}\left[E_\theta\left(\theta, \frac{\pi}{4}\right) + E_\phi\left(\theta, \frac{\pi}{4}\right)\right] \quad (19.33\text{a})$$

$$E_q(\theta) = \frac{1}{\sqrt{2}}\left[E_\theta\left(\theta, \frac{\pi}{4}\right) - E_\phi\left(\theta, \frac{\pi}{4}\right)\right] \quad (19.33\text{b})$$

E 面方向图可以通过测量或者计算得到。将参考天线（或者测试天线）沿着电场方向放置，然后在该平面内旋转被测天线（antenna under test，AUT）的同时测量接收信号。将 AUT 沿着参考面摆放，H 面的方向图可以通过在与参考面垂直的平面内旋转 AUT 得到。类似地，将参考面置于平行于电场的位置，把 AUT 转动到 45°平面内，即可得到该平面的主极化方向图。任意角度 ϕ 平面内的交叉极化可以通过以下方法测得，将 AUT 旋转至参考面的极化方向上，然后旋转 90°，即可测得 ϕ 面的方向图。

19.3.2 抛物面天线

1. 抛物面的辐射

通过几何光学估算口径场分布的结果参见式(19.8)，将其代入式(19.12)并进行傅里叶变换可以求得该分布的辐射场。此外，还可以通过数值积分的方法，如 Simpson 法则或者二维快速傅里叶变换求解。如果采用后者，将口径场作为输入即可。矩阵里的其他项置零。如果一个点位于口径之外且小于四分之一的波长处，其非零的估值可能是口径边缘场值的一半。如果函数 F_ψ 和 F_ξ 是可积分的，其积分可以表示为式(19.16)和式(19.14a)的形式。这种情况下，上述变换可以表示为

$$N(\theta, \phi) = \int_0^{2\pi} \text{d}\xi \int_0^{D/2} \boldsymbol{E}_\text{a}(t, \xi) \exp(jwt\cos(\phi - \xi)) t \text{d}t \quad (19.34)$$

对于抛物面来说，$w = k\sin\theta$、$t = \rho\sin\psi$ 且 $\rho = 2f/(1 + \cos\psi) = f\sec^2\psi/2$。

考虑式(19.9)给出的口径场，照射函数 $F(\psi) = A(\psi)(1 + \cos\psi)$。假设 $A(\psi)$ 是反锥削函数，可以保证照射函数是均匀的。例如，$F(\psi) = 1$，由公式(19.34)可得：

$$N_x(\theta,\phi) = -\frac{\exp(-jk2f)}{2f}\int_0^{2\pi}d\xi\int_0^{D/2}\exp(jwt\cos(\phi-\xi))tdt$$

利用贝塞尔函数：

$$\int_0^{2\pi}\begin{Bmatrix}\cos\\\sin\end{Bmatrix}p\phi' \cdot e^{jz\cos(\phi-\phi')}d\phi' = 2\pi j^p J_p(z)\begin{Bmatrix}\cos\\\sin\end{Bmatrix}p\phi \qquad (19.35)$$

其中，$J_p(z)$ 是 p 以 z 为自变量的零阶贝塞尔函数，上述变换可以化简为

$$N_x(\theta,\phi) = -\pi\frac{\exp(-jk2f)}{f}\int_0^{D/2}J_0(wt)tdt$$

由于 $\int_0^1 J_0(at) = J_1(a)/a$，因此：

$$N_x(\theta,\phi) = -\pi\left(\frac{D}{2}\right)^2\frac{\exp(-jk2f)}{f}\frac{J_1(X)}{X} \qquad (19.36)$$

其中，$X = \dfrac{\pi D}{\lambda}\sin\theta$。均匀照射抛物面产生的电场辐射如图19.8所示。相对于峰值，第一旁瓣幅度约为-17.6dB，波束宽度为 $1.02\lambda/D$。

接下来考虑锥削照射。假设 $A(\psi) = \cos^n\psi = B(\psi)$，其中 n 为任意值。数值较大的正 n 值表示较高的边缘锥削。负值表示反锥削，参见式(19.9)

$$N_x(\theta,\phi) = -\pi\frac{\exp(-jk2f)}{f}\int_0^{D/2}J_0(wt)\cos^n\psi(1+\cos\psi)tdt$$

其中，$t = \rho\sin\psi = 2f\tan(\psi/2)$，因此 $dt = f\sec^2(\psi/2)d\psi$，令 $\psi_c = 2\tan^{-1}(D/4f)$ 因此可得

$$N_x(\theta,\phi) = -2\pi f\exp(-jk2f)\int_0^{\psi_c}J_0(2fw\tan[\psi/2])\sin\psi\cos^n\psi\sec^2(\psi/2)d\psi$$

$$(19.37)$$

进一步代换 $u = \tan(\psi/2)$，其中 $du = (1/2)\sec^2(\psi/2)d\psi$ 同时 $\sin\psi = 2u/(1+u^2)$、$\cos\psi = (1-u^2)/(1+u^2)$，因此可得

$$N_x(\theta,\phi) = -8\pi f \exp(-jk2f) \int_0^{D/4f} J_0(2fwu) \left(\frac{1-u^2}{1+u^2}\right)^n \frac{u\,du}{(1+u^2)}$$

(19.38)

上述积分可以通过把零阶贝塞尔函数替换成级数,然后利用逐项积分的方法求解。然而,采用数值积分的方法更方便。由式(19.38)和式(19.36)计算的远场方向图如图19.8,针对直径为100λ天线,$f/D=0.4$的馈源,锥削变量分别为$n=0$、2和5。上述情况与均匀照射的圆形口径做比较。随着锥削的增大,波束宽度增加,旁瓣减小。当$n=0,2$时,第一旁瓣分别为-19.2dB和-34dB。对$n=4$的情况,变宽的主瓣和第一旁瓣融合了。接下来讨论特定馈源类型的抛物面天线方向图。

具有非对称馈源方向图的抛物面天线在口面指向的辐射功率为

$$P_r = \frac{2}{\eta}\left(\frac{kf}{r}\right)^2 \left|\int_0^{\psi_c} A(\psi)\tan\frac{\psi}{2}d\psi\right|^2$$

(19.39)

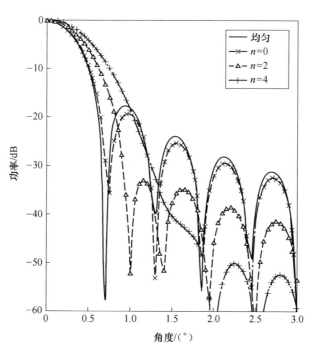

图19.8 抛物面的辐射方向图,$D=100\lambda$,$f/D=0.4$,馈源具有对称的方向图锥削阶数为n。图中也展示了口径照射均匀分布的方向图

将$t=\rho\cos\psi$代入式(19.24)可以得到反射面收集到的馈源功率为

$$P_c = \frac{\pi}{\eta} \int_0^{\psi_c} |A(\psi)|^2 \sin\psi \, d\psi \tag{19.40}$$

设最大增益为 $G_{\max} = \eta_a \eta_s G_0$，即

$$G_{\max} = \eta_s \left(\frac{\pi D}{\lambda}\right)^2 2\cot^2\frac{\psi}{2} \frac{\left|\int_0^{\psi_c} A(\psi)\tan\frac{\psi}{2}d\psi\right|^2}{\int_0^{\psi_c}|A(\psi)|^2\sin\psi \, d\psi} \tag{19.41}$$

口径效率为

$$\eta_a = 2\cot^2\frac{\psi}{2} \frac{\left|\int_0^{\psi_c} A(\psi)\tan\frac{\psi}{2}d\psi\right|^{12}}{\int_0^{\psi_c}|A(\psi)|^2\sin\psi \, d\psi} \tag{19.42}$$

通过修改积分限可以近似馈源和其支撑结构造成的遮挡。例如，修改积分限将直径为 a 的馈源遮挡包含在式(19.34)中，可得：

$$N(\theta,\phi) = \int_0^{2\pi} d\xi \int_{a/2}^{D/2} \boldsymbol{E}_a(t,\xi)\exp(jwt\cos(\phi-\xi))t\,dt$$

$$= \int_0^{2\pi} d\xi \left\{\int_0^{D/2} - \int_0^{a/2} t\,dt\right\} \boldsymbol{E}_a(t,\xi)\exp(jwt\cos(\phi-\xi))$$

$$\tag{19.43}$$

上式涉及两种不同的向量变换。一种是整个口径上的变换；另一种只覆盖了遮挡区域。因此，对于均匀照射：

$$N_x(\theta,\phi) = -\pi \frac{\exp(-jk2f)}{f}\left[\left(\frac{D}{2}\right)^2\frac{J_1(X)}{X} - \left(\frac{a}{2}\right)^2\frac{J_1(X')}{X'}\right] \tag{19.44}$$

式中：$X' = \frac{\pi a}{\lambda}\sin\theta$。直径为 $D=100\lambda$，$f/D=0.4$，中央遮挡分别为 5λ 和 10λ 的天线，其辐射方向图见图19.9。图中也展示了对称 $n=2$ 锥削的馈源遮挡情况。把图19.9 和图19.8 对比，对于锥削馈源，中央遮挡对方向图有影响，使得原本较低旁瓣恶化。

支撑结构也可以采用类似的方法处理。假设馈源有三个互成120°夹角的支撑杆支撑、这些支撑杆可以近似为宽度 2Δ 的结构，即

$$N(\theta,\phi) = \left\{\sum_{m=1}^{3}\int_{2(m-1)\pi/3+\Delta}^{2m\pi/3-\Delta} d\xi\right\}\int_0^{D/2}\boldsymbol{E}_a(t,\xi)\exp[jwt\cos(\phi-\xi)]t\,dt$$

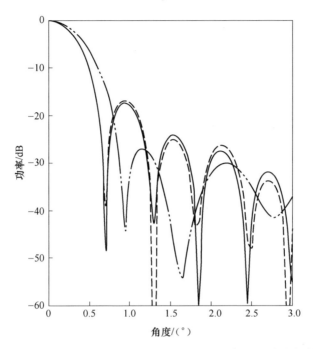

图 19.9 中央有遮挡、$f/D=0.4$、口径 $D=100\lambda$ 的抛物面天线方辐射向图。
实线:遮挡直径 $a=5\lambda$ 均匀照射。短虚线:$a=10\lambda$。长虚线:$a=5\lambda$,馈源锥削 $n=2$。

$$= \int_0^{2\pi} d\xi \int_0^{D/2} \boldsymbol{E}_a(t,\xi) \exp[jwt\cos(\phi-\xi)] t dt$$

$$- \left\{ \sum_{m=1}^{3} \int_{2m\pi/3-\Delta}^{2m\pi/3+\Delta} d\xi \right\} \int_0^{D/2} \boldsymbol{E}_a(t,\xi) \exp(jwt\cos(\phi-\xi)) t dt$$

(19.45)

结合非对称的照射函数,关于 ξ 的积分的近似形式为

$$\boldsymbol{I} = \left\{ \sum_{m=1}^{3} \int_{2m\pi/3-\Delta}^{2m\pi/3+\Delta} d\xi \right\} \int_0^{D/2} \boldsymbol{E}_a(t,\xi) \exp(jwt\cos(\phi-\xi)) t dt$$

$$= 2\Delta \sum_{m=1}^{3} \sum_{k,l=-\infty}^{\infty} j^k \exp\left[\frac{2m\pi}{3}(l-k)\right] S[\Delta(l-k)] \int_0^{D/2} \boldsymbol{E}_a(t,\xi) J_k(wt\cos\phi) J_l(wt\sin\phi) t dt$$

(19.46)

式中,$S(x) = \sin x/x$。大多数情况下,采用数值方法直接求解公式(19.43)比计算公式(19.45)更好。

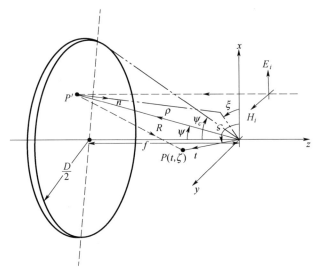

图 19.10　反射面的焦点区域

2. 抛物面天线的焦点区域场

反射面天线焦点附近区域的场尤为重要,因为这近似代表了馈源的理想激励,而且效率最高。通过几何光学或者物理光学的方法可以计算焦区场。两种情况中,反射面被平面波照射,每种方法决定了到达焦点的场。此处采用物理光学方法分析。假设入射波沿着 Z 轴照向反射面,如图 19.10 所示。入射场为

$$\boldsymbol{E}_i = \boldsymbol{x} E_o \exp(jkz) \tag{19.47}$$

且

$$\boldsymbol{H}_i = \frac{1}{\eta_o} \boldsymbol{z} \times \boldsymbol{E}_i$$

抛物面上的感应电流为

$$\boldsymbol{J}_s \approx \boldsymbol{n} \times \boldsymbol{H}_i = \frac{2E_o}{\eta_o}(\boldsymbol{n} \times \boldsymbol{y})\exp(jkz)\bigg|_{\text{reflector}\Sigma} \tag{19.48}$$

在反射面的法线方向引入直角坐标,其表面电流为

$$\boldsymbol{J}_s = \frac{2E_o}{\eta_o} e^{jkz}\left(\boldsymbol{x}\cos\frac{\psi}{2} + \boldsymbol{z}\sin\frac{\psi}{2}\cos\xi\right) \tag{19.49}$$

焦点区域($z=0$)的场可以通过物理光学法的表达式即式(19.10)计算得到,积分表面为反射面,这种情况下没有磁流。

尽管焦点区域并不总是反射面的远场,但是式(19.10a)推导的散射场的近似仍然适用。如图 19.10 所示,向量 $\boldsymbol{R} = \boldsymbol{t} - \boldsymbol{p}$ 是从反射面上的点 P′指向焦点区域的点 P。对于一个大尺寸反射面来说,在焦点附近可以认为 $|\boldsymbol{t}| \ll |\boldsymbol{p}|$。此外,令式(19.10a)中被积函数的相位函数中 $R = |\boldsymbol{R}| \approx |\boldsymbol{p}| = \boldsymbol{\rho} \cdot \boldsymbol{t}$,在被积函数的幅度函数中,令 $\boldsymbol{R} \approx \boldsymbol{\rho}$。因此,式(19.10a)可以写为:

$$\boldsymbol{E}_F(t,\zeta) \approx -\frac{jk\eta_o}{4\pi}\int_\Sigma [\boldsymbol{J}_s - (\boldsymbol{\rho} \cdot \boldsymbol{J}_s)\boldsymbol{\rho}]\frac{e^{-jk\rho}}{\rho}\exp(jk\boldsymbol{\rho} \cdot \boldsymbol{t})dS' \quad (19.50)$$

对于抛物面,面积元为 $dS' = \rho^2 \sec(\psi/2)\sin\psi d\psi d\xi$

式(19.50)中幅度函数可以展开为

$$[\boldsymbol{J}_s - \boldsymbol{\rho}(\boldsymbol{J}_s \cdot \boldsymbol{\rho})]\rho d\psi d\xi = -\frac{2fE_o}{\eta_o}e^{jkz}\boldsymbol{x}\left(1 - \tan^2\frac{\psi}{2}\cos2\xi\right)\sin\psi$$
$$- \boldsymbol{y}\sin\psi \tan^2\frac{\psi}{2}\sin2\xi + \boldsymbol{z}2\sin\psi\tan\frac{\psi}{2}\cos\xi \quad (19.51)$$

被积函数中的相位函数为

$$\exp[jk(-\rho + z + \boldsymbol{\rho} \cdot \boldsymbol{t})] \approx \exp[jk(-\rho(1 + \cos\psi) + (x_F\cos\xi + y_F\sin\xi)\sin\psi)]$$
$$= \exp[jk(-2f + t\sin\psi\cos(\zeta - \xi))] \quad (19.52)$$

其中,如图 19.10 所示,$X_F = t\cos\zeta$、$Y_F = t\sin\zeta$ 是焦平面的直角坐标,其中 (t,ζ) 是极坐标。有了这些近似和代换,式(19.50)中的各个分量变为

$$E_{Fx} = -\frac{jkfE_o}{2\pi}e^{-jk2f}\int_0^{2\pi}d\xi\int_0^{\psi_c}\left(1 - \tan^2\frac{\psi}{2}\cos2\xi\right)\sin\psi\exp[jkt\sin\psi\cos(\zeta - \xi)]d\psi$$
$$(19.53a)$$

$$E_{Fy} = \frac{jkfE_o}{2\pi}e^{-jk2f}\int_0^{2\pi}d\xi\int_0^{\psi_c}\sin\psi\tan^2\frac{\psi}{2}\sin2\xi\exp[jkt\sin\psi\cos(\zeta - \xi)]d\psi$$
$$(19.53b)$$

$$E_{Fz} = -\frac{jkfE_o}{\pi}e^{-jk2f}\int_0^{2\pi}d\xi\int_0^{\psi_c}\sin\psi\tan\frac{\psi}{2}\cos\xi\exp[jkt\sin\psi\cos(\zeta - \xi)]d\psi$$
$$(19.53c)$$

关于 ξ 的积分可以利用积分恒等式公式(19.35),将式(19.53)化简为

$$E_{Fx}(t,\zeta) = \Omega_0(t) + \Omega_2(t)\cos2\zeta \quad (19.54a)$$
$$E_{Fy}(t,\zeta) = \Omega_2(t)\sin2\zeta \quad (19.54b)$$

$$E_{Fz}(t,\zeta) = -2j\Omega_1(t)\cos\zeta \qquad (19.54c)$$

其中

$$\Omega_n(t) = \kappa \int_0^{\psi_c} J_n(kt\sin\psi)\tan^n\frac{\psi}{2}\sin\psi \, d\psi \qquad (19.55)$$

且

$$\kappa = -jkfE_0 e^{-jk2f}$$

对于长焦距反射面,式(19.54)可以进一步化简,因为其与边缘的夹角 ψ_c 很小,因此:

$$\Omega_0(t) \approx 2\kappa \sin^2\frac{\psi_c}{2}\left[2\frac{J_1(U)}{U}\right] \qquad (19.56a)$$

$$\Omega_1(t) \approx 2\kappa \sin^2\frac{\psi_c}{2}\left[\psi_c \frac{J_2(U)}{U}\right] \qquad (19.56b)$$

$$\Omega_2(t) \approx 0 \qquad (19.56c)$$

式中:$U = kt\sin\psi_c$,因此焦点区域场的横向分量为

$$E_{Fx}(t,\zeta) \approx -j2kE_o e^{-jk2f}\left[2\frac{J_1(kt\sin\psi_c)}{(kt\sin\psi_c)}\right]$$

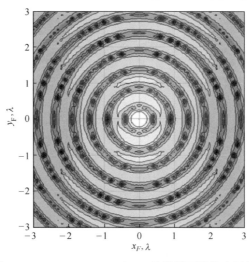

图 19.11 $D = 100\lambda$,$f/D = 0.35$ 的反射面的焦点区域场

焦区场由一系列的高低密度相间的环构成,即著名的艾力环(Airy rings)。低密度环对应着贝塞尔函数 $J_1(U)$ 的零点。前两个零点为 $U = 3.75$ 和 7.02。峰值出现在函数 $2J_1(U)/U$ 的最大值。前两个峰值出现在 $U=0$ 和 $U=5.14$。$D = 100\lambda$,

$f/D = 0.35$ 的反射面天线焦点区域场的电场等值线如图19.11所示。低密度环清晰可见,尽管焦距很短,但是与式(19.52)的结果接近($t = 0.66\lambda$ 和 1.21λ)。可以看到,口径场均匀分布的馈源可以激励出近似最优解,半径 α 约为 0.66λ。

19.3.3 非理想反射面

至此,我们一直假设反射面的表面是光滑的,不存在表面误差。实际中,由于制造公差和物理畸变,反射面系统往往是非理想的。本节将讨论两种非理想情况,第一种是表面误差;第二种是各种不一致性导致的方向图畸变。

1. 表面误差

如果随机表面误差足够小,可以被当成叠加在口径场的相位函数。假设具有相位误差的口径场近似为

$$\boldsymbol{E}'_a = \boldsymbol{E}_a \mathrm{e}^{-\mathrm{j}\alpha} \tag{19.57}$$

其中:α 是表征表面起伏的一个小随机函数,$\boldsymbol{E}_a$ 是没有表面误差的口径场。由于 $\alpha \ll 1$,令 $\exp(-\mathrm{j}\alpha) \approx (1 - \alpha^2/2) + \mathrm{j}\alpha$,为了简化分析,假设抛物面的馈源具有轴对称方向图。式(19.57)给出了口径场分布,口径效率可以改写为

$$\eta'_a = \frac{1}{2\pi^2} \cot^2 \frac{\psi}{2} \frac{\left| \int_0^{2\pi} \mathrm{d}\xi \int_0^{\psi_c} \left(1 - \frac{\alpha^2}{2} + \mathrm{j}\alpha\right) A(\psi) \tan \frac{\psi}{2} \mathrm{d}\psi \right|^2}{\int_0^{\psi_c} |A(\psi)|^2 \sin\psi \mathrm{d}\psi}$$

$$\approx \eta_a (1 - \overline{\alpha^2} + (\overline{\alpha})^2) \tag{19.58}$$

式中:η_a 是没有表面误差口径效率。$\overline{\alpha^2}$ 和 $(\overline{\alpha})^2$ 是口径照射函数 $A(\psi)\tan(\psi/2)$ 加权的均方相位误差和平均相位误差。可以任意选择相位参考面,所以后者 $(\overline{\alpha})^2 = 0$。因此:

$$\eta'_a \approx \eta_a (1 - \overline{\alpha^2}) \tag{19.59}$$

Ruze(1966)给出了另一个更精细的表面误差模型,该模型对高斯分布的大尺度表面误差有效。如果误差在小范围内完全不相关(误差尺度远小于口径尺寸 D),则口径效率为:

$$\eta'_a \approx \eta_a \exp(-\overline{\delta^2}) \tag{19.60}$$

式中,$\overline{\delta^2}$ 是高斯分布的均方差。对于小误差,除了 $\overline{\alpha^2}$ 是加权数值,式(19.60)和

式(19.59)几乎相同。对于实际中的反射面,一个实用的指示参量是表面误差 ε 的均方差,其等效为正弦周期为 $2\pi/k = \lambda$ 的均方误差,即:

$$\varepsilon = \frac{\sqrt{\delta^2}}{2k} = \frac{\lambda}{4\pi}\sqrt{\delta^2} \qquad (19.61)$$

举例来说,一个工作在 30GHz,口径效率为 70% 的反射面。制造反射面的时候,均方表面误差为 50um。因此在实际中,有效的口径效率约为 66%,增益也比预期低 0.28dB。一般来说,在大多数应用中表面公差为 $\lambda/30$ 是可接受的。由此带来的增益损失约为 1.8dB。在另一些应用中,这样的损耗是不可接受的,这可能需要更小的表面误差,典型值为 $\lambda/50$。这样的误差对应的增益损失约为 1dB。

2. 畸变

口径天线的辐射方向图对口径场的相位分布很敏感。非理想的非均匀相位分布会造成畸变。在天线的设计和制造过程中的无心之举也可能带来畸变。有时候也会故意为之,如波束赋形或者波束旋转。畸变可以看作理想的口径场 E_a 叠加上一个额外的相位分布,因此:

$$E_a \exp(j\Phi(x',y')) \qquad (19.62)$$

对于圆形口径,采用极坐标 $x' = t\cos\xi$ and $y' = t\sin\xi$ 可以将畸变函数表示为:

$$\Phi(x',y') = \Phi(t,\xi) = \sum_{m,n=0}^{\infty} \Delta_{mn} t^n \cos m\xi \qquad (19.63)$$

从式(19.63)中,令所有系数为 0 而非理想值,就有可能看出每一项的影响。表 19.1 列出了最主要的畸变,分别是线性畸变($n=1, m=0$),二次畸变($n=2, m=0$),立方畸变($n=3, m=1$),像散畸变($n=2, m=2$)和球畸变($n=4, m=0$)。表 19.2 中,线性畸变在没有改变波束结构的前提下移动了主瓣方向 $\alpha = \sin^{-1}(\Delta_{11}/k)$。二次相位误差降低了天线增益,同时使得主瓣展宽,旁瓣升高。此外,其他影响是方向图中的 0 点被填充。立方相位误差导致方向图偏移了角度 $\alpha = \arcsin(2\Delta_{31}a^2/3k)$,且降低了天线增益。此外,方向图在包含偏移波束和中心轴(扫描平面)的平面内是轴对称的。最靠近中心轴线的旁瓣低于无立方误差的情况,扫描方向上的旁瓣高于无误差情况。像散畸变的情况和二次相位误差畸变类似。当像散畸变和二次相位误差畸变同时发生,主瓣宽度和旁瓣在两个主平面内不同。最后,在表 19.1 中,球形畸变使得方向图产生了对称的畸变,和二次畸变类似。

表 19.1 单位半径圆形口径场的畸变

畸变类型	阶数 n,m	口径相位	辐射方向图
线性畸变	1,0	$\Phi = \Delta_{11} t$	$\alpha = \sin^{-1}(\Delta_{11}/K)$
二次畸变	2,0	$\Phi = \Delta_{20} t^2$	
立方畸变	1,3	$\Phi = \Delta_{31} t^3 \cos\xi$	$\alpha = \tan^{-1}(2\Delta_{21}/3K)$
像散畸变	2,2	$\Phi = \Delta_{22} t^2 \cos 2\xi$	
球畸变	4,0	$\Phi = \Delta_{40} t^4$	

受到畸变影响的口径增益 G_a 约等于：

$$G_a = \frac{1}{1 + \kappa \Delta_e^2} G \qquad (19.64)$$

式中：G 是没有畸变时的增益，Δ_e 是口径边缘的相位误差（弧度），K 是与畸变类型相关的常数，线性畸变时为 0，二次畸变时为 1/12，立方畸变时为 1/72，像散畸变时为 1/6，球形畸变时为 4/45。

实际的天线中，所有类型的畸变都会发生，某些会更强一些。举例来说，反射面天线波束扫描的常用方法是使馈源偏角反射面的焦点，这样就在口面上引入了线性相位偏移。立方畸变和理想线性畸变（波束偏移）都会影响辐射方向图。同时产生了像散畸变，但是在小偏移量的条件下，它没有立方偏移造成的影响严重。然而当馈源沿着轴向从焦点移开的时候，不论是远离还是靠近反射面，都会发生二次畸变和球形畸变。

19.3.4 反射面的馈源

对于反射面来说，馈源天线是整个系统的重要组成部分，对系统的正常工作和性能至关重要，因此需要格外关注馈源的设计。在特定的频带范围内需要低输入反射，有效的照射反射面，在一些应用中还要求低泄漏和低交叉极化。低交叉极化指标对于通信、雷达很重要，还有在不同频段采用正交极化的极化计。图 19.12 展示了一些典型的馈源类型。正如先前提到的，最早使用的是偶极子馈源，现在仍然常用于在工作频率、重量和尺寸不适宜采用其他方法且对频带要求不高的场合。如图 19.12a 所示，偶极子配合小反射面可以提高波束的方向性。对于前向馈电的反射面，除了偶极子，图 19.12f 所示的杯形馈源也是一种选择，可以达到约 20% 的带宽。偶极子和杯形馈源的优势是能够自支撑，不需要额外的支撑结构，因此可以在不损失增益的情况下改善方向图的对称性。图 19.12b 中的圆波导和图 19.12c 中的矩形波导可用于某些特定场合。口径上的扼流槽或者螺栓常用于改善馈源的辐射方向图。为了高效照射带有副反射面的系统，要求馈源具有窄波束特性。尤其是双反射面应用中，常采用角锥喇叭。这源于具有光滑内壁的喇叭如图 19.12d 所示，而波纹喇叭是优化后的结构如图 19.12e 所示。

1. 偶极子

将偶极子简单地与放大器和功率源连接，是最容易实现的馈源。将图

19.12a 中的偶极子除去反射面,沿着 x 方向放置的半波长偶极子辐射的电场为

$$E_f = E_o \frac{\mathrm{e}^{-jkr}}{r} A(\theta,\phi) [r\sin\theta\cos\phi + \theta\cos\theta\cos\phi - \phi\sin\phi] \quad (19.65a)$$

$$H_f = \frac{1}{\eta_o} r \times E_f \quad (19.65b)$$

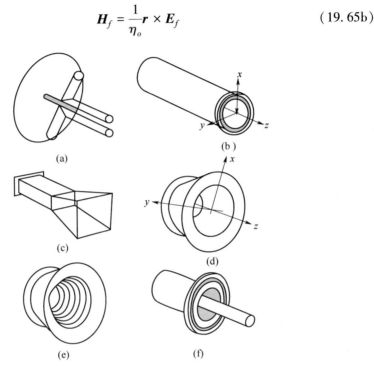

图 19.12 反射面的馈源

(a)带反射面的偶极子;(b)圆波导;(c)角锥喇叭;(d)圆锥喇叭;
(e)波纹喇叭;(f)杯形馈源。

其中,E_o 是常数。

$A(\theta,\phi) = \dfrac{\cos\left(\dfrac{\pi}{2}\sin\theta\right)}{\cos\theta}$ 是半波长偶极子的方向图函数。为了将其拓展为偶极子阵列馈源(本书随后的章节"相控阵馈源反射面天线的应用"),方向图函数在所展示的例子中为一般表达式。$E(\phi = 0\ 或\ \pi)$ 面和 $H(\phi = \pm\pi/2)$ 面的方向图不同。

可以通过物理光学或者口径场的方法确定偶极子馈源的抛物面辐射方向

图。此处采用物理光学法。反射面和馈源的结构如图 19.13 所示。当反射面被馈源照射时，产生的表面电流可以通过前文提到的物理光学方法得到。为此可以将式(19.65b)代入式(19.17)，并且从式(19.19)可以得到：

$$F(\theta,\phi) = -\frac{2}{\eta_o}\int_0^{2\pi}\int_0^{\psi_c} \boldsymbol{n} \times (\boldsymbol{\rho} \times \boldsymbol{E}_f)\exp(jk\boldsymbol{r}\cdot\boldsymbol{\rho})\rho^2\sec\left(\frac{\psi}{2}\right)\sin\psi\mathrm{d}\psi\mathrm{d}\xi$$

(19.66)

$$\boldsymbol{n} \times (\boldsymbol{\rho} \times \boldsymbol{E}_f) = \left(\boldsymbol{\rho}\cos\frac{\psi}{2} + \boldsymbol{\psi}\sin\frac{\psi}{2}\right) \times (\boldsymbol{\xi}\cos\psi\cos\xi + \boldsymbol{\psi}\sin\xi)E_o\frac{\mathrm{e}^{-jk\rho}}{\rho}A(\psi,\xi)$$

$$= E_o\frac{\mathrm{e}^{-jk\rho}}{\rho}A(\psi,\xi)\left(\boldsymbol{\rho}\sin\frac{\psi}{2}\cos\psi\cos\xi - \boldsymbol{\psi}\cos\frac{\psi}{2}\cos\psi\cos\xi + \boldsymbol{\xi}\cos\frac{\psi}{2}\sin\xi\right)$$

(19.67)

其中 $\boldsymbol{r}\cdot\boldsymbol{\rho} = \rho(\sin\theta\sin\psi\cos(\phi-\xi) - \cos\theta\cos\psi)$ 。

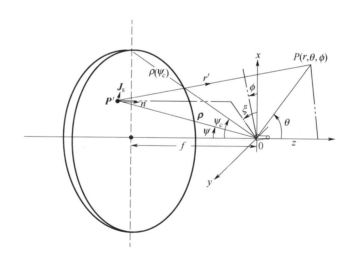

图 19.13　发射模式下的馈源和反射面结构

在全局坐标系中，式(19.66)，式(19.67)的矢量分量进行如下代换：

$$\boldsymbol{\rho} = \boldsymbol{r}(\sin\theta\sin\psi\cos(\phi-\xi) - \cos\theta\cos\varphi) + \boldsymbol{\theta}(\cos\theta\sin\psi\cos(\phi-\xi) + \sin\theta\cos\psi)$$
$$- \boldsymbol{\phi}\sin\psi\sin(\phi-\xi) \quad (19.68\mathrm{a})$$

$$\boldsymbol{\psi} = \boldsymbol{r}(\sin\theta\cos\psi\cos(\phi-\xi) - \cos\theta\cos\varphi) + \boldsymbol{\theta}(\cos\theta\cos\psi\cos(\phi-\xi) - \sin\theta\sin\psi)$$
$$- \boldsymbol{\phi}\cos\psi\sin(\phi-\xi) \quad (19.68\mathrm{b})$$

且
$$\pmb{\xi} = -\pmb{r}\sin\theta\sin(\phi-\xi) + \pmb{\theta}\cos\theta\sin(\phi-\xi) + \pmb{\phi}\cos(\phi-\xi) \quad (19.68c)$$

结果,矢量的三重积为:

$$\pmb{n} \times (\pmb{\rho} \times \pmb{E}_f)$$
$$= E_o \frac{\mathrm{e}^{-\mathrm{j}k\rho}}{\rho} A(\theta,\phi) \left(-\pmb{r}\sin\frac{\psi}{2}\cos\psi\cos\xi + \pmb{\theta}\cos\frac{\psi}{2}\cos\psi\cos\xi - \pmb{\phi}\cos\frac{\psi}{2}\sin\xi \right)$$
$$(19.69)$$

式(19.18)中的径向电场辐射分量消掉,保留以下远场分量:

$$E_\theta = \frac{\mathrm{j}kfE_o}{\pi}\frac{\mathrm{e}^{-\mathrm{j}kr}}{r}B(\theta,\phi) \quad (19.70a)$$

且
$$E_\phi = \frac{\mathrm{j}kfE_o}{\pi}\frac{\mathrm{e}^{-\mathrm{j}kr}}{r}C(\theta,\phi) \quad (19.70b)$$

其中

$$B(\theta,\phi) = \int_0^{2\pi}\mathrm{d}\xi\cos\xi\int_0^{\psi_c}\mathrm{d}\psi A(\psi,\xi)\exp[\mathrm{j}k\rho(\sin\theta\sin\psi\cos(\phi-\xi) - (1+\cos\theta\cos\psi))]$$
$$\times \left[\cos\theta(\cos\psi\cos\xi\cos(\phi-\xi) - \sin\xi\sin(\phi-\xi)) - \sin\theta\tan\frac{\psi}{2}\cos\phi\cos\xi\right]\tan\frac{\psi}{2}$$
$$(19.71a)$$

$$C(\theta,\phi) = \int_0^{2\pi}\mathrm{d}\xi\sin\xi\int_0^{\psi_c}\mathrm{d}\psi A(\psi,\xi)\exp[\mathrm{j}k\rho(\sin\theta\sin\psi\cos(\phi-\xi) - (1+\cos\theta\cos\psi))]$$
$$\times [\cos\psi\cos\xi\sin(\phi-\xi) + \sin\xi\cos(\phi-\xi)]\tan\frac{\psi}{2} \quad (19.71b)$$

反射面直径 50λ,$f/D = 0.35$,半波长偶极子馈电的抛物面天线方向图的计算结果如图 19.14 所示。E 面方向图是 $E_\theta(\theta,0)$,H 面的方向图是 $E_\phi(\theta,\pi/2)$,分别由函数 $B(\theta,0)$ 和 $C(\theta,\pi/2)$ 给出。增益的计算结果为 41dBi,由此得到口径效率为 51.1%。45°平面内的交叉极化非常高,因为极化矢量从抛物面到远场球面发生了畸变,此外馈源方向图在两个主平面上的场分布也不同。当馈源方向图是轴对称时,不存在后边这种情况。

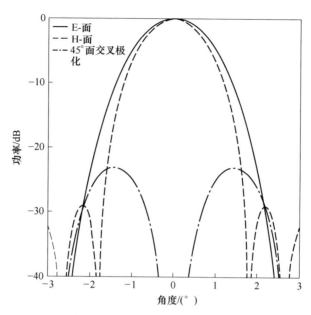

图 19.14 半波长偶极子馈电抛物面天线的辐射方向图

2. 波导和喇叭

大量的波导馈源被设计用于预聚焦反射面。在双反射面系统中,为了提高方向性,波导也被扩大张角设计成喇叭状。圆波导是抛物面使用的经典波导馈源,通过修改口面上的法兰结构衍生出很多不同的设计,如图 19.12(b)所示。

反射面结构如图 19.13 所示,再次采用物理光学方法计算反射面的远场。假设圆波导如图 19.12(b)所示,半径为 α,光滑的法兰。假设这个圆形口径辐射的电场的主极化平行于 x 轴。因此,远区电场为

$$\boldsymbol{E}_f = \frac{jkaE_o}{2} \frac{e^{-jkr}}{r} [\boldsymbol{\theta} A(\theta)\cos\phi - \boldsymbol{\phi} B(\theta)\sin\phi] \qquad (19.72)$$

其中

$$A(\theta) = \left(1 + \frac{\beta}{k}\cos\theta\right) \frac{J_1(k_c a)}{k_c} \frac{J_1(wa)}{wa} \qquad (19.73a)$$

$$B(\theta) = \left(\frac{\beta}{k} + \cos\theta\right) J_1(k_c a) \frac{k_c J_1'(wa)}{k_c^2 - w^2} \qquad (19.73b)$$

$A(\theta)$、$B(\theta)$ 是馈源方向图函数,其中 $w = k\sin\theta$,$\beta = \sqrt{k^2 - k_c^2}$ 是 TE_{11} 模的传播

常数，$k_c a = 1.84118$ 是截止波数。相应的磁场由式(4.1b)给出。

由式(19.72)得出的馈源在抛物面上激发的表面电流为

$$J_s = \frac{2}{\eta_o} n \times (\rho \times E_f) = \frac{jkaE_o}{\eta_o} \frac{e^{-jk\rho}}{\rho} \left(-\rho\cos\frac{\psi}{2} + \psi\sin\frac{\psi}{2} \right) \times (\xi A(\psi)\cos\xi - \psi B(\psi)\sin\xi)$$

$$= \frac{jkaE_o}{\eta_o} \frac{e^{-jk\rho}}{\rho} \left(\rho A(\psi)\sin\frac{\psi}{2}\cos\xi + \psi A(\psi)\cos\frac{\psi}{2}\cos\xi - \xi B(\psi)\cos\frac{\psi}{2}\sin\xi \right)$$

$$= \frac{jkaE_o}{\eta_o} \frac{e^{-jk\rho}}{\rho} \cos\frac{\psi}{2} \left\{ r \left[A(\psi)\cos\xi\cos(\phi-\xi)\left(\sin\theta - \cos\theta\tan\frac{\psi}{2}\right) + B(\psi)\sin\theta\sin\xi\sin(\phi-\xi) \right] \right.$$

$$+ \theta \left[A(\psi)\cos\xi\cos(\phi-\xi)\left(\cos\theta - \sin\theta\tan\frac{\psi}{2}\right) - B(\psi)\cos\theta\sin\xi\sin(\phi-\xi) \right]$$

$$+ \phi \left[-A(\psi)\cos\xi\sin(\phi-\xi) + B(\psi)\sin\xi\cos(\phi-\xi) \right] \right\}.$$

略去积分中的径向分量，辐射电场为

$$E_\theta(r,\theta,\phi) = \frac{k^2 afE_o}{2\pi} \frac{e^{-jkr}}{r} \int_0^{2\pi} d\xi \int_0^{\psi_c} d\psi \exp[jk\rho(\sin\theta\sin\psi\cos(\phi-\xi) - (1+\cos\theta\cos\psi))]$$

$$\times \left[A(\psi)\cos\xi\cos(\phi-\xi)\left(\cos\theta - \sin\theta\tan\frac{\psi}{2}\right) - B(\psi)\cos\theta\sin\xi\sin(\phi-\xi) \right] \tan\frac{\psi}{2}$$

(19.74a)

$$E_\phi(r,\theta,\phi) = -\frac{k^2 afE_o}{2\pi} \frac{e^{-jkr}}{r} \int_0^{2\pi} d\xi \int_0^{\psi_c} d\psi \exp[jk\rho(\sin\theta\sin\psi\cos(\phi-\xi)$$

$$- (1+\cos\theta\cos\psi))] [A(\psi)\cos\xi\sin(\phi-\xi) + B(\psi)\sin\xi\cos(\phi-\xi)] \tan\frac{\psi}{2}$$

(19.74b)

由式(19.20b)和式(19.74)可以得到圆波导馈电的抛物面天线最大增益。圆波导在 TE_{11} 模式下辐射的总功率为

$$P_T = \frac{|E_o|^2 \pi a^2}{4\eta_o} J_1^2(k_c a) \left(1 - \frac{1}{(k_c a)^2}\right)$$

通过式 19.20b 可以计算最大增益，其中电场分量可以通过式(19.74)求得，即天线指向为 $(0°, 0°)$ 的值。

例如，圆波导馈电的主聚焦反射面，假设抛物反射面的直径 $D = 100\lambda$，

$f/D =0.35$,由一个直径为 $a = 0.66\lambda$ 的圆波导馈电,相当于位于焦区的第一个艾力环。主平面的辐射方向图,45°切面的主极化和交叉极化如图 19.15 所示。增益的计算结果为 48.1dBi,口径效率为 65.8%。该增益值接近了该反射面的峰值增益。改变波导的直径,无论增大或者减小都会降低增益。

由于馈源的辐射可以通过修改式(19.72)来表示,那么其他类型的波导馈源也可以通过式(19.74)来研究。例如,对于工作在平衡混合—混合 HE_{11} 模式的波纹喇叭,馈源的方向图函数(19.73)可以替换为

$$A(\theta) = \frac{2\pi k_\rho a}{(k_\rho^2 - w^2)}\left(1 + \frac{\beta}{k}\cos\theta\right) J_1(k_c a) J_0(wa) \quad (19.75\text{a})$$

$$B(\theta) = \frac{2\pi k_\rho a}{(k_\rho^2 - w^2)}\left(\frac{\beta}{k} + \cos\theta\right) J_1(k_c a) J_0(wa) \quad (19.75\text{b})$$

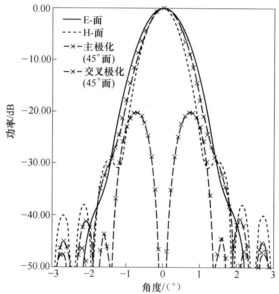

图 19.15 圆波导馈电抛物面的辐射方向图
$D = 100\lambda$ $f/D = 0.35$。圆波导馈源半径为 $a = 0.66\lambda$。

式中:$k_c a = 2.4048$,$w = \sin\theta$。如果不考虑惠更斯效应,波纹喇叭的方向图是关于辐射轴线对称的。然而,通常情况下 $\beta \approx k$。这样可以化简式(19.74)中反射面的辐射场表达式。前文提到的反射面尺寸 $D = 100\lambda$,由直径为 $a = \lambda$ 的波纹喇叭馈电,其辐射方向图的主极化和交叉极化如图 19.16 所示。从图中可以看

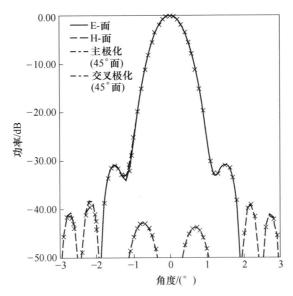

图 19.16 波纹喇叭馈电抛物面的辐射方向图

反射面的尺寸为 $D = 100\lambda$,$f/D = 0.35$,圆波导馈源半径为 $D = 100\lambda$。

到,交叉极化水平远低于圆波导馈电的情况(峰值为 -43dB),而主平面的方向图几乎相同。尽管馈源的交叉极化很低,反射面仍然会产生一些交叉极化。这是由于反射面边缘发生了衍射,因此对辐射场产生了轻微的去极化现象。

线性延展的喇叭也可以用式(19.72)和式(19.74)近似地建模,需要在式(19.73)的基础上添加二次相位参数用以描述波前的延展。例如,一个锥形喇叭的近似辐射场可以通过圆形喇叭乘以二次相位参数:

$$\exp\left(\frac{k}{2}\frac{\rho'^2}{L}\right)$$

式中:$\rho' = \sqrt{x'^2 + y'^2}$ 是到源点的径向距离,L 是从喇叭顶点到口径的距离。在圆波导 TE_{11} 模的辐射场中引入这个参数,可以得到锥形喇叭的远场:

$$\begin{cases} E_\theta \\ E_\phi \end{cases}(r,\theta,\phi) = \pm \frac{jkE_o}{4}\frac{e^{-jkr}}{r}(Q_0(k_c,\theta) \mp Q_2(k_c,\theta))(1+\cos\theta)\begin{cases}\cos\phi \\ \sin\phi\end{cases}$$

(19.76)

其中

$$Q_m(\xi,\theta) = \int_0^a J_m(\xi\rho')J_m(k\rho'\sin\theta)\exp(-jk\rho^2/L)\rho'd\rho' \quad (19.77)$$

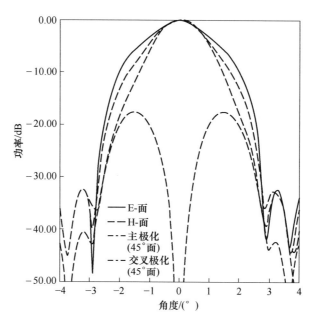

图 19.17 锥形喇叭馈电抛物面的辐射方向图。反射面的尺寸为 $D = 50\lambda$, $f/D = 0.5$, 圆波导馈源半径为 $a = 1\lambda$。

且 $k_c a = 1.841184$。在半锥角 θ_0 约小于30°的大多应用中,式(19.77)都足够精确。

式(19.76)中假设了 $\beta \approx k$。圆锥喇叭的半功率波束宽度为 HPBW ≈ $0.6 * 180\lambda/(\pi a)$,其中 a 是口面半径。因此,如果口面处的馈源半径为 $a = 1\lambda$,则 HPBW ≈ 34°。假设圆锥喇叭被用于 $D = 50\lambda$、$f/D = 0.5$ 的抛物面。该反射面辐射方向图的主极化和交叉极化如图 19.17 所示。显然,交叉极化水平非常高,这常见于内壁光滑的圆锥喇叭。波纹喇叭的峰值交叉极化更小,如图19.16所示。类似地,可以在波纹波导的模型中加入二次相位参数,用于模拟波纹喇叭

$$\begin{cases} E_\theta \\ E_\phi \end{cases}(r,\theta,\phi) = \pm \frac{jkE_o}{2}\frac{e^{-jkr}}{r}(1+\cos\theta)Q_0(k_\rho)\begin{cases}\cos\\\sin\end{cases}\phi \quad (19.78)$$

其中,Q_0 由式(19.77)给出。

3. 馈源的改进形式

图 19.12 列出几种比较有代表性的馈源,图 19.18 列出了这些常用馈源的改进形式。这些馈源引入了一些具有针对性的改进,如提升了效率、方向图对称性、更低的交叉极化、展宽频带、良好的相位中心、更低的输入失配,这些改进都提升了反射面系统的某些特定性能。本节将简述这些馈源的性能,更详尽的细节和其他馈源可以参考文献(Olver et al.,1994;Bird and Love,2007)。

针对图 19.12b 中的圆波导,一个简单的改进形式是在输出法兰中增加波纹,如图 19.18a 所示。这保证了直径较小时的方向图,因此展宽了波束且是轴对称的,适用于较深的碟形天线(如 $f/D<0.35$)。此外,波纹的数量可以减少,甚至可以只有一圈或者两圈(如图 19.18c 所示),可以通过调节波纹使得在几个窄频带内获得低交叉极化。依照天线口径的直径,波纹的深度为 0.2 到 0.372λ,而波纹的距离则要根据边缘照射来选定。另一个深反射面馈源的选择是同轴波导。当内外导体半径比接近 0.3 时,同轴波导的性能最好。当这个比例增大时,H 面的方向图变窄,E 面的方向图展宽。带有环状波纹的法兰也可以用来调整同轴馈源的方向图。

图 19.18b,图 19.18d 所示的波纹喇叭是长焦距反射面(如 $f/D>0.5$)和双反射面的高效馈源。其具有很多出色的特性,如波束对称、宽带、低交叉极化和良好的输入反射系数。对于很多应用来说,这些性质使其成为极具竞争力的备选方案。精确的波纹非常重要,因此加工难度较大,需要采用数控机床实现高精度加工。

增加介质加载是波纹喇叭的另一种选择,如图 19.18e 所示。介电常数可以横向剖分,以介电常数约为 1.2 的材料作为内芯,其与金属壁之间有较小的间气间隙。经过合理的设计,介质填充的喇叭具有非常大的带宽,有时能超过30∶1。介质加载存在一些实际问题,如真空环境或者受潮等。它们必须适应地面或太空的工作环境,并且结构稳定。尽管如此,大带宽特性仍然使其成为极具竞争力的设计方案。

可以通过增加一定数量的台阶产生高次模来改善标准矩形和圆形喇叭的性能。这种方法已经被使用了很多年并进行一定的改进。最近该天线已经被改进为从输入端到输出端引入更多的波纹,以实现需要的波束宽度、输入匹配和最大的交叉极化。采用此方法设计的矩形喇叭如图 19.18f 所示。这种结构是计算

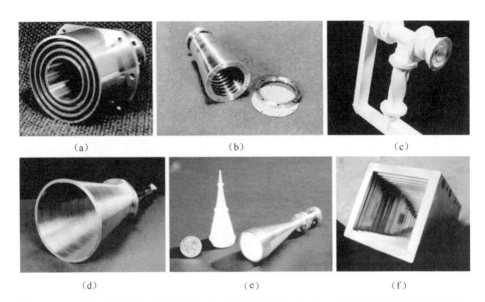

图 19.18　反射面天线的改进馈源(a)波纹法兰的圆波导;(b)偏置抛物面用的波纹喇叭;
(c)带有环形沟槽法兰的双极化圆波导;(d)对称卡塞格伦反射面的宽带锥形喇叭;
(e)异形介质内衬的喇叭;(f)异形方喇叭馈源;(图(a)到图(e)由 CSIRO Australia 提供)

机优化的结果,采用的优化过程与本书随后的描述基本类似(参见"反射面赋形")。采用这些方法,喇叭的性能可以根据所需的应用要求进行定制化设计,包括带宽、边缘照射和输入反射系数。

上文提到的馈源构型可以实现可靠的高效率反射面系统。其他馈源类型的更多细节和信息参考文献(Olver et al. ,1994;Bird and Love,2007)

19.3.5　其他反射面结构

尽管在日常使用中,抛物面是最常见的类型,但是人们也使用其他类型的反射面。本节将介绍偏置抛物面的基本性质和经典对称卡塞格伦抛物面的性质及其等效偏置。其次介绍预聚焦馈电的球反射面和这类反射面的焦区场。最后将简述赋形反射面设计的基本技术。

1. 偏置抛物面

馈源和馈源支撑结构对抛物面的遮挡降低了天线的增益,提高了旁瓣电平。这些问题可以通过偏置馈源的方法克服,如图 19.19 所示。偏置反射面系统的

优点是:通过将馈源旋转一定角度如图 19.19 所示,只照射部分抛物面,这就可以将馈源安装在反射面以下。馈源和反射面包含在一个半锥角为 ψ_c 的圆锥内,馈源在圆锥的顶点,而反射面在其边缘。反射面边缘在 x-y 平面上的投影是圆形,其直径为

$$D = \frac{4f\sin\psi_c}{\cos\psi_o + \cos\psi_c} \tag{19.79}$$

其中心位于 $(x_m, 0)$,

$$x_m = \frac{2f\sin\psi_o}{\cos\psi_o + \cos\psi_c} \tag{19.80}$$

式中: f 为原始抛物面的焦距, ψ_0 是相对于焦点原始坐标系的偏转角(偏置角度)。锥角 ψ_c 介于馈源的旋转轴和偏置反射面的边缘之间。角度为

$$\psi_{o,c} = \tan^{-1}\left(\frac{x_m + D/2}{2f}\right) \pm \tan^{-1}\left(\frac{x_m - D/2}{2f}\right)$$

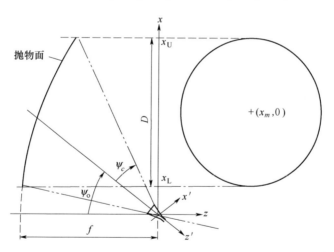

图 19.19 偏置反射面的结构和旋转后的馈源坐标系 $\{x'\}$,沿着口径投影放置

如果馈源的上边缘即 x 方向的正值小于反射面下边缘和 z 轴的间隙 x_L,那么口径遮挡是可以避免的,即

$$x_L = 2f\tan\left[\frac{(\psi_o - \psi_c)}{2}\right] \tag{19.81}$$

从焦点沿着偏置轴线,反射面的边缘在一个椭圆锥上,其长轴和短轴分别为

$$a = \frac{D}{2\sin\gamma}; b = \frac{D}{2} \qquad (19.82)$$

式中：$\gamma = \tan^{-1}\frac{2f}{x_m}$。椭圆中心为 $(x_m, 0, z_m)$，其中 x_m 由公式(19.80)给出，Z_m 为

$$z_m = f\left[\frac{\sin^2\psi_o + \sin^2\psi_c}{(\cos\psi_o + \cos\psi_c)^2} - 1\right] \qquad (19.83)$$

关于旋转轴的极坐标为 (ρ, ψ, ξ)，抛物面上某点的坐标为

$$x' = \rho\sin\psi\cos\xi; y' = \rho\sin\psi\sin\xi; z' = -\rho\cos\psi \qquad (19.84)$$

其中：

$$\rho = \frac{2f}{1 - \cos\xi\sin\psi\sin\psi_o + \cos\psi\cos\psi_o} \qquad (19.85)$$

两个坐标系的关系为

$$x = x'\cos\psi_o - z'\sin\psi_o; y = y'; z = x'\sin\psi_o + z'\cos\psi_o \qquad (19.86)$$

法向量的表达式为

$$\boldsymbol{n} = -\sqrt{\frac{\rho}{4f}}\{-\boldsymbol{x}(\cos\xi\sin\psi\cos\psi_o + \cos\psi\sin\psi_o) - \boldsymbol{y}\sin\xi\sin\psi$$
$$+ \boldsymbol{z}(1 - \cos\xi\sin\psi\sin\psi_o + \cos\psi\cos\psi_o)\}$$

利用反射面的对称性，结合式(19.27)可以通过几何光学方法近似得到口径场。显然，馈源的旋转不会改变抛物面的基本性质，即从焦点到口面 $z=0$ 处再到口面后的距离是 $2f$；口径场没有 z 轴分量，因为输出场是平面波。利用这些性质可以简化口径场的表达式。馈源的入射场表达式见式(19.25)，口径投影的口径场直角坐标分量为式(19.47)：

$$E_{ax} = g_o[a_1 F_\psi(\psi, \xi) - b_1 F_\xi(\psi, \xi)] \qquad (19.87a)$$
$$E_{ay} = g_o[b_1 F_\psi(\psi, \xi) + a_1 F_\xi(\psi, \xi)] \qquad (19.87b)$$

其中

$$a_1 = \cos\xi(1 + \cos\psi\cos\psi_o) - \sin\psi\sin\psi_o$$
$$b_1 = \sin\xi(\cos\psi + \cos\psi_o)$$

且

$$g_0 = -\exp(-2fk)/2f$$

第19章 反射面天线

在口面上运用式(19.16),便可以通过式(19.87)计算远场。为此,以 $(x_m, 0)$ 为中心点定义极坐标 (t,ζ),因此 $x = x_m + t\cos\zeta$、$y = t\sin\zeta$、$z = (x^2 + y^2 - 4f^2)/4f$。沿着投影圆进行积分,如图19.19所示。为了得到关于馈源旋转后的角度坐标,由式(19.86)得到 $\psi = a\sin(z'/\rho)$ 和 $\xi = a\tan(y'/x')$,其中 $\rho = \sqrt{x^2 + y^2 + z^2}$。当馈源方向图为轴对称(例如,$F_\psi(\psi,\xi) = A(\psi)\cos\xi$ 且 $F_\xi(\psi,\xi) = -A(\psi)\sin\xi$)时,口径场将关于垂直的轴线(x轴)对称。然而,和对称的抛物面相比,存在交叉极化。在非对称平面叉极化最大($\xi = 90°$ 和 $270°$)。交叉极化产生的原因是馈源偏置,馈源对反射面的照射也不对称。通常来说,具有非对称方向图的馈源在90°和45°平面之间具有最大的交叉极化,最大交叉极化值和馈源的交叉极化相关。在偏置抛物面中引入特殊设计的低交叉极化馈源,可以降低偏置抛物面天线的交叉极化(Rudge and Adatia,1975)。

如前文所述,可以将式(19.87)代入式(19.16)求得辐射场,其中所需的变换可以通过数值方法或者 FFT 来完成。偏置抛物面天线的辐射方向图如图19.20所示。参数为 $\psi_o = 44°$,$\psi_c = 30°$ 且 $D = 100\lambda$ 的偏置反射面的 E 面,H 面,90°面内的主极化和交叉极化参见图19.20。反射面的馈源为矩形波导,其口径尺寸为 $1.57\lambda \times 2.14\lambda$。显然,$E$ 面方向图位于 $x-z$ 平面。波导的尺寸和工作频率决定了 E 面和 H 面的边缘照射约为 -12dB。增益的计算结果为37.67dBi,口径效率为72%。在 $\phi = 90°$ 平面内,交叉极化的最大值比主极化的最大值低23.6dB。图19.20中的结果由式(19.87)进行数值积分求得,和测试结果吻合良好(Rudge,1975)。馈源可以由式(5.9)修改为轴对称方向图,采用高斯函数表示:

$$A(\psi) = \exp(-\alpha\psi^2)$$

其中,系数 α 的值被设定为实现边缘照射 -12dB。因此 $\alpha = -E_{dB}/(20\psi_c^2 \lg e)$ 其中 E_{dB} 是边缘照射 $E_{dB} = -12$。由于采用非轴对称的馈源,天线增益升高到38dBi,效率提高到77.9%。辐射方向图和图19.20类似,除了第一旁瓣较低,为 -24.1dB。对于非对称的馈源,峰值交叉极化出现在45°平面附近,高于轴对称时90°平面的情况。然而,两个馈源的交叉极化的最大值几乎相同。

偏置抛物面的 E 面 HPBW 约为

$$\text{HPBW}(°) = (0.9E_{dB} + 58)(\lambda/D) \qquad (19.88)$$

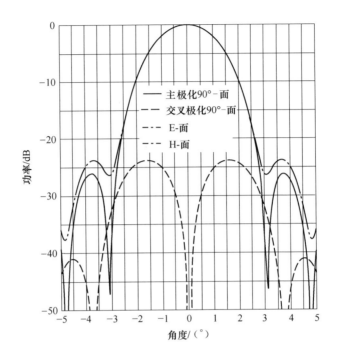

图 19.20　偏置反射面天线主极化和交叉极化方向图
(反射面的参数为 $D=100\lambda$。$\psi_o=44°$，$\psi_o=30°$。馈源为矩形波导,口径尺寸 $a=1.57\lambda$，$b=2.14\lambda$)

式中:E_{dB} 为边缘照射,单位 dB。因此前例中,边缘照射为-12dB,式(19.88)预测的 HPBW 为 2.4°,和图 19.20 中给出的 HPBW 基本相等。

在偏置反射抛物面的设计中,建立"ball-park"的概念很实用,通过设计主极化方向图可以实现高效率反射面。偏置反射抛物面被认为和对称抛物面具有相同的直径,但是有效焦距为

$$f_{\text{eff}} = \frac{2f}{1+\cos\psi_o} \tag{19.89}$$

对于高效率抛物面,焦距和直径的比例为 f_{eff}/D。

举例来说,设计的偏置抛物面产生在远场产生的波束在俯仰方向和方位方向的角度为 θ_b 和 φ_b,假设 θ_b 在反射面指向附近,假设 λ 射波方向为 (θ_b,ϕ_b)。在高效率抛物面中,反射的射线与轴线的夹角为

$$\beta \approx \theta_b\left(1+\frac{1}{32(f_{\text{eff}}/D)^2}\right) \tag{19.90}$$

该数值是用于近似抛物面的小角度。馈源在焦平面的位置约为

$$x_{oeff} = f_{eff}\sin\beta\cos\phi_b, y_{oeff} = f_{eff}\sin\beta\sin\phi_b \tag{19.91}$$

由式(19.91)给出的近似结果精度相当准确,但是随着与天线指向的夹角增大,其近似精度会下降,因为最原始式(19.90)的近似精度会下降。

2. 卡塞格伦天线

卡塞格伦天线源于17世纪设计的光学望远镜。经典的卡塞格伦天线结构由主抛物反射面和一个小型双曲面构成,如图19.21所示。双曲面有实焦点和虚焦点(在图19.21中分别为F和F'),且关于轴FF'对称。焦点到反射面的距离为

$$\rho_1 = \frac{-e\beta}{1 - e\cos\psi_1} \tag{19.92}$$

其中:$\beta = f_H(1 - 1/e^2)$,$e = f_H/a_H$是双曲面的离心率。此外,虚焦点到反射面的距离为

$$\rho_2 = \frac{e\beta}{1 + e\cos\psi_2} \tag{19.93a}$$

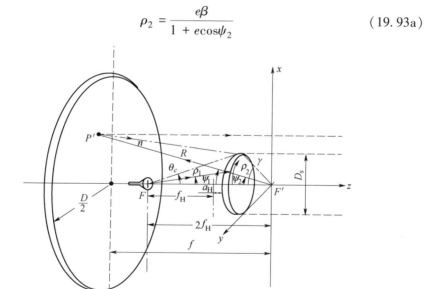

图19.21 副反射面为双曲面的对称卡塞格伦天线

轴线到反射面的夹角关系为

$$\tan\frac{\psi_2}{2} = M\tan\frac{\psi_1}{2} \tag{19.93b}$$

其中 $M = \dfrac{e+1}{e-1}$ 为放大因子。从焦点到边缘的锥角为

$$\theta_c = \tan^{-1}(-1/\alpha) + \left(\dfrac{\alpha^2/e}{\sqrt{\alpha+1}}\right) \quad (19.93c)$$

其中：$\alpha = 2\beta/D_s$，D_s 为副反射面的直径。焦点和锥角的关系为

$$\cot\theta_c + \cot\gamma = f_H/D_s \quad (19.93d)$$

在卡塞格伦结构中,双曲面的 F' 和抛物面的焦点相同,馈源放置在 F 点。当一个球面波源放置在焦点,双曲面产生的反射波仿佛是从 F' 点发出的。相比于单反射面天线,卡塞格伦天线的主要优点是馈源和收发元件可以放置在距离反射面很近的位置,同时,馈源泄露的功率射向了寒冷的天空,而不是炽热的地球。在经典的对称卡塞格伦结构中(图 19.21),副反射面及其支撑结构依然会产生遮挡。

然而,双反射面系统有充分的自由度来实现两个反射面的结构,这样就可以减弱副反射面的遮挡。两个反射面的赋形能够使得设计者选择合适的口径照射提高天线性能。这使得对称赋形的卡塞格伦天线优于前馈反射面,因此其广泛应用于大型地面站。

偏置卡塞格伦结构可以避免遮挡,如图 19.22 所示。对于所有的卡塞格伦天线来说,馈源的泄漏都是远处旁瓣的主要成因,馈源的旁瓣必须特别低。通常

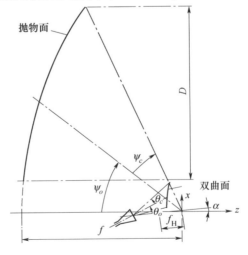

图 19.22　偏置卡塞格伦天线

副反射面的边缘照射应小于-16dB以保证泄漏功率造成的卡塞格伦天线的旁瓣在可接受的范围。

可以采用前文提到的方法分析卡塞格伦天线的特性。几何光学的射线追踪方法可以被用来分析两个反射面的口径场。由于边缘的衍射,这一方法在分析小尺寸副反射面(直径小于10λ)时不够精确,大多数情况下在分析大尺寸反射面时($>10\lambda$),几何光学方法的精度足够用。假设在分析小尺寸反射面时,通过几何绕射理论(geometrical theory of diffraction,GTD)的方法提高计算精度。对两个反射面都采用物理光学近似或者结合GTD和物理光学法可以获得高精度结果。

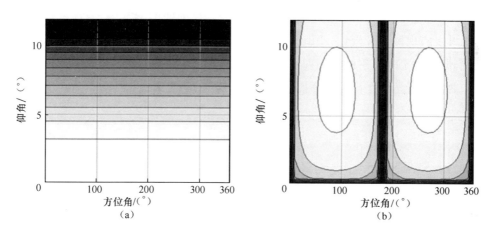

图19.23 通过几何光学求得的偏置卡塞格伦天线在口面上的主极化和交叉极化分量(天线参数为$D = 150\lambda$、$\psi_0 = 53.553°$、$\psi_c = 20.551°$、$f = 160.77\lambda$、$\theta_0 = 28°$、$\theta_c = 11$、$e = 2.4575$、$f_H = 41.054\lambda$且$\alpha = 6°$。馈源具有轴对称方向图,边缘照射为10dB。)

对图19.22中的偏置卡塞格伦天线应用几何光学法可以近似得到口径场。馈源具有非对称方向图函数$F(\psi)$,其极化平行于对称面(x-z面),口径场为

$$E_{ax}(\psi',\zeta') = g_o(\psi',\zeta')[A\sin\psi'\cos\zeta' + B(\sin^2\zeta' + \cos\psi'\cos^2\zeta') + C(1 + \cos\psi')]$$

(19.94a)

$$E_{ay}(\psi',\zeta') = -g_o(\psi',\zeta')\sin\zeta'[A\sin\psi' + B(\cos\psi' - 1)\cos\zeta']$$

(19.94b)

其中,

$$A = L\sin\alpha\cos\theta_o - \sin\theta_o(K + \cos\alpha)$$

$$B = L\sin\alpha\sin\theta_o + \cos\theta_o(K + \cos\alpha)$$

$$-Cg_o(\psi',\zeta') = \frac{F(\psi')}{2fL}\exp\left[-2jk\left(f + \frac{f_H}{e}\right)\right] / (B\cos\psi' + A\sin\psi'\cos\zeta' + C(1+\cos\psi'))$$

$C = 1 + K\cos\alpha$,$L = (e^2 - 1)/(1 + e^2)$ 且 $K = -2e^2/(1+e^2)$。ψ' 和 ξ' 是以馈源相位中心为原点的球坐标系下的俯仰和方位角。除后者外,式(19.94)与偏置单反射面的情况相同 $A = \sin\theta_0$,$B = 1 - \cos\theta_0$,$C = -1$ 且 $D = \exp(-2jkf)/2f$。令 $\phi_0 = 0$,$\theta_0 = 0$ 且 $\alpha = 0$,通过式(19.94)可以得到对称卡塞格伦天线的口径场。

相比于偏置单反射面,通过适当选择馈源和反射面的偏置角,偏置卡塞格伦天线可以实现低交叉极化。几何光学的计算结果表明卡塞格伦天线存在零交叉极化,但是由于副反射面的衍射造成的交叉极化依然存在,尽管非常小。当馈源和双曲面偏置角满足以下关系时,式(19.94)存在零交叉极化:

$$\tan\frac{\theta_0}{2} = M\tan\frac{\alpha}{2} \qquad (19.95)$$

式中:M 是卡塞格伦天线的放大因子(式(19.93b))。

在这种情况下,反射面的方向图也是轴对称的。当馈源的方向图是非轴对称时,式(19.95)描述的是非对称平面(y-z 面)上的零交叉极化情况。进而,在那种情况下,口径场的主极化分量为椭圆极化,最大交叉极化出现在 45° 和 90° 平面。带有轴对称方向图馈源的偏置天线的口径场不满足式(19.95),如图 19.23 所示。在这个例子中,$D = 150\lambda$、$\psi_0 = 53.553°$、$\psi_c = 20.551°$、$f = 160.77\lambda$、$\theta_0 = 28°$、$\theta_c = 11$、$e = 2.4575$、$f_H = 41.054\lambda$ 且 $\alpha = 6°$。馈源的方向图是高斯函数,其在副反射面边缘照射为 -10dB。据此推断,主极化曲线几乎不会随着方位角变化,峰值交叉极化出现在 90° 和 270° 平面。

从式(19.16)可以求得辐射方向图,式(19.94)描述的口径场由馈源的局部相对系统经过一系列坐标变换至口面上得到。上述的几何光学方法没有考虑副反射面的衍射,及其带来的交叉极化。例如,图 19.23 中天线的严格解析解得到:对于直径为 10λ 和 5λ 的副反射面,在非对称面(如 $\phi = \pm 90°$)上,通过式(19.95)可以得到,α 角上的峰值交叉极化分别为 -45dB 和 -30dB。

3. 球反射面

球反射面被应用于很多场景,如通信卫星和波束扫描追踪雷达。在波束扫描追踪雷达,可以通过在选定的焦点处旋转馈源,使得反射面在有限的角度范围内看似均匀。然而,其复杂性在于,如果不经过矫正,相比于抛物面而言,传统的馈源喇叭提供的照射情况很差。对于半径为 R_{sp} 球反射面,源的经典位置是 $f_{op} = R_{sp}/2$。然而,在这个经典位置,边缘射线不相交,但是在旁轴区域相交,如图 19.24 中靠近 z 轴的位置附近。最佳的焦点位置 F 比经典位置更靠近反射面 (Ashmead and Pippard, 1946)。为了保证口径场的相位误差在 $\pm \lambda/16$ 以内,口面直径不应超过 $D = 256\lambda (f/D)^3$。有三种常用方法用于球反射面馈电,分别是偶极子或波导阵列或者经过矫正的凹反射面(即著名的矫正格里高利结构),一个线源向反射面馈送行波(其辐射场沿着朝向反射面的轴线)。为了进一步理解球反射面,采用几何光学方法分析其辐射。通过分析可知,最佳位置为一个单独馈源。采用波导馈源向球反射面馈电,可以获得辐射方向图。最后讨论球反射面的焦区域。

球反射面的几何结构如图 19.24 所示。焦点到口径面 $z=0$ 的距离为

$$s = FP' + P'A = \sqrt{t^2 + [\sqrt{\rho^2 - t^2} - (\rho - f_{op})]^2} + \sqrt{\rho^2 - t^2} \quad (19.96)$$

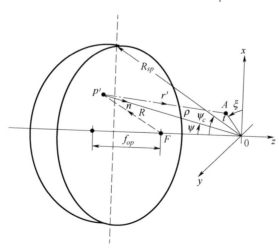

图 19.24 球反射面的几何结构

其中:$\rho = R_{sp}$ 为球面半径,t 是相对于 z 轴的径向距离,f_{op} 是顶点到焦点 F 的距

离。旁轴射线和非轴向射线的波程差为

$$\Delta = R_{sp} + f_{op} - s$$

以波长为单位,这个波程差可以写为

$$\frac{\Delta}{\lambda} = \frac{R_{sp}}{\lambda}\left(1 + \frac{f_{op}}{R_{sp}} - \sqrt{\left(\frac{t}{R_{sp}}\right)^2 + \left[\sqrt{1-\left(\frac{t}{R_{sp}}\right)^2} - \left(1 - \frac{f_{op}}{R_{sp}}\right)\right]^2} - \sqrt{1-\left(\frac{t}{R_{sp}}\right)^2}\right)$$

(19.97)

当口径边缘的相位误差为零时,在口面上的总相位误差最小。如果天线口径半径为 $D/2$,即 O 点的锥角为 $\psi_c = \sin^{-1}(D/2R_{sp})$,当 $\Delta/\lambda = 0$ 时的最佳焦距为

$$f_{op} = \frac{1}{4}\left(R_{sp} + \sqrt{R_{sp}^2 - \left(\frac{D}{2}\right)^2}\right) \quad (19.98)$$

同时这也是均匀照射的最佳位置,当馈源需要向远离反射面顶点的方向移动时,对于锥形方向图而言,这不一定是最合适的位置。相应的,根据给定的总相位误差,可以确定口径尺寸。因此,相位误差的容差限制了口径尺寸。已经证明,对于给定直径为 D 的口径,最大可接受的总相位误差 $(\Delta/\lambda)_{max}$ 为

$$\left(\frac{D}{R_{sp}}\right)^4_{max} = 75\pi \frac{(\Delta/\lambda)_{max}}{(R_{sp}/\lambda)} \quad (19.99)$$

例如,一个半径为 $R_{sp} = 1.52\text{m}$ 的球反射面,在 11.2GHz 的频率下,其口径场的最大总相位误差为 $(\Delta)_{max} = \lambda/16$。由式(19.99)求得可能的最大口径直径为 $(D)_{max} = 1.08\text{m}$。

球反射面的口径场可由式(19.4)求得,其中 $\boldsymbol{n} = -\boldsymbol{r}$。假设馈源辐射的入射电场为式(19.6),由此可得

$$\boldsymbol{E}_i = (\boldsymbol{\psi}F_\psi(\psi,\xi) + \boldsymbol{\xi}F_\xi(\psi,\xi))\exp(-jkR)/R$$

式中:R 是焦点到反射面的距离,如图 19.24 所示。口径场为

$$\boldsymbol{E}_a = -(\boldsymbol{\psi}F_\psi(\psi,\xi) + \boldsymbol{\xi}F_\xi(\psi,\xi))\exp(-jks/R) \quad (19.100)$$

其中:$s = R + r'$ 是总距离,$r' = \sqrt{R_{sp}^2 - t^2}$,且:

$$R = \sqrt{t^2 + [\sqrt{R_{sp}^2 - t^2} - (R_{sp} - f_{op})]^2} \quad (19.101)$$

为了计算球反射面辐射场,将式(19.100)代入式(19.16)。假设馈源非对称,因此 $F_\psi(\psi,\xi) = A(\psi)\cos\xi, F_\psi(\psi,\xi) = -B(\psi)\cos\xi$。此时,可以由式(19.35)近似

求得关于 ξ 的积分。因此变换函数为

$$N_x(\theta,\phi) = -\pi\int_0^{D/2} tdt[A(\psi)\cos\psi(J_0(w) - J_2(w)\cos2\phi)$$
$$+ B(\psi)(J_0(w) + J_2(w)\cos2\phi)]\exp(-jks)/R$$

(19.102a)

$$N_y(\theta,\phi) = \pi\sin2\phi\int_0^{D/2} tdt J_2(w)[A(\psi)\cos\psi - B(\psi)]\exp(-jks)/R$$

(19.102b)

其中：$w = kt\sin\theta$。式(19.102)中，在 $0 < \psi < \psi_c$ 的角度范围内，很容易对角度 ψ 进行积分。令 $t = R_{sp}\sin\psi$，且：

$$N_y(\theta,\phi) = \frac{\pi R_{sp}^2}{2}\int_0^{\psi_c} d\psi\sin2\psi[A(\psi)\cos\psi(J_0(w) - J_2(w)\cos2\phi)$$
$$+ B(\psi)(J_0(w) + J_2(w)\cos2\phi)]\exp(-jks)/R \quad (19.103a)$$

$$N_y(\theta,\phi) = \frac{\pi R_{sp}^2}{2}\sin2\phi\int_0^{\psi_c} d\psi\sin\psi J_2(w)[A(\psi)\cos\psi - B(\psi)]\exp(-jks)/R$$

(19.103b)

式中：$s = R_{sp}\cos\psi + R$，且 $R = \sqrt{R_{sp}^2 + (R_{sp} - f_{op})^2 - 2\cos\psi R_{sp}(R_{sp} - f_{op})}$。需要注意，当 $\psi = 0$、$R = f_{op}$ 时，从式(19.103)可得，当馈源为轴对称时，即 $A(\psi) = B(\psi)$，$J_2(w)\cos2\phi$ 和 $J_2(w)\sin2\phi$ 项对远场的贡献很小。但是这些项对交叉极化有贡献，因此，对于低交叉极化应用，优先选用轴对称馈源。

举例说明，图 19.25 给出了一个直径为 4.05m 的球反射面的辐射方向图，采用半径为 0.7λ 的圆波导馈电。该口径下的总相位误差可由式(19.99)求得 $D = 108.7$cm。由式(19.98)求得焦距为 74.7cm。$\psi_c = 20.89°$ 时，E 面和 H 面的边缘照射分别为 -4.1dB 和 -2.1dB。方向图对称性良好，第一旁瓣在 -20dB 附近。相比于主极化峰值，交叉极化的峰值为 -35dB。峰值增益的计算结果为 39.76dBi。采用边长为 4.9cm 的方形波导对相同的反射面进行馈电，增益的测量结果为 39.4dBi，旁瓣电平和图 19.25 的结果类似(Li,1959)。

尽管此前没有提到，当采用合适的馈源（通常具有较宽的主瓣），在焦距处旋转时，可以通过球面反射面实现宽角度扫面。前文提到的 4.05m 的反射面(Li,1959)能够实现的扫描角度为 70°，是球反射面的典型值。

可以采用与抛物面相同的方法计算球反射面的焦区场,参见前文"抛物面天线"。这些结果可以用来设计馈源,以匹配这些场的要求从而实现高效率。球反射面轴向区域中,点 (t,ξ,z) 处的电场可以表示为(Thomas et al. , 1969):

$$E_\rho(t,\xi,z) = G_\rho(t)\sin\xi \qquad (19.104a)$$

$$E_\xi(t,\xi,z) = G_\xi(t)\cos\xi \qquad (19.104b)$$

$$E_z(t,\xi,z) = G_z(t)\sin\xi \qquad (19.104c)$$

其中:

$$G_\rho(t) = -jkR_{sp}E_o\sin^2\psi_c[A(t) + B(t)]$$

$$G_\xi(t) = -jkR_{sp}E_o\sin^2\psi_c[A(t) - B(t)]$$

$$G_z(t) = -2kR_{sp}E_o\sin^2\psi_c C(t)$$

$$A(t) = \frac{1}{2}\csc^2\psi_c \int_0^{\psi_c} \kappa(\psi)(1+\Gamma)J_0(wt)\exp(-j\phi)d\psi$$

$$B(t) = \frac{1}{2}\csc^2\psi_c \int_0^{\psi_c} \kappa(\psi)(1-\Gamma)J_0(wt)\exp(-j\phi)d\psi$$

$$C(t) = \frac{1}{2}\csc^2\psi_c \int_0^{\psi_c} \kappa(\psi)\frac{\sin\psi}{\zeta}J_1(wt)\exp(-j\phi)d\psi$$

式中: $\kappa(\psi) = \frac{\sin\psi}{\zeta}\left(1 - \frac{z}{R_{sp}}\cos\psi\right)$, $\zeta = \sqrt{1 + \left(\frac{z}{R_{sp}}\right) - 2\frac{z}{R_{sp}}\cos\psi}$, $w = \frac{k\sin\psi}{\zeta}$, $\Gamma = \frac{\zeta\cos\psi}{(1-(z/R_{sp}))\cos\psi}$ 且 $\phi(\psi) = kR_{sp}(\cos\psi + \zeta)$。通过式(19.104)计算的焦区场等值线图如图 19.26 所示,在距离顶点 $z=78.7$cm 处,该球反射面的半径为 1.52m,相应的焦点 F 见图 19.23,其中 $f_{op} = 73.7$cm。工作频率为 11.2GHz。图中清晰地显示了艾力环,半径为 1.8cm 的圆波导可以作为该反射面的馈源。例如,Thomas 等(1969)已经证明,对于 $R_{sp} = 400\lambda$,$\psi_c = 20°$ 的反射面,$z = 0.515R_{sp}$ 处放置 $ka>15$ 的馈源,在口面激励起合适的模式,其效率>80%(其中,a 是口面半径)。

可以设计一个副反射面来完全矫正球畸变(Holt, Bouche, 1964),或者采用

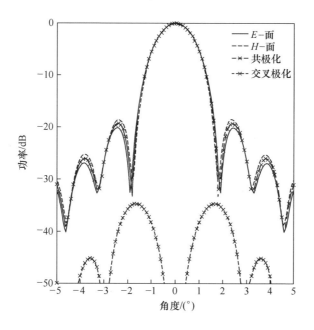

图 19.25 球反射面的辐射方向图

(该反射面采用圆形波导馈电,工作频率为 11.2GHz,球面直径为 305.8cm,口面直径为 108cm,
焦距为 73.7cm, $\psi_c = 20.89°$。圆波导馈源的口面半径为 1.87cm。)

后文"反射面赋形"中的数值方法也可以矫正副反射面失配缺陷等。

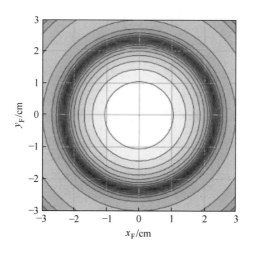

图 19.26 距离球反射面原点 $z = 78.7$cm 处的焦区场

(反射面半径为 1.52m,工作频率为 11.2GHz)

4. 反射面赋形

目前为止,讨论的所有反射面都给出了近似形式,不论是抛物面还是球面。本节的目标是通过反射面赋形实现所需要的辐射方向图。本节主要介绍两种方法:第一种是基于几何光学的经典方法(Silver,1946);第二种方法是数值优化方法。后一种方法本质上更灵活,因为它包含了衍射的影响、安装结构和天线馈源的影响。此方法也可以得到如物理光学的精确解析解,并且同时实现足够快速的计算,便于使用标准的优化方法。

(1) 基于几何光学的反射面综合方法。

采用几何光学的方法实现反射面赋形或者说反射面综合的研究工作始于1940年代(Silver,1946)的单反射面,并且已经推广至双反射面(Galiindo,1964)和更多反射面。

以图19.27中的轴对称反射面为例,给出了轮廓要求。z_1轴为反射面的旋转轴。反射面的焦点为F,位于距离反射面顶点f的位置,反射面在垂直方向的最大尺寸约束为x_{1max}。令$\rho_1(\theta_1)$为从焦点F到反射面上一点的距离,仰角为θ_1,其中$\rho_1(0)=f$。从F发出的入射射线经过反射,以θ_2的角度从z_1轴射出。根据第二反射定律,曲面法线和入射射线与反射射线的夹角为$(\theta_1-\theta_2)/2$,如图19.27所示。根据Snell定律可以得到以下微分方程:

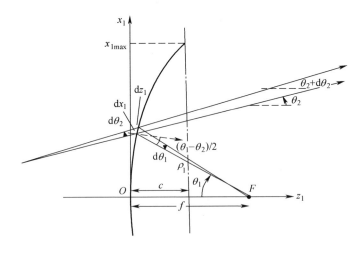

图19.27 从焦点F馈电的单反射面的射线路径

$$\frac{dx_1}{dz_1} = \frac{1}{\rho_1}\frac{\partial \rho_1}{\partial \theta_1} = \tan\left(\frac{\theta_1 - \theta_2}{2}\right) \quad (19.105)$$

对式(19.105)的两侧对 θ_1 积分,结果为

$$\int_0^{\theta_1} \frac{1}{\rho_1}\frac{\partial \rho_1}{\partial \theta_1} d\theta_1 = \int_0^{\theta_1} \tan\left(\frac{\theta_1 - \theta_2}{2}\right) d\theta_1$$

因此得到:

$$\rho_1(\theta_1) = f\exp\left[\int_0^{\theta_1} \tan\left(\frac{\theta_1 - \theta_2}{2}\right) d\theta_1\right] \quad (19.106)$$

ρ_1 是关于 θ_1 的函数,通过式(19.106)就可以给出反射面的轮廓。

举例来说,如果 $\theta_2 = 0$,出射射线平行于 z_1 轴。将其代入式(19.106)得到 $\rho_1(\theta_1) = f\exp(2\ln|\sec(\theta_1/2)|)$,化简后 $\rho_1(\theta_1) = 2f/(1 + \cos\theta_1)$,这是抛物面的表达式。

通常情况下,角度 θ_1 和 θ_2 的选取应该允许能量传播并产生辐射方向图。这样是为了保证馈源的能量能够传递至口径场。进而能量限制在楔形角 $d\theta_1$ 和 $d\theta_2$ 中。如果 $P(\theta_1)d\theta_1$ 是从馈源发出的入射能量,其中 $P(\theta_1)$ 是馈源的方向图函数,$I(\theta_2)d\theta_2$ 是反射功率,其中 $I(\theta_1)$ 是所需的照射函数,为了保证能量传输就要求:

$$P(\theta_1)d\theta_1 = I(\theta_2)d\theta_2$$

因此在所有角度上

$$\int_0^{\theta_1} P(\theta_1)\sin\theta_1 d\theta_1 = K\int_{\theta_{2\min}}^{\theta_2} I(\theta_2)\sin\theta_2 d\theta_2 = K\int_{x_{2\min}}^{x_1} I(x_2')x_2' dx_2' \quad (19.107)$$

其中:$\theta_2 = \tan^{-1}\left(\frac{x_2 - x_1}{z_2 - z_1}\right)$,$I(\theta_2)$ 已知或者已经指定,$\theta_{2\min}$ 和 $\theta_{2\max}$ 是最小和最大角度。$\theta_{2\max}$ 的选择范围大约从零到几个波束宽度。从式(19.107)的上限可以确定常数 K,如 $\theta_1 = \theta_{1\max}$ 和 $\theta_2 = \theta_{2\max}$。K 可以表示为

$$K = \frac{\int_0^{\theta_{1\max}} P(\theta_1)\sin\theta_1 d\theta_1}{\int_{\theta_{2\min}}^{\theta_{2\max}} I(\theta_2)\sin\theta_2 d\theta_2} \quad (19.108)$$

将式(19.108)代入式(19.107)可得:

$$\frac{\int_0^{\theta_1} P(\theta_1)\sin\theta_1 d\theta_1}{\int_0^{\theta_{1\max}} p(\theta_1)\sin\theta_1 d\theta_1} = \frac{\int_{\theta_{2\min}}^{\theta_2} I(\theta_2)\sin\theta_2 d\theta_2}{\int_{\theta_{2\min}}^{\theta_{2\max}} I(\theta_2)\sin\theta_2 d\theta_2} \tag{19.109}$$

式(19.109)描述了 θ_1 和 θ_2 的关系,联合式(19.105)可以求得 $\rho_1(\theta_1)$。此外, $P(\theta_1)$ 和 $I(\theta_2)$ 以及需要的关系可以从测试数据中获得,用来解出式(19.105)

$P(\theta_1) = \cos^n\theta$ 是很实用的方向图函数,能够描述很多实际馈源,其中 n 是功率方向图系数。这种情况下,式(19.107)变为

$$\frac{\int_0^{\theta_1} \cos^{n+1}\theta_1 \sin\theta_1 d\theta_1}{\int_0^{\theta_{1\max}} \cos^{n+1}\theta_1 \sin\theta_1 d\theta_1} = \frac{\int_{\theta_{2\min}}^{\theta_2} I(\theta_2)\sin\theta_2 d\theta_2}{\int_{\theta_{2\min}}^{\theta_{2\max}} I(\theta_2)\sin\theta_2 d\theta_2}$$

即

$$\frac{(1 - \cos^{n+1}\theta_1)}{(1 - \cos^{n+1}\theta_{1\max})} = \frac{\int_{\theta_{2\min}}^{\theta_2} I(\theta_2)\sin\theta_2 d\theta_2}{\int_{\theta_{2\min}}^{\theta_{2\max}} I(\theta_2)\sin\theta_2 d\theta_2} \tag{19.110}$$

接着前面的讨论,假设在一定角度范围内要求均匀照射,如对于 $\theta_{2\min} \leq \theta_2 \leq \theta_{2\max}$ 的情况 $I(\theta_2) = 1$,计算式(19.110)中的积分,整理后可得

$$\theta_2(\theta_1) = a\cos\left[\cos\theta_{2\min} + (\cos\theta_{2\max} - \cos\theta_{2\min})\frac{(1 - \cos^{n+1}\theta_1)}{(1 - \cos^{n+1}\theta_{1\max})}\right]$$

(19.111)

结合式(19.105)可以得到反射面的轮廓 $\rho_1(\theta_1)$。

举例说明,考虑一个反射面,直径为 150λ,焦距为 75λ。选用 $n=1.5$ 的馈源,边缘照射约为-7dB。假设在角度范围 $\lambda/10 \leq \theta \leq 10\lambda/D$,要求均匀照射函数,如本例中为 $0.0030° \leq \theta \leq 3.8°$。反射面的轮廓可以由式(19.51)和式(19.106)求出,如图19.28(a)所示。利用物理光学方法计算的辐射方向图如图19.28(b)所示。图19.28(b)中标注的边界内,平均功率电平是-3.9dB,相应角度范围内的平均增益为28.7dBi。与相同直径、$f/D=0.5$ 的抛物面对比,反射面轮廓和辐射方向图对比结果如图19.28(a)、19.28(b)所示,天线辐射方向的最大增益为52.5dBi。随着向边缘靠近,两个天线的轮廓变得不同,当 $\theta_{2\max}$ 减小时,综合反射面天线轮廓逐渐接近抛物面。

通过Galindo可以将上述方法推广至双反射面情况(Galindo1964)。如果上

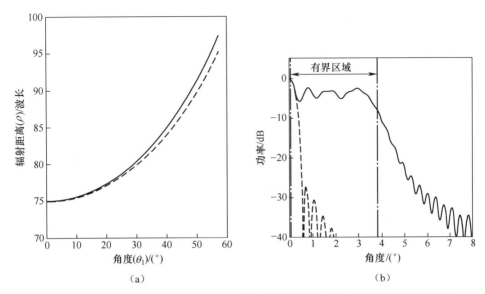

图 19.28 在角度范围 $\lambda/10 \leqslant \theta \leqslant 10\lambda/D$ 内（垂直的虚线）均匀照射的赋形反射面（$D=150\lambda$，$f/D=0.5$），馈源方向图系数为 $n=1.5$
(a) 反射面轮廓的径向距离随角度的变化曲线；
(b) 综合的反射面的辐射方向图，综合结果（实线）和抛物面（虚线）。

边的反射面限制等效的 $x_{1\max}$ 为 +1（任意比例），就构成了卡塞格伦天线。另一方面，如果 $x_{1\max}$ 为 -1 就构成了格里高利结构，如球状凹反射面。

（2）基于数值优化的反射面综合方法。

由于物理限制和指标的提升，上一节论述的几何光学法有一定局限性。综合问题的范围更大了，不仅需要精确的方法，而且有更多的变量需要通过数值方法优化。有几条途径可以实现优化，包括直接的和间接的。有几种反射面赋形的直接方法包含了衍射、遮挡和馈源的精准建模。其中一种方法是连续投影。间接的方法是使用标准的数值方法。用数值方法描述反射面，结合精确的辐射和馈源建模，能够使多种系统要求。本节表述了一种采用标准优化方法的反射面综合方法。

通过优化综合反射面的方法参见图 19.29 中的流程图。该过程采用了物理光学发射模式辐射方向图分析，结合标准的优化方法。快速优化的重点要求是选择合适的反射面的表示方法和分析方法，以实现快速迭代。一种被证明有效表示曲面的方法是基样条或者说 B 样条函数。

尽管可以根据要求选择样条函数的阶数，但在大多数应用中，已经证明三次 B 样条函数具有足够的精度且满足计算时间的要求。反射面 $z=f(x,y)$ 由 B 样条表示，其系数作为优化的变量以满足性能要求。由 B 样条定义的曲面在二维拥有相同的维度：

$$f(x,y) = \sum_{i=0}^{m}\sum_{j=0}^{n}\alpha_{ij}\boldsymbol{B}_{i,k}(x)\boldsymbol{B}_{j,k}(y); 2 \leqslant k \leqslant m, n+1 \qquad (19.112)$$

式中：$B_{i,k}(x)$ 和 $B_{j,k}(y)$ 是标准的 B 样条 k 阶基函数，分别有 $m+1$ 和 $n+1$ 个控制点，a_{ij} 是控制点的系数。拥有变量 x 的一个 B 样条是 $k-1$ 维分段函数，定义在 $t_1 \leqslant x \leqslant t_m$，其中 $m = k+1$。$x = t$ 的点为锚点或者断点，这些点升序排列。锚点的数量是 B 样条函数最小的维度，在第一个和最后一个锚点之间的点为数值不为零。每一段函数都是一个 $k-1$ 维多项式，且包含相邻的锚点，式（5.33）给出的曲面包含 $(m+1)(n+1)$ 个控制点，和其他大多数差值方法类似，除了这个表面不穿过中央控制点。很容易通过已知的递归公式生成分段多项式，如 k 样条的 Cox-de Boor 公式：

$$\boldsymbol{B}_{i,k}(x) = \frac{(x-t_i)\boldsymbol{B}_{i,k-1}(x)}{(t_{i+k-1}-t_i)} + \frac{(t_{i+k}-x)\boldsymbol{B}_{i+1,k-1}(x)}{(t_{i+k}-t_{i+1})}$$

式中：t_i 是锚点在 I 的值，且 $t_i < t_{i+1}$。

在综合反射面时，式（19.112）中控制点的系数 a_{ij} 是未知的，在图 19.28 中的参数由优化得到。如果有多于一个的反射面，所有反射面的表达式与式（19.112）类似，因此剩余的系数也可以被包含在优化过程中。

回到图 19.29，当确定了式（19.112）中系数的初始值以后，就可以采用分析方法确定初始反射面的性能。有几种标准的反射面轮廓可以作为优化的初始值。计算的初始反射面的性能和目标性能做比较。这需要包含至少一个所需要的目标函数，并使其最小化。如果函数值不是最小的，反射面的系数将会根据优化方法被进一步修改。随后重新分析更新系数的天线性能并通过特定函数与目标性能做比较。这个过程重复，直到找到一个反射面性能的计算结果达到了系统要求或者达到了迭代次数的限制。在通过改变系数 a_{ij} 搜寻最佳反射面形状的过程中，反射面赋形的过程可以采用基于面电流数值积分的物理光学发射模式辐射方向图分析。通过计算真值和理想值的最小均方或者高阶指数，优化器

会优化一个具有有限正值的函数。此外,几种优化方法的结合会更实用。例如,遗传算法已经被证明可以快速到达最优解附近,梯度搜索,如准牛顿法也可以经过很少的迭代次数找到最优解。

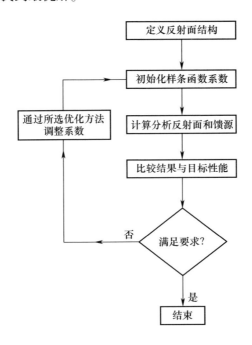

图 19.29　基于数值优化的反射面赋形流程

19.4　反射面天线的应用

如前文所述,反射面天线可应用于日常生活中的方方面面,从通信到气象,射电天文观测还可以了解更广阔的宇宙。本节将介绍反射面天线在这些领域的三个典型应用。

19.4.1　卫星通信

在卫星通信中,反射面天线在地面和太空都有应用。根据卫星的距离和可用功率水平,反射面的类型和尺寸存在很大的不同。同步轨道的卫星在距离地球 36000km 的轨道上运行,而低轨卫星距离地面只有 800km。卫星通信的地面

站必须收发这两类卫星的信号。民用和商用的反射面天线直径可能只有 20~30 个波长,然而网络枢纽的地面站和卫星控制中心需要的天线尺寸大上百倍。本节主要讨论后者。在太空中,天线的尺寸通常取决于运载火箭的尺寸。在发射中,一体成形反射面最大直径约为 2m,而可展开的抛物面天线直径可以达到 30m 或者更大。

INTELSAT 系列卫星的国际通信地面主站使用的天线直径可达 32m,通常由两个赋形的反射面构成,呈轴对称配置。随着星载天线的灵敏度和功率的增加,目前的主流趋势是使用直径为 18m 或者更小的天线作为地面主站的天线。INTELSAT 使用的主要频段为 6/4GHz,其中 6GHz 为上行(发射)频段,4GHz 为下行(接收)频段。每个链路的带宽是 580MHz,都采用圆极化以倍增通信容量。其中,发射波束要满足一些特别的要求,通常包括:

(1) 接收端的 G/T 值很重要,卫星指向发射端的等效全向辐射功率(EIRP)要根据服务类型指定。

(2) 无论是发射还是接收,正交极化间的隔离度都很重要(单位 dB)。对于双极化系统,1dB 波束宽度内隔离度的典型值约为 $\leq -30\text{dB}$。

(3) 所有偏离天线指向的辐射方向图旁瓣都需要关注,采用函数 $P(\theta)$ 来描述,单位为 dBi。大多数通信结构采用 CCIR 的旁瓣建议值,与主反射面直径(D/λ)的关系如下:

① $(D/\lambda) > 100$,

$$P(\theta) \leq \begin{cases} 32 - 25\log\theta \text{ dBi}, 1° < \theta \leq 48° \\ -10\text{dBi}, \theta > 48° \end{cases} \tag{19.113}$$

在一些应用中有更严苛的要求,大于 48°时要求 $29 - 25\log\theta$。

② $(D/\lambda) < 100$,

$$P(\theta) \leq \max \begin{cases} 52 - 10\log(D/\lambda) - 25\log\theta \text{ dBi}, \theta > \text{第 1 旁瓣} \\ -10\text{dBi} \end{cases}$$

(19.114)

从式(19.114)可知,小尺寸天线很难实现低旁瓣。

举例来说,在直径<18m 的非对称双反射面天线设计中,如图 19.30 所示,馈源喇叭、极化分离单元(馈源系统)和低噪声接收机(LNA)都放置在顶点处的

锥形仓中。天线工作在 X 波段，由直径 11m 的主反射面和一个直径 1.2m 的副反射面构成。反射面赋形的目标是实现最大的天线 G/T 值和 $29\sim 25\log\theta$ 的 CCIR 旁瓣建议（Bird et al.，1995）。反射面的小尺寸通常被设计成满足重要的环境要求。天线的发射信号为右旋圆极化，频带为 7.9~8.4GHz；接收信号为左旋圆极化，频带为 7.25~7.75GHz。两个频带很接近，由于环境参数和天线增益的要求，馈源系统的隔离度要求很严格。为了最大化 G/T 值，收发滤波器的差损必须很小。这就限制了滤波器的阶数和带外性能。为了实现收发之间所需的高隔离度，频带内馈源系统和反射面的反射能量必须很小。通过在副反射面中心引入赋形的匹配圆锥可以实现反射面系统的低反射系数（Wood，1980）。圆锥体与赋形副反射面的其余部分平滑地融合在一起，仅延伸到副反射器的中心上方，且该部分已被馈源遮挡。由于旁瓣对整个设计的影响很大，因此将馈源的失配和旁瓣进行联合设计非常有必要。

图 19.30　口径 11m 的 X 波段地面站天线，设计目标为低轮廓、高隔离度以实现 CCIR 的旁瓣要求（Bird et al.，1995）

对现有的地面站进行改进也有很大优势。昂贵的地面站基础设施需要满足任何扩展的标准，允许接入任何新的卫星。改进馈源的输入匹配以实现更大的

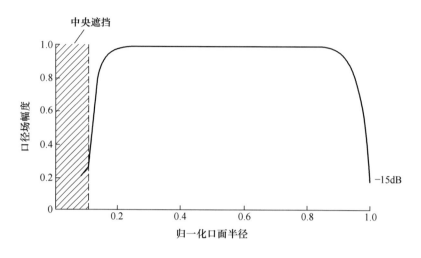

图 19.31 为实现最大 G/T 值和低旁瓣电平最优优口径

带宽具有深远的影响。只要新的馈源几何结构与原始馈源外壳相匹配,就可以缩短因更换器件造成地面站停机的时间。此外,可以修改天线的光学特性,如将整个口面上常见的均匀照射替换为其他照射方式。如图 19.31 所示,通过优化上边缘角锥的照射,经过主反射面边缘泄露的功率和反射面边缘的衍射都会减小。此外,减小中央遮挡部分的能量也能够减小副反射面对信号的二次散射。这些改进可以应用在已经建成的地面站中,通过加工新的副反射面和重置反射面板以实现更好的旁瓣电平。

在轨工作的卫星天线面临的环境和地面站天线完全不同,二者存在显著的差异。通信天线需要产生一个或者多个波束,每个波束被设计成覆盖地表的一个区域,或者说一个"足印"。信号的收发就在这些足印中进行。产生笔状或点状波束以覆盖主要城市,或者是沿着一定区域边界和国界的赋形波束,如图 19.32 所示。一个极端的例子是简单的圆形波束(有 17.4° 的锥角)在同步轨道能够覆盖整个地球。

除了尽可能利用卫星的可用发射功率之外,赋形波束天线能够减小对临近覆盖区域的干扰,在所需的区域实现均匀覆盖。在相邻区域实现隔离能够允许两个区域使用相同的频带,因此能够节约频谱资源。

理想状况下,波束赋形天线能够产生所需的收发波束。但是这不太可能实现,因为收发功能是分开的,以实现频带间的隔离。目前,对于每一个频带,都有

一对天线产生所有的点波束和区域覆盖波束,两个天线的极化方向互相正交。常用于产生点波束或者赋形波束的天线为偏置反射面,这使得馈源和任何波束赋形网络可以放置在靠近航天器主体的位置。

用数值优化方法设计赋形波束的方法类似,而不需要考虑使用的是馈源阵列或者赋形反射面。只需要确定覆盖区域内的最大和最小功率电平,和区域外的功率电平,如图19.33所示。这些电平定义了一个包络,而且限制了其中的辐射功率。

了解所需区域的辐射功率密度与反射面几何构型之间的关系很有必要。可以通过分析赋形反射面得到这些信息,参见"与目录中章节名称一致"。反射面或者馈源的激励系数经过优化,以满足功率方向图的要求。这些都可以通过计算机优化实现。优化器不可能自动确定所有的未知量,某些参数的选择还是要基于设计经验。

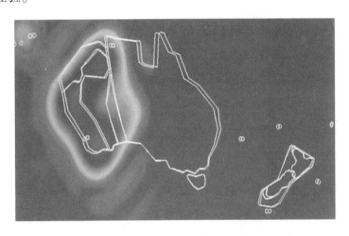

图19.32　澳大利亚西部的赋形波束,同时对科克斯群岛的影响很小

19.4.2　双极化气象雷达

反射面天线的另一个重要领域是气象雷达。气象雷达通常具有低电平的旁瓣以避免地面散射信号的杂散干扰。在双极化的应用中,在两个相互垂直的极化之间要求很好的通道隔离度。通过赋形反射面可以实现高隔离度,但是在一些场合下也可以通过高隔离度的新型馈源系统实现隔离。举例来说,双极化在气象雷达中的使用越来越广泛。双极化提供的额外数据能够提取云层和冰雹的

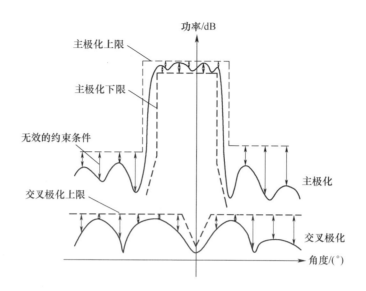

图 19.33　通过反射面赋形优化方向图的一些限制

信息。例如,通过分析水平和垂直极化反射率的差异来估算水滴的大小,这从双极化的雷达回波信号中可以得到。大水滴更为扁圆,两个极化的反射率差异比小水滴更大。

一种改进现有单通道多普勒雷达天线的方法是采用双线极化工作模式。在双线极化方法中,需要测量的重要参量是水平(Z_{HH})和垂直极化反射系数(Z_{VV}),定义为

$$Z_{pp} = \frac{32}{k^5|\chi|^2}\int \sigma_{pp} N(D)\,\mathrm{d}D \qquad(19.115)$$

式中:p 为水平(H)或者垂直(V),σ_{pp} 是主极化的雷达散射截面积。$N(D)$ 是颗粒大小分布,$\chi = (\varepsilon_r - 1)/(\varepsilon_r + 1) - 1$,其中:$\varepsilon_r$ 是颗粒的介电常数。两个极化反射率的差异被定义为

$$Z_{DR} = 10\log\left(\frac{Z_{HH}}{Z_{VV}}\right) \qquad(19.116)$$

线性去极化率为

$$\text{LDR} = 10\log\left(\frac{Z_\text{HV}}{Z_\text{VV}}\right) \qquad (19.117)$$

因此,在式(19.115),式(19.116)和式(19.117)中,为了精确测量所有参数,对于改进的天线而言,需要垂直和水平面的交叉极化要低于主极化。为了保证对称馈源系统能够在两个相互垂直的平面内保证较低的交叉极化,采用在 V 面和 H 面具有类似方向图的天线才可以保证 Z_DR 能够真实表征反射率的差异。

图19.34 应用于雷达的抛物面天线(带有高性能双极化馈源)

通过加装双极化馈源升级现有的单通道多普勒雷达可以实现更低的交叉极化。该天线含有抛物反射面和旋转支架机构。升级中采用了带有环形沟槽法兰(图19.18c)的高性能轴对称馈源。两个正交极化的信号由同一馈源发出并存在较小的时延。因此不需要升级收发端口之间的高性能微波开关和高隔离度正交模式转换器(orthomode transducer,OMT)。最终的反射面天线如图19.34所示(Hayman et al., 1998)。天线的目标性能由末端用户指定,包括良好匹配的主极化波束方向图、低旁瓣、在对角平面内低交叉极化和收发通道的高隔离度。结果证实,对角平面内最差的交叉极化隔离度为-28dB,满足 V 方向和 H 方向的隔离度要求。天线的整体性能见表19.2。该天线在澳大利亚北部使用了多年,用于

检测热带雷暴,用偏振测量法获得降雨量数据,见图 19.35。

表 19.2 双极化气象雷达反射面参数

天线类型	单反射面天线
直径 (D)	5.2m
焦距 (f/D)	0.34
波束宽度	0.9°
增益	45.5dBi
旁瓣电平	<−21dB
交叉极化	<−32dB
频率	5600−5650MHz

19.4.3 射电天文

由于天文学关注光学频率,微波反射面天线在射电天文学的应用意义重大。全球有着数量众多的射电天文观测站。反射面天线常用于观测 800MHz 以上的频率。口径尺寸从 20m 到 300m 的阿雷西博球面反射器。有时则采用基本几何结构,如抛物面,球面或者卡塞格伦结构。澳大利亚的射电望远镜阵列采用双反射面系统。赋形反射面的优缺点并存。赋形反射面的一个优点是当采用单一馈源时能够提高增益,提升关注点的灵敏度。能够降低旁瓣,也可以通过调整设计降低临近方向的干扰。然而,这样的设计限制了改进的可能性,如在焦点使用阵列馈源。对于抛物面或者经典卡塞格伦天线,当馈源偏离轴线时,这样的馈源增益将会很糟糕。国际平方公里射电望远镜阵列项目(square kilometre array (SKA))刺激了反射面天线的设计和生产,因为需要使用很多特定种类的反射面天线。SKA 的设计中尝试了多种技术,从赋形铝板结合钢架支撑的标准的方法到采用碳纤维反射面以减轻重量。标准反射面和赋形反射面之间存在着竞争。有多种馈源可供选择,这在很大程度上解决了适应性问题。图 19.35 展示了位于澳大利亚的 SKA 探路者反射面天线系统,其采用了低成本、低功率反射面和相控阵馈源。36 个直径 12m 的天线在 0.7~1.8GHz 的频率上能够在南方的天空产生 30 平方角的视场。数字波束成形具有 300MHz 带宽,提供放大波束的潜力。

第19章 反射面天线

图 19.35 位于澳大利亚的 SKA 探路者反射面天线（ASKAP）（Courtesy CSIRO）。该阵列由 36 个直径 12m 的天线构成，采用 188 单元的相控阵馈源馈电。工作频率为 0.7~1.8GHz。（感谢澳大利亚 CSIRO 提供图片）

很早就有学者将阵列馈源用于射电天文。在第一种情况下，阵列有 N 个单元，这可以将巡天时间间隔直接减小为原来的 $1/N$。此外，通过互相关技术输出更多的天空信息。结合波束形成技术，相控阵馈源的使用变得可行，并且不会明显增加噪声温度。单馈源和相控阵馈源的详细设计参见本书"相控阵馈源在反射面天线中的应用"。

19.5　结论

本章介绍了反射面天线的基本理论和工程实现方法。本章内容可以作为本科阶段的高等天线课程或者研究生课程，对通信工程师的实践也非常有用处。此外，本章也介绍了相关的基础知识，帮助读者了解反射面天线的发展现状，对读者的工程设计和研究是一个良好的开端。反射面天线发展历程为读者展示了多种基本反射面结构和过去的 80 年中实现了很多改进反射面天线，如新型反射面结构、反射面赋形技术、馈电方法、计算方法、集成设计和对于生产和制造缺陷的修正，还包括新材料的使用。

反射面系统的设计技术稳步前进,这得益于计算和技术的进步。随着计算速度和精度的提升,对测试结果的依赖程度已经比早期弱了许多。然而,由于某些假设,测试结果可能会表现出许多意想不到的问题,它们对于确认建模的准确性或其他方面很重要。对于反射面赋形有一些特殊的方法,但是这些方法采用了很多几何假设,例如,本章论述的几何光学法忽略了边缘的衍射。通过严格的方法可以做到集成设计来实现一些特殊的需求。举例来说,这可能涉及反射面和喇叭轮廓的赋形,而且两者都需要考虑和支撑结构的相互作用。随着时间的推移,通过原位传感器和反射面系统测量技术进行结构调整可以修正反射面的误差。最后,最重要的一点,在其他领域,无论是物理结构还是电磁结构,采用先进材料所取得的进展,打开了轻质、刚性结构的潜力,这些结构比过去更不易产生制造公差。例如,玻璃纤维和碳纤维反射面已经在一些应用中使用多年,但事实证明,它们不如预期的可靠。事实上,通常减轻反射面的重量可以改变整个系统的成本,特别是在可能使用较便宜的塔架的情况下,这是一个重要的选择。仅考虑其中一些可能性就表明,反射面天线的应用在未来仍将是一个令人兴奋的工作领域。

参考文献

Ashmead J, Pippard AB (1946) The use of spherical reflflectors as microwave scanning aerials. J Inst Elec Eng 93(pt. Ⅲ-A):627-632

Balanis CA (1982) Antenna theory. Harper & Sons, New York

Bird TS, James GL (1999) Design and practice of reflflector antennas and feed systems in the 1990s. In: Stone WR (ed) The review of radio science 1996-1999. URSI, Oxford University Press, New York, Chap. 4

Bird TS, Love AW (2007) Horn antennas. In: Volakis J (ed) Antenna engineering handbook, 4th edn. McGraw-Hill, New York, Chap. 14

Bird TS, Sprey MA, Greene KJ, James GL (1995) A circularly polarized X-band feed system with high transmit/receive port isolation, IEE conference antennas propagation ICAP, 4-7 Apr, Eindhoven, pp 322-326

Galindo V (1964) Design of dual-reflflector antennas with arbitrary phase and amplitude distributions. IEEE Trans Antennas Propag AP-12:403-408

Hayman DB, Bird TS, James GC (1998) Fresnel-zone measurement and analysis of a dual polarized meteorological radar antenna. AMTA'98, Montréal, 26-30 Oct, pp 127-132

Hertz H (1893) Electric waves, English translation by D.E. Jones, Macmillan, London, Chap. XI

Holt FS, Bouche EL (1964) A Gregorian corrector for spherical reflflectors. IEEE Trans Antennas Propag AP-12:223-226

Li T (1959) A study of spherical reflflectors as wide-angle scanning antennas. IRE Trans Antennas Propag AP-7:44-47

Olver AD, Clarricoats PJB, Kishk AA, Shafai L (1994) Microwave horns and feeds. IEEE Press, New York

Rudge (1975) Multiple-beam antennas: offset reflflectors with offset feeds. IEEE Trans Antennas Propag AP-23:224-239

Rudge AW, Adatia NA (1975) A new class of primary-feed antennas for use with offset parabolic-reflflector antennas. Electron Lett 11:597-599

Rusch WVT (1984) The current state of the reflflector antenna art. IEEE Trans Antennas Propag AP-32:313-329

Ruze J (1966) Antenna tolerance theory- a review. Proc IEEE 54:633-640

Silver S (1946) Microwave antenna theory and design, fifirst published by McGraw-Hill Book, New York. Reprint published by Peter Peregrinus Ltd., London, 1985

Wood PJ (1980) Reflflector analysis and design. Peter Peregrinus, London

第 20 章
螺旋,螺旋线与杆状天线

Hisamatsu Nakano and Junji Yamauchi

摘要

采用数字技术对各类圆极化天线进行综述。矩量法、时域有限差分法、波束传播法与有限元法用于阐述螺旋天线,螺旋线以及杆状天线的工作机制。一种新型螺旋天线(一种基于超材料的螺旋天线)可以生成双频反向圆极化波。由于端射螺旋线天线的工作机制十分接近杆状天线,因此采用介质杆状天线来论述表面波天线的不连续辐射概念,改进型介质杆状天线用于研究获得更高的增益,采用一些周期性结构的金属圆盘来研究一种基于人工介质的杆状天线。

关键词

阵列天线;人工介质;圆极化波;介质天线;不连续辐射概念;双圆极化;端射天线;低剖面天线;基于超材料的传输线;主要馈电;表面波天线;锥形杆;细线天

H. Nakano ✉ · J. Yamauchi
东京 koganei Hosei 大学科学与工程系,日本
e-mail:hymat@ hosei. ac. jp;@ hosei. ac. jp;@ hosei. ac. jp

线;行波天线;宽带天线。

20.1 简介

螺旋天线是一种宽带圆极化(CP)辐射器,其几何结构可以分为阿基米德型与等角型。等角螺旋线几乎可以完全实现频率独立性(Mushiake,1996;Rumsey,1966),同时阿基米德螺旋天线可以获得类似宽带的特性(Kaiser,1960)。除频率独立性外,该型天线所具备的低剖面结构特性,鼓励我们将螺旋天线用于空间有限的情况,如在移动电话与空间飞行器中的应用。尽管缝隙螺旋天线是一种高效的圆极化辐射器,但是研究重点将放在由导线组成的螺旋天线。在"螺旋天线"一章中,采用矩量数值分析法对宽带阿基米德螺旋天线进行讨论。(Harrington,1968;Mei,1965;Nakano,1987),接下来会介绍一种基于左手特性的超材料螺旋天线(Nakano al.,2011,2013)。

通过螺旋结构能够高效地辐射固极化波。这里有几种典型的螺旋天线;1947 年发明的 Kraus′螺旋天线(Kraus and Marthefka,2002)可以向端射方向辐射圆极化波。端射螺旋天线的基本特征将在"螺旋天线"部分进行总结。需要指出的是,端射螺旋天线也可以归类为表面波天线,例如介质杆状天线,这是因为螺旋天线能够产生几乎恒定的等幅电流。由于天线工作原理的相似性,如辐射方向图可以被视为来自馈电定向辐射的组合(Collin and Zuck,1969)。在"杆状天线"部分中将介绍,由介电材料或人造介电材料(如波纹金属表面)构成的各种杆状天线。时域有限差分(FDTD)方法(Taflove and Hagness,2005)用于数值研究。结论部分总结了本章的论述内容。

20.2 螺旋天线

螺旋天线本质上是一种不依赖于频率的天线,它可以在宽频带内提供基本稳定的方向性、增益以及波束宽度。对于机载应用而言,则需要一种紧凑的嵌入式圆极化宽波束的宽带天线。而平面螺旋天线则满足以上这些需求,因此螺旋天线成为许多通信平台不可替代的组成部分。在下文中,我们将讨论阿基米德

螺旋天线的基本特性。本章也将介绍一种新型的螺旋天线,即所谓的超材料螺旋天线,该天线能够在不同的频率辐射左/右旋圆极化波。

20.2.1 阿基米德螺旋天线

对 Kaiser(1960)首次采用通用的电流分段理论进行了定性的解释,此后 Nakano(1987)采用电流分布法对其进行了定量描述。圆形阿基米德螺旋臂定义为 $r = a\phi$,其中 r 是距螺旋中心的半径,ϕ 是以弧度为单位的缠绕角,而 a 是控制螺旋螺距的常数。此外,还定义了一种矩形阿基米德螺旋线,将会在下部分提到。

电流分段理论是基于以下事实创建的:两条并行的螺旋线可以看作是一种逐渐将自身转换为辐射结构的双线形式传输线。例如,在馈电点处的相邻电流单元的相位相反,且沿着两条螺旋线向外行进的过程中,相位逐渐趋于一致。当 $r = \lambda/2\pi$ 时(λ 为工作频带处的波长),这些电流正好同相。随之而来的是,来自螺旋线的辐射集中在一个平均周长为一个波长的环形区域内,该区域通常被称为有源区。该辐射称为第一模式,因为这是第一次符合辐射条件的情况。

由于从馈电点到臂端的输出电流衰减,螺旋线在垂直于螺旋平面的两个方向上辐射圆极化波(双向辐射)。天线在宽频带范围内表现出几乎恒定的输入阻抗。对于实际应用,通过在螺旋线后方放置导电反射器(或腔体),可以将双向辐射转换为单向辐射。通常,随着螺旋线与反射器之间的距离(天线高度)减小,宽带天线的固有特性降低。但是,可以通过在天线臂的末端连接电阻或在臂的最外部的后方放置吸收带(图 20.1)来减轻这种性能恶化。当螺旋天线的高度小于 $\lambda/10$ 时,天线可以获得 1∶3 的带宽,且满足 3dB 轴比与驻波比小于 2 的要求。

螺旋天线的有趣与实用特征之一是其可以生成高规模。与传统第一模式所产生指向轴向的最大辐射(轴向波束)对比,其具有更高的模式,如第二与第三模式,即生成锥状波束。例如,当天线的两臂进行同相位激励时,可以产生第二模式。电流频谱理论表明,当两臂采用同相位激励时,其轴向波束将受到抑制。然而,当采用单臂螺旋线时,所有的模式将被激励。因此,应当注意单臂螺旋天线的波束倾斜度,这是因为由第二模式所产生的锥状波束在 Z 轴具有反向相位关系。下一节将描述单臂螺旋天线的双频反向圆极化应用。

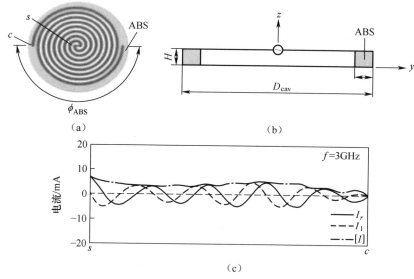

图 20.1 由浅腔支撑的螺旋天线
(a)透视图;(b)侧视图;(c)电流分布。

另一种有效实现高次模式的方法是采用多臂螺旋。例如,图 20.2a 说明了四臂螺旋的激励条件。需要注意的是:由于每个臂之间具有 90°的相位差,因此第一模式会沿轴向辐射完全的圆极化波。此外,第三模式也会像第二模式一样生成一个锥状波束,但是相位相对于 Z 轴相同(图 20.2b)。由于相位差,可以将第一和第二模式的组合应用于入射波的雷达测向(Volakis,2007;Penno and Pasala,2001)。

20.2.2 基于超材料的螺旋天线

前面小节中所介绍的常规螺旋天线圆极化辐射的旋转方向是根据导线的缠绕方向(单个圆极化辐射)唯一确定的。传统的螺旋天线不可能在特定频率 f_{LH} 处辐射左旋圆极化波,同时又在不同频率 f_{RH} 处辐射右旋圆极化波(f_{LH} 不等于 f_{RH}),当新概念的左手特性(Nakano et al.,2011,2013)被引入后,这一限制将被克服。

图 20.3 展示了单臂螺旋天线。构成螺旋臂的连续的直条导带从中心开始螺旋弯折,其长度为 $L_1,L_2\cdots L_M$。让沿电流沿着天线臂均匀地向一个方向流动,既可以从 T 点到 F 点(坐标原点),也可以从 F 点到 T 点,且没有反射电流。

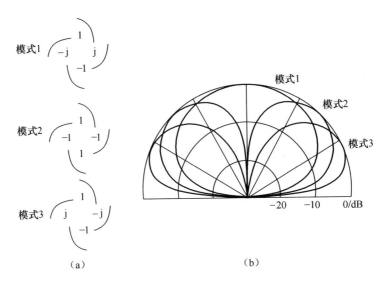

图 20.2 (a)四臂螺旋的激励方式和(b)各种模式下远场方向图的仰角

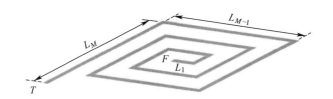

图 20.3 由单个连续臂组成的螺旋天线。直条长丝的数量为 M,
而丝的长度分别为 L_1, $L_2 \cdots L_M$。坐标原点为 F

首先,考虑一种情况,电流以频率 f_{LH} 从 T 点流向 F 点。这种状况称为 TF 情况。设点 A 与 B 在螺旋臂上,且它们都在一条直线上,该直线穿过坐标原点 F,且关于点 F 对称(图 20.4a)。若沿着螺旋臂从点 A 到点 B 的路径长度是 $\lambda_g/2$(λ_g 是引导波长),则点 A 与点 B 处的电流元在空间中具有相同指向(电流元具有相同相位),由于从点 A 到点 B 具有 180°的相位差。因此,这两个电流元所产生的场正向叠加。同相电流元沿螺旋臂在螺旋平面上边长为 $1\lambda_g$ 的方形环路区域附近传播,如图 20.4 中的虚线所示。因此,合成磁场的极化在 +z 空间内为 LH。

这里要注意三个事实:(1)远离 $1\lambda_g$ 方环区域的电流元对合成场的贡献较

第 20 章 螺旋,螺旋线与杆状天线

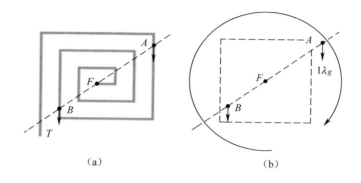

图 20.4 TF 案例

(a)同相电流;(b)正向(z 方向)的左旋圆极化辐射。虚线的长度为 f_{LH} 处的一个导向波长的长度。F 为坐标原点。

小,因为它们不同相。(2)由于螺旋结构的不对称性,同相电流元相对于原点 F 并不对称,因此辐射关于 z 轴并不完全对称。(3)电流沿螺旋臂从点 T 到达点 F 时经历后退相移。相反,电流沿螺旋臂从点 F 到达点 T 时经历前进相移。即沿螺旋臂的电流相位常数 β 相对于沿螺旋臂的坐标开始于 F 点终止于 T 点(我们称之为螺旋臂坐标系)。

接下来讨论与 TF 情况相反的案例,电流平稳地从 F 点流向 T 点。这里命名其为 FT 情况。图 20.5a 展示了在频率 $f_{RH}(\neq f_{LH})$ 处的一个边长为 $1\lambda_g$ 的环形区域。其中点 P 与点 Q 关于坐标原点 F 准点对称。与 TF 情况类似,P 和 Q 处的电流元指向在空间上同相。这些同相电流元旋转后产生圆极化辐射,其正向旋转方向为右旋。需要注意的是:相对于旋转臂坐标系的相移是后退的(如前文定义的那样,沿着螺旋臂从点 F 开始,在点 T 结束)。即相位常数 β 相对于螺旋臂坐标系为正。

前面提到的 TF 情况(图 20.4)是通过将馈电点定位在点 T 处实现的,而 FT 情况(图 20.5)是通过将馈电点定位在点 F 处实现的。

因此,需要一个开关电路来选择反向圆极化辐射的馈电点。具有单个固定馈电点的螺旋线不可能实现反向圆极化辐射。为了使单个馈电点的螺旋线能够产生双频反向圆极化辐射,相对于螺旋臂坐标的相位常数 β 必须在特定频段内为负值,而在另一频段内为正值。基于相位常数的这种要求,下面介绍一种新颖

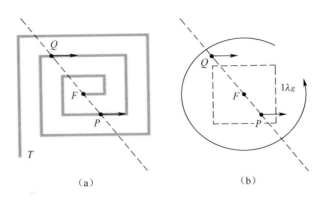

图 20.5　FT 案例

(a)同相电流元；(b)正向(z 方向)的右旋圆极化辐射。虚线的长度为 f_{RH}
处的一个导向波长的长度。F 为坐标原点。

的螺旋臂天线。

如图 20.6 所示，对图 20.3 中的天线臂进行改进，将馈电点固定在最里面的点 F。每条细丝由多个带状导体构成，并将其印刷在介质基板上(厚度为 B，相对介电常数为 ε_r)，该介电基板的背面面积为 S_x，S_y 的导电接地层。一个单元被

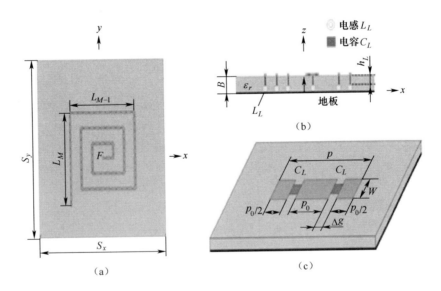

图 20.6　基于超材料的单臂螺旋天线(1-MTM-SPA)

(a)俯视图；(b)侧视图。具有电感 L_L 和电容 C_L 负载的单元。

定义为长度为 $p(=2p_0+2\Delta g)$，宽度为 w 且具有一个导电针(半径为 ρ)并延伸至金属地。将 p 定义为单元的周期性。在探针的末端与金属地之间插入一个并联电感，同时在相邻的导体螺旋臂之间插入电容。因此，螺旋臂具有超材料(左手)特性(Engheta and Ziolkowski, 2006)，及其固有的右手特性。这种基于超材料的单臂螺旋天线缩写为 1-MTM-SPA。注意，最外面的点 T 终止于 Bloch 阻抗(Collin, 1966)。

图 20.7 展示了一个单元的分布图，其中 $\beta(=2\pi/\lambda g)$ 是沿螺旋臂的电流的相位常数，而 $k_0(=2\pi/\lambda)$ 是自由空间中的相位常数。快波在低频与高频带分别用 f_L 与 f_U 表示，其中在 f_L 处 $\beta/k_0=1$，在 f_U 处 $\beta/k_0=+1$，该分布图所用的参数如表 20.1 所列。3GHz 处的过渡频率(Eleftheriades and Balmain, 2005)，用 f_T 表示。注意：双频反向圆极化辐射在 f_T 以下与以上具备负相位常数与正相位常数。还需要注意：考虑到右手和左手复合传输线(CRLH TL)(Caloz and Itoh, 2006)的均匀性条件，表 20.1 中的单元周期 p 应当选择小于快波频带 f_L 至 f_U 之间频率对应的四分之一个波长。

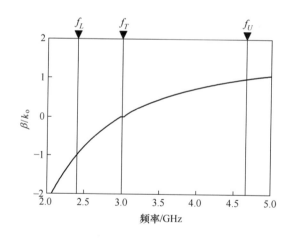

图 20.7 一个单元的分布图

符号 f_L 与 f_U 分别表示快波的较低下限与较高上限边界。

边长为 $1\lambda g$ 的方形环(请参见图 20.4b 和图 20.5b 中的虚线)充当圆极化辐射的有效区域。因此，1-MTM-SPA 必须具有足够大的面积以支撑该有效区域。为此，要求最后的金属丝 LM 的长度大于 $\lambda g/4$。因此，天线的尺寸(由周长

Cant =4LM 定义)大于 1λg。

表 20.1 参数

	符号	数值
单元	c_r	2.6
	B	1.6mm
	w	2mm
	p	10mm
	p_o	4mm
	Δg	1mm
	ρ	0.5mm
	h_L	0.6mm
地板	s_x	110mm
	s_y	110mm
LH 单元	C_L	1.07pF
	L_L	3.74nH
转换频率	f_T	3.0GHz

图 20.8 展示了由导引波长归一化的天线尺寸,Cant/λg 是以频率为变量的函数,其中最后一根金属丝的长度 LM 作为其中的一个参数。将低于过渡频率且满足 Cant /λg= 1 的频率定义为 N 频率(f_N),将高于过渡频率并满足 Cant /λg= 1 的频率定义为 H 频率(f_H)。发现增加天线尺寸 Cant 会导致 f_N 和 f_H 之间的间隔变窄。

根据 f_L、f_N、f_H 和 f_U 的物理含义,做出以下四个预测:(1)1-MTM-SPA 将在下限频率 f_L 和 N 频率之间表现出左旋圆极化辐射的最大增益;(2)1-MTM-SPA 将在 H 频率 f_H 和上限频率 f_U 之间的频率表现出右旋圆极化辐射的最大增益;(3)当频率从 N 频率增加到过渡频率(f_T = 3GHz)时,左旋圆极化的辐射增益降低,这是由于圆极化辐射的有效区域消失导致了引导波长的增加;(4)相反,当频率从 H 频率降低到过渡频率 f_T 时,右旋圆极化的增益减小,这次同样是由于圆极化辐射的有效区域消失。

为了确认上述预测,分析了一个 1-MTM-SPA,其中少量的细丝(M = 12)

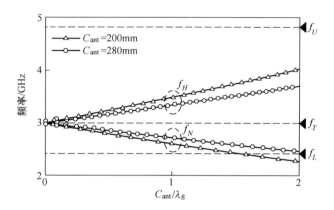

图 20.8 归一化天线尺寸 C_{ant}/λ_g，其中 f_N 和 f_H 分别表示 N 和 H 频率，且满足 $C_{ant}/\lambda_g = 1$

用于螺旋臂，以减少计算时间。细丝长度表示为 $L_{2n-1} = L_{2n} = Nl_1(n=1,2\cdots)$，其中 $L_1 = 10$mm，并得出 $f_N = 2.7$GHz 和 $f_H = 3.4$GHz（注意：图 20.7 中 $f_L = 2.4$GHz 和 $f_U = 4.8$GHz）。

图 20.9 展示了在 $f_T = 3$GHz 以下频率在 z 方向上的增益，该结果使用有限元方法计算得到（HFSS，2015）。注意，G_L 和 G_R 分别表示左旋圆极化辐射和右旋圆极化辐射的增益。这些增益不包括输入阻抗不匹配的影响。实际增益是减去

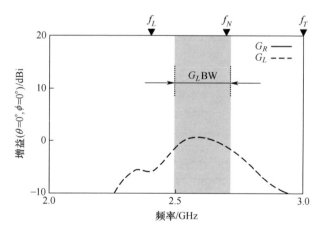

图 20.9 小于 $f_T = 3$GHz 频率的 z 方向增益。左旋圆极化辐射占主导地位。G_LBW 用于表示左旋圆极化辐射衰减 3dB 的带宽。由于右旋圆极化增益小于 −10dB，图中未显示。

G_L 和 G_R 的输入阻抗失配量后获得的。例如,VSWR = 2 时的失配量为 0.51 dB。如预测的那样,在下限频率 f_L 和过渡频率 f_T 之间的频带的辐射主要为左旋圆极化(右旋圆极化增益小于-10dB 未显示),而左旋圆极化辐射的最大增益 G_{Lmax} 出现在下限频率 f_L 和 N 频率 f_N 之间。

还确认了以下预测:随着频率从 N 频率 f_N 向过渡频率 f_T = 3GHz 增大时,增益 G_L 将减小。计算出 z 方向上左旋圆极化辐射的 3dB 增益衰减带宽 G_LBW 为 9.6%。

图 20.10 显示了高于 f_T = 3GHz 频率的 z 方向的增益。再次如所预测的那样,右旋圆极化辐射的最大增益 G_{Rmax} 出现在上限频率 f_U 和 H 频率 f_H 之间的频段。此外,增益 GR 随着频率向过渡频率 f_T 减小而减小。计算出 z 方向上右旋圆极化辐射的-3dB 增益衰减带宽 GRBW 为 9.7%。因此,确认了上述的右旋圆极化辐射。结果,在数值上确认了所预测的双频带反向圆极化辐射。(特定频带内的左旋圆极化辐射和不同频带内的右旋圆极化辐射)。

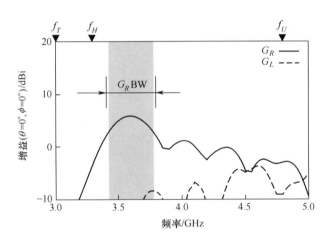

图 20.10　高于频率 f_T = 3GHz 的 z 方向上增益。右旋圆极化辐射占主导地位。G_RBW 表示右旋圆极化辐射的-3dB 增益衰减带宽

20.3　螺旋线天线

由于端射模式提供了沿螺旋轴的最大圆极化波辐射,因此,首先应将注意力

集中在此模式上,该模式与后面部分所述的介电棒状天线密切相关。接下来,将讨论反向端射的圆极化波辐射,即后向辐射模式。

20.3.1 端射模式螺旋线天线

轴向波束螺旋天线的电流分布可以使用积分方程进行了分析(Nakano,1987)。分析中发现存在两个不同的区域:从馈电点到第二圈结束附近一点的一个区域(C区域)和紧接在C区域之后的其余区域(S区域),如图20.11所示。沿C区域分布的电流朝着导电的平面反射器/板产生端射辐射。这种端射辐射被平面反射器反射,然后激发S区域,从而在靠近臂端一侧的区域,产生一个振幅几乎恒定的行波电流。换句话说,C区域用作激励器,S区域用作引向器(波导元件)。

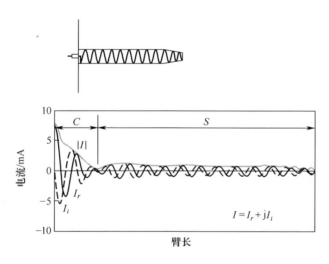

图 20.11 轴向螺旋天线的电流分布

研究该天线有两个结论:①即使这两个区域断开连接,螺旋天线也可以工作;②仅构成C区域且匝数少的螺旋天线会辐射出圆极化波。之后发现通过使用少量匝数和低俯仰角的组合,实现了低轮廓螺旋线天线作为圆极化元件。

如图20.12所示,可以将低剖面的螺旋排列成一个平面型天线阵。当两个平行板的间距远小于波长,即$S_w = 7.5\text{mm} = 0.3\lambda 12$($\lambda_f$指在$f$GHz处的波长),在平行板间电磁波可以看成是以TEM模式传播。每个螺旋天线的馈电线通过一

个小孔插入径向波导中,被波导中心(同轴线)从径向流向波导边缘的行波激发。馈线的半径与螺旋线的半径相同。应当注意的是,螺旋天线在径向波导表面上方的轴向长度 H 非常小($H=4.7\mathrm{mm}$),因此阵列天线的厚度为 15mm($\approx S_w + H +$ 板厚)。

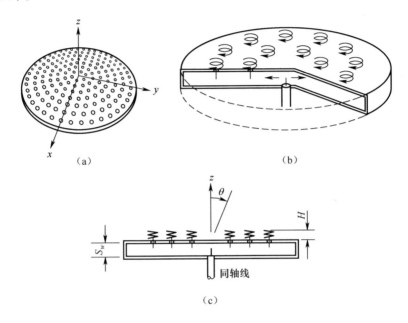

图 20.12　由低轮廓螺旋天线组成的平面天线阵

使用 4°俯仰角的两匝螺旋线,制造了一种平板型天线,对于 3dB 的轴比标准,其带宽为 12%,用于直接接收日本的广播卫星电视节目(DBS)(Nakano et al.,1992)。螺旋天线的总数为 368。应注意的是,这里调整了馈线的插入长度以控制振幅分布。为了使后向辐射最小,最外层螺旋天线的馈线插入点距离波导管边缘的四分之一波长外,因为此处驻波最大。反向传播的波可以被最外面的螺旋线吸收,因此在波导附近(边缘附近)的反射可以忽略不计。另外,由于波导中的前向行波随着其向边缘前进而衰减,为了在阵列表面上保持均匀的振幅分布(或均匀的功率分布),随着径向距离的增加,馈电线逐渐加长。通过将同轴线的内导体适当地插入波导中,可以使阻抗与位于波导下板中心的馈电同轴线匹配。最后,获得了良好的阻抗匹配,在 11.7~12GHz 频带中测得的回波损耗小于 −18dB。

可以通过改变相位条件来倾斜辐射波束。无论螺旋线天线如何旋转,其振幅分布几乎保持不变,因此无须重新调整馈线的插入长度。由于可以通过测量确定每个螺旋的相对相位(Mano and Katagi,1982),因此唯一要做的就是根据阵列理论确定的相位,并使每个螺旋绕其轴旋转相应的角度。图20.13显示了在11.85GHz频率下的增益,它是波束倾斜角的函数。波束倾斜角为30°时的增益仅比没有波束倾斜(正常波束)的情况低1.1dB。

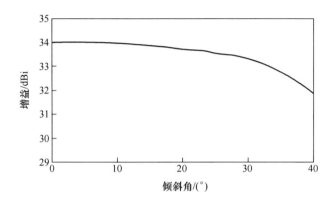

图20.13　11.85GHz频率下的增益

20.3.2　背射螺旋线天线

上一小节中的端射模式得到了最广泛的使用。Patton 在1962年(Walter,1965)报道了另一种有趣的辐射方式。通过使用双股螺旋线天线,他发现了后端辐射模式,即向后辐射的圆极化波。应当指出,双线螺旋比常规端射螺旋天线具有一个优势,即需要接地平面(反射面)。因此,注意力只需集中在前后比上(F/B)。实现足够的F/B比的一种方法是适当地改变螺旋线。与安装在接地平面上的常规端射螺旋天线相比,锥形背射螺旋线天线可在宽频率范围内实现良好的F/B比,且占用空间较小。

在图20.14所示的小接地平面单螺旋天线中也观察到了类似的效果(Nakano et al.,1988)。应当记得,C区的电流主要在端射方向上辐射。由于反射器较小,因此不会激发表面波。这一事实带来了另一个优势,即背射螺旋线天线的相位中心近似且始终为一定值(端射螺旋线天线的远场由两个在空间上位

置分开的辐射场组成：馈电端和开路端）。因此，可以将背射螺旋线天线用作抛物面反射天线的馈电器。

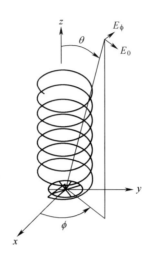

图 20.14　小接地平面单螺旋天线的结构和坐标系

现在，单螺旋天线通常被用作对称的前馈抛物面反射天线的馈电器。这里要考虑的反射器的孔径直径为 $D = 75\text{cm}$，焦距为 $L = 22\text{cm}$。背射螺旋适合于前馈反射器的馈电，因为与喇叭天线和具有接地平面的常规轴向模式螺旋相比，背射螺旋的结构非常小。另外，背射螺旋线的优点是可以将馈线放置在焦轴上，从而减小口面遮挡。

为了使螺旋成为反射器的一个有效馈源，确定相位中心的位置就显得极为重要。而该相位中心的位置可以通过绘制出辐射场的相位变化与 $\cos\theta$ 的关系来确定。螺旋的原点与相位中心的距离 s 如图 20.15 所示。严格意义上来讲，距离 s 随方位角的变化而变化。图 20.15 绘制出了 $\theta = 0°$ 和 $90°$ 平面的平均距离。当频率提高时，距离 s 向着馈电点移动。这是由于电流的衰减速率随着频率的提升而变大所引起的。对于螺距角较小的情况螺旋线的缠绕更紧，距离 s 因此随频率的变化很小。

图 20.16 显示了抛物面反射天线的辐射方向图。根据图 20.15 所示的结果，将一个俯仰角为 $\alpha = 18°$ 且地平面直径为 7.2mm 的 7 圈背射螺旋线放置在焦点上。该方向图的计算是在 12GHz 下使用物理光学近似法完成的。可以看

第20章 螺旋,螺旋线与杆状天线

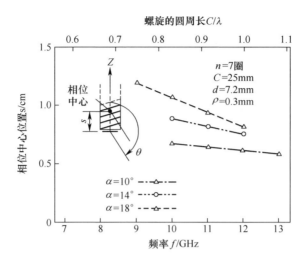

图20.15 相位中心位置

出,半功率波瓣宽度为2.4°,第一副瓣电平小于-26dB。辐射场为圆极化的方式,其轴比为2.0dB。增益经计算为37.2dBi。

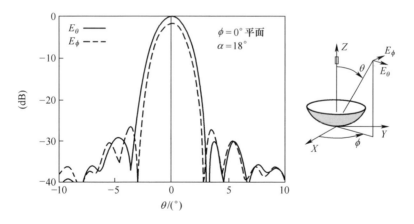

图20.16 利用monofilar背射螺旋线馈电的抛物面反射天线的辐射方向图杆状天线

20.4 杆状天线

在本节中,将描述几个杆状天线的特性。首先研究了矩形杆状天线的基本

243

辐射特性,该部分的重点放在增益随杆长变化的机制上。本节对杆状天线近场的振幅和相位分布也进行了详细的研究。根据被视为次级惠更斯平面的终端孔径中等相区域的扩展,可以解释增益随杆长而增加的现象。由于环形的结构更有利于产生圆极化波,于是研究了一个环形杆状天线。考虑到需要产生较高的增益,介质杆状天线也被引入并进行了相应的讨论,该增益超过了所谓的Hansen-Woodyard 条件(Hansen and Woodyard,1938;Andersen,1971)。最后一个小节专门讨论由波纹金属表面组成的人造介电杆状天线。

20.4.1　介质杆状天线

图 20.17 画出了介电杆的配置和坐标系设置(Ando et al.,2002)。相对介电常数为 ε_r = 2.05(Teflon)的矩形介质杆由内部尺寸为 (a,b) = (22.9mm,10.2mm)的金属波导(WR-90)馈电。为了进行分析,波导的长度固定为 L_{wg} = 20mm。杆的横截面尺寸与波导的内部尺寸相同。波导的激励模为 TE_{10} 模,其主要电场分量为 E_y。为了使杆和波导之间的阻抗匹配,将杆的一部分长度 Lin 未经任何修改地插入波导中。在计算区域的外边界,放置吸收层以避免朝向天线的寄生反射。

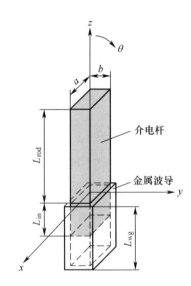

图 20.17　由金属波导馈电的介电杆的配置

杆附近的场分布信息对于评估辐射特性很重要。为此,通过 FDTD 方法分析场分布。采用 FDTD 方法和基于 Yee-Mesh 的光束传播方法(YM-BPM)相结合的技术,该场可被分解为表面波和非导波(Yamauchi,2003)。

图 20.18 显示了 $x = 0$mm 时,E_y 在 y-z 平面中的总场分布。TE_{10} 模式的场轮廓不同于 E^y_{11} 模式的场轮廓,因此在馈电端激发的功率被转换为表面波功率和非导波功率。在非导波功率几乎全部消散的足够长的 z 距离处,沿着杆的场可以视为表面波。在 $z = 250$mm 时,计算出的表面波功率与总辐射功率之比约为 52%。

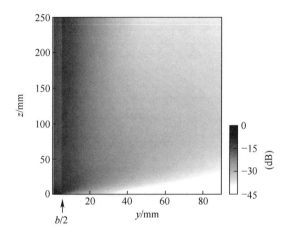

图 20.18 $x = 0$mm 时,E_y 在 y-z 平面中的总场分布(半区域)(来源于 Ando et al.,2002,IET)

图 20.19a 表示出了表面波的分布情况。通过从图 20.18 的场中减去图 20.19a 中的表面波的场,可以得到图 20.19b 中的非导波场。众所周知,表面波的相速度要比非导波的相速度慢。因此,两个波之间的相位相互作用出现在杆附近,如图 20.20 所示。该相位相互作用可以用来解释图 19.24 中增益随杆长度 L_{rod} 的变化。

基于不连续辐射概念(Collin and Zucker,1969),我们可以有效地评估长度为 L_{rod} 的长介电杆天线的方向性。总的辐射的方向图可以通过将馈源的方向图叠加到终端的方向图上形成:馈源的方向图是由馈源末端附近的非导波辐射产生的,终端方向图是由自由端的表面波衍射产生的。

图 20.21 和图 20.22 分别显示了利用图 20.19 中的非导波和表面波计算出

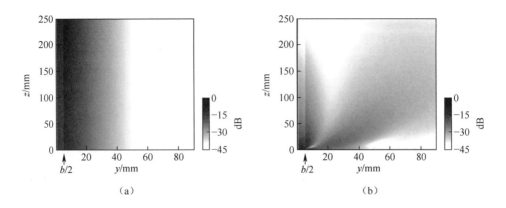

图 20.19　$x=0$mm 处，y-z 平面的表面波场分布和非导波场分布(半个区域)
(a)表面波；(b)非导波。(来源于 Ando et al.，2002，IET)

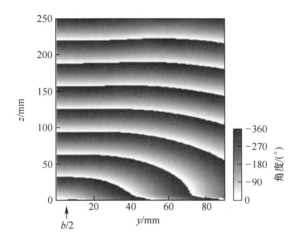

图 20.20　介质棒附近(一半区域的) E_y 相位分布

来的馈源方向图 $D_{\text{feed}}(\theta)$ 和终端方向图 $D_{\text{terminal}}(\theta)$。可以看出，非导波在所有方向上都发生了衍射，而表面波则在端射方向上发生了衍射。考虑两种方向图之间的相位关系，可以得到以下叠加的方向图：

$$D_{\text{total}}(\theta) = D_{\text{feed}}(\theta) + D_{\text{terminal}}(\theta)\exp[-j(\beta - k_0\cos\theta)L_{\text{rod}}] \quad (20.1)$$

其中 k_0 是自由空间中的波数，β 是棒状波导的传播常数。虽然没有说明，但是在叠加的方向图和使用总场计算的方向图之间具有很好的一致性。换句话说，

馈源方向图叠加在终端方向图上形成了介质棒天线的辐射方向图。

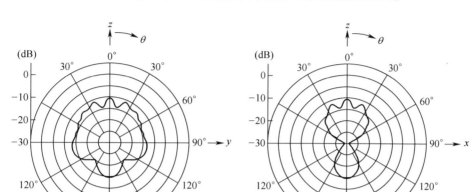

图 20.21　由非导波产生的馈源方向图。每个馈源方向图被归一化为对应终端方向图的最大值(From Ando et al.,2002, IET)

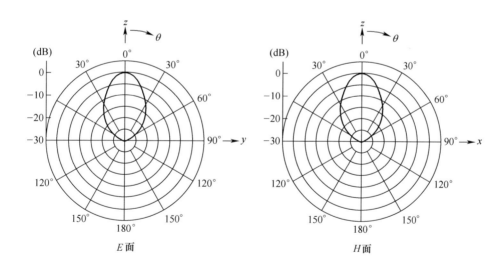

图 20.22　由表面波产生的终端方向图

L_{rod} = 150mm 的典型叠加方向图如图 20.23 中实线所示。随 L_{rod} 的增加,方向图中的波束宽度变窄。随着 L_{rod} 从 150mm 增加到 240mm,半功率波束宽度

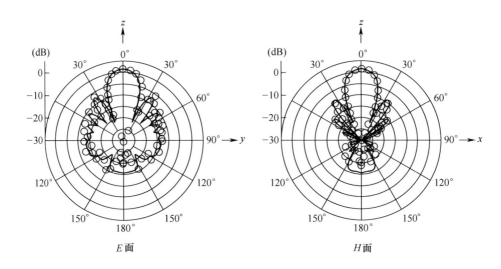

图 20.23　L_{rod} = 150mm 的辐射方向图(理论—;实验○)

在 E 面和 H 面上从±13°变为±9°。理论结果与在暗室中测得的结果非常吻合。后向辐射略有差异是由于在实验中,馈电系统(包括从波导到同轴线的过渡部分)位于 $-z$ 轴方向。

辐射方向图似乎也是根据终端孔径理论来评估的(Brown and Spector,1957):在 $z=L_{rod}$ 处的 $x-y$ 面被认为是次惠更斯面,其中源场由表面波和非导波组成。非导波延伸到 $x-y$ 平面(图 20.19b),因此应将平面的尺寸考虑为足够大。辅助计算表明,随着 $x-y$ 平面尺寸的增大,主瓣向图 20.23 所示方向收敛。但是,副瓣(尤其是向后的方向)不一致。这是因为次惠更斯平面中的源场不包括从馈电端向后方衍射的非导波(图 20.21)。

考虑到向后衍射的非导波对辐射的影响,计算了在棒周围 $z=L_{rod}$ 处包含 $x-y$ 平面的封闭表面上的场的辐射方向图。因此,封闭表面上的场产生的辐射图与不连续辐射概念得到的图 20.23 中的辐射图基本没有区别,虽然不能根据终端孔径理论来评价后向的辐射图。

从封闭表面上的场计算出的增益也与基于不连续辐射概念评估的增益一致。在 $+z$ 方向对 L_{rod} 的计算增益由图 20.24 中的实心圆表示。可以看到,随着 L_{rod} 从 150mm 延长到 240mm,增益从 15.1dBi 增加到 15.9dBi。L_{rod} 的增益变化的实验结果由空心圆圈表示。

如前所述，端射方向的方向性由自由端的次惠更斯平面中的场控制。因此，必须通过在 $z = L_{rod}$ 处 $x - y$ 平面中的场分布来理解图 20.24 中所示的增益增加的机理。

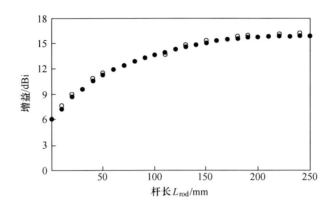

图 20.24　增益关于介质棒长度 L_{rod} 的函数

图 20.25 说明了不同 L_{rod} 值时，$E_y(x=0, y, z=L_{rod})$ 的相位分布。将相位归一化为 $y = \Delta y / 2$（Δy 是 y 方向上有限差分时域大小）。次惠更斯平面中等相区域的扩展对应图 24 中观察到的增益增加。综上所述，只要在馈电端产生的向后方向的衍射波可忽略不计，那么终端孔径理论是有效的。

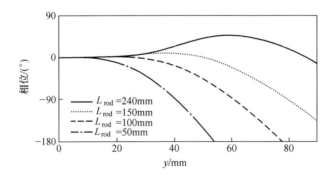

图 20.25　自由端(半区) E_y 的相位分布

20.4.2　改进型介电杆天线

我们知道，介电棒的逐渐变细能够改善增益。到目前为止，锥形棒的指向性

是用传统的设计准则来估计的(Chatterjee,1985；Lo and Lee,1988)。Zucker 提出了一种最大增益天线的设计原理,其中锥形棒被视为离散元的端射阵列(Volakis,2007)。James 描述了一种选择最佳锥度剖面的经验方法,其中锥形棒被视为一系列无相互作用的平面辐射孔(James,1972)。尽管传统的设计准则预测增益会随着介电棒长度的增加而增加,但实际的介质棒天线的可获得增益可能会限制在 20dBi。

本小节中,分析了由带有发射喇叭的金属波导馈电的锥形圆柱介质棒,并讨论了棒中的传导模式转换对方向性的影响(Ando et al. ,2005 年)。采用旋转体(BOR)时域有限差分法(Taflove and Hagness,2005)对沿直线和曲线锥形棒传播的波进行了计算,BOR 技术使我们能够有效地计算长圆柱介质棒。

图 20.26a 显示了由圆形金属波导馈电的圆柱介质棒的结构。假设相对介电常数 ε_r = 2.05(聚四氟乙烯)的棒是一种无损介质,由均匀截面(L_{uni})和锥形截面(L_{tap})组成。金属波导的内径与均匀棒的直径相同,为 $2\rho_{feed}$ = 17.45mm(= 0.64λ),其中 λ(= 27.3mm)为测试频率 f = 11GHz 波长。金属波导采用 TE_{11} 模激励,截止频率为 10GHz。由于高次模(Balanis,1989)的截止频率为 13GHz,均匀棒在测试频率下作为单模波导工作。为了获得从金属波导的 TE_{11} 模式到均匀棒的 HE_{11} 模式的平滑过渡,引入了图 20.26b 所示的馈电系统。均匀杆的一部分是锥形的并插入金属波导中。发射喇叭置于馈电端。

待研究的典型锥截面如图 20.26c 所示,其中自由端的直径取 $2\rho_{free} = \rho_{feed}$,锥形截面的总长度固定为 $L_{tap} = 20\lambda$。锥截面半径的变化,$\rho(z_{tap})$ 表示为

$$\rho(z_{tap} = \rho_{feed} - (\rho_{feed} - \rho_{feed})\left(\frac{z_{tap}}{L_{tap}}\right)^{\frac{1}{n}} \tag{20.2}$$

式中:z_{tap} 是锥截面的轴向距离(参见图 20.26a)。n = 1 的杆为线性锥,n > 1 的杆为曲线锥。对于曲线锥,随着 n 的增加,馈电端附近的半径变化较大,而自由端附近的半径变化较小。对于 L_{tap} = 10λ 和 20λ 的线性锥和曲线锥结构,将评估其传导模式转换特性和方向性。

随着终端孔径等相场区的扩大,介质棒的增益增大。众所周知,通过减小杆的直径,HE_{11} 模的场分布将扩展到空气区。因此,如果在馈电端激发的 HE_{11} 模平滑地转换成在直径减小的自由端激发的 HE_{11} 模,则增益提高。为了实现平滑的导模转换,应逐渐减小正向直径。

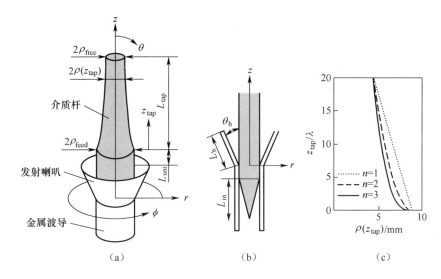

图 20.26 锥形圆柱电介质杆天线结构（$\varepsilon_r = 2.05$(Teflon)，$2\rho_{\text{feed}} = 17.475\text{mm}$
（$= 0.64\lambda$），$2\rho_{\text{free}} = \rho_{\text{feed}}$，$\lambda = 27.3\text{mm}(f = 11\text{GHz})$）
(a)透视图；(b)馈电系统；(c) $L_{\text{tap}} = 20\lambda$ 的锥截面。

与均匀杆连接的锥形杆的直径（$L_{\text{uni}} = \lambda$）由 $2\rho_{\text{feed}} = 0.64\lambda$ 减少为 $2\rho_{\text{free}} = \rho_{\text{feed}} = 0.32\lambda$，其中自由端的 HE_{11} 模波的相位常数（k_z）与自由空间波数（k_o）相当接近，即 $k_z/k_o = 1.005$。方向性取决于锥截面（James, 1972），因此通过改变式(20.2)中的参数 n 来研究锥形杆的若干截面。

值得注意的是 Ladouceur 和 Love(1996)直观地描述了介质波导锥截面的低损耗准则。基本传导模与辐射场的耦合长度对应，锥段长越大，辐射损耗越小。Z 轴与介质界面切线之间的局部锥角 $[\Omega(z_{\text{tap}})]$ 的极限表示为

$$\Omega(z_{\text{tap}}) = \tan^{-1} \frac{\rho(z_{\text{tap}})[k_z(z_{\text{tap}}) - k_o]}{2\pi}$$

$$\simeq \frac{\rho(z_{\text{tap}})[k_z(z_{\text{tap}}) - k_o]}{2\pi} \quad (20.3)$$

其中 $k_z(z_{\text{tap}})$ 是在 z_{tap} 处 HE_{11} 模式的相位常数。这个方程意味着对于更大的 z_{tap}，$\rho(z_{\text{tap}})$ 应该变得更小。因此，与线性锥相比，传导模功率预计保持在曲线锥内。

图 20.27 显示了 $L_{\text{tap}} = 20\lambda$ 时，沿 z_{tap} 的传导模功率，其中使用了锥形杆的

本征模场和数值确定的场之间的重叠积分。功率归一化为馈电端激发的HE_{11}模式功率。结果表明,在自由端附近,线性锥的传导模功率急剧下降。另一方面,随着L_{tap}的增加,曲线锥的传导模可以平滑地转换,从而使相当大的功率保持在自由端。对于长锥形杆,这种趋势变得更加明显。在$L_{tap} = 20\lambda$,$n = 3$的曲线锥形杆中获得87%的功率(锥形截面中产生的反射功率可忽略不计,计算结果小于0.05%)。结果表明,在自由端半径变化不大的曲线锥形杆中,可以实现光滑的传导模转换。

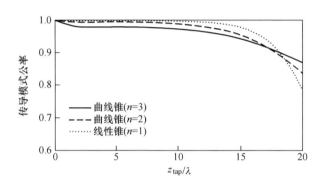

图 20.27 $L_{tap} = 20\lambda$ 的导模功率与 z_{tap} 的函数关系

图 20.28(a),(b)比较了 $L_{tap} = 20\lambda$ 时沿锥形杆的场分布。实线表示$|E_r|$的振幅,虚线表示 $z_{tap} = 5\lambda, 10\lambda, 15\lambda$ 和 20λ 时的相位。结果表明,与沿直线锥形杆相比,沿曲线锥形杆传播的场逐渐扩展到自由端附近的空气区。场的逐渐扩展导致终端孔径等相场区域的扩展。

在图 20.29 中,对于 $L_{tap} = 20\lambda$,绘制了锥形杆的终端孔径中的相位分布图。等相区随着 n 和 L_{tap} 的增加而扩大。等相区的扩展对应于图(20.27)中观察到的传导模功率的增加。由于等相场区域的扩大,预计将得到一个较窄的辐射方向图,并获得更高的增益。

图 20.30 描绘了端射方向 ($\theta = 0$) 相对于 L_{tap} 的增益。可以看出,增益随着L_{tap}的增加而增加。在 $L_{tap} = 20\lambda$ 时,$n = 3$ 的增益计算为 22.2dBi,与 $n = 1$ 的增益相比增加了 2.5dB。辅助计算表明,在 10~12.7GHz(24%带宽)的频率范围内,$L_{tap} = 20\lambda$,$n = 3$ 的锥形杆可以保持大于 20dBi 的增益。

最后,将 FDTD 分析得到的增益与 Zucker(Volakis,2007)提出的设计准则进

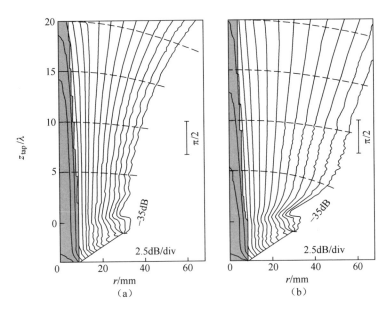

图 20.28 $L_{tap} = 20\lambda$（半区）锥形杆附近的场分布

振幅——，相位～～（a）线性锥（$n = 1$），曲线锥（$n = 3$）

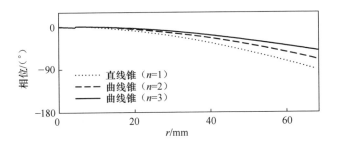

图 20.29 自由端(半区) $L_{tap} = 20\lambda$ 的相位分布

行了比较。增益随 L_{tap} 的变化表示为

$$G \cong m \frac{L_{tap}}{\lambda} \tag{20.4}$$

式(20.4)中 m 是一个变量。$m = 7$ 的数据对应于所谓的汉森伍德沃德增益（HWG），而 $m = 10$ 对应于最大增益（MG）。HWG 和 MG 分别用虚线和实线绘制在图 20.30 中。结果表明，在 $n = 3$ 的曲线锥形杆中，可以得到高于 HWG 的值。

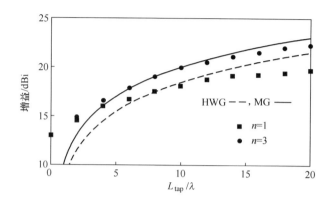

图 20.30　增益与 L_{tap} 的函数关系

另一方面,MG 表明,$L_{tap} = 20\lambda$ 的杆的增益约为 23dBi。为了进一步参考,还评估了 n 值较大时的曲线锥形杆。尽管这个结果没有被展示。当 n 为 5 时,增益达到 22.6dBi,在自由端保持 82%的导模功率,所以该设计准则可有效地预测随着 L_{tap} 增加而提高的增益,并且可以粗略估计长锥形杆的增益。

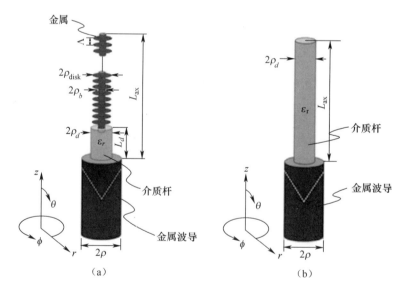

图 20.31　天线构造

(a)雪茄天线;(b)参考电介质棒状天线。

20.4.3　人造介电棒状天线

由金属板阵列组成的周期性结构能够传播表面波。因此，可以构造不使用任何真实电介质的端射天线。换句话说，这些金属结构可以看作是一种通常比铁氟龙和聚乙烯等电介质轻的人造电介质。1953年，西蒙和威尔设计实现的雪茄天线使用圆形金属盘的周期性结构的端射天线的开拓性的工作。虽然一部分研究已经实现或者经过理论验证，但使用如FDTD等最新的数字技术可以更有效、更实际地研究这种天线。雪茄天线的辐射特性总结来说就是采用圆形金属波导来激励杆上盘状结构。图20.31a展示了由金属波导馈电的雪茄天线的结构(WCI-120)，其中，它的内径为$2\rho = 17.475$mm，波导由中心频率为11GHz的TE_{11}模式激发($\lambda_{11} = 27.3$mm)。将相对介电常数为$\varepsilon_r = 2.05$的锥形介电棒插入金属波导，以便在空气填充区域和电介质填充区域实现阻抗匹配。

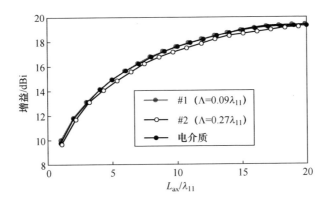

图20.32　增益特性和L_{ax}的关系(From Yamauchi et al., 2011, #KIEES)

雪茄结构的有效相对介电常数取决于周期长度Λ，圆盘直径$2\rho_{disk}$和吊杆直径$2\rho_b$。通过调节这些参数能够实现与图20.31b所示的参考电介质棒状天线几乎相同的有效相对介电常数。注意到在相同轴向长度条件L_{ax}下比较了雪茄和介电棒状天线。将两种吊杆直径都为$2\rho_b \cong 0.11\lambda_{11}$进行比较得到：#1是周期较小的模型，而#2则具有相对较大的周期性。参数明确对比如下：对于#1：$\Lambda = 0.09\lambda_{11}$，$2\rho_{disk} \cong 0.28\lambda_{11}$，对于#2：$\Lambda = 0.27\lambda_{11}$，$2\rho_{disk} \cong 0.32\lambda_{11}$。假设雪茄的结构是完美的，为了支持雪茄结构，在金属波导和雪茄结构之间的连接处引

入一截较短的直径为 $2\rho_d \cong 0.38\lambda_{11}$ 且长度 $L_d = 0.54\lambda_{11}$ 的介质棒。

图 20.32 显示了在 11GHz 时的增益特性与轴向长度 L_{ax} 的关系。红色实心和空心圆圈显示的数据分别展示了#1 和#2 的计算增益,以黑色实心圆表示参考电介质棒的数据。在所有结果中,增益随 L_{ax} 的增加而增加。可以看出,雪茄天线的增益特性与介质棒的特性有很好的相关性。它证实了雪茄结构作为一种人造电介质是可以实际使用的。当 L_{ax} 约为 $20\lambda_{11}$ 时,增益达到最大值,约为 19.4dBi。在接下来的分析中,研究了 $L_{ax} = 13\lambda_{11}$ 的结构。

图 20.33 展示了增益的频率响应。#1 在 10.4~12.2GHz 频率范围内获得了超过 17dBi 的增益。在 11GHz 时可获得 18.6dBi 的最大增益。发现#1 的增益带宽比#2 的宽,并且接近参考电介质棒的观测值。换句话说,当圆盘的周期相对于波长足够小时,其带宽变得几乎与介电棒相同。#1 的回波损耗在 10.5~13GH 的整个频率范围内都超过 15dB。

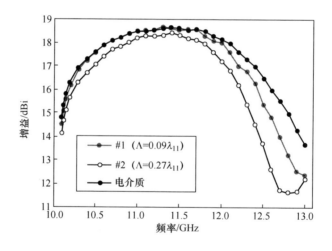

图 20.33 增益的频率响应(From Yamauchi et al.,2011, #KIEES)

图 20.34(a),图 20.34(b)分别显示了当频率为 11GHz 和 13GHz 时沿雪茄分布的电流 $I(=I_r + jI_i)$。为方便起见,当对在圆盘壁表面上获得的电流值进行采样并连续绘制。从相位变化中可以看出,电流属于行波型。随着频率的增加,幅度会随着后续驻波的生成而增加。有效相对介电常数随频率变化的关系如图 20.35 所示。雪茄结构的结果可以通过图 20.34 中所示的电流分布进行估算。

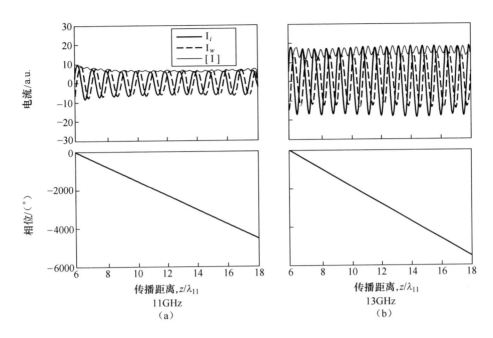

图 20.34 电流分布

（a）11GHz；（b）13GHz。（From Yamauchi et al.,2011,#KIEES）

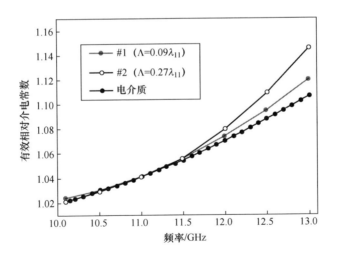

图 20.35 有效相对介电常数与频率的关系（From Yamauchiet al.,2011, #KIEES）

另一方面,介质棒的电导率通过使用 YM-BPM 本征模求解器计算得出（Yamauchi,2003）。发现在#1 和介质棒两者之间存在良好的共同点。同时应该注意的

是随着频率的增加,#2 的值会迅速偏离介质棒的值。这导致随着频率的增加辐射图逐渐恶化。可以说,对于宽带特性而言,选择足够短的周期长度极为重要。

20.5 总结

本节讨论了天线辐射产生圆极化波。在回顾了平面阿基米德螺旋天线的辐射机理之后,研究了一种采用了复合的左手和右手传输线的新型螺旋结构。这种天线辐射产生双圆极化波。然后,研究了端射的螺旋天线。介绍了一些将螺旋天线用于直接接收广播卫星电视节目的扁平型天线的应用。提出了将背射螺旋天线应用于抛物反射面的措施。最后,对介质棒状天线的辐射特性进行了研究。通过数值方法证实了不连续辐射的概念。介绍了通过引入锥形杆获得更高增益的技术。作为人造介质,圆形金属盘的周期性结构已经被采用,并且将其特性与常规介质棒状天线的特性进行了比较。

参考文献

Andersen JB (1971) Metallic and dielectric antennas. Polyteknisk Forlag, Lyngby Ando T, Yamauchi J, Nakano H (2002) Rectangular dielectric-rod fed by metallic waveguide. IEE Proc Microw Antennas Propag 149(2):92–97

Ando T, Ohba I, Numata S, Yamauchi J, Nakano H (2005) Linearly and curvilinearly tapered cylindrical-dielectric-rod antenna. IEEE Trans Antennas Propag 53(9):2827–2833

Balanis CA (1989) Advanced engineering electromagnetics. Wiley, New York Brown J, Spector JQ (1957) The radiating properties of end-fire aerials. Proc IEE 104B:27–34

Caloz C, Itoh T (2006) Electromagnetic metamaterials. Wiley, New York Canonsburg PA (2015) HFSS ANSYS. [Online] Available:http://www.ansys.com/Products/Simu lation+Technology/Electronics/Signal+Integrity/ANSYS+HFSS

Chatterjee R (1985) Dielectric and dielectric-loaded antennas. Research Studies Press, Letchworth

Collin R (1966) Foundation for microwave engineering. McGraw-Hill, New York

Collin R, Zucker FJ (1969) Antenna theory pt 2. McGraw-Hill, New York

Eleftheriades G, Balmain K (2005) Negative-refraction metamaterials: fundamental principles and applications. Wiley, New York

Engheta N, Ziolkowski RW (eds) (2006) Metamaterials. Wiley, New York Hansen WW, Woodyard JR (1938) A new principle in directional antenna design. Proc IRE 19:1184-1215

Harrington RF (1968) Field computation by moment methods. Macmillan, New York James JR (1972) Engineering approach to the design of tapered dielectric-rod and horn antennas. Radio Electron Eng 42(6):251-259

Kaiser JA (1960) The Archimedean two-wire spiral antenna. IRE Trans AP-8(3):312-323

Kraus JD, Marthefka RJ (2002) Antennas, 3rd edn. McGraw-Hill, Boston

Ladouceur F, Love JD (1996) Silica-based buried channel waveguides and devices. Chapman & Hall, London

Lo YT, Lee SW (1988) Antenna handbook. Van Nostrand Reinhold, New York Mano S, Katagi T (1982) A method of measuring amplitude and phase of each radiating element of a phase array antenna. Trans IECE Jpn J-65-B:555-560

Mei KK (1965) On the integral equations of thin wires antennas. IEEE Trans AP AP-13:374-378

Mushiake A (1996) Self-complementary antennas. Springer, New York Nakano H (1987) Helical and spiral antennas- a numerical approach. Research Studies Press, Letchworth Nakano H, Yamauchi J, Mimaki H (1988) Backfire radiation from a monofilar helix with a small ground plane. IEEE Trans Antennas Propag 36(10):1359-1364

Nakano H, Takeda H, Kitamura Y, Mimaki H, Yamauchi J (1992) Low-profile helical array antenna fed from a radial waveguide. IEEE Trans Antennas Propag 40(3):279-284

Nakano H, Miyake J, Oyama M, Yamauchi J (2011) Metamaterial spiral antenna. IEEE Antennas Wirel Propag Lett 10:1555-1558

Nakano H, Miyake J, Sakurada T, Yamauchi J (2013) Dual-band counter circularly polarized radiation from a *sing*le-arm metamaterial-based spiral antenna. IEEE Trans Antennas Propag 61(6):2938-2947

第 21 章
介质谐振天线

Eng Hock Lim, Yong-Mei Pan, and Kwok Wa Leung

摘要

在过去的 30 年中,介质谐振器天线(DRA)领域有了许多有趣的发展。20 世纪 80 年代和 90 年代建立了不同形式的介质谐振天线的数值分析模型,以便理解其辐射特性。本章介绍了一系列可以有效激励介质谐振天线的方案。随着近年来电介质材料和微加工技术的迅速发展,在便携式无线通信应用和毫米波系统应用的中介质谐振天线已经可以做到非常紧凑。本章首先介绍了研究介质谐振天线小型化技术。研究表明,在设计圆极化介质谐振天线和差分介质谐振天线时,可以将介质谐振天线和功分器集成。首次提出,使用地板小型化技术可

E. H. Lim(✉)
东姑阿拉曼大学电气与电子工程,马来西亚
e-mail:limeh@utar.edu.my

Y.-M Pan
华南理工大学电子与信息学院
e-mail:eeymPan@scut.edu.cn

K. W. Leung
香港城市大学电子信息学院
e-mail:eekleung@cityu.edu.hk

第 21 章　介质谐振天线

以实现水平全向辐射的圆极化介质谐振天线和准全向介质谐振天线。随后本章叙述了毫米波介质谐振天线的最新进展。本章介绍了采用不同的电介质,如聚合物和玻璃,来设计介质谐振天线的方法,以及在毫米波频段用于激励介质谐振天线的传输线,如微带和基片集成波导;在小型化和毫米波介质谐振天线设计步骤并补充说明,其他考虑因素方面。

关键词

介质谐振天线;小型化介质谐振天线;水平全向圆极化介质谐振天线;准全向介质谐振天线;毫米波介质谐振天线

21.1　引言

在 20 世纪 30 年代后期(Richtmyer,1939),Richtmyer 首次发现未被金属化的电介质物体也可以表现得像一个金属腔谐振器,并随后给出介质谐振器(DR)的名称。

但从 20 世纪 60 年代开始随着低损耗和温度稳定的电介质工艺日益成熟,介质谐振器被用来设计各种微波电路。自此以后,介质谐振器广泛用于滤波器和振荡器的设计,因为它可以提供高 Q 值(Abe et al.,1978;Cohn,1968;Fiedziuszko,1986;Kajfez and Guillon,1998;Plourde and Ren,1981),通常 Q 值为 20~10000,是设计储能组件和实现高频选择性的绝佳选项。介质谐振器中电磁波的波长是自由空间波长的 $1/\sqrt{\varepsilon_r}$,使用介质谐振器通常可以缩小组件尺寸。介质谐振器可以使用简单的耦合方案(Trans-Tech,2013)轻易地与不同的微波集成电路(MIC)集成,所以也可以实现更紧凑性的设计。尽管在 20 世纪 60 年代(Gastine et al.,1967;Sager and Tisi,1968)首次发现球形电介质谐振时的 Q 值非常低,意味着球形电介质拥有将能量耦合到外部介质的能力。将介质谐振器作为电磁辐射体这种开创性的工作早在 1983 年就被报道(Long et al.,1983),其中 Long 教授系统地证明,圆柱形介质谐振器的 TM 和 TE 模式可以很容易地被激发,使其成为高效的微波辐射器。自此,由于没有导电损耗,介电谐振器天线

(DRA)在高效应用中被广泛研究。介质谐振天线的发展总是以电介质材料的发展为基础。在所有电介质中,陶瓷最为常用,因为它能够提供高介电常数(>20)和低损耗正切角。但是由于陶瓷硬度很高,使其加工非常困难。玻璃是另一个很好的低损失电介质,但其介电常数范围仅为4~8。最近,不同类型的软材料,如聚合物和化合物(Rashidian,Klymyshyn,2010)也得到了发展,其介电常数通常小于5。在过去十年,微加工和纳米技术(Madou,2011)的发展,如陶瓷立体成像、光学光刻和激光铣削,也使得介质谐振天线在毫米波甚至更高的频率实现更具意义的小型化。

在本章的第一部分,介绍了介质谐振天线用于实现各种小型化天线的方法。在设计圆极化介质谐振天线和差分介质谐振天线时,将介质谐振天线与不同的微波功分器集成。使用接地面小型化技术设计水平全向圆极化介质谐振天线和准全向介质谐振天线。在第二部分,研究了在毫米波频段激励介质谐振天线的各种传输线。研究发现应用介质谐振天线的高阶模式可以用来缓解加工误差带来的影响。

21.2 发展和存在的问题

在介质谐振天线理论和实验的发展过程中可以得到很多好的评价(Huitema and Monediere,2012;Kishk,2007;Luk and Leung,2003;Petosa,2007),这一节简要阐述近年来重要的发展和里程碑。对于20世纪80年代和90年代进行的早期工作可以参考(Mongia,Bhartia,1994;Petosa et al.,1998)。在20世纪90年代,研究分析了圆柱形和半球形介质谐振天线的特征(Leung et al.,1993,1995;McAllister,Long 1984),矩形介质谐振天线的特性(Ke,Cheng 2001;Mongia,1992;Mongia,Ittipiboon,1997)和三角形介质谐振天线的特性(Lo et al.,1999)。研究了它们的谐振模式、辐射模式和激励方式。由于存在精确解,半球形的介质谐振天线是最早受到关注的。使用矩量法和格林函数可以严格推导(半球形介质谐振天线的输入阻抗 Leung et al.,1993,1995)。之后,类似的分析方法也被应用于建立圆柱形介质谐振天线理论基础(Junker et al.,1994,1996)和矩形介质谐振器理论基础中(Liu et al.,2002;Takashi et al.,2004),但是由于这两种介质谐振天线的边界条件更多,因此分析变得更复杂。随着电脑功能的

强大,一些内存密集型的数值方法如时域有限差分(FDTD)、时域有限体积法(FVTD)、有限元法(FEM)等广泛用于分析各种介质谐振天线(Fumeaux et al.,2004;Li and Leung 2005;Sangiovanni et al.,2004)。基于数值方法的商业电磁仿真软件,如 Ansys HFSS,CST Microwave Studio,近几年成为主流的设计天线和分析辐射特性的工具。

许多激励方式可以用于激励介质谐振天线,它们都直截了当。大多数微带天线的激励方式也可以用于激励介质谐振天线,包括使用同轴探针,微带缝隙耦合,微带线和共面波导。以下讨论它们的设计考量。探针激励的方法需要在介质谐振器中钻一个孔以获得有效的耦合,但这是很困难的,因为介质谐振器的硬度很高。另外,一个金属探针在毫米波频段具有较大的欧姆损耗和自身电抗。可以使用微带线和缝隙来激励介质谐振天线,这样介质谐振器可以直接放在激励源的上方。基于微带线的馈电方式可以很容易地与单片微波集成电路(MMIC)集成。共面波导(Al-Salameh et al.,2002),刻蚀在单层金属上,是当工作波长超过毫米级时非常实用的激励方式。对于所有上述的激励方法,实际使用中,在介质谐振器和地平面之间形成空气间隙是不可避免的,而且会严重影响耦合效率(Junker et al.,1995)。为了克服这个问题共形带线馈电方式(Leung,2000)被提出,在介质谐振器表面上紧密附着金属条以激励介质谐振天线。这种激励方式继承了同轴探针馈电的大部分优点。基片集成波导是另一种新的传输线形式可以用来在毫米波频段激励介质谐振天线(Hou et al.,2014)。

介质谐振天线已经被用于设计各种线极化(LP)和圆极化(CP)天线(Luk and Leung,2003;Petosa,2007)来实现宽带和多通带。拓宽带宽无疑是过去几十年来最受欢迎的研究课题之一。大量的技术,诸如多层介质谐振器(Kishk et al.,1989;Chair et al.,2004),多边形介质谐振器(Hamsakutty et al.,2007;Kishk,2003),嵌入式介质谐振器(Ong et al.,2004;Sangiovanni et al.,1997)和混合型介质谐振器(Esselle and Bird,2005;Guha et al.,2006),被用于实现宽带线极化和宽带圆极化介质谐振天线中。由于穿孔介质谐振天线 Q 值很低,能够实现更宽的天线带宽(Chair and Kishk,2006)。另外,激发多个高次模式也是一个很好的方法,可以用来拓宽天线的阻抗带宽至40%(Li and Leung,2005)。在过去,阻止介质谐振天线应用于实际的一大挑战是其不能灵活的调谐频率。这是因为一旦制成介质谐振器,几乎不可能再改变其形状。Ng 和 Leung(2005,

2006)证实了介质谐振天线的谐振频率可以很容易地通过加载条状金属来调谐,从而解决了该难题。

近年来,介质谐振天线的应用已经扩展到便携式无线通信系统中,紧凑性是最重要的标准之一。为了小型化射频前端,多功能介质谐振天线(Lim and Leung,2012)被提出。在单个介质谐振天线中集成多个功能不仅会减少电路的面积,也将显著降低硬件成本。

21.3　小型化和集成化介质谐振天线

把天线做得非常紧凑总是受人欢迎的。介质谐振天线可以通过与环形器、滤波器和耦合器等集成的方式达到小型化。一个 90°或 180°耦合器通常需要输出两路幅度相同,相位正交或反相的信号。由于具有三维(3D)结构,介质谐振天线可以在其介质谐振器或其中的空间内容纳其馈电电路,这样的设计方式对于圆极化(CP)或是差分馈电的介质谐振天线是非常理想的。将耦合器嵌入介质谐振天线下面并不会增加天线的封装尺寸,从而使系统非常紧凑。下面将介绍圆极化介质谐振天线和差分介质谐振天线的设计实例。

21.3.1　集成底层正交耦合器的圆极化介质谐振天线

圆极化系统在发射和接收天线之间具有更加灵活的方向性,它们在某些应用中非常受欢迎,如卫星通信和全球定位系统(GPS)。因此,各式各样的单馈或双馈圆极化介质谐振天线在过去的 20 年中被提出和研究(Haneishi and Takazawa,1985;Oliver et al.,1995)。一般来说,单馈的圆极化,如切角的介质谐振天线(Haneishi and Takazawa,1985),十字缝隙馈电介质谐振天线(Oliver et al.,1995;Huang et al.,1999)和支节加载的介质谐振天线(Leung,Ng,2003;Leung et al.,2000),有较简单的馈电网络,但它们的轴比(AR)带宽相对较窄,典型值仅为 4%。双馈的介质谐振天线具有更宽的轴比带宽,但通常需要外部正交耦合器,因此整体尺寸较大(Mongia et al.,1994)。

Lim 首次提出了采用底层印刷的正交耦合器的紧凑型圆极化矩形介质谐振天线(Lim,2011)。图 21.1 是天线结构,矩形的介质谐振天线具有正方形的边长的横截面 $b = 31.8$ mm,高度 $h_2 = 20.5$ mm,介电常数 $\varepsilon_r = 10$。引入边长为 $a =$

22mm,高度为 $h_1 = 14$mm 的空腔,其底部用于容纳正交耦合器,该正交耦合器印制在介电常数 $\varepsilon_{rs} = 6.15$,厚度 $d = 0.63$mm 基板上。由于耦合器位于介质谐振天线的中空区域内,并不会影响介质谐振天线的结构设计。而且,因为几乎不需要额外的空间来容纳耦合器,使得圆极化天线非常紧凑。将一对连接耦合器的 0° 和 90°输出端口的有黏性的导电条粘在介质谐振天线相邻两个侧壁上来激励 TEx 111 和 TEy 111 模式。每个条的宽度 $W_1 = 0.93$mm,长度 $l_1 = 12.5$mm。耦合器的匹配端口使用 50Ω 的外部负载。

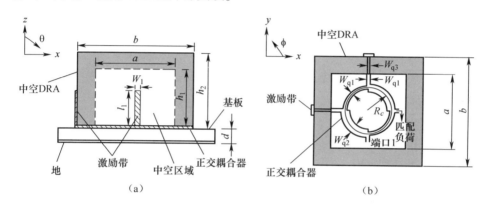

图 21.1　底层带有一个正交耦合器的圆极化介质谐振天线,使用 50Ω 负载匹配耦合器的端口
(a)前视图;(b)俯视图。(Lim et al.,2011, copyright @ 2011 IEEE, with permission)。

通过一种简化的网络模型可以分析集成化圆极化天线。图 21.2 是该网络模型,其中耦合器由其等效传输线表示,介质谐振天线由功能块表示。使用 Ansys HFSS 软件,将其中一根激励带状线接 50Ω 负载,观察另一根激励条处的输入阻抗即为介质谐振天线输入阻抗(Z_{ant})。然后将整个模型在 Microwave Office 中仿真。

图 21.3 是仿真和测试得到的反射系数。参考图 21.3,测试得到的反射系数与 HFSS 仿真结果吻合得很好。存在的差异是因为网络模型没有考虑到相互的耦合。由于使用了空心的介质谐振天线,测得的 10-dB 阻抗带宽达 24.95%。图 21.4 是在法线方向($\theta = 0°$)上的测试和仿真的轴比,具有非常宽的 3-dB 轴比带宽约为 33.8%,频率范围从 2.02~2.8GHz。图 21.5 是天线增益,相应频率下测试和仿真的天线增益分别是 6.18dBi 和 6.45dBi,由于介质谐振天线和耦合器的差损,实测的增益普遍比仿真的增益低。图 21.6 是 2.4GHz 时圆极化介质谐

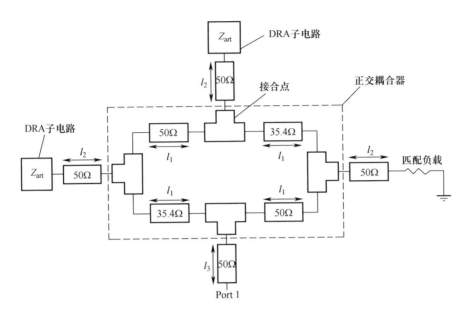

图 21.2 集成化圆极化介质谐振天线的网络模型(Lim et al.,2011,copyright @ 2011 IEEE, with permission)

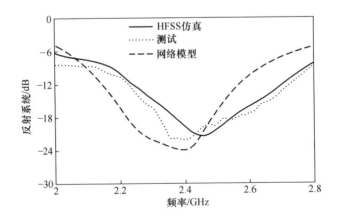

图 21.3 圆极化介质谐振天线测试和仿真的反射系数(Lim et al.,2011,copyright @ 2011 IEEE, with permission)

振天线的宽边辐射方向图,在法线方向上测得的左旋圆极化(LHCP)的场比右旋圆极化(RHCP)的场高 25dB。

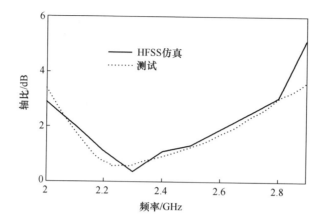

图 21.4　圆极化介质谐振天线测试和仿真的轴比(Lim et al.,2011,
copyright @ 2011 IEEE, with permission)

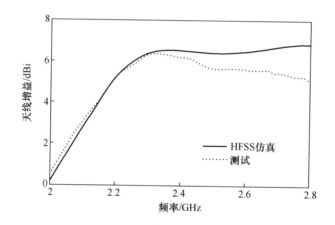

图 21.5　圆极化介质谐振天线测试和仿真天线增益(Limet al.,2011,
copyright @ 2011 IEEE, with permission)

由于在圆极化介质谐振天线上的带状线本身可以提供阻抗,外部的 50Ω 电阻也可以用匹配端口的加载金属条线来取代(Lim et al.,2011)。图 21.7 是提出的天线结构图。在这种情况下,位于介质谐振天线角落的金属条线通过外部微带线与匹配端口连接起来。金属线的宽度为 $W_2 = 0.58$ mm,长度 $l_2 = 4$ mm。通过调整 l_2 的长度很容易调整阻抗匹配,使用合适的 l_2 可以得到良好的匹配。图 21.8 是天线的仿真和测试的轴比。测试的轴比带宽约为 10%,比之前天线

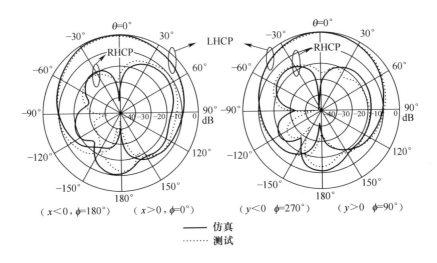

图 21.6 圆极化介质谐振天线测试和仿真的辐射方向图（Lim et al.,2011, copyright @ 2011 IEEE, with permission））

的结构要窄,这与预期的一样,因为圆极化介质谐振天线加载的金属带线不能提供常数 50Ω 负载。

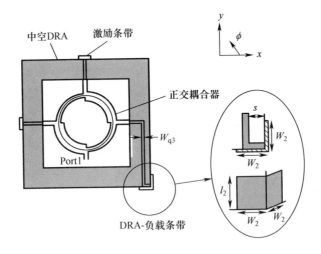

图 21.7 圆极化介质谐振天线的俯视图,在介质谐振天线角落加载金属条匹配耦合器的匹配端口（Lim et al.,2011, copyright @ 2011 IEEE, with permission）

第 21 章 介质谐振天线

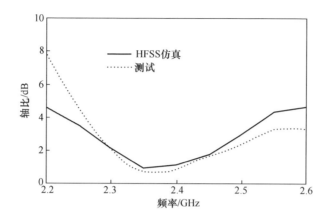

图 21.8 加载金属条的圆极化介质谐振天线的轴比(Lim et al.,2011, copyright @ 2011 IEEE, with permission)

21.3.2 底层集成 180°耦合器的差分介质谐振天线

同样的设计思路也被用来实现差分介质谐振天线(Fang et al.,2010),通过 180°耦合器差分馈电来抑制共模谐振,从而提高信噪比。如图 21.9 所示的天线结构。参数为 $a=22$mm, $b=31.8$mm, $d_1=14$mm, $d_2=20.5$mm, $\varepsilon_r=10$ 的空心介质谐振天线激励 TE_{111}^y 模式。在介质谐振天线的中空区域中,一个环形耦合器印刷在介电常数 $\varepsilon_{rs}=6.15$,厚度为 $h=0.63$mm 的罗杰斯基板上。一对宽度为 $w=0.58$mm,长度 $l=10.5$mm 的导线连接到环形耦合器的两个输出端口,贴在介质谐振天线的两个相对的面上来实现差分馈电。环形耦合器的隔离端接上一个 50Ω 的外部匹配电阻。

图 21.10 是差分介质谐振天线的测试和仿真的反射系数,从图中可以看出,测试和仿真的阻抗带宽分别为 11.8%(2.24~2.52GHz)和 10.6%(2.24~2.49GHz)。图 21.11 是测试和仿真的 2.4GHz 辐射方向图。激励的是 TE_{111}^y 模式,得到了预期的 E 面和 H 面较宽的辐射方向图。在各个面上,交叉极化比主极化在法线方向上低 26dB。作为比较,一个单馈的空心介质谐振天线的交叉极化比差分介质谐振天线的交叉极化高,特别是在 H 面。

需要注意的是,底层集成技术也可以延伸到立体介质谐振天线,耦合器的设计应该考虑到上层的介质谐振天线的负载效应。

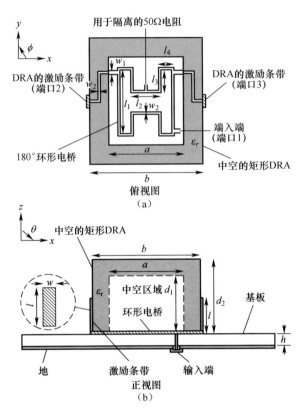

图 21.9 底层集成耦合器的矩形差分介质谐振天线的结构

(a)俯视图;(b)正视图。(Fang et al.,2010,copyright @ 2010 IEEE, with permission)

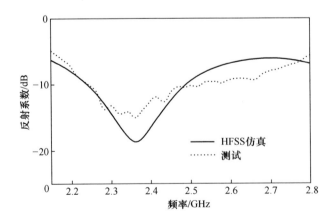

图 21.10 矩形空心差分介质谐振天线测试和仿真的反射系数

(Fang et al.,2010,copyright @ 2010 IEEE, with permission)

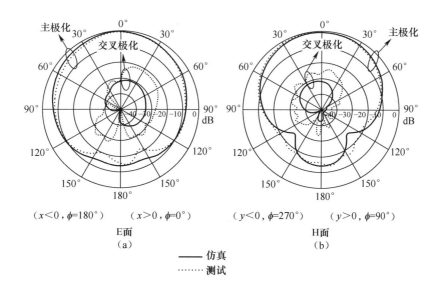

图 21.11 矩形空心差分介质谐振天线在 2.4GHz 测试和仿真的辐射方向图
(Fang et al., 2010, copyright @ 2010 IEEE, with permission)

21.4 地平面小型化介质谐振天线

在过去的三十年里,已经开发出了各种各样的天线几何图形、激励方式和带宽增强技术。到目前为止,对介质谐振天线的研究主要集中在主要的辐射问题上,而关注其地板这一重要组成部分相对较少。然而,由于在接地面上形成的时变电流也能产生辐射,地平面的尺寸和形状也对天线的性能起着至关重要的作用。事实上,地平面小型化对于某些特定的天线是必要的,如它能为下面的水平全向圆极化介质谐振天线和全向介质谐振天线提供很好的性能。拥有小型化的地平面也一定会使介质谐振天线更小巧便捷。

21.4.1 水平全向圆极化介质谐振天线

水平全向圆极化天线广泛应用于现代无线通信系统中,因为它们可以减轻多径效应和衰落问题。另一方面,水平全向辐射模式可以提供更大的信号覆盖,并稳定信号传输。因此,近年来,水平全向圆极化天线的研究引起了更加广泛的

关注(Kawakami et al. ,1997;Nakano et al. , 2000; Park,Lee,2011; Quan et al. , 2013; Row and Chan,2010)。

图 21.12 是第一个水平全向圆极化介质谐振天线的结构(Pan et al. , 2012),它是一个矩形的介质谐振天线,有四个斜槽在它的侧壁上。介质谐振天线的长度是 a,宽度是 b,高度是 h,介电常数为 ε_r,每个槽的宽度为 w、深度为 d、长度为 l、半径为 r_1 的同轴探针从中心给天线馈电,探针从 SMA 连接器的内部导体中伸出。为了使最大的辐射能达到 $\theta=90°$,并防止辐射场发生倾斜,SMA 连接器的边缘被用作(小型化的)地平面。以及对天线的工作原理进行阐述,当一个同轴探针向矩形介质谐振天线中央馈电时,它将产生线极化(LP)场,通过在介质谐振天线侧壁引入一个插槽,垂直单极子的垂直电场 E_z 出现扰动,可以正交分解为与倾斜槽垂直的电场 $E_\perp$ 和与倾斜槽平行的电场 $E_{//}$。开槽的谐振腔介质表现为各向异性介质(Kirschbaum and Chen,1957),两个分量以不同的速度传播,造成了它们之间的相位差,当相位差达到 90°,并且 $|E_\perp|=|E_{//}|$,介质谐振天线产生圆极化波。

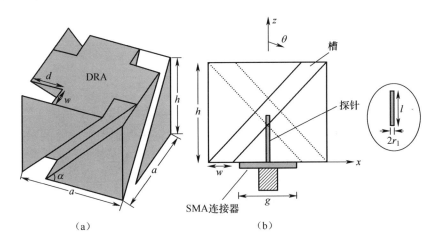

图 21.12 水平全向圆极化介质谐振天线的结构

(a)透视图;(b)前视图。(Pan et al. ,2012, copyright @ 2012 IEEE, with permission)

图 21.13 是工作在无线局域网频率 2.4GHz 上的两个模型的照片,其参数为 $Er=15,a=39.4\text{mm},h=33.4\text{mm},w=9.4\text{mm},d=14.4\text{mm},l=12.4\text{mm},r_1=0.63\text{mm},g=12.7\text{mm}$。图 21.14a、b 分别是所提出的圆极化介质谐振天线的反射

系数和轴比。测试的 10-dB 阻抗带宽和-3dB 轴比带宽分别为 24.4%（2.30~2.94GHz）和 7.3%（2.39~2.57GHz）。测试的轴比带宽在阻抗带宽范围内，因此整个轴比通带是可用的。图 21.15 是俯仰角（xz）平面和方位角（xy）平面的仿真和测试的辐射方向图，从图中可以看出，在法线方向有一个零点，最大辐射发生在 $\theta=90°$ 方向上，辐射方向图是水平全向的。在整个方位角平面上，主极化左旋圆极化的场比相应的交叉极化右旋圆极化的场高至少 20dB，表现出良好的圆极化性能。

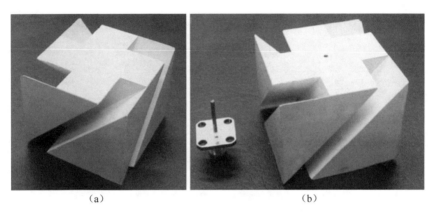

图 21.13 提出的水平全向圆极化介质谐振天线原型

（a）正面和侧壁的照片。（b）介质谐振天线的底面（Pan et al.，2012，copyright @ 2012 IEEE，with permission）

对于一个水平全向圆极化天线，接地面尺寸通常会影响天线性能。图 21.16 是不同边长的接地面对应介质谐振天线的结果。从图中可以看出，当 g 的值从 12.7mm 增加到 32.7mm，阻抗带宽和轴比带宽分别从 20.3% 降低到 10.6%，从 8.2% 降低到 4.2%。但当 g 大于 42.7mm 时，轴比急剧下降，整个轴比曲线高于 3dB 水平。一个较大的接地面由其边界条件限制，电场切向分量几乎为 0，只有垂直分量；而产生圆极化通常需要两个正交的电场分量，因此较大接地面往往导致较差的轴比性能。在设计一种水平全向圆极化天线时，通常使用小型化接地面。

另一种类似的开槽水平全向圆极化介质谐振天线也被提出（Khalily et al.，2014）。图 21.17 是相应的天线结构。在介质谐振天线的侧壁上引入了垂直槽而不是斜槽，从而产生了圆极化场；天线由同轴探针馈电，SMA 的边缘作为小型

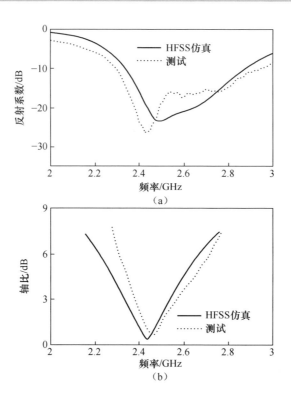

图 21.14 水平全向圆极化介质谐振天线测试和仿真的反射系数和轴比

(a)反射系数;(b)轴比。(Pan et al.,2012,copyright @ 2012 IEEE,with permission)

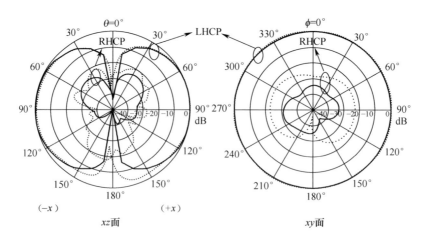

图 21.15 水平全向圆极化介质谐振天线测试和仿真的辐射方向图

(Pan et al.,2012, copyright @ 2012 IEEE, with permission)

第 21 章 介质谐振天线

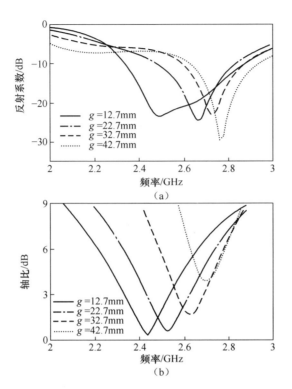

图 21.16 不同边长地板的水平全向圆极化介质谐振天线的反射系数和轴比

(a)反射系数;(b) 轴比。(Pan et al.,2012, copyright @ 2012 IEEE, with permission)

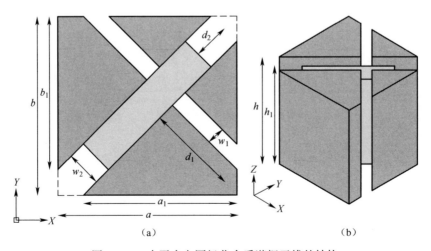

图 21.17 水平全向圆极化介质谐振天线的结构

(a)俯视图;(b)透视图。(Khalily et al.,2014, copyright @ 2014 IEEE, with permission)

275

化地平面。图 21.18 是圆极化介质谐振天线的反射系数和轴比。在图中,测试的-10dB 阻抗带宽为 4.57%(5.13~5.37GHz),3-dB 轴比带宽为 4.18%(5.15~5.37GHz)。该介质谐振天线的水平全向辐射方向图与图 21.15 所示类似。

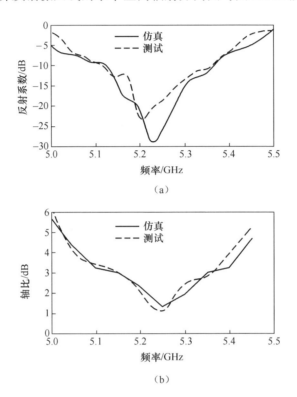

图 21.18　测试和仿真水平全向圆极化介质谐振天线的反射系数和轴比:
$E_r = 10, a = 31\text{mm}, h = 24\text{mm}, h_1 = 19\text{mm}, w_1 = 5\text{mm}, d_1 = 9.2\text{mm}, w_2 = 10\text{mm},$
$d_2 = 5\text{mm}, l = 13.25\text{mm}, r_1 = 0.63\text{mm}, g = 12.7\text{mm}_\circ$

(a)反射系数;(b)轴比。(Khalily et al.,2014, copyright @ 2014 IEEE, with permission)

对于上述两种天线,需要在介质表面上制造插槽,在使用圆柱或半球形的介质谐振天线时会变得更加困难。因此,相关学者提出一种新颖的加载改进 Alford 环的水平全向圆极化介质谐振天线(Li, Leung, 2013)。图 21.19 是该圆柱形介质谐振天线的结构,直径为 D,高度为 H,介电常数为 ε_r。介质谐振天线由在其底部中心的同轴探针馈电,激励起基本的 $TM_{01\delta}$ 模式。一个由中心贴片和四个弯曲的金属条组成改进 Alford 环放置在介质谐振天线上,用于生成圆极

化电场。该中心贴片直径为 d_1，每一个延伸的分支的宽度、径向长度和弧长分别为 w、l_1 和 l_2。图 21.20 是仿真和测试的反射系数和轴比。由介质谐振天线引起和由激励探针引起的两种模式合并在一起，形成了 13.2% 的阻抗带宽（2.34~2.67GHz）。测试的 3dB 轴比带宽为 10.5%（2.26~2.51GHz）。轴比通带和阻抗通带可用的重叠带宽为 7.0%（2.34~2.51GHz），几乎与之前的开槽介质谐振天线相同（Pan et al., 2012）。

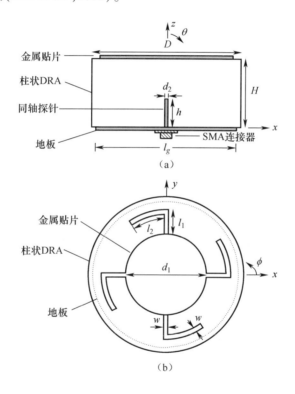

图 21.19 水平全向圆极化介质谐振天线结构

(a) 侧视图；(b) 俯视图。(Li and Leung, 2013, copyright @ 2013 IEEE, with permission)

另一种在侧壁上加载寄生贴片的水平全向圆极化介质谐振天线的结构如图 21.21 所示（Leung et al., 2013）。四个贴片沿着侧壁的对角线倾斜，有效地微扰了介质谐振天线的电场，产生了近乎退化的模式，从而生成了圆极化电场。如图 21.22 所示，圆极化介质谐振天线的测试阻抗带宽和轴比带宽接近，分别为 6.6% 和 6.9%。

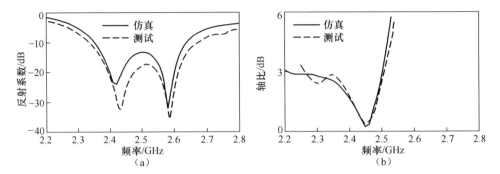

图 21.20　测试和仿真水平全向圆极化介质谐振天线的反射系数和轴比

(a)反射系数;(b)轴比。

$H=22\text{mm}, D=49\text{mm}, Er=10, H=10\text{mm}, d_2=1.27\text{mm}, d_1=26\text{mm}, l_1=8\text{mm}, l_2=11.5\text{mm}, w=1.4\text{mm}, l_g=47\text{mm}$ (From Li and Leung, 2013, copyright@ 2013 IEEE, with permission)

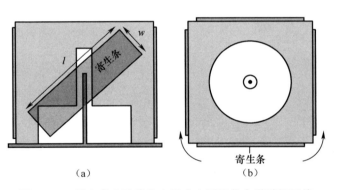

图 21.21　具有寄生贴片的水平全向圆极化介质谐振天线

(a)前视图;(b)俯视图。(Leung et al., 2013, copyright @ 2013 IEEE, with permission)

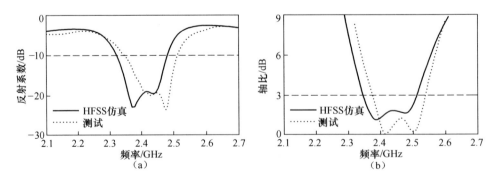

图 21.22　水平全向圆极化介质谐振天线仿真和测试的反射系数和轴比

(a)反射系数;(b)轴比。(Leung et al., 2013, copyright@ 2013 IEEE, with permission)

倾斜槽和寄生贴片(或条带)都可以产生圆极化场。因此,可以通过在原始槽的每个槽内放置一个寄生条带来获得两种圆极化模式(Pan et al.,2012)。图21.23 是该宽带水平全向圆极化天线的结构(Pan and Leung,2012)。四种相同的长度 l_s 和宽度 w_s 的导电条从介质谐振腔表面 x_0 深度处引入。研究表明,通过适当地调整条带的长度和位置,可以得到由条带激发的新的圆极化模式,并与介质谐振天线圆极化模式相结合,从而拓宽轴比带宽。此外,为了容纳馈电探针并提高匹配性能,半径为 r 的同轴线可以不在介质谐振器的中心。仿真和测试的反射系数和轴比如图 21.24 所示。从图中可以看出,天线的阻抗和轴比带宽均为 24%。天线的可用重叠带宽为 22.0%(3.16~3.94GHz),这对于许多无线通信应用来说是绰绰有余的。此外,在整个通带内水平全向辐射模式性能良好稳定。

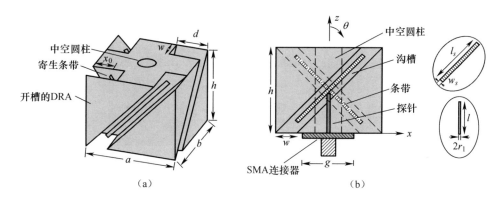

图 21.23 宽带水平全向圆极化介质谐振天线结构图
(a)透视图;(b)主视图。(Pan and Leung,2012), copyright@ 2012 IEEE, with permission)

21.4.2 小型化准全向介质谐振天线

对于某些应用,如射频识别(RFID)和无线接入点,全向天线是非常受欢迎的,它可以提供全向覆盖,以保持所有角度良好的通信。全向天线通常是将许多离散单元在一个圆上组阵(Chen et al.,2012;Zhang et al.,2011)或利用两个垂直、相位差为 90°的半波偶极子形成(Radnovic et al.,2010;Kraus and Marhefka,2003),但这两种方法要么结构复杂,要么馈电网络复杂。

利用互补天线的概念,相关学者研究了一个非常简单的准全向的介质谐振天线(Pan et al.,2014)。互补天线概念如彩图 21.25 所示。从图中可以看出,

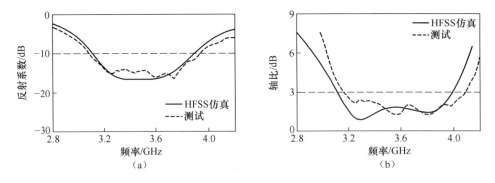

图 21.24 宽带水平全向圆极化介质谐振天线仿真和测试的反射系数和轴比

(a)反射系数;(b)轴比。(Pan and Leung,2012), copyright@ 2012 IEEE, with permission)

$\varepsilon_r=15$, $a=b=30\text{mm}$, $h=25\text{mm}$, $r=3\text{mm}$, $w=7\text{mm}$, $d=10.5\text{mm}$, $l_s=30.5\text{mm}$, $w_s=1\text{mm}$, $x_0=6.4\text{mm}$, $r_1=0.63\text{mm}$, $l=19\text{mm}$。

电偶极子的 E 面和 H 面辐射方向图分别为 8 字形和 0 字形,磁偶极子则是两种形状互换。因此,当一个电偶极子和磁偶极子垂直结合时,其中一个场为零的方向是另一个场最大的方向。因此,便没有盲点,并且能形成准全向天线。

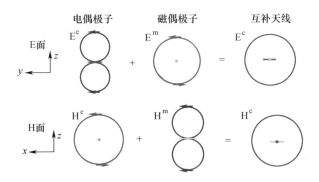

图 21.25 互补天线原理(彩图见书末)

图 21.26 是准全向的介质谐振天线的结构。它是一个矩形的介质谐振天线,正方形的横截面的边长是 a,高度是 d,介电常数是 ε_r。该介质谐振天线由距离中心 y_0、长度为 l,半径为 r 的同轴探针馈电。天线接地面是一个边长为 g 的金属片。形成准全向介质谐振天线所需的磁偶极子和电偶极子分别由介质谐振器和接地面形成。该天线的工作原理如图 21.27 所示,图中所示是接地面上的

第 21 章　介质谐振天线

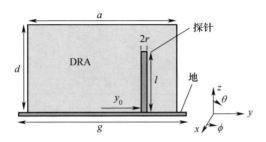

图 21.26　探针馈电的小型化地板的矩形介质谐振天线
(Pan et al.,2014, copyright@ 2014 IEEE, with permission)

电流和介质谐振天线的磁场。图 21.27a 中,接地面上有近似均匀的电流分布,可以近似为沿 y 轴的电偶极子。图 21.27b 和图 21.27c 中,介质谐振天线的场非常类似一个短的 x 方向磁偶极子产生的场。因此,带小接地面的介质谐振天线相当于一对垂直磁偶极子和电偶极子,形成准全向场。

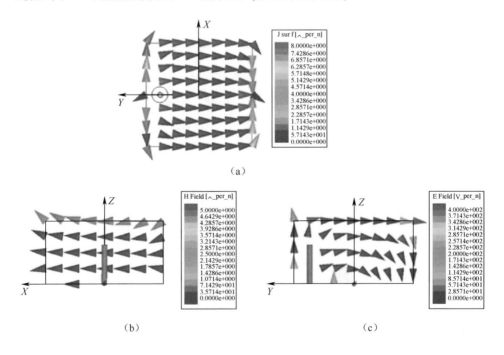

图 21.27　接地面上的电流和介质谐振天线的场分布
(a)接地面板上的电流;(b)介质谐振天线的磁场分布;(c)介质谐振天线的电场分布。

图 21.28 是该准全向介质谐振天线的测试和仿真的反射系数。由于同轴馈线是一种不平衡的结构,所以在测试中使用扼流圈来获得平衡的电流。天线的 10-dB 阻抗带宽为 6.9%(2.38~2.55GHz),与仿真结果一致。图 21.29 是总场 E_T 的三维(3D)模式。从图 21.29a 可以看出,仿真总场 E_T 与 ϕ 无关,所有垂直面方向图相同。在整个伪球面辐射表面上,最大和最小辐射功率密度之间的差异约为 5.6dB,比 3dB 的理论值高 2.6dB。这是因为两个源并不理想。在测试中也得到了类似的方向图,如图 21.29b 所示。更完美的全向的模式可以通过使用较小的矩形接地平面来实现。图 21.30 是参数为 $\varepsilon_r=10$、$a=24\mathrm{mm}$、$d=17\mathrm{mm}$、

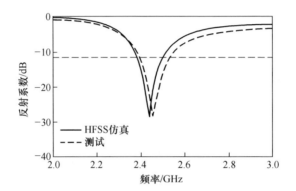

图 21.28　准全向介质谐振天线的测试和仿真的反射系数:$\varepsilon_r=10, a=27\mathrm{mm}$,
$d=14.5\mathrm{mm}, g=27\mathrm{mm}, l=9\mathrm{mm}, r=0.63\mathrm{mm}$(Pan et al.,2014,
copyright@ 2014 IEEE, with permission)

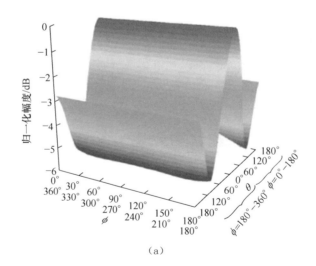

(a)

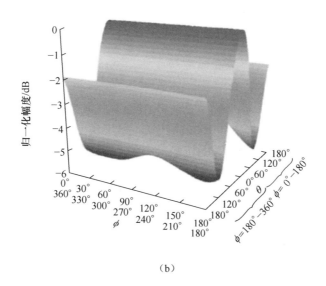

(b)

图 21.29　准全向天线测试(2.46GHz)和仿真(2.44GHz)的三维方向图
(a)仿真；(b)测试。(Pan et al.,2014, copyright @ 2014 IEEE, with permission)

$l=4.5$mm、$y_0=9$mm 的介质谐振天线在地板(24×6mm^2)上的表面电流仿真结果。可以清楚地看出,较小的接地面上的电流分布与偶极子天线的电流分布非常相似,因此天线的增益差可以减小到 4.5dB。使用更高介电常数为 $\varepsilon_r=15$ 的介质谐振天线可以获得 3.4dB 的更小的天线增益差值。

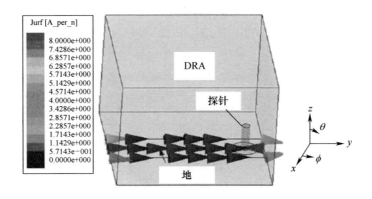

图 21.30　接地面(24×6mm^2)表面电流仿真结果

21.5 毫米波小型化介质谐振天线

毫米波频率范围中,Ka(26.5~40GHz),Q(40.5~43.5GHz),V(40~75GHz)和 W(75~110GHz)频段用于军用、航天和遥感。特别的是,国际电信联盟(ITU)已经指定 30~110GHz 作为极高频率(EHF)。使用毫米波通信链路的关键优势在于可用的大量的频谱带宽,可以传输大量数据(Kay,1966;Rappaport et al.,2011)。尽管如此,毫米波很容易在大气中被雨水、气体和水汽吸收(Weibel,Dressel,1967)。信号在 57~64GHz 频率范围内会因氧分子的谐振而严重衰减。因此,在实际中,毫米波通信链路需要使用高增益天线(Li,Luk,2014)。这个频率范围已经成功用于汽车雷达传感系统(Menzel,Moebius,2012),并不要求雷达的覆盖范围。在毫米波频段,抛物面天线和喇叭馈电的透镜天线是早期能够提供高增益的非平面结构天线(Kay,1966)。后来,平面天线如缝隙天线,微带贴片天线和印制偶极子也被发现(Pozar,1983;Vilar et al.,2014)。由于波长较短,一个主要的挑战是毫米波天线的制造精度和馈线损耗(Schwering,1992)。不同于微带谐振器,介质谐振器本身不具有导电损耗。这个特性对于提高辐射效率是非常理想的。虽然它是三维结构,但介质谐振天线比起反射天线和透镜天线更加紧凑。

微加工技术和低损耗电介质的实用性促进了介质谐振天线在毫米波频段内的发展。微加工技术,如光刻和激光铣削的发展让非常小的天线结构的加工成为可能。陶瓷立体摄影技术(Buerkle et al.,2006)应用于制造周期性结构中,如介质谐振天线阵列(Buerkle et al.,2006;Brakora et al.,2007)。探索毫米波应用中低损耗材料的努力也一直没有停止。陶瓷通常用于介质谐振天线,介电常数(ε_r>20)。但是,陶瓷材料硬度大,难以加工、制作和调整。软材料,如聚合物和塑料,便于加工,但是这些材料介电常数范围通常在 3~5(Zou et al.,2002;Wasylyshyn,2005;Koulouridis et al.,2006;Rashidian、Klymyshyn,2010)。具有低电介质常数可能不成问题,因为毫米波频段的天线尺寸通常很小,可以通过增大天线尺寸来克服制造方面的不足。但关键问题在于介质谐振天线在低介电常数情况下可能无法有效地激励。

聚合物材料,如液晶聚合物(LCP)、聚二甲基硅氧烷等高分子材料(PDMS)

和聚甲醛(POM),都属于低损耗电介质,可以用于制作介质谐振天线。最近,一种可以使用 X 射线光刻技术进行加工的光敏聚合物已经用于设计毫米波介质谐振天线(Rashidian,Klymyshyn ,2010)。本节阐述了在毫米波频段中应用低介电常数电介质的可行性。图 21.31 展示出了缝隙耦合馈电的介质谐振天线的构造,$\varepsilon_r = 4.2, a = b = 5.7\text{mm}, d = 2\text{mm}$。微波信号从 50Ω 微带馈线通过位于介电常数为 2.2 的罗杰斯基板背面的缝隙耦合到介质谐振天线。可以调整线长 L_s 改善阻抗匹配。使用 HFSS 仿真天线结构,并在 Agilent 8722ES 矢量网络分析仪上进行测试。使用一个洲际微波 WK-3001-G 测试夹具进行测量。在图 21.32 中,从测量和仿真的反射系数可以看出,缝隙耦合的介质谐振天线能够实现从 21.25~29.25GHz 的频率通带,覆盖 32% 的带宽。在同一个图中比较,一个陶瓷介质谐振天线,$\varepsilon_r = 10, a = b = 5.7\text{mm}, d = 2\text{mm}$,也使用同样的方法仿真和测试。它只有 9% 的带宽(覆盖 19~20.7GHz),这与聚合物相比要少得多。图 21.33 是在谐振频率 26.1GHz 天线 xz 面和 yz 面辐射方向图的测试和仿真结果。可以看出 TE_{111} 模的侧射方向图,在两个主要平面,主极化电平高于交叉极化电平至少 20dB。聚合物介质谐振天线的天线增益在侧射方向为 4.9dBi。这表明聚合物可以用于毫米波频段的介质谐振天线。

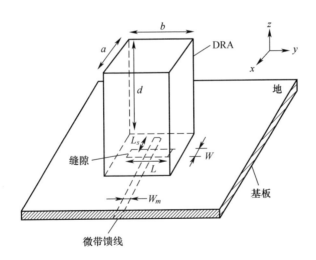

图 21.31　缝隙耦合介质谐振天线的结构

工作在毫米波频段,介质谐振天线常常与不同的传输馈线,如微带线和波导

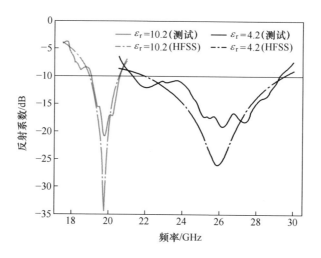

图 21.32 聚合物介质谐振天线的反射系数 $Er=4.2$ 和 $Er=10.2$,尺寸:
$a=b=5.7\text{mm}$,$d=2\text{mm}$(Rashidian and Klymyshyn,2010)

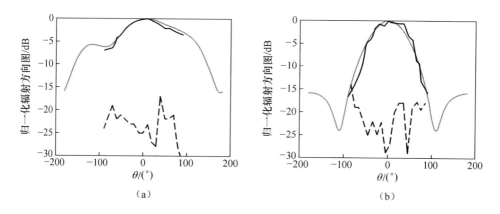

图 21.33 聚合物介质谐振天线 26.1GHz 辐射方向图仿真和测试结果
(a)yz 面;(b)xz 面。(Rashidian and Klymyshyn,2010)

集成。最近,介质谐振天线与一种新型的类波导传输线集成,称为基片集成波导(SIW),其工作在 TE 模式(Wu et al.,2012)。SIW 结构是在 1998 年首次提出的(Uchimura et al.,1998),它的衰减常数比微带线低,其传播的电场被限制在基板的金属板和金属通孔之间(Lai et al.,2009)。由于金属通孔会泄漏电场,它比传统的金属波导损耗更高。为了使结构更紧凑,如图 21.34 所示,使用半模式基片

集成波导(HMSIW)设计了一个工作在60GHz的缝隙耦合线极化介质谐振天线(Lai et al.,2010)。半模式基片集成波导由Rogers 5880基材制成,介电常数为 $\varepsilon_r = 2.2$,损耗角正切 $\tan\delta = 0.001$,厚度 $t = 0.127$mm。在这种情况下,介质谐振天线是用TM10i电介质材料加工而成,$\varepsilon_r = 10.2 \pm 0.2$,损耗角正切 $\tan\delta = 0.002$。介质谐振天线放置在槽的顶部,使用介电常数为3.6,损耗角正切为0.06的环氧树脂。该树脂层厚度 $h_g = 15\mu$m。如图21.34(a)、(b)所示,可以看出,半模式

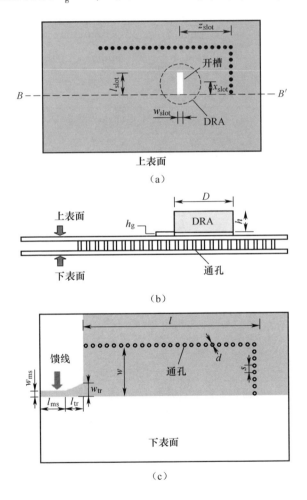

图 21.34 半模式基片集成波导馈电的线极化介质谐振天线结构
(a)上表面;(b)侧视图;(c)下表面。

基片集成波导由一段渐变微带线馈电。波导的一端为接地面,另一端通过一排金属通孔短路。通过一个蚀刻在半模基片集成波导的顶表面上的横向槽,如图 21.34(a)所示,线极化介质谐振天线可以很容易地被激励。线极化介质谐振天线的优化尺寸为: $w_{ms} = 0.35\text{mm}$, $l_{ms} = 10\text{mm}$, $w_{tr} = 0.9\text{mm}$, $l_{tr} = 1.4\text{mm}$, $w = 2.2$, $l = 8.9\text{mm}$, $d = 0.4\text{mm}$, $s = 0.5\text{mm}$, $D = 3\text{mm}$, $h = 0.5\text{mm}$, $x_{slot} = 1.0\text{mm}$, $z_{slot} = 2.3\text{mm}$, $w_{slot} = 0.2\text{mm}$, $l_{slot} = 2.0\text{mm}$, $h_g = 15 \pm 5 \mu\text{m}$, $t = 5\text{mil}$。当使用十字槽时,如图 21.35 所示,相同的介质谐振天线可以产生圆极化波。它的优化尺寸为 $w_{ms} = 0.35\text{mm}$, $l_{ms} = 10\text{mm}$, $w_{tr} = 0.3\text{mm}$, $l_{tr} = 2.4\text{mm}$, $w = 2.35$, $l = 8.55\text{mm}$, $d = 0.4\text{mm}$, $s = 0.5\text{mm}$, $D = 2\text{mm}$, $h = 0.7\text{mm}$, $x_{slot} = 0.02\text{mm}$, $z_{slot} = 2.75\text{mm}$, $w_{slot} = 0.2\text{mm}$, $l_{slot} = 2.0\text{mm}$, $h_g = 15 \pm 5 \mu\text{m}$, $t = 5\text{mil}$。图 21.36 是加工的介质谐振天线样品的实物。

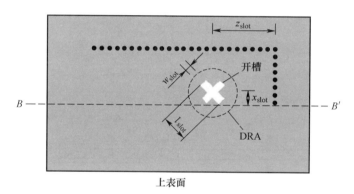

图 21.35　圆极化介质谐振天线上表面

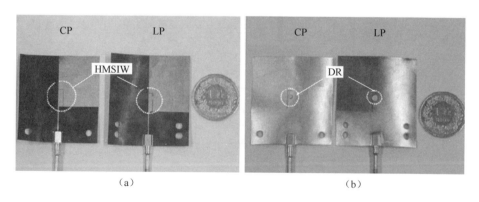

图 21.36　线极化和圆极化介质谐振天线加工实物
(a)下表面;(b)上表面。

图 21.37 是线极化介质谐振天线的仿真和测试的反射系数。三个谐振模式（$HEM_{11\delta}$ 和缝隙模式）清晰可见。测试带宽 24%，比仿真带宽 25% 略窄。图 21.38 给出了线极化介质谐振天线仿真和测试的增益,在 49~62GHz 频率范围内大于 5.5dBi。55GHz 辐射方向图如图 21.39 所示,结果和 HEM 模式和缝隙模式是一致的。天线增益在 $\theta=0°$ 方向为 5dBi。图 21.40 是仿真和测试的圆极化介质谐振天线的反射系数。阻抗匹配在 60GHz 左右最佳,-10dB 的阻抗宽带为 2.7GHz(4.5%)。图 21.41 中的轴比表示圆极化天线的-3dB AX 带宽为

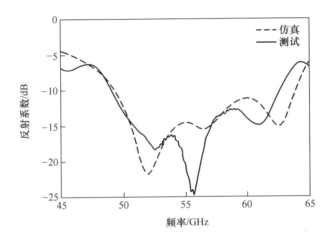

图 21.37 线极化介质谐振天线的仿真和测试的反射系数

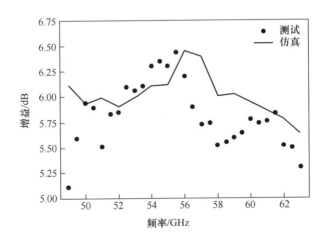

图 21.38 线极化介质谐振天线仿真和测试的增益

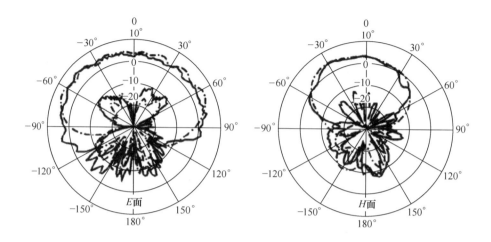

图 21.39 半模基片集成波导馈电的线极化介质谐振天线(在 55GHz)仿真(虚线)和测试(实线)的主极化与交叉极化方向图(Lai et al.,2010, copyright @ 2010 IEEE, with permission)

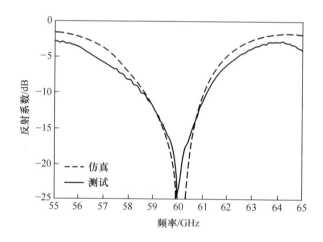

图 21.40 圆极化介质谐振天线反射系数

4.0%,覆盖 58.6~61.0GHz。图 21.42 是天线在 59.4GHz 的 xy 平面和 yz 平面中的辐射方向图。在 xy 平面上的-3dB 波束宽度是 99°,在 yz 平面上是 81°。

大多数毫米波介质谐振天线的研究集中在天线最基本的模式(Keller et al.,1998;Lai et al.,2008;Svedin et al.,2007;Wahab et al.,2009)。例如,介电

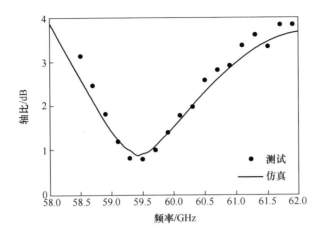

图 21.41　法线方向圆极化介质谐振天线的轴比(Lai et al.,2010, copyright @ 2010 IEEE, with permission)

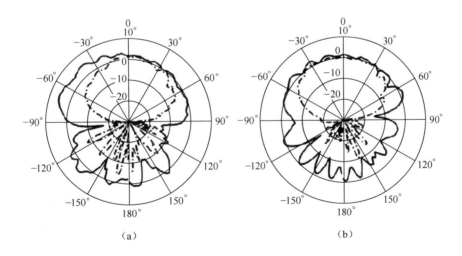

图 21.42　圆极化介质谐振天线在 xy 平面和 yz 平面中的电场测试(59.4GHz)图

常数为 $\varepsilon_r=9.8$ 的矩形介质谐振天线在 40GHz 时的尺寸为 1.91mm、0.635mm 和 1.91mm。当天线尺寸很小时加工起来很困难,导致这些结构无法应用于毫米波频段。使用介质谐振天线的高次模已经被证实是在较高工作频率缓解加工精度的有效手段(Petosa et al.,2009,2011; Pan et al.,2011; Hou et al.,2014)。

三个缝隙耦合的矩形介质谐振天线被研究(参照图 21.31 中的天线结构：DRA1, $a=b=7\text{mm}, d=10\text{mm}$; DRA2, $a=b=6\text{mm}, d=15\text{mm}$; DRA3, $a=b=5\text{mm}, d=30\text{mm}$)(Petosa et al., 2009 年; Petosa 和 Thirakoune, 2011)被研究, 其中高阶 $TE_{\delta 11}$、$TE_{\delta 13}$ 和 $TE_{\delta 15}$ 模式分别在 DRA1、DRA2 和 DRA3 中被激励。测试的反射系数和天线增益如图 21.43 所示。在 11GHz, 相应的天线增益为 5.5dBi、8.2dBi 和 10.2dBi 的。这项研究表明, 矩形介质谐振天线随着高次模式的激励能够提供更高的天线增益。图 21.44(a)是 $TE_{\delta 15}$ 模式的磁场分布, 如图 21.44(b)所示, 可以被一对等效磁偶极子代替。在这种情况下, 基于镜像理论可以去除地平面。由于地平面的存在, 只有奇模可以被激励。偶模不会被激励, 因为它们是短路的。磁偶极子之间的间距由介质谐振天线的尺寸决定, 直接影响天线增益、波束宽度和旁瓣。DRA1、DRA2 和 DRA3 的辐射方向都在法线方向。图 21.45 是 $TE_{\delta 13}$ 模式的测试和仿真的辐射方向图, 其波束宽度比 $TE_{\delta 11}$ 模式窄, 但大于 $TE_{\delta 15}$ 模式。

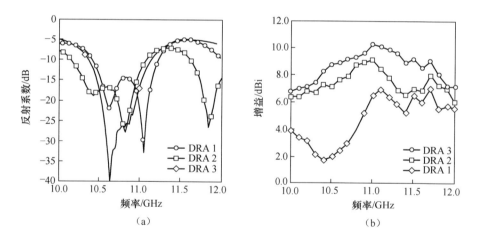

(a)

(b)

图 21.43　(a)反射系数和(b)增益(Petosa and Thirakoune, 2011, copyright @ 2011 IEEE, with permission)

在(Pan et al., 2011)中, 进一步研究了介质谐振天线的高阶模 TE^y_{pqr} 模式在 24GHz 的性质。天线结构如图 21.31 所示。一个 y 方向的缝隙蚀刻在介质谐振天线下方用来激励天线。对于位于地平面上的缝隙耦合矩形介质谐振天线, 已经证明得到指数 p、q、r 必须是奇数。图 21.46 给出了设计的缝隙耦合馈电的矩

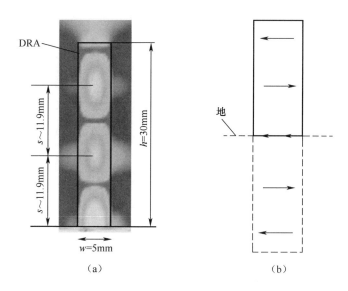

图 21.44 （a）DRA3 工作在 $TE_{\delta 15}$ 模式的磁场分布和（b）$TE_{\delta 15}$ 模式的辐射模式。
（Petosa and Thirakoune（2011, copyright@ 2011 IEEE, with permission）

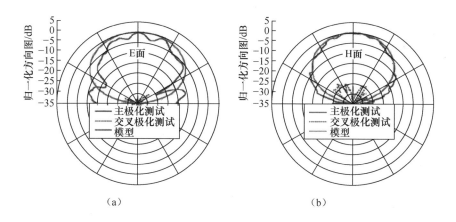

图 21.45 $TE_{\delta 13}$ 模式的辐射方向图

（a）E 面；（b）H 面。

形介质谐振天线的反射系数，尺寸为 $a = 4.8\text{mm}, b = 6.4\text{mm}, d = 3\text{mm}, \varepsilon_r = 10, W = 0.5\text{mm}, L = 2.8\text{mm}, W_m = 0.78\text{mm}$ 和 $L_s = 2.6\text{mm}$。显然，只有奇模被激励。具有偶数指数的谐振模式（$TE^y_{211}, TE^y_{121}, TE^y_{112}$）并没有被激励。微带馈线易于设计和

加工。如果工作频率更高,可以使用共面波导和介质镜像波导。

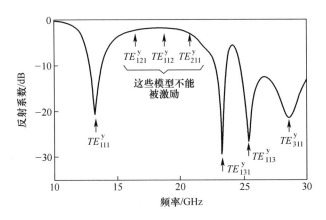

图 21.46 缝隙耦合馈电的矩形介质谐振天线的反射系数

高阶模式 TE_{115}^y 和 TE_{119}^y 的特性在(Pan et al.,2011)中得到研究。TE_{115}^y 模式的介质谐振天线的参数为:$a=b=4.0mm$,$d=6.1mm$,$E_r=10$,$W=0.5mm$,$L=2.2mm$,$W_m=0.78mm$,$L_s=1.4mm$;TE_{119}^y 模式的介质谐振天线的参数为:$a=b=4.2mm$,$d=10.7mm$,$E_r=10$,$W=0.5mm$,$L=1.8mm$,$W_m=0.78mm$,$L_s=0.9mm$。可以从图 21.47 中的反射系数中观察到,TE_{115}^y 模式和 TE_{119}^y 模式测试的谐振频率为 23.86GHz 和 23.87GHz。相应的 -10dB 带宽为 5.39%(覆盖 23.30 ~ 24.59GHz)和 3.87%(23.58 ~ 24.51GHz)。图 21.48 是在 24GHz 左右介质谐振天线的仿真和测试的天线增益,5.8dBi(TE_{115}^y 模式)和 6.3dBi(TE_{119}^y 模式),后者的增益更高。需要指出的是,介质谐振天线的波束宽度,旁瓣和高阶模式的天线增益可以随着天线尺寸的改变而改变。从图 21.49 测试和仿真的辐射方向图可以看出,高阶模式向轴向方向辐射。在 $E(xz$ 平面)和 $H(yz$ 平面)平面,主极化电平比交叉极化电平至少高 20dB。

小型化介质谐振天线可以与各种集成电路(IC)集成,实现紧凑的封装。直接在射频电路上集成一个天线可以消除互连结构,这可以改善高频处的信号损耗,特别是在毫米波频段内。对于硅基集成天线,基板电导率是决定辐射效率的最关键的参数。在文献(Hou et al.,2014)中,片上介质谐振天线与半模基片集成波导集成在一起,在 135GHz 激励起高阶 $TE_{\delta13}^x$ 和 $TE_{\delta15}^x$ 模式。图 21.50 是片上介质谐振天线的结构,图 21.51(a)是激励起的半模基片集成波导。为了比

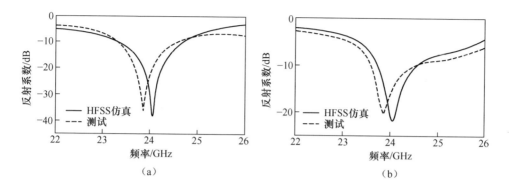

图 21.47　仿真和测试的反射系数

(a) TE_{115}^y 模式；(b) TE_{119}^y 模式。

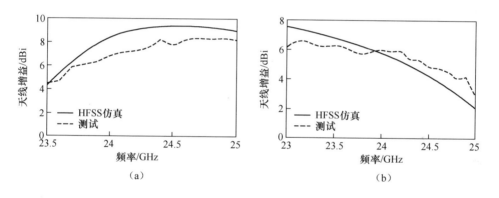

图 21.48　仿真和测试的增益

(a) TE_{115}^y 模式；(b) TE_{119}^y 模式。

较，在图中放置一个标准全模基片集成波导。从图中可以看出半模基片集成波导具有与全模相同的谐振模式。整个结构使用标准 $0.18\mu m$ 的 CMOS 工艺制造。一个尺寸为 $a \cdot b \cdot h$ 的介质谐振天线直接放置在馈电的缝隙上。其他设计参数如下：$w=10\mu m, t=300\mu m, d=100\mu m, d_1=210\mu m, d_2=160\mu m, s=30\mu m, l=750\mu m, l_1=800\mu m, t_h=10\mu m, h_1=6.6\mu m$。工作在 $TE_{\delta13}^x$ 模式的介质谐振天线尺寸为：$a=650\mu m, b=380\mu m, h=1300\mu m, d_3=140\mu m$。工作在 $TE_{\delta15}^x$ 模式的介质谐振天线尺寸为：$a=650\mu m, b=380\mu m, h=2200\mu m, d_3=140\mu m$。介质谐振天线及其馈电结构如图 21.52 所示。加工了两个样品，$TE_{\delta15}^x$ 模式的仿真和测试的反

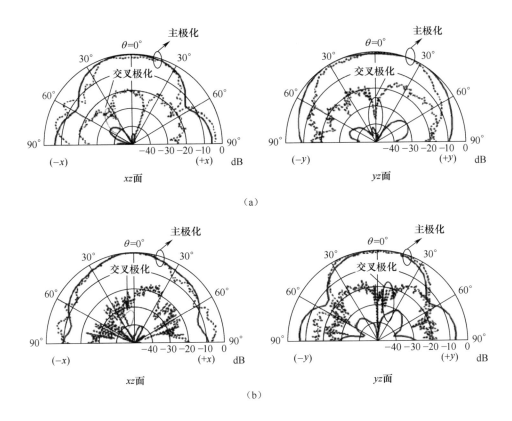

图 21.49 仿真和测试的辐射方向图

(a)TE_{115}^y模式;(b)TE_{119}^y模式。(From Pan et al.,2011,copyright @ 2011 IEEE,with permission)

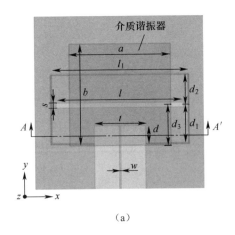

(a)

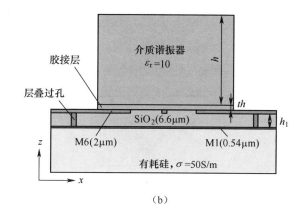

(b)

图 21.50　片上介质谐振天线

(a)俯视图；(b)侧视图。(A-A'平面)

(Hou et al.,2014, copyright @ 2014 IEEE, with permission)

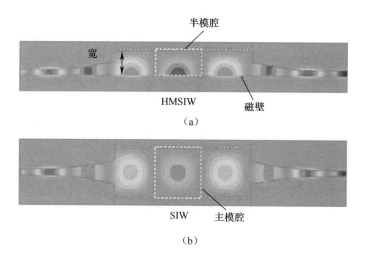

图 21.51　(a)半模基片集成波导和(b)全模基片集成波导(Hou et al.,2014),
copyright @ 2014 IEEE, with permission)

射系数如图 21.53 所示。天线带宽为 8%。参考文献(Hou et al.,2014),仿真的辐射效率和天线增益分别为 42%和 7.6dBi。显然,硅基天线的主要挑战始终是其辐射效率较低。

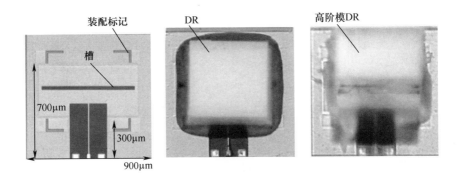

图 21.52　片上介质谐振天线和它的半模基片集成波导馈电
（Hou et al.,2014, copyright @ 2014 IEEE, with permission）

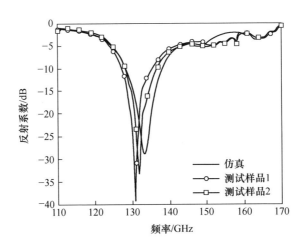

图 21.53　片上介质谐振天线工作在 $TE^x_{\delta 15}$ 模式的仿真和测试的反射系数
（Hou et al.,2014），copyright @ 2014 IEEE, with permission）

21.6　结论

本章的第一部分,讨论了小型化介质谐振天线的发展,重点讨论了设计与功分器集成的小型化介质谐振天线。研究表明:可以将介质谐振天线和耦合器集成来实现宽带圆极化介质谐振天线;可以将介质谐振天线与混合环耦合器集成

第 21 章　介质谐振天线

来设计差分介质谐振天线。在第二部分讨论了接地面小型化技术被用来缩小介质谐振天线的封装尺寸。通过介绍实例,阐述了接地面小型化的水平全向圆极化介质谐振天线和准全向介质谐振天线的设计流程。最后,讨论了使用不同馈电方式的毫米波介质谐振天线。研究表明使用介质谐振天线的高阶模式可以用来缓解毫米波频段的制造公差带来的影响。

参考文献

Abe H, Takayama Y, Higashisaka A, Takamizawa H (1978) A highly stabilized low-noise GaAs FET integrated oscillator with a dielectric resonator in the C band. IEEE Trans Microw Theory Tech 26(3):156–162

Al-Salameh MS, Antar YMM, Seguin G (2002) Coplanar waveguide fed slot-coupled rectangular dielectric resonator antenna. IEEE Trans Antennas Propag 50(10):1415–1419

Brakora KF, Halloran J, Sarabandi K (2007) Design of 3-D monolithic MMW antennas using ceramic stereolithography. IEEE Trans Antennas Propag 44(3):790–797

Buerkle A, Brakora KF, Sarabandi K (2006) Fabrication of a DRA array using ceramic stereolithography. IEEE Antennas Wirel Propag Lett 5:479–482

Chair R, Kishk AA (2006) Experimental investigation for wideband perforated dielectric resonator antenna. Electron Lett 42(3):15–16

Chair R, Kishk AA, Lee KF, Smith CE (2004) Wideband flipped staired pyramid dielectric resonator antennas. Electron Lett 40(10):581–582

Chen ZN, Qing XM, See TSP, Toh WK (2012) Antennas for WiFi connectivity. Proc IEEE 100(7):2322–2329

Cohn SB (1968) Microwave bandpass filters containing high-Q dielectric resonators. IEEE Trans Microw Theory Tech 16(4):218–227

Esselle KP, Bird TS (2005) A hybrid-resonator antenna: experimental results. IEEE Trans Antennas Propag 53(2):870–871

Fang XS, Leung KW, Lim EH (2010) Compact differential rectangular dielectric resonator antenna. IEEE Antennas Wirel Propag Lett 9:662–665

Fiedziuszko SJ (1986) Microwave dielectric resonators. Microw J 29:189–200

Fumeaux C, Baumann D, Leuchtmann P, Vahldieck R (2004) A generalized local time-step scheme for efficient FVTD simulations in strongly inhomogeneous meshes. IEEE Trans Microw

Theory Tech 52(3):1067-1076

Gastine M, Courtois L, Dormann JL (1967) Electromagnetic resonances of free dielectric spheres. IEEE Trans Microw Theory Tech 15(12):694-700

Guha D, Antar YMM, Ittipiboon A, Petosa A, Lee D (2006) Improved design guidelines for the ultra wideband monopole-dielectric resonator antenna. IEEE Antennas Wirel Propag Lett 5(1):373-376

Hamsakutty V, Kumar A, Yohannan J, Mathew KT (2007) Hexagonal dielectric resonator antenna for 2.4GHz WLAN applications. Microw Opt Technol Lett 49:162-164

Haneishi M, Takazawa H (1985) Broadband circularly polarized planar array composed of a pair of dielectric resonator antennas. Electron Lett 21(10):437-438

Hou D, Hong W, Goh WL, Chen J, Xiong YZ, Hu S, Madihian M (2014) D-band on-chip high-erorder-mode dielectric-resonator antennas fed by half-mode cavity in CMOS technology. IEEE Antennas Propag Mag 56(3):80-89

Huang CY, Wu JY, Wong KL (1999) Cross-slot-coupled microstrip antenna and dielectric resonator antenna for circular polarization. IEEE Trans Antennas Propag 47(4):605-609

Huitema L, Monediere T (2012) Dielectric materials for compact dielectric resonator antenna applications. In: Dielectric Material. Intech (ISBN 978-953-51-0764-4)

Junker GP, Kishk AA, Glisson AW (1994) Input impedance of dielectric resonator antennas excited by coaxial probe. IEEE Trans Antennas Propag 42(7):960-966

Junker GP, Kishk AA, Glisson AW, Kajfez D (1995) Effect of fabrication imperfections for groundplane-backed dielectric-resonator antennas. IEEE Antennas Propagation Magazine 37(1):40-47

Junker GP, Kishk AA, Glisson AW (1996) Input impedance of aperture-coupled dielectric resonator antennas. IEEE Trans Antennas Propag 44(5):600-607

Kajfez D, Guillon P (1998) Dielectric resonators. Noble, Atlanta Kawakami H, Sato G, Wakabayashi R (1997) Research on circularly polarized conical-beam antennas. IEEE Antennas Propag Mag 39(6):27-39

Kay AF (1966) Millimeter wave antennas. Proc IEEE 54(4):641-647

Ke SY, Cheng YT (2001) Integration equation analysis on resonant frequencies and quality factors of rectangular dielectric resonators. IEEE Trans Microw Theory Tech 49(3):571-574

Keller MG, Oliver MB, Roscoe DJ, Mongia RK, Antar YMM, Ittipiboon A (1998) EHF dielectric resonator antenna array. Microw Opt Technol Lett 17(6):345-349

Khalily M, Kamarudin MR, Mokayef M, Jamaluddin MH (2014) Omni-directional circularly polarized dielectric resonator antenna for 5.2-GHz WLAN applications. IEEE Antennas Wirel Propag Lett 13:443–446

Kirschbaum HS, Chen L (1957) A method of producing broadband circular polarization employing an anisotropic dielectric. IRE Trans Microw Theory Tech 5(3):199–203

Kishk AA (2003) Wide-band truncated tetrahedron dielectric resonator antenna excited by a coaxial probe. IEEE Trans Antennas Propag 51(10):2913–2917

Kishk A (2007) Chapter 17, Dielectric resonator antenna. In: Antenna engineering handbook. McGraw-Hill Education, New York

Kishk AA, Ahn B, Kajfez D (1989) Broadband stacked dielectric resonator antennas. Electron Lett 25(18):1232–1233

Koulouridis S, Kiziltas G, Zhou Y, Hansford DJ, Volakis JL (2006) Polymer-ceramic composites for microwave applications: fabrication and performance assessment. IEEE Trans Microw Theory Tech 54(12):4202–4208

Kraus JD, Marhefka RJ (2003) Antennas for all applications, 3rd edn. McGraw-Hill, New York

Lai QH, Almpanis G, Fumeaux C, Benedickter H, Vahldieck R (2008) Comparison of the radiation efficiency for the dielectric resonator antenna and the microstrip antenna at Ka band. IEEE Trans Antennas Propag 56(11):3589–3592

Lai QH, Fumeaux C, HongW, Vahldieck R (2009) Characterization of the propagation properties of the half-mode substrate integrated waveguide. IEEE Trans Microw Theory Tech 57(8): 1996–2004

Lai QH, Fumeaux C, Hong W, Vahldieck R (2010) 60GHz aperture-coupled dielectric resonator antennas fed by a half-mode substrate integrated waveguide. IEEE Trans Antennas Propag 58(6):1856–1864

Leung KW (2000) Conformal strip excitation of dielectric resonator antenna. IEEE Trans Antennas Propag 48(6):961–967

Leung KW, Ng HK (2003) Theory and experiment of circularly polarized dielectric resonator antenna with a parasitic patch. IEEE Trans Antennas Propag 51(3):405–412

Leung KW, Luk KM, Lai KYA, Lin D (1993) Theory and experiment of a coaxial probe fed hemispherical dielectric resonator antenna. IEEE Trans Antennas Propag 41(10):1390–1398

Leung KW, Luk KM, Lai KYA, Lin D (1995) Theory and experiment of an aperture-coupled hemispherical dielectric resonator antenna. IEEE Trans Antennas Propag 43(11):1192–1198

Leung KW, Wong WC, Luk KM, Yung EKN (2000) Circular-polarised dielectric resonator antenna excited by dual conformal strips. Electron Lett 36(6):84–486

Leung KW, Pan YM, Fang XS, Lim EH, Luk KM, Chan HP (2013) Dual-function radiating glass for antennas and light covers-part I: omnidirectional glass dielectric resonator antennas. IEEE Trans Antennas Propag 61(2):578–586

Li B, Leung KW (2005) Strip-fed rectangular dielectric resonator antennas with/without a parasitic patch. IEEE Trans Antennas Propag 53(7):2200–2207

Li WW, Leung KW (2013) Omnidirectional circularly polarized dielectric resonator antenna with top-loaded alford loop for pattern diversity design. IEEE Trans Antennas Propag 61(2):563–570

Li MJ, Luk KM (2014) A low-profile unidirectional printed antenna for millimeter-wave applications. IEEE Trans Antennas Propag 62(3):1232–1237

Lim EH, Leung KW (2012) Compact multi-functional antennas for wireless systems. Wiley, Hoboken Lim EH, Leung KW, Fang XS (2011) The compact circularly polarized hollow rectangular dielectric resonator antenna with an underlaid quadrature coupler. IEEE Trans Antennas Propag 59(1):288–293

Liu Z, Chew WC, Michielssen E (2002) Numerical modeling of dielectric-resonator antennas in a complex environment using the method of moments. IEEE Trans Antennas Propag 50(1):79–82

Lo HY, Leung KW, Luk KM, Yung EKN (1999) Low profile equilateral- triangular dielectric resonator antenna of very high permittivity. Electron Lett 35(25):2164–2166

Long SA, McAllisterMW, Shen LC (1983) The resonant cylindrical dielectric cavity antenna. IEEE Trans Antennas Propag 31(3):156–162

Luk KM, Leung KW (2003) Dielectric resonator antennas. Research Studies Press, London

Madou MJ (2011) Fundamentals of microfabrication and nanotechnology, 3rd edn. CRC Press, Boca Raton

McAllister MW, Long SA (1984) Resonant hemispherical dielectric antenna. Electron Lett 20(16):657–659

Menzel W, Moebius A (2012) Antenna concepts for millimeter-wave automotive radar sensors. Proc IEEE 100(7):2372–2379

Mongia RK (1992) Theoretical and experimental resonant frequencies of rectangular dielectric resonators. IEE Proc H Microw Antennas Propag 1:98-104

Mongia RK, Bhartia P (1994) Dielectric resonator antenna - a review and general design relations

to resonant frequency and bandwidth. Int J Microw MillimWave Comput Aided Eng 4:230-247

Mongia RK, Ittipiboon A (1997) Theoretical and experimental investigations on rectangular dielectric resonator antennas. IEEE Trans Antennas Propag 45(9):1348-1355

Mongia RK, Ittipiboon A, Cuhaci M, Roscoe D (1994) Circularly polarized dielectric resonator antenna. Electron Lett 30(17):1361-1362

Nakano H, Fujimori K, Yamauchi J (2000) A low-profile conical beam loop antenna with an electromagnetically coupled feed system. IEEE Trans Antennas Propag 48(12):1864-1866

Ng HK, LeungKW(2005) Frequency tuning of the dielectric resonator antenna using a loading cap. IEEE Trans Antennas Propag 53(3):1229-1232

Ng HK, Leung KW (2006) Frequency tuning of the linearly and circularly polarized dielectric resonator antennas using multiple parasitic strips. IEEE Trans Antennas Propag 54(1):225-230

Oliver MB, Antar YMM, Mongia RK, Ittipiboon A (1995) Circularly polarized rectangular dielectric resonator antenna. Electron Lett 31(3):418-419

Ong SH, Kishk AA, Glisson AW (2004) Rod-ring dielectric resonator antenna. Int J RF Microw Comput Aided Eng 14(5):441-446

Pan YM, Leung KW (2012) Wideband omnidirectional circularly polarized dielectric resonator antenna with parasitic strips. IEEE Trans Antennas Propag 60(6):2992-2997

Pan YM, Leung KW, Luk KM (2011) Design of the millimeter-wave rectangular dielectric resonator antenna using a higher-order mode. IEEE Trans Antennas Propag 59(8):2780-2788

Pan YM, Leung KW, Lu K (2012) Omni-directional linearly and circularly polarized rectangular dielectric resonator antennas. IEEE Trans Antennas Propag 60(2):751-759

Pan YM, Leung KW, Lu K (2014) Compact quasi-isotropic dielectric resonator antenna with small ground plane. IEEE Trans Antennas Propag 62(2):577-585

Park BC, Lee JH (2011) Omnidirectional circularly polarized antenna utilizing zeroth-order resonance of epsilon negative transmission line. IEEE Trans Antennas Propag 59(7):2717-2721

Petosa A (2007) Dielectric resonator antenna handbook. Artech House, Norwood

Petosa A, Thirakoune S (2011) Rectangular dielectric resonator antennas with enhanced gain. IEEE Trans Antennas Propag 59(4):1385-1389

Petosa A, Ittipiboon A, Antar YMM, Roscoe D, Cuhaci M (1998) Recent advances in dielectricresonator antenna technology. IEEE Antennas Propag Mag 40(3):35-48

Petosa A, Thirakoune S, Ittipiboon A (2009) Higher-order modes in rectangular DRAs for gain enhancement. In: 13th international symposium on antenna technology and applied

electromagnetics and the Canadian radio sciences meeting, Toronto, ON

Plourde JK, Ren CL (1981) Application of dielectric resonators in microwave components. IEEE Trans Microw Theory Tech 29(8):754-770

Pozar DM (1983) Considerations for millimeter wave printed antennas. IEEE Trans Antennas Propag 31(5):740-747

Quan XL, Li RL, Tentzeris MM (2013) A broadband omnidirectional circularly polarized antenna. IEEE Trans Antennas Propag 61(5):2363-2370

Radnovic I, Nesic A, Milovanovic B (2010) A new type of turnstile antenna. IEEE Antennas Propag Mag 52(5):168-171

Rappaport TS, Murdock JN, Gutierrez F (2011) State of the art in 60-GHz integrated circuits and systems for wireless communications. Proc IEEE 99(8):1390-1436

Rashidian A, Klymyshyn DM (2010) Development of polymer-based dielectric resonator antennas for millimeter-wave applications. Prog Electromagn Res C 13:203-216

Richtmyer RD (1939) Dielectric resonator. J Appl Phys 10:391-398

Row JS, Chan MC (2010) Reconfigurable circularly-polarized patch antenna with conical beam. IEEE Trans Antennas Propag 58(8):2753-2757

Sager O, Tisi F (1968) On eigenmodes and forced resonance-modes of dielectric spheres. Proc IEEE 56(9):1593-1594

Sangiovanni A, Dauvignac JY, Pichot C (1997) Embedded dielectric resonator antenna for bandwidth enhancement. Electron Lett 33(25):2090-2091

Sangiovanni A, Garel PY, Dauvignac JY, Pichot C (2004) Numerical analysis of dielectric resonator antennas. Int J Numer Model 13(2-3):199-215

Schwering FK (1992) Millimeter wave antennas. Proc IEEE 80(1):92-102

Svedin J, Huss LG, Karlen D, Enoksson P, Rusu C (2007) A micromachined 94GHz dielectric resonator antenna for focal plane array applications. In: Proceedings of the IEEE MTT-S international microwave symposium, Honolulu, HI, pp 1375-1378

Takashi I, Naoki I, Nobuyoshi K (2004) Application of modal polarization current model method to dielectric resonator antennas. Electron Commun Jpn (Part I Commun) 87(5):42-51

Trans-Tech (2013) Application note 202805B: introduction to dielectrics, pp 1-2

Uchimura H, Takenoshita T, Fujii M (1998) Development of a laminated waveguide. IEEE Trans Microw Theory Tech 46(12):2438-2443

Vilar R, Czarny R, Lee ML, Loiseaux B, Sypek M, Makowski M, Martel C, Crepin T, Boust F,

Joseph R, Herbertz K, Bertuch T, Marti J (2014) Q-band millimeter-wave antennas. IEEE Microw Mag 15(4):122–130

Wahab WMA, Safavi-Naeini S, Busuioc D (2009) Low cost low profile dielectric resonator antenna (DRA) fed by planar waveguide technology for millimeter-wave frequency applications. In: Proceedings for the radio and wireless symposium, San Diego, CA, pp 27–30

Wasylyshyn DA (2005) Effects of moisture on the dielectric properties of polyoxymethylene (POM). IEEE Trans Dielectr Electr Insul 12(1):183–193

Weibel GE, Dressel HO (1967) Propagation studies in millimeter-wave link systems. Proc IEEE 55(4):497–513

Wu K, Cheng YJ, Djerafi T, Hong W (2012) Substrate-integrated millimeter-wave and terahertz antenna technology. Proc IEEE 100(7):2220–2232

Zhang X, Gao X, Chen W, Feng Z, Iskander MF (2011) Study of conformal switchable antenna system on cylindrical surface for isotropic coverage. IEEE Trans Antennas Propag 59(3):776–783

Zou G, Groenqvist H, Starski JP, Liu J (2002) Characterization of liquid crystal polymer for high frequency system-in-a-package applications. IEEE Trans Adv Packag 25(4):503–508

第 22 章
电介质透镜天线

Carlos A. Fernandes, Eduardo B. Lima, and JorgeR. Costa

摘要

介质透镜天线在毫米波和亚毫米波的应用引发了学者新的研究兴趣,在这些应用中,它们结构紧凑,尤其是在作为集成馈源时,被称为集成透镜天线。透镜在加工和制作上非常灵活简单,可作为毫米波频段反射面天线的可靠替代结构。透镜的输出可以是单一的平行波束到复杂的多目标波束。

本章节将回顾多种不同类型的介质透镜天线及透镜的设计方法,详细介绍具有代表性的透镜天线的设计案例,其中重点讲解均匀集成透镜。随后回顾了不同透镜的分析方法,紧接着讨论了相关透镜天线的馈电设置、介质材料特性、加工方法和一些专门的测量技术等具体实现问题。本章的最后将详细介绍一些涉及介质透镜天线的最新应用实例。

C. A. Femandes ✉ · E. B. Lima
里斯本大学高级技术学院电信研究所,葡萄牙
e-mail:carlos. fernandes@ lx. it. Pt;eduardo. lima@ lx. it. Pt;edujlima@ gmail. com

J. R. Costa ✉里斯本大学电信研究所,葡萄牙
e-mail:jorge. costa@ iscte. Pt;jorge. costa@ lx. Pt

第 22 章 电介质透镜天线

关键词

透镜天线；几何光学；物理光学；透镜馈源；介质材料；透镜制作；透镜设计；优化

22.1 引言

用介质透镜作为天线,和赫兹证明电磁波存在一样的历史悠久。实际上,在 1888 年,Oliver Lodge 在实验中就用到了介质透镜,工作波长为 1m(Lodge and Howard,1888)。然而,直到第二次世界大战,关于透镜天线的研究才取得了进一步进展。在固定或者扫描波束应用中,透镜把初级馈源的辐射方向图转变为高增益的辐射方向图。但是在当时,反射面天线在微波频段更为轻便,透镜天线便被反射面天线所取代。

随着近 20 年毫米波和亚毫米波电路技术的快速发展,这些频段的透镜天线尺寸降低,从而重新得到了关注。透镜天线常用于成像技术、固定和移动宽带通信和汽车雷达等。大多数情况下,准直波束类型(平面波输出),或固定、扫描波束一直以来都是期望的辐射方向图。但同时,满足所需幅度要求的赋形波束也一直在探索中。

透镜可以通过改变初级馈源辐射方向图的相位或者幅度,从而实现需要的输出方向图。在这个层面上,透镜等效于反射面。然而,透镜的工作原理与反射面不同,在各向同性均匀透镜中,是基于透镜表面上电磁波的折射;而在非均匀折射率透镜中,则是透镜介质材料中的折射。例如,在最基本的结构中(图 22.1(a)所示),入射平面波的平行射线在透镜表面以一种特定的方式折射而使得输出波相交于一点,这点就是透镜的焦点。所有的射线都有相同的电路径长度,也就是说,所有的射线以同等相位到达焦点处(费尔马定理),尽管它们的物理路径长度是不同的。通过透镜时,相速度 ($v = c/n$) 变小,以此来对通过透镜不同部分的射线的相位进行相应的补偿。在大多数设计中透镜的尺寸比波长要大,因此准光设计方法也可以应用在透镜设计中。大尺寸的透镜和反射面都具有宽

带特性,其工作带宽只受到馈源带宽的约束。

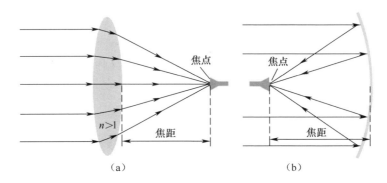

图 22.1 聚焦天线
(a)透镜;(b)反射面。

相比于反射面,透镜的一个主要优点是其馈源和支撑结构不会遮挡天线的辐射口径。这种背馈的特点是毫米波和亚毫米波集成透镜天线概念发展的关键。透镜基座放置在和馈源直接接触的位置,比如,在集成电路前端,用来产生一种具有方向性的单波束或多波束辐射方向图。集成透镜在控制输出辐射方向图方面很灵活,比如可以增加多层外壳,保持结构紧凑前提下增加设计自由度。相比之下,多反射面系统由于遮挡问题,结构更大、更复杂。

强大的软件仿真工具、数控机器、3D 制造技术、低损耗介质材料以及对人工介质的了解,促进了更复杂、更高性能透镜天线及集成透镜天线的研发和制作。大多数实验室和公司都可以应用,而对于大众应用而言,其成本也更容易被接受。

22.2 透镜理论

这部分首先简要地回顾了不同种类的常用透镜,并提出了一种分类方法。接下来阐述了一些在准光学透镜设计中可能会用到的基本概念,并假设透镜在表面的每一个点的尺寸和曲率半径比工作波长要长。本节最后提出了一些透镜设计方法,包括一种迭代算法和透镜分析方法的结合。

22.2.1 透镜类型

本章采取的透镜分类方法是基于三种不同的物理特征:馈源和透镜本身的相对位置(远离透镜或直接接触),折射率分布(常数/步进/非线性),以及折射面的数量(见表22.1)。对于每种具体的分类方法,透镜可以根据输出辐射方向图的类型来进一步分类为:固定波束(瞄准/赋形)或者扫描波束(通常都是瞄准波束)。

在早期以及近期的一些透镜设计中,焦点被放在远离透镜的地方,距离一般和透镜尺寸相当,如图22.1(a)所示。在本章中,这些透镜被命名为离体馈电透镜,在参考文献中这类透镜都是轴对称的。

表22.1 基于物理特性的透镜分类方法

1. 离体馈电	1.1 均匀透镜	A. 单折射面
		B. 多折射面
2. 集成馈电	2.1 均匀透镜	C. 单折射面
		D. 多折射面
	2.2 非均匀折射率	E. 连续折射
		F. 多折射面

透镜也可以设计为馈源与透镜直接接触的方式(放在透镜体内部或者在波长几分之一的距离)。这些透镜在参考文献中被称为集成透镜天线(ILA)。这种类型的透镜可以通过一层或多层外壳来制作,最常用的透镜设计一般是单层的(如图22.2)。

集成透镜的概念起源于将单层半球面透镜施加在集成电路天线上方以消除介质模式并提高辐射效率而得名(Rebeiz,1992)。这种方法逐渐改进为使用其他固定常规形状,如椭圆或拓展半球以进一步提高增益,得到对准的输出波束(Filipovic et al.,1993),见图22.3。

在满足更复杂的输出波束设计方面,集成透镜天线结构尤为灵活,比如使用更加复杂的透镜表面来实现正割平方波束的辐射方向图(Fernandes,1999)。一般情况下,可以用任意的3D形状产生非对称的辐射方向图(Bares and auleau,2007)。在Fernandes 和 Anunxiada(2001)文章中,当波束指向地面的时候,可

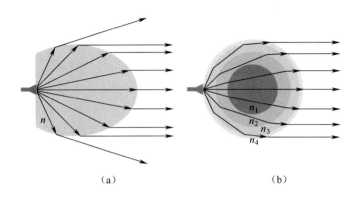

图 22.2　集成透镜天线

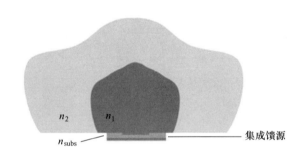

图 22.3　赋形集成介质透镜天线

以通过设计透镜形状把圆对称的馈源辐射转换为具有方形或矩形足印的赋形波束。

在集成透镜上再添加一层外壳，相当于增加了第二层折射面，在不牺牲太多透镜紧凑性的前提下，附加的自由度增加了另一个设计条件。比如，Costa 等人(2008a)设计了一种双层透镜，在透镜表面同时实现了波束扫描条件和最大功率传输。

龙伯透镜具有非均匀的折射系数，是集成透镜的一种特殊形式，可以使得入射平面波完美地聚焦在透镜表面正对点。

22.2.2　透镜设计的几何光学法

在透镜(或反射面)设计中，几何光学法是一种很便捷的方法(图 22.4)。

它能从 Maxwell 方程在高频近似解中推导出来(Kay,1965)。只要透镜的总体尺寸和表面任意点处的曲率半径相对于波长大得多,那么电磁波在均匀各向同性介质中的传播可以简便地用基本射线束来模拟。这些射线束从源的相位中心发射,沿着直线传播,幅度由源的辐射方向图来决定,呈现出以射线束截面平方根反比例产生路径衰减,相位取决于路径的电长度。在交界面上的反射和传输特性可以根据斯奈尔定律(由费尔马定律推导出)计算出来,幅度受菲涅耳系数和发散因子的影响。

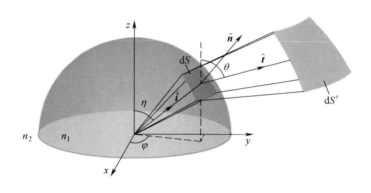

图 22.4 几何光学公式中透镜和射线结构

假设两种介质之间的分界面可以视为局部平面,根据斯奈尔反射定律,入射平面波的反射发生在同一种介质中,具有相同的入射角度和反射角度。折射方式受到斯奈尔定律的约束:

$$n_1 \sin \theta_{\text{inc}} = n_2 \sin \theta_{\text{trans}} \tag{22.1}$$

式中:n_1 和 n_2 代表每种介质中的折射因子,θ_{inc}、θ_{trans} 是参考分界面的法向量定义的入射波和传输波的角度(图 22.5)。如果两种介质的磁导率和空气相同(大多数情况下透镜材料都满足),那么会有 $n_1 = \sqrt{\varepsilon_{r1}}$,$n_2 = \sqrt{\varepsilon_{r2}}$,其中 ε_{r1} 和 ε_{r2} 是每种介质的相对介电常数。如果波进入高介电常数的介质中,则折射波将朝向表面法向方向弯曲(图 22.5(a)),如果波离开高介电常数的介质时,折射波会朝向偏离表面法向方向弯曲(图 22.5(b))。

一般情况下,透镜表面是任意曲面,尽管在任意一点都有较大的曲率半径(相比于波长来说),所以可以将式(22.2)表示为更一般的形式:

$$(n_1 \hat{\boldsymbol{i}} - n_2 \hat{\boldsymbol{t}}) \times \hat{\boldsymbol{n}} = 0 \tag{22.2}$$

式中：$\hat{i}$、$\hat{t}$ 分别代表着入射波和折射波的波矢数（图 22.4）；$\hat{n}$ 代表透镜表面的法向量。将这三个单位向量在以馈源相位中心为原点的球坐标中表示出来，则对于轴对称透镜，式（22.2）可以写成：

$$\frac{\mathrm{d}r}{\mathrm{d}\eta} = \frac{n_2 r \sin(\theta - \eta)}{n_1 - n_2 \cos(\theta - \eta)} \tag{22.3}$$

式中：$r(\eta)$ 代表未知透镜的形状，出射角 $\theta(\eta)$ 也是未知量，它可由一些设计条件包括相位、幅度以及极化来确定。这些条件可以由一些代数方程或微分方程给出。联立方程在区间 $\eta \in [0, \eta_{\max}]$ 上进行积分，初始条件 $r(0)$ 和 $\theta(0)$ 以及终值 $\eta_{\max}$ 都是已知的。对这样的积分进行数值求解，只需几秒钟时间就可以得出透镜的最终形状。

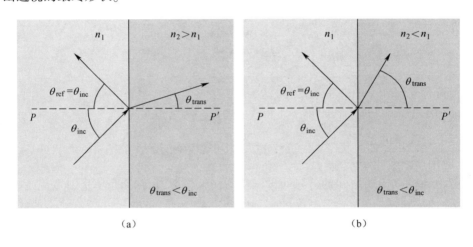

图 22.5　平面波入射到两种介质交界面处
（a）入射波从低折射率媒质入射；（b）入射波从高折射率媒质入射。

如果射线路径中存在其他介质分界面，每个分界面上都必须符合斯奈尔定律，或等价于式（22.3）。额外的交界面允许额外的辐射方向图出现，这些辐射方向图转化为对应的包含第 n 个分界面的半径 $r_n(\eta)$ 与出射角 $\theta_n(\eta)$ 的等式。所有涉及的公式通过将所描述的传输过程一般化来进行求解，利用单层分界面来进行推导。对于像龙伯透镜或 Maxwell-鱼眼透镜来说，因为未知函数不再是 $r(\eta)$，简化公式的方法也就不同了。在这些透镜中，折射系数分布 $n(r)$ 是未知的。这类透镜在本节不是重点讲解的对象，将来会作为特例讲解。

随着透镜层数的增加，内部多次反射的描述也越来越复杂，但是一般来讲，

在透镜综合过程中,考虑上述影响也没有太大意义。设计准则必须包括传输系数、发散因子以及所用材料的耗散损失。当评估透镜的性能时,内部反射分析可以凭经验来确定。

由于透镜相比于波长来说是大尺寸,因此耗散损失也是一个需要考虑的重要方面。介质的介电常数是一个复值函数 $\varepsilon_r(1-j\tan\delta)$,其中括号内的虚部表示损耗角正切。在透镜介质中传播的球面波具有如下形式:

$$E_0(\theta,\varphi)\frac{e^{-j2\pi\sqrt{\varepsilon_r(1-j\tan\delta)}\frac{r}{\lambda}}}{r} \tag{22.4}$$

所以总的耗散损失取决于透镜的尺寸、形状、馈源的照射函数。对于低损耗各向同性的透镜来说,耗散损失的大致范围可以通过透镜的最大和最小半径 r 来进行计算,公式如下:

$$L = 27.3\sqrt{\varepsilon_r}\frac{r}{\lambda}\tan\delta \tag{22.5}$$

符合几何光学的典型透镜半径尺寸范围为 $10\lambda \sim 30\lambda$,$\tan\delta = 10^{-3}$ 对应的耗散损失大概是 $0.4 \sim 1.3\text{dB}$。

一种简单的透镜设计方法就是进行射线追踪,射线以等角间隔从馈电点发出,应用斯奈尔定律去追踪射线在透镜内部和外部的传输(图 22.6)。这种方式可以得到输出波前的形状、相位中心的位置以及焦散线的存在。在光学限制范围内,透镜的辐射方向图可以通过射线束的整个立体角比例 dS/dS' 来得到。如图 22.4 中定义,由馈源辐射方向图来衡量。

文献中基于几何光学的透镜综合方法已经应用于很多不同的设计,从简单的相位修正问题(Olver et al.,1994)或附加的口径锥削问题到多波束或波束扫描问题(Kelleher,1961)再到严格的波束赋形问题(Fernandes,1999)。该方法被应用在轴对称透镜,也可以应用在任意形状透镜(Salema et al.,1998;Fernandes and Anunciada,2001;Sauleau and Bares,2006;Bares and Sauleau,2007)、多层透镜(silveirinha 和 Fernandes,2000)、非均匀折射系数透镜(Cornbleet,1994)或者上述类型的任意结合。

对于一般的 3D 结构,通过几何光学综合方法来进行数值求解可以得到精确解(Salema et al.,1998;Sauleau,Bares,2006;Bares,Sauleau,2007)。Fernandes 和 Anunciada 在 2001 年提出的微扰方法在求解一些特定类型的非对称目标辐

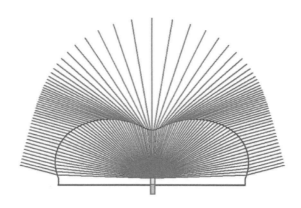

图 22.6　嵌入馈电时正切平方透镜天线的射线追踪

射方向图中更为简单,并且还能找到所需非对称透镜合适的形状。在参考文献中,透镜可以把馈源的圆形对称辐射转换为方形足印或矩形足印的赋形波束。同理,调整透镜形状也能产生轴对称的波束。

22.2.3　其他透镜的设计方法

前一节提到几何光学综合法,它的优点是提供满足闭式解析表达式的最初数值评估的设计需求的透镜形状,不需要任何试验和误差迭代。在轴对称透镜中,对计算机的内存和 CPU 资源需求都是非常低的。虽然几何光学直接综合法可以满足大多数应用,但这种方法是渐进的,在光学范畴内有效,因此随着透镜尺寸的缩小,所忽略的衍射效应的影响会变大。

在某些特定情况下,更精确的透镜需要考虑其他的透镜设计方法。它们通常是基于试验和误差处理,涉及参数化的透镜模型和透镜性能分析方法。这种设计的准确性取决于数值模型的准确性和所需迭代次数,且受到可用计算资源的制约。由于前面提到的透镜具体问题,这种设计方法的效率非常依赖于智能优化过程。将几何光学直接综合法计算结果作为迭代的初始值可以提高设计效率。

在讨论其他透镜迭代设计法之前,有必要总结以下概念:

(1) 闭式透镜综合法(像前文提到的几何光学直接方法)根据一系列的输入参数和设计规格,基于闭式表达式,直接给出近似的透镜形状,而不用多次试

验和误差迭代(在这个层面上,这种方法可以被归类为直接综合方法)。一般而言,透镜的性能需要后续的透镜分析来验证。

(2)透镜迭代综合法,透镜的形状由一些含未知系数的解析和数值表达式来描述,系数由内部迭代优化算法确定。程序会通过近似透镜分析法来测试每一次生成的透镜,直到实验误差满足目标要求。

(3)透镜分析法通过近似方法或全波求解器来评估已有透镜的性能,得到的是透镜的性能而非透镜的形状。

不像直接综合法,分析方法有非常多种。表22.2列出了最常用的一些方法,根据电磁建模的类型进行了分类。在"透镜设计、加工和测试"一节会简单地对这些方法进行讨论。

表22.2 可能的透镜天线分析方法

近似方法	几何光学/物理光学(GO/PO)
	物理光学/物理光学(PO/PO)
	谱域法(SDM)
全波方法	球面波模态法
	有限元法 FEM
	矩量法(MOM)
	时域有限差分法(FDTD)

图22.7给出了所提到的两种透镜设计方法的示意图,左侧为直接综合法,右侧为迭代综合法。两种方法都是从目标参数、透镜材料和初始馈源特性开始,左侧的流程给出了一种快速求解的初始尝试,这对某些问题已经足够了,该解可用于右侧所示的精细迭代进程。

透镜的参数建模还可以考虑另外两种方法。当系数在优化循环中是未知的而非透镜表面坐标的集合时,可采用多项式表示法。这种方法能表示任意形状的透镜,非常灵活。但缺点是优化算法可能会生成许多不必要的透镜,不是因为几何形状无法实现(在开始分析透镜前,对其进行检查并从测试集中移除),而是因为随机生成的透镜很容易引起全面的内部反射、表面波模式和焦散,尤其是对于集成化的多层透镜,这种方法只能在分析之后进行检测。

第二种方法(Lima et al.,2008)通过应用几何光学综合法对透镜轮廓进行

分析，将搜索范围限制在几种特定类型的透镜中，并利用优化算法来优化所涉及的参数。这种基于解析解的方法保证了在迭代过程中所有解的电磁可行性。这两种方法需要在收敛次数和设计灵活性之间权衡。

图22.7所示的设计步骤和工作流程在一款免费的透镜设计、分析和优化工具——ILASH（Lima et al.，2008）中得以实现。ILASH用于圆对称形状的单层或双层集成透镜天线，而且能够处理多目标的规格定义。其中透镜分析法是基于几何光学和物理光学，优化方法是基于遗传算法。ILASH的用户界面如图22.8

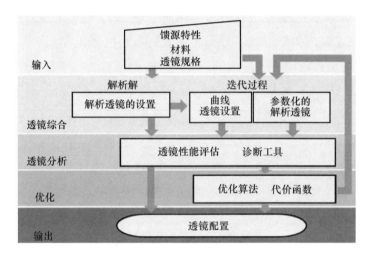

图22.7　透镜设计步骤框图

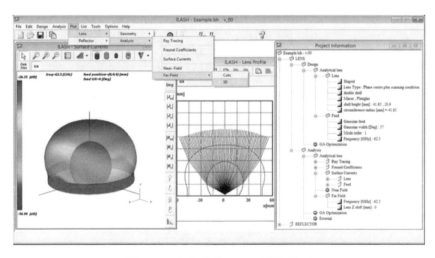

图22.8　免费软件ILASH用户界面

所示。它允许简单的内核交互,能生成和修改透镜设计数据,能完全自定义透镜的性能和导入导出结果。它也能实时检测优化过程的许多方面,例如,成本函数值、透镜参数评估和收敛情况。后文将讨论 ILASH 设计透镜的实例。

22.3 透镜设计加工和测试

本节将根据上节透镜理论中的透镜分类,讨论一些具有代表性的透镜设计实例。大多数情况,透镜的设计是基于几何光学公式的。本节也将讨论介质透镜设计加工测试的步骤。

22.3.1 离体透镜设计实例

早期关于介质透镜天线的研究都是基于光学透镜的概念,19 世纪末 20 世纪初的大多数测试结果是由离体透镜得到的,用来将平面波辐射聚束到透镜馈电点另一侧焦点处。大多数离体透镜是轴对称结构,至少在设计时,馈源辐射方向图通常认为是圆对称。这些假设消除了透镜对绕轴旋转角度 φ 的相关性。离体透镜天线通常由单一的材料构成,具有一个或两个折射面。

1. 单折射透镜

只有一个折射面的简单透镜结构有椭圆透镜和双曲透镜(图 22.9)。在椭圆透镜中,靠近馈源的面(内侧)呈球形,故不发生折射。光线通过远离馈源的椭圆面(外侧)就得到了准直的射线。在双曲面透镜中,折射发生在离馈源较近的双曲透镜面上。在这样的构造中,透镜表面外侧是平面所以不会发生折射。

极坐标下,椭圆透镜外侧形状可由光程和物理长度条件确定,光程条件:

$$r_1 + nl(\eta) + s(\eta) = r_1 + nT \tag{22.6}$$

物理长度满足的条件:

$$[r_1 + l(\eta)]\cos(\eta) + s(\eta) = r_1 + T \tag{22.7}$$

式中:T 为透镜在轴上的厚度。上式相减,注意到 $r_1 + l(\eta) = r_2(\eta)$ 和 $r_1 + T = F$,F 表示透镜的焦距。于是透镜外侧的曲面形状可表示为

$$r_2(\eta) = \frac{F(n-1)}{n - \cos(\eta)} \tag{22.8}$$

式中:n 为透镜材料的折射率;F 为透镜的焦距。通过光程条件也隐含地证明了

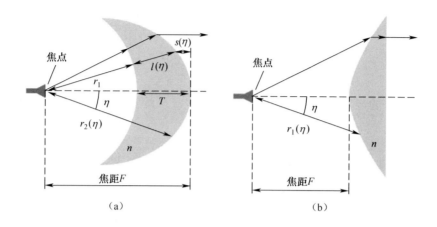

图 22.9 离体馈电透镜举例 (a) 椭圆透镜,(b) 双曲透镜

Snell 方程(这里变为了 Fermat 定律)。

双曲透镜内侧的形状也可以通过相似的方程得到：

$$r_1(\eta) = \frac{F(n-1)}{\cos(\eta) - 1} \tag{22.9}$$

上述设计仅考虑了相位条件且假设馈源为点源。在理想情况下,当具有相同直径的椭圆透镜和双曲透镜均由点源馈电时,椭圆透镜具有更高的方向性、更低的副瓣电平。实际上,椭圆透镜内侧面上所有的点到馈源的距离是相等的,并且被均匀照射,所以来波具有相同的幅度。由于空气和介质介电常数的差异,椭圆透镜内侧面具有反射,且垂直于球面,并且会反射回馈源(Piksa et al.,2011)。双曲透镜边缘的衍射效应将会影响辐射方向图的主波束并且会提高副瓣电平(Piksa et al.,2011)。但双曲透镜具有一个平面而更易于加工。

2. 双折射透镜

在透镜设计的几何光学那一节讨论过,具有两个折射面的透镜能更好地控制辐射方向图特性。实际上基于几何光学,能得到一组微分方程和线性方程来确定其中一个面的坐标(Silver,1984)。但这些方程却不足以确定另一个面,故还需要引入额外的设计条件。

第二个折射面的自由度有一个有趣的用途,那就是波束扫描。椭圆透镜和双曲透镜的馈源沿透镜轴法平面偏离焦点放置时,波束将产生小幅度的线性偏移。随着馈源偏移变大,波束将产生更复杂的变形。实际上,偏馈时输出波束的

波前已不再是平面。对它进行泰勒级数展开可以发现,一个线性项对应线性偏移,非线性项对应不同类型的波束变形的叠加(Born and Wolf 1959)。

通过对第二个透镜折射面施加所谓的 Abbe 正弦约束条件,就能够展宽扫描波束中线性偏移角度的范围。这就能够设计一种在馈源远离透镜轴横向放置时,没有偏差的准直透镜(Born and Wolf, 1959)。如图 22.10 所示,透镜的内侧面可由未知函数 $r_1(\eta)$ 来确定,外侧面可由未知长度函数 $l(\eta)$ 和角度函数 $\gamma(\eta)$ 确定。透镜的焦距为 F,轴向厚度为 T。当偏离透镜焦点 $r_1(\eta)$ 的延长线,与相应的透射光线 $s(\eta)$ 延长线的交点均位于以焦点为圆心,f_e 为半径的某圆弧上时,Abbe 正弦条件将会发生变化,如图 22.10 中的粗虚线所示。根据图 22.10 的几何关系,Abbe 正弦条件改写为

$$(f_e - r_1)\sin\eta = l\sin\gamma \tag{22.10}$$

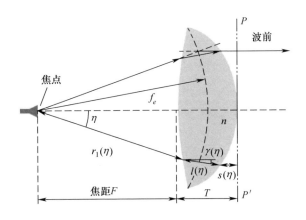

图 22.10 Abbe 正弦条件下双折射面透镜的几何关系

根据 Snell 定律,在透镜内表面上(式(22.3))

$$\frac{dr_1}{d\eta} = \frac{nr_1\sin(\gamma - \eta)}{1 - n\cos(\gamma - \eta)} \tag{22.11}$$

为了使每条射线的电路径长度在激励波前是相同的,应满足:

$$r_1 + nl + s = F + nT \tag{22.12}$$

$$s + r_1\cos(\eta) + l\cos(\gamma) = F + T \tag{22.13}$$

由式(22.10)~式(22.13)可解出 $r_1(\eta)$、$l(\eta)$、$s(\eta)$ 和 $\gamma(\eta)$,其中:η 为自变量,初始条件为 $r_1(0) = F$、$l(0) = T$、$s(0) = 0$ 和 $\gamma(0) = 0$。透镜外表面可由式

(22.6)~式(22.9)计算得到。

3. 区域划分

透镜厚度通常为几个波长,尤其是在透镜轴上。在微波频段,透镜天线将变得非常笨重,在介质中引起不能忽略的色散损耗。为了降低这些影响,对透镜进行区域划分,即把整数倍数波长厚度圆环处的介质移除掉。如图22.11所示,把双曲透镜划分为了4个区域($K=4$),最小的透镜厚度 t_m 需要保持在透镜区域内来提供结构支撑。分区透镜的厚度与区域数 K 无关,而是由 $t_m + \lambda_0/(n-1)$ 来确定,约等于原来透镜厚度的1/4。

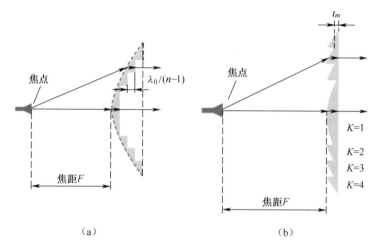

图 22.11 双曲面透镜的区域划分

(a) 原始外侧双曲线;(b) 相应分区透镜。

分区透镜的缺点在于相关频率的依赖性会随着透镜直径的增大、用到的区域数目的增多而越来越严重。Sliver(1984)给出了一个评估分区透镜带宽的准则,在均匀口径分布和透镜孔径相位差小于 π/4 时:

$$\text{Bandwidth} \approx \frac{25\%}{K-1} \tag{22.14}$$

如果在非折射表面的透镜上分区,过渡区域将出现遮挡损耗,透镜的焦径比 F/D 越大,遮挡损耗越大(Petosa and Ittipiboon, 2000)。

22.3.2 集成透镜设计

本节将简单地介绍两种典型的非均匀折射率的透镜(龙伯透镜和麦克斯韦

鱼眼透镜),主要研究均匀形状透镜。其他非均匀折射率的透镜也在变换光学和超材料领域获得研究进展,但这些不在本节的讨论范围内。

均匀集成透镜在低成本微波集成电路中非常有效,由于透镜结构的设计灵活性,集成透镜能实现复杂的方向图特性而受形状影响较小。由于透镜内部的反射可能会严重影响透镜性能,所以必须在设计时进行严格分析。这一节提出了一些具有代表性的标准透镜,还有一些基于几何光学设计的最新透镜。

1. 非均匀折射率球面透镜

经典的非均匀球面透镜的介电常数只沿径向变化。透镜关于任意过透镜中心的轴对称。所以,这些球面透镜不具有唯一的焦点,但是球面同心的透镜的面焦点的位置可根据入射波的方向来确定。

龙伯透镜是最知名的球面透镜,该透镜材料的介电常数与透镜中心的距离 r 呈平方规律变化:

$$\varepsilon_r(r) = 2 - \left(\frac{r}{R}\right)^2 \tag{22.15}$$

R 是透镜的外半径。上式表明在透镜的外表面 $r=R$ 形成焦点区域。因此,位于透镜表面任何一点的点源将产生一个沿着相反方向的准直光束(图 22.12),该属性与透镜的直径无关。由于对称性确保所有波束对透镜表面处馈源位置的依赖程度相同,因此龙伯透镜特别适合多波束应用。

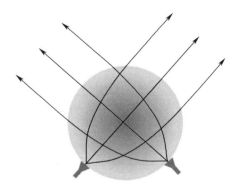

图 22.12 采用深色表示高介电常数的龙伯透镜

由于以前没有可用的透镜材料,龙伯一直没有机会开展龙伯透镜的测量实验。如今,龙伯透镜由式(22.15)近似离散数的同心介电层组成。随着离散层

数量的增加,透镜的性能随之提高;然而,各层之间的空气间隙影响也会使制造更加复杂(Kim,Rahmat-Samii,1998)。已经证明,数量足够小的外壳足以获得接近理想情况的方向性和旁瓣电平(Fuchs et al.,2007 年)。尽管如此,当透镜直径与波长可比时,需要的离散层数也在增加。例如,$8\lambda_0$ 直径的龙伯透镜需要用六层来实现相应的性能(Fuchs et al.,2007 年)。通过优化各层的介电常数和厚度来减少层数也是可能的(Mosallaei and Rahmat-Samii,2001;Boriskin et al.,2011)。

某些龙伯透镜由可控介电常数的单一材料制成。例如,Min 等(2014)通过控制聚合物/空气基单元的填充率来达到所需的介电常数。另外,也可以使用泡沫冲压来获得所需的介电常数。事实上,当压力增大、泡沫被压实时,材料中的空气量减少,介电常数提高。该技术已经被 Bor 等(2014)通过实验证实。在材料上钻不同直径或密度的孔也可以调节其介电常数(Sato and Ujiie,2002;Xue and Fusco,2007)。

龙伯透镜一个主要的缺点就是剖面尺寸较高。采用变换光学(Do-Hoon,Werner,2010)可以将透镜的形状转化成剖面较低的柱面结构。但是,最终的解决方案都归结于采用磁导率各向异性材料,这种材料在自然界中并不存在。因此,大多采用超材料进行等效,但是超材料通常是窄带的、有耗的、色散的、有时候加工制作很复杂。采用圆柱形结构的紧凑龙伯透镜已经实现了不错的性能,该透镜由多层离散层组成,介电常数沿着半径和高度方向变化(Mateo-Segura et al.,2014)。虽然高度得到缩减,但是仍需要高达 12 的介电常数,这种结构呈现一定的扫描损耗。

一个解决方案龙伯透镜的剖面尺寸减半的常用方法是可将透镜的一半与平坦的接地平面组合在一起(图 22.13)。地平面形成一个上半球的镜像,并模拟完整的龙伯格透镜。地平面的大小必须足以产生所需的镜像,而波束相对于地平面的仰角函数也是必需的。接地平面尺寸太小会降低天线方向性并造成扫描损耗。这种半球形龙伯透镜在高仰角辐射时,馈源会产生遮挡。这种结构的优点是比整个球面透镜机械稳定性更强。最近,一个带有 90°金属角反的四分之一龙伯格镜已被证实可行(Nikolic et al.,2012)。

一种与球形龙伯透镜类似的结构是圆柱形(图 22.14),其介电常数仅沿径向变化。在这种方案中,波束只在一个平面内被聚焦,最终得到一个扇形波束,

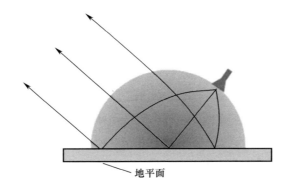

图 22.13　半球龙伯透镜

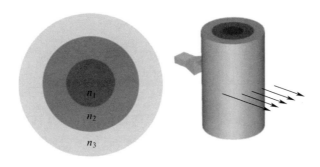

图 22.14　圆柱龙伯透镜

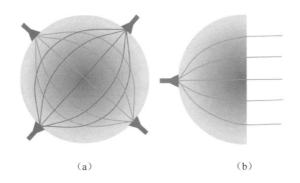

(a)　　　　　　　　(b)

图 22.15　(a)麦克斯韦鱼眼透镜和(b)半麦克斯韦鱼眼透镜
（较深的颜色代表较高的介电常数）

而不是笔形波束(Komljenovic et al.,2010)。

另一种经典的非均匀球形透镜是麦克斯韦鱼眼透镜,它要早于龙伯透镜

(Maxwell,1860)。该透镜材料的介电常数由下式给出：

$$\varepsilon_r(r) = \left(\frac{4}{\left[1 + \left(\frac{r}{R}\right)^2\right]^2}\right) \quad (22.16)$$

其中：R 是透镜的外半径。如图 22.15(a)所示，当点源放置在透镜的表面上时，在透镜的相对位置实现聚焦。由于透镜的对称性，点源辐射在透镜的中心被转换成局部平面波。因此，如果将麦克斯韦鱼眼镜头切成两半，则其可将平面波聚焦到透镜表面唯一的一点。半麦克斯韦鱼眼(HMFE)透镜比龙伯透镜的剖面尺寸更低，更容易嵌入安装。2006 年，Fuchs 等采用几个离散层加工制作了 HMFE，当馈源位于透镜中心时，其辐射性能与龙伯透镜相仿(Fuchs et al., 2008a)。

与龙伯透镜不同，HMFE 透镜不适用于扫描光束应用。当馈源在透镜表面上移动时，HMFE 会出现扫描损耗(Fuchs et al.,2007b)。

2. 椭圆形和半球形透镜

正如在"单折射透镜"部分中处理的离体透镜那样，均匀的椭圆形集成透镜将放置在透镜焦点处馈源的初级辐射方向图转换成空气介质中的平面波，沿透镜轴方向发射出去(图 22.16)。在"单折射透镜"一节的式(22.6)和式(22.7)中 r_1 趋向于零时，式(22.17)可以看成是极限：

$$nr(\eta) + l(\eta) = nF \quad (22.17)$$

加上以下物理长度条件之后：

$$r(\eta)\cos(\eta) + l(\eta) = F \quad (22.18)$$

消除两个方程之间的 $l(\eta)$，可得到"单折射透镜"一节中相同的椭圆透镜轮廓：

$$r(\eta) = \frac{F(n-1)}{n - \cos\eta} \quad (22.19)$$

在直角坐标中有很清晰的表达式：

$$\left(\frac{x}{a}\right)^2 + \left(\frac{z-L}{b}\right)^2 = 1 \quad (22.20)$$

其中：a 是沿着 x 轴的轴长，b 是沿着 z 轴的轴长，L 是焦点相对于透镜中心的位置，并且满足 $b + L = F$(图 22.16(a))。椭圆透镜的离心率与材料的介电

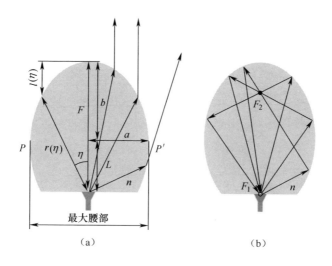

图 22.16 （a）椭圆集成透镜天线的设计变量和（b）透镜内部的电磁波反射

常数有关。有如下关系式(Filipovic et al.,1993)：

$$b = \frac{a}{\sqrt{1-\frac{1}{n^2}}} \quad (22.21)$$

$$L = \frac{b}{n} \quad (22.22)$$

可以选择 a 的值来确定透镜的尺寸，从而确定获得对应方向性所需的孔径尺寸。

如图 22.16(b)所示，只有在 PP' 平面上方的透镜的外表面有聚焦效果。照射到 PP' 平面下方的电磁波，其输出并不是准直的，而是沿着不希望的方向传播或者激发出表面波模式(Pasqualini,Maci,2004)，这些传播模式会在天线辐射方向图中产生旁瓣或其他扰动。因此，应该设计馈源，使得照射到透镜 PP' 平面下部的亮度最小。

透镜内部反射在集成透镜天线设计中变得尤其重要。例如，如果馈源位于半球形透镜的中心，则所有反射波会沿着入射波相同路径返回，在焦点处聚焦，从而造成阻抗失配。类似的情况也发生在椭圆透镜中。所有反射波在经过椭圆透镜的第二焦点之后聚焦在馈源处，在透镜表面的另一点处产生二次反射(Neto

et al.,1998,1999;Van Der Vorst et al.,1999,2001),如图 22.16(b)所示。同样,这会导致阻抗的失配。二次反射的一部分能量沿着不希望的方向传播到空气中,导致透镜天线方向图的旁瓣升高。这些不利影响随着材料和空气之间折射率的差值增加而增加。对于其他形状一体化的透镜,发射波可能不会全部反射回馈源处;然而,它们主要沿着不希望的方向传输,幅度要高于直接传输,从而降低主瓣效率或引起方向图抖动。

在有限的带宽内,内部反射的问题可以得到解决。对于具有折射率 n_1 和 n_2 的两种电介质之间的平面界面上的垂直入射,可以通过添加适当的中间层来消除反射,如图 22.17(a)所示。中间层的折射率 n^{match} 必须是

$$n^{match} = \sqrt{n_1 n_2} \tag{22.23}$$

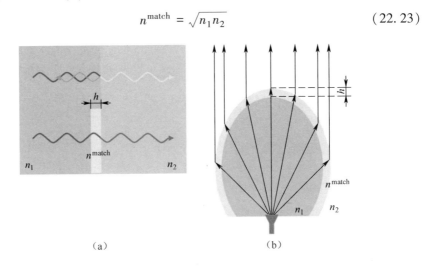

图 22.17 匹配层

(a)在平面介质-空气界面中。射线颜色的强度与波功率密度成正比;(b)椭圆形集成透镜天线。

厚度 h 满足:

$$h = \frac{\lambda_0}{4n^{match}} \tag{22.24}$$

式中:λ_0 为自由空间波长。这个中间层通常被称为匹配层。

在镜片表面添加匹配层,可以减小内部反射的影响(图 22.17(b))。事实上,波束不会沿着法线方向射入透镜表面,因此匹配层的厚度不应该由式(22.24)确定。相反,匹配层的厚度应该根据射线入射角度沿着透镜表面而变化。

在 Van Der Vorst 等(1999)的研究中,对于硅介质椭圆集成透镜($\varepsilon_r = 11.7$),证明了使用最佳厚度匹配层对透镜辐射性能并没有显著改进。因此,通常使用式(22.24)得到的厚度常数,这样有利于制造。找到具有特定介电常数值的天然材料并不容易,所以通常通过周期性地从透镜表面除去一部分介电材料(例如钻孔或切割树脂)来实现等效的介质层(Ngoc Tinh et al.,2010)。

匹配层的厚度与工作频率是相关的,因此不可避免地降低了透镜天线的工作带宽。为了改善带宽,可以使用多个连续的匹配层,在匹配界面两端的两个介电常数之间执行逐渐过渡(Ngoc Tinh et al.,2009)。

改进的半球形透镜由于其制造形状简单,是集成透镜的另一种经典设计。它由半径为 R 的半球体以及高度为 L 的圆柱形延伸组成。馈源位于透镜的底部(图22.18(b))。

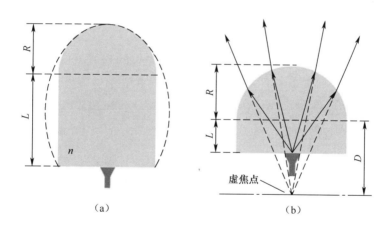

图 22.18 改进的半球形集成透镜天线
(a)合成的椭圆形;(b)半球形。

在图 22.18(a)中,圆柱延伸的长度为

$$L = \frac{R}{n-1} \tag{22.25}$$

超半球形透镜的大部分球形部分与椭圆形透镜一致(图22.18(a))。与具有相同直径的真正椭圆透镜相比,其方向性略低,这种透镜通常被称为合成椭圆透镜(Filipovic et al.,1993)。

第二种类型的改进半球形透镜是超半球形(Rebeiz,1992),圆柱形延伸长

度是

$$L = \frac{R}{n} \quad (22.26)$$

对于这种类型的透镜，输出波束不是准直的。因此与具有相同半径的椭圆透镜相比，呈现波束更宽(有时是多瓣)辐射方向图。尽管如此，超半球形透镜将由馈源辐射的波束弯向透镜轴(图 22.18(b))。这种透镜会锐化辐射模式，有效地将馈源的增益提高 n^2 倍(Rebeiz,1992)。但是，与准直透镜不同，这个透镜的方向性确实不随透镜尺寸(或光圈大小)增加而增加。

超半球形镜片满足阿贝正弦条件(Born,Wolf,1959)。因此，当馈源在离镜头轴线一定范围内横向移动时，该透镜可以避免太大的误差。这种类型的透镜在波束扫描应用中特别有用。超半球形透镜的另一个有趣的特点是，所有传输到空气中的波束都聚焦在距离透镜后面的虚拟点上，并且满足：

$$D = Rn \quad (22.27)$$

其从透镜的球形部分的中心开始。这意味着该透镜的辐射图具有非常稳定的相位中心位置，并且与虚焦重合，该位置不随频率(在光学极限内)而改变。

还有几种其他类型的赋形集成透镜天线，其剖面形状并没有像椭圆和延伸的半球透镜那样规范的表达式。在本章的"应用"一节中，将详细给出非正则形状透镜的几个设计和实现实例。

3. 与输出功率要求匹配的透镜

集成透镜也可用于使输出辐射方向图满足一些远场功率要求 $G(\theta)$。GO 直接合成法的用法是针对折射率为 n 的轴对称单材料透镜来开展的，如图 22.19(Fernandes,1999)所示，在透镜的底部沿着轴向进行馈电。

当馈源在透镜内部时，透镜的设计就需要预先知道馈源的辐射方向图 $U(\eta)$。这可以通过全波仿真分析得到，仿真时设置馈源在无限大电介质材料中辐射，其介电常数与透镜相同。此外，还可以按照"透镜测量"一节所述的步骤通过实验获得。

未知透镜轮廓由 $r(\eta)$ 函数表示。和以前一样，分界面的菲涅尔折射方程写成：

$$\frac{\partial r}{\partial \eta} = \frac{r(\eta)\sin(\theta - \eta)}{n - \cos(\theta - \eta)} \quad (22.28)$$

第22章 电介质透镜天线

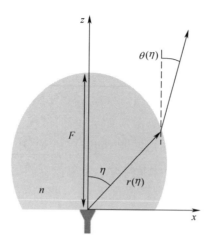

图22.19 单层透镜的几何形状

为了实现输出功率方向图要求,使用"透镜设计的几何光学"一节介绍的基本射线束概念(图22.4)。基本射线束的功率守恒表示为:

$$U(\eta)T\sin(\eta)\mathrm{d}\eta = KG(\theta)\sin\theta\mathrm{d}\theta \tag{22.29}$$

可重新表示为

$$\frac{\mathrm{d}\theta}{\mathrm{d}\eta} = \frac{T}{K}\frac{U(\eta)}{G(\theta)}\frac{\sin\eta}{\sin\theta} \tag{22.30}$$

其中:$T(\eta)$ 表示透射率,即,穿过 d_S 传输的功率 P_t 与入射功率 P_i(图22.4)的比值。

$$T = \frac{U_{\parallel}|t_{\parallel}^2| + U_{\perp}|t_{\perp}^2|}{U}\frac{1}{n}\frac{\cos\beta}{\cos\alpha}T \tag{22.31}$$

$$\cos\alpha = \hat{\boldsymbol{i}} \cdot \hat{\boldsymbol{n}} \tag{22.32}$$

$$\cos\beta = \hat{\boldsymbol{t}} \cdot \hat{\boldsymbol{n}} \tag{22.33}$$

式中:$t_{\parallel}$、$t_{\perp}$ 分别表示平行和垂直极化的菲涅耳透射系数。K 是由透镜内部和外部总功率之间的比值决定的归一化常数,满足:

$$K = \frac{\int_0^{\eta_{\max}} T(\eta)U(\eta)\sin\eta\mathrm{d}\eta}{\int_0^{\theta_{\max}} G(\theta)\sin\theta\mathrm{d}\theta} \tag{22.34}$$

式中：$\eta_{\max}$ 为最大馈源口径尺寸；$\theta_{\max}$ 为最大输出角度。

未知量 $r(\eta)$ 和 $\theta(\eta)$ 是通过对式(22.28)和式(22.30)从 $\eta=0$ 到 $\eta_{\max}$（通常为 90°）进行积分得到的，初始条件为 $r(0)=F$ 和 $\theta(0)=0$。其中：F 为缩放因子不影响透镜形状。然而，F 的值越大三，透镜尺寸越大。根据透镜天线设计原理，透镜尺寸越大，辐射方向图与目标方向图 $G(\theta)$ 的一致性越好。

式(22.28)~式(22.31)中的函数 $T(\eta)$ 间接依赖于未知函数 $r(\eta)$。下面介绍一个迭代过程：首先，假定式(22.28)和式(22.30)中 $T(\eta)$ 为常数，重复对方程进行连续积分，得到的 $r(\eta)$ 用来计算下一个等式组(式(22.28)~式(22.31))，中的 $T(\eta)$。重复这个过程直到迭代收敛，通常两三次迭代就足够了。

所提出的公式需要已知 φ 向无关馈源 $U(\eta)$ 和目标功率方向图要求 $G(\eta)$。在大多数情况下，馈源的辐射方向图不是轴对称的。但是为了透镜的综合需要，可以采用透镜主平面中主极化分量的平均值进行近似。

4. 频率稳定的方向图和相位中心

本节介绍了一个双层轴对称透镜的设计，该透镜满足两个设计条件：位于透镜后面（体外）的明确相位中心和目标远场幅度要求（Fernandes et al.，2010）。这种类型的虚拟聚焦透镜可以用作反射面的馈源，这将在之后的"应用"一节中进行讨论。由于假设透镜尺寸相对于波长较大，所以将几何光学直接综合方法应用于透镜设计。

如图 22.20 中的几何形状所示，n_1 和 n_2 分别是内外透镜壳体材料的折射率，而 S 和 F 是相应的轴向深度。外壳使用较低折射率的材料以便在空气界面处获得较低的反射系数。这两层透镜表面形状由未知函数 $r_1(\eta)$、$\theta(\eta)$ 和 $R(\eta)$ 定义，可以通过求解如下所述的三个微分方程组得到。

其中一个方程来源于穿过透镜系统的基本射线束中的功率守恒条件，在"与输出功率要求匹配的透镜"一节中对此进行了讨论：

$$\frac{d\theta}{d\eta} = \frac{T(\eta)U(\eta)\sin\eta}{KG(\theta)\sin\theta} \qquad (22.35)$$

其中：$U(\eta)$、$G(\theta)$、$T(\eta)$ 和 K 的定义与前文相同。进一步，在内表面施加 Snell 定律可得式(22.3)：

$$\frac{dr_1}{d\eta} = \frac{r_1(\eta)\sin(\gamma-\eta)}{\dfrac{n_1}{n_2}-\cos(\gamma-\eta)} \qquad (22.36)$$

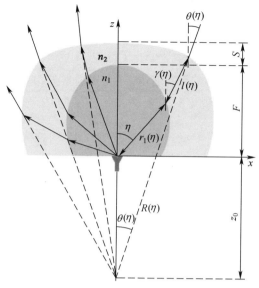

图 22.20 透镜设计几何图

在外表面施加 Snell 定律则得到:

$$\frac{dR}{d\eta} = \frac{dR}{d\theta}\frac{d\theta}{d\eta} = \frac{Rn_2\sin(\gamma-\theta)}{1-n_2\cos(\gamma-\eta)}\frac{T(\eta)U(\eta)\sin\eta}{KG(\theta)\sin\theta} \quad (22.37)$$

最后,施加以下路径长度条件:

$$\begin{cases} r_1 n_1 + l n_2 = R \\ R\cos\theta = r_1\cos\eta + l\cos\gamma + z_0 \end{cases} \quad (22.38)$$

透镜轮廓通过求解三个微分方程组(式(22.35)~式(22.37))来得到,其中 η 的积分范围为 $\eta=0$ 到 $\eta=\eta_{\max}$。式(22.36)和式(22.37)中的 γ 角度是从式(22.38)得到:

$$\gamma = \cos^{-1}\left[\frac{n_2(R\cos(\theta)-r_1\cos(\eta)-z_0)}{R-n_1 r_1}\right] \quad (22.39)$$

在 $\eta=0$ 处的初始条件是

$$\begin{cases} \theta = 0 \\ r_1 = F \\ \gamma = 0 \\ l = S \\ R = n_1 F + n_2 S \end{cases} \quad (22.40)$$

一旦选择了透镜的折射率和轴向深度,就确定了从相位中心到透镜底部的距离 z_0。事实上,从式(22.40)有

$$z_0 = R(\eta = 0) - F - S = F(n_1 - 1) + S(n_2 - 1) \qquad (22.41)$$

式(22.35)在 $\eta = 0$ 时的数值不确定。为了得到 $\eta = 0$ 时的值,根据以下关系:

$$\int_0^\theta KG(\theta)\sin\theta d\theta = \int_0^\eta T(\eta)U(\eta)\sin(\eta)d\eta \qquad (22.42)$$

并在 $\theta \to 0$ 和 $\eta \to 0$ 时极限的估计结果是

$$\theta = \sqrt{\frac{T(\eta)U(\eta)}{KG(\theta)}} \eta \qquad (22.43)$$

其中:$T(\eta)$、$U(\eta)$ 和 $G(\theta)$ 在 $\eta = 0$ 和 $\theta = 0$ 附近被假定为常数。由此可以得到式(22.35):

$$\frac{d\theta}{d\eta} = \sqrt{\frac{T(\eta)U(\eta)}{KG(\theta)}} \qquad (22.44)$$

对于 $\eta = 0$,这个结果也被用在方程式(22.37)中的相关部分。

只要透镜尺寸与波长相比较大,只要馈源辐射方向图保持不变并与使用的 $U(\eta)$ 函数一致,那么 GO 透镜综合本质上是宽带的。

5. 多波束透镜

由两个嵌入式赋形外壳组成的集成透镜结构可用于多波束或扫描应用(Costa 等 2008a)。两个透镜表面的外形设计能够满足两个独立的设计目标。(在单一材料透镜中,只能满足一个设计目标):

(1)波束准直条件,即,从透镜输出相互平行的波束;

(2)馈源偏离轴线时输出波束相差最小。

该透镜的几何形状如图 22.21 所示。该结构是轴对称的,由两个不同材料嵌入的壳体构成;内壳材料具有较高折射率值 n_1,而外壳材料具有较低值 n_2。馈源阵列分布在透镜底座平面以轴线为中心的小区域范围内。

内部透镜的表面形状由函数 $r(\eta)$(未知)定义,外部透镜的表面由长度 $l(\eta)$ 和角度 $\gamma(\eta)$(未知)表示,如图 22.21 所示。透镜轴向厚度分别为内壳 F 和外壳 T。

众所周知,满足所谓的阿贝正弦条件的透镜对于馈源较小的横向偏轴位移

没有造成误差(Born,Wolf,1959)。当离开轴向馈源的射线 $r(\eta)$ 与相应的透射射线 $s(\eta)$ 的交点全部位于一个以 f_e 为半径的圆周(以馈源为中心)时,阿贝正弦条件被证明成立(Born,Wolf,1959)。这由图22.21中的粗虚线表示。鉴于图22.21的几何形状,阿贝正弦条件可以写为

$$(f_e - r)\sin(\eta) = l\sin(\gamma) \tag{22.45}$$

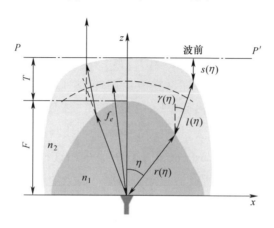

图 22.21 透镜的几何设计

在内界面上,根据 Snell 定律:

$$\frac{\mathrm{d}r}{\mathrm{d}\eta} = \frac{r(\eta)\sin(\gamma - \eta)}{\dfrac{n_1}{n_2} - \cos(\gamma - \eta)} \tag{22.46}$$

为了使每条射线的波程长度在出射波前相同,必须满足下式:

$$n_1 r + n_2 l + s = n_1 F + n_2 T \tag{22.47}$$

$$s = F + T - r\cos\eta - l\cos\gamma \tag{22.48}$$

以 η 为自变量,可以同时求解式(22.45)~式(22.48)以确定内壳曲线和外壳曲线。$\eta = 0$ 的初始条件是 $r = F, l = T, \gamma = 0$,积分边界为 $\eta = \eta_{\text{edge}}$,$\eta_{\text{edge}}$ 通常小于 $\pi/2$。当透镜外表面和半径为 f_e 的圆相交或者内表面反射条件满足时计算停止。

对于 n_1、n_2、F 和 T 的值给定的组合,可以在 F 和 $F + T$ 之间调节 f_e 参数以控制透镜表面的形状(并且间接地控制透镜扫描特性)。在光学极限中,用上述几何光学(GO)方法获得的透镜形状与绝对尺寸无关,因此,F 可以作为缩放

因子。

值得注意的是,与单一材料透镜的经典阿贝(Born,Wolf,1959)条件一致,上述设计方程只考虑中心馈源。施加的阿贝条件隐含地确定偏轴馈源的扫描性能。

6. 波束偏转透镜

在传统的机械式波束偏转方法中,馈源在聚焦元件(透镜或反射面)的聚焦弧线上移动,从而引起相应的波束倾斜。当馈源固定时,透镜(或反射面)倾斜使其聚焦弧线始终通过馈源。偏轴馈源的位移会导致透镜口面相位误差增大,从而引起严重的波束性能衰减。通常在波束偏转25°以上时,波束性能恶化变得不可接受(龙伯透镜是个例外;"非均匀球面透镜"部分)。

本节介绍了一种替代方法,其中透镜倾斜的轴线与透镜的焦点重合,因此与相位中心重合(图22.22)(Costa et al., 2009)。采用这种方式,透镜倾斜引起的相位误差被消除,只要对于所有透镜倾斜角保持适当的馈电,原则上可以达到更大的波束扫描范围。馈源保持固定不动。该透镜的设计实例在"机械波束调控透镜"一节中介绍。

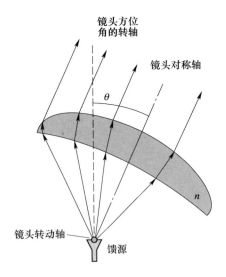

图 22.22 波束调控透镜的工作原理

准直波束透镜也采用这个概念。因此,根据定义,所有输出波束总是平行于透镜对称轴,使得波束倾角 θ 与透镜倾斜角一致。方位波束扫描是通过透镜绕

馈源轴线旋转得到。

在这种情况下,馈源不能与透镜接触。为了保证透镜在所有倾斜角度下都能被很好地馈电,该系统中馈源会尽可能地靠近透镜底座(约为一个波长)。在设计准直波束透镜时要考虑最大可实现的波束倾角、最大增益和最小增益扫描损耗。这些特性由透镜轮廓确定,但是它们还受到诸如介质分界面反射以及倾斜角度变大时泄露增加等因素影响。为了得到适当的透镜馈电必须设计合适的馈源。

透镜设计需要用到数值优化。然而,不同于强力优化,本节将考虑一种混合算法(参见"其他透镜设计方法"部分),即把透镜基底表面进行参数化处理,联立 GO 设计方程,以此来缩小搜索空间。透镜的两个折射表面设计必须满足以下条件,即能够校准馈电输出的透镜表面部分最大化。这相当于实现图 22.23 中定义的透镜 η_{max} 值最大化。两个透镜表面起到扩大最大扫描角度的作用。

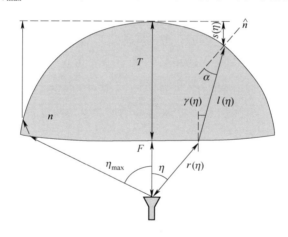

图 22.23 波束偏转透镜的几何设计

透镜的几何形状如图 22.23 所示。在透镜底部,根据 Snell 折射定律:

$$\frac{\partial r(\eta)}{\partial \eta} = \frac{r(\eta)n\sin(\gamma - \eta)}{1 - n\cos(\gamma - \eta)} \quad (22.49)$$

式中:η 为自变量。另一方面,考虑到电气路径长度条件,可以得到:

$$r + nl + s = F + nT \quad (22.50)$$

其中

$$s = F + T - r\cos\eta - l\cos\gamma \quad (22.51)$$

F 和 T 是输入常数,而 $r(\eta)$、$l(\eta)$ 和 $\gamma(\eta)$ 是未知函数。为得到唯一解需要第三个限制条件。为此,将 $r(\eta)$ 写为 η 的泰勒级数展开式:

$$r(\eta) = \sum_{n=0}^{8} C_n \eta^n \tag{22.52}$$

所以式(22.49)的左边也可以写成解析的。假定 $C_0 = F$ 和 $C_1 = 0$,在 $\eta = 0$ 时 $\frac{\partial r}{\partial n} = 0$。这确保了中心射线的零折射。使用遗传算法(GA)优化系数 C_2 至 C_8。设定 C_n 系数定义式(22.52)中的 $r(\eta)$ 函数。所以 $\gamma(\eta)$ 可以由式(22.49)得到,$l(\eta)$ 由式(22.50)和式(22.51)得到。

如上所述,上述公式与 GA 循环集成以测试透镜表面 $r(\eta)$ 不同形状时透镜性能,目标是得到最大透镜角 $\eta_{\max}$。迭代过程有如下限制:

① $R(\eta)$ 必须足够大,以确保当透镜倾斜时,馈源边缘不会碰到透镜底部表面;

② 除透镜边缘外,透镜底部表面不能穿过上表面。

③ 透镜表面上部的射线入射角必须低于临界角 α_c 的 95%。

后一个约束使沿着透镜上表面的横向波(Pasqualini, Maci, 2004)的激励最小化。当射线的入射角 α 相对于透镜局部法向量 $\hat{n}$ 接近全反射条件时会发生这种情况:

$$\alpha_c = a\sin\left(\frac{1}{n}\right) \tag{22.53}$$

如前所述,表面波使透镜辐射偏离主波束方向,从而导致方向性降低。

7. 透镜分析方法

(1) 几何光学/物理光学分析方法

透镜(反射面和其他开放结构)分析常用 GO/PO 的混合方法。当透镜位于与透镜具有相同介电常数的无界介质中时,该方法将透镜的形状、介电常数、馈电位置以及馈源产生的远场辐射方向图作为输入条件。GO/PO 方法包含几何光学分析和物理光学分析两个步骤。

第一步,如"透镜设计的几何光学"一节中所讲,GO 方法用于计算透镜内表面的场分布;随后使用菲涅耳系数计算透镜外表面的场。当一个或多个介质表面被相位中心发出的射线穿过时,必须选择合适的菲涅耳系数和发散因子进行

计算。

利用第一步得到的场分布计算透镜外表面上的等效电流,透镜口径面 S 上的基尔霍夫—惠更斯(KH)产生透镜的远场辐射方向图:

$$\boldsymbol{E}(P) = \frac{\mathrm{j}e^{-\mathrm{j}kR}}{2\lambda r}\int_s [Z(\hat{\boldsymbol{n}} \times \boldsymbol{H}(P')) \times \boldsymbol{R}_1 + (\hat{\boldsymbol{n}} \times \boldsymbol{E}(P'))]$$
$$\times \boldsymbol{R}_1 e^{\mathrm{j}k\boldsymbol{\rho}\cdot\boldsymbol{R}_1}\mathrm{d}S \tag{22.54}$$

$\boldsymbol{E}(P')$ 和 $\boldsymbol{H}(P')$ 表示由第一步计算出的透镜外表面馈电产生的场。$\boldsymbol{R}_1$ 表示从原点指向观察点 P 的单位向量,$\boldsymbol{\rho}$ 表示从原点到透镜面的积分点 P' 的向量,$\hat{\boldsymbol{n}}$ 是透镜面的外法线。第二步被称为物理光学(PO)积分(图 22.24)。

只要口径场的描述准确,GO/PO 方法可以很好地解决大多数大口径天线问题。

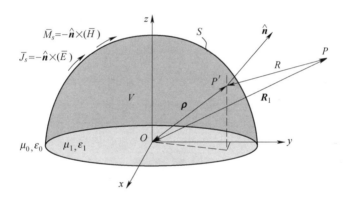

图 22.24　几何光学口径综合示意图

在上一节讨论的 GO 直接综合方法中,只需要考虑前向传播的射线来定义口径场(如前所述)。在分析过程中,必须恰当地考虑所有的反射和透射射线。为了解决雷达散射截面问题,Ling(1989)提出了在复杂任意形状的结构中追踪射线的一般方法,称为弹跳射线(SBR)算法。SBR 方法可以用于计算集成椭圆透镜(Neto et al.,1998)中或偏轴馈电半球透镜(Pavacic et al.,2012)的内部反射射线。

当透镜结构为轴对称时,GO/PO 方法的计算时间变得微不足道。即使源场不是轴对称的,对源场的角向谐波序列进行分解可以将非对称问题转化为对多个轴对称问题的求解。

该方法的 GO 部分,尤其是循环对称结构,对存储空间的要求不高。对于该方法的 PO 部分来说,类似的评论也是合理的,考虑到某些方法中,远场方向图可以通过对所有出射场顺序计算的闭式 KH 积分的叠加计算得到。

(2) 物理光学/物理光学(PO/PO)分析方法。

该方法与前面研究的 GO/PO 方法一样,也是一种两步分析方法,但是第一步对于口径场的计算是基于 PO 公式。这样避免了 GO 方法的以下限制:

① GO 方法在第一步中不能分析小尺寸透镜,因为在这种情况下,馈源不能再精确等效成一个点和其远场方向图。

② GO 不能预测尖锐区域的场。当接近透镜边缘或馈源时,这个问题将会严重影响计算的结果。当接近透镜边缘,会影响对边缘衍射效应的计算,或者当接近馈源区域时,将显著影响馈线阻抗(Neto et al.,1998)。

根据源电流的先验知识,可以使用自由空间并矢格林函数来计算与透镜具有相同介电常数的无界介质中的场。这些场是在一个具有透镜形状的虚拟表面 S 上计算的,以表示在透镜介质-空气界面处的入射场(E_inc,H_inc)。菲涅耳系数被用于计算界面处的反射和透射场,然后计算界面两侧的等效表面电磁流。透镜的内表面等效电流的 PO 积分可以计算得到透镜内部各处的反射场。透镜的远场辐射方向图是根据在前面步骤中获得的外表面等效表面电流的 PO 积分来确定的(图 22.25)。

图 22.25　透镜表面的等效电流分布示意图

由于观察点可能接近孔径,所以通常用于远场 PO 估计的渐近表达式不能用于内部场的估计。使用一般 PO 公式对于近场是有效的,但是会更复杂,并且消耗更多的 CPU 时间。这一点导致了对于更复杂的结构,如多壳透镜,需要进行多次 PO 积分才能完成内部场的计算。

这显然是一种不太灵活的方法,比 GO/PO 更占用 CPU 资源。插入到优化循环中与之前讨论过的 GO/PO 方法类似,但是每次迭代需要更长的时间。

(3) 谱域方法(SDM)。

谱域方法(SDM)是用于分析集成透镜天线的 GO/PO 方法的可用替代方案。其特别适用于分析经典几何光学方法无法分析的只有几个波长的小尺寸透镜。

在 SDM 中,透镜远场由透镜底部馈源的口径场分解为给定的基函数确定。该基函数可能是平面波或高斯波束(Maciel and Felsen,1989)。高斯波束的主要优点在于其在空域和谱域都受限。透镜底部的近场估计需要使用另一种方法,如矩量法。高斯分解给出了可以设置波束宽度、倾斜度以及基函数之间的空间和频谱分离的波束参数。

Hailu(2009,2011)采用结合射线跟踪的谱域分解方法对改进的半球形透镜进行分析,并将其结果与全波商业软件计算结果和实测结果进行比较。

(4) 球面波模态法。

球面波模态方法基于一组基函数中电磁场的离散化,该基函数是球坐标系中波动方程的解。Sanford(1994)和 Fuchs(2008b)使用这种方法分析一个球形均匀或分层的龙伯透镜。

对于透镜的每一层,内外场都是以球面模式离散化的。使用模式匹配方法得到展开系数。然而,只有在透镜外层的入射波参数是已知的。所有其他参数都必须通过分层界面处的边界条件来确定。边界条件的使用可以得到一组线性方程,求解线性方程即可得出每个区域内所有场的系数。

为了将模态方法应用于集成透镜天线,第一步是将辐射场从平面馈源中分解出来。首先,考虑等效的电磁表面电流,馈源由其平面表达式代替。然后,该平面被网格化,并且每个部分都被认为是独立的基本辐射源,具有已知的离散化球面模式。因此,需要事先知道馈源的电流。由于模态方法是全波方法,所以隐含地考虑了透镜界面处的内部反射。

球面波模态法特别适合分析标准的球形问题。任意形状的透镜,其场的边界条件在球坐标系中的表示非常困难。该级数的收敛速度在馈源偏离轴心距离变大的时候将变得极其缓慢。

(5) 矩量法(MoM)。

矩量法(MoM)是对任意电磁结构的最常用的全波分析方法之一(Peterson

et al. ,1998)。该方法用于描述电磁问题的电磁场积分方程(分别为 EFIE 和 MFIE)的计算。这些方程可以写成 $Lf = g$ 的形式,其中 L 是积分算子,f 是未知量,g 是激励。MoM 得到的近似解形式如下:

$$f \cong \sum_{n=1}^{N} \alpha_n B_n \qquad (22.55)$$

其中:函数 B_n 是已知的基函数,定义域为 L,标量 α_n 是待求的未知系数。式(22.55)代入 $Lf = g$,线性方程可以通过使残差:

$$L\left(\sum_{n=1}^{N} \alpha_n B_n\right) - g = \sum_{n=1}^{N} \alpha_n L B_n - g \qquad (22.56)$$

与一组测试函数 $\{T_1, T_2, \cdots, T_N\}$ 正交。其计算结果是在条件:

$$l_{mn} = \langle T_m, LB_n \rangle \qquad (22.57)$$

和

$$\beta_m = \langle T_m, g \rangle \qquad (22.58)$$

下方程 $L\alpha = \beta$ 的解,其中:"<,>"是运算符号。未知系数可以通过矩阵求逆得到(Peterson et al. ,1998)。

对于电大尺寸的结构,这个矩阵可能过大。如前所述,透镜的尺寸通常较大,因此文献中关于用 MoM 分析介质透镜的报道并不多。

(6) 时域有限差分法(FDTD)。

FDTD 技术利用二阶中心差分原理来近似表示离散时间和空间的典型网格上的麦克斯韦(Maxwell)旋度方程。电磁场分量通过重复计算旋度方程的有限差分当量不断更新,直到获得所需的瞬态或稳态响应。这个过程称为时间蛙跳模型。由于时域有限差分方法的解是通过时间建立起来的,所以不需要建立一个大型方程组,从而使难以解决的问题变得可以解决。

与 MoM 一样,传统 3D FDTD 作为迭代分析算法仅适用于一个波长大小的透镜。实际上,算法的变量数随着透镜半径的增大而增加,导致大多数常见的优化问题需要过长的计算时间。然而,对于具有轴对称性的结构,可以将 3D 问题简化为更简单的 2D 问题,并实现更快的算法,称为旋转体(BOR) FDTD。即使对称透镜由不对称源馈电,也可以使用 BOR-FDTD(Van Der Vorst and De Maagt, 2002)。在这种情况下,其馈源电流或辐射场可以被分解为傅里叶展开式。通过 BOR-FDTD 算法分别对展开式的每个部分进行分解,最后对所有部分

BOR-FDTD 分析的结果求矢量并得到最终结果。

BOR-FDTD 可以用于分析 GO/PO 方法无法分析的小尺寸透镜。事实上，由于空间网格的数量随着透镜的尺寸减小而减小，所以透镜越小，BOR-FDTD 将会收敛得越快。BOR-FDTD 可以很容易地处理内部反射，因为它是全波方法，也可以用于多层或变介电常数透镜。

22.3.3 透镜材料

在选择用于制造透镜的介电材料时有几方面需要考虑。通常根据其介电常数或相对介电常数来选择材料，常用介电常数值范围为 1.2~11。第二个重要参数是衡量材料耗散损耗的介电损耗角正切（$\tan\delta$）。损耗正切值越低，每个波长的材料损耗越低。损耗角正切值的选择取决于应用要求；不过，在大多数情况下，损耗角正切值低于 10^{-3} 是可接受的。介质材料是否各向同性和均匀也很重要。还需要考虑到材料的机械性能，如材料的硬度、断裂韧性或熔化温度，这些参数可能会影响透镜加工技术的选择，以及与多层透镜有关的热膨胀系数。

毫米波介电材料的电磁特性可能因制造商和材料批次的不同而不同。如果对材料的要求苛刻，建议准确测量将用于透镜制造的材料样品的介电性能。介电材料的复介电常数的测量需要使用矢量网络分析仪来测量测试毫米波电路（谐振器或非谐振器）加上电介质样品和空载时（Chen et al., 2005）的频率响应。接下来介绍两种经典的测量方法：波导法和开放的法布里-珀罗谐振器方法。

波导方法需要用到相同长度的短路波导，并精确切割出完全填充其横截面的平行六面体形状的介质材料样品（Chen et al., 2005）。这些波导都在工作在 TE_{10} 单模条件。通过比较波导填充了介质样本和空载时开路端测得的 S_{11} 可以得到材料的复介电常数（Silveirinha et al., 2014）。两个不同长度的波导可用于冗余介电常数测定和最终测量不确定度的测定（图 22.26）。

这种方法的一个优点是非常精确，只要介质样品与波导的五个壁之间的空气缝隙可以忽略不计。另一个优点是它需要的材料样品非常小（在 V 波段通常为 3.9mm×1.9mm×5.0mm），因此可以从大块材料的不同位置向不同方向切割样品来检测材料的不均匀性或各向异性。此外，在测量过程中，根据所测量的频率响应 S_{11} 中的异常，很容易发现一些偶然的测量误差或高阶模式的出现

图 22.26 V 波段的短路波导实物以及一些介质样本

(Silveirinha et al.,2014)。这种方法的另一个优点是,允许测量的损耗角正切可以高达 10^{-2}。

然而,该方法存在对于高介电常数值(通常大于 6)的测量限制,这是由于在电介质填充的波导中激励起了高次模。高次模的产生在复介电常数和损耗因子的测量中引起了严重的误差。

法布里-珀罗谐振器方法对高介电常数的样品不存在波导法的限制。其理论和工作原理是众所周知的(Afsar et al.,1990;Komiyama et al.,1991;Hirvonen et al.,1996)。谐振器可能有不同的结构。通常使用平面-凹面结构,因为其只用到了一个球面镜,并且不需要对谐振腔的扰动即可以实现高斯束介质样本的精确定位。通常将样品材料切割成直径为高斯束的 3 倍,厚度为待测材料中波长的一半的圆盘(Hirvonen et al.,1996)。

在图 22.27 所示的 V 波段测量实例中(Fernandes and Costa,2009),球面镜由铝制成,曲率半径为 160.3mm,投影直径为 240mm。平面镜能够以 10μm 精度线性平移。当两个镜之间的中心距离大约为 157.3mm 时,在 63GHz,平面镜的基本高斯模可以形成一个窄波束(w_0= 5.7mm),球面镜的高斯波束宽度也能取到一个合适的值(w_z = 42.9mm)。在这个情况下可以测量尺寸小至 20mm 直径的材料样品。增加反射镜之间的距离可以减小 w_0,但 w_z 会增大并导致波束有可能从球面镜的边缘溢出,从而使得腔体的品质因数降低。

可以使用固定镜像距离的方法来测量。使用矢量网络分析仪在 V 波段扫

频,测量连接到球面镜背面的两个波导端口之间的 S_{21}。第一次测量时,谐振腔中没有样品。然后用放置在平面镜中心的盘状介质样品进行第二次测量。样品的介电常数由谐振模式的频移来确定,而损耗角正切由给定模式的谐振带宽来确定(Komiyama et al., 1991)。

该方法还允许通过使样品相对于球面镜像对称轴旋转并进行连续测量来评估材料的各向异性。实际上,由于腔体是线极化模式,所以 S_{21} 由盘状材料轴向的各向异性决定(Fernandes and Costa, 2009),样品旋转的方向不同,介电常数值也随之变化。

图 22.27　基于法布里-珀罗腔方法的 V 波段的复介电常数测量装置

表 22.3 列出了一些常用的透镜介质材料在 60GHz 处测得的电磁特性。

表 22.3　60GHz 处测得的不同材料的介电常数值

材　料	介电常数	损耗角正切
ABS-M30(3D 打印)	2.48	0.008
亚克力玻璃	2.5	0.0118
氧化铝	9.3	0.0013
熔凝石英	3.8	0.0015
MACOR	5.5	0.0118
聚乙烯	2.3	0.0003
聚丙烯	2.2	0.0005
聚苯乙烯	2.5	0.0004
特氟龙	2.2	0.0002

22.3.4 透镜制造

介质透镜天线的加工技术有很多种。最常用的方法是使用计算机数控(CNC)铣削、浇铸技术和3D打印技术。

CNC能够通过自动程序从一块原材料中挖出一定形状的物体,根据三维数字化模型制造实物(图22.28)。这种制造工艺特别适用于形状复杂、尺寸公差小、具有良好的表面光洁度的天线,如毫米波透镜天线。相较于注模工艺,CNC技术更适用于小批量生产或实验室的原型制造,而不适用于注重成本效益的大批量生产。然而,数控铣削可以用于注模技术的模具生产。

图22.28 利用数控铣床加工透镜

用于CNC铣削的材料没有特定限制。表22.3中列出了一些市面上常见的可加工介质材料。切割工具及其旋转速度、切割速度、进给速率和切割深度必须适合所选材料。这些切割参数的具体值可以在制造商的材料数据表中查到。根据介质材料和数控铣床的性能,可以实现$50\mu m$的制造精度。对于某些类型的材料,可以使用浇注技术加工透镜(图22.29),即向透镜形状的模具中倒入或注入液态的介质。通常情况下,必须保留几小时才能取出模具。设计模具时必须考虑到材料固化后透镜的尺寸可能会稍有变化。浇铸技术是一种成本效益较高的技术,适用于大规模生产。由于模具制造的成本问题,该工艺不适用于实验室加工。此外,由于没有合适的设备,很难在液体固化的时候避免气泡或控制混合

物的均匀性。

图 22.29　利用浇铸技术加工透镜

对于多层透镜,需要特别注意通过铣削或浇铸技术加工出的不同层的匹配和对准。装配透镜时应避免各层之间存在空气间隙。如果多层透镜中存在小至 0.03 个波长的空气缝隙,就会降低天线增益并提高方向图的旁瓣电平。随着层数的增加(Kim and Rahmat-Samii,1998)或材料介电常数的增大(Nguyen et al.,2010),这种空气层对于透镜性能的影响将会更大。与邻近层具有相同介电常数的胶水可以用来减弱空气间隙的影响。

因为以相对低的成本加工结构复杂的介质原型,3D 打印技术正被广泛采用。与 CNC 一样,3D 打印也是从物体的三维数字化模型开始。但是 3D 打印是一个叠加的过程,将每一层的材料逐点铺下以形成所需的形状。3D 打印可以使用多种材料,热塑性 3D 打印机是最普遍的。虽然常用的材料普遍具有很高的损耗,并且低端打印机目前的加工公差是 $200\mu m$。近期报道了一个采用 ABS 材料($\tan\delta = 0.008$)的 3D 打印透镜天线,该透镜天线工作在 60GHz,用于短距离室内无线通信(bisognin et al.,2014)。还可采用氧化铝等具有更高介电常数和低损耗的材料来制造 3D 打印透镜(Ngoc Tinh et al.,2010)。

22.3.5　透镜馈源

对于透镜馈源的主要要求是在透镜口径对应的角度内实现均匀的辐射方向图,在透镜边缘处有最小的能量溢出以及与透镜焦点重合的明确的相位中心。最常见的透镜馈源是贴片、缝隙或喇叭/波导。贴片和缝隙的优点是低剖面,有

些情况下可以与透镜表面在同一个平面。但是，它们有多个辐射模式，尤其是在透镜离体馈电的情况下，可能会导致溢出损耗。贴片和缝隙因此更适合集成透镜馈源。虽然波导的尺寸较大，但对于实验室测试集成透镜原型来说具有一些优势，因为它们允许在多个透镜原型中重复使用相同的馈源，确保测量的可重复性。与之前的这些馈源相比，喇叭馈源的波束定向性更好，更多地被作为离体馈源。

早期的亚毫米波集成透镜天线使用双缝隙天线作为透镜馈源（Filipovic et al.，1993，1997）。这种馈电方式特别适用于集成，如在辐射热测量仪的情况下，该透镜可以应用在射电天文学中的振幅接收器中。但是双缝天线是窄带的，因此限制了透镜的带宽。宽带天线，如正弦天线（Edwards et al.，2012）、对数螺旋或对数周期天线（Semenov et al.，2007）可用于射电天文透镜见图22.30。

图22.30 平面自互补对数周期馈电的集成透镜天线

早期宽带馈源的一个问题是极化随频率不稳定。其中一个解决方案是使用交叉指数渐变槽（XETS）天线（costaand Fernandes，2007a）。该天线具有随频率稳定不变的线极化方向图、稳定地位于天线中央的相位中心。其工作带宽为1∶3（或100%）。XETS天线的几何形状如图22.31所示：单金属层上两个交叉的指数渐变槽和方形（或星形）槽相交。天线在两个相对的点上馈电，图22.31(a)中馈电点定义了天线的E面。天线相对于馈电点的对称性确保了天线在所有频率点上电流相对于E面的对称性，以及相对于H面的反对称性。因此，天

线在主平面上的线极化纯度不随频率改变。

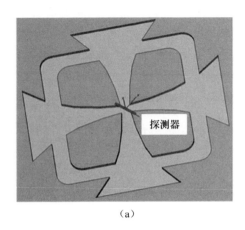

图 22.31 （a）交叉指数渐变槽（XETS）天线结构图和（b）40~75GHz 的 XETS 实物

Neto 和 Neto 等（2010）提出了超过 1：10 的极宽频带的缝隙馈源。基板的一面印刷了一个正交的微带线，中心由基板另一面的长漏波缝隙馈电。为了改善馈源的辐射性能，开槽和透镜底部之间有一个小于 1/16 波长的空气缝隙。近期，该方法被扩展到了漏波槽平面阵（Yurduseven et al.，2014）。

上述的所有单层天线，由于没有地板，都有双向辐射方向图。上述天线降低了 THz 频段馈源的加工难度。但是，当连接到介质透镜的底部时，大部分的馈源辐射都进入了透镜。实际上，耦合到透镜的功率比例随 $\varepsilon_r^{3/2}$ 的增加而增加（Rutledge et al.，1983）。因此，对于单平面馈源来说，透镜材料的介电常数往往需要很高，因为空气到介质表面的反射率需要很高。正如在"集成透镜设计实例"中讨论过的，可以用匹配层方法或双壳透镜结构来解决这个问题。

传统贴片天线也可以用作集成馈源。例如，带有孔径耦合矩形贴片阵列的集成透镜由 28GHz（Nguyen et al.，2011）或 60GHz（Artemenko et al.，2013a，b）的微带馈电网络馈电。

开路波导口有的时候更适合于集成透镜天线的馈源，因为其更容易将所有功率耦合到透镜，而不像单平面印刷天线那样需要提高透镜的介电常数。然而，需要调节标准的波导开路端，以避免过大的回波损耗和 E 面和 H 面之间的不对称辐射方向图。使用与透镜材料相同的介电常数的边缘锥形介质填充可以改善回波损耗问题（Ngoc Tinh et al.，2010），但可能会产生影响透镜性能的高次模。

为了避免这种情况,填充波导的介质横截面尺寸必须逐渐缩小以实现单模工作(Fernandes 2002;Fernandes et al.,2011)。当设计得比较好的时候,波导开路端可以在透镜体内部产生与印刷或缝隙宽带天线相同的方向图。尽管波导馈源的工作频带可能不够宽,但是仍然可以使用工作于不同频段的多个独立波导分别馈电来测试透镜的宽带特性。图22.32给出了两个分别工作于Q波段和V波段的相似的波导馈源的版图和照片(Fernandes et al.,2011)。由于使用了外螺纹,这些馈源可以很容易地与透镜连接或分离,并在其他透镜中重复使用,以确保可重复性测量。

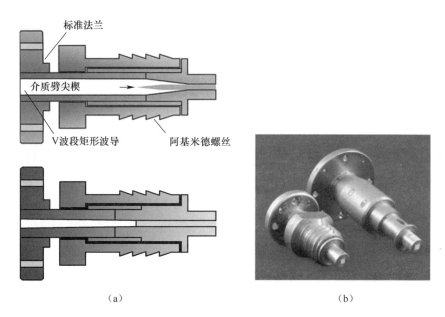

图22.32 (a)馈源设计原理图(非确切尺寸)的H面(上)和E面(下)剖面图;
(b)V波段(左)和Q波段(右)馈源实物图

对于离体馈电的透镜,常用喇叭作为馈源。注意事项和使用的配置与反射面完全一样,有大量的文献可供参考(Olver et al.,1994)。为了避免溢出损耗,通常要求透镜边缘的功率电平比中心低10dB。

1. 透镜测量

大多数透镜天线测量技术与反射面天线或任何其他大口径天线的测量技术没有什么不同。所以最常用的测量过程在这里不再重复。本节只涉及与集成透

镜天线测量相关的两个特有问题。

（1）无界介质中的馈电辐射方向图。

集成透镜天线的设计需要了解馈源在嵌入透镜材料时的实际辐射方向图。其与相同馈源在空气中的方向图不同。尽管在无界电介质中的馈电辐射方向图可以通过电磁全波仿真计算得到，但直接测量是不可能的。

一个可用的解决方法是测量一个相同介质材料的球形透镜表面中心嵌入的馈源产生的切向场。透镜半径必须足够大，以确保在透镜表面处的馈源辐射产生足够大的横向分量。注意到切向分量在介质-空气界面上是连续的，并且在这种情况下没有折射，所测量的切向场可以被认为是介质内馈源辐射方向图的正确估计。内部反射可能会产生一些波纹，但通常无法消除这种问题。

图 22.33 展示了上一节介绍的波导馈电方法的应用。馈源嵌入在一个玻璃陶瓷半球形透镜中，近场扫描探针是一个开口波导（图 22.33a）。近场测量结果如图 22.33（b）所示，并与使用 WIPL-D 求解器（Kolundzija and Djordjevic，2002）计算出的馈源在介质中的远场相比较。

（2）相位中心测量。

使用集成透镜时，如将其作为聚焦系统中的馈源时，需要知道相位中心的位置。不同于相位中心位置通常靠近口径平面的喇叭，集成透镜的相位中心主要取决于透镜形状，甚至可能远离透镜体。当可以测量辐射方向图的相位 $\phi(\theta,\varphi)$ 时，很容易地确定相位中心。参考图 22.34（a）的原理图，可以看出，在相同的 φ 平面切割中，假设 $d \ll r$，相位中心与旋转轴之间的距离为

$$d = -\frac{\lambda}{2\pi} \frac{\partial \phi}{\partial \cos\theta} \tag{22.59}$$

当相位中心存在时，d 与 ϕ 相对于 $\cos\theta$ 线性变化的斜率成比例。因此，d 可以通过单次辐射方向图测量结果计算出来。

然而，当测辐射热计或其他检测器被用作集成透镜馈源时（Filipovic et al.，1993），只能测量幅度方向图，不能使用前面的相位中心测定方法。显而易见的备选方案是将透镜放置在聚焦系统的焦平面上。辅助聚焦透镜（ACL）可以放置在发射天线和被测透镜（LUT）之间的固定位置，LUT 沿着轴线平移直到接收功率达到最大。这个位置对应于重合的辅助聚焦透镜和被测透镜的相位中心。另外，还需要用已知相位中心的天线代替透镜作为额外的参考测量来确定被测透

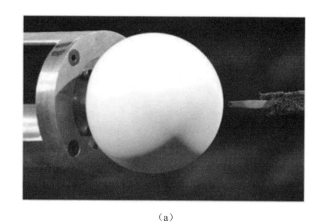

图 22.33 对一个半球玻璃陶瓷透镜馈源切向场的近场扫描

(a)测试图;(b)E 面和 H 面的仿真和实测结果。

镜的绝对相位中心(Costa et al.,2010;图 22.35)。

使用透镜(而不是反射面)的优点是不需要太大空间。其中辅助聚焦透镜的透镜直径只是被测透镜的 3 倍,所以对于小暗室来说,该方法非常方便。如果使用反射面,LUT 将介于发射喇叭和反射面之间,从而产生严重的孔径遮挡,并干扰之后的测量。

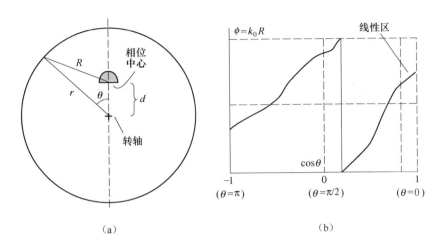

图 22.34 (a)确定相位中心的原理图和(b)相位方向图 ϕ 相对于 $\cos\theta$ 的变化

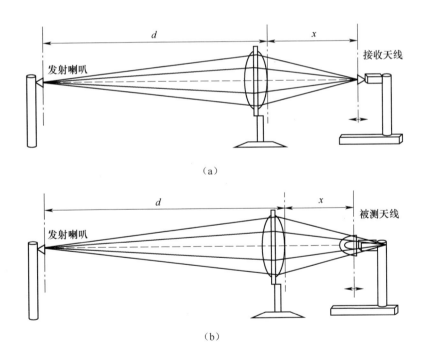

图 22.35 基于功率测量的相位中心确定原理图

(a)参考测量；(b)待测天线测量。

彩图 22.36 展示了一个实测的场景,辅助聚焦透镜的材料为聚四氟乙烯

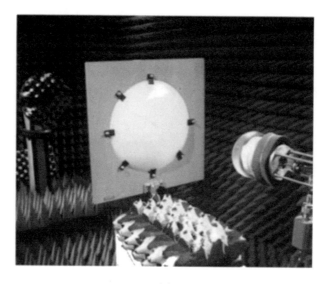

(a)

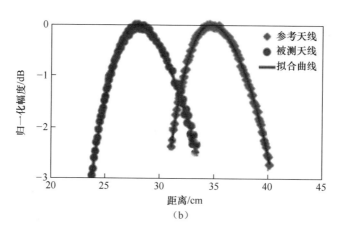

(b)

图 22.36 (a)测试场景图和(b)实测的被测透镜和参考
天线的归一化接收功率的比较(彩图见书末)

(ε_r = 1.96@62.5GHz)、直径为300mm,其焦平面位于距离接收端350mm和发射端 d = 4.550mm 处。被测透镜是由波导馈电的双壳透镜(Fernandes et al., 2010),允许相位方法和振幅方法的相互验证。参考天线是相位中心与开口孔径基本重合的波导探头。相位测量和功率测量方法的结果之间的差别在62.5GHz 时大约为2mm,远小于实际聚焦系统在该频率下的深度。

22.4 应用

22.4.1 应用概述

本节将着重介绍近年来介质透镜的应用趋势,主要涉及微波和毫米波集成透镜该透镜的尺寸、质量都得到了缩减)。下面将会给出相应透镜天线的一些实例。

集成透镜天线最常见的功能就是聚焦辐射以提高增益,与反射面天线相比,实现同样增益时透镜天线具有较低的剖面尺寸。在毫米波频段,如60GHz的高比特率通信(Bisognin et al.,2014)和77GHz的主动汽车防撞雷达(Ka Fai et al.,2014)中具有非常重要的意义。另外,集成透镜可以用来对馈源天线的辐射方向图进行赋形设计。对于60GHz的室内无线网络,基站需要有适当的辐射方向图,如平顶波束(Ngoc Tinh et al.,2011; Rolland et al.,2011)或正割平方波束(Fernandes and Anunciada,2001; Bares and Sauleau,2007)。

透镜具有宽带特性,因为射电望远镜中的反射面聚焦系统的馈源需要具有宽带且稳定的辐射方向图和相位中心特性,因此透镜天线也是一种不错的馈源方案。为了稳定的性能,学者已经提出了多层(Fernandes et al.,2010)或圆顶(Ngoc Tinh et al.,2013)形状的集成透镜。这两种情况下,可以通过适当设计或优化来获得特殊形状的透镜。

透镜可以用在成像应用中,其中目标的图像通过透镜汇聚在另一侧的传感器(或探测器)阵列上(Filipovic et al.,1997)。传感器之间的距离应该满足奈奎斯特采样定律(通常每个波长放置两个探测器),以便于恢复原始的目标图像。安检和医学成像就是透镜天线应用的典型案例。例如,Trichopoulos 等(2010,2013)曾介绍了一个底部有31×31个探测器的半球形透镜,用来探测目标图像。另外,使用一列紧密排列的透镜(Llombart et al.,2013; Naruse et äl.,2013),每个透镜连接一个探测器的方案也是可行的。但是,这种情况不满足奈奎斯特准则。还有一些应用中,需要用到多波束天线,但只要求有较低密度的探测器即可,如一个波束可重构(Nguyen et al.,2011)的透镜或某种程度的电控离散波束(Costa et al.,2008a; Artemenko,2013a,b)的透镜。

移动车辆与高空平台或卫星之间的通信需要地面终端天线具有波束可调能力。少许文献中提到将透镜应用于卫星动中通系统(SOTM),采用具有机械波束扫描特性的 Luneburg 透镜形式。法国 Lun'tech 公司正在出售这种商业应用方案。另外,具有机械波束可调特性的集成透镜天线在 SOTM 中也可以应用(Costa et al.,2008b)。在这些方案中,透镜的内壳是空气,这样就可以允许透镜在固定的馈线上自由移动来调整主瓣的方向。

22.4.2 透镜应用实例

1. 用于毫米波频段 WLAN 的等通量与平顶波束透镜

早在 20 世纪 90 年代(Fernandes,1995),已经开始针对每个频道的速率为 150Mbit/s 的毫米波蜂窝移动通信的开创工作。该频段的氧气衰减极高(15dB/km),自由空间衰减也非常高,而障碍物衰减同样如此。总而言之,这些因素本质上将无线电覆盖局限于非常小的区域,因此未授权的频谱对于新兴的宽带应用是可行的。

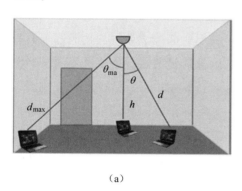
(a)

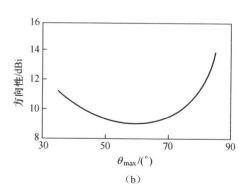
(b)

图 22.37 (a)毫米波无线局域网场景和(b)方位向对称俯仰向为理想 $\sec^2\theta$ 方向图的方向性随 θ_{max} 的变化关系

近期正在探索将 60GHz 频段用于短距离千兆比特无线局域网。在室内场景(图 22.37(a))中,同一房间内不同位置自由空间衰减的差异性可能导致较大的动态范围,这可以通过适当的天线辐射方向图赋形来补偿。具有波束赋形功能的介质透镜,悬挂在天花板上,可以用作基站天线。这种透镜天线在俯仰面上具有正割平方辐射方向图,以此来补偿每个方向上自由空间衰减的差异。期望

的辐射方向图可以表示为

$$(\theta) = \begin{cases} G(\theta_{max}) \dfrac{\sec\theta}{\sec\theta_{max}} \\ 0 \end{cases} \quad (22.60)$$

最大仰角 θ_{max} 根据所需要的区域半径来选择。对于 $\theta > \theta_{max}$，可以用陡峭的下降波束来节约能量并防止墙壁过度反射。从不同 θ_{max} 情况下具有理想 $\sec^2$ 辐射方向性(图22.37(b))可以获得 $G(\theta_{max})$ 的估算值(Fernandes,1999)。

基站(BST)天线必须与移动终端(MT)的平顶波束天线配对，从而使通信区域内所有位置的移动或便携式终端接收到的平均功率保持稳定。许多天线技术可以用来获得这种类型的辐射方向图。这里用一个赋形设计透镜为例，由于其超过 θ_{max} 的辐射得到大幅度抑制，从而减少了多径干扰。虽然本例中展示的基站天线和移动终端透镜天线辐射方向图都是圆形对称的，如果需要的话，通过3D赋形设计的透镜天线一样能够得到方形区域覆盖特性(Fernandes 和 Anunciada,2001)。

这些具有振幅轴对称特性的透镜设计沿用前文介绍的 GO (光学路径法)算法。虽然其他低损耗的商用材料如聚苯乙烯($\varepsilon_r = 2.53, \tan\delta = 10^{-4}$)也是可选的，本例中两种透镜采用有机玻璃材料($\varepsilon_r = 2.53, \tan\delta = 0.012$)加工制作。两种透镜都是由嵌入到透镜内的金属圆波导馈电，这种波导传输 TE11 模。两者的辐射方向图零点固定在 $\theta_{max} = 75°$。基站天线位于终端上方 $h = 3$m 处，区域半径大致有11mm。

图22.38(a)为66mm半径的具有正割平方赋形基站透镜天线的加工实物图。图22.38(b)给出了62.5GHz处测得的辐射方向图。$\theta = 0°$ 对应最低点(该情况下的地面)，$\theta_{max} = 75°$ 对应最大辐射方向。

平顶波束透镜的加工实物如图22.39所示。本例中透镜半径是35mm，比正割平方赋形的透镜天线要小，但后者的辐射方向图陡峭下降特性要更明显。图22.40(b)给出了基站天线的方位面方向图，可以看到正好满足期望的平顶特性。峰点(该情况下的最高处)对应 $\theta = 0°$。这个平顶波束和圆形对称波束的辐射特性有利于在有区域甚至有些倾斜的范围内终端天线的自由移动。

考虑到链路预算受到两个天线增益的乘积影响，这个透镜组合可在 θ_{max} 处提供非常陡峭的区域边界，在通信区域之外的辐射可以忽略不计。正割平方波

束的一个显著特征是覆盖区域的尺寸与天线高度成比例。这提供了一个简单的手段来控制通信区域的边界,并且当视线(LOS)遮挡的时候,可以在多径效应和可选择路径需求之间保持适当的折中。

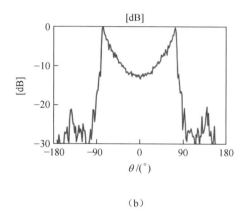

(a) (b)

图 22.38 (a) $\sec^2$ 波束透镜的样机和(b) 62.5GHz 处的实测圆极化辐射方向图

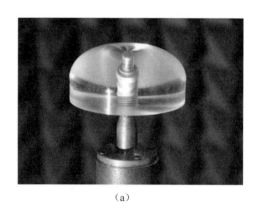
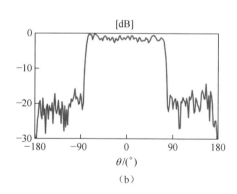

(a) (b)

图 22.39 (a) 平顶波束透镜的样机和(b) 62.5GHz 处的实测圆极化辐射图

2. 用于反射面均匀照射的宽带透镜

最常见的反射面馈源是喇叭天线。尽管有很多种喇叭天线,但它们都具有相同的口径天线特性,即辐射方向性随着频率的升高而增加。当涉及到超宽带时,这样会导致口径照射效率大大降低。为了解决这个问题,通常将整个带宽划分成若干个子带,每个子带用一个喇叭馈源。但是由于多馈源喇叭偏轴会导致误差调试变得很复杂。

反射面的馈源设计是很具有挑战意义的,其需要保持恒定的辐射波瓣宽度并在稳定的相位中心上有超过3倍频程的带宽。根据"频率的辐射和相位中心位置"(Fernandes et al.,2010)一节所述,可以设计一个符合这种要求的双壳形介质透镜。透镜是为一个90°偏置反射面进行馈电。透镜输出光束产生一个远低于透镜的虚拟焦点,并靠近相应的反射面焦点(图22.40(a))。

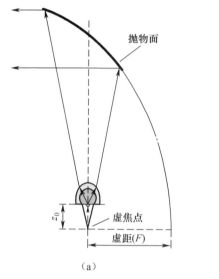

图22.40 (a)几何结构和(b)带有MACOR™内壳和丙烯酸外壳的透镜样机

图22.40(b)为用MACOR和丙烯酸设计制造的直径20λ的透镜。由于丙烯酸的光学透明性可以看到内壳,但光学折射效应导致内壳出现扭曲。该透镜采用"透镜馈源"一节(图22.32)中提到的波导馈电。图22.41(a)分别给出了Q频段和V频段两个不同频率下的透镜辐射方向图(40GHz和62.5GHz)。透镜辐射方向图与$\alpha_0 = 23°$高斯宽度(虚线)的高斯波束符合良好。可以看到,透镜辐射方向图的形状和波束宽度如同预期一样,在两个频段下都是相同的。30GHz和90GHz的全波仿真结果(Fernandes et al.,2010)也说明了这一点。在整个频带内,透镜波束与高斯波束的一致性程度高于94%。测量的透镜相位中心位置与设计时施加值(z_0 = 68.7mm)一致,并且在两个频率下也基本相同。全波仿真结果证明了相位中心在三倍频程的带宽内保持稳定。

透镜反射阵天线辐射性能由ILASH软件仿真得到(Lima et al.,2008)。

图 22.41(b)表明,口径效率在所需频带内是恒定的,以 dB 为单位的反射面方向性和频率的对数呈线性关系。

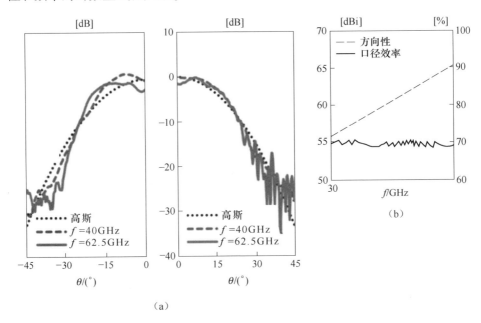

图 22.41　(a)在 40GHz 和 62.5GHz 处测量的透镜辐射图和
(b)计算以对数标度的频率下反射面的方向性和口径效率

3. 多波束透镜

在此提供两个紧凑型多波束集成透镜天线实例,工作在 40GHz~60GHz,相对带宽达到 40%。第一个实例旨在证明双层透镜的潜力,在 60GHz 处在±20°扫描范围内产生 11 个波束,其中每个波束宽度 6°,扫描增益损失小于 1dB,在 40% 的带宽内高斯特性高于 95%。在这个例子中,透镜由波导馈电。第二个例子的主要目的是论证"透镜馈源"一节中提到的宽带 XETS 天线作为有效的共面线极化透镜馈源应用于多波束的可行性。它的结构允许天线封装在基座上非常紧密,从而实现相邻波束重叠。紧凑的封装不妨碍每个 XETS 元件与肖特基二极管集成在一起用作混频器。此处的馈源示例采用规范的集成透镜。

文献中报道的用于扫描或多波束的集成透镜结构非常少见,大多是基于改进的半球形或椭圆透镜结构(Filipovic et al.,1997;Wu et al.,2001)。在这些规范结构中,透镜形状是固定的,所以设计自由度就是馈源到透镜辐射表面的距

第22章 电介质透镜天线

离,但是这个自由度并不能减少因馈源偏轴位置误差而导致的口径相位误差。该例使用双壳结构来允许施加阿贝正弦条件。所选的透镜材料是MACOR™/丙烯酸化合(介电常数5.5/2.53),馈源为"透镜馈源"一节所述的在40GHz和62.5GHz的波导馈源,如图22.32所示。

图22.42a给出了制造的透镜天线样机(Costa et al.,2008a),根据"多波束透镜"一节中的GO公式在ILASH软件(Lima et al.,2008)中设计完成。

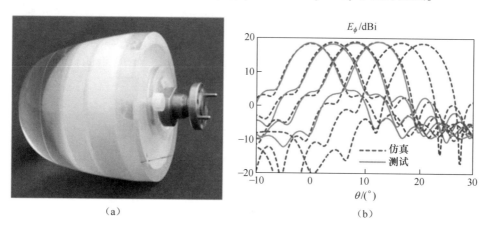

图22.42 (a)制造的MACOR™/丙烯酸透镜样机及其60GHz波导馈源和(b)62.5GHz频段仿真和测量的H面增益辐射图,其中馈源到透镜轴线的距离分别为0、1.1mm、2.2mm、3.3mm、4.4mm和5.5mm

透镜底座直径60mm,透镜高度37mm。图22.42(b)给出了沿着透镜底座以1.1mm步进的不同馈源位置仿真和测量的H面辐射方向图。这会产生相对最大值-1.5dB的连续波束重叠。-3dB处的波束重叠发生在更大的连续馈源位置间隔中,与所使用的馈源口径尺寸相当(没有详细给出)。图22.42(b)表明了ILASH仿真和测试的一致性良好,并确认所述的关于双壳透镜波束扫描线性,内部反射,波束形状,以及高斯特性的保持和极低的扫描损耗在俯仰面20°范围内有效。实现增益为18~19dBi,在43~62GHz扫描损失低于1dB。基于GO的透镜设计,波束扫描角度取决于馈源的偏轴位置,而几乎与频率无关,并且波束的高斯性优于95%。

以下实例旨在论证宽带XETS印制天线作为多波束集成透镜馈源的可行性,这种印制天线带有简易积分混频器,在"透镜馈源"一节有所叙述,同时也证

明了中频信号回收装置的有效性。尽管 XETS 元件在透镜底座上排列紧凑,但所提出的馈源在相邻器件之间的射频和中频仍然可以保持良好的隔离,这在带宽内提供了非常稳定的辐射方向图和线极化性能。

上述方法可以使用经典的单一材料透镜来证明,这些结论对于更复杂的透镜设计仍然有效。这种情况下,使用一个直径 68mm 的 MACOR 椭圆透镜(Costa and Fernandes,2007b)(图 22.43(a))。透镜扫描角度为 0 到±18°,其波束重叠电平在 43GHz 处约为 -3dB,在 62.5GHz 频点处约为 -4.5dB。其他透镜在高频处的重叠电平可能有所提高,但这种优化超过了这个例子的既定目标。

辐射方向图测量结构如图 22.43(b) 所示。集成到 XETS 中的肖特基二极管同时接收 62.5GHz 的远场 T_X 信号(通过透镜)和 64GHz 的 LO 信号(通过后面的空气),从而产生期望的 1.5GHz IF 信号。LO 组件相对于透镜的位置是固定的,从而使得照射 XETS 的 LO 信号幅度随着透镜的旋转保持不变,而 IF 信号幅度仅与 T_X 频点处的透镜辐射方向图相关。

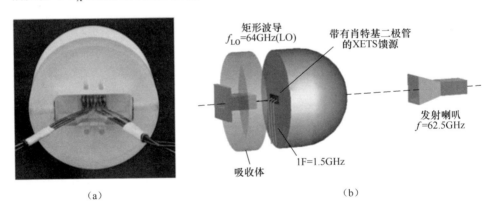

图 22.43 (a)MACOR 椭圆透镜的底视图,由带有集成混频器多 XETS 组件馈电和 (b)辐射方向图测量装置的频点为 62.5GHz,在透镜底部使用集成混频器

图 22.44 中给出了 62.5GHz 处三个 XETS 元件(#2,#3 和#6)测量和仿真的 H 面辐射方向图。方向图曲线分别归一化到对应的最大值。主瓣形状相当稳定,尽管 XETS 元件的位置非常接近,但是仍然能够正确地实现相应的波束倾角。交叉极化低于 -15dB,相比于自互补型对数周期馈源要好得多。这也证实了预期的馈源特性。

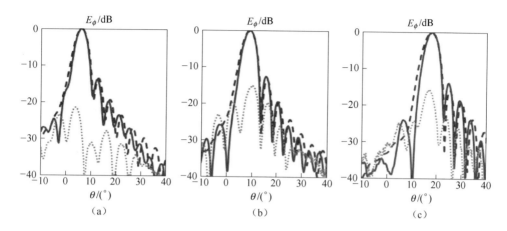

图 22.44　62.5GHz 处仿真和测量 H 面辐射图对比
（红色虚线，仿真的 Co-pol；蓝色线，测量的 Co-pol；绿色虚线，测量的 X-pol）
对应的馈源位置分别为：(a) $x = 2$mm；(b) $x = 3$mm；(c) $x = 6$mm

4. 机械式波束可控透镜

机械式波束可控天线往往被电子波束控制所取代，因为后者通常更紧凑、调控更灵活。但是在毫米波段，由于移相网络的损耗和成本都大大增加，因此这种替代趋势并不明显。机械式波束可控方案的主要缺点是机械的复杂性以及昂贵的毫米波旋转关节。

Costa 等（2008b，2009）报道了一种新的机械式波束可控方法，其中馈源保持不动，只要旋转或倾斜一个特殊形状的介质透镜，用一个固定在馈源端口近场区域的简单机械结构即可完成。

这种结构的应用实例是 26GHz 近地轨道卫星遥测链路。透镜天线需要在俯仰面产生扇形波束，并且能够在方位面进行简单的机械扫描。期望的增益与仰角 θ 之间的数学关系近似由 $\mathrm{Sec}(k\theta)$ 给出。选择合适的参数 k，俯仰面上的辐射方向图能够补偿路径损耗，地球曲率已经考虑在内。

所设计的赋形透镜是轴对称的，但是透镜底座偏离轴线一定距离处会有一个球形空腔（图 22.45(a)）。馈源口径面位于球形空腔中心位置。馈源位置引入的不对称在方位面形成一个定向波束，在俯仰面形成一个扇形波束。这是一个非常简单的解决方案，馈源是固定的，而透镜按照偏轴馈源中线旋转，从而得到所需的波束扫描。这种非接触式馈电方式避免了长期连续旋转接头易出现故

障的问题。本结构非常紧凑和轻巧(透镜直径小于 5 个波长且高度小于 3 个波长),这也满足卫星的质量和体积限制。

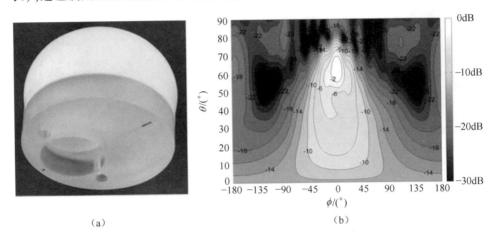

(a)　　　　　　　　　　　　(b)

图 22.45　(a)MACOR™轴对称直径 50mm 的透镜和
(b)用 GO/PO 方法计算的透镜辐射性能

馈源固定移动透镜的方法被推广到方位角和俯仰角都进行机械扫描的应用(Costa et al.,2009)。在室内摄像机和高清电视显示器间实现无压缩高清视频信息的无线传输很快将成为市场化大众需求应用。对于该应用,新标准建议使用 57~66GHz 之间的未授权频谱。对于大众消费应用,无线链路必须使用便宜的低功耗信号源,因此需要高增益天线(>20dBi)来满足通信链路设计。考虑到用户的移动性,窄波束需要可控。利用"波束偏转透镜"一节中介绍的设计原则,已经开发了一种波束机械可调的介质透镜天线,介质透镜绕着一个固定的中等增益馈源旋转(图 22.46(a))。再一次,馈源与透镜没有物理接触。如前所述,这避免了旋转关节的使用,同时也避免了相应的缺点。设计的透镜采用聚乙烯加工,透镜的入射和出射表面都被特殊设计以满足定向波束和最大波束扫描的需求。透镜输出波束与所有透镜方向的透镜轴对准。因此,沿着透镜的两个主轴进行机械转动可以实现方位面和俯仰面的波束控制。与传统扫描方式的重要区别是对于所有透镜倾角来说,焦点与口径相位中心总是完全重合。通过这种方式,可以大大减少相位差,得到比传统方案更宽的扫描角度。所制造的透镜天线在整个方位面具有-45°~+45°的俯仰扫描能力,增益达到 21dB 增益,扫描

的增益损失小于 1.1dB(图 22.46(b))。辐射效率高于 95%。

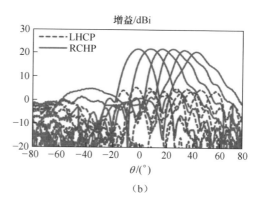

(a) (b)

图 22.46 (a)制造的聚乙烯透镜加喇叭馈源的照片和
(b)测量的若干个透镜倾角对应的辐射方向图

22.5 结论

得益于低成本毫米波集成电路的快速发展,快速成型技术以及毫米波亚毫米波应用越来越广泛的趋势,介质透镜天线(也称为集成透镜天线)再一次得到大家的重视。综合来说,这些优点推动了这些频段面向大众的应用需求。

介质透镜能够非常灵活地满足特定情况的使用需求,而且设计十分简单。虽然基于移相单元和超材料的低剖面平面天线发展迅速,但是介质透镜因其高效率以及设计加工的简便性,在小波长情况下仍然具有一定的竞争力。

交叉参考:

▶第 26 章 菲涅耳区平板天线。

▶第 56 章 毫米波及亚毫米波天线测量。

▶第 28 章 反射阵天线。

▶第 19 章 反射面天线。

▶第 10 章 光学变换理论在天线设计中的应用

参考文献

Afsar MN, Li X, Chi H (1990) An automated 60 GHz open resonator system for precision dielectric measurements. IEEE Trans Microwave Theory Tech 38:1845-1853

Artemenko A, Mozharovskiy A, Maltsev A et al (2013a) Experimental characterization of E-band two-dimensional electronically beam-steerable integrated lens antennas. IEEE Antennas Wirel Propag Lett 12:1188-1191

Artemenko A, Maltsev A, Mozharovskiy A et al (2013b) Millimeter-wave electronically steerable integrated lens antennas for WLAN/WPAN applications. IEEE Trans Antennas Propag 61:1665-1671

Bares B, Sauleau R (2007) Design and optimisation of axisymmetric millimetre-wave shaped lens antennas with directive, secant-squared and conical beams. IET Microwaves Antennas Propag 1:433-439

Bisognin A, Titz D, Ferrero F et al (2014) 3D printed plastic 60 GHz lens: enabling innovative millimeter wave antenna solution and system. In: Microwave symposium (IMS), IEEE MTT-S international, Tampa Bay, United States, pp 1-4

Bor J, Lafond O, Merlet H et al (2014) Technological process to control the foam dielectric constant application to microwave components and antennas. IEEE Trans Compon Packag Manuf Technol 4:938-942

Boriskin AV, Vorobyov A, Sauleau R (2011) Two-shell radially symmetric dielectric lenses as low-cost analogs of the Luneburg lens. IEEE Trans Antennas Propag 59:3089-3093

Born M, Wolf E (1959) Principles of optics. Pergamon, New York

Chen LF, Ong CK, Neo CP, Varadan VV, Varadan VK (2004) Microwave Theory and Techniques for Materials Characterization, in Microwave Electronics: Measurement and Materials Characterization, Wiley, Chichester, UK. doi: 10.1002/0470020466.ch2

Cornbleet S (1994) Microwave and geometrical optics. Academic, London

Costa JR, Fernandes CA (2007a) Broadband slot feed for integrated lens antennas. IEEE Antennas Wirel Propag Lett 6:396-400

Costa JR, Fernandes CA (2007b) Integrated imaging lens antenna with broadband feeds. In: Antennas and propagation, EuCAP 2007. The second European conference, Edinburgh, UK, pp 1-6

Costa JR, Silveirinha MG, Fernandes CA (2008a) Evaluation of a double-shell integrated scanning

lens antenna. IEEE Antennas Wirel Propag Lett 7:781-784

Costa JR, Fernandes CA, Godi G et al (2008b) Compact Ka-band lens antennas for LEO satellites. IEEE Trans Antennas Propag 56:1251-1258

Costa JR, Lima EB, Fernandes CA (2009) Compact beam-steerable lens antenna for 60-GHz wireless communications. IEEE Trans Antennas Propag 57:2926-2933

Costa JR, Lima EB, Fernandes CA (2010) Antenna phase center determination from amplitude measurements using a focusing lens. In: Antennas and propagation society international symposium, IEEE

Do-Hoon K, Werner DH (2010) Transformation electromagnetics: an overview of the theory and applications. IEEE Antennas Propag Mag 52:24-46

Edwards JM, O'brient R, Lee AT et al (2012) Dual-polarized sinuous antennas on extended hemispherical silicon lenses. IEEE Trans Antennas Propag 60:4082-4091

Fernandes L (1995) Developing a system concept and technologies for mobile broadband communications. IEEE Pers Commun Mag 2:54

Fernandes CA (1999) Shaped dielectric lenses for wireless millimeter-wave communications. IEEE Antennas Propag Mag 41:141-150

Fernandes CA (2002) Shaped-beam antennas. In: Godara L (ed) Handbook of antennas in wireless communications. CRC Press, New York, ch 15

Fernandes CA, Anunciada LM (2001) Constantflux illumination of square cells for millimeterwave wireless communications. IEEE Trans Microwave Theory Tech 49:2137-2141

Fernandes CA, Costa JR (2009) Permittivity measurement and anisotropy evaluation of dielectric materials at millimeter-waves. In: XIX Imeko world congress: fundamental and applied metrology, proceedings. IMEKO, Budapest, pp 673-677

Fernandes CA, Lima EB, Costa JR (2010) Broadband integrated lens for illuminating reflector antenna with constant aperture efficiency. IEEE Trans Antennas Propag 58:3805-3813

Fernandes CA, Lima EB, Costa JR (2011) Tapered waveguide feed for integrated dielectric lens antenna performance tests. In: EUROCON- international conference on computer as a tool (EUROCON), IEEE, Lisbon, Portugal, pp 1-4

Filipovic DF, Gearhart SS, Rebeiz GM (1993) Double-slot antennas on extended hemispherical and elliptical silicon dielectric lenses. IEEE Trans Microwave Theory Tech 41:1738-1749

Filipovic DF, Gauthier GP, Raman S et al (1997) Off-axis properties of silicon and quartz dielectric lens antennas. IEEE Trans Antennas Propag 45:760-766

Fuchs B, Lafond O, Rondineau S et al (2006) Design and characterization of half Maxwellfish-eye lens antennas in millimeter waves. IEEE Trans Microwave Theory Tech 54:2292–2300

Fuchs B, Le Coq L, Lafond O et al (2007a) Design optimization of multishell Luneburg lenses. IEEE Trans Antennas Propag 55:283–289

Fuchs B, Lafond O, Rondineau S et al (2007b) Off-axis performances of half Maxwellfish-eye lens antennas at 77GHz. IEEE Trans Antennas Propag 55:479–482

Fuchs B, Lafond O, Palud S et al (2008a) Comparative design and analysis of Luneburg and half Maxwell fish-eye lens antennas. IEEE Trans Antennas Propag 56:3058–3062

Fuchs B, Palud S, Le Coq L et al (2008b) Scattering of spherically and hemispherically stratified lenses fed by any real source. IEEE Trans Antennas Propag 56:450–460

Hailu DM, Ehtezazi IA, Safavi-Naeini S (2009) Fast analysis of terahertz integrated lens antennas employing the spectral domain ray tracing method. IEEE Antennas Wirel Propag Lett 8:37–39

Hailu DM, Ehtezazi IA, Neshat M et al (2011) Hybrid spectral-domain ray tracing method for fast analysis of millimeter-wave and terahertz-integrated antennas. IEEE Trans Terahertz Sci Technol 1:425–434

Hirvonen TM, Vainikainen P, Lozowski A et al (1996) Measurement of dielectrics at 100GHz with an open resonator connected to a network analyzer. IEEE Trans Instrum Meas 45:780–786

Ka Fai C, Rui L, Cheng J et al (2014) 77-GHz automotive radar sensor system with antenna integrated package. IEEE Trans Compon Packag Manuf Technol 4:352–359

Kay K (1965) Electromagnetic theory and geometrical optics. Interscience, New York

Kelleher K (1961) Scanning antennas, chapter 15. In: Jasik H (ed) Antenna engineering handbook. McGraw-Hill, New York

Kim KW, Rahmat-Samii Y (1998) Spherical Luneburg lens antennas: engineering characterizations including air gap effects. In: Antennas and propagation society international symposium, vol 2064. IEEE, Atlanta, GA, USA, pp 2062–2065

Kolundzija B, Djordjevic A (2002) Electromagnetic modelling of composite metallic and dielectric structures. Artech House, Norwood

Komiyama B, Kiyokawa M, Matsui T (1991) Open resonator for precision dielectric measurements in the 100GHz band. IEEE Trans Microwave Theory Tech 39:1792–1796

Komljenovic T, Sauleau R, Sipus Z et al (2010) Layered circular-cylindrical dielectric lens antennas-synthesis and height reduction technique. IEEE Trans Antennas Propag 58:1783–1788

Lima E, Costa JR, Silveirinha MG et al (2008) ILASH- software tool for the design of integrated

lens antennas. In: Antennas and propagation society international symposium, AP-S 2008. IEEE, San Diego, USA, pp 1-4

Ling H, Chou R, Lee S (1989) Shooting and bouncing rays: calculating the RCS of an arbitrarily shaped cavity. IEEE Trans Antennas Propag 37:194-205

Llombart N, Lee C, Alonso-Delpino M et al (2013) Silicon micromachined lens antenna for THz integrated heterodyne arrays. IEEE Trans Terahertz Sci Technol 3:515-523

Lodge OJ, Howard JL (1888) On electric radiation and its concentration by lenses. Proc Phys Soc Lond 10:143 Luneburg RK (1943) US Patent 2,328,157

Maciel JJ, Felsen LB (1989) Systematic study offields due to extended apertures by Gaussian beam discretization. IEEE Trans Antennas Propag 37:884-892

Mateo-Segura C, Dyke A, Dyke H et al (2014) Flat Luneburg lens via transformation optics for directive antenna applications. IEEE Trans Antennas Propag 62:1945-1953

Maxwell JC (1860) Scientific papers, I. Dover, New York

Min L, Wei-Ren N, Kihun C et al (2014) A 3-D Luneburg lens antenna fabricated by polymer jetting rapid prototyping. IEEE Trans Antennas Propag 62:1799-1807

Mosallaei H, Rahmat-Samii Y (2001) Nonuniform Luneburg and two-shell lens antennas: radiation characteristics and design optimization. IEEE Trans Antennas Propag 49:60-69

Naruse M, Sekimoto Y, Noguchi T et al (2013) Optical efficiencies of lens-antenna coupled kinetic inductance detectors at 220GHz. IEEE Trans Terahertz Sci Technol 3:180-186

Neto A (2010) UWB, non dispersive radiation from the planarly fed leaky lens antenna- part 1: theory and design. IEEE Trans Antennas Propag 58:2238-2247

Neto A, Maci S, De Maagt PJI (1998) Reflections inside an elliptical dielectric lens antenna. IEE Proc Microwaves Antennas Propag 145:243-247

Neto A, Borselli L, Maci S et al (1999) Input impedance of integrated elliptical lens antennas. IEE Proc Microwaves Antennas Propag 146:181-186

Neto A, Monni S, Nennie F (2010) UWB, non dispersive radiation from the planarly fed leaky lens antenna- part II: demonstrators and measurements. IEEE Trans Antennas Propag 58:2248-2258

Ngoc Tinh N, Sauleau R, Perez CJM (2009) Very broadband extended hemispherical lenses: role of matching layers for bandwidth enlargement. IEEE Trans Antennas Propag 57:1907-1913

Ngoc Tinh N, Delhote N, Ettorre M et al (2010) Design and characterization of 60-GHz integrated lens antennas fabricated through ceramic stereolithography. IEEE Trans Antennas Propag 58:

2757-2762

Ngoc Tinh N, Sauleau R, Le Coq L (2011) Reduced-size double-shell lens antenna with flat-top radiation pattern for indoor communications at millimeter waves. IEEE Trans Antennas Propag 59: 2424-2429

Ngoc Tinh N, Boriskin AV, Rolland A et al (2013) Shaped lens-like dome for UWB antennas with a gaussian-like radiation pattern. IEEE Trans Antennas Propag 61:1658-1664

Nguyen NT, Sauleau R, Martinez Perez CJ et al (2010) Finite-difference time-domain simulations of the effects of air gaps in double-shell extended hemispherical lenses. IET Microwaves Antennas Propag 4:35-42

Nguyen NT, Sauleau R, Ettorre M et al (2011) Focal array fed dielectric lenses: an attractive solution for beam reconfiguration at millimeter waves. IEEE Trans Antennas Propag 59:2152-2159

Nikolic N, James GL, Hellicar A et al (2012) Quarter-sphere Luneburg lens scanning antenna. In: 15th international symposium on antenna technology and applied electromagnetics (ANTEM), pp 1-4

Olver A, Clarricoats P, Kishk A, Shafai L (1994) Microwave horns and feeds. IEEE Press, New York, Chap. 11

Pasqualini D, Maci S (2004) High-frequency analysis of integrated dielectric lens antennas. IEEE Trans Antennas Propag 52:840-847

Pavacic AP, Del Rio DL, Mosig JR et al (2006) Three-dimensional ray-tracing to model internal reflections in off-axis lens antennas. IEEE Trans Antennas Propag 54:604-612

Peterson AF, Ray SL, Mittra R (1998) Computational methods of electromagnetics. IEEE Press, New York

Petosa A, Ittipiboon A (2000) Shadow blockage effects on the aperture efficiency of dielectric Fresnel lenses. IEE Proc Microwaves Antennas Propag 147:451-454

Piksa P, Zvanovec S, Cerny P (2011) Elliptic and hyperbolic dielectric lens antennas in mm-waves. Radioengineering 20:271

Rebeiz GM (1992) Millimeter-wave and terahertz integrated circuit antennas. Proc IEEE 80:1748-1770

Rolland A, Sauleau R, Le Coq L (2011) Flat-shaped dielectric lens antenna for 60-GHz applications. IEEE Trans Antennas Propag 59:4041-4048

Rutledge D, Neikirk D, Kasilingam D (1983) Integrated circuit antennas. In: Button K (ed) Infrared and millimeter-waves, vol 10. Academic, New York, pp 1-90

Salema C, Fernandes C, Jha R (1998) Solid dielectric horns. Artech House, Boston, Chap. 7

Sanford JR (1994) Scattering by spherically stratified microwave lens antennas. IEEE Trans Antennas Propag 42:690-698

Sato K, Ujiie H (2002) A plate Luneburg lens with the permittivity distribution controlled by hole density. Electron Commun Jpn (Part I: Communications) 85:1-12

Sauleau R, Bares B (2006) A complete procedure for the design and optimization of arbitrarily shaped integrated lens antennas. IEEE Trans Antennas Propag 54:1122-1133

Semenov AD, Richter H, Hubers HW et al (2007) Terahertz performance of integrated lens antennas with a hot-electron bolometer. IEEE Trans Microwave Theory Tech 55:239-247

Silveirinha MGMV, Fernandes CA (2000) Shaped double-shell dielectric lenses for wireless millimeter wave communications. In: Antennas and propagation society international symposium, vol 1673. IEEE, Salt Lake City, UT, USA, pp 1674-1677

Silveirinha MG, Fernandes CA, Costa JR (2014) A graphical aid for the complex permittivity measurement at microwave and millimeter wavelengths. IEEE Microwave Wireless Compon Lett 24:421-423

Silver S (1984) Microwave antenna theory and design. Peter Pereginus, London Trichopoulos GC, Mumcu G, Sertel K et al (2010) A novel approach for improving off-axis pixel performance of terahertz focal plane arrays. IEEE Trans Microwave Theory Tech 58:2014-2021

Trichopoulos GC, Mosbacker HL, Burdette D et al (2013) A broadband focal plane array camera for real-time THz imaging applications. IEEE Trans Antennas Propag 61:1733-1740

Van Der Vorst MJM, De Maagt PJL (2002) Efficient body of revolution finite-difference timedomain modeling of integrated lens antennas. IEEE Microwave Wireless Compon Lett 12:258-260

Van Der Vorst MJM, De Maagt PJL, Herben MHAJ (1999) Effect of internal reflections on the radiation properties and input admittance of integrated lens antennas. IEEE Trans Microwave Theory Tech 47:1696-1704

Van Der Vorst MJM, De Maagt PJI, Neto A et al (2001) Effect of internal reflections on the radiation properties and input impedance of integrated lens antennas-comparison between theory and measurements. IEEE Trans Microwave Theory Tech 49:1118-1125

Wu X, Eleftheriades G, Van Deventer-Perkins T (2001) Design and characterization of single- and multiple-beam MM-wave circularly polarized substrate lens antennas for wireless communications. IEEE Trans Microwave Theory Tech 49:431-441

Xue L, Fusco VF (2007) 24GHz automotive radar planar Luneburg lens. IET Microwaves Antennas Propag 1:624-628

Yurduseven O, Cavallo D, Neto A (2014) Wideband dielectric lens antenna with stable radiation patterns fed by coherent array of connected leaky slots. IEEE Trans Antennas Propag 62:1895-1902

… 第 23 章

圆极化天线

Lot Shafai, Maria Z. A. pour, Saeed Latif, and Atabak Rashidian

摘要

本章重点介绍了圆极化天线,给出了圆极化的主要定义和控制方程。利用无穷小偶极子源建立圆极化辐射。首先,对交叉偶极子的辐射模式进行了数学分析,得出了圆极化波的条件。其次,被扩展到四个顺序位移旋转的偶极子天线上,从而在空间的大角度范围内产生圆极化波。简要讨论了该概念在磁源对应和惠更斯源中的推广。本章除了对点源(又称一维电流源)外,还对二维情况下的圆极化辐射源(如微带贴片天线)和三维结构(如介质谐振器天线中存在的体积电流源)进行了进一步的研究。针对这些情况,描述了利用单馈电和双馈电、扰动结构和顺序旋转法产生圆极化辐射的方法。作为设计实例,本章对圆极化方形贴片环形天线的数值计算和测量结果进行了广泛的讨论和介绍。方环微带

L. Shafai ✉ · M. Z. A. Pour · A. Rashidian
温尼伯市马尼托贝大学电气和计算机工程系,加拿大
e-mail:lot. shafai@ umanito ba. ca;zahra · alla hgho lipour@ umanitoba;rashidia@ cc. umanitoba. ca
S. Latif ✉
南阿拉巴马大学,美国
e-mail:slatif@ southa labama. edu

天线被视为顺序旋转电流的近似,并且在文献中还没有得到广泛的研究。

关键词

圆极化;天线;电磁源;连续旋转技术;轴比;二维和三维电流源;微带贴片;介质谐振器天线;方环贴片天线

23.1 引言

本章介绍圆极化天线。首先,在"基本公式和定义"部分中定义并介绍了在直角坐标系和球面坐标系中的圆极化及其相关的场矢量。按照惯例,圆极化是在直角坐标下定义的。然而,天线远场辐射分量在球形坐标中描述更方便,并且对天线的应用更自然。因此,在本章中使用球坐标进行随后的论述。在此部分之后,引入了源的概念,并利用基本电偶极子推导出了电源辐射场的基本表达式。计算结果用于确定圆极化条件。通过这些基本源,利用偏振矢量的轴比对圆极化的质量进行了研究和比较,提出并讨论了混合电磁源。接下来,利用微带和介质谐振器型天线,将结果分别用于利用二维和三维电流分布来呈现实际圆极化天线类型。最后,作为最常用的辐射源以微带方环天线为例,对其进行了详细的研究。本章讨论了圆极化质量与天线尺寸和基片介电常数之间的关系。研究并给出了提高天线阻抗和轴向比波束宽度的方法。

23.2 基本公式和定义

电磁波的极化是由瞬时电场在时空域中的行为简单地描述出来的(Kraus,1988;Stuzman,1993)。沿传播方向行进的电场矢量的尖端留下称为极化空间轨迹或足迹。如果所得到的轨迹是直线,则为线极化,这是使偏振概念可视化的最简单的情况。上述空间轨迹最普遍的形式是椭圆,它定义了椭圆极化。在一种特殊的情况下,椭圆的轴向比,即长轴与短轴的比值相同,即为圆极化,这是本章的主要研

究内容。在数学上,当轴比变为无穷大时,线性极化即为椭圆极化的特例。

在天线工程中,极化是由辐射电磁波确定的,它起着重要作用,因为在任何无线通信中,都必须匹配发射和接收天线的极化,以便最大限度地实现接收。例如,两个正交极化天线的收发匹配,如垂直和水平偶极子匹配则无法实现接收。为了在接收机中获得最大信号,在无线链路终端中,偶极子的方向必须是水平的。当无线信道使用线极化时,除了天线失配造成的损耗外,还有法拉第旋转损耗(Brookner et al.,1985)和多径干扰损失(Counselman,1999)是不可避免的。后者由于来自多条路径不想要的接收信号的干扰和而提高了系统的底噪。前者与地球电离层中的电磁波传播有关。有趣的是,圆极化(CP)可以克服这些所有的有不良影响。这解释了为什么圆极化天线在卫星通信、雷达和全球定位系统中有很大的需求。

天线辐射电磁波进入远场区域,在该远场区域中,它们可以局部被认为是仅包含垂直于传播方向的横向场的平面波。通常,这些波可以分解成两个正交分量。假设平面波沿 z 轴传播,时谐项为 $e^{j\omega t}$;相应的瞬时电场可以用如下的 x 和 y 分量表示(Stuzman,1993):

$$\boldsymbol{E}(t,z) = E_x(t,z)\boldsymbol{x} + E_y(t,z)\boldsymbol{y} \tag{23.1}$$

其中 E_x 和 E_y 由下式给出:

$$E_x(t,z) = e_x\cos(\omega t - kz) \tag{23.2}$$

$$E_y(t,z) = e_y\cos(\omega t - kz + \delta) \tag{23.3}$$

式中:ω、k 和 δ 分别是 E_y 分量相对于 E_x 的角频率、波数和相移。并且,E_x 和 E_y 是实数,表示瞬时电场 x 和 y 分量的振幅。在将等式(23.2)和式(23.3)代入等式(23.1)把 Z 分量归零化简之后,可以写成:

$$\boldsymbol{E}(t) = e_x\cos\omega t\boldsymbol{x} + e_y\cos(\omega t + \delta)\boldsymbol{y} \tag{23.4}$$

通常,上述电场的尖端,用等式(23.4)表示在 $1/f$ 的完整周期内形成椭圆轨迹,其中 f 是频率。这是电磁极化最普遍的情况。现在,让我们考虑特例。如果分解后的电场分量之间的相移为 $n\pi$,即 $\delta = n\pi$,其中 $n = 0,1,2,\cdots$,则总电场矢量表示为

$$\boldsymbol{E}(t) = \cos\omega t(e_x\boldsymbol{x} \pm e_y\boldsymbol{y}) \tag{23.5}$$

它代表线极化。

当电场的 y 分量和 x 分量之间存在正交相移时构成圆极化,即 $\delta = \pm(n + 0.5)\pi$,其中 $n = 0, 1, 2, \cdots$,它们的大小相等,即 $e_x = e_y$。因此,相应的总电场矢量在一个完整的振荡周期上画了一个圆,它被表示为

$$\boldsymbol{E}(t) = e_x(\boldsymbol{x} \pm \mathrm{j}\boldsymbol{y}) \tag{23.6}$$

因此,需要两个正交波,它们在空间和电场上相差 $90°$,具有相等的振幅,以产生圆极化波。

由于本章的重点是圆极化天线,所以用远场电场的球坐标形式来表示天线的极化特性是有指导意义的。首先,让我们定义圆极化的意义。根据 IEEE 标准(IEEE 标准,1979),极化由形成圆或椭圆的电场尖端的旋转决定。当朝传播的方向看时,如果电场顺时针旋转,那就是右旋(RH)。同样的,如果旋转是逆时针方向的,则是左旋(LH)(IEEE 标准,1979)。数学上,基于等式(23.4),当 δ 为 $-90°$ 和 $90°$ 时,分别表示了右旋圆极化和左旋圆极化波。远场电场可以用球面分量来表示:

$$\boldsymbol{E} = E_\theta \boldsymbol{\theta} + E_\phi \boldsymbol{\Phi} \tag{23.7}$$

因此,它也可以分解为右旋圆极化和左旋圆极化波(Milligan,2005)

$$\boldsymbol{E} = E_R \boldsymbol{a}_R + E_L \boldsymbol{a}_L \tag{23.8}$$

式中:$\boldsymbol{a}_R$ 和 $\boldsymbol{a}_L$ 是右旋圆极化和左旋圆极化向量的单位向量。它们是相互正交的,并表示为

$$\begin{cases} \boldsymbol{a}_R = \dfrac{1}{\sqrt{2}}(\boldsymbol{a}_\theta - \mathrm{j}\boldsymbol{a}_\phi) \\ \boldsymbol{a}_L = \dfrac{1}{\sqrt{2}}(\boldsymbol{a}_\theta + \mathrm{j}\boldsymbol{a}_\phi) \end{cases} \tag{23.9}$$

然后,通过将式(23.7)中的电场投影到上述单位矢量上就可以简单地得到 E_R 和 E_L。即式(23.7)和式(23.9)中任一单位矢量复共轭的内积。因此,它们表示为

$$\begin{cases} E_R = \dfrac{1}{\sqrt{2}}(E_\theta + \mathrm{j}E_\phi) \\ E_L = \dfrac{1}{\sqrt{2}}(E_\theta - \mathrm{j}E_\phi) \end{cases} \tag{23.10}$$

轴比,由 AR 表示,指定圆极化波的程度,且是偏振椭圆的长轴与短轴之比。长轴和短轴分别是电场的最大值和最小值,即(Hollis et al.,1969)

$$E_{\max} = \frac{1}{\sqrt{2}}(|E_R| + |E_L|) \tag{23.11}$$

$$E_{\min} = \begin{cases} \dfrac{1}{\sqrt{2}}(|E_R| - |E_L|), & \text{RHCP} \\ \dfrac{1}{\sqrt{2}}(|E_L| - |E_R|), & \text{LHCP} \end{cases} \tag{23.12}$$

在天线应用中,轴比以分贝为单位,由以下表达式表示:

$$\mathrm{AR(dB)} = 20\log\left(\frac{E_{\max}}{E_{\min}}\right) \tag{23.13}$$

因此,0dB 轴比表明纯圆极化场。

到目前为止,对圆极化做了简要的介绍。关于这一问题的更多深入资料可在以下文章中找到(Stutzman,1993;Hollis et al.,1969),供感兴趣的读者参考。本章的其余部分讨论圆极化天线。将着重讨论使用偶极子、微带贴片和介质谐振器天线来实现圆极化场的不同技术。

23.3 圆极化辐射源

上一节给出了控制圆极化的关键定义和基本场矢量。在这一部分,提出了可以辐射圆极化场的基本电流源。磁电流源可以类似地定义和研究。然而,从对偶原理和使用电流源的结果可以很容易地推断出它们相应的辐射场表达式。一个独特的例子是电和磁源的结合,并为此提出和讨论。孔洞和槽是典型的等效磁流源。然而,它们是在它们所处的物体存在的情况下辐射的。其他非导体源,如介电谐振器,更接近电场,因此是更真实的磁流源。

提到电流源,本节将讨论研究源的不同的布置方式。首先研究了两个无穷小偶极子的最简单情况,然后将其推广到两个有限大小的电流源。在此基础上,讨论了四移位电流的情况,通过对辐射场的轴比进行讨论,提出了提高圆极化质量的顺序旋转的概念。在每种情况下,导出磁矢量势并用于确定场矢量。由于圆极化通常是在远场区域定义和使用的,因此只定义和讨论了远场矢量。

23.3.1 案例一：两个同时存在的无穷小电偶极子

图 23.1 给出了沿着 x 和 y 轴的两个正交电偶极子的几何形状。它们的电流矢量是：

$$\boldsymbol{I}_1 = I_1 \boldsymbol{a}_x \tag{23.14}$$

$$\boldsymbol{I}_2 = I_2 \boldsymbol{a}_y \tag{23.15}$$

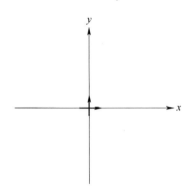

图 23.1 沿 x 轴和 y 轴的两个正交配置电偶极子的几何形状

这些源是无穷小的偶极子，分别给出了它们的磁矢量势：

$$\boldsymbol{A}_1 = \frac{\mu I_1 l_1}{4\pi} \frac{\mathrm{e}^{-\mathrm{j}kr}}{r} \boldsymbol{a}_x \quad l_1 \ll \lambda \tag{23.16}$$

$$\boldsymbol{A}_2 = \frac{\mu I_2 l_2}{4\pi} \frac{\mathrm{e}^{-\mathrm{j}kr}}{r} \boldsymbol{a}_y \quad l_2 \ll \lambda \tag{23.17}$$

在远场区，它们的辐射电场是：

$$\boldsymbol{E}_1 = -\mathrm{j}\omega \boldsymbol{A}_1 = \frac{-\mathrm{j}k\eta I_1 l_1}{4\pi} \frac{\mathrm{e}^{-\mathrm{j}kr}}{r} \boldsymbol{a}_x \quad r \gg \lambda \tag{23.18}$$

$$\boldsymbol{E}_2 = -\mathrm{j}\omega \boldsymbol{A}_2 = \frac{-\mathrm{j}k\eta I_2 l_2}{4\pi} \frac{\mathrm{e}^{-\mathrm{j}kr}}{r} \boldsymbol{a}_y \quad r \gg \lambda \tag{23.19}$$

总电场则为

$$\boldsymbol{E} = \boldsymbol{E}_1 + \boldsymbol{E}_2 = -\frac{\mathrm{j}k\eta}{4\pi} \frac{\mathrm{e}^{-\mathrm{j}kr}}{r} [I_1 l_1 \boldsymbol{a}_x + I_2 l_2 \boldsymbol{a}_y] \tag{23.20}$$

并且，从等式(23.6)推出的圆极化条件是：

$$\begin{cases} |I_1 l_1| = |I_2 l_2| = I_0 l \\ \angle I_1 l_1 - \angle I_2 l_2 = \pm \dfrac{\pi}{2} \end{cases} \tag{23.21}$$

给出：

$$\boldsymbol{E} = -\frac{\mathrm{j}k\eta I_0 l}{4\pi}\frac{\mathrm{e}^{-\mathrm{j}kr}}{r}(\boldsymbol{a}_x \pm \mathrm{j}\boldsymbol{a}_y) \tag{23.22}$$

还可以看出，对于两个同位磁偶极子，圆极化的条件是相同的。如果它们的幅值相等，相位差是±90°。两个并置的正交电或磁偶极子将辐射圆极化波，场矢量的不同相位与源电流保持一致。

由于辐射矢量与辐射球相切，所以重要的是确定球形坐标中的圆极化矢量。它们可以从下式得出：

$$\begin{aligned} \boldsymbol{a}_x &= \boldsymbol{a}_r \sin\theta\cos\phi + \boldsymbol{a}_\theta\cos\theta\cos\phi - \boldsymbol{a}_\phi\sin\phi \\ \boldsymbol{a}_y &= \boldsymbol{a}_r \sin\theta\sin\phi + \boldsymbol{a}_\theta\cos\theta\sin\phi + \boldsymbol{a}_\phi\cos\phi \end{aligned} \tag{23.23}$$

在辐射球上，径向分量为零，从式(23.22)得到总电场矢量，可以表示为

$$\boldsymbol{E} = -\mathrm{j}k\eta\,\frac{I_0 l}{4\pi}\frac{\mathrm{e}^{-\mathrm{j}kr}}{r}\mathrm{e}^{\pm\mathrm{j}\phi}(\cos\theta\,\boldsymbol{a}_\theta \pm \mathrm{j}\boldsymbol{a}_\phi) \tag{23.24}$$

右旋圆极化和左旋圆极化组分可以从式(23.10)中找到：

$$\begin{cases} E_R = \dfrac{1}{\sqrt{2}}\left(-\mathrm{j}k\eta\,\dfrac{I_0 l}{4\pi}\dfrac{\mathrm{e}^{-\mathrm{j}kr}}{r}\right)\mathrm{e}^{\pm\mathrm{j}\phi}(\cos\theta \mp 1) \\ E_L = \dfrac{1}{\sqrt{2}}\left(-\mathrm{j}k\eta\,\dfrac{I_0 l}{4\pi}\dfrac{\mathrm{e}^{-\mathrm{j}kr}}{r}\right)\mathrm{e}^{\pm\mathrm{j}\phi}(\cos\theta \pm 1) \end{cases} \tag{23.25}$$

假定 $l_1 = l_2 = l$；如果 $I_2 = -\mathrm{j}I_1$，产生的辐射是右旋圆极化，如果 $I_2 = +\mathrm{j}I_1$，为左旋圆极化。即当 $I_2 = -\mathrm{j}I_1$ 时：

$$\begin{cases} E_R = \dfrac{1}{\sqrt{2}}\left(-\mathrm{j}k\eta\,\dfrac{I_0 l}{4\pi}\dfrac{\mathrm{e}^{-\mathrm{j}kr}}{r}\right)\mathrm{e}^{-\mathrm{j}\phi}(\cos\theta + 1)\big|_{\theta=0} \to \max \quad \text{RHCP} \\ E_L = \dfrac{1}{\sqrt{2}}\left(-\mathrm{j}k\eta\,\dfrac{I_0 l}{4\pi}\dfrac{\mathrm{e}^{-\mathrm{j}kr}}{r}\right)\mathrm{e}^{-\mathrm{j}\phi}(\cos\theta - 1)\big|_{\theta=0} = 0 \end{cases}$$

$$\tag{23.26}$$

对于 $I_2 = +jI_1$

$$\begin{cases} E_R = \dfrac{1}{\sqrt{2}}\left(-jk\eta\dfrac{I_0 l}{4\pi}\dfrac{e^{-jkr}}{r}\right)e^{+j\phi}(\cos\theta - 1)|_{\theta=0} = 0 \\ E_L = \dfrac{1}{\sqrt{2}}\left(-jk\eta\dfrac{I_0 l}{4\pi}\dfrac{e^{-jkr}}{r}\right)e^{+j\phi}(\cos\theta + 1)|_{\theta=0} \to \max \quad \text{LHCP} \end{cases}$$

(23.27)

再利用式(23.13),很明显,一个在 z 轴上的完美的圆极化出现了,其中 $\theta = 0$, AR = 1(0dB)。离开 z 轴,轴比变成:

$$AR = \frac{|E_R| + |E_L|}{|E_R| - |E_L|} = \frac{|\cos\theta + 1| + |\cos\theta - 1|}{|\cos\theta + 1| - |\cos\theta - 1|} \quad (23.28)$$

图 23.2 描述了 AR 图,关于 θ 的函数,即 z 轴的角度。

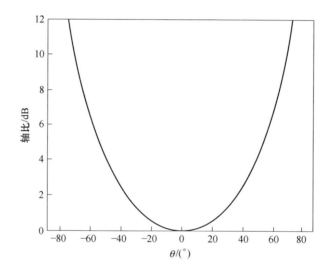

图 23.2　AR 关于 θ 的函数,对于两个正交交叉电偶极子,其相位相差 90°

23.3.2　案例二:两个有限正交电流

图 23.3 显示了两个正交电流,沿 x 轴和 y 轴,中心位于原点。假定它们的电流为正弦分布。对于面向 x 的偶极子,可以写作下形式:

$$\boldsymbol{I}_x = \boldsymbol{a}_x I_0 \sin\left[k\left(\frac{l}{2} - x\right)\right] \quad 0 \leqslant x \leqslant \frac{l}{2}$$

$$= \boldsymbol{a}_x I_0 \sin\left[k\left(\frac{l}{2} + x\right)\right] \quad -\frac{l}{2} \leqslant x \leqslant 0 \tag{23.29}$$

对于 x 向偶极子,给出了磁矢量势:

$$\boldsymbol{A}_x = \frac{\mu I_0}{4\pi} \frac{e^{-jkr}}{r} \Bigg\{ \int_{-\frac{l}{2}}^{0} \sin\left[k\left(\frac{l}{2} + x'\right)\right] e^{jkx'\sin\theta\cos\phi} dx'$$

$$+ \int_{0}^{-\frac{l}{2}} \sin\left[k\left(\frac{l}{2} - x'\right)\right] e^{jkx'\sin\theta\cos\phi} dx' \tag{23.30}$$

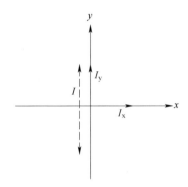

图 23.3 以原点为中心的有限长度的两个正交正弦电流的函数图像

经过一些操作后,发现:

$$A_x = \frac{\mu I_{o_x}}{2\pi k} \frac{e^{-jkr}}{r} \left[\frac{\cos\left(k\frac{l}{2}\sin\theta\cos\phi\right) - \cos\left(k\frac{l}{2}\right)}{1 - \sin^2\theta\cos^2\phi} \right] = \frac{\mu I_{o_x}}{2\pi k} \frac{e^{-jkr}}{r} F_x \tag{23.31}$$

其中 F_x 在式(23.31)中表示与角度相关的函数:

$$F_x = \frac{\cos\left(k\frac{l}{2}\sin\theta\cos\phi\right) - \cos\left(k\frac{l}{2}\right)}{1 - \sin^2\theta\cos^2\phi} \tag{23.32}$$

类似地,对于沿 y 轴的有限长度偶极子,磁矢量势表示为

$$A_y = \frac{\mu I_{o_y}}{2\pi k} \frac{e^{-jkr}}{r} \left[\frac{\cos\left(k\frac{l}{2}\sin\theta\sin\phi\right) - \cos\left(k\frac{l}{2}\right)}{1 - \sin^2\theta\sin^2\phi} \right] = \frac{\mu I_{o_y}}{2\pi k} \frac{e^{-jkr}}{r} F_y \quad (23.33)$$

其中 F_y 被定义为

$$F_y = \frac{\cos\left(k\frac{l}{2}\sin\theta\cos\phi\right) - \cos\left(k\frac{l}{2}\right)}{1 - \sin^2\theta\sin^2\phi} \quad (23.34)$$

以及远场电场矢量是:

$$\begin{cases} E_x = -j\omega A_x \\ E_y = -j\omega A_y \end{cases} \quad (23.35)$$

同样,圆极化的条件是:

$$\begin{cases} |I_{o_x}| = |I_{o_x}| = I_o \\ \angle I_{o_x} - \angle I_{o_y} = \pm\frac{\pi}{2} \end{cases} \quad (23.36)$$

对于球坐标系而言,远场电场可以表示为

$$\begin{cases} E_\theta = E_x\cos\theta\cos\phi + E_y\cos\theta\sin\phi \\ E_\phi = -E_x\sin\phi + E_y\cos\phi \end{cases} \quad (23.37)$$

代入式(23.31)~式(23.37)后,总电场可以表示为

$$E = -j\frac{\eta I_o}{2\pi}\frac{e^{-jkr}}{r}\left[\cos\theta(F_x\cos\phi \pm jF_y\sin\phi)\boldsymbol{a}_\theta \pm j(F_y\cos\phi \pm jF_x\sin\phi)\boldsymbol{a}_\phi\right]$$

$$(23.38)$$

当在 z 轴上,即 $\theta = 0$,公式可简化为

$$E = -j\frac{\eta I_o}{2\pi}\frac{e^{-jkr}}{r}e^{\pm j\phi}\left[1 - \cos\left(k\frac{l}{2}\right)\right][\boldsymbol{a}_\theta \pm j\boldsymbol{a}_\phi] \quad (23.39)$$

从式(23.10)中,相应的圆极化向量将具有以下形式:

$$\begin{cases} E_R = \frac{1}{\sqrt{2}}\left(-j\eta\frac{I_o}{2\pi}\frac{e^{-jkr}}{r}\right)e^{\pm j\phi}\left[\cos\theta(F_x\cos\phi \pm jF_y\sin\phi) \mp (F_y\cos\phi \pm jF_x\sin\phi)\right] \\ E_L = \frac{1}{\sqrt{2}}\left(-j\eta\frac{I_o}{2\pi}\frac{e^{-jkr}}{r}\right)e^{\pm j\phi}\left[\cos\theta(F_x\cos\phi \pm jF_y\sin\phi) \pm (F_y\cos\phi \pm jF_x\sin\phi)\right] \end{cases}$$

$$(23.40)$$

以及轴比可以从式(23.13)中计算得到。图23.4显示了电流长度 l 对轴比的影响。

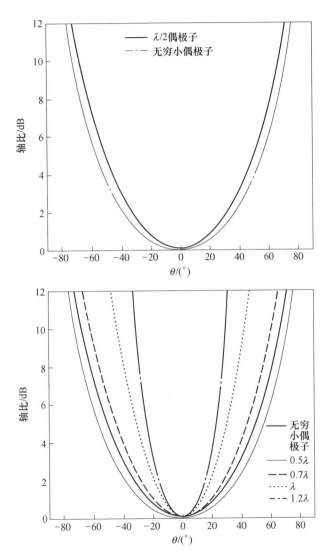

图23.4　电流长度对两个有限长度的交叉偶极子轴比的影响

图23.5绘制了偶极子长度与3dB轴向比率波束宽度相对关系。随着偶极子长度的增加,波束宽度变窄。

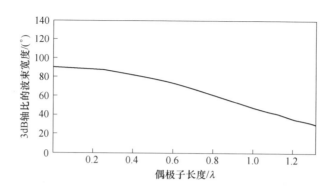

图 23.5　具有正弦电流分布的有限长度的两个交叉偶极子的 3dB AR 的波束宽度

23.3.3　案例三：四个顺序旋转电偶极子源

在这部分中，将考虑从原点偏移的电流源。在这种情况下有两种可能性：一种是当偶极电流垂直于坐标轴所在位置时的情形为 IIIa；另一种是当偶极电流沿轴所在位置时的情形为 IIIb。图 23.6 显示了案例 IIIa，其中四个偶极子位于垂直于 x 轴和 y 轴所在位置，它们的参数如下：

$$\begin{cases} I_1 = I_1 \hat{a}_y \\ I_2 = I_2(-\hat{a}_x) \\ I_3 = I_3(-\hat{a}_y) \\ I_4 = I_4 \hat{a}_x \end{cases} \quad (23.41)$$

它们各自对应的远区电场为

$$\begin{cases} E_1 = -jk\eta \dfrac{I_1 l_1}{4\pi} \dfrac{e^{-jkr}}{r} e^{jka_1 \sin\theta\cos\phi} \hat{a}_y \\ E_2 = jk\eta \dfrac{I_2 l_2}{4\pi} \dfrac{e^{-jkr}}{r} e^{jka_2 \sin\theta\sin\phi} \hat{a}_x \\ E_3 = jk\eta \dfrac{I_3 l_3}{4\pi} \dfrac{e^{-jkr}}{r} e^{-jka_3 \sin\theta\cos\phi} \hat{a}_y \\ E_4 = -jk\eta \dfrac{I_4 l_4}{4\pi} \dfrac{e^{-jkr}}{r} e^{-jka_4 \sin\theta\sin\phi} \hat{a}_x \end{cases} \quad (23.42)$$

因此，总电场为

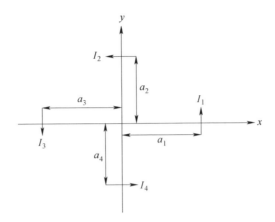

图 23.6 IIIa 的几何图形示例,四个电偶极子垂直于 x 和 y 轴所在位置

$$E = -\mathrm{j}k\eta \frac{\mathrm{e}^{-\mathrm{j}kr}}{4\pi r}[\,(I_1 l_1 \mathrm{e}^{\mathrm{j}ka_1\sin\theta\cos\phi} - I_3 l_3 \mathrm{e}^{-\mathrm{j}ka_3\sin\theta\cos\phi})a_y^{\hat{}}$$
$$- (I_2 l_2 \mathrm{e}^{\mathrm{j}ka_2\sin\theta\sin\phi} - I_4 l_4 \mathrm{e}^{-\mathrm{j}ka_4\sin\theta\sin\phi})a_x^{\hat{}}\,] \quad (23.43)$$

显然,对于 z 轴上的有限辐射场,必须具有:

$$\begin{cases} |I_1 l_1| = |I_3 l_3| = I_1 l \\ |I_2 l_2| = |I_4 l_4| = I_2 l \\ \angle I_3 l_3 - \angle I_1 l_1 = \pi \\ \angle I_4 l_4 - \angle I_2 l_2 = \pi \end{cases} \quad (23.44)$$

在以上这些条件下,并且 $a_1 = a_3$ 和 $a_2 = a_4$ 时,电场变为

$$E = -\mathrm{j}k\eta l \frac{\mathrm{e}^{-\mathrm{j}kr}}{2\pi r}[\,-I_2\cos(ka_2\sin\theta\sin\phi)a_x^{\hat{}} + I_1\cos(ka_1\sin\theta\cos\phi)a_y^{\hat{}}\,]$$
$$(23.45)$$

对于等位移偶极子源,即 $a_1 = a_2 = a_3 = a_4 = a$,圆极化的条件为

$$\begin{cases} |I_1| = |I_2| = I_0 \\ \angle I_2 - \angle I_1 = \pm \dfrac{\pi}{2} \end{cases} \quad (23.46)$$

结合式(23.44)和式(23.46)的条件,就可以得出以下结论:

$$\angle I_1 = 0,\ \angle I_2 = \pm \frac{\pi}{2},\ \angle I_3 = \pm \pi,\ \angle I_4 = \pm \frac{3\pi}{2} \quad (23.47)$$

圆极化的条件是:对于围绕 z 轴的四个等位移的电流,电流的相位必须为 2π。这表明,该条件适用于围绕 z 轴的任意数量的电流元。也就是说,如果在 z 轴周围有 n 个等位移的电流,只要总相位为 2π,则辐射场为圆极化。在极限中,当 n 接近无穷大时,电流元会聚成电流环路,即环形天线。

在球坐标中,我们可以得到电场:

$$E = -jk\eta I_0 l \frac{e^{-jkr}}{2\pi r} \left\{ \begin{array}{l} \cos\theta[\cos(ka\sin\theta\cos\phi)\sin\phi \mp j\cos(ka\sin\theta\sin\phi)\cos\phi]a_\theta \\ + [\cos(ka\sin\theta\cos\phi)\cos\phi \pm j\cos(ka\sin\theta\sin\phi)\sin\phi]a_\phi \end{array} \right\}$$

(23.48)

在 x 轴上变成:

$$E = k\eta I_0 l \frac{e^{-jkr}}{2\pi r} e^{\pm j\phi} [a_\theta \pm ja_\phi]$$

(23.49)

通常对于偏离 z 轴的点,因存在沿 x 轴和 y 轴上的位移辐射元,所以式(23.48)可以用阵列因子项表示。它们被定义为

$$\begin{cases} AF_x = \cos(ka\sin\theta\cos\phi) \\ AF_y = \cos(ka\sin\theta\sin\phi) \end{cases}$$

(23.50)

因此,电场可以写成:

$$E = -jk\eta I_0 l \frac{e^{-jkr}}{2\pi r} \{\cos\theta(AF_x\sin\phi \mp jAF_y\cos\phi)a_\theta + (AF_x\cos\phi \pm jAF_y\sin\phi)\boldsymbol{a}_\phi\}$$

(23.51)

偶极子之间不同间距 d 的轴比波,即 $d = 2a$,如图 23.7 和图 23.8 所示。随着偶极子间距的增加,开始时轴比的波束宽度会增加。最佳间距似乎在 $d = 0.443\lambda$ 左右,其中 3dB 的轴比波束宽度约为 170°,并且除了偶极子平面附近一定的角度范围,这个波束宽度几乎覆盖了整个半空间。因此,这种顺序旋转的偶极子分布似乎是最佳的圆极化源分布。使用微带贴片天线或其他平面天线也很容易实现。然而,贴片天线的有限尺寸将影响轴比,但是该结构仍然是宽轴比波束宽度的最佳来源。对于阵元,这种顺序旋转的结构比其他贴片分布形式提供更宽的输入阻抗带宽(Teshirogi et al.,1985; Huang,1986)。

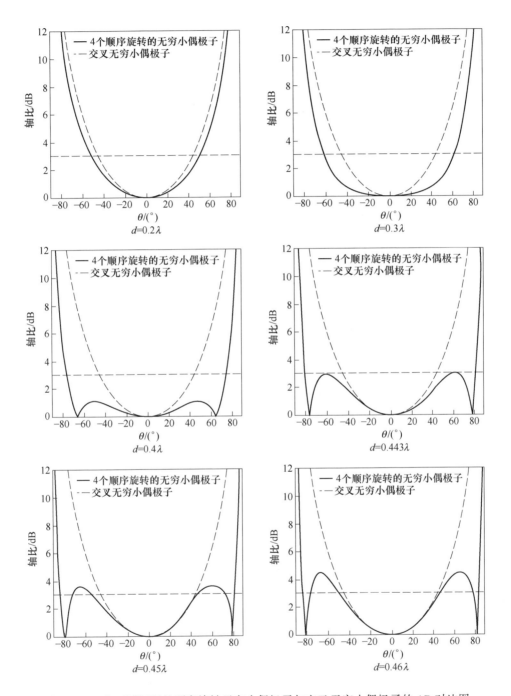

图 23.7 4 个不同间距的顺序旋转无穷小偶极子与交叉无穷小偶极子的 AR 对比图

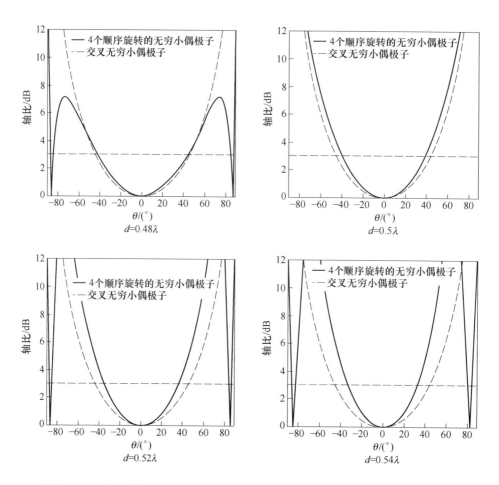

图 23.8　4 个不同间距的顺序旋转无穷小偶极子与交叉无穷小偶极子的对比图

对于例 IIIb,图 23.9 表明了顺序旋转阵元的几何形状,其中每个电流元矢量的尖端指向坐标原点,即每个阵元平行于其各自的轴。在式(23.44)给定的条件下,相应的电场可以表示为

$$E = jk\eta l \frac{e^{-jkr}}{2\pi r} [I_1\cos(ka_1\sin\theta\cos\phi)\boldsymbol{a}_x^{\cdot} + I_2\cos(ka_2\sin\theta\cos\phi)\boldsymbol{a}_y^{\cdot}]$$

(23.52)

将上述方程与式(23.45)中的对应电场进行比较,发现交换了 x 分量和 y 分量的大小。其余的分析可以按照式(23.46)~式(23.51)进行。

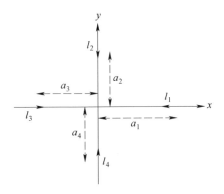

图 23.9 例 IIIb 的几何形状,4 个电偶极子平行于 x 轴、y 轴,每个矢量元指向坐标原点

23.3.4 案例四:混合电源和磁源

有一种天线结构是由并置或相邻放置的并联电偶极子和磁偶极子组合而成。电偶极子的远场在前面的式(23.16)和式(23.24)中已经给出。对于磁偶极子也可以产生同样的结果,在球坐标中如下所示:

$$I^m = I^m a_x^{\hat{}}$$
$$\boldsymbol{E}^m = \left(-\frac{\mathrm{j}kI^m l}{4\pi}\frac{\mathrm{e}^{-\mathrm{j}kr}}{r}\right)[-\sin\phi\boldsymbol{a}_\theta - \cos\theta\cos\phi\boldsymbol{a}_\phi] \qquad (23.53)$$

如果磁源与电源相关联是借助于空间的特征阻抗和 90°的相位,则可以从以下等式得到总电场:

$$E = E^e + E^m$$
$$I^m = \mathrm{j}\eta I^e \qquad (23.54)$$

总电场的具体形式如下:

$$E = \left(-\frac{\mathrm{j}k\eta Il}{4\pi}\frac{\mathrm{e}^{-\mathrm{j}kr}}{r}\right)(\cos\theta\cos\phi - \mathrm{j}\sin\phi)(\boldsymbol{a}_\theta - \mathrm{j}\boldsymbol{a}_\phi) \qquad (23.55)$$

这是整个空间中的圆极化波。因此,混合电磁源产生圆极化的条件是:

$$|I^m| = \eta|I^e|$$
$$\angle I^m = \angle I^e \pm \frac{\pi}{2} \qquad (23.56)$$

因为没有如此合适的磁偶极子,所以事实上由式(23.55)给出的远场是不

切实际的。但是可以通过一个孔,更确切地说是通过一个窄缝来近似它。然而,导体表面上存在缝隙,缝隙的存在会改变缝隙的辐射方向图。因此,虽然混合的电偶极子和磁偶极子是圆极化的理想源,但是这种电磁混合源的实现是近似的,必须像其他天线一样研究其轴比和阻抗带宽。

23.4 实际应用

在建立了圆极化的数学基础之后,现在回顾用于产生圆极化的实际的天线结构。从电气角度来看,它们可以分为两种不同的类型:行波天线和谐振天线。从电流分配的角度来看,它们可以分为三种不同类型:一维天线、二维天线和三维天线。

行波天线主要由连续的导电结构制成,如平面螺旋结构、螺旋体结构和平面微带传输线。它们的电流可以分布在像平面螺旋天线这样的二维空间,也可以分布在类似于圆锥形螺旋天线这样的三维空间,并会在沿结构传播时产生辐射。因此,天线的几何形状类型对于圆极化来说很重要。这些天线在单独的章节中介绍,在此不再赘述。因此,在本章中,将进一步讨论第二种细分方法,即天线电流的维度特性。因此,将基于微带传输线的行波天线作为二维磁流天线的一部分来讨论。

23.4.1 具有一维电流分布的天线

电流是一维分布时称为一维天线,一维天线实际上是细线天线。在上面的例 II 中,已经针对通用形式的"两个有限正交电流元"讨论了这种情况。这种情况的一个实际示例是"两个正交半波偶极子天线"。

23.4.2 具有二维电流分布的天线

一维天线中使用平面代替细线,可以得到二维天线。很容易得到两条正交线到两个正交平面的数学推广,在此不再讨论。反而,由于微带贴片天线的普及和易于制造,将其视为二维天线的示例。微带贴片天线具有类似于有线天线的谐振结构。因此,微带贴片天线最常见的尺寸是半波长,分布在其表面上的电流为正弦波,如图 23.10(a) 所示。为了简单起见,图 23.10(a) 的正方形贴片由微

带传输线馈电。然而,众所周知,也可以由像探针和狭缝这样的方式给其馈电。微带贴片的优点在于,对于正交电流,它也可以在正交方向上馈电,如图23.10(b)所示。因此,对于圆极化,可以用图23.10(c)的两个正交馈电来激发单个正方形贴片。还应注意,由于对称性,也可以使用圆形贴片代替图23.10中的正方形贴片。

圆极化辐射的程度由轴比值衡量,而工作带宽由轴比带宽定义。对于微带天线,使用以下公式计算轴比带宽(Langston and Jackson,2004年):

$$\text{BW}_{\text{CP}}^{\text{AR}} = \frac{\text{AR}_{\max} - 1}{\sqrt{\text{AR}_{\max}} Q} \tag{23.57}$$

式中:$\text{AR}_{\max}$为最大轴比值;Q为品质因数。

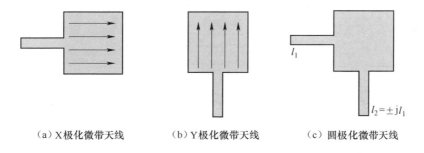

(a) X极化微带天线　　(b) Y极化微带天线　　(c) 圆极化微带天线

图23.10　(a) X极化和(b) Y极化的方形传输线馈电微带贴片天线;
(c) 两个正交传输线激励的圆极化微带贴片

图23.11展示了圆极化的不同几何形状。有两种基本方法,即上面讨论过的一次馈电(单馈电)方法和两次馈电方法。单馈电方法产生几何变形的正交电流,由于对称性,其相对于馈源位于45°方向。由于其馈电系统比较简单,所以单馈电在实际应用中更具优势。下面将分别讨论单馈电和双馈电方法。

1. 双正交馈电圆极化贴片天线

双正交馈电用于生成两个振幅相等但同相正交的正交模式。在这种情况下,使用外部功率分配器。有几种功率分配器已成功用于圆极化的产生,例如正交混合型功率分配器,威尔金森功率分配器,180°混合型功率分配器和T型结功率分配器(Garg et al.,2001)。具有正交混合的双馈电圆极化贴片结构如图23.12所示。根据圆极化旋转,一个端口用作输入,另一个端口用于匹配负载端。然后将输出端口连接到贴片上的两个馈电点。因此,在两个输出端口之间,

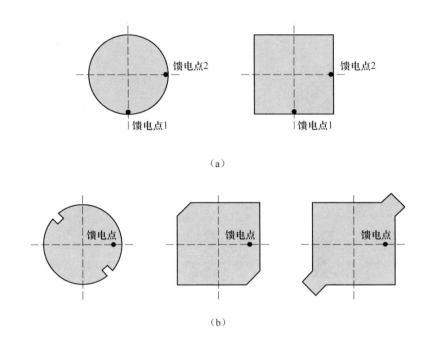

图 23.11 (a)需要外部偏振器的双馈电圆极化贴片天线和(b)带扰动的单馈电圆极化贴片天线

输入信号被分成两个相等振幅、同相正交的两路信号,且具有良好的隔离度,通常超过 20dB。在双馈电结构中,由于正交混频器是宽带的,所以贴片天线的 3dB 轴比带宽很宽(Langston and Jackson,2004)。其工作带宽受贴片天线本身的阻抗带宽限制。

2. 单馈圆极化贴片

圆极化双馈电需要使用外部功率分配器,不仅需要提供额外的空间,并且在许多情况下都很难兼容。在这些情况下,能够产生圆极化辐射的单点馈电贴片则十分有效。带有单一馈电的微带贴片在主模式下能够产生线极化。为了得到两个具有相等振幅和同相位的正交模式,需要相对于馈电对贴片进行轻微的扰动。此前的文献中已经提出了许多用贴片天线产生圆极化的扰动方案(Garg et al.,2001)。然而,这些方案的主要原理是通过在适当的位置引入小扰动。可以用一个以狭缝、狭槽、截断片段或附加短支节扰动将贴片天线的模式分割成两个正交模式,这些模式所激发的辐射场通常是互相正交的。当扰动量选定为最优值时,这两种模式在中心频率处会以等幅值和 90°相位差的方式被激发。这使

得即使用单一馈电,也能使贴片天线产生圆极化辐射。

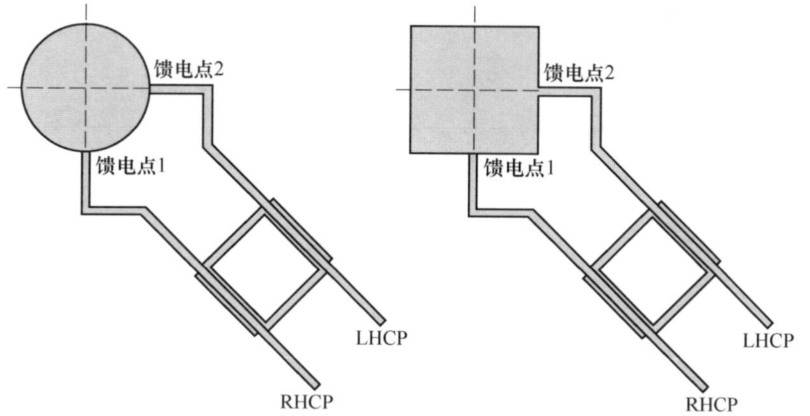

图 23.12　采用正交混合功率分配器的双馈 CP 贴片天线结构

在矩形贴片的条件下进行分割量的分析在(Hall and James,1989)中有着详细的描述。分析中使用了两种基于馈电位置的结构,如图 23.13 所示。在该图中,"角截断"状态是当馈源位于 x 轴或 y 轴时的配置,而当馈源位于贴片的对角线时,它处于一个"近似正方形"的状态。ΔS 表示扰动结构的总和,其可以由单个(例如"近似正方形")或多个段(例如"角截断")组成。通过在角截断面片的对角角点上引入对称扰动,就可以得到圆极化辐射。在这种类型中,可以使用简化的设计公式来确定微扰量。

$$\left|\frac{\Delta S}{S}\right| = \frac{1}{2Q_o} \tag{23.58}$$

其中 S 为贴片的总面积,Q_o 为贴片与地平面产生的空腔谐振器的空载质量因子。Q_o 取决于贴片的尺寸、衬底厚度和衬底介电常数。因此为了获得更好的精度,应该对参数进行调整,使贴片天线的辐射效率大于 90%(Garg et al.,2001)。

在"近似正方形"的贴片天线下,可以通过在贴片上添加"长条"来引入扰动,这条长条实际上等效于一个近似正方形的贴片天线,当对角馈电时,就可以产生圆极化。对于这种情况,扰动量可由下式得到:

$$\left|\frac{\Delta S}{S}\right| = \frac{1}{Q_o} \tag{23.59}$$

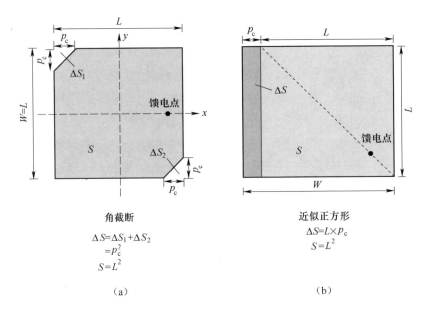

图 23.13　带扰动的单馈源圆极化贴片天线配置

根据提要位置的不同,可能有两种类型:

(a)角截断;(b)近似正方形。

3. 用于圆极化辐射的顺序旋转微带阵列

在"圆极化辐射源"一节中的研究表明,4 个顺序旋转的偶极子可以形成轴比波束极宽的圆极化,这是一个产生圆极化的理想方法。通过用微带片代替偶极子,就可以很容易地用四个微带片去实现这种配置。研究还表明,这种结构的微带贴片具有宽阻抗带宽(Teshirogi et al.,1985;Huang,1986)。图 23.14 给出了两种方法,即需要一个具有适当相移的外部功率分配器从这些线性极化贴片产生圆极化辐射。图 23.14(a)中的结构不满足式(23.47)的相位要求,轴比波束宽度较窄。而图 23.14(b)的结构则满足式(23.47)的相位要求,轴比波束宽度明显变宽的同时,交叉极化也明显降低(Garg et al.,2001)。

4. 混合电偶极子天线和磁偶极子天线

微带线也可用于设计圆极化的混合电偶极子天线和磁偶极子天线。图 23.15(b)就展示了一种这样的情况,在一个接地面的基片上蚀刻一条直微带线。于是在上表面的电偶极子与微带线正交。而在相反的一侧,在地平面上蚀刻有一个共振槽,它代表了一个磁偶极子。如果缝隙和偶极子之间的间距为

$\lambda/4$,则两者之间的相移将满足圆极化条件。因此为了获得更好的性能,共振槽应该在腔体或反射板上,以产生单向辐射,类似于偶极子。在这个设计中,偶极子和缝隙激励的幅度可以通过调整它们与微带线的耦合来改变,即调整它们与微带线的距离来控制。此时,缝隙和偶极子相互是不耦合的,因此它们的圆极化并不完美,就像两个混合电偶极子和磁偶极子的情况一样,但是由于这个天线配置简单,能够达到的效果还是比较令人满意。

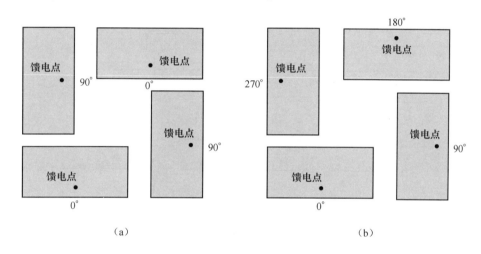

图 23.14 具有针对圆极化辐射顺序旋转的线极化元件的微带阵列
(a)窄带配置;(b)宽频安排。

23.4.3 具有三维电流分布的天线,介质谐振器天线

三维电流分布可以由立体天线(如圆锥体、球体和其他形状)产生,并且在导电过程中,电流位于天线表面,可以通过天线的特征模式来呈现。因此,可以产生类似于正交天线的圆极化。介质谐振器天线具有独特的电磁特性,其中特征模式在天线内共振。因此根据谐振模式的不同,这些天线就可以等效于电偶极子天线或磁偶极子天线。此外,由于整个天线对谐振的贡献,圆极化存在更多的几何结构可能性,本节对它们进行了总结。

介质谐振器天线(DRAs)是由低损耗微波材料制成的谐振型天线,通常用于单模线极化工作。一般利用不同的馈电方式,如微带、探头和孔径来实现,可以在 DRAs 中激发具有特定内部和相关外部场分布的不同模式。这些模等效于

不同取向的电偶极子和磁偶极子。例如,最低阶模的矩形和圆柱形 DRAs 内部的场结构如图 23.16 所示,其中下标 $\delta(\delta = \sim 1)$ (Luk and Leung,2003)则表示圆柱形谐振器内的场沿轴向的变化。这些图形对于预测远场辐射方向图和设计各种模式的耦合方案非常有用。为了产生圆极化,这些等效偶极子应按照"圆极化辐射源"一节中所述的方案来配置。

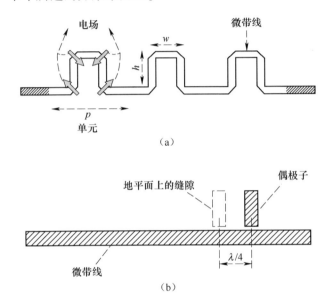

图 23.15 (a)曲折微带线的几何形状
线角上的实心箭头表示电场;(b)混合电偶极子和磁偶极子的几何形状。

对于介质谐振器的几何形状,除了半球形谐振器可以分离变量外,不存在精确的解析封闭解。因此对于任意形状的介质谐振器,通常情况下可以指导近似解。这些结论大多基于 Van Bladel(Van Bladel,1975a,b)此前所做的工作。例如,有限元和时域有限差分方法等数值技术,可以为这些介质结构产生更精确的电磁解,并且大多用于实现圆极化 DRAs。

值得一提的是,实现圆极化通常需要特殊复杂的几何形状(例如,十字形)或谐振腔体的微小变化,由于陶瓷的耐磨性,这很难实现,陶瓷仍是 DRA 应用的首选材料。然而,最近的研究表明,可以利用陶瓷光阻微复合材料,通过光刻工艺制备 DRAs (Rashidian et al.,2010,2012)。这种制造技术对于需要特殊和复杂几何形状的圆极化 DRAs 是非常有用的。

第23章 圆极化天线

与微带情况类似,圆极化可以通过三种不同的方式产生,即双馈电系统、单馈电系统和顺序旋转馈电。为了完整起见,下面将分别讨论它们,以用于使用地平面来支持天线的情况。此外,由于任何体积天线的原理是相同的,以下将介质谐振器天线简称为谐振器天线。

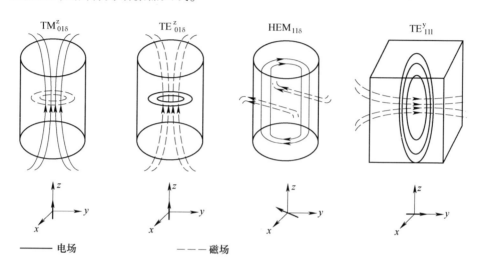

图 23.16 圆柱形和矩形 DRAS 中不同模式的电磁场分布和等效偶极子; $\delta(\delta = \sim 1)$ 表示圆柱形谐振器内的场沿轴向的变化

1. 双馈电方法

在 DRAs 这类固有线极化谐振腔天线,双馈电方法是实现圆极化辐射最直接的方法。在谐振器本体上的两个不同的馈点中提供两个等幅信号,相位差为 90°,以激励两个正交模式。功率分配器将输入信号分成两个幅值相等的输出的信号,并且只在其中一个输出中提供额外的四分之一波长传输线,以产生 90° 的相位差。或者,可以利用定向耦合器来完成所有这些任务。

图 23.17(a)显示了双馈电系统激励了放置在圆形金属地平面上的圆柱环介质谐振器的两个正交 $HEM_{11\delta}$ 模式(Mongia et al,1994)。利用组装在背面的一个 3dB 正交耦合器将等幅和相位正交信号传递到两个垂直探针,探针被放置在适当的位置以在垂直方向上激励主混合模式($HEM_{11\delta}$)。如图 23.16 所示,这种模式的近场分布相当于一个水平磁偶极子,并且由于其中两个模式以相等的振幅和同相正交激励,所以圆极化辐射是在较宽方向上产生的。应该注意的是,当

使用宽带定向耦合器时,3dB 椭圆度带宽可以很大,甚至大于阻抗带宽。换句话说,椭圆带宽与外部定向耦合器的带宽成正比,外部定向耦合器在宽频带中提供几乎相等幅度的同相正交信号。

微带线设计和探头激励设计(如图 23.17b 所示)都是为了实现圆柱形介质谐振器天线的圆极化(Drossos et al.,1996)。3dB 正交耦合器可以通过微带线的设计来实现。圆柱形谐振器的两个正交 $HEM_{11\delta}$ 模是由两个垂直的探头进行激励的,探头背面与微带线相连接。设计了一个半圆弧 $\lambda/4$ 的微带线来实现两个激励探头之间的 90°相移。另一条 $\lambda/4$ 的微带线会将 50Ω 的输入阻抗转换为 25Ω 的输出阻抗,这是因为有两个 50Ω 的并联负载。由于微带线的设计存在带宽限制,所以这种结构的椭圆带宽不是很大。为了在侧边上能有更大的轴比带宽,可以设计一个能将正交信号传递给双馈电路的 90°微带混合耦合器。

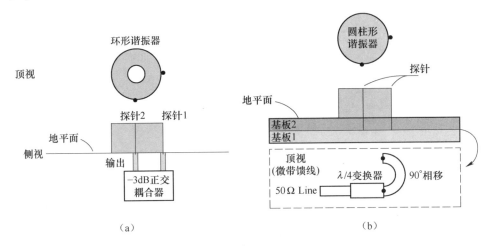

图 23.17 (a)具有外部耦合器的双馈环 CP DRA 的配置和
(b)具有微带馈线的双馈电圆柱 CP DRA 的配置

2. 单馈电方法

单馈电 DRAs 一般产生极化。要在单馈电配置中生成圆极化,可以采用三种方法:

(1) 使用特定的几何形状,如十字形状或圆形扇形,同时调整馈电点的位置,使两个振幅相等的正交模式和同相位被激发。

(2) 使用规则的形状,如矩形和圆形,通常会在单馈电排列中产生线极化,

在相对于馈电点的适当位置处略有扰动。扰动将产生两个正交简并模式,其中一个模式失谐,使得它振幅相同,但是相对于另一个模式相差 90°。

(3)修改馈电机制激发两个正交模,产生圆极化。例如,采用具有不等臂的十字形孔径来激发同相正交模。

必须调整两个正交模式谐振频率之间的频率差值,以便更好地满足两个模式之间 90°相位差的要求。为了达到这个要求,可以假设在这些模式的共振频率之间存在一个特定频率点,负谐振在-3dB 点以上处被驱动,而正谐振在-3dB 点以下处被驱动。这样可以提供+45°/-45°的相移,从而满足两个模式之间 90°相移的要求,最终产生圆极化。因此,当 f_1 是负模的谐振频率,f_2 是正模的谐振频率,并且 Δf 是每个谐振模式带宽为 3dB 时的反射系数时,则满足正交相位条件:

$$f_1 + \frac{\Delta f_1}{2} = f_2 - \frac{\Delta f_2}{2} \tag{23.60}$$

通过为天线选择适当的尺寸/几何形状,可以满足上述方程,并且可以在单馈电配置中实现天线的圆极化。

在过去的几十年中,已经进行了许多具有紧凑单一馈源的圆极化设计研究。微带线、探针和槽主要用于这些天线的馈电。这些设计被划分在不同的类别中,并在下面的小节中会进行简要描述。

3. 截断(干扰)形

一些基本的几何结构,如长方形和圆形,只要对其结构稍加修改甚至不作修改,就可以直接用来产生圆极化。虽然实现了相对轴比的窄带带宽,但是由于采用单馈电激励,几何结构显得简单而紧凑。图 23.18 给出了几种由同轴探头进行馈电的 CP 天线的俯视图。

图 23.18a 没有做任何修改,同轴馈源位于矩形谐振器的拐角处。在这种情况下,如果其宽度与长度之比约等于 1,则其两个正交模 TE_{111}^x、TE_{111}^y 当共振频率相近时才被激发。如图 23.16 所示,这些模式分别等效于 x 和 y 方向的磁偶极子。在优化天线设计参数时,天线的带宽纵横比通常要小几个百分点(Malek-abadi et al. ,2008)。

如图 23.19 所示,矩形天线也可以通过使用单槽馈源激励来产生圆极化。在微带线的地平面侧,利用一个窄小的非谐振孔将电磁能量耦合到矩形谐振器,

该矩形谐振器相对于插槽倾斜约45°。两个正交模 TE_{111}^x、TE_{111}^y 同时被激发,可以通过调整介质谐振器的长度和宽度来优化谐振频率,从而达到这些圆极化模式之间要求的90°相位差。一般来说,一个近似于正方形的谐振器的效果最好(Oliver et al.,1995)。

图23.18(b)是一个具有两个倒角边缘的方形谐振器。事实上,通过切割介质谐振器的两个相对角并将同轴探头定位在其中一个侧壁的中间进行馈电,两个近似退化的正交模具有相同的振幅和90°的相位差,可以通过激发这两个模式来产生圆极化辐射。在这种情况下,这些模式等效为水平磁偶极子,且沿着介质谐振器的对角线分布。随着切割深度的增加,沿切角边缘产生模式的共振频率增加,而沿未改变的拐角产生的模的共振频率是保持不变的。因此,为了达到最大的带宽纵横比,需要调整切口深度。

图23.18(c)、(d)给出了修改后的方形谐振器的几何结构,其中矩形微扰段和矩形缺口分别被引入介质谐振腔的侧壁。在这些结构中,探头位于谐振器的一角。沿 x 轴和 y 轴激发两个正交谐振模。在图23.18(c)中,第一共振第一谐振模式为 TE_{111}^x,因为 x 方向上的矩形微扰为该方向上的模创建了更长的路径。在图23.18(d)中,第二谐振模式为 TE_{111}^x,因为 x 方向上的矩形凹口为该方向上的模式形成了较短的路径。

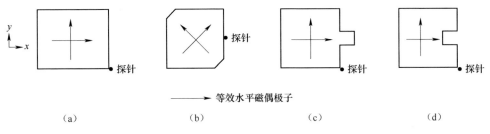

图23.18 探针馈电矩形谐振腔天线俯视图,在一定位置扰动产生圆极化辐射

为了获得最大的 AR 带宽,矩形扰动/缺口必须使用数值方法或仿真工具来进行优化。与传统的矩形天线类似,所有这些改进的天线都表现为侧向辐射模式。类似的摄动理论也适用于圆形天线见图23.19。(Malekabadi et al.,2008)

4. 扇形几何图形

圆形扇形 DRAs 采用单馈电方式,在较宽的频宽范围内产生轴比小于3dB的圆极化辐射。图23.20展示了一个圆形扇形天线的平面视图,它是通过移除

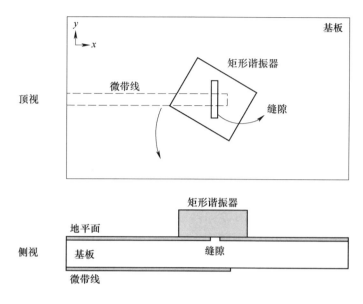

图 23.19 缝隙馈电 CP 矩形介质谐振器天线

圆形圆柱的一部分(例如一半)而形成的。采用同轴探针馈电激励天线。圆形扇形天线的圆极化需要两个具有相似辐射模式且具有 90°相位差的正交模。如图 23.20(a)所示,当馈源位于几何角落时,$TM_{11\delta}$ 的基本谐振模式能够被激发。该模式等效于沿 x 轴辐射极化的电偶极子。改变馈电位置到几何形状中心的距离来激励 $TM_{21\delta}$ 进入下一个阶位模式,使其等效于辐射极化沿 y 轴的电偶极子,如图 23.20(b)所示。这些正交偶极子如果同时被激励并且是同相正交的,则可以产生圆极化辐射。因此,馈电点必须选择适当的位置,并且必须调整天线尺寸,使这些模式的谐振频率满足式(23.60)的条件。

为了实现较宽的轴比带宽,在宽频率范围时,必须保持与 90°相位差的偏差很小。降低天线的介电常数会增加各个模式的带宽,并在较宽的频率范围内使干扰降至最低。例如,半径为 18mm、高度为 15mm、介电常数为 12 的天线,使用位于几何图形中心和拐角之间的探针激励时,从 2.54GHz~2.81GHz 的 3dB 侧向轴比带宽为 10% (Tam and Murch,2000)。

5. 十字形介质谐振器

由两个不同长度的交叉矩形组成的十字形介质谐振器可以产生圆极化辐射。介质谐振器的馈电结构如图 23.21 所示。利用微带线地平面上的一个狭槽

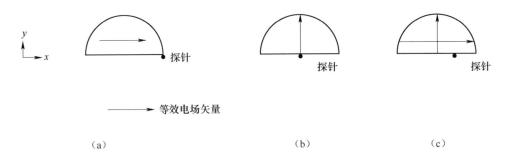

图 23.20　由同轴探针激励的圆扇形介质谐振器天线的俯视图

激励十字形介质谐振器。由于长度的微小变化,两个交叉矩形谐振器可以激发两个正交模,这相当于两个近距离工作的磁偶极子。可以通过调整矩形的长度来进行参数优化,以产生最大的轴比带宽。仿真结果显示,当短矩形与长矩形长度之比约为 0.6 时,可获得超过 5% 的 3dB 的轴比带宽(Esselle,1995)。

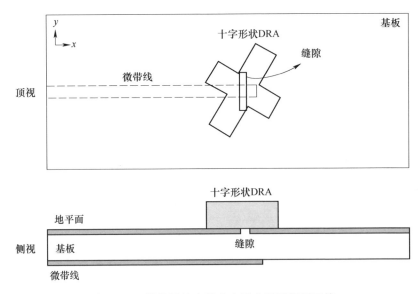

图 23.21　微带线馈电的十字形介质谐振器天线

6. 交叉孔耦合谐振器

交叉孔耦合介质谐振器能够产生频带相对较宽的圆极化辐射。由于介电材料的硬度,构造具有特定形状的三维介质谐振器或在几何形状上做微小的改变是比较困难的。但是,运用这种方法可以简化天线的制造过程,因为在这种结构

中可以使用各种各样的几何形状,如简单的矩形或圆形结构,而不需要任何修改。图 23.22 显示了不同结构的天线产生圆极化的情况。微带馈线印制在基片上,不等臂长的耦合交叉孔集中在介质谐振器下方的基片地平面上,横向孔径相对于微带馈线倾斜 45°左右。该方法不改变介质谐振腔的结构,而是通过改变十字孔两臂长度来激发两个振幅接近相等、相位差为 90°的正交谐振模。这两

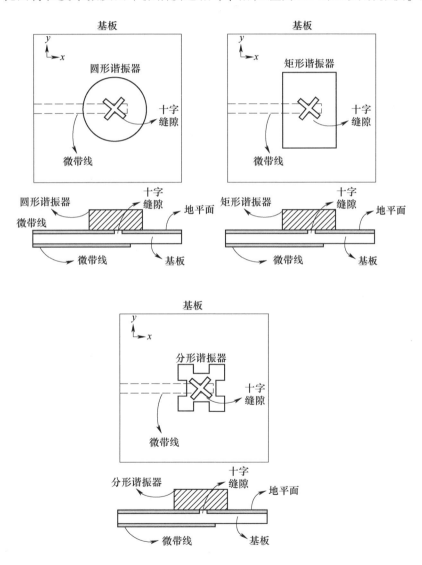

图 23.22　十字缝隙耦合的介质谐振器天线,用于圆极化

个模式相当于正交的磁偶极子。通过调整十字孔的臂长,既可以产生左旋圆极化,也可以产生右旋圆极化。如图 23.22 所示,在圆形天线 $HEM_{11\delta}$ 的基本模式为两个正交模,因此两个正交磁偶极子等效槽的方向。该模式在短臂方向上的谐振频率略低于其他模式,因此本例中得到了右旋圆极化(Huang and Yang,1999)。详细数据可以查看相关论文。(Dhar et al.;2013;Zhang et al.,2014)。

7. 椭圆柱形介质谐振器

采用单馈点的椭圆柱形介质谐振器天线可以产生圆极化辐射。天线结构如图 23.23 所示。整个介质谐振器放置在有限的接地平面上方,俯视图为谐振器的椭圆截面,采用单个同轴探针来馈电。其中椭圆长轴 a 与短轴 b 之比是调节谐振器内激励的两个正交模式的谐振频率的重要参数。同轴探针位于谐振器内部,但靠近表面,并且与主轴的角度为 40~50°。调整同轴探针馈电的长度,以实现谐振器和 50Ω 同轴线之间的宽带匹配。可以调整谐振器参数如椭圆柱体的高度和介电常数来实现天线参数优化,以使轴比带宽最大化。在大多数情况下,a/b 应该在 1.5 左右才能产生最佳的圆极化辐射(Kishk 2003;Malhat et al.,2012)。

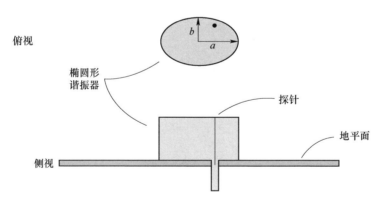

图 23.23　探针馈电椭圆形介质谐振器天线

8. 顺序旋转技术

正如"圆极化辐射"部分所述,顺序旋转的电偶极子可产生圆极化辐射。该技术可应用于介质谐振器,因为它们在其工作模式下等效于偶极子。诸如圆形或方形之类的对称几何形状谐振器都可以使用顺序旋转技术,并且不会降低任何性能。该技术中使用了多个天线单元,与单个单元圆极化天线相比可获得更

高的天线增益。顺序馈电技术中相邻单元的正交定位的特定优势之一是大大降低了干扰阵列性能的互耦效应。在图23.24(a)是一种使用孔馈电的圆柱形介质谐振器。矩形缝隙用于激发主模,该主模像线性极化的水平磁偶极子一样辐射。可使用该设计作为阵元,构成2×2子阵列设计,馈电相位分别为0°、90°、180°和270°。

除了线极化,圆极化天线元件也可以使用这种馈电方法来增加轴比带宽和天线增益(Huang,1986)。例如,在连续馈电配置中采用了产生圆极化辐射的十字耦合天线元件(Pang et al. ,2000),馈电结构如图23.24(a)所示。唯一的区别是,在激励介质谐振器元件时使用了不等长的十字孔径($L_{long}/L_{short} = 1.22$)来代替矩形孔径,从而形成圆极化辐射。虽然单个元件的法向轴比3dB圆极化带宽为5.6%,但相对于顺序旋转的2×2子阵列系统仍有16%的提升。此外,子阵列天线的峰值实现增益约为12dBi,比单个圆极化天线元件的增益高6dB。

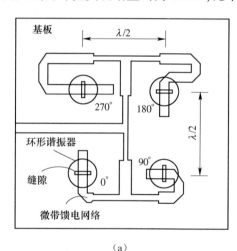
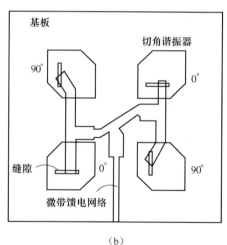

图23.24 (a)圆柱DRA和(b)截断的矩形DRA元素

截断的矩形DRA圆极化带宽一般较窄,通常不超过几个百分点。通过应用顺序旋转技术,可以将轴比3dB带宽增加到15%以上(Haneishi and Takazawa,1985)。图23.24(b)是一种微带槽馈电耦合的阵列天线结构。每个单元在振幅上均匀馈电,并相对于相邻单元作正交定向。基板背面的微带馈电网络,通过基片顶部地平面上的小孔,提供90°相位差的均匀功率。

23.4.4 设计实例:双层微带环形天线

本节提供一个设计示例,说明如何改善圆极化天线的性能。在 23.3.3 案例三中表明了四个顺序旋转的电流可以提供较宽的轴比波束带宽。因此,选择了一个方形环形微带天线作为一个设计实例。因为其臂中电流类似于案例三。为简单起见,选择了单馈电情况,并使用角截断方式来实现圆极化。单层贴片天线具有较窄的阻抗带宽。尽管带有外部功率分配器的双馈贴片天线提供了更大的轴比带宽,但其带宽受到贴片天线阻抗带宽的限制。堆叠式贴片天线通常用于提升阻抗带宽。通过对寄生和驱动贴片引入适当的扰动使每个贴片产生两个正交模。通过调整贴片尺寸及其间距,可以将这四种模式组合在一起,从而增加天线阻抗以及轴比带宽。仿真结果表明 3dB 的轴向比率带宽为 8%,C 波段的阻抗带宽等于 43%(Chung and Mohan,2003)。因此,我们可以选择堆叠的方形环天线以改善带宽。但是到目前为止,利用叠层结构来展宽天线带宽的效果并不明确,所以采用了另一种顺序旋转的方式,即相对于下层贴片,可将上层贴片旋转 90°。

方环贴片是贴片天线的微型版本。在环形贴片中,环形臂上的电流流动,类似于"圆极化辐射源"部分中的四个位移偶极子。如该部分所示,通过选择约 0.443λ 的偶极子间距,可以显著提高轴比波束宽度。然而,这需要使用四个馈源,每个馈送环的每个臂,用来实现超宽的轴比波束宽度。单馈电时,轴比波束宽度较小,但是可以通过堆叠解决该问题。运用各种扰动方案,以在堆叠的方形环贴片天线中获得较大的轴比带宽(Latif and Shafai,2012,2005)。下面将简要讨论,由于这种方环结构与截面"圆极化辐射源"的四个偶极子的结构相似,下面选择它们进行更详细的研究。

1. 圆极化负扰动双层贴片天线

常见的扰动方法为切角法,应用于驱动和寄生环贴片的对角,如图 23.25 所示。驱动环贴片中的切角用 q_c 表示,寄生环贴片中的切角用 p_c 表示。这里用泡沫来分离这些贴片,驱动贴片使用了一个导体接地板,其介电常数 ε_r 值为 3.2,厚度 (h_1) 为 1.6mm。馈点位于 x 轴上,通过切角法,可以实现右旋圆极化。通过调整环贴片的尺寸,寄生环与驱动环的分离以及扰动量来实现参数优化,从而得到较宽的轴比和阻抗带宽。

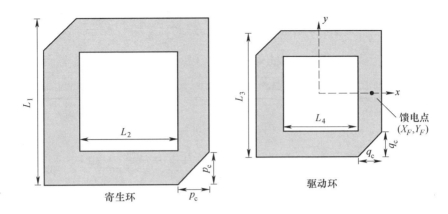

图 23.25 单馈电双层环贴片天线

优化后的天线参数如表 23.1 所列。由于两个环贴片上的对角角扰动,在每个环上激发两个正交模,并通过优化参数将两个中心相邻的模式拟合在一起。因此,在图 23.26(a)的仿真反射损失曲线图中可以看到三个共振。在 Ansoft 集成

表 23.1 CP 叠环形贴片天线优化的天线参数和仿真结果

扰动类型	负扰动	正向扰动(向外)	正向扰动(向内)	综合结果
方环贴片尺寸 /mm	$L_1 = 59$ $L_3 = 47.3$	$L_1 = 59$ $L_3 = 44.7$	$L_1 = 59$ $L_3 = 47.3$	$L_1 = 59$ $L_3 = 44.7$
缝隙尺寸 /mm	$L_2 = 40$ $L_4 = 15.3$	$L_2 = 37.3$ $L_4 = 14.7$	$L_2 = 39$ $L_4 = 15.3$	$L_2 = 39.2$ $L_4 = 14.7$
扰动 /mm	$p_c = 6.5$ $q_c = 8.5$	$p_a = 4.5$ $q_a = 6$	$p_i = 5$ $q_i = 6$	$p_c = 5$ $q_a = 6$
|S_{11}|<-10 dB BW	1510~1670MHz (160MHz,10.1%)	1510~1683MHz (173MHz,10.8%)	1509~1686MHz (177MHz,11.1%)	1517~1669MHz (152MHz,9.5%)
3dB AR BW	1541~1613MHz (72MHz,4.6%)	1.545~1624MHz (79MHz,5%)	1549~1627MHz (78MHz,4.9%)	1547~1624MHz (77MHz,4.9%)
7dBic RHCP 增益	1505~1677MHz (172MHz)	1505~1692MHz (187MHz)	1513~1699MHz (186MHz)	1515~1678MHz (163MHz)

电路 8.0 中进行了仿真,阻抗带宽为 160MHz(10.1%)。由于两个环中都有扰动,轴比曲线有两个相互靠近的下陷,如图 23.26(b)所示,与单馈圆极化相比,轴比带宽明显更宽,达到 72MHz(4.6%) 的 3dB 轴比带宽贴片天线。天线在此频段内的右旋圆极化(RHCP)增益超过 7dB。在图 23.26(c)中展示出了该天线在 1.6GHz 的两个主平面处的增益模式。它显示的视轴 RHCP 增益为 8.9dB,交叉极化水平比共极化低 15dB。但是,RHCP 的增益却很快衰减了。

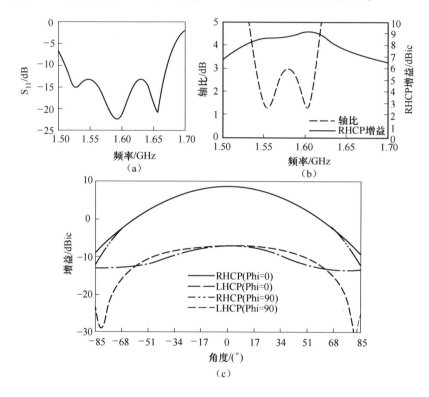

图 23.26 (a)反射损失曲线、(b)轴比和 RHCP 与频率的关系曲线和
(c)1.6GHz 堆叠式环形贴片天线的增益模式

2. 圆极化正扰动双层贴片天线(向外)

通过在两个环的向外的对角上添加金属条的方法产生的正扰动也会产生圆极化辐射。在这种情况下产生的是右旋圆极化辐射,对角线相对于馈点为 45°,如图 23.27 所示。表 23.1 给出了宽轴比带宽天线的优化参数,图 23.28(a)为仿真的回波损耗曲线和轴向频率比图。|S11|<−10dB 的带宽为 173MHz

(10.8%),3dB 的轴比带宽为 79MHz(5%),这比以前的情况稍大,如图 23.28(b)所示。由于增加了短金属条,天线的总体尺寸增加了 25.4%,但是参考负扰动的情况,这是带宽更大的原因。同时它还会稍微增加右旋圆极化增益,在 1.62GHz 时的峰值为 9.2dB。

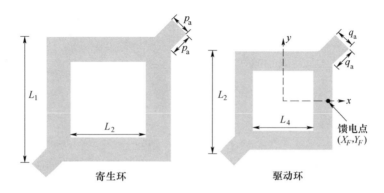

图 23.27 单馈叠加的环形贴片天线(从动环片和寄生环片均具有沿对角线增加的短截线形式的扰动。天线参数列于表 23.1)

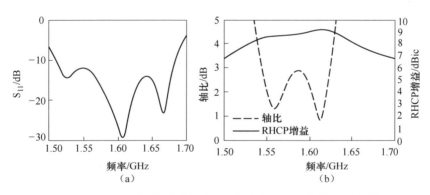

图 23.28 (a)反射损失曲线和(b)轴比和 RHCP 与频率关系图

3. 圆极化正扰动双层贴片天线(向内)

贴片环具有一个独特的优点,可通过在狭缝区域的方形环对角线的向内方向上添加金属短截角来引入正扰动,如图 23.29 所示。表 23.1 总结了这种情况下的天线优化参数阻抗和 AR 带宽。图 23.30 为仿真的回波损耗曲线、轴比和 RHCP 增益曲线。并且,运用这种方法并不会增加天线尺寸。

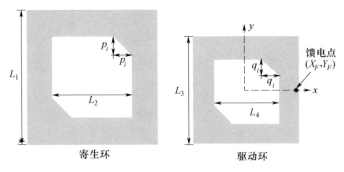

图 23.29　单馈电环形贴片天线

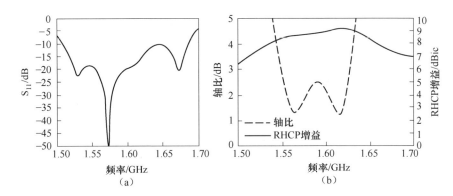

图 23.30　(a)反射损失曲线及(b)轴比和 RHCP 与频率关系图

4. 混合扰动的圆极化双层贴片环天线

通常可以使用正扰动或负扰动使微带贴片天线产生圆极化。此外还可以使用正负扰动或混合扰动组合的方法使双层贴片天线产生圆极化辐射(Latif and Shafai,2007)。在此,将正扰动引入到驱动环的对角线,将负扰动施加到寄生环。这种配置本质上相当于阵列中使用的顺序旋转的概念,其中单元进行物理旋转以校正轴比(Teshirogi et al.,1985)。换句话说,堆叠配置通过使上部堆叠的贴片相对于下部贴片旋转 90°引入了一个顺序旋转。堆叠的方形环天线可以看作是二元天线阵。这里用几何方法校正相位,而不是通过物理旋转元件以进行相位补偿。由于衬底的介电常数较高,驱动环的尺寸小于寄生环,并且在不增加天线尺寸的情况下,将金属短线添加到驱动环的对角上以产生右旋圆极化。扰动相对于"角截断"配置的馈电点位置,如图 23.31 所示。如果沿寄生环的相同对

角线引入负扰动,则会产生左旋圆极化辐射,最终天线的极化将是线极化。但是,如果可以强制进行顺序旋转,通过沿其他对角线引入切口,如图 23.31 所示,这将纠正两者产生的相位差,并确保产生右旋圆极化。

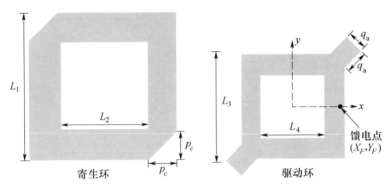

图 23.31 单馈叠层环贴片

(驱动和寄生环贴片分别沿着槽的对角具有正扰动和负扰动,天线参数在表 23.1 中列出来了)

此外,如图 23.32 所示,该天线显示出 152MHz(9.5%)的宽阻抗带宽以及 77MHz(4.9%)的 3dB 轴比带宽。天线还具有右旋圆极化增益。整个带宽超过 7dB。表 23.1 列出了这些天线的优化参数。

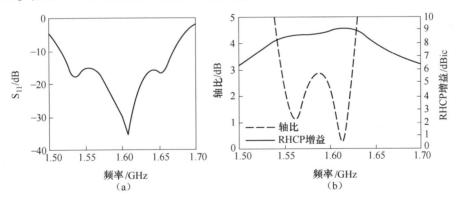

图 23.32 给出了叠层环贴片天线(图 23.31)的模拟反射系数
(a)及轴比和 RHCP 随频率变化图(b)

微带天线通常具有狭窄的圆极化波束宽度,该波束在天线视轴方向上受到限制,从而限制了其在要求宽角度覆盖范围的应用场景中的使用(如全球定位系统)。这种混合扰动技术在上半球提供了更宽的角度覆盖范围,类似于顺序旋

转的阵列(Teshirogi et al.,1985)。与不同的扰动方案进行相比,混合扰动方案可提供最大的角度覆盖范围,如图 23.33 所示。在 $\phi = 0°$ 平面中,角截式扰动天线的 3dB 轴比波束宽度仅为 118°。但是,具有混合扰动的天线具有较宽的角度覆盖范围,3dB 轴比波束宽度为 154°,从视轴的 -77° 到 +77°,在其它的主平面上,所有的扰动形式都具有类似的优势。

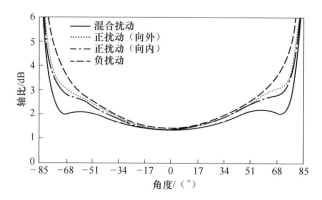

图 23.33 为在 $\phi = 0°$ 平面,具有双负角扰动(图 23.25)的叠层方形环天线的轴比和仰角图;具有双正角扰动[方向向外](图 23.27)的叠层方形环天线的轴比和仰角图;具有双正角扰动[方向向里](图 23.29)的叠层方形环天线的轴比和仰角图;具有在 1.56GHz 处混合扰动(图 23.31)的叠层方形环天线的轴比和仰角图

这些结果得到了试验验证。首先,具有向外正干扰的叠层方形环天线如图 23.27 所示。该方形环天线的驱动环激励设置为 $X_F = 21\text{mm}, Y_F = 0\text{mm}$,其制造时使用了一个 50Ω 的 SMA 探针。主介质基底的尺寸($\varepsilon_r = 3.2$;厚度 = 1.6mm)和寄生环贴片的基底泡沫的选择需要保持一致,环都被放置在各自基底的中心,以便排列对齐。天线使用了一个有限的地平面(160×160mm²)。该天线制作完成后在马尼托巴大学天线实验室进行了测试。反射系数由 ANRITSU ME7808A 网络分析仪测量,测量结果与模拟结果进行了比较,如图 23.34(a)所示。测得的 S_{11} 与模拟结果略有不同,这是由于天线在制作时其尺寸与模拟的相比有一定的误差,然而,其差值低于 10dB,使得相应的带宽大致相同。

把测量的轴比和 RHCP 增益与模拟的相比,如图 23.34(b)所示。测量的 3dB 轴比带宽(81MHz)比模拟的结果大(76MHz)。测量的轴比也有较低的最小值,在 1.565GHz 时低至 0.32dB。换句话说,制造时的容错率提高了轴比性能。

在同一张图里可以看出,低频时测得的 RHCP 增益略高。在测量的增益中存在小的振荡,这是因为天线和其支架之间存在相互作用。使用旋转线性源测量的辐射方向图的一个截面图如图 23.35 所示。方位角性能相当好,但随着角度的增加而逐渐恶化,这是 CP 天线的一个共同特征。

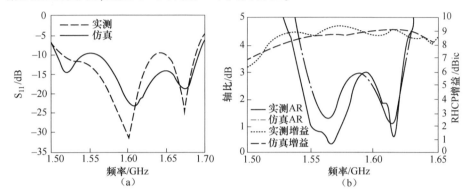

图 23.34 为具有正扰动(图 23.27)的叠层方形环天线反射系数的模拟和测量值的比较(a);其轴比和 RHCP 增益的模拟和测量值之间的比较(b)

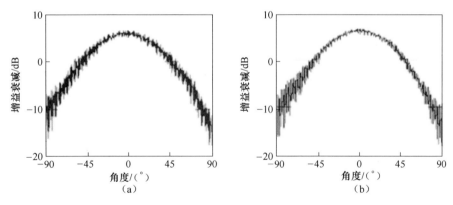

图 23.35 驱动环贴片和寄生环贴片上都有正扰动的 DLSRA 天线(图 23.27),频率为 1.56GHz,在 $\phi = 0°$ 平面上的增益模式测量图(a)和在 $\phi = 90°$ 平面上的增益模式测量图(b)

其次,制作并测试了图 23.31 所示的具有混合扰动的叠层方形环天线,并与模拟的结果进行了比较,如图 23.36 所示,与第一个例子的结果吻合良好。辐射方向图的测量结果也证实了天线在 $\phi = 0°$ 平面具有广角覆盖,如图 23.37 所示。

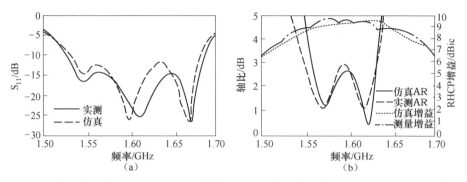

图 23.36 为具有混合扰动(图 23.31)的叠层方形环天线反射系数的模拟和测量值的比较(a); 其轴比和 RHCP 增益的模拟和测量值之间的比较(b)

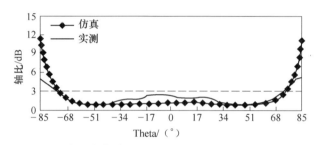

图 23.37 为具有混合扰动(图 23.31)的叠层方形环天线在 $\phi = 0°$ 平面轴比随着仰角变化的测量值和模拟值

5. 有限地平面对叠层方形环天线圆极化性能的影响

(1) 地平面尺寸。

本文还研究了有限地平面尺寸对叠层方形环天线圆极化性能的影响。图 23.38 给出了具有向外正扰动天线(图 23.27)的轴比在不同地平面尺寸下随频率的变化。在这个模型下,天线对称地放置在地平面的中心。轴比随着地平面尺寸的减小而减小。在轴比图的两个倾角之间,由于两个环上的扰动,第 2 个倾角受影响最大,它移动到更高的频率上,轴比较差。这个轴比可以通过调整驱动环贴片的大小来改善,同时也会影响这个倾角和基底泡沫的厚度。也可以增加其尺寸来实现较低的轴比值。寄生环贴片的大小和扰动在这种情况下是保持不变的。对于不同地平面尺寸的优化情况,其仿真结果如表 23.2 所列。图 23.39(a)给出了轴比变化,图 23.39(b)为不同地平面尺寸下的 RHCP 增益变化。随着地平面尺寸的减小,RHCP 增益减小。地面尺寸为 80mm×80mm,

RHCP 增益的峰值为 7.89dBic,而当地平面尺寸为 160mm × 160mm 时,RHCP 增益的峰值为 9.2dBic。

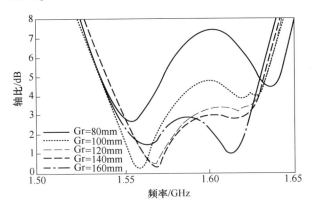

图 23.38 为叠层方形环天线(图 23.27)由于地平面
尺寸的不同,轴比随着频率的变化图

天线尺寸为(单位都为 mm): $L_1 = 59$, $L_2 = 37$, $L_3 = 44.5$,
$L_4 = 14.5$, $p_a = 5$, $q_a = 6$, $\varepsilon_r = 3.2$, $h_1 = 1.6$, $h_2 = 11$

表 23.2 为有限地平面下,具有正干扰的叠层
方形环天线,优化天线参数,得到的模拟结果

驱动环尺寸 /mm	地平面 /mm²	泡沫厚度 /mm	|S11|<-10dB BW/MHz	3dB AR BW/MHz	7dBic RHCP 增益/MHz
$L_3 = 44.5$ $L_4 = 14.5$	160×160 ($0.84\lambda_0$)	11	1516~1688 (172MHz)	1547~1624 (77MHz)	1502~1690 (188MHz)
$L_3 = 44.7$ $L_4 = 14.7$	140×140 ($0.74\lambda_0$)	11.2	1511~1682 (171MHz)	1545~1624 (79MHz)	1506~1674 (168MHz)
$L_3 = 44.8$ $L_4 = 14.8$	120×120 ($0.63\lambda_0$)	11.5	1508~1679 (171MHz)	1543~1623 (80MHz)	1510~1664 (154MHz)
$L_3 = 44.9$ $L_4 = 14.9$	100×100 ($0.53\lambda_0$)	12.8	1509~1673 (164MHz)	1538~1620 (82MHz)	1512~1653 (141MHz)
$L_3 = 45$ $L_4 = 15$	80×80 ($0.42\lambda_0$)	16.7	1502~1667 (165MHz)	1537~1618 (81MHz)	1520~1642 (122MHz)
注:其他的天线参数为: $L_1 = 59$mm, $L_2 = 37$mm, $p_a = 5$mm, $q_a = 6$mm					

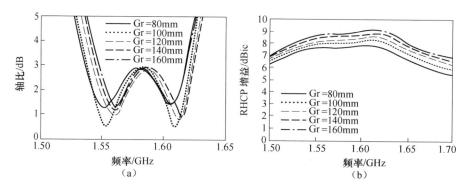

图 23.39 为有限地平面尺寸对叠层方形环天线(图 23.27)的轴比(a)和 RHCP 增益(b)的影响。天线的参数参见表 23.2

(2) 天线在地平面上不对称的位置。

在上面讨论的有限地平面尺寸的研究中,考虑了对称天线在地平面上的位置。为了观察非对称位置的影响,将具有正扰动的圆极化叠层方形环天线不对称地放置在地平面上,如图 23.40(a) 所示。考虑到 O 是地平面中心的全局原点,$C(X_g, Y_g)$ 是叠层环贴片的中心,天线在地平面上关于 y 轴不对称($X_g = 0mm$)时,轴比性能不会退化很多,图 23.40(b) 中可以看出。其中,$X_g = 0mm$,$Y_g = 0mm$ 时为对称情形;$X_g = 0mm$,$Y_g = 18mm$ 时意味着叠层环天线位于地平面的另一侧。从图 23.40(c) 中可以看出。当天线关于 x 轴不对称(保持 $Y_g = 0mm$)时,轴比性能显著降低,同样地,当天线的位置关于 x 轴和 y 轴都不对称时,轴比也会受到显著影响,如图 23.40(d) 所示。

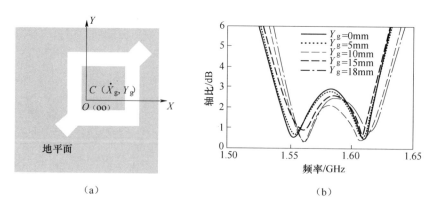

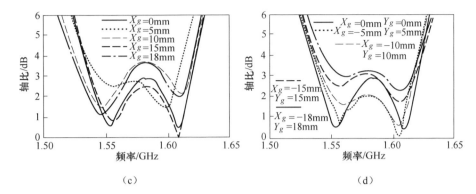

图 23.40 为具有正干扰的叠层方形环天线在地平面上位置不对称,对其轴比的影响

(a)为该天线的几何结构;(b)为 $X_g = 0$ 时,天线关于 y 轴不对称的情形;

(c)为 $Y_g = 0$ 时,天线关于 x 轴不对称的情形;(d)为天线关于 x 轴和 y 轴都不对称的情形。

天线尺寸为(单位都为 mm): $L_1 = 59$, $L_2 = 37$, $L_3 = 44.9$, $L_4 = 14.9$, $P_a = 5$, $q_a = 6$, $\varepsilon_r = 3.2$, $h_1 = 1.6$, $h_2 = 12.8$。地平面尺寸为: $160 \times 160 \text{mm}^2$。

23.5 结论

圆极化天线的电流辐射源的分类在本章中进行了详细的论述。首先回顾了数学表达式和一些重要的定义。分析了一维交叉电偶极子天线电流源的圆极化辐射条件。

后来扩展到四个连续旋转的偶极子,数学上证明了圆极化辐射的形成,其波束宽度可以达到170°。同时也提出了二维和三维电流源天线。特别是针对上述电流源,详细讨论了微带贴片天线和介质谐振天线。文章给出了各天线产生圆极化波的不同方法。具体来说,就是文章广泛地研究了方形环微带贴片天线的圆极化辐射特性,并针对不同的天线参数给出了相应的结果。本章之所以选择研究方形环微带贴片天线,是因为它近似于顺序旋转电流,而且还未大范围地被研究。本章所提出的思想可应用于其他天线结构,以适应不同的应用场合。综上所述,圆极化天线具有良好的性能,是大多数现代卫星通信、雷达和全球定位系统的重要辐射元件。

参考文献

Brookner E, Hall WM, Westlake RH(1985) Faraday loss for L-band radar and communications systems. IEEE Trans Aerosp Electron Syst 21:459-469.

Chung KL, Mohan AS(2003) A systematic design method to obtain broadband characteristics for singly-fed electromagnetically coupled patch antennas focircular polarization. IEEE Trans Antennas Propag 51:3239-3248

Counselman CC(1999) Multipath-rejecting GPS antennas. Proc IEEE 87:86-91

Dhar S, Ghatak R, Gupta B, Poddar DR(2013) Circularly polarized minkowski fractal dielectric resonator antenna. In: URSI international symposium on electromagnetic theory, Japan

Drossos G, Wu Z, Davis LE (1996) Circular polarised cylindrical dielectric resonator antenna. Electron Lett 32:281-283

Esselle KP(1995) Circularly polarized dielectric resonator antenna: analysis of near and far fields using FD-TD. In: URSI symposium digest, Newport Beach

Garg R, Bhartia P, Bahl IJ, Ittipibon A (2001) Microstrip antenna design handbook. Artech House, Boston

Hall PS, James JR(1989) Handbook of microstrip antennas. Peregrinus, London

Haneishi M, Takazawa H(1985) Broadband circularly polarized planar array composed of a pair of dielectric resonator antennas. Electron Lett 21:437-438

Hollis JS, Lyons TJ, Clayton L(1969) Microwave antenna measurements. Scientific Atlanta, Atlanta

Huang CY, Yang CF(1999) Cross-aperture coupled circularly polarized dielectric resonator antenna. In: Proceeding of IEEE international symposium on antennas and propagation, Orlando

Huang J(1986) A technique for an array to generate circular polarization with linearly polarized elements. IEEE Trans Antennas Propag 34:1113-1124

IEEE Standard Test Procedures for Antennas(1979) IEEE standard 149

Kishk A(2003) An elliptical dielectric resonator antenna designed for circular polarization with single feed. Microwave Opt Technol Lett 37:454-456

Kraus JD(1988) Antennas. McGraw-Hill, New York

Langston WL, Jackson DR(2004) Impedance, axial-ratio, and receive-power bandwidths of microstrip antennas. IEEE Trans Antennas Propag 52:2769-2773

Latif S, Shafai L (2005) Dual-layer square-ring antenna (DLSRA) for circular polarization. In: Proceeding of IEEE international symposium on antennas propagation society and USNC/URSI national radio science meeting (APS/URSI), Washington, DC, pp 525–528

Latif S, Shafai L (2007) Hybrid perturbation scheme for wide angle circular polarisation of stacked square-ring microstrip antennas. Electron Lett 43:1065–1066

Latif S, Shafai L (2012) Circular polarization from dual-layer square-ring antennas. IET J Microwaves Antennas Propag 6:1–9

Luk KM, Leung KW (2003) Dielectric resonator antennas. Research Studies Press, Baldock

Malekabadi SA, Neshati MH, Rashed-Mohassel J (2008) Circular polarized dielectric resonator antennas using a single probe feed. Prog Electromagn Res C 3:81–94

Malhat HA, Zainud-Deen SH, Awadalla KH (2012) Circular polarized dielectric resonator antenna for portable RFID reader using a single feed. Int J Eng Bus Manag 4

Milligan TA (2005) Modern antenna design, 2nd edn. Wiley, Hoboken

Mongia RK, Ittipiboon A, Cuhaci M, Roscoe D (1994) Circularly polarised dielectric resonator antenna. Electron Lett 30:1361–1362

Oliver MB, Antar YMM, Mongia RK, Ittipiboon A (1995) Circularly polarized rectangular dielectric resonator antenna. Electron Lett 31:418–419

Pang KK, Lo HY, Leung KW, Luk KM, Yung EKN (2000) Circularly polarized dielectric resonator antenna subarrays. Microwave Opt Technol Lett 27:377–379

Rashidian A, Klymyshyn DM, Boerner M, Mohr J (2010) Deep x-ray lithography processing for batch fabrication of thick polymer-based antenna structures. J Micromech Microeng 20:25026–25036

Rashidian A, Klymyshyn DM, Tayfeh Aligodarz M, Boerner M, Mohr J (2012) Microwave performance of photoresist-alumina microcomposites for batch fabrication of thick polymer-based dielectric structures. J Micromech Microeng 22:1–9

Stutzman WL (1993) Polarization in electromagnetic systems. Artech House, Norwood Tam MTK, Murch RD (2000) Circularly polarized circular sector dielectric resonator antenna. IEEE Trans Antennas Propag 48:126–128

Teshirogi T, Tanaka M, Chujo W (1985) Wideband circularly polarized array antenna with sequential rotations and phase shift of elements. In: Proceeding of ISAP, pp 117–120

Van Bladel J (1975a) On the resonances of a dielectric resonator of very high permittivity. IEEE Trans Microwave Theory Technol 23:199–208

Van Bladel J(1975b) The excitation of dielectric resonators of very high permittivity. IEEE Trans Microwave Theory Technol 23:208-215

Zhang M, Li B, Lv X(2014) Cross-slot-coupled wide dual-band circularly polarized rectangular dielectric resonator antenna. IEEE Antennas Wirel Propag Lett 13:532-535

第 24 章
相控阵天线

Takashi Maruyama, Kazunari Kihira, Hiroaki Miyashita

摘要

本章介绍了相控阵天线(Phased Array Antenna, PAA)设计的基本问题。首先,本章介绍了 PAA 的基本结构与功能。其次,本章介绍了方向图综合方法与阵列校准方法。方向图综合方法是阵列天线的典型特征之一,方向图综合方法有许多种,如极大极小值算法、单元稀疏算法以及遗传算法等。对于阵列天线校准而言,重点介绍了旋转单元电场矢量法。最后,本章介绍了包括信号处理的数字波束形成(Digital Beam Forming, DBF)技术和多输入多输出(Multiple Input Multiple Output, MIMO)技术。

关键词

相控阵天线;天线方向图综合;阵列天线校准;旋转单元电场矢量法;数字波束形成

T. Maruyama ✉ · K. Kihira · H. Miyashita
三菱电机株式会社信息技术研发中心天线技术部,日本
e‑mail: t‑maru@ieee.org; kihira.kazunari@dn.mitsubishielectric.co.jp; miyashita.hiroaki@ab.mitsubishielectric.co.jp

24.1 引言

天线是实现空间中电磁波与电路中电流之间能量转换的装置。为了提高天线的能量转换效率，必须确保天线具有方向性并保证天线的最大方向对准期望无线电波的来波方向(或者辐射方向)。对于面天线和线天线而言，往往通过机械方式改变天线指向的途径来实现这种方向图控制。PAA 允许在平面或曲面上排布多个辐射单元，因此颠覆了上述天线方向图控制方法。通过独立控制每个天线单元的激励相位和激励幅度，就可以灵活控制相控阵天线的波束指向。通常使用一种被称为"移相器"的装置来调节各个单元接收信号的相位(或辐射信号的相位)，从而实现激励相位的控制。这为采用电子方式控制方向图创造了可能性。相控阵同样使方向图快速控制成为可能，而这种控制方法与天线尺寸和重量无关。

最初，PAA 主要用于雷达系统。与传统的机械式驱动天线相比，相控阵天线能够提供超乎想象的波束扫描速度。因此，PAA 已经逐渐成为移动式或固定式雷达系统的主要天线选型。由于在波束扫描、天线单元和馈电网络小型化以及降低成本等方面具有独特的优势，相控阵天线最近逐渐被用于无线电通信领域。相控阵天线能够根据需求的变化快速实现波束切换，星载波束形成天线是目前已经见诸报道的应用范畴，如国际卫星通信和用于移动卫星通信的移动基站天线。PAA 的另一个独特优点是能够与天线安装载体的特殊结构进行共形设计。这意味着可以将 PAA 安装在卫星或移动车辆上，而不需要改变安装载体的机械外形。有源相控阵天线(Active Phased Array Antenna, APAA)是一种更加先进的 PAA。APAA 的每个单元天线不仅包含独立的移相器，还包含低噪声放大器和高功率放大器等有源部分。APAA 的出现给天线控制方法带来了新的变革。

当 APAA 被设计为接收每个天线单元的微波信号并利用模数转换器将接收微波信号进行数字化时，可以使用数字信号处理器来实现波束形成功能。因此具备上述功能的相控阵天线也称为 DBF 天线。近些年出现的 MIMO 技术属于自适应阵列技术的演进形式，MIMO 系统利用阵列天线实现信号发射和接收。

这样，在 PAA 出现后的一系列研究工作已经使天线从简单的能量转换装置

逐渐演变为复杂系统(该系统包含控制技术、信号处理技术、调制和解调技术等),其最终形式就是 DBF 天线(自适应阵列和 MIMO)。

本章阐述了 PAA 设计的基本问题。首先介绍了 PAA 的基本结构与功能。其次介绍了方向图综合方法与阵列校准方法,其中方向图综合是阵列天线的重要特征。最后,介绍了包括信号处理的 DBF 技术和 MIMO 技术。

24.2 阵列天线的功能

阵列天线的基本结构如图 24.1 所示,阵列的每个辐射单元被称为"单元天线",阵列天线由单元天线和馈电网络构成。单元天线的形式多种多样,例如线天线、偶极子天线、缝隙天线、微带天线以及喇叭天线等。馈电网络包括信号分配/合成电路、移相器、高功率放大器、低噪声放大器等。不同于单天线,阵列天线可以通过改变天线形式、栅格类型与馈电网络的激励等途径来实现多种功能。

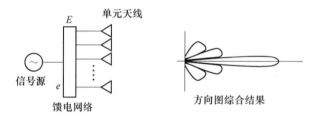

图 24.1 阵列天线的基本结构

方向图综合是阵列天线的标志性特征,其具体指的是优化辐射方向图以满足特定的指标要求。方向图综合具有如下特征:期望的辐射方向图、任意的主瓣波束宽度、低副瓣电平或可控的副瓣电平、特定的零点位置、期望的增益。

阵列天线的上述特征能够帮助我们改善信噪比(Signal-to-Noise,S/N)或期望信号与非期望信号之比(desired-to-undesired,D/U)。

波束扫描特性是阵列天线的另一个特征,它是指主瓣方向指向任意方向。为了实现波束扫描,只需要改变每个单元天线的激励相位,而不需要改变每个单元天线的位置。改变激励相位有以下几种主要途径:①在馈电网络中引入移相器;②通过改变馈电网络中馈线的长度差来调整相位;③选择与期望值相对应的波束形成网络。

第一种途径实际上是电子波束扫描天线的实现方法,并由此实现"相控阵天线"。无论模拟移相器还是数字移相器,都需要连接到各个单元天线的馈线上。由于数字移相器具有良好的可控性,因此数字移相器是主流选择。DBF 是另一种控制各个单元天线相位的方法(Steyskal 1988;Chiba et al.,1997)。在 DBF 中,将中频(Intermediate Frequency),IF 信号或基带信号转换为数字信号,并在数字域实现移相控制。由于在数字域完成运算操作,因此 DBF 的主要优势在于可设置任意相位和任意幅度并同时产生多个波束。目前,已经有学者开展光控阵列天线的研究工作(Marpaung et al.,2011;Sumiyoshi et al.,2010)。光控阵列天线可以在光学域实现幅度控制和相位控制,能够利用较小的体积和较轻的重量产生多个波束。

24.3　阵列天线的特征

24.3.1　直线阵列天线

由 N 个单元天线组成的直线阵列天线如图 24.2 所示,所有单元天线按照相等间距 d 沿直线排列(Hansen,1966;Mailloux,2005)。直线阵列天线是最简单的阵列天线,目前已经有大量应用实例可供参考。

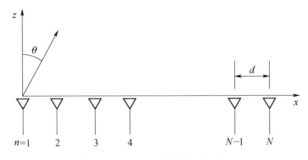

图 24.2　N 元直线阵列天线

即使所有单元天线都采用等幅同相激励,每个单元天线的辐射方向图、输入阻抗或者电流分布(以偶极子天线为例)也并非完全一致。单元天线之间的互耦会导致上述现象产生。然而,上述不一致性的存在并不影响我们理解阵列天线的基本特征。如果假定所有单元天线具有相同的接收电流分布,那么就可以

利用同一个函数表示每个单元天线的辐射方向图。基于上述假设,阵列天线的辐射方向图取决于每个单元天线的辐射方向图函数与各个单元天线之间的相位差。相位差取决于各个单元天线的位置。阵列天线的辐射方向图函数 $F(\theta,\phi)$ 可以表示为

$$F(\theta,\phi) = f(\theta,\phi) \sum_{n=1}^{N} a_n \exp(j\varphi_n) \times \exp(jkr_n \cdot \boldsymbol{R}) \quad (24.1)$$

式中:$r_n = (x_n, 0, 0)$ 为第 n 个单元天线的位置矢量,a_n 为第 n 个单元天线的激励幅度,φ_n 为第 n 个单元天线的激励相位,$f(\theta,\phi)$ 为孤立单元天线的辐射方向图,观察点的矢量为 $\boldsymbol{R} = (\sin\theta\cos\phi, \sin\theta\sin\phi, \cos\theta)$,$k = 2\pi/\lambda$ 为自由空间中的波数,λ 为自由空间中的波长。图 24.2 所示直线阵列天线的方向图函数 $F(\theta,\phi)$ 可以简化为

$$F(\theta,\phi) = f(\theta,\phi) \sum_{n=1}^{N} a_n \exp(j\varphi_n) \times \exp jk(n-1)d\sin\theta] \quad (24.2)$$

如果单元天线的类型发生改变,例如从偶极子天线变为微带天线,那么式(24.2)中的辐射方向图函数 $f(\theta,\phi)$ 也应随之改变,但是式(24.2)中的求和项仍保持不变。因此,求和项决定了阵列天线的特征。为了分析阵列天线的基本性能,我们通常使用不包含 $f(\theta,\phi)$ 的方向图函数。这就等同于将理想的各向同性天线用作单元天线,即 $f(\theta,\phi) = 1$。这种辐射方向图被称为"阵因子"。

在图 24.2 的阵列天线中,假设阵列天线距离观察点足够远,如果激励所有单元天线并保证所有单元天线沿着 $\theta = \theta_0$ 方向的相位一致,那么第 n 个单元天线的激励相位 φ_n 就可以表示为

$$\varphi_n = -n \cdot u_0 \quad (24.3)$$
$$u_0 = kd\sin\theta_0 \quad (24.4)$$

当辐射方向图的峰值指向期望角度时,这种相位被称为"同相"。在这种情况下,阵因子可以表示为

$$F(u) = \sum_{n=1}^{N} a_n \exp(jnu) \quad (24.5)$$

将 u 替换 θ,

$$u = kd(\sin\theta - \sin\theta_0) \quad (24.6)$$

略去式(24.2)中的单元天线辐射方向图 $f(\theta,\phi)$ 就可以得到式(24.5)。变

量 u 包含了 θ、d、θ_0 三个变量。在分析阵列天线性能时，经常使用上述变换。

当直线阵列天线的所有单元天线均为等幅同相激励时，由式（24.5）可知，直线阵列天线的辐射方向图可以表示为

$$F(u) = \frac{\sin\left(\frac{Nu}{2}\right)}{\frac{Nu}{2}} \tag{24.7}$$

由式（24.7）可知，当 $u = 2m\pi(m = 0, \pm1, \pm2, \cdots)$ 时，F 为极大值 1。当 $Nu/2 = (2M+1)\pi/2(M = 0, \pm1, \pm2, \cdots)$ 时，F 为局部极大值，通常被称为副瓣。

当 $u \ll 1$ 时，式（24.7）可以近似表示为

$$F(u) = \frac{\sin\left(\frac{Nu}{2}\right)}{\frac{Nu}{2}} \tag{24.8}$$

当单元间距 d 小于一个波长或 θ 的取值范围有限时，上述近似是合理的。利用式（24.8）获得的方向图等同于发射等幅分布连续波的口径产生的方向图。因此，可以利用等幅分布的口面天线替代这种情况的阵列天线。按照这一假设，阵列天线的设计过程可以归纳为：第一步，根据特定指标（诸如增益、波束宽度和副瓣电平），确定连续波辐射源的口径尺寸和幅度分布；第二步，通过在第一步确定的口径上摆放单元天线来确定单元数目和单元间距。

图 24.3 为 9 元直线阵列天线的阵因子算例。阵因子为周期函数，当 $u = 2m\pi(m = 0, \pm1, \pm2, \cdots)$ 时阵因子取最大值 1，局部最大值均为副瓣。

如果图 24.2 中的主瓣指向 z 轴方向，那么这种天线为边射阵列天线，即主瓣指向垂直于单元的排列方向。这种情况下，θ_0 为 0。由于 $|\sin\theta| \leq 1$，因此 u 的取值范围为

$$-kd \leq u \leq kd \tag{24.9}$$

当单元间距 $d = \lambda/2$ 时，$|u| \leq \pi$ 对应的实际区间为 $|\sin\theta| \leq 1$，即 $-\pi/2 \ll \theta \leq \pi/2$。在实际区间中，方向图存在的区域被称为"可见区"，其余区域被称为"不可见区"。

当单元间距 $d = 1.5\lambda$ 时，可见区为 $|u| \leq 3\pi$。在这种情况下，除了 $u = 0$ 之处，$|u| = 2\pi$ 对应的两个极值也落在可见区。这种强辐射类似于衍射光栅效应

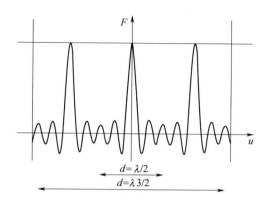

图 24.3　9 元直线阵列天线的阵因子以及不同单元间距对应的可见区

引起的周期性的衍射条纹,因此这种强辐射称为"栅瓣"。

在阵列天线中,如果增大单元天线之间的间距,那么就会降低单元天线之间的互耦作用并获得窄波束。对于给定的口径尺寸,如果增大单元天线之间的间距,那么就会减少单元数目,同时还能简化馈电网络并降低天线的制造成本。这样,我们一般更加青睐单元间距最大的天线设计方案。然而,过大的单元间距会产生栅瓣。如果在非期望角度上出现较强辐射,那么就会降低在期望角度上的增益,同时信噪比也会随着单元天线输入阻抗的恶化而恶化。一般情况下,在避免可见区出现栅瓣的前提下,阵列天线设计基本上都采用尽量大的单元间距。

对于能够实现主瓣扫描的一维 PAA 而言,天线间距 d 的计算方法如下。首先,变量 u 和主瓣指向角 θ_0 之间的关系见式(24.6):

$$u = kd(\sin\theta - \sin\theta_0)$$

设 $\theta_0 \geqslant 0$,当 $\theta = -\pi/2$ 时,$|u|$ 取最大值,我们可以得到

$$|u|_{\max} = \frac{2\pi}{\lambda}d(1 + \sin\theta_0) \tag{24.10}$$

第一栅瓣出现在 $|u| = 2\pi$ 处。如果不希望在可见区出现栅瓣,那么就需要满足如下不等式:

$$\frac{2\pi}{\lambda}d(1 + \sin\theta_0) \leqslant 2\pi \tag{24.11}$$

根据式(24.11),不出现栅瓣的最大单元间距可以表示为

$$d = \frac{\lambda}{1 + \sin\theta_0} \qquad (24.12)$$

式中：θ_0 为最大扫描角。

如果 d 的取值满足式(24.12)，那么在可见区就不会出现栅瓣。然而，如果将式(24.12)的计算值用作单元间距 d，那么第一栅瓣的峰值将会出现在可见区的边缘。为了完全消除栅瓣（包括栅瓣的肩膀），单元间距通常会比式(24.12)确定的单元间距小 5%~10%。

根据式(24.12)，可以获得阵列天线的单元间距与主瓣指向角之间的关系（第一栅瓣位于 $\theta=-\pi/2$ 处），如图 24.4 所示。当 $d/\lambda=0.5$ 时，在 $\pm\pi/2$ 的扫描角范围内不出现栅瓣。

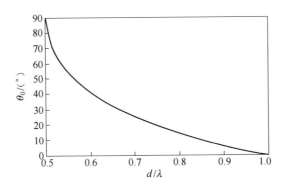

图 24.4　单元间距与主瓣指向角之间的关系（第一栅瓣位于可见区边缘）

如果允许在可见区出现栅瓣，那么栅瓣角度 θ_g 和主瓣指向角 θ_0 之间的关系可以表示为

$$\frac{2\pi}{\lambda}d(\sin\theta_g - \sin\theta_0) = -2\pi \qquad (24.13)$$

$$\sin\theta_g = \sin\theta_0 - \frac{\lambda}{d} \qquad (24.14)$$

根据上述关系式，可以得到图 24.5 所示曲线。

24.3.2　平面阵列天线

线阵天线具有圆盘或圆锥状辐射方向图，而平面阵列天线具有笔形波束辐射方向图(Mailloux,2005)。因此，平面阵列天线是非常实用的阵列天线。

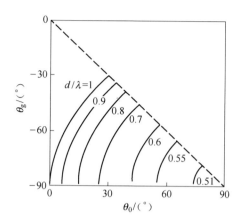

图 24.5 不同单元间距情况下,主瓣指向角与栅瓣角度之间的关系

如图 24.6 所示,大部分平面阵列天线都使用矩形栅格阵列或三角形栅格阵列。将一维直线阵列扩展到二维,即可得到矩形栅格阵列。矩形栅格阵列的馈电网络设计比三角形栅格阵列的馈电网络简单。另外,三角形栅格阵列允许的单元间距大于矩形栅格阵列的单元间距。为了实现相同的口径尺寸、天线增益和波束覆盖范围,三角形栅格阵列所需的单元数目少于矩形栅格阵列。此外,由于三角形栅格阵列的单元间距较大,因此可以降低单元天线之间的互耦。总而言之,三角形栅格阵列天线的应用也非常广泛。

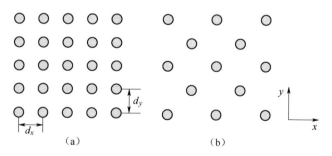

图 24.6 矩形栅格阵列与三角形栅格阵列

(a)矩形栅格阵列;(b)三角形栅格阵列。

对于矩形栅格阵列而言,第 n 列(沿 x 方向)、第 m 行(沿 y 方向)单元天线的复幅度用 $A_{mn}(=a_{mn}\exp[j(nu+mv)])$ 表示。沿 x 方向的单元间距为 d_x,沿 y

方向的单元间距为 d_y。矩形栅格阵列的辐射方向图可以表示为

$$F(\theta,\phi) = \sum_n \sum_m A_{mn} \exp j(nu + mv)] \tag{24.15}$$

其中

$$u = kd_x \sin\theta\cos\phi \tag{24.16}$$

$$v = kd_y \sin\theta\sin\phi \tag{24.17}$$

如果第 n 列(沿 x 方向)、第 m 行(沿 y 方向)单元的复幅度 A_{mn} 可以表示为 x 方向分量 A_n 和 y 方向分量 A_m 的乘积,即

$$A_{mn} = A_n A_m \tag{24.18}$$

则,式(24.15)可以改写为

$$F(\theta,\phi) = \sum_n A_n \exp[jnu] \sum_m A_m \exp[jmv] \tag{24.19}$$

这意味着,矩形栅格阵列天线的辐射方向图可以表示为沿 x 方向直线阵列的辐射方向图与沿 y 方向直线阵列的辐射方向图之乘积。矩形栅格阵列天线的复激励幅度通常都满足式(24.18)。在这种情况下,平面阵列天线的特征就是两个直线阵列天线的特征。满足式(24.19)的辐射方向图称为可分离方向图;反之,不满足式(24.19)的辐射方向图称为不可分离方向图。

矩形栅格阵列的栅瓣特性不同于三角形栅格阵列。在图 24.6 中,两种设计方案沿着 x 轴和 y 轴的单元间距相同,因此这两种设计方案在 xz 平面和 yz 平面栅瓣的出现情况相同。然而,上述两种设计方案沿着对角线方向的栅瓣特性不同。栅瓣分布图有助于分析平面阵列天线的栅瓣。矩形栅格阵列和三角形栅格阵列的栅瓣分布如图 24.7 所示,其主瓣均指向边射方向(z 轴)。

栅瓣图有两个坐标轴:T_x 轴表示分量 $\sin\theta\cos\phi$,T_y 轴表示分量 $\sin\theta\sin\phi$;坐标平面上的任意点到原点的距离为 $\sin\theta$,圆周角为 ϕ。可见区位于圆周 $\sin(\pi/2)=1$ 之内。对于矩形栅格阵列而言,栅瓣落在栅瓣分布图上间距为 λ/d_x 和 λ/d_y 的矩形网格上。对于三角形栅格阵列而言,栅瓣落在栅瓣分布图上的三角形网格上。如果单元间距相同,那么三角形栅格阵列的栅瓣比矩形栅格阵列的栅瓣更加分散。因此,三角形栅格阵列天线被广泛应用。

当波束扫描时,栅瓣分布图对于分析栅瓣大有裨益。以矩形栅格阵列为例,当主瓣指向为 $\theta=60°$,$\phi=30°$ 时的栅瓣分布图如图 24.8 所示。

当主瓣扫描时,栅瓣点在栅瓣分布图上的位置会发生变化。所有的栅瓣点

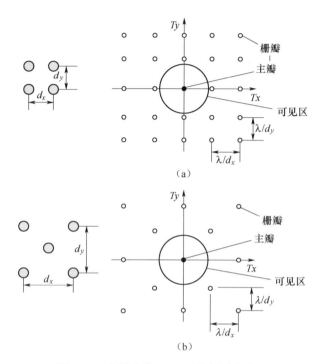

图 24.7 主瓣角度 $\theta=0°$ 时的栅瓣分布图

(a)矩形栅格阵列的栅瓣图;(b)三角形栅格阵列的栅瓣图。

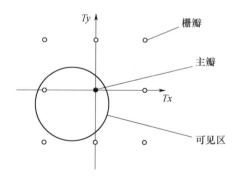

图 24.8 主瓣指向角为 $\theta=60°,\phi=30°$ 时的栅瓣分布图

会沿着与主瓣相平行的方向移动。对图 24.8 的情况而言,由于波束扫描会在可见区内出现一个栅瓣。

24.3.3　增益、波束宽度和副瓣电平

1. 阵列天线方向性的近似表达式(Elliott,2003)

(1) 直线阵列天线

当图 24.2 中的单元天线为点源、各个点源幅度相同、单元数(N)较大时,并且在不出现栅瓣的前提下选择合适的天线间距 d,那么直线阵列天线的方向性 D_l 可以表示为

$$D_l \approx \frac{2Nd}{\lambda} \quad (24.20)$$

天线的方向性由辐射方向图决定。该表达式不考虑馈电电路的损耗和单元天线的效率。

(2) 平面阵列天线

当口径尺寸远大于波长、单元数 N 足够大时,平面阵列天线的方向性 D_p 可以表示为

$$D_p \approx D_e N \cos\theta_0 \quad (24.21)$$

$$D_e = \frac{4\pi A_e}{\lambda^2} \quad (24.22)$$

式中:θ_0 为主瓣角度;D_e 为组成阵列的单元天线的方向性;A_e 为单元天线的有效口径面积。如果孤立单元天线的 D_0 大于 D_e,即 $D_0 \geqslant D_e$ 且 $A_0 \geqslant A_e$(A_0:孤立单元天线的有效口径面积),A_e 受限于单元天线所占的面积。这样,天线的整体口径面积 A 约等于 $A_e \times N$。对于单元天线按照正常间距排布的阵列天线而言,上述近似关系式基本满足。基于该近似式,D_p 可以写为

$$D_p \approx \frac{4\pi A}{\lambda^2} \cos\theta_0 \quad (24.23)$$

式(24.23)等价于口面尺寸为 A 的平面波源(该平面波源的相位分布使得波束指向为 θ_0 方向)的方向性系数。如果为了得到低副瓣辐射方向图而使用非均匀幅度分布,那么方向性系数也会降低,这是由于口面效率与幅度分布有关。

2. 实际增益

虽然 PAA 的方向性系数可以由辐射方向图确定,但是 PAA 的实际增益并不等于方向性系数(Mailloux,2005)。单元天线的阻抗失配和单元天线之间的

互耦是造成上述现象的原因之一。当单元总数目为 N，由幅度分布确定的口面效率为 η 时，实际增益为

$$G(\theta_0) = g(\theta_0) N \eta \tag{24.24}$$

式中：g 为单元增益函数，表达式如下：

$$g(\theta_0) = D_e \cos\theta_0 (1 - |\Gamma(\theta_0)|^2) \tag{24.25}$$

D_e 为利用式(24.22)计算得到的阵列中单元天线的方向性。Γ 为当所有单元都激励时的有源反射系数，该有源反射系数可以表示为

$$\Gamma_n(\theta_0) = \frac{1}{a_n} \sum_{i=1}^{N} S_{i,n} a_i \exp[j(\Psi_i(\theta_0) - \Psi_n(\theta_0))] \tag{24.26}$$

式中：下标 n 表示单元编号；$S_{n,n}$ 为单元 n 的自反射系数；$S_{i,n}$ 为从单元 i 到单元 n 的互耦系数；a_i 为单元 i 的激励幅度；$\Psi_i(\theta_0)$ 为单元 i 的激励相位。由于 $\Psi_i(\theta_0)$ 随主瓣角度 θ_0 变化而变化，因此有源反射系数 Γ 是以 θ_0 为自变量的函数。

3. 波束宽度和副瓣电平

由式(24.8)可知，N 元等幅分布直线阵列的方向性函数可以近似表示为(Mailloux,2005)

$$F(\theta) = \frac{\sin(u)}{u} \tag{24.27}$$

其中

$$u = \frac{\pi}{\lambda} L(\sin\theta - \sin\theta_0) \tag{24.28}$$

式中：L 为口径长度，$L = Nd$（d 为单元间距）。波束宽度定义为增益从主瓣最大值下降 3dB 对应的角度，根据式(24.27)可以直接求得直线阵列天线的波束宽度 Θ。波束宽度 Θ 可近似表示为

$$\Theta \approx \frac{50}{(L/\lambda)\cos\theta_0} \tag{24.29}$$

波束宽度随扫描角 θ_0 的增大而增大。

当单元数目足够多且按照等幅分布时，圆形平面阵列的方向性函数近似等同于按照等幅分布的圆形连续波激励口径的方向性函数。上述圆形平面阵列的方向性函数可表示为

$$F(\theta) = \frac{2J_1(u)}{u} \tag{24.30}$$

$$u = \frac{\pi}{\lambda} D(\sin\theta - \sin\theta_0)) \tag{24.31}$$

J_1 为第一阶贝塞尔函数。波束宽度可近似表示为

$$\Theta \approx \frac{60}{(D/\lambda)\cos\theta_0} \tag{24.32}$$

由式(24.29)和式(24.32)可知,圆形平面阵列的波束宽度大约是直线阵列或矩形平面阵列波束宽度的1.2倍左右。

根据式(24.27)和式(24.30),还可以得到副瓣电平。等幅分布直线阵列的第一副瓣电平大约为−13.3dB。等幅分布圆形平面阵列的第一副瓣电平大约为−17.6dB。

24.3.4 互耦

单元天线之间的互耦是阵列天线的特征之一,同时互耦也会引起各种各样的问题。如果互耦电平非零,那么阵中单元天线的有源反射系数就不等于孤立单元天线的反射系数,正如式(24.26)所示。当所有单元都激励时,阵中单元天线的阻抗被称为有源阻抗。由式(24.26)可知,有源阻抗随波束扫描角的变化而变化。在大型阵列中,存在有源阻抗为无穷大的风险(有源反射系数为1)或有源阻抗为零的风险(有源反射系数为−1)。在这种情况下,单元天线将不辐射任何信号。这种现象被称为扫描盲点。下面给出扫描盲点的实例:单元间距 d 大于 $\lambda/2$,并且主瓣指向角远远偏离边射方向。当栅瓣出现在可见区边缘时,有可能存在扫描盲点。位于金属反射器上方 $\lambda/4$ 的偶极子天线如图24.9所示。将图24.9中的偶极子天线用作无限阵列天线的单元。由于沿着 y 方向的单元间距为 $\lambda/2$,当主瓣扫描到 $\phi=90°,\theta=90°$ 时,在 $\phi=90°,\theta=-90°$ 方向会出现栅瓣。图24.10为该单元天线的有源阻抗图。当主瓣指向天线轴线方向 $\phi=90°$,$\theta=0°$ 时,单元天线的阻抗几乎完全匹配。当主瓣指向扫描角偏离轴线方向90°($\phi=90°,\theta=90°$)时,单元天线的阻抗迅速恶化。

在不出现栅瓣的情况下仍有可能出现扫描盲点。一个实例就是从阵列天线中减掉若干单元,从而形成幅度锥削分布,后文将详细阐述这种情况。由于某些单元不存在对称单元,因此无法完全抑制互耦。

测量阵中单元方向图能够评估有源阻抗的影响。当只激励一个单元而其他

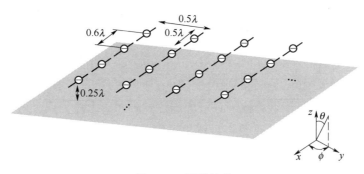

图 24.9 天线结构

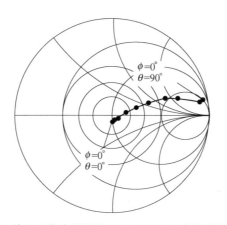

图 24.10 单元天线有源阻抗（θ 以 $10°$ 为步进绘制圆点连线）

单元连接负载时,测量该单元天线的辐射方向图。阵中单元方向图为类似于式(24.25)的单元增益函数。在扫描盲点出现的角度,单元增益最差会减小到零。

通过改变单元天线形式或阵列结构等方法降低互耦,也许能抵消由波束扫描所引起的阻抗失配。在单元天线上添加匹配电路也是一种可行的技术途径。对于这个问题,目前尚无通用或明确的解决方案。因此,对参数化天线的参数进行计算机仿真或试验测试就显得尤为重要。值得注意,由于单元数目有限,因此必须考虑边缘效应。

互耦会引起各种各样的问题,诸如阻抗变化、增益恶化和辐射方向图恶化等。因此,对于阵列天线设计师来说,选择合适的天线形式和阵列结构来降低互耦就显得至关重要。

24.3.5　基于周期边界条件的无限阵列分析

在分析大规模阵列天线时,通过模拟实际尺寸阵列能够获得天线的各种性能,如每个单元天线的阻抗、互耦、阵中单元方向图与总方向图等。不幸的是,这类仿真工作往往受限于计算机内存资源和计算时间而无法实现。仿真计算子阵(子阵为全阵的一部分)或许是一种解决方案。然而,往往很难判断子阵模型是否能够很好地表征全阵的性能。周期边界条件(Amitay et al.,1972)是无限阵列(Ren et al.,1994;Turner and Christodoulou,1999;Holter and Steyskal,1999)的另一种分析方法。仿真模型的分析区域尺寸等于单元间距,特别之处在于添加了周期边界条件。基于周期边界条件的无限阵列分析方法可以利用单个单元天线模型来模拟一维或二维无限阵列。

24.4　天线方向图综合

24.4.1　低副瓣幅度分布

在前面章节中,我们已知直线阵列天线和矩形口径阵列天线的第一副瓣电平大约为-13.3dB,而圆形口径阵列天线的第一副瓣电平大约为-17.6dB。为了降低来自环境的干扰以及噪声的影响,雷达装备的APAA往往被要求具有更低的副瓣电平。

抑制副瓣电平和确保增益两者同等重要。在给定副瓣电平(或更低副瓣电平)的情况下,切比雪夫分布(或称道尔夫—切比雪夫分布)可以获得最窄的波束宽度(Dolph,1946)。服从切比雪夫分布的阵列天线的辐射方向图可以用如下多项式表示:

$$E(u) = T_{N-1}\left(z_0 \cos \frac{u}{2}\right) \qquad (24.33)$$

式(24.33)方向图的所有副瓣电平都相等。z_0是与副瓣电平有关的常数,且z_0的取值大于1。主瓣电平和副瓣电平之比为

$$R = T_{N-1}(z_0) \qquad (24.34)$$

$$z_0 = \cosh\left[\frac{1}{N-1}\cosh^{-1} R\right] \qquad (24.35)$$

切比雪夫分布可以表示为(按照两端幅度进行归一化处理)

$$a_n = \begin{cases} (n-1)\alpha^2 \sum_{m=0}^{n-1} \dfrac{(n-m)_m (N-n-m-1)_n}{m!(m+1)!} \alpha^{2m} & \left(0 \leqslant n \leqslant \dfrac{N-1}{2}\right) \\ 1 & (n=0) \end{cases}$$

(24.36)

$$\alpha = \dfrac{\sqrt{z_0^2 - 1}}{z_0} \tag{24.37}$$

当将切比雪夫分布运用到具有 N 个单元的大规模阵列中时,在边缘处单元的幅度会产生不连续性。辐射方向图对幅度分布的误差非常敏感。在这种情况下通常使用泰勒分布,泰勒分布则不存在上述缺陷。

下面给出泰勒分布的计算过程。首先,当阵列总长 $a=(N-1)d$ 为常数且 N 趋于无穷大时,N 单元切比雪夫分布的方程式如下

$$E_1(u) = \cos[\pi\sqrt{u^2 - A^2}] \tag{24.38}$$

$$u = \dfrac{2a}{\lambda}\sin\theta \tag{24.39}$$

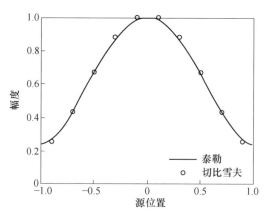

图 24.11　泰勒分布(实线)与切比雪夫分布(圆点连线)

其中,A 为副瓣电平 $1/\cosh(\pi A)$ 的参数。服从切比雪夫分布的阵列天线的方向图具有相同的副瓣电平。根据式(24.8),服从等幅分布的连续波源产生的辐射方向图为

$$E_2(u) = \frac{\sin(\pi u)}{\pi u} \qquad (24.40)$$

当 u 为整数时,式(24.40)的取值为 0。副瓣电平随着 $1/u$ 而逐渐减小。

这里定义一个整数 $\bar{n}$。当 $u \geqslant \bar{n}$ 时,泰勒辐射方向图 E_2 具有零点;当 $u \leqslant \bar{n}$ 时,方向图 E_1 具有零点(Taylor 1955)。

泰勒分布为能够实现泰勒辐射方向图的幅度分布。图 24.11 给出了副瓣电平等于 $-30\mathrm{dB}$,且 $\bar{n}=4$ 的泰勒分布,同时给出了副瓣电平等于 $-30\mathrm{dB}$ 的 10 单元切比雪夫分布。由图 24.11 可以看出,切比雪夫分布的取值与泰勒分布的抽样值非常接近。

在设计单元数为 N 的大规模阵列天线时,通常采用泰勒分布的离散值。与切比雪夫分布相比,泰勒分布可以获得更高的增益。

24.4.2 平面波综合

平面波综合通过叠加多个辐射方向图从而得到期望的辐射方向图(Chiba and Mano,1987)。在图 24.12 中,期望信号位于角度 θ_s 处,主瓣指向角为 θ_s 的辐射方向图用 $E_s(\theta)$ 表示。方向图 $E_s(\theta)$ 在角度 $\theta_m(m=1,2,\cdots,M)$ 处形成零点,主瓣指向角为 θ_m 的辐射方向图用 $E_m(\theta)(m=1,2,\cdots,M)$ 表示。

在平面波综合中,通过对初始方向图 E_s 和乘上恰当复系数的方向图 E_m 进行叠加,最终在 θ_m 处形成零点。设形成方向图 E_s 与方向图 E_m 的第 n 个单元的复幅度分别为 A_{sn} 与 B_{mn},那么根据式(24.1),方向图 E_s 与方向图 E_m 可以表示为

$$E_s(\theta) = \sum_{n=1}^{N} A_{sn} \exp(\mathrm{j}k\boldsymbol{r}_n \cdot \boldsymbol{R}) \qquad (24.41)$$

$$E_m(\theta) = \sum_{n=1}^{N} B_{mn} \exp(\mathrm{j}k\boldsymbol{r}_n \cdot \boldsymbol{R}) \qquad (24.42)$$

当方向图 E_m 乘以复系数 a_m 时,与初始方向图相叠加后,可以获得辐射方向图 $E(\theta)$,它具有期望角 θ_s 和期望零点角 θ_m,$E(\theta)$ 的表达式为

$$E(\theta) = E_s(\theta) + \sum_{m=1}^{M} a_m E_m(\theta) = \sum_{n=1}^{N} \left(A_{sn} + \sum_{m=1}^{M} a_m B_{mn} \right) \exp(\mathrm{j}k\boldsymbol{r}_n \cdot \boldsymbol{R})$$

$$(24.43)$$

A_n 为产生期望辐射方向图的幅度分布,A_n 可用 A_{sn} 与 B_{mn} 表示为

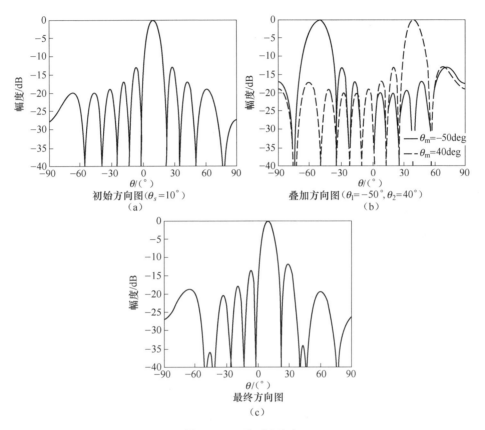

图 24.12 平面波综合

$$A_n = A_{sn} + \sum_{m=1}^{M} a_m B_{mn} \qquad (24.44)$$

由式(24.43)可知,在角度 $\theta_m(m=1,2,\cdots,M)$ 方向获得零点的条件为

$$E(\theta_m) = E_s(\theta_m) + \sum_{m=1}^{M} a_m E_m(\theta) = 0 \qquad (24.45)$$

a_m 可以通过如下联立方程组得到

$$Ea = e \qquad (24.46)$$

$$E = \begin{bmatrix} E_1(\theta_1) & E_2(\theta_1) & \cdots & E_M(\theta_1) \\ E_1(\theta_2) & E_2(\theta_2) & \cdots & E_M(\theta_2) \\ \vdots & \vdots & \ddots & \vdots \\ E_1(\theta_M) & E_2(\theta_M) & \cdots & E_M(\theta_M) \end{bmatrix} \qquad (24.47)$$

$$a = \begin{bmatrix} a_1 & a_2 & \cdots & a_M \end{bmatrix} \tag{24.48}$$

$$e = \begin{bmatrix} -E_s(\theta_1) & -E_s(\theta_2) & \cdots & -E_s(\theta_M) \end{bmatrix} \tag{24.49}$$

设 A_{sn} 与 B_{mn} 分别为 θ_s 和 θ_m 对应的阵因子,即每个单元天线的共轭电场,则 A_n 的取值能够使 θ_s 方向的增益达到最大并在 θ_m 方向形成零点。由于 A_{sn} 与 B_{mn} 均为用于产生平面波的幅度分布,因此这种方法被称为平面波综合。单元数目为 10 的平面波综合算例如图 24.12 所示。图 24.12(a)中,θ_s 为 10°;图 24.12(b)中,θ_1 与 θ_2 分别为 -50° 与 40°;图 24.12(c)为叠加方向图,在 -50° 与 40° 处形成两个零点。

平面波综合给出的复数值包含各个单元的幅度信息和相位信息,该复数值存在且唯一。平面波综合方法需要同时控制幅度和相位。由于标准的 PAA 只能实现相位控制,因此可能无法获得期望的方向图。在这种情况下,仅控制相位的天线方向图综合方法就显得至关重要,那么就需要使用极大极小值算法等非线性优化方法。

24.4.3 极大极小值算法

当平面波综合与其他解析综合算法都不适用时,或当期望辐射方向图太复杂而无法利用解析算法求解幅度分布时,非线性优化算法就成为解决方案之一。例如,利用极大极小值算法对阵列天线的功率进行编码(Klein,1984)。当辐射方向图的参考点数目 M 大于单元天线数目 N 时,极大极小值算法非常有效。

各个参数通常定义如下:

N:单元天线数目

M:辐射方向图的参考点数目

E_{mn}:单元天线 n 沿角度 θ_m 方向的辐射电场幅度

ϕ_{mn}:单元天线 n 沿角度 θ_m 方向的辐射电场相位

a_n:单元天线 n 的激励幅度

φ_n:单元天线 n 的激励相位

P_{0m}:沿角度 θ_m 方向的期望功率

W_m:各个参考点的权重

评价函数可以定义为

$$F = \sum_{m=1}^{M} W_m \left(\left| \sum_{n=1}^{N} a_n \exp(j\varphi_n) E_{nm} \exp(j\phi_{nm}) \right|^2 - P_{0m} \right)^2 \quad (24.50)$$

通过计算评价函数的梯度可以得到评价函数 F 的最小值,从而得到期望辐射方向图对应的激励幅度和激励相位。

任何指标要求都可以使用极大极小值算法。然而,使用极大极小值算法时需要特别注意以下两点:

(1) 由于极大极小值算法的非线性特性,因此评价函数 F 具有若干个局部极小值,并且很难确定该极小值是局部极小值还是全局极小值。此外,初始激励幅度和激励相位会直接影响算法收敛所需的迭代次数。为了解决上述问题,可以先利用平面波综合法得到一组激励幅度和激励相位,并将这组激励幅度和激励相位用作初始条件。

(2) 对于某些具有特殊指标要求的辐射方向图来说,由于计算得到的激励幅度和激励相位可能非常分散,从而导致馈电电路无法实现。

24.4.4 单元稀疏算法

在许多 APAA 中,各个单元天线的发射功率一般都相等(出于效率方面的考虑,高功率放大器通常工作在饱和区域)。这就导致我们无法通过控制各个单元的激励幅度来获得低副瓣辐射方向图。在这种情况下,为了实现低副瓣电平,可以对单元天线进行稀疏化来控制单元密度分布。有学者已经提出明确的稀疏算法,并得到能够实现期望辐射方向图的单元密度分布(Numazaki et al., 1987)。单元稀疏算法不存在不确定性且与概率无关。

设:单元位置为 P_i,期望幅度分布为 f,则位于 P_i 处的单元的权重 f_i 可定义为

$$f_i = Cf(P_i)\Delta S_i \quad (24.51)$$

式中:$f(P_i)$ 为 P_i 点的幅度分布值。ΔS_i 为 P_i 所占的面积。系数 C 是为了保证 f_i 的上限为 1。以直线阵列为例,P_i 为直线阵列的栅格点,f 为泰勒分布。若单元位置的顺序确定,那么可根据 f_i 的累加值得到稀疏函数 $T(P_i)$

$$T(P_i) = \left[\sum_{j=1}^{i} f_j + 0.5 \right] - \left[\sum_{j=1}^{i-1} f_j + 0.5 \right] = 0 \text{ 或 } 1 \quad (24.52)$$

函数 $[\cdot]$ 为 floor 函数。式(24.52)的计算结果为 1 或 0,1 与 0 分别代表每

个单元的激励与不激励两个状态。权重的累加值与激励单元数目的累加值之间的差异不超过 0.5。设单元数目为 20,幅度分布遵循 -30dB 副瓣且 $\bar{n}=4$ 的泰勒分布。图 24.13 为单元稀疏算法的算例。在图 24.13 中,实线为 f_i 的累加值,圆点线为 $T(P_i)$ 的累加值,二者之间的差值不超过 0.5。

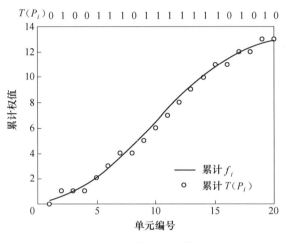

图 24.13 单元稀疏算法

对于平面阵列天线而言,观察平面上的辐射方向图取决于垂直投影到该平面的单元编号分布。假设,考虑优化 x 平面辐射方向图以获得期望方向图。虽然 P_i 的坐标为 (x,y),但是 P_i 按照字典顺序式排列,即,x 按照递增顺序排列。如果多个单元位置的 x 坐标相同,那么就按照 y 坐标递增的顺序排列。P_i 决定了 x 平面方向图的稀疏函数 T_x。设 P_{xj} 为 x 平面上第 j 个位置处激励单元的编号,则 P_{xj} 可由 T_x 计算得到。沿着 y 平面的 T_y 和 P_{yk} 也可以采用类似的方法计算。当计算得到沿着 y 平面的 T_y 时,相应地,设 Q_{yk} 为 y 平面上第 k 个位置处激励单元的编号,Q_{yk} 也可由 T_y 计算得到。理想分布 P_{yk} 和分布 Q_{yk} 之间的差值为

$$D_k = Q_{yk} - P_{yk} \tag{24.53}$$

所有的 D_k 之和一定等于 0。若所有的 D_k 为 0,那么就可以得到沿着 x 平面和 y 平面的期望分布。

若 D_{k1} 为正,那么必存在负的 D_{k2}。若稀疏函数在位置 x_1 处第 k_1 行取值为 1、第 k_2 行取值为 0,在位置 x_2 处的第 k_1 行取值为 0、第 k_2 行取值为 1,那么两组数值的互换操作如图 24.14 所示。此时,D_{k1} 和 D_{k2} 以 1 为单位增大或减小,但

P_{xk} 保持不变。这种操作能够使稀疏函数逐渐趋近于期望分布。虽然有可能发现若干个可互换对,但并不能保证一定会出现可互换对。当找不到可互换对时,两对激励可以按照图 24.15 所示方式进行互换。经过这种操作,上述可变换对一定会再次出现。

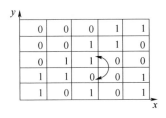

图 24.14　一对激励单元互换

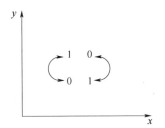

图 24.15　两对激励单元同时互换

下面给出一个稀疏算法的算例。设,10×10 单元的平面阵列天线按照矩形栅格排列,幅度分布遵循副瓣电平为 −25dB、$\bar{n}=3$ 的泰勒分布。x 面的激励单元分布如图 24.16(a)所示。在这个 10×10 矩阵中,"0"代表非激励单元,"1"代表激励单元。每列元素之和 Q_{xj} 不存在不确定性。对应地,每行元素之和 Q_{yk} 却不同于理想 P_{yk}。

在这里,对换每列的"0"与"1"。虽然 P_{yk} 保持不变,但是 Q_{yk} 逐渐趋近 P_{yk}。互换后的结果如图 24.16(b)所示。图 24.17 为根据上述稀疏化结果计算的辐射方向图,其中,实线代表稀疏算法得到的方向图,虚线代表理想泰勒分布得到的方向图。由图 24.17 可知,利用稀疏算法得到的方向图和利用理想泰勒分布得到的方向图几乎相同。

										Q_{yk}	P_{yk}(Ideal)
0	0	1	1	1	1	1	1	1	1	8	4
1	1	0	1	1	1	1	1	0	0	7	5
0	0	1	1	1	1	1	0	1	1	7	7
1	1	1	1	1	1	1	1	0	0	8	9
0	0	1	1	1	1	1	1	1	0	7	10
0	1	0	0	1	1	0	0	0	1	4	10
1	0	1	1	1	1	1	1	1	0	8	9
0	1	1	1	1	1	1	1	0	0	7	7
0	0	0	1	1	1	1	1	1	1	7	5
1	1	1	1	1	1	0	0	0	1	7	4
P_{xj}=4	5	7	9	10	10	9	7	5	4		

互换前
（a）

										Q_{yk}
0	0	1	1	1	1	0	0	0	0	4
0	0	0	1	1	1	1	1	0	0	5
0	0	1	1	1	1	1	0	1	1	7
1	1	1	1	1	1	1	1	1	0	9
1	1	1	1	1	1	1	1	1	1	10
1	1	1	1	1	1	1	1	1	1	10
1	0	1	1	1	1	1	1	1	1	9
0	1	1	1	1	1	1	1	0	0	7
0	0	0	1	1	1	1	1	0	0	5
0	1	0	0	1	1	1	0	0	0	4
P_{xj}=4	5	7	9	10	10	9	7	5	4	

互换后
（b）

图 24.16 稀疏化结果

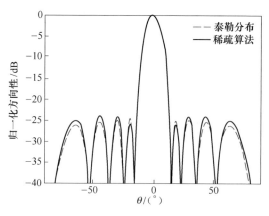

图 24.17 辐射方向图

24.4.5 遗传算法

1. 遗传算法介绍

虽然单元稀疏算法能够确定激励单元的选取,但是为了调整两个切面的辐射方向图,单元稀疏算法改变激励单元的灵活性却较低。单元稀疏算法并非总能得到期望的方向图。遗传算法(Genetic Algorithm,GA)模拟了生物进化过程(Holland 1975),是一种非常有用的优化方法。GA 具有如下特点:

① 通过修改基因(输入变量)和目标函数(输出变量)可将 GA 应用到诸多场合。

② GA 可以实现全局搜索,而不是得到局部最优解。

③ GA 可以实现多点搜索。

④ 在优化中,GA 不需要使用梯度信息。

有的学者将 GA 用于非阵列天线(Non-array antennas)设计(Altshuler and Linden,1997;Jones and Joines,1997)。GA 还适用于阵列天线、单元稀疏(Haupt 1994)和天线方向图综合(Shimizu,1994;Yan and Lu,1997;Fujita,1999)。

图 24.18 为基于标准 GA 的优化过程的流程图。通过产生多组个体解和重复选择、交叉、变异过程,GA 获得最优解。

2. 遗传算法流程

(1) 基因的定义。

为了利用 GA 求解给定的问题,首先需要用基因表示输入变量。一组基因通常被称为一个个体。某个个体的示例为

$$g_i:01101010 \tag{24.54}$$

在这种情况下,该个体由 8 个基因组成。在单元稀疏问题中,每个基因代表一个天线单元。基因取值为 0 表示非激励单元,基因取值为 1 表示激励单元。

(2) 初始个体。

在 GA 优化过程中,一个种群由若干个个体组成。第一代种群通常为随机数。例如,当每个个体有 n 个基因并且每个种群有 m 个个体时,需要产生 $n \times m$ 个随机数。如果已知某组数值非常接近最优解,那么将该组数值及其邻域数值作为第一代个体(而不是将随机数作为第一代个体)将可以更加快速地得到最优解。

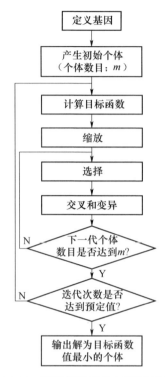

图 24.18 遗传算法优化过程的流程图

(3) 目标函数。

在 GA 中,更加接近最优解的新个体会被用作下一代个体。需要定义一个目标函数来定量表征新个体的性能。虽然任何函数都可用作目标函数,但是随着种群逐渐接近最优解,目标函数的输出值应该逐渐增大。

以下是目标函数的一个算例。为了降低副瓣电平,目标函数 f 可定义为

$$f = -\max(\{S(P_i) \mid i = 1 \cdots k\}) \tag{24.55}$$

式中:$S(P_i)$ 为副瓣电平;P_i 为副瓣区域角度的采样点。目标函数最大值对应的解可实现最低副瓣电平。

(4) 缩放。

在 GA 算法中,选定两组个体,基于这两组个体所产生的新个体将被用作下一代个体。个体选择的概率与目标函数的取值(适应度)有关。但是,当所有个体的适应度都非常接近时,那么将以几乎相同的概率选择个体。对适应度进行

数学变换是提高选择效率的方法之一。这种数学变换称为缩放,线性缩放是一种常见的缩放方式。设初始适应度为 f、缩放适应度为 f',则线性缩放可表示为

$$f' = af + b \tag{24.56}$$

式中:a 与 b 均为常数并满足如下表达式:

$$f'_{\text{avg}} = f_{\text{avg}} \tag{24.57}$$

$$f'_{\max} = C f_{\text{avg}} \tag{24.58}$$

式中:f_{avg} 为初始适应度的平均值;f'_{avg} 为缩放适应度的平均值;$f'_{\max}$ 为缩放适应度的上限。引入式(24.57)是为了确保下一代中包含平均个体。

(5) 选择。

在 GA 算法中,如果某个体优于其他个体,那么该个体将产生许多新的个体作为下一代个体。下面将介绍几种典型的选择方法。

第一种选择方法是轮盘赌规则。个体的选择概率与其各自的适应度成正比。当个体数目为 n、第 i 个个体的适应度为 f_i 时,该个体的选择概率为

$$P_i = \frac{f_i}{\sum_{i=1}^{n} f_i} \tag{24.59}$$

由 P_i 可以求得累计概率:

$$Q_i = \sum_{j=1}^{i} P_j \quad (i = 1, 2, \cdots, n) \tag{24.60}$$

根据设定的随机值 $r(0 \leqslant r \leqslant 1)$,可以确定满足 $r < Q_i$ 的最小 i 值,并选择第 i 个个体。

第二种选择方法是排序法。个体按照适应度下降的顺序进行排列,并根据该排序为下一代选择个体。

(6) 交叉。

在交叉过程中,两个个体会交换各自的某些基因。基因的交叉位置通过一种随机方式确定。在单点交叉中,在一个交换点对基因进行互换。在多点交叉中,在多个交换点同时对基因进行互换。在均匀点交叉中,所有基因都随机互换。虽然均匀点交叉的性能最好,但是均匀交叉的使用过程非常复杂。

注意,交叉操作是按照一定概率进行的。如果不考虑交叉,那么初代基因就会直接传递到下一代。设初代个体为 g_i 与 g_j,利用交叉运算得到的新个体为 g'_i

与 g'_j。下面通过几个算例进一步说明交叉运算。

① 单点交叉。如图 24.19 所示,在一个交换点进行基因互换,而交换点的位置是随机选择的。

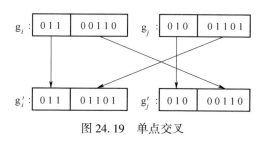

图 24.19 单点交叉

② 多点交叉。如图 24.20 所示,在多个交换点同时进行基因互换。图 24.20 为双点交叉的示例。

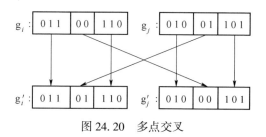

图 24.20 多点交叉

③ 均匀点交叉。首先产生随机序列 R,随机序列 R 的长度等于个体的长度。随机序列 R 的取值为 0 或 1,在随机序列的取值为 1 处进行基因互换。均匀点交叉如图 24.21 所示。

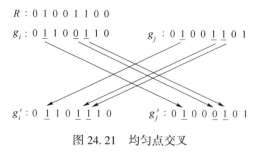

图 24.21 均匀点交叉

(7) 变异。

变异操作指的是改变任意位置的基因。每个基因按照给定的概率发生变

异。所有基因按照概率函数发生随机变异。变异操作的示例如图 24.22 所示。

图 24.22 变异

3. 计算实例

下面给出利用 GA 进行单元稀疏的计算实例。阵列的初始口径为半径 12.3λ 的圆形。阵列稀疏的目标是实现 -25dB 的副瓣电平。此外,GA 会尽量降低副瓣电平。单元稀疏后的阵列口径如图 24.23 所示,该阵列口径的辐射方向图如图 24.24 所示,辐射方向图的副瓣电平优于 -28dB。

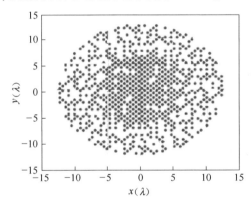

图 24.23 基于 GA 的稀疏口径

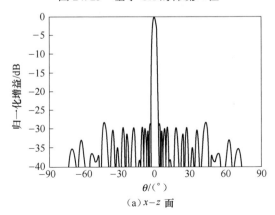

(a) x-z 面

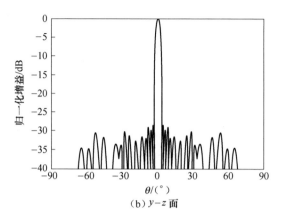

(b) $y-z$ 面

图 24.24　辐射方向图

24.5　阵列天线校准

本节将介绍旋转单元电场矢量(Rotating Element Electric Field Vector,REV)方法,该方法测量阵列天线中每个单元的电场(Mano and Katagi,1982)。REV 方法可以用于阵列天线校准,该方法具有如下特征。

(1) 在所有单元都被激励的状态下测量单元电场。

这意味着可以测量实际情况下的电场,因此测量结果包含了加工误差、互耦、附近区域的散射等因素。

(2) 通过测量所有单元的总功率,可以得到单元电场的幅度和相位。

在不需要测量相位的情况下,就可以得到单元电场的幅度和相位。在毫米波频段,这一特征显得非常有用。

24.5.1　系统构成与测量原理

图 24.25 为用于 REV 测量的典型测量系统构成。每个单元的接收单元电场矢量与阵列总接收电场矢量如图 24.26 所示。

设阵列合成电场的初始幅度与相位分别为 E_0 与 ϕ_0,第 m 个单元天线电场的初始幅度与初始相位分别为 E_m 与 ϕ_m。当第 m 个单元天线的相位变化量为 Φ_m 时,合成电场将变为

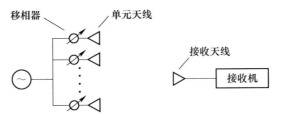

图 24.25　REV 测试系统配置

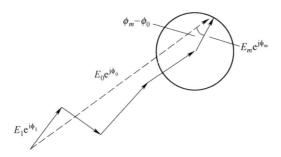

图 24.26　阵列合成电场与单元电场

$$E = E_0 e^{j\phi_0} - E_m e^{j\phi_m} + E_m e^{j(\phi_m + \Phi_m)} \qquad (24.61)$$

在式(24.61)的两侧同时除以阵列的初始合成电场,可得到如下表达式:

$$\hat{E} = \frac{E}{E_0 e^{j\phi_0}} = 1 - k_m e^{jX_m} + k_m e^{j(X_m + \Phi_m)} \qquad (24.62)$$

k_m 与 X_m 分别表示第 m 个单元相对于阵列初始合成电场的相对幅度和相对相位:

$$k_m = \frac{E_m}{E_0} \qquad (24.63)$$

$$X_m = \phi_m - \phi_0 \qquad (24.64)$$

根据式(24.62),阵列合成电场的相对值可表示为

$$f = |\hat{E}|^2 = (Y^2 + k_m^2) + 2k_m Y \cos(\Phi_m + \Phi_{m,0}) \qquad (24.65)$$

其中

$$Y^2 = (\cos X_m - k_m)^2 + \sin^2 X_m \qquad (24.66)$$

$$\tan \Phi_{m,0} = \frac{\sin X_m}{\cos X_m - k_m} \qquad (24.67)$$

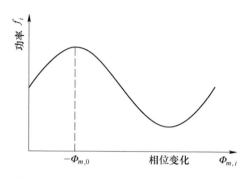

图 24.27 阵列合成电场的功率变化关系

因此,某个单元的相位变化会引起阵列合成电场的功率产生余弦形变化,图 24.27 为功率变化曲线。图 24.27 中的 $-\Phi_{m,0}$ 为阵列合成电场功率取最大值的相位。设比值 r^2 为阵列合成电场功率最大值与最小值的比值,在 REV 方法中,根据相位 $-\Phi_{m,0}$ 与比值 r^2,可以计算得到第 m 个单元的相对幅度 k_m 与相对相位 X_m。r^2 的表达式为

$$r^2 = \frac{(Y+k_m)^2}{(Y-k_m)^2} \tag{24.68}$$

因此,r 的两个解为

$$r = \pm\frac{Y+k_m}{Y-k_m} \tag{24.69}$$

由于式(24.69)有正、负两个符号,因此可以获得两组相对幅度 k_m 和相对相位 X_m。

(1) 正号对应的解。

$$k_m = \frac{\Gamma}{\sqrt{1+2\Gamma\cos\Phi_{m,0}+\Gamma^2}} \tag{24.70}$$

$$\tan X_m = \frac{\sin\Phi_{m,0}}{\cos\Phi_{m,0}+\Gamma} \tag{24.71}$$

(2) 负号对应的解。

$$k_m = \frac{1}{\sqrt{1+2\Gamma\cos\Phi_{m,0}+\Gamma^2}} \tag{24.72}$$

$$\tan X_m = \frac{\sin \Phi_{m,0}}{\cos \Phi_{m,0} + 1/\Gamma} \qquad (24.73)$$

在式(24.70)~式(24.73)中,Γ 的表达式为

$$\Gamma = \frac{r-1}{r+1} \qquad (24.74)$$

式(24.69)中的正负号具有不确定性。分别计算两种不同初始相位分布状态下的两个符号解,可以消除上述不确定性。第一种初始状态下的两组解和第二种初始状态下的两组解之间存在交集,而该交集是唯一的正解。REV 方法只需测量幅度。如果可以同时测量幅度和相位,那么通过单次测试即可消除符号的不确定性。

24.5.2 REV 方法在实际系统中的应用

根据前文所述,在 REV 方法中,第 m 个单元电场的幅度和相位可由如下参数计算得到:阵列合成电场最大功率对应的相位 $-\Phi_{m,0}$,阵列合成电场最大功率与最小功率的比值 r。通过改变单元天线的激励相位可得到相位 $-\Phi_{m,0}$ 与比值 r。然而实际中 APAA 的数字移相器具有离散输出相位,因此并非总能精确测量阵列合成电场的最大功率和最小功率。另外,对于各个输入相位,移相器存在输出相位误差。因此,阵列合成电场的实测功率与理想的余弦形曲线相比,会产生图 24.28 所示的波动。

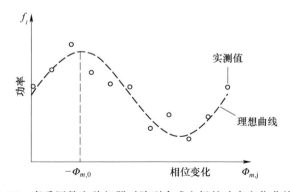

图 24.28 当采用数字移相器时阵列合成电场的功率变化曲线示例

对实测数据进行傅里叶级数展开就可以得到余弦曲线。当单元 m 的激励

相位为$-\Phi_{m,i}$、阵列合成电场的实测功率为f_i时,利用傅里叶级数展开得到的余弦曲线为

$$f_i = \frac{\alpha}{2} + c\cos\Phi_{m,i} + s\sin\Phi_{m,i} \quad (24.75)$$

傅里叶系数为

$$a = \sum_{i=1}^{N} f_i \quad (24.76)$$

$$c = \sum_{i=1}^{N} f_i \cos\Phi_{m,i} \quad (24.77)$$

$$s = \sum_{i=1}^{N} f_i \sin\Phi_{m,i} \quad (24.78)$$

其中,N为改变激励相位的测试次数。N通常为移相器的状态数。r与$-\Phi_{m,0}$的计算式分别为

$$\tan\Phi_{m,0} = -\frac{s}{c} \quad (24.79)$$

$$r^2 = \frac{a + 2\sqrt{c^2 + s^2}}{\alpha - 2\sqrt{c^2 + s^2}} \quad (24.80)$$

24.5.3 REV方法测试时间减缩技术

前文详细阐述了常规的REV方法,并已经有学者从多个方面改进REV方法。例如,有学者研究缩短测试时间的方法(Takahashi et al.,2008)。在常规的REV方法中,每改变一次单元天线的相位就完成一次功率测试。他们提出的改进措施是按照不同相位周期同时改变多个单元的相位,并且测量阵列合成电场的功率变化。单元的幅度和相位的估算可以通过数学计算得到。经过改进的REV方法所需要的测试时间会大幅度地缩短,而测试时间过长恰恰是常规REV方法非常重要的一个问题。虽然这种新方法确实会在一定程度上增加测试误差,但是由于最初的REV方法误差非常小,因此这种测试误差不是非常严重。值得指出,在使用这种方法时,应当将理论误差作为参考。

24.5.4 真时延校准

前文阐述了"相位"校准方法。大口径阵列天线和用于宽带系统的阵列天

线都会遇到主瓣倾斜的问题。由于式(24.4)中的k会随着频率(或波长)的变化而变化,因此单元天线的理想激励相位也会随着频率的变化而变化。然而,标准移相器在频带内往往输出恒定的相位。如果控制信号的传输时间而不是控制信号的相位,那么就可以避免主瓣倾斜。这种时间控制被称为真时延(True Time Delay,TTD)。由于TTD成本高昂,因此通常仅仅将TTD用于单元天线的子阵,同时在所有单元天线上添加移相器。这种天线系统既需要对各个单元天线进行相位校准,还需要对各个子阵进行延迟校准。相位校准可以采用前文所述的REV方法。延迟校准可以使用一种估算两个子阵延迟差的方法(Maruyama et al.,2014)。两个子阵发射一个信号,并且对某个子阵附加一个已知的延迟。当发射频率改变时,输出响应呈余弦形状。根据输出响应可以估算出两个子阵之间的总延迟差。从总延迟差中扣除已知延迟,就可以得到初始延迟差。这种方法直接利用接收电平的变化,不需要测量相位。这种方法的技术特性与REV方法非常类似。

24.6 数字波束形成

24.6.1 DBF的发展历程与功能

DBF天线结合了阵列天线和数字信号处理技术的特点(Steyskal,1987; Farina,1992;Litva and Lo,1996)。由于利用数字信号处理形成波束,因此DBF天线具有许多智能化处理方法。DBF天线的主要功能为:①高精度波束指向;②空间滤波;③空分复用。

功能一是指DBF天线能够保证主瓣高精度地指向期望信号方向,并且能够保证辐射方向图具有较低的副瓣电平。与APAA相比,DBF天线更容易复制信号,因此DBF天线易于实现多波束形成。

功能二是指DBF天线能够产生在特定方向(不期望的信号所在方向)具有辐射零点的方向图,从而在空间上抑制不期望的信号。该功能可以使接收机获得更好的信噪比。

功能三是指DBF天线可以利用多个天线发射不同信息并且利用多个天线接收信号,即实现所谓的MIMO技术。该功能有助于扩大传输容量与提高频谱

利用率。

24.6.2 DBF 天线的基本构成

DBF 天线的基本配置如图 24.29 所示。接收天线由天线单元、低噪声放大器、下变频器、模数转换器与数字信号处理器组成。

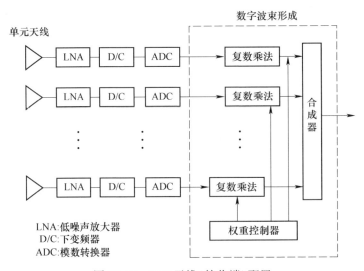

图 24.29 DBF 天线（接收端）配置

（1）天线单元。

天线单元和单元布局基本遵从 APAA 设计方法。然而在某些工作模式下（例如，获取高定向性或者天线分集），DBF 天线的单元间距可能约为一个波长。

（2）低噪声放大器。

低噪声放大器（Low-Noise Amplifiers，LNA）对接收信号进行放大，是 DBF 天线的重要部件。LNA 通常紧邻天线单元。噪声系数和输出信噪比共同决定接收灵敏点附近的性能。噪声系数表示输入信号恶化的程度。

（3）下变频器。

下变频器利用接收机内部产生的本振信号将载波频段的接收信号转化为中频信号。由于频率变换会产生高频分量，因此在下变频器后面往往会连接一个低通滤波器。

(4)模数转换器。

模数转换器位于模拟电路的最后一级。模数转换器将模拟信号转换为数字信号。采样频率和位数是模数转换器的重要参数。接收性能的恶化程度主要指接收信号带宽和量化误差,这是模数转换器的选取原则。

(5)数字信号处理器。

数字信号处理器主要具备两项功能。第一项功能是计算施加到每个单元接收信号上的权值(即幅相调整值)。尤其值得注意的是,这包括计算施加到每个单元上的相位值(该相位值使得接收信号的相位波前沿着主波束方向均匀分布)与计算施加到每个单元上的幅相值(该幅相值使产生的方向图在非期望信号的到达方向形成零点)。第二项功能是将权值与每个单元的输出信号相乘并且进行合成输出。

用于实现数字信号处理功能的硬件主要有两种实现形式。第一种实现形式为专用集成电路(Application-Specific Integrated Circuit,ASIC)。ASIC 是一种具有特殊用途的专用电路。由于 ASIC 的线路具有固定结构,因此 ASIC 一旦加工完成就无法更改,但是这种电路能够降低功耗。另一种实现形式是使用现场可编程门阵列(Field-Programmable Gate Array,FPGA)。FPGA 电路是通过硬件编程来构建的。FPGA 电路可以实现多次写入,这使得 FPGA 在实际使用中比 ASIC 更加灵活。基于软件的数字信号处理也可以利用数字信号处理器(Digital Signal Processor,DSP)或中央处理单元/微处理单元(Central/Micro Processing Unit,CPU/MPU)来实现。

前文简要介绍了 DBF 接收天线的基本构成。只需要将低噪声放大器更换为高功率放大器,将下变频器更换为上变频器,将模数转换器更换为数模转换器,即可得到发射 DBF 天线。

24.6.3 DBF 天线的特征

由于 DBF 天线采用数字信号处理技术,因此其优势在于可以提供多种功能。相比于 APAA 技术,DBF 天线需要的馈电网络更加简单并且损耗也更小。DBF 天线的功能可以固化到数字设备中,这样可以提高系统的集成度。此外,随着数字设备的不断发展,DBF 天线还将具有低成本优势。DBF 天线的处理带宽受限于模数转换器或数模转换器的带宽,这是 DBF 天线的一个缺点。近些

年,高速率模数转换器正在不断发展,其通信带宽也在不断展宽。但是由于每个天线单元都需要一个模数转换器(或数模转换器)和一个下变频器(或上变频器),因此 DBF 天线的造价一直较为昂贵。由于数字设备数目庞大并且需要处理的数据量也在不断增长,因此数字信号处理器的功耗也在不断提高。综合考虑以上因素,当阵列天线的单元数目较多时,通常会使用子阵结构。这样可以先在模拟域对多个天线单元进行合成,然后在数字域再实施 DBF。

24.7 自适应阵列

24.7.1 自适应阵列的发展历程

如果天线单元可以自主求解正确的权重并自动设置权重,那么随时有可能产生最优的通信环境。这种思想的起源最早可以追溯到 20 世纪 60 年代。该项研究起源于副瓣对消器(SideLobe Canceler,SLC)技术,有大批学者从事相关的研究工作(Howells,1965;Applebaum,1976)。首先,这种思想不但非常有趣,而且在理论上非常有效,但是该技术需要使用大量计算机和微波电路。因此,在大多数情况下,这项研究工作长期停留在理论研究阶段。

然而,数字技术的发展突飞猛进,微波电路的集成度不断提高,结构日益紧凑,成本也在不断降低。同时,随着移动通信的不断发展,无线电环境也变得日益复杂。上述因素导致自适应阵列的技术优势日益显著。

Howells 提出的副瓣对消器也被称为自适应阵列的雏形。副瓣对消器的设计初衷是希望雷达在强干扰情况下也能够正常工作。如图 24.30 所示,副瓣对消器由一个主天线(主天线通常为高增益天线)和 K 个辅助天线组成。辅助天线的增益值基本等于主天线增益方向图的平均副瓣电平。与主天线接收的期望信号相比,辅助天线接收的期望信号基本可以忽略。通过控制辅助天线的权重,可以消除来自于主天线副瓣区域的干扰信号。

24.7.2 自适应阵列的功能

由 K 个天线单元组成的自适应阵列的基本结构如图 24.31 所示(Compton 1988;Monzingo and Miller,1980;Widrow et al.,1967;Kikuma and Fujimoto,2003;

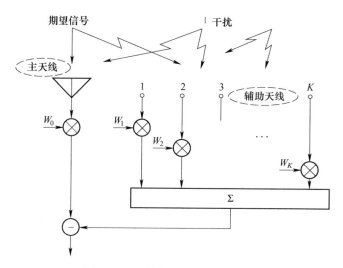

图 24.30 副瓣对消器的基本配置

Ogawa and Ohgane,2001)。首先,在每个天线单元的输入信号上施加权重。其次,利用加法器对这些信号进行合成,作为阵列的输出信号。权值是能够控制天线单元输入信号幅度和相位的复数值。

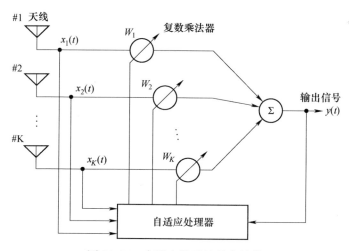

图 24.31 自适应阵列的基本结构

设,第 k 个天线单元的期望信号、干扰信号、热噪声分别用符号 $s_k(t)$、$i_k(t)$、$n_k(t)$ 表示,下文将会用到如下矢量:

$$S(t) = [s_1(t)\ s_1(t)\cdots s_K(t)]^T$$
$$I(t) = [i_1(t)\ i_2(t)\cdots i_K(t)]^T$$
$$N(t) = [n_1(t)\ n_2(t)\cdots n_K(t)]^T \tag{24.81}$$

式中:标号 T 表示转置。

根据上述算式,输入信号矢量 $X(t)$ 可以表示为

$$x(t) = [x_1(t)\quad x_2(t)\quad \cdots\quad x_K(t)]^T = S(t) + I(t) + N(t) \tag{24.82}$$

类似地,给定权重 w_k 的矢量表达式为

$$\boldsymbol{w} = [w_1\quad w_2\quad \cdots\quad w_K]^T \tag{24.83}$$

因此,阵列的输出 $y(t)$ 可表示为

$$y(t) = \boldsymbol{w}^H X(t) \tag{24.84}$$

式中:上标 H 表示复共轭转置。

输出功率 P_{out} 可以表示为

$$P_{\text{out}} = \frac{1}{2}E[|y(t)|^2] = \frac{1}{2}\boldsymbol{W}^H \boldsymbol{R}_{xx} \boldsymbol{W} \tag{24.85}$$

$\boldsymbol{R}_{xx}$ 为输入信号矢量的相关系数矩阵,其表达式为

$$\boldsymbol{R}_{xx} = E[X(t)X^H(t)] \tag{24.86}$$

式中:函数 $E[\ ]$ 表示期望值。

通常将输出信干噪比(Signal-to-Interference-plus-Noise Ratio,SINR)作为阵列输出性能的评价参数。SINR 越大,阵列输出性能越好。输出信干噪比的定义式为

$$\text{SINR} = \frac{期望信号功率}{干扰信号功率 + 噪声功率} \tag{24.87}$$

根据自适应阵列的设计目标,自适应阵列的功能主要分为:自适应波束形成和自适应调零。

自适应波束形成功能可以实现阵列主波束的自动追踪,即使接收信号(期望方向)的到达方向未知或随时间变化。自适应调零功能可以将天线方向图的零点自动对准干扰方向。目前已经有大量与调零相关的研究与应用实例。前文介绍的副瓣对消器就属于最初的调零技术。

24.7.3 优化算法

自适应阵列在获取相关的环境信息时,能够改变阵列的方向性与频率特性

以适应当前的无线电环境。因此,自适应阵列不必提前知晓非期望信号(干扰信号)。然而,从恶劣的无线电环境(还包含非期望信号和噪声)中分离出期望信号的确需要提前掌握期望信号的若干先验信息。所需的数据包括信号的中心频率、到达方向、调制方式、极化形式以及训练信号。下文将介绍几种主流的优化算法。

(1) 最大比合并。

最大比合并(Maximal Ratio Combining,MRC)检测每个天线单元接收信号的包络电平和相位信息(Miura et al.,1999;White,1976)。每路接收信号都被设置为相同相位,并根据信号包络电平设置权重。这样使得合成后的信噪比达到最大。MRC 源于一种旨在消除衰落效应的分集接收技术。MRC 能够实现主波束扫描以追踪来波,但是却不能抑制干扰。目前已经提出了许多方法,如基于接收电平监视器的闭环控制法、基于方向感应器的控制法、基于反馈环路的相位控制法(PLL 系统)等。此外,在低 SNR 环境中获得稳定的性能尤为重要(Kihira et al.,2006)。

(2) 最小均方误差。

20 世纪 60 年代,Widrow 提出一种自适应滤波器,自此一种基于最小均方误差(Minimum Mean Square Error,MMSE)方法的自适应阵列技术开始逐步发展。Widrow 运用自适应阵列技术,并提出了最小二乘(Least Mean Square,LMS)算法(Widrow et al.,1967)。MMSE 自适应阵列主要用于实现误差信号的最小化,误差信号指的是参考信号和实际阵列输出信号之差。该系统不仅可以同时实现自适应阵列的两大主要功能(自适应波束形成和自适应调零),而且不受单元布局的限制。严格来说,我们需要将期望信号本身用作参考信号。但是在实际中,该系统通常需要使用某种信号作为参考信号,如通常在数据的头部添加一段已知的训练符号。

参考信号 $r(t)$(期望的时间响应)和阵列输出信号 $y(t)$ 之间的误差可以表示为

$$\begin{aligned} e(t) &= r(t) - y(t) \\ &= r(t) - \boldsymbol{W}^H \boldsymbol{X}(t) \end{aligned} \quad (24.88)$$

该误差信号平方(均方误差)的期望值可以表示为

$$E[|e(t)|^2] = E[|r(t) - y(t)|^2] = E[|r(t) - \boldsymbol{W}^H \boldsymbol{X}(t)|^2]$$

$$= E[|r(t)|^2] - \boldsymbol{W}^T \boldsymbol{r}_{xr}^* - \boldsymbol{W}^H \boldsymbol{r}_{xr} + \boldsymbol{W}^H \boldsymbol{R}_{xx} \boldsymbol{W} \quad (24.89)$$

$\boldsymbol{r}_{xr}$ 为参考信号和输入信号的相关矢量，$\boldsymbol{r}_{xr}$ 的定义式为

$$\boldsymbol{r}_{xr} = E|\boldsymbol{X}(t) r^*(t)| \quad (24.90)$$

式(24.90)中的权重矢量为二次函数。为了实现最小的均方误差，权重矢量必须满足如下表达式：

$$\frac{\partial}{\partial \boldsymbol{W}} E[|e(t)|^2] = -2\boldsymbol{r}_{xr} + 2\boldsymbol{R}_{xx}\boldsymbol{W} = \boldsymbol{0} \quad (24.91)$$

因此，最优权重可表示为

$$\boldsymbol{W}_{opt} = \boldsymbol{R}_{xx}^{-1} \boldsymbol{r}_{xr} \quad (24.92)$$

目前已经有学者提出了若干种基于数据控制的优化技术，例如，基于最速下降法的 LSM 算法(Haykin,2002)，利用采样值直接求解的采样矩阵求逆(Sample Matrix Inversion, SMI) 算法，递归最小二乘(Recursive Least Squares, RLS) 算法 (Compton,1988)。

以四单元天线阵列双入射波模型为例，收敛后的天线方向图如图 24.32 所示。在期望信号的到达方向(0°方向)形成主瓣，并在干扰信号的到达方向(60°方向)形成零深。图 24.33 为利用 LSM 算法进行阵列综合后各类信号的输出功率。横轴为权重更新次数(即迭代次数)。从图 24.33 中可知，在期望信号的输出功率基本保持不变的情况下，干扰的输出功率得到良好抑制。

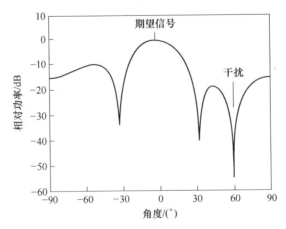

图 24.32 收敛后的天线方向图

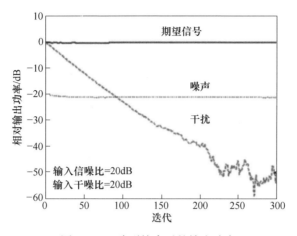

图 24.33 阵列综合后的输出功率

MMSE 自适应阵列需要一路参考信号作为先验条件。作为一种空间最优滤波器,MMSE 自适应阵列在通信系统中的应用效果优于在雷达系统中的应用效果。在 TDMA 通信系统中,通常在数据信号中插入一段训练信号作为参考信号。该优势使 MMSE 备受移动通信领域的青睐。

(3) 最大信噪比方法。

Applebaum 深入研究了 Howells 提出的副瓣对消器,并将其演化为 MSN(Maximum SNR Method)自适应阵列。因此,MSN 自适应阵列也被称为 Howells-Applebaum(HA)自适应阵列(Applebaum,1976)。由于 MSN 自适应阵列常被用于雷达系统,因此先验条件就是期望信号的达到方向必须是已知的。

该算法能够找到对应于输出 SNR 最大的权重。阵列输出中的期望信号功率、干扰功率与热噪声功率分别为

$$P_{\text{Sout}} = \frac{1}{2} E[|y_s(t)|^2] = \frac{1}{2} \boldsymbol{W}^{\text{H}} \boldsymbol{R}_{SS} \boldsymbol{W}$$

$$P_{\text{Iout}} = \frac{1}{2} E[|y_i(t)|^2] = \frac{1}{2} \boldsymbol{W}^{\text{H}} \boldsymbol{R}_{ii} \boldsymbol{W}$$

$$P_{\text{Nout}} = \frac{1}{2} E[|y_n(t)|^2] = \frac{1}{2} P_n \boldsymbol{W}^{\text{H}} \boldsymbol{W} \tag{24.93}$$

式中:$\boldsymbol{R}_{SS}$ 与 $\boldsymbol{R}_{ii}$ 分别为期望信号和干扰的相关矩阵;P_n 为每个天线单元的热噪声功率。如果已知期望信号的到达方向,并假设期望信号的带宽足够窄,则

$$S(t) = s(t) V_s$$
$$V_s = [v_{s1} \quad v_{s2} \cdots v_{sK}]^T$$
$$R_{ss} = E[S(t) S^H(t)] = P_s V_s V_s^H \tag{24.94}$$

式中：P_s 为每个单元的期望信号功率。

因此，输出 SINR 的计算表达式为

$$\text{SINR} = \frac{P_{\text{Sout}}}{P_{\text{Iout}} + P_{\text{Nout}}} = \frac{W^H R_{SS} W}{W^H R_{nn} W} \tag{24.95}$$

非期望信号分量的相关矩阵 R_{nn} 可表示为

$$R_{nn} = R_{ii} + P_n I \tag{24.96}$$

注意，符号 I 表示维度为 K 的单位矩阵。

设，能够使 SINR 达到最大的最优权重为 W_{opt}，则 W_{opt} 应当满足如下表达式

$$\nabla \left(\frac{W^H R_{ss} W}{W^H R_{nn} W} \right) = 0 \tag{24.97}$$

求解上式，可以得到最优权重 W_{opt}

$$W_{\text{opt}} = a R_{nn}^{-1} V_s \tag{24.98}$$

式中：α 为常数。

求解最优权重需要将期望信号从干扰中分离出来，并求解对应的相关矩阵 R_{nn}。假设期望信号远弱于干扰，在雷达系统中可将其替换为接收信号（接收信号包含期望信号和干扰）的相关矩阵。

正如前文所述，MSN 自适应阵列需要预先设置期望信号的到达方向，因此如何获取期望信号的正确方向信息就成为非常重要的问题。近些年，已经有学者提出具有较高精度的到达方向估计技术，如多信号分类（Multiple Signal Classification, MUSIC）(Schmidt, 1986)、基于旋转不变性原理的信号参数估算技术（Estimation of Signal Parameters via Rotational Invariance Techniques, ESPRIT）(Roy et al., 1986)。上述到达方向估计技术可以用于 MSN 控制预处理。我们有理由相信，MSN 自适应阵列有望应用于移动通信领域。然而，到达方向估计误差会使 MSN 自适应阵列的性能急剧恶化。平滑自适应天线（即在相关矩阵上添加"伪"噪声）能够很好地抵抗这类误差 (Takao and Kikuma, 1986)。

（4）DCMP。

Frost 最早提出了 DCMP 算法（Frost, 1972），Takao 等进一步深入研究了该

算法(Takao et al.,1972)。如果到达方向、频率和阵列布局均已知,那么就可以确定阵列响应矢量。在 DCMP 中,设约束矢量为 C,并且施加如下约束条件:

$$C^{\mathrm{T}} W^* = H \tag{24.99}$$

式中:H 为约束的响应值。H 决定沿着 θ_s 方向的阵列响应常数。

在上述情况下,DCMP 自适应阵列能够确定使得输出功率最小化的权重矢量。换言之,如果沿着期望信号到达方向的阵列响应受到约束并且输出功率最小化,即可实现干扰抑制。满足上述条件的权重矢量可以由如下表达式得到

$$W_{opt} = R_{xx}^{-1} C (C^{\mathrm{H}} R_{xx}^{-1} C)^{-1} H^* \tag{24.100}$$

此外,如果必须沿着多个方向施加约束条件,那么可以使用约束矩阵取代约束矢量,并将约束响应表示为矢量形式。

在期望信号的到达方向已知的情况下,DCMP 自适应阵列才能正常工作。但是在实际中,给定的到达方向与实际的到达角度之间通常存在某种区别,如由于天线安装时引入的误差或者由于天线自身运动造成的误差。天线单元之间的互耦也会产生类似的问题。如前文所述,平滑自适应天线能够在相关矩阵上添加"伪"噪声,因此使用平滑自适应天线有可能抑制这类问题(Takao and Kikuma,1986)。

(5) 功率倒置。

功率倒置自适应阵列(Power Inversion Adaptive Array,PIAA)(Compton,1979)的适用条件为:

① 阵列的自由度(比单元数目小 1)必须等于干扰信号的数目。

② 期望信号的输出功率必须(或足够地)小于干扰功率。

如果满足上述条件,那么就可以使用功率倒置方法。换言之,仅仅根据期望信号和干扰的输入功率之间的差异就可以分离两者,因此不需要先验信息(例如 MMSE 中的参考信号)。

在上述条件之下,抑制不必要分量的直接方法是实现输出功率的最小化。然而,这意味着所有权重都为 0,从而使得天线同样无法接收期望信号。在 PIAA 中,为了消除平凡解,可以施加最简单的条件。换言之,在这种约定下,当某个天线单元的权重为特定值时可以实现最小的输出功率。因此,PIAA 是一种带约束的输出功率最小化方法。遵循这项原则,如果干扰功率越大,则受到抑制的功率也越大。

当单元 1 的权重为固定值时,最优权重为

$$W_{opt} = R_{xx}^{-1}\overline{S}$$
$$S = [1,0,\cdots,0]^T \quad (24.101)$$

式中:$\overline{S}$ 为约束矢量。

由于 PIAA 是一种不需要先验信息的盲算法,且该技术能够简化系统结构和信号处理过程,因此有学者正在研究该技术在移动通信中的应用(Kihira et al.,2003)。

(6) CMA。

鉴于 MMSE 自适应阵列需要参考信号,目前移动通信常用的相位调制信号(如 PSK)基本都具有恒定的包络。CMA 充分利用这一特性,通过使阵列输出信号的包络为期望的固定值来控制天线权重(Treichler and Agee,1983)。因此,通过求取如下评价函数的最小值就可能得到最优权重:

$$Q(W) = E[\||y(t)|^p - \sigma^p|^q] \quad (24.102)$$

式中:σ 为期望包络值;p 与 q 均为正整数,通常为 1 或 2。评价函数 Q 最小值对应的解 W 无法通过解析方法获得,因此需要利用一种非线性优化方法进行重复运算。如果采用最速下降方法作为优化算法,那么权重修正将遵循如下表达式($p=q=2$):

$$W(m+1) = W(m) - \mu 4X(m)y^*(m)(|y(m)|^2 - \sigma^2) \quad (24.103)$$

式中:μ 为表示反馈步长的常数;m 为权重的更新次数(迭代次数)。

CMA 自适应阵列不需要先验信息,可以进行盲处理。因此,有许多学者研究用于移动通信的 CMA 自适应阵列技术。

24.8　MIMO 技术

MIMO 技术同时将多个天线(即阵列天线)用作发射器和接收器(Foschini and Gans,1998;Telatar,1999)。这样有可能实现①更快的传输速度或②更高的可靠性,或者同时实现上述两个功能(Paulaj et al.,2003)。对应于情况①的 MIMO 技术通常被称为空分复用 SDM。对应于情况②的 MIMO 技术通常被称为空间分集(Spatial Diversity,SD)。尤其是在 SDM 中,多个天线发射多个不同的信

号数据流,这意味着各个数据流为空分复用。在接收端,利用信号处理技术分离多个信号。在使用空分复用时,随着发射端和接收端天线数目的增加,频率利用效率也在等比例提高。上述结论已经通过试验手段得到验证(Nishimori et al.,2005;Taoka et al.,2007)。MIMO 技术是现代无线通信系统不可或缺的技术。

与此同时,近几年有学者研究多用户 MIMO(Multiuser MIMO,MU-MIMO)技术(Spencer et al.,2004)。这项技术是指在基站处使用多个天线,以实现多个用户与基站之间的 MIMO 通信。除了其他标准外,MU-MIMO 的研究工作将遵循 IEEE 802.11 ac(IEEE 802.11 ac 将用作下一代 LAN 标准)与 LTE-Advanced(LTE-Advanced 将用作下一代移动通信标准)。相较于 MU-MIMO 而言,只有一个用户利用 MIMO 技术与基站之间通信的场景被称为单用户 MIMO(Single-user MIMO,SU-MIMO)。

虽然 MIMO 技术起源于通信领域,但是目前已经有学者研究将 MIMO 技术用于雷达领域(Robey et al.,2004)。对于 MIMO 雷达的研究也受到广泛关注。

24.9 总结

本章介绍了 PAA 的基础知识。方向图综合是 PAA 的重要特征之一,本章介绍了若干种方向图综合方法。为了使 PAA 正常工作,单元天线校准是必不可少的过程,本章介绍了几种阵列校准方法。在本章的后半部分介绍了 DBF(包括信号处理)技术和 MIMO 技术。近些年,各种设备都取得了重大进展,在实际应用中的各种 DBF 原型和 DBF 用途都获得了高度的认可。这为 DBF 的实际应用提供了良好的环境。最近已经出现了基于 MIMO 技术的天线产品,用于大规模推广这项技术的研发工作正在飞速发展。

交叉参考:

▶第 42 章　多波束天线阵列

▶第 28 章　反射阵天线

参考文献

Altshuler EE, Linden DS(1997) Wire-antenna designs using genetic algorithms. IEEE Antennas Propag Mag 39(2):33-43

Amitay N, Galindo Y, Wu C(1972) Theory and analysis of phased array antennas. Wiley, New York

Applebaum SP(1976) Adaptive arrays. IEEE Trans Antennas Propag AP-24(5):585-598

Chiba I, Mano S(1987) Null forming method by phase control of selected array elements using plane-wave synthesis. In: Proceeding of IEEE AP-S, Blacksburg, VA, pp 70-73

Chiba I, Miura R, Tanaka T, Karasawa Y(1997) Digital beam forming(DBF) antenna system for mobile communications. IEEE Aerosp Electron Syst Mag, Blacksburg, VA 12(9):31

Compton RT Jr(1979) The power inversion adaptive array: concept and performance. IEEE Trans Aerosp Electron Syst AES-15(6):803-814

Compton RT Jr (1988) Adaptive antennas: concepts and performance. Prentice Hall, Englewood Cliffs

Dolph CL(1946) A current distribution for broadside arrays which optimizes the relationship between beam width and sidelobe level. Proc IRE 34:335-348

Elliott RS(2003) Antenna theory and design revised edition. Wiley, Hoboken

Farina A(1992) Antenna based signal processing techniques for radar systems. Artech House, Boston

Foschini GJ, Gans MJ(1998) On limits of wireless communications in a fading environment when using multiple antennas. Wirel Pers Commun 6:311-335

Frost OL III (1972) An algorithm for linearly constrained adaptive array processing. Proc IEEE 60 (8):926-935

Fujita M(1999) A trinary-phased array. IEICE Trans Commun E82-B:564-566

Hansen RC(1966) Microwave scanning antennas II, Chap. 1,3,4. Academic, New York

Haupt RL(1994) Thinned arrays using genetic algorithms. IEEE Trans Antennas Propag AP-42:993-999

Haykin S(2002) Adaptive filter theory, 4th edn. Prentice Hall, Upper Saddle River

Holland JH (1975) Adaptation in natural and artificial systems. University of Michigan Press, Ann Arbor

Holter H, Steyskal H(1999) Infinite phased-array analysis using FDTD periodic boundary conditions-pulse scanning in oblique direction. IEEE Trans Antennas Propag 47(10):1508-1514

Howells PW(1965) Intermediate frequency sidelobe canceller. US Patent 3,202,990

Jones EA, Joines WT(1997) Design of Yagi-Uda antennas using genetic algorithms. IEEE Trans Antennas Propag 45(9):1386–1392

Kihira K, Yonezawa R, Chiba I(2003) A simple configuration of adaptive array antenna for DS-CDMA systems. IEICE Trans Commun E86-B(3):117–1124

Kihira K, Chiba I, Konishi Y, Masuda H, Sato H, Ikematsu H, Miyashita H, Makino S(2006) A Ka-band DBF array antenna for land mobile satellite communications. IEICE Trans Commun J89-B(9):1705–1716, (in Japanese)

Kikuma N, Fujimoto M(2003) Adaptive antennas. IEICE Trans Commun E86-B(3):968–979

Klein C(1984) Design of shaped-beam antennas through minimax gain optimization. IEEE Trans Antennas Propag 32(9):963–968

Litva J, Lo KY(1996) Digital beamforming in wireless communications. Artech House, Boston

Mailloux RJ(2005) Phased array antenna handbook, 2nd edn. Artech House, Boston

Mano S, Katagi T(1982) A method for measuring amplitude and phase of each radiating element of a phased array antenna. Electron Commun Jpn 65(5):58–64

Marpaung D, Zhuang L, Burla M, Roeloffzen C, Verpoorte J, Schippers H, Hulzinga A, Jorna P, Beeker WP, Leinse A, Heideman R, Noharet B, Wang Q, Sanadgol B, Baggen R(2011) Towards a broadband and squint-free ku-band phased array antenna system for airborne satellite communications. In: Proceedings of 5th European Conference on Antennas and Propagation(EUCAP), Rome, Italy, pp 2623–2627

Maruyama T, Yamaguchi S, Takahashi T, Otsuka M, Miyashita H(2014) Estimation of delay time difference through space for phased array antennas with true time delay. IEICE Commun Express 3(6):200–205

Miura R, Tanaka T, Horie A, Karasawa Y(1999) A DBF self-beam steering array antenna for mobile satellite applications using beam-space maximal-ratio combination. IEEE Trans Veh Technol 48(3):665–675

Monzingo RA, Miller TW(1980) Introduction to adaptive arrays. Wiley, New York

Nishimori K, Kudo R, Takatori Y, Tsunekawa K(2005) Evaluation of 8×4 eigenmode SDM transmission in broadband MIMO-OFDM systems. NTT Tech Rev 3(9):50–59

Numazaki T, Mano S, Katagi T, Mizusawa M(1987) An improved thinning method for density tapering of planar array antennas. IEEE Trans Antennas Propag AP-35(9):1066–1070

Ogawa Y, Ohgane T(2001) Advances in adaptive antenna technologies in Japan. IEICE Trans Com-

mun E84-B(7):1704-1712

Paulaj A, Nabar R, Gore D(2003) Introduction to space-time wireless communications. Cambridge University Press, Cambridge, United Kingdom

Ren J, Gandhi OP, Walker LR, Fraschilla J, Boerman CR(1994) Floquet-based FDTD analysis of two-dimensional phased array antennas. IEEE Trans Antennas Propag 4(4):109-111

Robey FC, Coutts S, Weikle D, Mcharg JC, Cuomo K(2004) MIMO radar theory and experimental results. In: Conference record of the 38th asilomar conference on signals, systems and computars, Pacific grove, CA, vol 1, pp 300-304

Roy R, Paulraj A, Kailath T(1986) ESPRIT - a subspace rotation approach to estimation of parameters of cisoids in noise. IEEE Trans Acoust Speech Signal Process ASSP-34(4):1340-1342

Schmidt RO(1986) Multiple emitter location and signal parameter estimation. IEEE Trans Antennas Propag AP-34(3):276-280

Shimizu M(1994) Determining the excitation coefficients of an array using genetic algorithms. In: Proceedings of IEEE AP-S, Seattle, WA, pp 530-533

Spencer QH, Peel CB, Swindlehurst AL, Haardt M(2004) An introduction to the multi-user MIMO downlink. IEEE Commun Mag 42(10):60-67

Steyskal H(1987) Digital beamforming antennas - an introduction. Microw J 30(1):107-124

Steyskal H(1988) Digital beamforming. In: European microwave conference, Stockholm, Sweden, pp 49-57

Sumiyoshi H, Nagase M, Iguchi T, Owada A, Akiyama T, Takahashi T, Aoki T, Sato M, Shoji Y, Suzuki R, Fujino Y, Akaishi A(2010) Optically controlled phased array antenna using spatial light modulator. In: IEEE international symposium on phased array systems and technology, Waltham, MA, pp 953-958

Takahashi T, Konishi Y, Makino S, Ohmine H, Nakaguro H(2008) Fast measurement technique for phased array calibration. IEEE Trans Antennas Propag 56(7):1888-1899

Takao K, Kikuma N(1986) Tamed adaptive antenna array. IEEE Trans Antennas Propag AP-34(3):388-394

Takao K, Fujita M, Nishi T(1972) An adaptive antenna array under directional constraint. IEEE Trans Antennas Propag AP-24(5):662-669

Taoka H, Dai K, Higuchi K and Sawahashi M(2007) Field experiments on ultimate frequency efficiency exceeding 30 bit/second/Hz using MLD signal detection in MIMO-OFDM broadband packet radio access. In: Proceedings of IEEE VTC2007-Spring, Dublin, Ireland, pp 2129-2134

Taylor TT(1955) Design of line-source antennas for narrow beamwidth and low side lobes. IRE Trans AP-3(1):16−28

Telatar IE(1999) Capacity of multiantenna Gaussian channels. Eur Trans Telecommun 1(6):585

Treichler JR, Agee BG(1983) A new approach to multipath correction of constant modulus signals. IEEE Trans Acoust Speech Signal Process ASSP-31(2):459−472

Turner GM, Christodoulou C(1999) FDTD analysis of phased array antennas. IEEE Trans Antennas Propag 47(4):661−667

White WD(1976) Cascade preprocessors of adaptive antennas. IEEE Trans Antennas Propag AP-24 (5):670−684

Widrow B, Mantey PE, Griffiths LJ and Goode BB(1967) Adaptive antenna systems. Proc IEEE 55 (12):2143−2159

Yan KK, Lu Y(1997) Sidelobe reduction in array-pattern synthesis using genetic algorithms. IEEE Trans Antennas Propag AP-45:1117−1122

第 25 章
自互补天线与宽带天线

Kunio Sawaya

摘要

从自互补特性与自相似特性的基本原理出发,本章回顾了非频变天线与宽带天线的发展历程。阐述了自互补天线的基本理论,并分别讨论了最初的自互补天线、改进的自互补天线以及所谓的"对数周期天线"。最后,论述了基于自相似特性的非频变天线以及其他类型的宽带天线。

关键词

自互补天线、恒定阻抗、换位激励、对数周期天线、自相似天线、双锥天线、螺旋天线、盘锥天线、蝶形天线、锥削槽天线

25.1 引言

非频变天线大致可以分为两类:一类为自互补天线,另一类为自相似天线。

K. Sawaya (✉)
东北大学创建韧性社会创新中心, 日本
e-mail: sawaya@ecei.tohoku.ac.jp

根据 Mushiake 原理,自互补天线的输入阻抗不随频率的变化而变化(Mushiake 1949)。由于自互补结构有无穷多种,天线学者已经提出了许多种自互补天线与改进型自互补天线。"对数周期天线"也可以看成自互补天线的一种演变结构。某些宽带天线可能同时具备自互补特性与自相似特性,如双臂螺旋天线。

如果某个物体与其自身的一部分相似,那么就称这个物体具有自相似性。具有自相似性的天线可以称为"自相似天线"。如果按照特定比例缩小自相似天线的线性尺寸,只要天线的工作波长也按照相同的比例缩小,那么这个天线的电磁特性将保持不变。自相似结构大致可以分为两类:一类为由连续形状组成的连续结构;另一类为对数周期类型或者由对数周期单元组成的分形结构。如果具有连续结构的自相似天线的末端效应可以忽略不计,那么该天线在所有频点都将具有相同的电磁特性,因此连续自相似天线具有非频变特性。另外,只要工作波长对应离散点的比例与结构自相似比例相同,对数周期天线或者分形自相似天线的电磁特性就将保持不变,但这类天线不属于非频变天线。

本章将分别介绍自互补天线理论、自互补天线的最初形式与改进形式,以及所谓的"对数周期天线"。本章还将介绍基于自相似性的非频变天线以及其他宽带天线。

25.2 自互补天线

25.2.1 自互补天线理论

如图 25.1 所示,如果结构 1 中的电壁 S、磁壁 S_m、电流 $J_0 = N$、磁流 $J_{0m} = M$ 可以分别替换为结构 2 中的磁壁 S_m、电壁 S、磁流 $J_{0m} = N$、电流 $J_0 = -N/Z_0^2$,则结构 1 中的电磁场 (E_1, H_1) 与结构 2 中的电磁场 (E_2, H_2) 之间具有对偶性质,两组电磁场之间存在如下关系式:

$$E_1 = Z_0^2 H_2, \quad H_1 = -E_2 \tag{25.1}$$

式中: $Z_0 = \sqrt{\mu/\varepsilon}$ 为媒质的本征阻抗。

下面,我们考虑以下两种结构:对称电流源和位于 xy 平面的导体平面 S 组成的结构 1(图 25.2(a)),反对称磁流源和位于 xy 平面的导体平面 $\bar{S}$ 组成的结构 2(图 25.2(b))。由于图 25.2(a)、(b)中分别存在对称电流与反对称磁流,

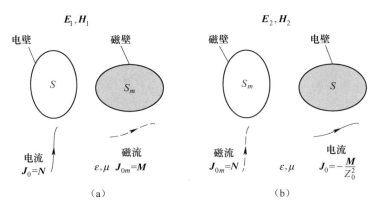

图 25.1 电磁场的对偶性质

(a)结构1;(b)结构2。

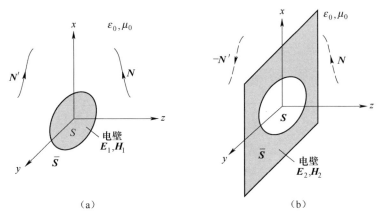

图 25.2 电磁场的巴比涅原理

(a)对称的电流源;(b)反对称的磁流源。

因此可以将图 25.2(a)中的表面 $\bar{S}$ 和图 25.2(b)中的表面 S 均视作磁壁。根据对偶性质,图 25.2(a)、(b)中两组电磁场满足如下关系式:

$$E_1 = \pm Z_0^2 H_2, H_1 = \mp E_2, z \gtrless 0 \quad (25.2)$$

上述关系式称为电磁场的"巴比涅原理",日本学者于 20 世纪 40 年代中期推导出了该关系式。

Mushiake 利用电磁场的巴比涅原理分析了图 25.3(a)所示的任意形状缝隙

天线。假设图25.3(a)中缝隙天线馈电处的电压为 V_1、电流为 I_1，该天线产生的电磁场分别为 E_1 和 H_1，等效于图25.3(b)中采用磁流源馈电的缝隙天线。如图25.3(c)所示，互补平面天线的驱动电压和电流分别为 V_2 和 I_2，该天线产生的电磁场分别为 H_2 和 H_2。驱动电压 V_1 和 V_2 可以利用驱动电流 I_1 和 I_2 表示为

$$V_1 = -\int_a^b E_1 ds = \int_a^b H_2 ds = \frac{I_2}{2}$$

$$V_2 = -\int_d^c E_2 ds = -Z_0^2 \int_d^c H_1 ds = \frac{Z_0^2 I_1}{2} \tag{25.3}$$

式中：Z_0 为真空中的本征阻抗，其表达式为

$$Z_0 = \sqrt{\frac{\mu_0}{\varepsilon_0}} \cong 120\pi \, [\Omega] \tag{25.4}$$

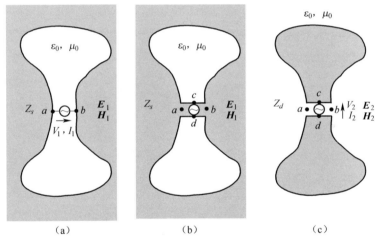

图 25.3 任意形状的缝隙天线和平面天线(Mushiake,1949;Uda and Mushiake,1949)
(a)利用电流馈电的缝隙天线；(b)利用磁流馈电的缝隙天线；(c)利用电流馈电的平面天线。

根据式(25.3)，图25.3(a)中缝隙天线的输入阻抗 z_s 可以表示为(Mushiake,1949; Uda and Mushiake,1949)

$$Z_s = \frac{(Z_0/2)^2}{Z_d} \tag{25.5}$$

式中：z_d 为图25.3(c)中互补平面天线的输入阻抗。

正如 Mushiake(2004)所述，在 Booker(1946)的论文发表之前就有日本学者

利用式(25.5)来计算裂缝天线的输入阻抗,Asami 等(1947)的论文详细论述了早期未公开发表论文的内容(在那个时期的日本,缝隙天线通常称为裂缝天线)。但是,这些论文报道的天线结构基本都是窄缝隙天线和细线天线。另外,Mushiake 与 Uda 推导的式(25.5)并不存在这种限制(Mushiake,1949;Uda and Mushiake,1949),因此式(25.5)适用于任意形状的缝隙天线和平面天线。

Mushiake 首次提出了自互补结构,并且发现图 25.4 中天线的输入阻抗为不随频率变化的常数。图 25.4 所示天线的输入阻抗可以表示为

$$Z_{in} = \frac{Z_0}{2} \approx 60\pi \qquad (25.6)$$

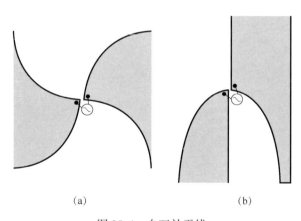

图 25.4 自互补天线

(a)平衡式旋转对称型;(b)非平衡式轴对称型。

这是由于构成两个任意形状导体平面的四条边界线均相同,图 25.4 中的互补结构与原始结构完全相同(Mushiake,1949;Uda and Mushiake,1949)。式(25.6)称为"Mushiake 关系式",这类天线称为"自互补天线"(Rumsey,1957;1966)。自互补天线的阻抗为常数,这一原理称为"自互补原理"。

25.2.2 自互补天线的改进形式

由于图 25.5 所示的自互补结构有无穷多种,因此自互补天线具有无穷多种非常有趣的形式。虽然自互补天线为了实现恒定阻抗需要无限大结构,但是图 25.5(a)中的齿形(或凹槽)结构和图 25.5(b)中的单极子结构都能够在有限导体平面上实现恒定阻抗。这是由于齿形(或凹槽)结构与单极子结构不仅能

够辐射电磁能量,还可以抑制有限结构的截断效应。图 25.5(c)中的阿基米德螺旋结构同样能够抑制截断效应,这是由于辐射主要来自螺旋臂。Furuya 等(1977)提出一种称为"互生叶结构"的自互补天线,如图 25.5(d)所示。由于自互补天线的形状具有极大的灵活性,因此在保证恒定输入阻抗的前提下,自互补天线有可能获得期望的增益与/或期望的辐射方向图,如具有期望的非频变增益特性的天线。

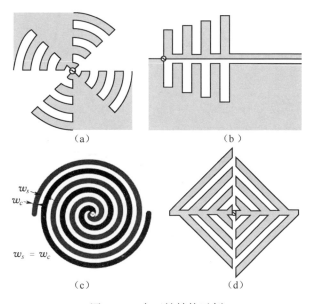

图 25.5　自互补结构示例

(a)齿形结构的平衡型;(b)凹槽与单极子结构的非平衡型;(c)阿基米德螺旋结构;(d)互生叶结构。

Rumsey 与 DuHamel 也意识到了自互补原理的重要性(Rumsey,1957,1966)。如图 25.6 所示,DuHamel 与 Isbell(1957)提出了一种按照对数周期间隔排列的齿状结构自互补天线;同时,还证明当工作频率高于最低频率时(该天线最长齿的长度大约为最低频率对应波长的四分之一),该天线的输入阻抗大约等于 188Ω。

自互补结构是对宽带特性贡献最大的结构。Nakano(2006)曾使用 FDTD 方法对一种齿状对数周期天线进行数值分析,该天线结构如图 25.7 所示。图 25.7(a)是一种改进形式的自互补天线,该天线兼具梯形对数周期结构与点对称结构。图 25.7(b)并非自互补天线的改进形式,而是另一种具有线对称结

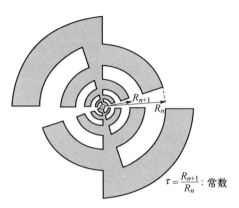

图 25.6　具有对数周期形状的自互补天线

构的梯形对数周期反互补天线。这两种天线的输入阻抗如图 25.8 所示。对于图 25.7(a)所示的改进型自互补天线而言,虽然该天线不是严格的自互补结构,但该天线的输入阻抗约为 $60\pi \approx 188\Omega$。另外,图 25.7(b)中反互补天线的输入阻抗随频率的对数呈现周期震荡特性,因此该天线没有宽带特性。

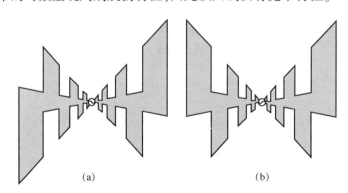

图 25.7　梯形对数周期天线(Nakano,2006)

(a)自互补型;(b)反互补型。

　　Deschamps(1959)提出了一种自互补多端平面天线,该天线的输入阻抗与结构有关。Mushiake 及同事还研究了其他形式的自互补天线,例如旋转对称四端平面自互补天线(Mushiake,1965)、三维多平面自互补天线、叠层自互补天线以及单极子缝隙天线。图 25.5(d)是一种互生叶结构自互补天线(Furuya et al.,1977),该天线不仅具有宽带输入阻抗特性,还具有非频变的辐射方向图。

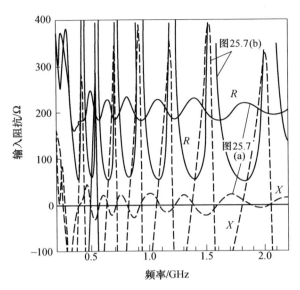

图 25.8　梯形对数周期天线的输入阻抗(Nakano,2006)。

图 25.9 为单极子缝隙阵列天线,Ishizone 等(1983)给出了该天线输入阻抗的理论值 $Z_{in}=\sqrt{2}30\pi\approx133\Omega$。天线的详细参数请查阅 Mushiake(1992,1996)的论文和著作。此外,Yamamoto 等(1982)利用数值算法研究了图 25.5(b)所示的单极子凹槽天线,并且得到了该天线的结构参数与性能(如阵列的输入阻抗与增益)之间的关系。

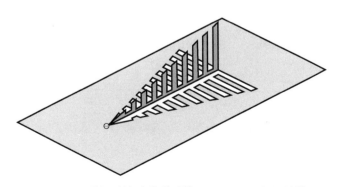

图 25.9　单极子缝隙阵列天线(Ishizone et al.,1983)

25.3 具有对数周期形状的自互补天线改进形式

如图 25.6 所示,该平面结构就是第一种具有对数周期形状的自互补天线结构。DuHamel 与 Ore(1958)改变了自互补天线的形状,并提出了如图 25.10 所示的平面天线,该平面天线对应于最初的自互补天线 $\alpha+\beta=\pi$ 的情况。平面结构具有双向辐射特性,但是实际中往往希望天线能够单向辐射。DuHamel 与 Ore 曾经尝试对平面天线进行折叠来改变天线的结构,并得到一种称为"对数周期天线"的改进型自互补天线(图 25.11)。DuHamel 与 Ore 还研究了一种由细导线构成的对数周期天线(图 25.12),该天线结构具有抗风性能。

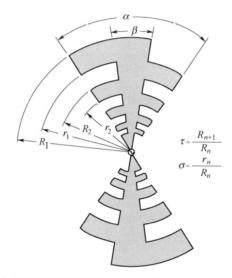

图 25.10　改进型对数周期形状自互补天线(DuHamel and Ore,1958)

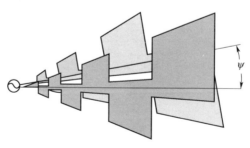

图 25.11　具有定向辐射方向图的改进型对数周期形状自互补天线(DuHamel and Ore,1958)

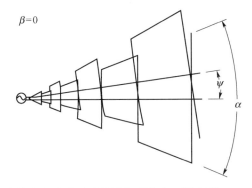

图 25.12　由细导线构成的改进型对数周期形状自互补天线(DuHamel and Ore,1958)

Isbell(1960)进一步改进对数周期天线,并提出了一种对数周期偶极子阵列(Log-Periodic Dipole Array,LPDA)天线,如图 25.13、图 25.14 所示。Carrel(1961)给出了 LPDA 的设计流程,在理论分析过程中假设偶极子上的电流分布为正弦分布。作为 LPDA 的主要设计参数,缩放因子 τ 和空间因子 σ 分别为

$$\tau = \frac{L_{n+1}}{L_n}$$

$$\sigma = \frac{d_n}{2L_n} = \frac{1-\tau}{4}\cot\alpha \tag{25.7}$$

Carrel(1961)曾利用数值方法分析了缩放因子 τ 与空间因子 σ 对方向性、带宽和输入阻抗的影响。Peixeiro(1988)给出了一种基于数值方法的 LPDA 设计方法,并且修正了 Carrel 的数值结果。

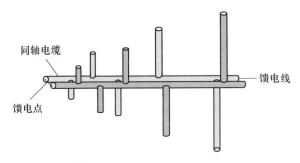

图 25.13　LPDA(Isbell,1960)

LPDA 已经广泛用于极宽频带应用,如通信、TV 接收、测量(尤其是 EMC 测

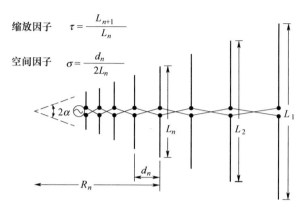

图 25.14　LPDA 的结构参数(Isbell,1960)

量)。图 25.15 为 LPDA 输入阻抗的数值结果与实测结果(Kim et al. ,2001),其中数值结果利用矩量法(基于分段正弦基函数与测试函数)计算得到(Richmond and Greary,1975；Tilston and Balmain,1990)。由图 25.15 可知,LPDA 的输入阻抗约为 50Ω,这表明 LPDA 具有宽带特性。

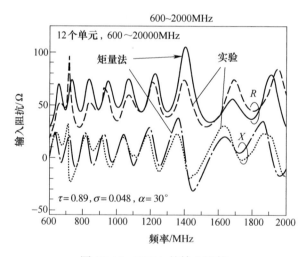

图 25.15　LPDA 的输入阻抗

矩量法得到的数值结果与实测结果之间的对比图(Kim et al. ,2001)。

正如前文所述,所谓的对数周期天线均基于自互补原理。对数周期天线的宽带特性源于自互补原理,而不是源于对数周期结构(Mushiake 1992,1996)。图 25.14 中的换位激励是这类宽带天线最重要的结构(Mushiake,1999)。

图 25.17 为自互补型对数周期天线(图 25.16(a))与反互补型对数周期天线(图 25.16(b))实测输入电阻的对比情况(Mushiake,1965)。由图 25.17 可知,反互补型对数周期天线不具有非频变特性,而自互补型对数周期天线具有宽带特性。Nakano(2006)给出了图 25.18 中 LPDA 的数值分析结果。其中,图 25.18(a)为换位激励的 LPDA,而图 25.18(b)为非换位激励的 LPDA。由图 25.19 可知,采用换位激励的 LPDA 的输入阻抗几乎恒等于 100Ω,但是采用非换位激励的 LPDA 的输入阻抗曲线呈现非常强的震荡特性。由此可见,LPDA 的宽带特性源于折叠自互补天线的换位激励。

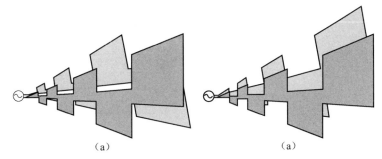

图 25.16　自互补型和反互补型对数周期天线(折叠梯形形状)(Mushiake,1965)

　　换位激励是改进型天线的必要结构,这对于宽带 LPDA 而言至关重要。但是,对数周期形状并没有为天线提供宽带特性(对数周期天线定义:"天线的任意一级都具有一种构造结构,该结构能够使天线的阻抗与辐射性能随频率的对数产生周期性地重复。"(IEEE Std 100-1992,Copyright©1993,IEEE))。因此,LPDA 实际上是一种具有对数周期形状的改进型自互补偶极子阵列(Modified Self-Complementary Dipole Array,MSCDA)(参阅维基百科"Self-complementary antenna" https://en.wikipedia.org/wiki/Self-complementary_antenna)。分形天线是另一种对数周期天线,但是分形天线随频率的对数呈现周期震荡特性却没有呈现宽带特性(Puente et al.,1998)。

　　由于 LPDA 具有宽带特性,因此 Jordan 等(1964)提出了若干种对数周期天线形式。如图 25.20 所示,Mayes 与 Carrel(1960)提出了另一种对数周期偶极子阵列天线,即,对数周期 V 阵列(Log-Periodic V Array,LPVA)。为了获得单向辐射方向图并展宽工作带宽,在 V 形偶极子阵列中不仅使用 $\lambda/2$ 谐振的 V 形偶极子单元,还使用高阶谐振模式(例如,$3\lambda/2$ 谐振与 $5\lambda/2$ 谐振)。Chan 与 Silvester

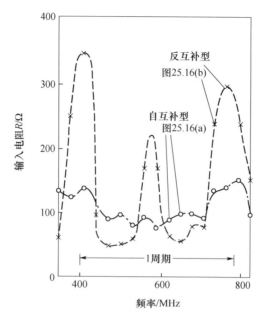

图 25.17 两种对数周期天线输入电阻实测结果对比图(Mushiake,1965)
(a)换位激励;(b)非换位激励。

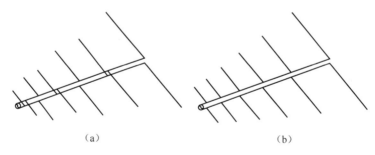

图 25.18 换位激励与非换位激励 LPDA 对比图(Nakano,2006)。

(1975)利用数值方法来分析 LPVA,分析结果表明 LPVA 工作在 $3\lambda/2$ 谐振模式。

实际上,将具有对数周期形状的方形互生叶型自互补天线向上翻折就形成了 LPVA,LPVA 的对数周期形状比工作波长大得多。由自互补天线的基本特性可知,某些齿形也许会谐振在一个频率上。实际上,LPVA 的宽带特性源于折叠自互补天线的换位激励。LPVA 的进一步改进形式就是 LPDA。Balmain 与

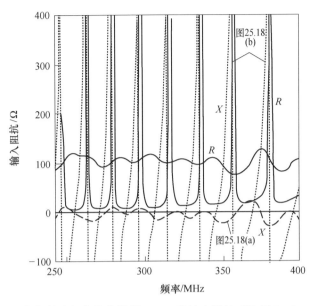

图 25.19　换位激励与非换位激励 LPDA 的输入阻抗对比图（Nakano,2006）

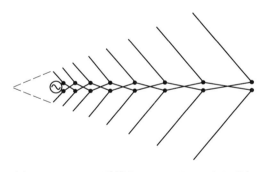

图 25.20　LPVA 天线（Mayes and Carrel,1960）

Mikhail(1969)提出了一种感性耦合 LPDA 天线,其中,偶极子单元与换位传输线之间为感性耦合,连续的偶极子之间不存在馈电缝隙。由于这种天线的某些不良特性,Oakes 与 Balmain(1973)曾优化天线结构以克服该天线的固有缺陷。如图 25.21 所示,Rojarayanont 与 Sekiguchi(1977)提出了一种对数周期环阵列(Log-Periodic Loop Array,LPLA)天线,其中,将环结构用作 LPLA 的组成单元,并获得了大约 2.5∶1 的带宽。在上述对数周期天线中,换位激励方法均被用来获得宽带特性。

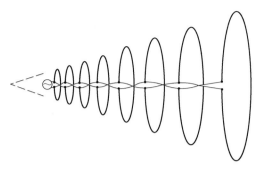

图 25.21　LPLA 天线(Rojarayanont and Sekiguchi,1977)

25.4　螺旋天线

25.4.1　平面螺旋天线

平面对数周期螺旋天线是一种自相似天线,该天线能够双向辐射圆极化波。图 25.22 为双臂等角螺旋天线或对数螺旋天线(Dyson,1959a),其中,导体条带的外圈边线和内圈边线分别为

$$r = r_0 e^{a(\phi+\delta)}$$
$$r = r_0 e^{a\phi} \tag{25.8}$$

式中:δ 为表征导体条带宽度的参数。平面对数螺旋天线是一种自相似天线,具有非频变特性。需要指出,当 $\delta = \pi/2$ 时,该结构将变为最初的自互补天线,如图 25.22(b)所示。

由于完整的自相似天线应当为无限结构,因此有限结构实际上往往存在截断效应。对数螺旋天线的最低工作频率为

$$f_{\text{low}} = c/(2\pi r_1) \tag{25.9}$$

式中:r_1 为螺旋的外径;c 为光速。

此外,我们还可以设计四臂螺旋天线或多臂螺旋天线。但是,由于平面对数螺旋天线导体条带的宽度有限,因此多臂对数螺旋天线通常不易加工实现。

25.4.2　阿基米德螺旋天线

阿基米德螺旋天线是另一种螺旋天线(Kaiser,1960)。阿基米德螺旋天线

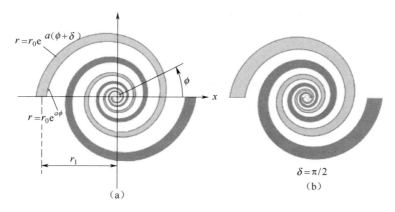

图 25.22 双臂等角螺旋天线

(a)普通的等角螺旋天线;(b)自互补型等角螺旋天线。

也可以双向辐射圆极化波。如图 25.23 所示,阿基米德螺旋天线的导体形状可以表示为

$$r = a\phi \tag{25.10}$$

当导体条带的宽度 w_c 等于相邻导体条带之间的间隔 w_s 时,该结构将变为图 25.5(c)所示最初的自互补天线,并且能够获得恒定的输入阻抗。当 $w_c \neq w_s$ 时,阿基米德螺旋天线就不是自互补天线(或自相似天线),但仍可以获得约 10∶1 带宽的宽带特性。虽然阿基米德螺旋天线辐射圆极化波,但是一对阿基米德螺旋天线就可以辐射线极化波(Kaiser,1960)。四臂阿基米德螺旋天线也是可行的,Nakano 等(1983)曾采用数值算法分析过四臂阿基米德螺旋天线。

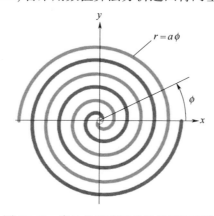

图 25.23 常见的双臂阿基米德螺旋天线

25.4.3 圆锥螺旋天线

平面螺旋天线是双向辐射天线,而实际中往往希望天线能够单向辐射。单向辐射天线的一种实现途径就是将螺旋天线与反射平面或导体腔结合,但反射器会严重压窄天线的工作带宽。

圆锥螺旋天线是单向辐射的另一种实现方法,在圆锥表面上放置对数螺旋天线即可得到圆锥螺旋天线。双臂圆锥对数螺旋天线如图25.24所示(Dyson,1959b)。由于圆锥螺旋天线是一种自相似天线,因此圆锥螺旋天线具有宽带性能。Dyson(1965)报道了圆锥对数螺旋天线的分析结果。Deschamps 与 Dyson(1971)从理论上分析了多臂圆锥对数螺旋天线。

图 25.24　双臂圆锥螺旋天线

25.5　其他宽带天线

25.5.1　双锥天线和蝶形天线

如图25.25所示,双锥天线是一种连续自相似天线。如果双锥天线的长度为无限长,可以将双锥天线看作一段 TEM 传输线(Schelkunoff,1951;Tai,1948)。双锥天线的特性 Z 阻抗可以表示为

$$Z = \frac{1}{\pi}\sqrt{\frac{\mu_0}{\varepsilon_0}}\cot\frac{\theta}{2} \approx 120\cot\frac{\theta}{2} \quad (25.11)$$

当双锥天线的长度为有限长时,其输入阻抗与式(25.8)有所不同。当双锥天线的长度足够长时,其输入阻抗几乎为常数。

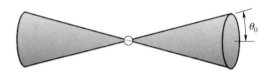

图 25.25　双锥天线

如图 25.26 所示,Kandoian(1946)提出了一种盘锥天线,该天线由一个圆盘和一个锥体组成。盘锥天线可以看作双锥天线的改进形式。由于盘锥天线尺寸很小、具有全向方向图,因此盘锥天线是一种非常方便的天线形式。锥角的典型值为 $\theta_0 = 30°$,而盘锥天线的最低工作频率为

$$f_{\text{low}} = c/(4l) \quad (25.12)$$

式中:l 为锥体的长度。

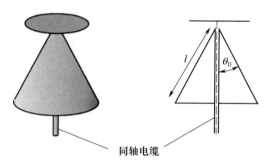

图 25.26　盘锥天线(Kandoian,1946)

如图 25.27 所示,蝶形天线是另一种连续型自相似天线。值得指出,当 $\theta_0 = 45°$ 时,蝶形天线就演变成了平面自相似天线。由于蝶形天线的脉冲失真较小,因此蝶形天线经常用作脉冲发射天线和脉冲接收天线(Shlager et al.,1994)。为了展宽蝶形天线的带宽,通常在蝶形天线上进行阻性加载,尤其是尺寸较小的蝶形天线(Shlager et al.,1994)。

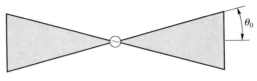

图 25.27 蝶形天线

25.5.2 锥削槽天线

锥削槽天线(Tapered Slot Antenna,TSA)也是一种宽带天线。TSA 具有如下显著优点:结构薄、质量小、易于加工、工作频带宽,适用于微波集成电路。如图 25.28所示,Yngvesson 等(1985)提出了一款刻蚀在介质基板上的线性锥削槽天线(Linearly Tapered Slot Antenna,LTSA)。LTSA 是一种具有宽带特性和单向辐射方向图的自相似天线。为了展宽 TSA 的工作带宽,Gibson(1979)提出的 Vivaldi 天线具有指数锥削,如图 25.29 所示。TSA 还被用作毫米波成像的传感器以及阵列天线的基本单元(Yngvesson et al.,1989)。

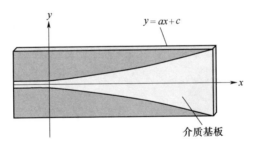

图 25.28 LTSA 天线

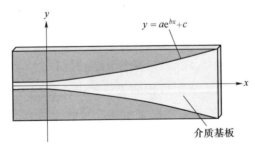

图 25.29 Vivaldi 天线(Gibson,1979)

如图 25.30 所示，Sugawara 等(1997,1998)提出了一种被称为"费米天线"的 TSA，该天线的锥削槽曲线为 Fermi-Dirac 函数且具有波纹状边缘。费米天线的设计参数比较多，因此不容易设计。Sato 等(2005)利用 FDTD 方法分析了费米天线，并研究了这些参数对天线性能的影响；同时，还证明了费米天线具有近似相同的 E 面和 H 面辐射方向图，因此费米天线非常适用于毫米波成像的透镜系统(Sato et al.,2003)。

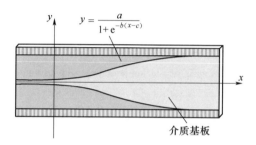

图 25.30　费米天线(Sugawara et al.,1997)

25.6　总结

从自互补特性和自相似性的观点出发，本章回顾了若干种非频变天线与宽带天线。首先，本章详细介绍了自互补天线理论、自互补天线的最初形式、自互补天线的改进形式；其次，本章还介绍了对数周期天线，并讨论了基于自互补性原理的换位激励方法对于对数周期天线宽带特性的重要性；最后，本章还介绍了基于自相似性原理的非频变天线以及其他类型的宽带天线。

在 UWB 通信和认知无线电通信等新型无线通信领域，本章所介绍的超宽带天线将发挥日益重要的作用。

交叉参考：

▶第 20 章　螺旋，螺旋线与杆状天线

▶第 36 章　超宽带天线

▶第 44 章　宽带磁电偶极子天线

参考文献

Asami Y, Matsumoto T, Matsuura S(1947) Study on the slit aerials. J IEE Japan 67(9):150-153 (in Japanese)

Balmain KG, Mikhail SW(1969) Loop coupling to a periodic dipole array. Electron Lett 5(11):228-229

Booker HG(1946) Slot aerials and their relation to complementary wire aerials. Proc IEE 90(4):620-629

Carrel R(1961) The design of log-periodic dipole antennas. IRE Int Conv Rec 1:61-75

Chan KK, Silvester P(1975) Analysis of the log-periodic V-dipole antenna. IEEE Trans Antennas Propagat 23(3):397-401

Deschamps GA(1959) Impedance properties of complementary multiterminal planar structures. IEEE Trans Antennas Propagat AP-7(5):371-379

Deschamps GA, Dyson JD(1971) The logarithmic spiral in a single-aperture multimode antenna system. IEEE Trans Antennas Propagat 19(1):90-96

DuHamel RH, Isbell DE(1957) Broadband logarithmically periodic antenna structures. IRE Natl Conv Rec 119-128

DuHamel RH, Ore FR(1958) Logarithmically periodic antenna design. IRE Natl Conv Rec 139-151

Dyson JD(1959a) The equiangular spiral antenna. IRE Trans Antennas Propagat 7(2):181-187

Dyson JD(1959b) The unidirectional equiangular spiral antenna. IRE Trans Antennas Propagat 7(4):329-334

Dyson JD(1965) The characteristics and design of the conical log-spiral antenna. IEEE Trans Antennas Propagat 13(4):488-499

Furuya T, Ishizone T, Mushiake Y(1977) Alternate-leaves type self-complememtary antenna and its application to high gain broad-band antennas. Technical report IECE AP77-43

Gibson PJ(1979) The Vivaldi aerial. In: Proceedings of the 9th European microwave conference, pp 101-105

Isbell DE(1960) Log periodic dipole arrays. IRE Trans Antennas Propagat 8(3):260-267

Ishizone T, Yokoyama Y, Nishimura S, Mushiake Y(1983) Unipole-slot array antennas. Trans IECE Japan J66-B(3):281-288(in Japanese)

Jordan EC, Deschamps GA, Dyson JD, Mayes RE(1964) Developments in broadband antennas. IEEE Spectr 1(4):58-71

Kaiser J(1960) The Archimedean two-wire spiral antenna. IRE Trans Antennas Propagat 8(3): 312-323

Kandoian AG(1946) Three new antenna types and their applications. Proc IRE Waves Electr 34(2):70w-75w

Kim D, Yamaguchi S, Chen Q, Sawaya K(2001) Bandwidth of phased array antennas using LPDA elements. Technical report IEICE AP2001-30

Mayes PE, Carrel RL (1960) Logarithmically periodic resonant-v arrays. University of Illinois, Urbana, Antenna Lab. Report 47

Mushiake Y(1949) The input impedances of slit antennas. J IEE Japan 69(3):87-88(in Japanese)

Mushiake Y(1965) Constant impedance antennas. J IECE Japan 48(4):580-584(in Japanese)

Mushiake Y(1992) Self-complementary antennas. IEEE Antennas Propagat Mag 34(6):23-39

Mushiake Y(1996) Self-complementary antennas-principle of self-complementarity for constant impedance. Springer, London

Mushiake Y(1999) Log-periodic structure provides no broad-band property for antennas. J IEICE 82(5):510-511(in Japanese)

Mushiake Y(2004) A report on Japanese development of antennas: from the Yagi-Uda antenna to self-complementary antennas. IEEE Antennas Propagat Mag 46(4):47-60

Nakano H(2006) Recent progress in broadband antennas. In: Proceedings 2006 international symposium antennas and propagation(ISAP 2006)2A1a-1, pp 1-4

Nakano H, Yamauchi J, Hashimoto S(1983) Numerical analysis of 4-arm Archimedean spiral antenna. Electron Lett 19(3):78-80

Oakes C, Balmain KG (1973) Optimization of the loop-coupled log-periodic antennas. IEEE Trans Antennas Propagat 21(2):148-153

Peixeiro C(1988) Design of log-periodic dipole antennas. IEE Proc 135(2):98-102

Puente C, Romeu J, Pous R, Cardama A(1998) On the behavior of the Sierpinski multiband antenna. IEEE Trans Antennas Propagat 46(4):517-524

Richmond JA, Greary NH (1975) Mutual impedance of nonplanar-skew sinusoidal dipoles. IEEE Trans Antennas Propagat AP-23(3):412-414

Rojarayanont B, Sekiguchi T(1977) A study on log-periodic loop antennas. Trans IECE Japan J60-B (8):583-589(in Japanese)

Rumsey VH(1957) Frequency independent antennas. IRE Natl Conv Rec 114-118

Rumsey VH(1966) Frequency independent antennas. Academic, New York

Sato H, Arai N, Wagatsuma S, Sawaya K, Mizuno K(2003) Design of millimeter wave Fermi antenna with corrugation. IEICE Trans Commun J86-B(9):1851-1859(in Japanese)

Sato H, Sawaya K, Wagatsuma S, Mizuno K(2005) Broadband FDTD analysis of Fermi antenna with corrugation. IEICE Trans Commun J88-B(9):1682-1692(in Japanese)

Schelkunoff SA(1951) General theory of symmetric biconical antennas. J Appl Phys 22(11):1330-1332

Shlager KL, Smith GS, Maloney JG(1994) Optimization of bow-tie antennas for pulse radiation. IEEE Trans Antennas Propagat 42(7):975-982

Sugawara S, Maita Y, Adachi K, Mori K, Mizuno K(1997) A mm-wave tapered slot antenna with improved radiation pattern. IEEE MTT-S Int Microw Symp Dig 959-962

Sugawara S, Maita Y, Adachi K, Mori K, Mizuno K(1998) Characteristics of a mm-wave tapered slot antenna with corrugated edges. IEEE MTT-S Int Microw Symp Dig 533-536

Tai CT(1948) On the theory of biconical antennas. J Appl Phys 19(12):1155-1160

Tilston MA, Balmain KG(1990) On the suppression of asymmetric artifact arising in an implementation of the thin-wire method of moments. IEEE Trans Antennas Propagat 38(2):281-285

Uda S, Mushiake Y(1949) The input impedances of slit antennas. Tech Rep Tohoku Univ 14(1):46-59

Yamamoto Y, Sawaya K, Ishizone T, Mushiake Y(1982) Self-complementary monopole-notch array antennas. Trans IECE Japan J65-B(1):70-77(in Japanese)

Yngvesson KS, Schaubert DH, Korzeniowski TL, Kollberg EL, Thungren T, Johansson JF(1985) Endfire tapered slot antennas on dielectric substrates. IEEE Trans Antennas Propagat 33(12):1392-1400

Yngvesson KS, Korzeniowski TL, Kim YS, Kollberg EL, Johansson JF(1989) The tapered slot antenna-a new integrated element for millimeter-wave applications. IEEE Trans MicrowaveTheory Tech 37(2):365-374

第 26 章
菲涅耳区平板天线

Hristo D. Hristov

摘要

经典的菲涅耳区平板天线具有体积小、质量轻、易于制造的二维平面结构,与笨重的折射透镜相比更为优越。在某些情况下,分区板可以被制作成一个三维曲线组件,单独使用或共形于某些人造或自然形态。

本章专门讨论基于平面或曲线菲涅耳区平板透镜或反射器的口径天线。本章归纳总结了大量的标准知识和有关菲涅耳区平板天线的最新研究成果。

关键词

衍射;聚焦;透镜;菲涅耳区;菲涅耳区平板;菲涅耳区平板天线

H. D. Hristov(✉)
费德里科圣玛丽亚理工大学电子工程系,智利
e-mail:hristohristov@ymaiL.com;hristo.hristov@usm.cl

26.1 介绍

菲涅耳区平板天线是一个透镜或反射器天线组成的两个基本组成部分:馈源(偶极子,喇叭等)和菲涅耳区平板(FZP)。FZP 可以分别在透镜或反射器天线的情况下透射(透镜)或反射(反射器)。FZP 透镜或反射器是基于惠更斯—菲涅耳衍射原理,通过衍射入射平面波,而不是折射。在试图解释自由空间中光的传播时,菲涅耳提出了在波平面上勾画的半波带(称为菲涅尔区)的概念。他揭示,从附近的半波带发出的光应该处于相位相反状态,(Fresnel,1866)。A. J. Fresnel 的肖像见图 26.1。

图 26.1 位于椭圆形 FZP 透镜框内的 A. J. Fresnel 肖像

J. L. Soret 对第一款光半波 FZP 透镜进行了设计和实验,并用于可见光聚焦(Soret,1875)。最初的玻璃平板透镜由相邻的透明和不透明的圆形菲涅尔区组成。Soret 发现这样一个带板照明通常由一个平面波产生的球面波无限多集中在不同的焦点(焦点):初级焦距(长度)为 $F_1 = F = a_1^2/\lambda$ 与次级焦距 $F/3$, $F/5$,等,其中 a_1 是第一半径(中心)区界,λ 是光的波长。Soret 型透镜通常被称为二进制幅度或简单的二进制 FZP 透镜。

1871年，Lord Rayleigh 在实验室记录本中写道，如果不透明区是透明的、积极的，FZP 聚焦光线强度可以增加4倍。然而，正是 R. W. Wood 通过实验证实 Lord Rayleigh 的想法。他利用玻璃和验证了所谓的反相 FZP 透镜，在所有的交替区是透明和高效，滞后或超前区域为180°相位。此外，R. W. Wood 第一次在实际应用中将两个 FZP 透镜作为光学望远镜目镜和物镜。借助于这架望远镜，R. W. Wood 清晰地看到了月球陨石坑(wood, 1898, 1934)。

由于 FZP 透镜的聚焦原理适用于任何频率，这种透镜不仅可以工作在光学范围也可以工作在无线电或准光学波段(这里的术语"无线电"表示微波、毫米波太赫兹/亚毫米波)。光学菲涅耳波带片和系统的相关理论、设计和加工方法可以参阅 Ojeda-Castañeda 和 Gómes-Reino 编辑的著作(1996)。

无线电波 FZP 透镜直接来源于光 FZP 透镜，和光有相似的特点和应用。无线电波 FZP 透镜天线一直专注于聚焦效率和分辨率的提升。平面二进制 FZP 镜头很容易转换为反相位，如果其不透明环(金属或吸收)是由透明移相环取代(介质)。二者具有相同的波带图形，但剖面厚度(深度)不同。为了使平板在聚焦效率上与普通折射透镜相当，采用了多相位校正技术。同时，通过在平面菲涅尔波透镜后面放置一个反射镜和 FZP 反射器(或折叠 FZP 透镜)来实现。最后，以更大的体积为代价，孔径相等的曲线 FZP 透镜或反射镜显示出最大的聚焦效率、更好的成像和扫描性能。图26.2 中示出了与建筑物屋顶共形的卫星通信 FZP 透镜天线的未来图。

图26.2　未来卫星通信用途的 FZP 透镜天线共形建筑

早期的二进制无线电透镜和 FZP 反射器天线在 80 年前就获得了专利（Clavier and Darbord,1936；Bruce,1939,1946）。在接下来的 30 年中,许多研究人员进行了广泛的研究和应用。二进制和电介质相位校正 FZP 透镜被设计为聚焦型微波天线元件（Maddaus,1948；Van Buskirk and Hendrix,1961）。Wiltse 和 Sobel 开展了许多研究,这才有了第一个高效的毫米和亚毫米（太赫兹）相位校正 FZP 透镜天线（King,et al.,1960；Sobel,et al.,1961；Cotton,et al.,1962；Wiltse 1985,1998）。

无线电 FZP 天线发展至今,它们目前的技术水平和应用可以在许多期刊和会议论文以及著作中找到（Goldsmith,1998；Hristov,2000；Guo and Barton,2002；Minin and Minin,2004,2008a,Wiltse,2012,未发表）。

26.2 天线模式的平面 FZP

1. 半波（二进制和相位反转）FZP 透镜

根据波带图案、轮廓形状和平板结构,可以形成各种 FZP 透镜和反射镜设计。平面半波 FZP 透镜,二进制（Soret 型）和反相（Wood 型）FZP 具有相似的图案,但具有不同的截面轮廓和构造。通常,每个透镜将给定的弯曲的波前变换成另一个弯曲的波前,因此,它具有两个焦点：发射和接收,以及两个焦距（长度）F_1 和 F_2。然而,透镜天线将 $F=\infty$ 的平面波前转换为 $F_2=F$ 的弯曲的波前（如球面）。可以理解为,具有单个有限焦距的透镜在接收或发射模式下可作为透镜天线工作。

2. 二进制 FZP 透镜的波带图案

图 26.3 显示了由入射的平行于轴线的平面波照射的二进制 FZP 透镜。这个镜头就像一个接收天线（或在天线接收模式）。如果奇数区域打开或关闭,二进制 FZP 分别被命名为正或负。二进制 FZP 透镜的基本设计参数是波长 λ、区域总数 N、区域外径 b_N、透镜直径 $D=2b_N$、主焦距 F 和最外区宽度 $\Delta b=\Delta b_N$。在相位校正 FZP 透镜中还包括总透镜厚度 w。

由于圆形 FZP 透镜的衍射,平面波被转换成球面波会聚到 $z=F$ 处的小光斑或主焦点 P,更确切地说,聚焦效应是两个波动现象的结果：开放区的衍射和衍射波在焦点区域的干涉。照亮二进制 FZP 透镜的电磁能量几乎有一半被阻塞的

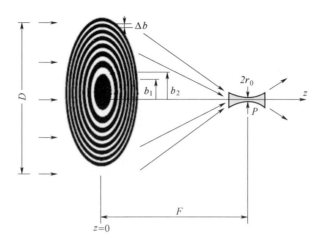

图 26.3　工作于接收模式的二进制负极性 FZP 透镜

菲涅耳区阻挡。而且,开放区域的相位从 0°到 180°。因此,与具有相同孔径的普通折射透镜相比,二进制 FZP 透镜具有较低的聚焦效率。

圆形、椭圆形和线性二进制 FZP 透镜的区域图案(正视图)如图 26.4 所示。对于近轴平面波,FZP 图案具有对称形状(圆形线性)。对于倾斜的平面波入射,区域图案变得不对称(椭圆形,或线性)。虽然圆形或椭圆形的环形透镜将平面波聚焦在一个点上(或进行平面到球面的波转换),但条形透镜会将平面波聚焦在焦线上,或者将平面波转换成圆柱形波。FZP 透镜中的不透光区域通常是金属化的(被薄金属环、条等覆盖),并且通常印制在低损耗介质基板上。

两个相同的线性区域板以直角交叉形成所谓的线性 FZP 十字形,如图 26.5(a)所示。还研究了更复杂的 FZP 平面图案,如图 26.5(b)中的双曲线 FZP 交叉。

3. 二进制和相位校正 FZP 透镜的轮廓

图 26.6 给出了几个平面半波 FZP 结构的横截面(轮廓)。图 26.6(a)显示了由开放的(+)菲涅耳区和不透光的(－)金属区环构成的二进制正带片的横截面。图 26.6(b)显示了二进制负极板。如图 26.6(c)所示,二进制 FZP 透镜通常采用微印技术制造,其中正金属 FZP 环单面印刷在薄的低损耗介质基片上。在图 26.6(d)、(e)通过在具有介电常数 ε 的平坦介电板中切割的菲涅耳区环形凹槽进行相位反转。结果,具有深度 w 的每个凹槽与电介质边缘交替出现。

Wood 型波带板在微波频段的应用是 J. C. Wiltse 发明的带介质环带板,图

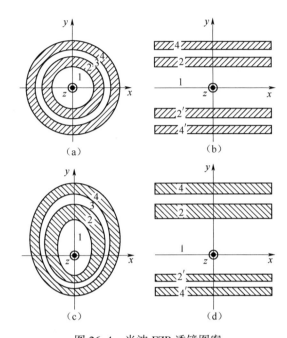

图 26.4 半波 FZP 透镜图案

(a)同心圆环;(b)对称平行条带;(c)同心椭圆环;(d)不对称平行条带。

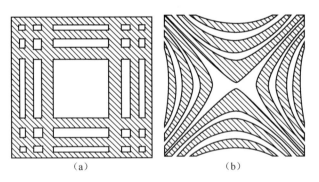

图 26.5 半波平面 FZP 透镜

(a)直线 FZP 十字交叉的前视图;(b)双曲线 FZP 十字交叉的正视图。

26.6(f)是一个光滑的双平面板,提高了聚焦效率。Wiltse 透镜设计成具有相同厚度 w 的菲涅耳区环的双介电组合。在图 26.6(f)中,交替介电环的介电常数为 ε_1 和 ε_2。当 $\varepsilon = \varepsilon_0$ 时,双介质相位反转透镜变得更简单和更轻,但是环的固定技术是必要的。例如,在图 26.6(g)中,环被外部两个具有介电常数 ε 的薄圆盘牢

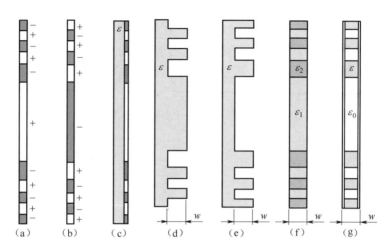

图 26.6 半波 FZP 透镜的侧面

(a)金属二进制正;(b)金属二进制负;(c)印制正面;
(d)和(e)凹槽相位反转;(f)双平面双电介质环;(g)由薄介电盘封装的空气和固体电介质环。

固地压紧固定,这就略微地增加了透镜的衰减(Hristov,1996)。

通过多个相位校正来提升聚焦效率。例如,每个包含两个菲涅耳(半波)区的全波区可以被细分成四个子区,因此可以实现四分之一波相位校正 FZP 透镜。图 26.7(a)(Sobe et al.,1961;Garrett and Wiltse,1991)在平坦的单介电常数电介质板上切割了四种阶梯式环形凹槽,从而完成了每个全波带四个级别逐级的相位校正。

在图 26.7(b)中描绘了具有四种不同介电常数介电环构成的四分之一波长 FZP 透镜,而图 26.7(c)显示出了折射平面—双曲线透镜的轮廓,其明显更厚和更重,并且损耗更大。图 26.7(d)显示出了传统的分区折射透镜。它包括许多小的弯曲的齿状边缘,在毫米波和太赫兹频率下难以加工实现。图 26.7(e)是由单电介质圆盘适当的分区钻孔(Petosa and Ittipiboon,2003;Petosa et al.,2006)制成的四分之一波长四介电常数相位校正透镜的照片。

4. 平面 FZP 透镜中的相位校正以及复合/超介质的使用

通过使用复合相位校正子区环(即金属—介电结构而不是纯介质结构),可以显著缩小 FZP 透镜的厚度和质量。通常这样的复合介质被制成金属障碍或窄网格。通常将栅格金属基本单元(偶极子、圆盘、环、交叉十字等)印制或嵌入电

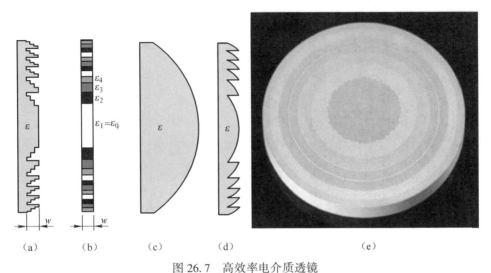

图 26.7 高效率电介质透镜

(a) 带凹槽的四分之一波长 FZP 透镜; (b) 四分之一波长四电介质环型 FZP 透镜; (c) 普通折射透镜;
(d) 分区的普通折光镜片; (e) 基于单介质钻孔的四分之一波长 FZP 透镜。

介质板中。这种金属电介质板是窄带频率选择表面(FSS)结构。在图 26.8 中给出了一些技术实例,其中图 26.8(a) 是嵌入介质板中的双金属栅格的剖面,图 26.8(b)、(c) 是平面印刷的双金属栅格 FSS 阵列的正面和侧面图。

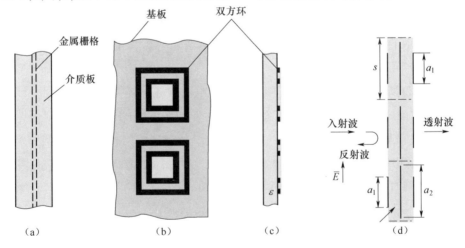

图 26.8 金属-介质移相介质

(a) 介质板中的双金属栅; (b) 前视图; (c) 印刷双金属环相位校正 FSS 的侧视图;
(d) 三层金属与二层介质层组成的相位校正 FSS。

Gagnon 等（2010）描述了由三个金属层和两个介电层组成的薄的相移表面（PSS）。如图 26.8(d)所示，金属层由导电元件组成，导电元件被调谐以产生所需的相移。这种频率选择性表面结构已经被用于构建相位校正波带片透镜和透镜天线（Gagnon et al. 2012, 2013）。新的 FSS 结构和 FZP 透镜/天线的性能通过测量得到了很好的验证。

（Orazbayev et al.，2015）中提出了一种基于渔网超材料的低剖面 Wood 型带板超材料透镜。其特征在于折射率小于 1（$n = 0.51$）。超透镜是由交替排列的电介质和渔网超材料同心环组成。渔网超材料的使用可以减少透镜的反射，同时具有低剖面、低成本和易于制造的优点。

5. FZP 反射镜轮廓

通过在二进制菲涅耳波带板后面放置一个平面反射器，距离 $d = \lambda/4$，入射波能够反向返回，FZP 和反射镜的组合作为 FZP 反射器（或折叠二进制 FZP）。其截面图如图 26.9(a)所示。在图 26.9(b)中描绘了另一种 FZP 反射器，其中金属片以 Z 字形方式以实现所需的相位反转。在图 26.9(c)中示出了金属四分之一波长阶梯板的类似 FZP 横截面图。这两个波带板反射器结构可以封装在电介质泡沫或蜂窝状结构中。

Huder 和 Menzel（1988）给出了 FZP 反射器的毫米波印制设计。如图 26.9(d)所示，它是利用印制技术制造的，由一个接地平面圆盘反射器和刻蚀在宽度为 w_1 的介质基片上的 FZP 环组成。

基于半波和四分之一波长的单介质 FZP 透镜，可以分别构建图 26.9(e)和图 26.9(f)所示的 FZP 反射器。同样，多介质四分之一波长 FZP 透镜被设计成 FZP 反射镜（厚度 $w_1 = w/2$，图 26.9(g)）。显然，凹槽和多介质 FZP 反射镜比相应的 FZP 透镜大约减薄一半。

6. FZP 设计注意事项

相位校正介质带板的横截面设计和构建包括以下结构特征的选择：

（1）$\hat{f}$ 焦径比：FZP 透镜的特征在于其焦径比为 $\tilde{f} = F/D$，其中 D 是透镜直径，F 是主焦距。通常，光学 FZP 透镜具有非常大的 $\tilde{f}$ 值。无线电波菲涅耳波带片具有小得多的焦径比，并且需要更精确的电磁分析设计方程和方法。这对于短焦带板特别有效，$\tilde{f} < 0.5$。

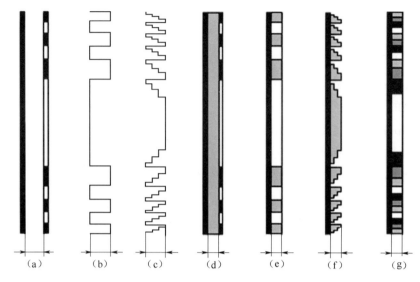

图 26.9 平面 FZP 反射器的轮廓

(a)FZP 在反射器前面(折叠二进制 FZP);(b)二进制 Z 字形反射器;(c)四分之一波长 Z 字形反射器;
(d)印制在电介质衬底上的折叠半波 FZP;(e)具有反射器的半波介质 FZP;
(f)具有反射器的四分之一波长介质 FZP;(g)具有反射器的多介质四分之一波长 FZP。

(2)区域图案:FZP 区域/子区域的数量及其形状(圆形、椭圆形、线形、交叉形等)。

(3)FZP 轮廓:直线或曲线(球形、抛物线、圆锥形等)。

(4)相位校正结构:根据所需的聚焦增益,聚焦孔径效率,频率带宽,透镜壁厚等进行选择。

7. FZP 制造

多种精密技术被用于制造无线电波菲涅耳波带片透镜,特别是那些毫米波和太赫兹频段的透镜。

(1)在没有地板(FZP 透镜)或带地板(FZP 反射器)的薄介质基片上印刷金属(箔)区条带。

(2)切割和铣削相位校正部分或凹槽考虑到在 1THz 以上,八分之一波长校正步长应当小于 50μm。

(3)通过在单介质区域板中钻孔来创建多介电常数区域。

(4)在多介质分区板中组装介质环。

(5) 通过微电子技术(如光刻或化学沉积)制造复合金属-介质或固态区域结构。

用于 FZP 制造的介质材料必须是低损耗的,具有合适的设计介电常数。介质 FZP 透镜的内部损耗随着频率升高显著增加,特别是在毫米波和太赫兹频率。

典型的介电材料包括聚合物,如聚苯乙烯(Rexolite)、聚四氟乙烯(Teflon)、TPX、Tsurupica 等,以及电介质晶体,如石英、蓝宝石和硅(Goldsmith 1998)。

在图 26.10a 中给出了平面波照射的半波 FZP 透镜几何形状的区域半径。接收 FZP 透镜的平面波衍射被变换为很多个初级和次级球面波,它们汇聚到各自的初级和次级焦点。由于绝大多数能量集中在初级焦点 $P(0,0,F)$ 处,所以菲涅耳波带片的次级焦点被忽略。因此,假设只有一个焦点,即主焦点。反向(透射)波变换发生如下:由焦点源辐射的球面波通过 FZP 透镜变换成平面波。如前所述,每个菲涅耳区的相位不是一个常数,而是从原点 O 到点 Q_n 按照 0°~180°变化。

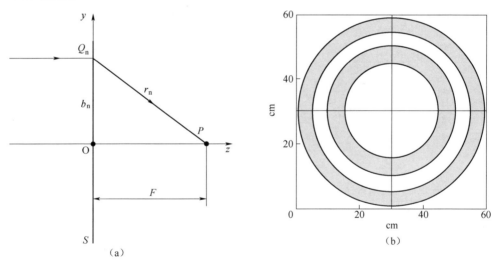

图 26.10 由轴向平面波照射的半波平面 FZP
(a) 会聚原理的几何图示;(b) 菲涅耳区图案。

因此,半波(菲涅耳区)射线的路径距离是:$\text{RPD} = \overline{Q_nP} - \overline{OP} = (F^2 + b_n^2)^{1/2} - n\lambda/2$,如果 $b_n^2 \ll F^2$,第 n 个半波区的外半径 b_n 很容易由下式得到:

$$b_n = \sqrt{n\lambda F + \left(\frac{n\lambda}{2}\right)^2}, n = 1,2,3\cdots N \qquad (26.1)$$

N 是半波区的总数。

式(26.1)通常应用于 FZP 透镜。对于光波来说，$(n\lambda/2)^2 \ll n\lambda F$，式(26.1)可以进一步近似于：

$$b_n = \sqrt{n\lambda F} \tag{26.2}$$

图 26.10(b)中绘制的圆形区域图案由式(26.1)计算得出，其中 $\lambda = 3.2\text{cm}$，$F = D = 60\text{cm}$ 或 $F/D = 1$ 且 $D/\lambda = 18.75 \gg 1$。

1. 全波 FZP 透镜的区域半径

由编号 m 和 $(m-1)$ 的两个相邻的半波(菲涅耳)区构成了一个全波区域,它对应于射线路径差 $RPD = m\lambda$，其中 $m = 1, 2, \cdots M, m = n/2$，且 $M = N/2$。

因此，第 m 个全波区域的外半径 b_m 由式(26.3)得出，与式(26.1)类似，

$$b_m = \sqrt{2m\lambda F + (m\lambda)^2} \tag{26.3}$$

2. 具有参考相位的半波 FZP 透镜的半径区域

最近，FZP 原点 O 的零初始相位的经典概念被重新研究(Webb 2003)。一个被命名为参考相位的额外的初始相位 θ_{ref} 被引入作为新的变量，正 FZP 透镜从 $0° \sim 180°$ 变化，负 FZP 透镜从 $180° \sim 360°$。如果参考相位为 $\theta_{\text{ref}} = 360°\Delta_{\text{ref}}/\lambda$，则 RPD 增加量为 $\Delta_{\text{ref}} = \lambda\theta_{\text{ref}}/360°$ 或 $RPD = \sqrt{F^2 + b_n^2} - F = n\lambda/2 + \Delta_{\text{ref}}$。结果，区域半径方程，或方程(26.1)，可以写为一般表达

$$b_n(\theta_{\text{ref}}) = \sqrt{2F\left(\frac{n\lambda}{2} + \frac{\lambda\theta_{\text{ref}}}{360°}\right) + \left(\frac{n\lambda}{2} + \frac{\lambda\theta_{\text{ref}}}{360°}\right)^2} \tag{26.4}$$

对于 $n = 0$，用半径 $b_0 = b_{\text{ref}}$ 定义初始参考区域，b_{ref} 由下式得出

$$b_{\text{ref}} = \sqrt{2F\frac{\lambda\theta_{\text{ref}}}{360°}\left(\frac{\lambda\theta_{\text{ref}}}{360°}\right)^2} \tag{26.5}$$

显然，零参考半径 $(b_{\text{ref}} = 0)$ 对应着 $\theta_{\text{ref}} = 0$，这与经典的菲涅耳 - 索雷特半波波带片相匹配。事实上,这个额外的自由参数,可变半径 $R_0 = b_{\text{ref}}$，比参考相位参数提前约 15 年被提出来(Minin and Minin, 2004, 2008a)。通过改变参考相位或半径，可以对 FZP 透镜/天线性进行有益的改善。另外,主瓣和旁瓣之间的频率和相位响应也是不同的。这个新的发现可以用于多径衰落和雷达旁瓣杂波抑制和增强通信安全性(Webb et al., 2011)。

3. 带有多相校正的 FZP 透镜的区域半径

与传统的折射透镜相比,衍射 FZP 透镜不能实现平滑的相位误差补偿,而是离散的或分段性的。换句话说,FZP 透镜是一个逐步的区域/分区的相位转换器。每个全波段分为 $Q=2,4,8$ 等(通常是偶数个)子域,相应的透镜称为半波、四分之一波、八分之一波等。每个分区的相位与相邻分区的相位相差 $2\pi/Q$(Guo and Barton,1993b)。Guo 和 Barton(2002)研究了 FZP 透镜中相位校正原理的更多细节。当 Q 趋近于无穷,菲涅耳波带片演变为著名的菲涅耳区折射透镜,如图 26.7(d)所示。

在经典的 FZP 透镜中,其中 $\theta_{ref} = 0$ 且 $RPD = \lambda_s/Q$,则分区半径 b_s 由下式计算得出:

$$b_s = \sqrt{2F\left(\frac{s\lambda}{Q}\right) + \left(\frac{s\lambda}{Q}\right)^2} \qquad (26.6)$$

其中:$s=1,2,\cdots,S; s=mQ; S=MQ$,$m$ 和 M 分别是当前区域的编号和分区的总数。

如果考虑到参考相位(或者如果 θ_{ref} 不等于 0),则分区半径方程变为

$$b_s = \sqrt{2F\left(\frac{s\lambda}{Q} + \frac{\lambda\theta_{ref}}{360}\right) + \left(\frac{s\lambda}{Q} + \frac{\lambda\theta_{ref}}{360}\right)^2} \qquad (26.7)$$

对于 $\theta_{ref}=0$ 和 $Q=2$,$s=n$ 和 $S=N$,多半波分区 FZP 成为一个半波透镜,且式(26.7)转换为式(26.1)。

4. 二进制金属 FZP 透镜的厚度

二进制 FZP 通常是由薄的非接地介质基板上印制的薄金属片构成,如图 26.6(c)所示。而在相应反射器的情况下,印制的 FZP 透镜的背面是介质基板的地板,如图 26.9(d)所示。

5. 介质凹槽多相校正 FZP 透镜的厚度

FZP 相位校正结构通常由低损耗电介质板制成。如图 26.7(a)所示,对于透镜,板被以分段的形式开出凹槽。在图 26.9(f)中,对于反射器,其相位在 Q 和 $Q-1$ 之间按照阶梯变化。每一段的宽度 w_1 由下式给出:

$$w_1 = \frac{\lambda}{Q(\sqrt{\varepsilon} - 1)} \qquad (26.8)$$

其中:λ 是自由空间的工作波长,ε 是相对介电常数。

在带有一个开槽或两个相位状态($Q=2$)的相位反转介质透镜中,FZP 透镜厚度为

$$w = \frac{\lambda}{2(\sqrt{\varepsilon} - 1)} \quad (26.9)$$

每个全波 $Q-1$ 步的总凹槽介质 FZP 透镜的厚度 $w = (Q_1 - 1)w_1$,或

$$w = \frac{(Q-1)\lambda}{Q(\sqrt{\varepsilon} - 1)} \quad (26.10)$$

FZP 透镜的支撑基板可以用相同的介电常数 ε 或不同的介电常数 ε_s 制作。如在折射透镜中,在保证 FZP 透镜与自由空间之间的更好的界面匹配时,可以选择 FZP 支撑结构的厚度 w_s 来降低其对 FZP 性能的影响,并提高 FZP 效率。

根据式(26.9),对于 $\varepsilon = 4$,相位反转 FZP 厚度等于自由空间半波长或 $w = \lambda/2$。对于介电常数 $\varepsilon = 4$ 的四分之一波长凹槽介质 FZP 透镜($Q = 4$),方程(26.10)给出:$w = 3\lambda/4(\sqrt{\varepsilon} - 1) = 0.75\lambda$。为了在透镜和自由空间之间获得更好的阻抗匹配,透镜的介电常数 ε 和支撑层 ε_s 之间满足方程 $\varepsilon_s = \sqrt{\varepsilon}$。另外,支撑层的厚度大约为 $w_s \approx \lambda/4\sqrt{\varepsilon_s}$。考虑到深度 w 和 w_s,因此凹槽电介质 FZP 透镜的总厚度 w_t 为

$$w_t = w + w_s \quad (26.11)$$

6. 多介质环 FZP 透镜的厚度

首先考虑沿轴向平面波照射的双介质 FZP 透镜的厚度(深度)方程(Black and Wiltse,1987)

$$w = \frac{\lambda}{2(\sqrt{\varepsilon_2 - \varepsilon_1})} \quad (26.12)$$

式中:ε_2、ε_1 为两种电介质(塑料)的相对介电常数。

从式(26.12)中得出,对于给定的设计波长,FZP 透镜的最小深度取决于 ε_2 和 ε_1 之间的最大比率。这些关系在图 26.11(a)(Wiltse,2012)中以图形方式显示,其中 ε_r 对应于 ε_2。绘制 FZP 透镜的切深(cm)、频率(GHz)与三种介电常数比($\varepsilon_2/\varepsilon_1 = 1.6, 2.1, 2.54$)之间的关系曲线。

两个平面凸面普通透镜的特殊深度,平面短线球面和平面短线平面双曲线,如图 26.11(b)所示。相位相反的 FZP 透镜的深度如图 26.11(c)所示。所有透

镜都设计为 $f=140\text{GHz}$，$F=200\text{mm}$ 和 $D=200\text{mm}$。与 FZP 透镜相比，双曲面和球面折射透镜的厚度分别是 FZP 透镜的 8 倍和 11 倍。与 FZP 透镜相比，它们也更重且更难制造。这些优势是以牺牲大约 2.5 倍的聚焦效率为代价的。

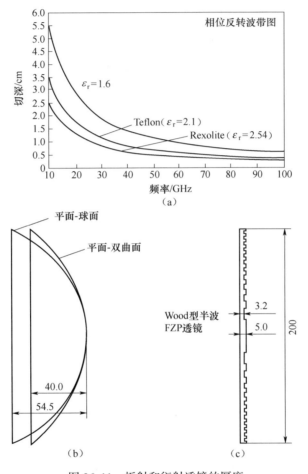

图 26.11 折射和衍射透镜的厚度

(a)相位反转 FZP 的切深与频率之间的关系；(b)普通折射透镜；(c)凹槽相位反转波带片。

不同于阶梯型的电介质 FZP，扁平多介质 FZP 透镜(或 Wiltse 透镜)的厚度保持不变。用于 Wiltse 透镜的一般介电常数方程最近被 Hristov 和 Rodriguez (2013)推导出来。对于正常的平面波入射(天线接收模式)，如果满足以下驻波条件，入射波经过第一分区后就没有反射：$w_1 = k\lambda/(2\sqrt{\varepsilon_1})$，$\lambda$ 是自由空间工

作波长。第 s 区与第一区环介质的介电常数之间的最佳比值 $\xi_{s,1}$ 由下式给出：

$$\xi_{s,1} = \frac{\varepsilon_s}{\varepsilon_1} = \left[1 + \frac{2}{k}\left(1 - \frac{s-1}{Q}\right)\right]^2 \qquad (26.13)$$

这里，$s = 1, 2, \cdots$ 是第一个全波段的当前区域号，$k = 1, 2, \cdots$ 是第 s 个电介质环的半波数。另外，对于最小的 FZP 透镜深度，k 被设置为 1，并且透镜的厚度固定等于第一个区域/分区的厚度，或 $w = w_1$。

式(26.13)适用于理想的无损耗电介质。如果 FZP 透镜是由实际的微波介质制成的，而且该分区的介质环具有复数透射系数 $\widetilde{T}_s = |\widetilde{T}_s|\exp(j\Phi_t)$，其中第 s 个介电环的衰减 $A_s = 10\log(1/|\widetilde{T}_s|^2)$（以 dB 为单位）。这个衰减因子包括由于多重反射造成的损耗和内部介质损耗。

对于 $Q = 4, \varepsilon_1 = 1$ 和 $k = 1$ 的四分之一波长多介质 FZP 透镜，环介电常数由式(26.13)得出，参数如下：$\varepsilon_2 = 6.25, \varepsilon_3 = 4, \varepsilon_4 = 2.25$。由于径向相位周期性，式(26.13)是正确的，并适用于所有的全波透镜。因此，对于第二个全波区域 $\varepsilon_5 = 1, \varepsilon_6 = 6.25, \varepsilon_7 = 4, \varepsilon_8 = 2.25$。

26.3 FZP 操作要点

1. 二进制 FZP 透镜的多焦点作用

假设一个采用波长为 λ_1 的平面波照射的波带片透镜，如图 26.3 所示。根据 Sussman(1960) 所述，波带片衍射透镜在 $z = \pi F/w$ 处产生多个焦点，初级和次级焦点。这里 $w = \pm(2k+1)\pi, k = 0, 1, 2\cdots$。图 26.12(a) 示出了多焦点图示，其中加号对应于真实的焦点 $P_1(+F1), P_3(+F3), P_5(+F5)$ 等，位于 $z = F_1 = F, z = F_3 = F/3, z = F/5$ 等。沿着 $+z$ 轴菲涅耳波带片表现为多焦点会聚透镜。另外，焦点 $P_1'(-F), P_3'(-F/3), P_5'(-F/5)$ 是真实焦点的虚拟像。因此，二进制或 Soret 波带片同时作为两个射线会聚多焦点透镜。点 P_1 和点 P_1' 是一阶或初级焦点，其他都是高阶（次级）焦点。金属环的菲涅耳波带片没有虚拟焦点只有真实的焦点，对应于透射波和反射波。

归一化强度与实际焦点数量的关系如图 26.12(b) 所示。在奇数焦点上强度最大值：$I_1(w=\pi), I_3(w=3\pi), I_5(w=5\pi)\cdots = 1:(1/3)^2:(1/5)^2\cdots$，因此，与

一阶焦点强度相比,高阶焦点 3、5 等具有小得多的焦点强度。另外,主焦点处的强度比等径折射透镜的焦点强度弱 $1/\pi^2$。

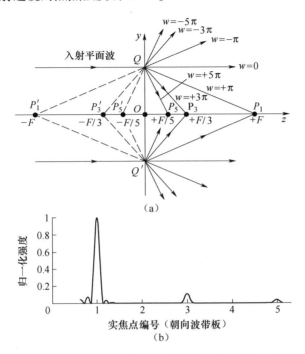

图 26.12 频率 f_1 波长 λ_1 的平面波照射二元波带片的衍射机制

(a)形成初级和次级焦点;(b)主要和次要焦点的聚焦强度。

如果接收聚焦在两个主焦点 $z=+F$ 和 $z=-F$ 的场,并且同相位叠加,二进制波带片的聚焦效率将会加倍(或 3dB)。在实践中,这种同相叠加可以通过以下技术实现:①通过使用两个馈源、馈线、移相器和功率合成器的馈线功率合成;②通过直径为 $D=2b_N$ 的折叠二进制 FZP 反射器进行自由空间功率合成,如图 26.9(a)所示。

2. 二进制 FZP 透镜的多频聚焦

这种现象对应菲涅耳波带片的轴向多重聚焦。这种现象由式(26.1)表示,通过式(26.2)可以更容易地解释。从式(26.2)看出对于给定的 FZP 直径,$\lambda = \lambda_1 =$ 常数时焦距 F 的变化或 $F =$ 常数时波长 λ 的变化分别导致多焦点或多频率效应。

首先讨论,多频现象,针对焦距 F 和波长 λ_1 设计的四个菲涅耳区域的二进

制 FZP 透镜,图 26.13(a)显示了所有开放区域的菲涅耳区。经过正负区域的平面波在 P_1 处将被抵消,不会产生聚焦效应,因此电磁波的传播没有任何变化。在图 26.13(b)中,负(偶数)区域被金属(或薄吸收层)环所阻挡(索雷透镜)。聚焦只由开放(白色)区域产生,该区域在主焦点 P_1 上同相位叠加。

现在考虑用 λ_3 表示三次谐波波长,或 $\lambda_3 = \lambda_1/3$ 的平面波照射相同的 FZP 透镜结构。根据式(26.2)所示,对于相同的透镜直径 D 和设计焦距 F,波长 λ_3 需要三倍大的子区 S,即 $S=3N$。这意味着在对应于设计波长 λ_1 的每个实际的半波区中,会附上三个虚拟 λ_3 分区:两个正面(白色)和一个负面(灰色),如图 26.13(c)所示。因此,对于第 s 个分区的半径,式(26.2)可以改写如下:

$$b_s = \sqrt{s\lambda_3 F} = \sqrt{3n\lambda_3 F} \qquad (26.14)$$

因此,分区半径可以用式(26.14)计算,其中 $s=3n$ 是分区编号。在图 26.13(c)中,由第二(灰色)和(白色)分区产生的场将抵消,只有第一分区在 P_1 处起作用。类似的物理解释对于所有其他奇次谐波也是有效的:λ_5, λ_7 等。

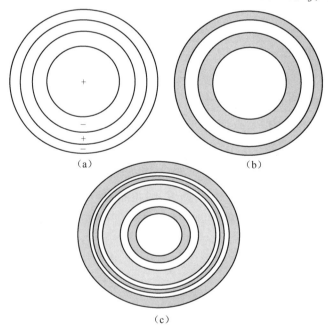

图 26.13 二进制 FZP 透镜的谐波聚焦原理

(a)全开放菲涅耳区的 KZP;(b)偶数区域遮挡的正二进制 FZP 透镜(聚焦于设计波长 λ_1);
(c)聚焦于三次谐波波长 λ_3。

理论上,对于每个奇数波长谐波,FZP 透镜产生的场强和主焦点 P_1 处相同(聚焦增益)。尽管如此,与设计波长 λ_1 处的效率相比,高次谐波的 FZP 孔径效率快速下降。如果 FZP 在 λ_1 处的聚焦效率为 $\eta_1 = 100\%$,较高的奇次谐波将在 P_1 处聚焦效率更小:$\eta_3 = \eta_1(1/3)^2 \approx 11\%$, $\eta_5 = \eta_1(1/5)^2 \approx 4\%$。

3. 相位校正机制

Guo 和 Barton(1993a,b,1995,2002)研究了相位校正机制的详细理论和物理解释。如上所述,分区板是阶梯式相位波前转换器,其中每个全波菲涅尔区通常被分成半波、四分之一波、八分之一波等分区。

首先考虑半波或 Wood 型相位反转波带片的相位校正流程。假设波带片被距离平板为焦距 F 的点光源 P 的球面波前照射。波带片外表面的径向相位变化(或相位误差)由一个二次函数 Φ_1 来表示,该函数 Φ_1 为菲涅尔区编号的函数,即

$$\Phi_1(n) = -\frac{2\pi}{\lambda}(\sqrt{F^2 + b_n^2} - F) \qquad (26.15)$$

式中:b_n 是由式(26.1)或式(26.2)和给定的 F 和 λ 计算出的菲涅尔区半径。

计算出的 Φ_1 在图 26.14(a)中用点划线表示。球形相位波前到平面的转换在孔径上的相位误差为零。理想情况下,这可以通过折射、平面-凸面(或凸面-平面)介质透镜产生一个相位反转的二次函数 $\Phi_2(n) = -\Phi_1(n)$,由虚线画出。因此,初始相位函数 $\Phi_1(n)$ 和透镜相位校正函数 $\Phi_2(n)$ 的总和将为零,透镜孔径上的球面相位误差将被完全补偿。但是,菲涅尔波带片不能完成完整的相位补偿。例如,相位反转波带片产生的每个 180°的步阶梯型补偿(虚线)。球面相位误差函数和阶梯补偿函数之和是齿形相位误差曲线(实线),其在每个菲涅尔区内从 0°~180°变化。类似的推理对于四分之一波带板是有效的,如图 26.14(b)所示。在图 26.14(b)中,每个分区内的合成相位误差函数不超过-90°。

4. FZP 透镜的衍射聚焦效率

考虑理想 FZP 透镜(无材料损耗和极化损耗)的聚焦效率。该效率只取决于阶梯补偿函数的相位增量,可以表示为(Garrett and Wiltse,1991):

$$\eta_f = \frac{\sin^2(\Delta\Phi/2)}{(\Delta\Phi/2)^2} \qquad (26.16)$$

式中:$\Delta\Phi$ 为阶梯相位校正函数中的步进量。由式(26.16)得到阶梯式相位校

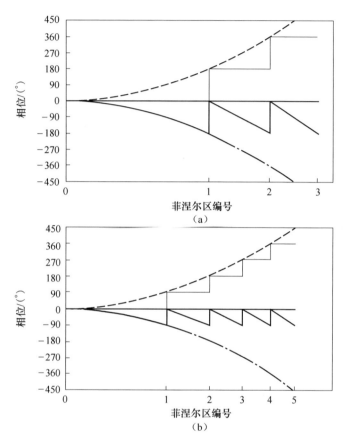

图 26.14 阶梯式相位波前校正

(a) 半波(相位反向);(b) 四分之一波区域波带片。

正的半波、四分之一波和八分之一波片透镜的衍射效率分别为 40.5%、81% 和 95%。如果 $\Delta\Phi \to 0$ 则波带片衍射效率趋于 1。因此,为了确保很好的效率,需满足 $\Delta\Phi \leqslant 90°$。实际上,如果考虑到材料、极化和反射损耗,实际中 FZP 透镜的聚焦效率会变得更低。

5. 二进制 FZP 透镜的分辨率

当透镜用于成像和窄波束天线设计时,需要较高的分辨率。根据定义,瑞利(Rayleigh)分辨率标准通常用分辨角(分辨率) δ_0 来表示,单位为 rad(Myers,1951):

第 26 章　菲涅耳区平板天线

$$\delta_0 = \chi \frac{\lambda}{D} \qquad (26.17)$$

对于 $\chi = 1.22$ 的二进制 FZP，区域数量 N 要大于 200。对于较小的 N（比如 $N < 50$），分辨常数 χ 随 N 的变化而变化。对于正 FZP 透镜（奇数区域开放）$\chi(N) < 1.22$，而对于负 FZP 透镜（偶数区域开放）$\chi(N) > 1.22$。

根据轴向艾里衍射模式，由方程 $\tan\delta_0 = r_0/F$ 可得分辨角 δ_0 与第一零点半径 r_0 和主焦距 F 直接相关。对于高分辨率 δ_0 足够小，式（26.17）可近似为 $\tan\delta_0 \approx r_0/F$。因此，结合式（26.17）以及 δ_0 的近似方程，透镜半径 $r_0 = \chi(M)\lambda F/D$。根据方程 $r_0 = \chi(M)\Delta b$ 可知，最外区域宽度 Δb 与分辨透镜半径有关（Hristov，2011）。

26.4　天线模式下的曲线 FZP

1. 轴对称波带片结构

为了改善 FZP 透镜的聚焦效率、分辨率和频率特性，FZP 透镜可以制成薄的弯曲片（板）波带形状（类似于平面 FZP 透镜中的结构）。一般来说，只要根据菲涅耳区/次分区射线路径差（RPD）条件绘制的菲涅耳区，就可以按照任意形状制造弯曲的 FZP（Hristov，2000）。

从实际和理论的角度来看，最合适的波带片表面是在数学上为轴向旋转曲线函数。图 26.15 所示为具有简单旋转对称的 FZP 透镜，图 26.15(a) 为球形 FZP 透镜，图 26.15(b) 为锥形 FZP 透镜。锥形波带片特别适用于构造可折叠伞形 FZP 透镜/反射镜天线。

2. 柱形波带片结构

图 26.16 所示波带结构为：(a) 圆柱环圈式 FZP 透镜，(b) 条带式 FZP 透镜。圆柱环式排列组成的圆形菲涅耳波带圆环并将入射平面波汇聚到焦点 $P(z=F)$，而条带式 FZP 结构沿焦线 $P'P''$ 聚焦。

3. 球面相位校正 FZP 透镜的波带片结构

图 26.17(a) 是球心 C 点、半径为 R 的球体中的无线电球形波带片（板）的几何形状。这里考虑半波 FZP 透镜，具有由 N 个半波（菲涅耳）区，具体为二进制（Soret 型）和倒相（Wood 型）。波带片由平面波从凸面照射，工作在天线模

式。根据菲涅耳区射线路径差条件的近似方程推导第 n 个区域的外径 b_n：

$$\text{RPD} = \sqrt{\left[F - \left(R - \sqrt{R^2 - b_n^2}\right)\right]^2 + b_n^2} - F = \frac{n\lambda}{2} \quad (26.18)$$

式中：$n = 1, 2, \cdots, N$。

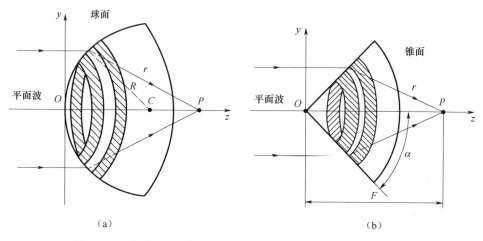

图 26.15　半波凸面照射 FZP 透镜的波带结构 (a) 球面 (b) 圆锥面

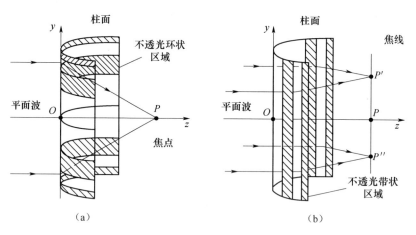

图 26.16　凸侧照射圆柱 FZP 波带结构
(a) 圆柱环圈式；(b) 条带式。

由式(26.18)可得半波区域的半径 b_n 为(Dey and Khastgir 1973a,b,c)：

$$b_n = \sqrt{R^2 - \left(\sqrt{R^2 + n\lambda(R - F)} - \frac{n\lambda}{2}\right)^2} \quad (26.19)$$

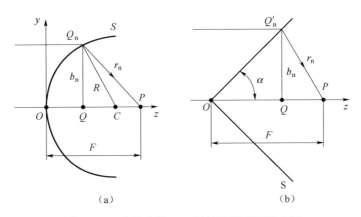

图 26.17 半波曲线 FZP 透镜凸侧平面波入射

(a)球面聚焦透镜几何模型；(b)锥形聚焦透镜几何模型。

令 $R=F$，式(26.19)可大大简化。在该条件下，平面波聚焦在球心 C 点：

$$b_n = \sqrt{n\lambda F - \left(\frac{n\lambda}{2}\right)^2} \qquad (26.20)$$

后式与平面 FZP 区域半径表达式(26.1)非常近似，因此，两式可以合并为：

$$b_n = \sqrt{n\lambda F \pm \left(\frac{n\lambda}{2}\right)^2} \qquad (26.21)$$

式中：正负号分别对具有相同直径和主焦距的半波平面和球形 FZP 透镜有效。对于共轴光学/准光学的 FZP，$F \gg \lambda$ 且 $n\lambda F \gg (n\lambda/2)^2$，式(26.21)转换为式(26.2)。

对于多相校正 FZP 透镜，每个全波区域被细分为 s 个子区域，其中 $s=1,2,\cdots,S$，$s=mQ$ 且 $S=MQ$；Q 是一个全波区域子区域的数量；m 和 M 分别是全波区域的当前编号和总数。因此，FZP 的 RPD 条件等于 $s\lambda/Q$，第 s 个半径为

$$b_s = \sqrt{R^2 - \left(\sqrt{R^2 + 2(R-F)\left(\frac{s\lambda}{Q}\right)} - \frac{s\lambda}{Q}\right)^2} \qquad (26.22)$$

4. 锥形相位校正 FZP 透镜的波带片结构

图 26.15(b)表示轴向入射平面波的凸面侧照射的旋转锥形 FZP 透镜。其中，对于半波相位校正锥形 FZP，定义一个特定的设计参数：锥形半张角 $\alpha =$ atan$(s_n/OQ)=$ const。在平面 $z=OQ$ 上，半波波带片中第 n 个菲涅耳区半的外

径 b_n 由下式给出(Minin and Minin,2004):

$$b_n = \sqrt{2F\frac{n\lambda}{2} + \left(\frac{n\lambda}{2}\right)^2 + \left(\frac{n\lambda}{2\tan\alpha}\right)^2} - \frac{n\lambda}{2\tan\alpha} \quad (26.23)$$

对于锥形波带片,将 b_n 替换为 b_s,将 $n\lambda/2$ 替换为 $s\lambda/Q$ 第 s 个子分区半径 b_s,由式(26.23)得:

$$b_s = \sqrt{2F\frac{s\lambda}{Q} + \left(\frac{s\lambda}{Q}\right)^2 + \left(\frac{s\lambda}{Q\tan\alpha}\right)^2} - \frac{s\lambda}{Q\tan\alpha} \quad (26.24)$$

式中:$s = 1,2,\cdots,S, s=mQ$ 且 $S=MQ$ 是与球面 FZP 透镜类似的参数。

当锥形 FZP 透镜的半开角 α = 90°时就得到平面 FZP 透镜。若此时 $Q=2$,$s=n$,式(26.24)简化为式(26.1)。

球面和锥形菲涅耳波带片也可以沿着凹面入射平面波。这种 FZP 透镜被定义为工作在天线模式下的凹透镜。

26.5 菲涅耳波带片聚焦方法

1. 用于聚焦分析的光学衍射法

传统上,FZP 聚焦和成像或 FZP 天线辐射分析使用光学方法(GO,UTD,基尔霍夫衍射积分(KDI)等)。根据 Hristov(2000)所述,接下来描述的近似衍射聚焦理论,对于具有特定分布函数的任何轴对称曲线波带片有效。图 26.18(a) 中示出了由平面波照射的曲线函数 $y(z)$ 的波带片几何形状。所有开放区域弧度由相应的弦近似,P 是由基本区域 $dS = y(z)d\varphi(dz/\cos\alpha_n)$ 照射的轴向运行点。

根据衍射理论,第 n 个区域在 P 点处产生的场为

$$dE_n = jE(Q)I(\vartheta_n,\vartheta_n')\exp(-j\beta r(z))dS/\lambda r(z)$$

其中倾斜系数近似为平面波带片的情况,$I(\vartheta_n,\vartheta_n') \approx (1+\cos\vartheta_n)/2, \beta = 2\pi/\lambda$、$dz/dl = \cos\alpha_n = \sin\eta_n$。在第 n 个区域 P 点处的场被认为是一个表面积分,相对于旋转坐标 φ 进行积分后,可以得到下一个线性积分:

$$E_n(P) = j\frac{\pi E_0}{\lambda}\int_{z_{n-1}}^{z_0} y(z)\frac{1+\cos\vartheta_n}{\cos\alpha_n}\frac{\exp[-j\beta(r(z)+z)]}{r(z)}dz \quad (26.25)$$

其中

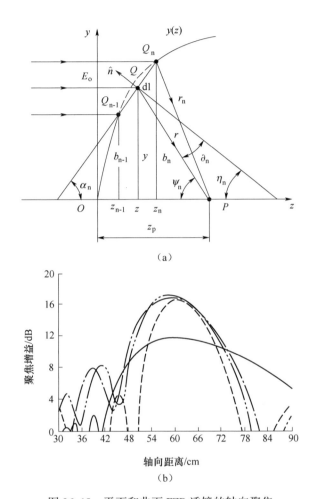

图 26.18 平面和曲面 FZP 透镜的轴向聚焦

(a)用于推导一般聚焦理论的几何模型;(b)平面(实线)、球面(点线)、抛物线(虚点线)和圆锥形(虚线)波带片的聚焦增益随轴向距离的变化关系。

$$r(z) = \sqrt{(z_p - z)^2 + y(z)^2}$$

积分极限 z_n 和 z_{n-1} 由 RPD 近似条件计算得出:

$$z_{n,n-1} = z_p - b_{n,n-1} + \sqrt{(n,n-1)\lambda b_{n,n-1} - b_{n,n-1}^2} \qquad (26.26)$$

式中:$b_{n,n-1}$ 可以针对每个特定的波带片分布预先计算得出。

根据图 26.18(a),焦点 P 处的总聚焦场由奇数开放区域产生,或者

$$E(P) = \sum_{n=1}^{N} E_n(P) \quad n = 1, 3, 5, \cdots, N \tag{26.27}$$

波带片的聚焦增益用分贝表示为 $G_f = 10\log|E_f(P)/E_0(P)|^2$,其中 $E_f(P)$ 是 FZP 的聚焦电场,$E_0(P)$ 是在 FZP 透镜不存在的情况下 P 点的平面电场。

本节研究的三种曲面波带片的曲线方程为:球形波带片 $y(z) = \sqrt{R^2 - (R-z)^2}$;抛物线波带片 $y(z) = \sqrt{4f_p z}$,f_p 是抛物线焦距;锥形波带片 $y(z) = z\tan\alpha$,如图 26.17(b) 所示,$\alpha = \alpha_n = \text{const}$。锥形波带片的极限条件为平面波带片,或者 $\alpha \to \pi/2$。

上述方程已经应用于平面、球面、抛物面和圆锥形曲面波带板的聚焦特性的数值计算和对比。所有波带片具有相同的焦距($z_p - F = 60\text{cm}$)和孔径 $D = 2b_n = 60\text{cm}$。球面半径 R 为 60cm,抛物面的焦距 f_p = 15cm,开口圆锥半角 $\alpha = \pi/4$。平面波带片定义为 $\alpha = \pi/4 - 10^{-3}$,所有透镜的工作波长为 $\lambda = 3.2\text{cm}$。对于所列尺寸和设计波长,二进制平面和曲面 FZP 透镜分别具有两个和三个开放区域。从图 26.18(b) 可知,对于相同大小的孔径和焦距,曲面波带片比平面波带片有更好的聚焦效果。另外,各种曲面 FZP 透镜的聚焦增益之间没有太大的差别,而锥形透镜板则表现出最佳的聚焦分辨率。

2. 电磁仿真方法

对于具有非圆形轮廓(正方形或六边形)或更复杂的相位校正电介质/金属-介质板和天线的二进制 FZP,优选更精确的全波电磁方法。主要有积分方程法(IEM)、矩量法(MoM)、有限元法(FEM)、时域有限差分法(FDTD)及其变种。全波电磁方法对任何 FZP 透镜焦径比 F/D 都能给出非常准确的计算结果,而 KDI 理论仅适用于 F/D 等于或大于约 0.5~1.0 的 FZP 透镜。

最近在 Reid 和 Smith(2006,2007)论文中应用旋转体(BOR)-FDTD 方法对二进制或凹槽电介质微波和毫米波 FZP 透镜和天线进行了全波电磁分析。在研究论文中给出了 FZP 透镜和天线的精确设计和优化图。

图 26.19(a)、(b)给出了用于二进制和四分之一波长 FZP 透镜天线的两组设计图。从图 26.19 中很容易发现,对于 $F/\lambda = 40$ 和 $D/\lambda = 60$,二进制 FZP 透镜的聚焦增益为 26dB,而四分之一波长 FZP 透镜的聚焦增益为 32dB。

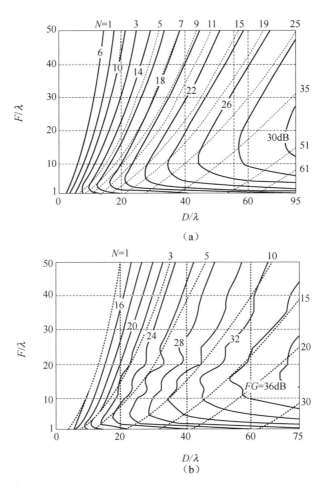

图 26.19 （a）二进制 FZP 和（b）四分之一波相位校正 FZP 透镜设计结果。实线是恒定聚焦增益 FG 的等值线，以 dB 为单位，虚线为常数 N。

26.6 平面 FZP 透镜天线

1. 衍射辐射理论

在本节中，平面 FZP 天线的辐射理论基于矢量基尔霍夫衍射积分（Jackson，1975；Black and Wiltse，1987；Leiten and Herben，1992；Baggen and Herben，1993；Van Houten and Herben，1994；Hristov and Herben，1995；Hristov，2000）。

本节将衍射积分应用到最简单的微波半波 FZP 透镜：二进制 FZP 透镜（图 26.6(a)）和倒相 FZP 透镜（图 26.6(e)）。二进制 FZP 透镜由同心金属环组成，而倒相 FZP 是介电常数 $\varepsilon=4$、损耗角正切 $\tan\delta=0.001$、环厚 $w=\lambda/2$ 的固体介质移相环。图 26.20(a)、(b)分别给出的两个 FZP 透镜天线分别由相位中心在 z 轴焦点 $z=-F$ 处的圆形波纹馈源喇叭照射。这里，F 为 FZP 透镜天线的焦距。

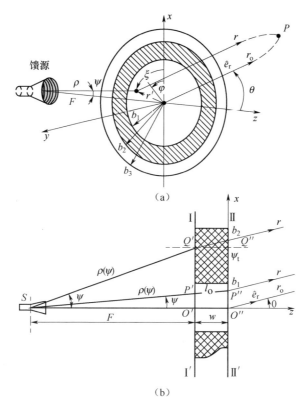

图 26.20 (a)二进制(b)倒相 FZP 透镜天线采用波纹圆锥喇叭的照射几何模型

FZP 天线围绕 z 轴旋转对称，辐射孔径中心在 xOy 平面。奇数半波（菲涅耳）区域保持开放（正透镜），偶数区域被金属/电介质环覆盖。区域半径 $b_1, b_2, b_3, \cdots$ 由式(26.1)计算得出。喇叭辐射方向图采用余弦标量方程 $G_f(\Psi)=2(q+1)\cos^q\Psi$（Silver,1984）模拟。馈源辐射方向图根据透镜孔径边缘照射（EIL）锥削电平（通常从 $-8 \sim -12$dB 直到中心场最大值）改变参数 q。

从结构和理论上看，倒相介质 FZP 天线更复杂。二进制 FZP 天线的理论是

倒相 FZP 天线理论的一个特例。

与馈电喇叭球面波有关的入射自由空间射线 $\rho(\Psi)$ 传播到相移介质环并形成折射波射线。在图 26.20(b) 中示出了通过这种包含固体电介质和空气透明环的倒相 FZP 透镜的射线轨迹。

线性极化波通过电介质环的折射具有多个复传输系数：$T^{\|} = |T^{\|}|\exp(j\boldsymbol{\Phi}_t^{\|})$（平行或磁极化）和 $T^{\perp} = |T^{\perp}|\exp(j\boldsymbol{\Phi}_t^{\perp})$（垂直或电极化）。在透镜输出（光圈）平面 Ⅱ-Ⅱ′，折射波的电场 $\boldsymbol{E}_d(\Psi,\xi)$ 为

$$\boldsymbol{E}_d(\psi,\xi) = C_f \sqrt{G_f(\psi)} \frac{\exp(-j\beta L(\psi))}{F+w} \cos\psi \boldsymbol{p}'_d(\psi,\xi) \qquad (26.28)$$

其中

$$\boldsymbol{p}'_d(\psi,\xi) = s_d(-T^{\|}\cos\xi \hat{e}_\psi + T^{\perp}\sin\xi \hat{e}_\xi), C_f = \sqrt{P_t Z_0/2\pi} \; L(\psi) = F/\cos\psi + \varepsilon w/\sqrt{\varepsilon - \sin^2\psi}$$

介质环的复传输系数 $T^{\|}$ 和 $T^{\perp}$ 的计算可以等效为具有厚度 W 的无限大介电板，Burnside 和 Burgener(1983) 给出了计算式。

$$E_\theta^{(d)}(\theta,\varphi) = -\pi C\cos\varphi \sum_n \int_{\psi_{n-1}}^{\psi_n} \exp(M_d(\psi)) O_d(\psi) I_\theta^{(d)}(\theta,\psi) d\psi \qquad (26.29)$$

$$E_\varphi^{(d)}(\theta,\varphi) = -\pi C\sin\varphi \cos\theta \sum_n \int_{\psi_{n-1}}^{\psi_n} \exp(M_d(\psi)) O_d(\psi) I_\varphi^{(d)}(\theta,\psi) d\psi \qquad (26.30)$$

式中：C、$\psi_{n,n-1}$ 和积分函数 $O_d(\psi)$、$M_d(\psi)$、$N_d(\theta,\psi)$、$I_\theta^{(d)}(\theta,\psi)$ 以及 $I_\varphi^{(d)}(\theta,\psi)$ 参见 Hristov 和 Herben(1995)，Hristov(2000) 的研究论文。

考虑到射线追踪穿过 $\varepsilon = 1$，$T^{\|} = T^{\perp} = 1$ 的空气环，通过式(26.29)、式(26.30)计算开放口径的辐射远场的 $E_\theta^{(o)}(\theta,\varphi)$ 和 $E_\varphi^{(o)}(\theta,\varphi)$ 分量。从而，上文的积分函数可以进一步简化。

相位反转 FZP 天线的远场 E_θ 和 E_φ 是空气环和介质环的远场的和

$$E_\theta(\theta,\varphi) = E_\theta^{(o)}(\theta,\varphi) + E_\theta^{(d)}(\theta,\varphi) \qquad (26.31)$$

$$E_\varphi(\theta,\varphi) = E_\varphi^{(o)}(\theta,\varphi) + E_\varphi^{(d)}(\theta,\varphi) \qquad (26.32)$$

远场电场总场向量是 FZP 天线的 $\boldsymbol{E}_\theta$ 和 $\boldsymbol{E}_\varphi$ 向量的和

$$\boldsymbol{E}(\theta,\varphi) = \hat{e}_\theta E_\theta(\theta,\varphi) + \hat{e}_\varphi E_\varphi(\theta,\varphi) \qquad (26.33)$$

天线的增益计算式为

$$G(\theta,\varphi) = 10\log\left(\frac{2\pi r^2}{Z_0 P_t}|E(\theta,\varphi)|^2\right) \quad (26.34)$$

在全波区域中,由四种介质环组成的四分之一波长 FZP 天线可以采用相同的分析方式。通过对 30GHz 平面二进制 FZP 透镜、相位反转 FZP 透镜天线和 $F/\lambda = 15, D/\lambda = 18, EIL = -10dB$ 的四分之一波长 FZP 透镜天线三者的天线辐射效率分别为 12%、30%、50%。相位反转 FZP 天线和四分之一波长 FZP 透镜天线所用介质的相对介电常数分别为 $\varepsilon = [1,4]$ 和 $\varepsilon = [1,6.25,4,2.25]$。所有介质环的损耗角正切为 0.001。

2. 平面 FZP 透镜天线的数值结果

遵循衍射理论应用于半面二进制和电介质相位反转 FZP 透镜天线,FZP 天线算例的一些数值和实验结果以图形和表格形式给出。二进制 FZP 天线包括正或负 FZP 透镜,两者具有类似的聚焦特性。这个观点在 11.1GHz 平板 FZP 天线上得到了数值验证,其口径尺寸 $D = 100cm$、焦距 $F = 200cm$(或 $\tilde{f} = F/D = 2$)。波纹喇叭在透镜边缘的照射电平 $EIL = -11dB$。

图 26.21(a)为二进制正 FZP 透镜天线(实线)、二进制负 FZP 透镜(虚线)和相位反转 FZP 天线(点线)的 E 面辐射方向图的比较(Hristov, 2000)。很明显,主瓣方向图之间没有显著差异,在旁瓣区域区别较大。奇数开放区域的正 FZP 透镜天线的峰值增益略高 0.6dB,而偶数开放区域的负 FZP 透镜天线的波束宽度更窄,相邻旁瓣更低。正 FZP 透镜天线有一个中心开放区,确保从 FZP 到馈源的反射最小、更好的馈电匹配和更大的频率带宽。图 26.21(b)对比了相同直径和焦距的相位反转 FZP 透镜天线(虚线)和四分之一波长 FZP 透镜天线(实线)的归一化辐射方向图。

Kirchhoff 衍射定律(对于主瓣区域)和一致性绕射理论对于副瓣区域的结合使辐射方向图的仿真和测试结果更加接近(Baggen and Herben, 1993, Sluijter et al., 1995)。远场测试方向图(实线)和远场计算方向图(虚线)如图 26.22(a)所示。对于同一个二进制 FZP 透镜天线($D = 1.12m, F = 0.71m$,设计频率为 11.5GHz),增益函数随频率的变化曲线如图 26.22(b)所示。理论计算数据为实线,而测试数据为圆点。

正如上文描述,二进制 FZP 透镜具有多重聚焦特性。二进制透镜、相位反

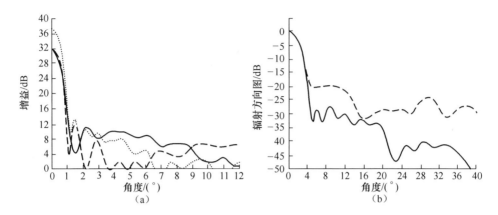

图 26.21 方向图

(a)二进制正 FZP 天线(实线)、二进制负 FZP 天线(虚线)
和相位反转 FZP 透镜天线(点线);

(b)相位反转 FZP 天线(虚线)和四分之一波 FZP 天线(实线)。

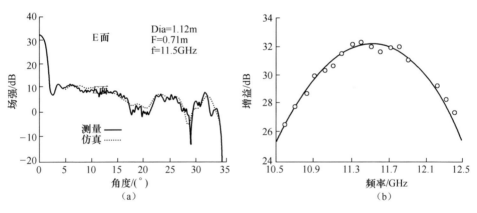

图 26.22 二进制 FZP 透镜天线的辐射图

(a)E 面增益辐射图;(b)增益与频率的关系。

转透镜以及其他相位校正 FZP 透镜天线也有相同特性。图 26.23 为相位反转透镜(实线)、四分之一波长 FZP 透镜天线在设计频率 30GHz、焦距 264mm、口径直径 301.5mm、边缘照射电平为 -10dB 情况下,两者谐波增益和效率的曲线(Hristov,2000)。增益曲线如图 26.23(a)所示,口径效率曲线如图 26.23(b)所示,频率范围为 10~180GHz。在 30GHz、90GHz、150GHz 等处,相位反转 FZP 透镜天线的增益几乎都为 37.5dB,但是效率最大值明显不同,二进制 FZP 天线也

有类似的规律。显然,相位反转 FZP 透镜天线表现为频比规律为 1∶3∶9⋯的频率选择性天线。在 30GHz 时相位反转 FZP 天线口径效率为 38.2%,而在 90GHz、150GHz 等频点迅速下降。

四分之一波长 FZP 透镜天线表现出了明显不同的频率特性,在 30GHz、60GHz、90GHz 呈现大约为 41dB 的周期性最大增益,频比规律为 1∶2∶3⋯,天线在 30GHz 和 60GHz 有令人满意的效率,分别为 60% 和 37.3%。

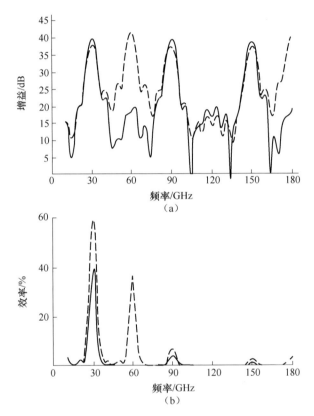

图 26.23　相位反转 FZP 透镜天线(实线)和四分之一
波长 FZP 透镜天线(虚线)随频率变化的增益和效率
(a)方向性增益;(b)辐射效率。

3. 早期的 FZP 透镜天线及其应用

Van Buskirk 和 Hendrix(1961)最初提出了二进制微波 FZP 天线。他们研制并测试了由二进制 FZP 透镜组成的 X 波段 FZP 天线,透镜有 1~3 个开放半波

长区域。对于两种类型的馈源,半波偶极子和绕杆天线分别进行了研究。图 26.24 为具有三个开放环带的二进制 FZP 透镜天线的 360°增益方向图实验结果。这个辐射方向图测试结果很有意义,因为它清楚地展现了前向(传输峰)和后向(反射峰)辐射传输(前)和反射(后)波束几乎有相同的 3dB 波束宽度(约为 4°),与同口径的抛物面天线的波束宽度大致相同。正如前文所述,二进制 FZP 天线的口径辐射效率很低(只有 10%左右),而抛物面天线的辐射效率为 55%~70%。

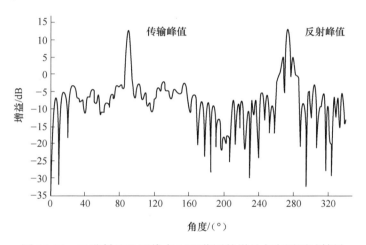

图 26.24　二进制 FZP 天线在 360°范围的增益方向图测试结果

一种基于矩形喇叭馈源的聚乙二醇相位反转波带片透镜被应用于一个简单、低成本的 33GHz 多普勒雷达,如图 26.25 所示(Lazarus et al.,1979)。FZP 透镜的尺寸如下: $w=9$ mm, $F=180$ mm, $D=300$ mm(焦径比为 0.6)。

如图 26.26 所示((Norden Systems,1984;Thornton and Strozyk,1983),一个直径为 21in 的单介质四分之一波长 FZP 透镜天线被用于一台毫米波收发机。在 37.8GHz,该 FZP 天线的增益为 41.5dB,波束宽度为 1.1°,副瓣低于-24dB。

4. 圆形 FZP 透镜天线的偏轴扫描

Van Buskirk 和 Hendrix(1961)最初讨论了折叠 FZP 天线的扫描特性,其最大偏轴扫描范围不超过±20°。Shuter 等(1984)首次发表了 FZP 天线在卫星电视可扫描接收中的应用。通过对喇叭馈源进行±15°偏轴的扫描,天线的主瓣可以很容易地指向卫星,接收信号损耗不超过 1dB。

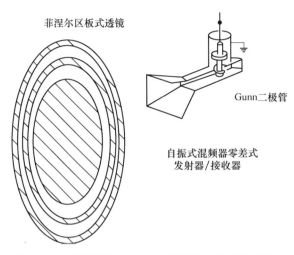

图 26.25 采用相位反转 FZP 透镜天线的多普勒雷达

图 26.26 采用四分之一波长 FZP 天线的毫米波收发机

Baggen 等人(1993)对二进制圆形 FZP 和抛物面天线的扫描特性进行了系统性的理论研究。图 26.27 表明了其主瓣波束扫描。通过调控馈源而不是旋转整个天线,就可以接收来自不同卫星的电视信号。证明了圆形二进制 FZP 透镜具有近似圆形的扫描曲线,而抛物面反射镜的扫描曲线为所谓的 Petzval 曲线。由此可见,FZP 天线的主瓣扫描角度比抛物面天线的主瓣扫描角度稍大一些。

5. 带有椭圆波带板的平面偏置天线

为了在更大的角扇区中实现更高效的离轴扫描,应该将圆形波带片重新设计成椭圆波带片。

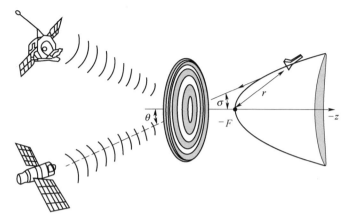

图 26.27　接收卫星信号的偏焦 FZP 天线

如图 26.28 所示(Mawzones Ltd Leaflet,1992),由金属波带环椭圆波带片制成的二进制椭圆波带片和办公室的玻璃或墙连接。由波带片和喇叭馈源组成的 FZP 天线可以用作通信卫星链路中的终端设备。

Mawzones板

图 26.28　作为电脑卫星链接天线安装在窗户上的偏置二进制菲涅尔波带片

6. 基于光电导的二进制 FZP 天线波束扫描

Hajian 等人对二进制 FZP 天线透镜进行了研究(2003),包括半导体晶片(硅或砷化镓),其通过选择性光学(激光)照射实现载流子的空间密度可变。理论证明这种圆形 FZP 天线的波束,通过改变可变激光照射区域的晶元电导率,可以很容易地重新配置晶片掩模来实现波束扫描。

26.7 低剖面 FZP 天线阵列

微波和毫米波 FZP 透镜可分为:一种是高剖面(或长焦距),焦径比范围为 0.5~1;另一种是低剖面(或短焦距),焦径比范围为 0.25~0.5。对于低剖面透镜,其天线透镜和馈源的组合结构的空间体积小,适合用于高效率的集成电路阵列。

FZP 透镜天线深度缩减可以通过采用一系列小直径 FZP 透镜天线来替换单个大直径透镜(Petosa et al., 2004)。这个理论如图 26.29 所示。

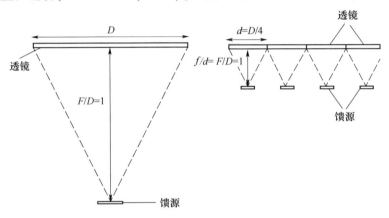

图 26.29 单个 FZP 透镜天线(左)和 FZP 透镜天线阵列(右)的剖面比较

设单个大 FZP 透镜的焦径比为 1,而小 FZP 透镜线阵的焦径比也为 1。阵列透镜的直径为 $d=D/x$,其中 $x=4$ 为阵元数。因此,透镜天线的天线剖面缩减成为可能,是因为每个阵元的直径都是大天线直径的一部分,$d=D/4$。

FZP 天线阵列的研究和应用还处于起步阶段。几乎所有与该方向有关的新的原创想法和结果,以及许多其他的如 FZP 天线阵列元件的孔径形状、FZP 参考相位、FZP 亚波长分辨率等内容都可以在最近出版的著作中找到(Minin and Minin,2008a)。

26.8 平面 FZP 反射器天线

1. 折叠(反射器)FZP 天线:初始布局

基于金属环的二进制 FZP 透镜的天线结构简单,但效率不高。它有两个主

焦点：一个是穿过开放区域传输的焦点；另一个是金属波带环反射的焦点。通过将平面四分之一波长反射器放置在金属波带片之后，透过开放区的入射平面波被反射回来，并且在反射焦点 P_1 处干涉，如图 26.30(a) 所示（Van Buskirk and Hendrix，1961）。这个折叠的二进制 FZP 透镜就像一个反相波带板天线。图 26.30(b) 是 Van Buskirk 和 Hendrix 设计的一款基于 FZP 反射器的简单、低成本射电望远镜的结构示意图。

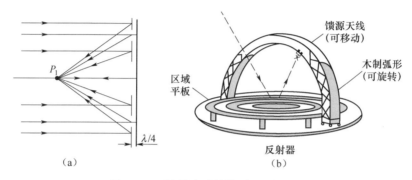

图 26.30　波带片反射器(折叠的)天线

(a)工作原理；(b)基于折叠波带片天线的 FZP 反射式射电望远镜的示意图。

通过对式(26.29)和式(26.30)进行简单变形，可将远场分量转换为折叠式波带板天线的相似方程如下：

$$E_\theta(\theta,\varphi) = -\pi C\cos\varphi \sum_{n=1}^{N}(-1)^n \int_{\psi_{n-1}}^{\psi_n} O(\psi)e^{M(\psi)}I_\theta(\theta,\psi)d\psi \quad (26.35)$$

$$E_\varphi(\theta,\varphi) = -\pi C\cos\varphi\cos\theta \sum_{n=1}^{N}(-1)^n \int_{\psi_{n-1}}^{\psi_n} O(\psi)e^{M(\psi)}I_\varphi(\theta,\psi)d\psi \quad n=1,2,\cdots,N$$

$$(26.36)$$

2. 基于机械加工和印制工艺的 FZP 天线反射器

图 26.31(a) 为由精密机械加工的凹槽介质带板和盘形反射器以及馈电喇叭组成的一种经典 FZP 反射器天线。由 Huder 和 Menzel(1988) 提出的印刷波带片反射器天线可能是最早采用印制工艺来加工该类天线。这是一个由标准微带技术制造的单层 94GHz 折叠波带板天线，包括一个直径 125mm 的接地平面和菲涅耳区金属环，该金属环通过一个深度为 0.508mm 的介质基板与接地平面隔开。天线由 WR-10 开口波导馈电，口径位置在焦点(80mm)处。边缘照射电

平为-10dB时的测试结果如下:方向性增益为35dB,3dB波束宽度为1.6°,旁瓣电平小于19dB,交叉极化电平小于25dB,失配损耗等于15dB。

图26.31(b)为一款采用印制加工的三层波带片天线(Guo et al.,1991;Guo and Barton 1992,2002),上图是反射镜的正视图,下图是其截面图。具体来说,该板由三层介质基板隔开的三层金属环组成,在这个四分之一波长波带片的基础上,已经研制了一个反射器天线,该天线采用EIL=-11dB的聚苯乙烯介质馈源馈电工作频率为11.8GHz,最大增益为34.75dB,实测的增益-频率曲线的3-dB频率带宽表明该天线13%。

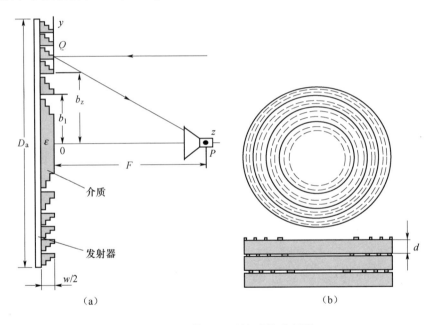

图26.31 两款FZP透镜天线示意图
(a)加载四分之一波长介质凹槽的FZP反射器天线;(b)三层结构FZP天线。

图26.32(a)是一种印制谐振环结构的四分之一波长FZP反射器天线(Guo and Barton 1993a,b)。前三个分区由不同直径的环阵列覆盖,最后一个分区留空。FZP反射器天线样机的直径为594mm,焦距为475.2mm,由螺旋天线馈电。中心频率为11.4GHz,极化方式为圆极化,增益为33.4dB,辐射效率43%频率带宽约10%。

图26.32(b)所示由背射螺旋天线(BHA)馈电的9.375GHz折叠波带板,具

第 26 章 菲涅耳区平板天线

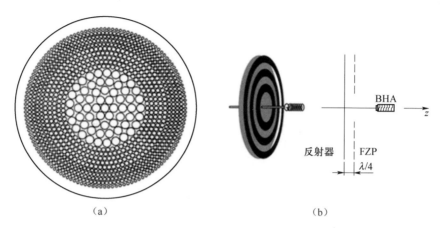

图 26.32 菲涅尔平板反射器天线
(a) 四分之一波长菲涅尔平板反射器天线中的环状印刷结构；
(b) 由背射螺旋天线(BHA)馈电的折叠波带板。

有以下设计参数：俯仰角 26°，螺旋圆周 $C=0.83\lambda$，匝数 $N=6$，小反射板的直径为 7.9mm（Yamauchi et al.，1990）。焦距为 40mm，FZP 天线的直径为 260mm。实测结果为：9.375GHz 的峰值增益为 21dB，9~9.8GHz 频率范围的增益大于 20dB。在该频率范围内，轴比小于 1.5，驻波比小于 1.6。

如图 26.33(a) 所示，最近提出了 FZP-FSS 复合透镜（Fan et al.，2010），由二进制菲涅尔平板（FZP）和频率选择表面（FSS）组成。FZP 共有八个圆形区域，四个开放和四个封闭。图 26.33(b) 的频率选择表面是一个由 40×40 四脚加载单元组成的正方形阵列。FZP-FSS 透镜的设计频率为 12GHz（$\lambda=2.5$ cm），采用轴向平面波照射，焦距 $F=15$cm。复合镜片正方形的边长为 $16\lambda=40$cm。通过专门开发的 PSTD-FDTD 算法和软件，对两个透镜 FZP 和 FZP-FSS 进行了数值模拟和分析。图 26.34(a) 给出了 PSTD-FDTD 计算结果与原理样机测量结果的对比。FZP-FSS 透镜与相同尺寸的 FZP 透镜相比有更好的聚焦和光谱特性：①频率滤波效果增强，②峰值聚焦强度增加约 2dB，③第一个偏轴最大值降低 4dB 以上。

复合 FZP-FSS 透镜具有较好的 3dB 聚焦分辨率 δ：5.5°（单个 FZP 透镜为 5.8°）。如图 26.34(b) 所示，FZP-FSS 透镜在焦点（$Z=F, X=Y=0$）处的强度是 19.1dB。

3. 偏置 FZP 反射器天线设计

Guo 等学者在 1994 年报道了一种高效的 X 波段四层偏置天线。图 26.35(a) 为天线的正面图和截面图,其在每个全波段中产生五个相移($Q=5$):0,72,144,216 和 288。

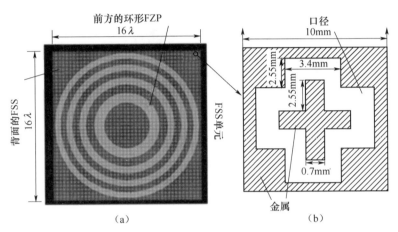

图 26.33 FZP-FSS 设计图示

(a)FZP-FSS 计算机模型;(b)FSS 单元的几何形状。

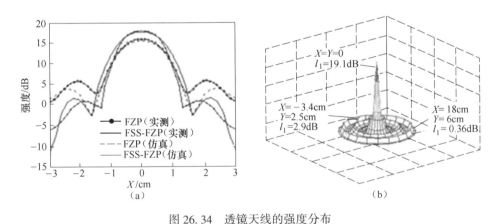

图 26.34 透镜天线的强度分布

(a)FZP 和 FZP-FSS 透镜沿 X 轴(仿真和测量);(b)沿 X 轴和 Y 轴的三维强度分布图。这两个强度图对应横向焦平面 $Z=F$。

介质层深度 $d = \lambda \sqrt{1-\sin^2\theta_{\text{off}}/\varepsilon}/Q\sqrt{\varepsilon}$,其中 ε 是每个电介质层的相对介

电常数，θ_{off} 是偏移角。该偏置 FZP 反射器天线工作频率 10.39GHz，具有一个尺寸为 320mm×320mm 反射器，偏置角为 20°，焦距是 190mm。天线由孔径 41mm×28mm 的矩形喇叭馈电，实测的天线辐射效率是 61%，对于这样一个复杂的设计来说是非常优异的结果。

Sazonov 在 1999 年制作了一款简单的 1.5m×1.5m 偏置天线，外面有一个相位反转波带片。天线接收 12.5GHz 的卫星直播电视信号，可以获得与标准的 1.2m 抛物面天线相似的接收信号质量。

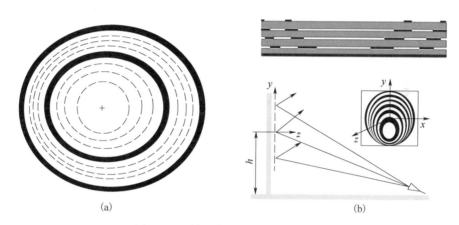

图 26.35 偏置菲涅尔平板反射器天线

(a)印刷四层偏置反射器；(b)带有椭圆区域的偏置菲涅尔平板反射器天线。

26.9 曲面 FZP 天线

1. 轴对称 FZP 天线

二维或三维曲面 FZP 透镜可以放置在任意形状的表面上，而具有旋转结构的透镜是最简单和有效的。与平面 FZP 透镜相比，3D 或曲面 FZP 透镜具有更多的参数优化自由度。例如，在轴对称锥形透镜中，第三个维度是与锥体半角 α 有关的透镜长度(厚度)t。

通常，已知的曲面介电 FZP 由遵循菲涅尔区表面曲率的相位校正元件(肋/波纹)组成，在毫米波和太赫兹频率下很难加工制造。

第一个曲面 FZP 透镜天线的全面研究工作可以追溯到 20 世纪 70 年代初，K. Dey 和 P. Khastgir 研究了这种微波频段曲面平板天线的衍射理论。在基尔霍夫衍射积分的基础上，对球面和抛物面平板天线进行了严格的理论研究（Dey and Khastgir,1973a,b,c; Khastgir et al. ,1973）。结果表明，对于给定的天线孔径，微波频段球面和抛物面 FZP 透镜/天线在以下两个方面优于平板透镜/天线：①可以构建更多的区域数目；②沿着平板轴线可以获得更大的聚焦增益和分辨率。后来，Khastgir 和 Bhomwmick（1978）分析了在具体的旋转抛物体情况下确定曲面带板的偏轴散焦问题。

为了获得精确的解 Dey 和共同作者已经分别完成了每个平板曲率的理论研究。Kamburov 等人提出了适用于任何透镜形状的基尔霍夫衍射积分（KDI）的近似通用解（2005）。KDI 理论基于圆锥段透镜曲线近似，适用于半波轴对称 FZP 天线。远区电场的矢量方程由以下关于天线-极化和交叉极化辐射模式，指向增益和辐射效率的后续表达式导出。所提出的理论被用于对具有相同直径的平坦、圆锥形、抛物面和球形孔径的 140GHz 曲面半开放式 FZP 透镜天线的数值分析和比较。

图 26.36(a) 所示，具有位于透镜主焦点 P_1 处的馈源的曲面半开放式 FZP 透镜天线的几何形状（Hristov et al. ,2005）。曲面 FZP 透镜假定为轴对称表面，透镜的焦距是 $F = F_a + t$。来自 P_1 的球面波被凹面透镜照射，第 m 和第 $(m-1)$ 个分区的半径 b_m 和 b_{m1} 由等式（26.24）给出。图 26.36(b) 给出了工作在 2GHz 的两个 FZP 透镜天线的主极化辐射方向图计算结果（HristovFeick,2001）。每个天线由喇叭馈电。第一个天线的透镜是一个直径 30m 的大平板。第二个透镜是一个具有相同孔径的半球形板（壳）。平面和球面 FZP 透镜也有相同的半径和焦距（$R = F = 15$m）。

表 26.1 列出了两个天线的主要参数。由于表面曲率差异，半球形 FZP 透镜的照射区域是平面 FZP 透镜的 1.65 倍。为了实现相同的 10dB 边缘照射，两个天线的馈源增益应当不同。从表 26.1 可以得出结论：对于相同尺寸的孔径而言，与平面 FZP 透镜天线相比，曲面 FZP 透镜天线具有更大的增益和效率以及更窄的主波束。

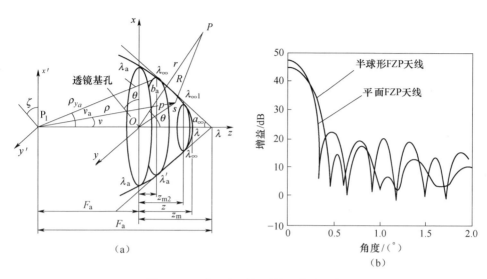

图 26.36 菲涅尔平板透镜天线的远场

(a)曲面天线的几何形状;(b)平面和球面菲涅尔平板透镜天线的增益辐射方向图。

表 26.1 平板和半球形 FZP 透镜天线的对比表

参数/FZP 天线	区域数量	馈源增益/dB	天线增益/dB	波束宽度/(°)	天线效率/%
平板 FZP 透镜天线	82	10.6	44.8	0.33	7.7
半球形 FZP 透镜天线	135	4.3	47.7	0.28	15.2

Delmas 等人(1993)在抛物反射面基础上,提出并加工一种包括金属环平板的抛物面 FZP 天线。更确切地说,抛物面波平板反射面天线被设计和构建成具有两个对称衍射焦点 P_1 和 P_2,它们之间具有大约 40°的角间距。天线样机被用于同时接收来自两个不同对地静止卫星的电视信号。在 12GHz 的频率下,由直径为 900mm 的抛物面反射器支撑的单层平板天线尺寸和参数为:抛物面焦距 F_p = 290mm,横向衍射焦距 620mm,总区数 N = 10,抛物反射面上方的平板高度 = 6.25mm,峰值增益 35dB,3-dB 波束宽度 2°,旁瓣电平 −20dB,交叉极化电平 −22dB。

I. Minin 和 O. Minin 在曲面 FZP 透镜天线领域提出重要理论和实践进展。研究人员已经在 40~95GHz 的频率范围内(Mini 和 Minin,1988,1989,1990,

2004,2005,2008a)开发和研究了许多球面、抛物面和锥形介质 FZP 透镜天线。所研究的 FZP 天线样机之一是 $D/\lambda = 36$ 且 $D/F = 1.48$ 的半波相位反转球形平板天线,测得的天线增益为 34dB,H 和 E 面旁瓣电平分别小于 -28dB 和 -18dB。

如图 26.37(a)所示,由圆锥形和抛物面两部分组成的复合圆锥形抛物面透镜天线。安装在车顶的半球形 FZP 透镜天线(图 26.37(b))用于接收卫星电视信号。FZP 天线样是由凹槽介质壳体制成,这些壳体同时起 FZP 透镜和天线罩的作用。在 Minin 和 Minin(2008a)的研究论文中,抛物线(反射)天线和 FZP(衍射)天线之间的特性如表 26.2 所列,所包含的特性主要与卫星电视接收和通信有关。

(a)   (b)

图 26.37 曲线 FZP 样机

(a)复合曲线菲涅尔平板透镜天线;(b)用于接收卫星电视信号的车顶半球形菲涅尔平板透镜天线。

表 26.2 抛物面天线和 FZP 天线的特性

	抛物面(碟形)天线	FZP(衍射)天线
光学图	反射面天线	透镜或反射面天线
馈源遮挡	是	是/否
表面形状	固定(抛物线)	任意
制作材料	金属或碳	低损耗介质(塑料)
加工精度	$\pm\lambda/32$	$\pm\lambda/5 - \pm\lambda/10$
卫星指向	通过旋转整个天线	只移动接收器
多波束模式	受限	$\pm 15° \sim 20°$
频带	宽频	可变的窄带

2. 圆柱形 FZP 透镜天线

Ji 和 Fujita(1996)提出了具有均匀水平辐射方向图的柱面 FZP 透镜天线。图 26.38(a)中的边缘高度 b_n 通过对应于平坦的 FZP 区半径式(26.2)计算得到。I. Minin 和 O. Minin 提出了更精确的边缘高度的经验公式,可以进一步提高天线增益。

由于二进制圆柱形 FZP 天线是一种低效率的辐射结构,该天线的不透明菲涅耳区是薄的圆形金属环,馈源是位于中心点 O 处的半波偶极子(图 26.38(a))。

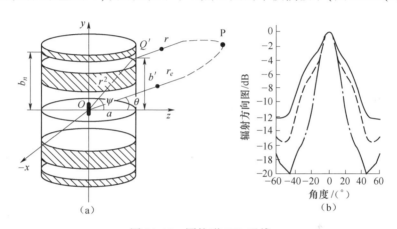

图 26.38　圆柱形 FZP 天线

(a)原始圆柱形 FZP 透镜天线的几何形状;(b)二进制(实线),
相位反转(虚线)和四分之一波 FZP 天线(点划线)的 yOz 平面辐射图。

基于原来的二进制 FZP 结构,学者提出了几种提高辐射效率的设计方案(Hristov,1999)。如平面 FZP 透镜一样,通过相位反转或四分之一波相位校正来代替二进制波带片结构来提高效率。利用数值算法研究一个直径为 80mm 的 9GHz 圆柱形菲涅耳天线。图 26.38(b)为在水平面 xOz 中具有主波束最大值时,垂直面 yOz 的辐射方向图。二进制、相位反转和四分之一波相位校正的透镜天线,增益分别为 5.1dB,6.4dB 和 7.7dB。

如果圆柱形菲涅耳区天线的上半部分设置在接地板上,采用四分之一波长单极天线馈电,则得到了不对称的带状透镜天线(Hristov,1999)。不对称天线具有略微倾斜于地平线朝上的辐射波束,对称和非对称圆柱形菲涅耳天线非常适合用作无线通信和广播无线电系统中的基站或车载移动天线。

26.10 太赫兹频段 FZP 天线

1. 简介

太赫兹频率范围为 100~10000GHz 或(0.1~10THz)(Lee,2009)。通常 100 和 1000GHz 之间的频率被称为低太赫兹或亚太赫兹频率,其对应的自由空间波长为 3~0.3mm。太赫兹波段出现两个重要问题:一个是保持低损耗,这就需要使用低损耗的固体介质或低介电常数的泡沫介质材料(Wiltse,2012)。取决于相位校正的阶数,凹槽介质 FZP 透镜可能是波长的很小一部分。对于 500GHz ($\lambda = 600\mu m$)的频率和介电常数 $\varepsilon = 2.1$(特氟隆),每个四分之一波长槽的高度 w_1 由式(26.8)可得等于 $333\mu m$。这个尺寸仍可加工实现。在更高频率和更精细的相位校正中,介电常数在 1.03~1.05 左右的塑料(如致密泡沫)可能更合适。对于相同的频率和 1.05 的介电常数,凹槽深度为 6mm。FZP 透镜易于加工但较厚。对于更高的太赫兹频率,需要使用特殊的微电子技术,如化学沉积。论文(Walsby et al.,2002;Wang,2002)介绍了通过在高电阻率硅上使用光刻和反应离子蚀刻加工太赫兹 FZP 透镜的例子。半个世纪前(Sobel et al.,1961;Cohn et al.,1962;Cotton et al.,1962)报道了用于构建无线传输天线的毫米波和低太赫兹相位修正平板天线的设计和实际基础。最近,Goldsmith 和 Moore(1984)、Wiltse(1994,2004)、Goldsmith(1998)的论著中研究和介绍了重要的理论和设计方法。

2. 用于集成电路(IC)系统的低太赫兹 FZP 天线

Gouker 和 Smith(1992)提出并制作了一个与测辐射热计装置集成的折叠式 FZP 透镜天线。二进制波带片透镜印刷在带地板的熔融石英基片上,其中金属接地板用作 FZP 的反射器。另一侧,在焦点 $z=F$ 处印刷条形偶极子。由偶极子端处的铋辐射测量计检测由谐振馈电偶极天线收集的能量。所有组件都使用简单的集成电路(IC)技术制造。FZP 天线设计的另一个特点是小的焦径比(F/D 的范围为 0.1~0.5)。本节所述天线样机的设计频率为 230GHz($\lambda \approx 1.3mm$)。基于衍射 Kirchhoff 积分,作者研究了天线辐射方向图计算的远场理论。$F=10mm$、$D=21.4mm$ 的 FZP 天线样机的测量结果与衍射理论的一致性很好。实测的平均增益为 23.3dB,E 平面 3dB 波束宽度为 4.2°。

3. 低太赫兹背腔 FZP 透镜天线

Xu 等人的文章(2003)提出了一种集成在低温共烧陶瓷(LTCC)中的小型

270GHz 背腔二进制 FZP 透镜天线。图 26.39 为侧视图和正视图。这种低太赫兹 FZP 透镜天线的增益通过侧壁和接地平面形成的后腔来提高。利用非常紧凑的馈源过渡结构就可以实现更宽的输入匹配。

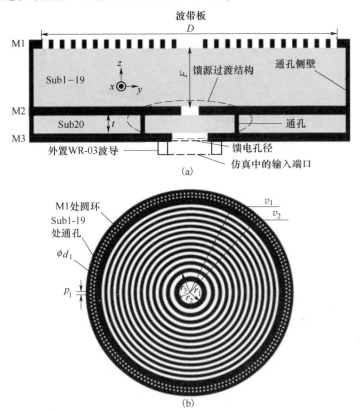

图 26.39　270GHz 频段背腔 FZP 透镜天线

(a)侧视图；(b)正视图。

测量结果表明,背腔式 FZP 天线在 270GHz 时达到峰值增益 20.8dB,3dB 增益带宽为 9.1GHz(或约 4%)。这些结果很好地验证了设计概念、制造工艺和测量方法。本节所提出的紧凑型 FZP 天线是未来的太赫兹介质集成平面天线系统的有力竞争者。

4. 太赫兹频率下的微波 FZP 天线

Hristov 在 50~1550GHz 频带(Hristov,2011)使用矢量基尔霍夫-菲涅耳衍射理论研究二进制 90GHz FZP 透镜天线的频率和空域天线性能。透镜由低损

耗薄衬底上印制的 10 个薄金属环组成,在计算过程中考虑了材料的损耗。透镜天线的直径 $D=100\text{mm}$,焦距 $F=66.7\text{mm}$。最外面的(第 10 个)菲涅耳区受到宽度为 $\Delta b = 2.83\text{mm}$ 的窄环的遮挡。馈源喇叭的方向性增益函数为 $G_f(\Psi) = 2(q+1)\cos^q\Psi$,在整个频带内保持不变。二进制菲涅尔平板透镜在初级(设计)频率 $f_1 = 90\text{GHz}$ 和所有奇数次级太赫兹谐波($3f_1 = 270\text{GHz}, 5f_1 = 450\text{GHz}$,等)产生相同的定向增益约为 29dB,图 26.40(a)所示。梳状频率响应表明 FZP 透镜天线具有滤波能力。对于目前的 FZP 设计,所有谐波增益峰值在形状、带宽(16.5GHz)和最高值上都是相同的。测量结果如预期,天线孔径效率随着频

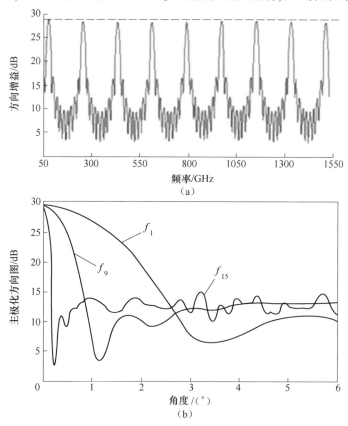

图 26.40 二进制 FZP 透镜天线的频域和空间域响应
(a)定向增益与频率的关系;(b)三个谐波频率 $f_1=90\text{GHz}$,
$f_9=810\text{GHz}$ 和 $f_{15}=1350\text{GHz}$ 的主极化辐射方向图。

率升高而快速下降,遵循反向奇数谐波比率1、$(1/3)^2$、$(1/5)^2$等。很明显,在太赫兹谐波频率下,天线辐射孔径不能被有效利用。然而这样的低效率对于所有超宽带或频率无关天线来说是非常普遍的。例如,工作频率为10GHz的1~20GHz微波带阿基米德天线仅有约0.5%的孔径效率。

FZP天线方向图波束宽度严格遵循所有太赫兹谐波的瑞利分辨率准则。很明显,如果天线的分辨率是最重要的,那么低效率不是重要问题。通过额外增加放大器,微波FZP透镜天线也可以用于太赫兹应用。FZP分辨率随着高次谐波的增加而增加,图26.40(b)中2.4°、0.26°和0.15°分别对应于频率90、810和1350GHz。另外,本节所研究的FZP透镜天线具有非常高的轴向极化比(90GHz时AR>55dB,1350GHz时AR>75dB)。

生产简单和规则尺寸的FZP微波结构不需要独特和昂贵的微技术。FZP已在将空间和频率分辨率视为关键因素的多个领域应用,包括太赫兹计量、医学和安检的层析成像、有机和无机材料光谱分析以及射电天文等。

5. 微波和太赫兹FZP透镜天线与普通透镜天线对比

与笨重的普通介质透镜相比,凹槽介质FZP透镜具有非常重要的优点,即厚度薄,质量轻,易于生产(图26.41(a))。四分之一波长FZP天线的计算机仿真模型如图26.41(b)所示。用于比较的普通透镜和FZP透镜天线的太赫兹设计参数为$f=1.5$ THz(或$\lambda=0.2$mm),$F=4.55$mm,$D=4.83$mm(Rodriguez et al.,2011;Hristov and Rodriguez,2013)。太赫兹透镜样机的材质为TPX聚合物,$\varepsilon=2.09$,$\tan\delta=0.0132$。类似的微波透镜设计参数为$f=38$GHz,$F=180$mm和$D=190.7$mm。在微波频率,相同的TPX聚合物的材料参数为$\varepsilon=2.13$和$\tan\delta=0.0043$。两个天线均由圆形16dB的波纹喇叭馈电。利用CST Microwave Studio软件对太赫兹FZP透镜天线和微波FZP透镜天线进行了数值研究,并与普通的平面—双曲面透镜进行对比。从彩图26.42可以看出,对于四阶以上的FZP相位校正,FZP和普通透镜天线具有相近的实现增益,类似的波束宽度以及相当的交叉极化和失配情况。例如,在38GHz的微波频率下,八阶微波FZP天线的增益比普通透镜天线低1.7dB(图26.42(b)),而对于相应的1.5HHz天线,二者的增益差异非常小。如图26.42(a)所示,在微波或太赫兹频段,FZP透镜天线与普通透镜天线相比是窄带的。尽管如此,其在1.5THz频段的绝对带宽超过了500GHz,对于大多数无线应用来说这是一个非常宽的频率范围。

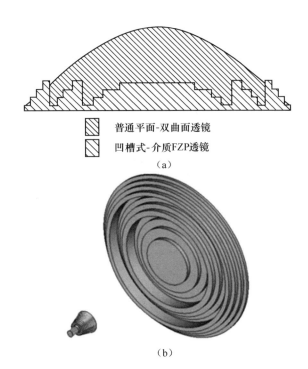

图 26.41 介质透镜和天线

(a)普通透镜和 FZP 透镜轮廓对比;(b)具有波纹喇叭馈源的 1.5THz 凹槽介质四分之一波长 FZP 透镜天线的计算机仿真模型。

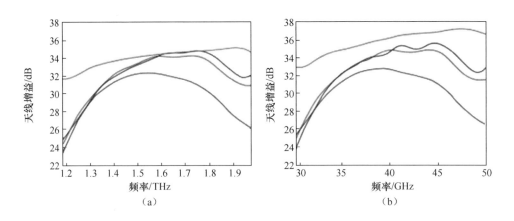

图 26.42 实现的天线增益图与频率的关系(彩图见书末)

(a)太赫兹;(b)微波频段,其中 2、4、8 阶 FZP 分别对应棕线、绿线、蓝线,平面双曲线为红线。

26.11 平环圆锥形菲涅耳区天线:低太赫兹天线

1. 引言

基于由平面介质环组成的锥形菲涅耳区(CFZ)透镜的透镜天线是最近完成项目的研究主体(Rodriguez et al.,2011;Hristov et al.,2012)。3D 透镜源自 Wood 型平面倒相 FZP。通过 CST 仿真,设计研究了一个与截锥面共形的低太赫兹 CFZ 平环透镜组件。每个 CFZ 透镜的关键参数是以度数表示的圆锥半角 α 和环数 ν。简而言之,锥形 FZ 透镜可以简写为 CFZ.ν.α。CFZ 透镜天线与平板 FZP 和普通透镜天线相比,其孔径和焦距都相同。

2. 透镜几何结构和天线模型

图 26.43(a)示出了具有两个平坦介质环的锥形菲涅耳带透镜的几何结构。从透镜凸面采用轴向平面波照射。采用矩形开放波导(OWG)馈电的 CFZ.6.75 透镜天线如图 26.43(b)所示。

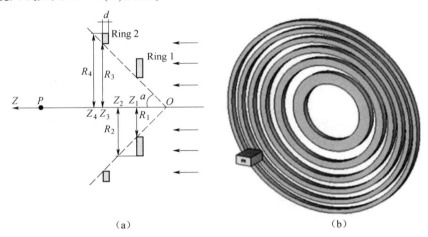

图 26.43 锥形平环 FZ 透镜天线

(a)透镜几何形状;(b)采用 OWG 馈电的 3D CFZ.6.75 天线。

3. CFZ 透镜的设计方程

对于给定的设计波长 λ_0、半锥角 α 和焦距 F,第 n 个区域半径 R_n 和轴向区域位置 Z_n 可由如下方程组计算:

$$R_n = \sqrt{2\Lambda(n)F + \Lambda^2(n) + \left(\frac{\Lambda(n)}{\tan\alpha}\right)^2} - \frac{\Lambda(n)}{\tan\alpha} \qquad (26.37)$$

$$Z_n = \frac{R_n}{\tan\alpha} \qquad (26.38)$$

式中:$n = 1, 2, \cdots, N$ 是一个整数序列,$N = 2\nu$ 是所有半波(菲涅耳)区域的数目, $\Lambda(n) = n\lambda/2$ 是一个半波区域函数。

CFZ 透镜中的奇数区域是空气(介电常数 $\varepsilon_1 = 1$)的开放孔径。偶数区域上的相位反转环由具有特殊介电常数 $\varepsilon_2 \geq 2$ 的低损耗介质制成。在空气中平面介质环制成的锥形透镜中,环厚度 d 由 $d = \lambda/2(\sqrt{\varepsilon_2 - 1})$ 计算。除了在空气中,介质环组件还可以嵌入在低介电常数($1.03 < \varepsilon_2 < 1.07$)的固体或液体介质中。

4. CFZ 天线的设计数据

设计频率 $f = 229$GHz,焦距 $F = 30$mm,$D \approx 42.6$mm($f = F/D = 0.704$),$\alpha = 75$ 度,$\varepsilon = 2.25$,$\tan\delta = 0.0004$。对于所列出的设计频率和尺寸,CFZ 透镜具有六个深度 $d = 1.1$mm 的介质环。根据上述缩写,透镜可以记为 CFZ.6.75。

5. 透镜聚焦场强图

彩图 26.44(a)、(b)分别给出了平面波照时 CFZ.6.75 透镜和经典平面双曲面(PH)透镜的 yOz 平面计算机仿真聚焦图。明显的是,CFZ.6.75 透镜具有稍小的分辨角 ε(横向分辨率)和更好的轴向分辨率。与传统的 PH 透镜相比,如此大的轴向聚焦增强可以产生更小的球面像差和 3D 聚焦点。

6. CFZ.6.75 透镜天线

在彩图 26.45 中对比了 CFZ.6.75 透镜和相应的平面—双曲面透镜天线的 E 面(红线)、H 面(蓝线)和 45°面(绿线)的辐射方向图。每个天线的 E 平面和 H 平面辐射方向图很好地重叠。

表 26.3 列出了三个天线的主要辐射参数,三者的孔径尺寸和焦距都相等。主要天线参数缩写:G——归一化增益,HPBW——半功率波束宽度,SL——最大旁瓣电平,XP——最大交叉极化电平。

7. 结论

对于相同的设计波长 1.31mm,焦距 30mm,孔径直径约 42.6mm,本节所研究的平面 FZP 透镜天线的增益劣于相位反转 CFZ.6.75 透镜和 PH 透镜天线。后两个天线具有类似的辐射特性,但 CFZ.6.75 透镜天线重量更轻,具有显著的结构和技术优势。当然,与相应的普通折射透镜相比具有更精细相位校正(四

分之一波长,八分之一波长等)的 CFZ 透镜天线将会提供更加优异的辐射性能。圆锥形透镜天线的主要缺点是其较长的长度和占用体积较大。

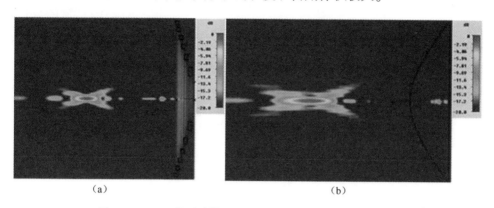

图 26.44　(a)曲面透镜 CFZ.6.75 和(b)平面双曲线(PH)透镜在 yoz 平面的平面波照射聚焦增益图(彩图见书末)

表 26.3　透镜天线的辐射参数

天　　线	G/dB	HPBW/(°)	SL/dB	XP/dB
平面 FZ 透镜天线	30.7	1.85	−20.5	−37.0
CFZ.6.75 透镜天线	32.0	1.85	−19.8	−33.1
平面双曲线(PH)透镜天线	32.6	1.95	−22.6	−30.3

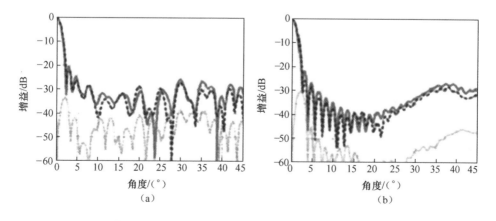

图 26.45　(a)CFZ.6.75 透镜天线和(b)PH 透镜天线的主极化和交叉极化辐射方向图(彩图见书末)

参考文献

Baggen LC, Herben M (1993) Design procedure for a Fresnel-zone plate antenna. Int J Infrared Millim Waves 6:1341-1352

Baggen LC, Jeronimus CJ, Herben M (1993) The scan performance of the Fresnel zone plate antenna: a comparison with the parabolic reflector antenna. MicrowOpt Technol Lett 13:769-774 (Correction in vol 14, p 138)

Black D, Wiltse J (1987) Millimeter-wave characteristics of phase-correcting Fresnel zone plates. IEEE Trans Microw Theory Technol 12:1122-1128

Bruce E(1939) Directive radio system. US Patent 2.169.553

Bruce E(1946) Directive radio system. US Patent 2.412.202

Burnside WD, Burgener KW (1983) High frequency scattering by a thin lossless dielectric slab. IEEE Trans Antennas Propag 1:104-110

Clavier A, Darbord R(1936) Directional radio transmission system. US Patent 2.043.347

Cohn M, Wentworth F, Sobel F, Wiltse J(1962) Radiometer instrumentation for the 1 to 2 millimeter wavelength region. Proc IRE 1962 Nat Aerospace Electronics Conf: 537-541

Cotton J, Sobel F, Cohn M, Wiltse J(1962) Millimeter wave research. Electronics Communications Inc., Dayton: 512-518

Delmas JJ, Toutain S, Landrac G, Cousin P(1993) TDF antenna for multi-satellite reception using 3D Fresnel principle and multilayer structure. IEEE Int Antenna PropagatSymp Digest, vol2, Ann Arbor: 1647-1650

Dey K, Khastgir P(1973a) Comparative focusing properties of spherical and plane microwave zone plate antennas. Int J Electron 35:497-506

Dey K, Khastgir P(1973b) A study of the characteristics of a microwave spherical zone plate antenna. Int J Electron 35:97-103

Dey K, Khastgir P (1973c) A theoretical study of the axial field amplitude of microwave paraboloidal, spherical and plane zone plate antennas. J Inst Electron Telecommun Eng: 697-700

Fresnel AJ(1866) Calcul de l'intensité de la lumiére au centre de l'ombre d'un écran. Euvres-Complét 1:365-372

Fan Y, Ooi B-L, Hristov HD, Leong M-S(2010) Compound diffractive lens consisting of Fresnel zone plate and frequency selective screen. IEEE Trans Antennas Propag 6:1842-1847

Gagnon N, Petosa A, McNamara DA (2010) Thin microwave quasi-transparent phase-shifting surface (PSS). IEEE Trans Antennas Propag 4:1193-1201

Gagnon N, Petosa A, McNamara DA (2012) Printed hybrid lens antennas. IEEE Trans Antennas Propag 5:2514-2518

Gagnon N, Petosa A, McNamara DA (2013) Research and development on phase-shifting surfaces (PSSs). IEEE Antennas Propag Mag 2:29-48

Garrett J, Wiltse JC (1991) Fresnel zone plate antennas at millimeter wavelengths. Int J Infrared Millim Waves 12:195-220

Goldsmith PF, Moore EL (1984) Gaussian optics lens antennas. Microw J 7:153

Goldsmith PF (1998) Quasioptical systems: gaussian beam quasioptical propagation. IEEE Press, Piscataway Guo YJ, Barton S, Wright T (1991) Design of high-efficiency Fresnel zone plate antennas. IEEE Antennas PropagSymp 182-185

Guo YJ, Barton S (1992) A high-efficiency quarter-wave zone plate reflector. IEEE Microw-Guided Wave Lett 12:470-471

Guo YJ, Barton S (1993a) Fresnel zone plate reflector incorporating rings. IEEE Microw Guided Wave Lett 3:417-419

Guo YJ, Barton S (1993b) On the subzone phase correction of Fresnel zone plate antennas. Microw-Opt Technol Lett 6:840-843

Guo YJ, Sassi IH, Barton S (1994) Multilayer offset Fresnel zone plate reflector. IEEE Microw Guided Wave Lett 6:196-198

Guo YJ, Barton S (1995) Phase correcting zonal reflector incorporating rings. IEEE Trans Antennas Propag 43:350-355

Guo YJ, Barton S (2002) Fresnel zone antennas. Kluwer, Norwell Gouker MA, Smith GS (1992) A millimeter-wave integrated-circuit antenna based on the Fresnel zone plate. IEEE Trans Microw Theory Tech 5:968-977

Hajian M, de Vree GA, Ligthart LP (2003) Electromagnetic analysis of beam-scanning antenna at millimeter-wave band based on photoconductivity using Fresnel-zone-plate technique. IEEE Antennas Propag Mag 5:13-25

Hristov HD, Herben M (1995) Millimeter-wave Fresnel zone plate lens and antenna. IEEE Trans Microw Theory Tech 2770-2785

Hristov HD (1996) The multi-dielectric Fresnel zone plate antenna-a new candidate for DBS reception. IEEE Int Antennas PropagatSymp, Baltimore 1:746-749

Hristov HD(1999) Variety of cylindrical Fresnel zone plate antennas. IEEE Int Antennas Propagat-Symp Digest 2:750–753

Hristov HD(2000) Fresnel zones in wireless links, zone plate lenses and antennas. Artech House, Boston-London

Hristov HD, Feick R(2001) The dome-like Fresnel-zone antennas(or how to convert a dome intoantenna). IEEE USNC/URSI Radio Science Meeting Digest, Boston: 46

Hristov HD, Kamburov LP, Urumov JR, Feick R(2005) Focusing characteristics of curvilinear halfopen Fresnel zone plate lenses: plane wave illumination. IEEE Trans Antennas Propagat6:1912–1919

Hristov HD(2011) Terahertz harmonic operation of microwave Fresnel zone plate and antenna: frequency filtering and space resolution properties. Int J Antennas Propagat 12:1. doi:10.1155/2011/541734, 8 pages

Hristov HD, Rodriguez JM, Grote W(2012) The grooved-dielectric Fresnel zone plate: effectiveterahertz lens and antenna. MicrowOpt Technol Lett 6:1943–1948

Hristov HD, Rodriguez JM(2013) Design equation for Fresnel zone plate lens. IEEE MicrowWirel Compon Lett 11:574–576

Huder B, Menzel W(1988) Flat printed reflector antenna for mm-wave applications. Electron Lett 24:318–319

Jackson JD(1975) Classical electrodynamics. Wiley, New York

Ji Y, Fujita MA(1996) A cylindrical Fresnel zone antenna. IEEE Trans Antennas Propagat:1301–1303

Kamburov LP, Hristov HD, Urumov JR, Feick R(2005) Curvilinear Fresnel-zone lens antenna: vector radiation theory. Int J Infrared MilimWaves Theory 11:1593–1611

Kamburov LP, Rodriguez JM, Urumov JR, Hristov HD(2014) Millimeter-wave conical Fresnel zone lens of flat dielectric rings. IEEE Trans Antennas Propagat 4:2140–2148

King M, Rodgers J, Sobel F, Wentworth F, Wiltse J(1960) Quasi-optical components and surface waveguides for 100-to 300-Gc frequency range. Electronic Communications, Inc. Report No. 2 on Contract AF19(604)-5475

Khastgir P, Bhomwmick KN(1978) Analysis of the off-axis defocus of microwave zone plate. Indian J Pure Appl Phys 16:96–101

Khastgir P, Chakravorty JN, Dey K(1973) Microwave paraboloidal, spherical and plane zone plateantennas: a comparative study. Indian J Radio Space Phys 1:47–50

Lazarus M, Silvertown A, Novak S (1979) Fresnel-zone plate aids low-cost Doppler design. Microwaves 11:78–80

Lee Y-S(2009) Principles of terahertz science and technology. Springer Science, LLC, New York Leiten L, Herben M(1992) Vectorial far field of the Fresnel-zone plate antenna: a comparison with the parabolic reflector antenna. MicrowOpt Technol Lett 5:49–56

Maddaus AI(1948) Fresnel zone plate antenna. Naval Research Lab, Washington, DC, Report R-3293

Mawzones Ltd(1992) Leaflet. Herts Minin I, Minin O(1988) Diffraction lenses on parabolic surfaces. ComputOpt 3:21–29

Minin I, Minin O(1989) Invariant properties of elements of diffraction quasioptics. Comput Opt6: 89–97

Minin I, Minin O(1990) Paraboloidal zone plates: an experimental study. ComputOpt 1:5–9

Minin I, Minin O(2004) Diffraction optics of millimeter waves. IOP Institute of Physics, London

Minin I, Minin O(2005) Three dimensional Fresnel antennas. In: Tazon A(Ed) Advances on antennas, reflectors, and beam control. Research Singpost, India 115–148

Minin I, Minin O(2008a) Basic principles of Fresnel antenna arrays. Springer Academic, Berlin

Minin I, Minin O (2008b) Development and application of 3D diffractive antennas. TELE-Satell-Broadband 5:14–16. www.TELE-satellite.com

Minin I et al. (2005) Flat and conformal zone plate antenna with new capabilities. Proc Int Conf Apl Electromagnetics, Dubrovnik, pp 405408

Mottier P, Valette S(1981) Integrated Fresnel lens on thermally oxidized silicon substrate. Appl Optics 20:1630–1634

Myers OE(1951) Studies of transmission zone plates. Am J Phys 19:359–365

Norden Systems, Inc(1984) Millimeter-wave radio series 380. Data sheet Ojeda-Castañeda J, Gómes-Reino C(eds)(1996) Selected papers on zone plates, vol 128, SPIE milestone series. Bellingham, Washington, DC

Orazbaev B, Beruete M, Pacheco-Pena V, Crespo G, Teniente J Navarro-Cia M(2015) Wood zone plate fishnet metalens. E Sciences, EPJ Appl Metamat 2:6 pages

Petosa A, Ittipiboon A (2003) Design and performance of a perforated dielectric Fresnel lens. IEEProcMicrow Antennas Propagat 10:309–314

Petosa A, Ittipiboon A, Thirakone S(2006) Investigation on arrays of perforated dielectric Fresnel lenses. IEE Proc Microw Antennas Propagat 3:270–276

Reid DR, Smith G(2006) A full electromagnetic analysis for the Soret and folded zone plate antennas. IEEE Trans Antennas Propagat 12:3638-3646

Reid DR, Smith G(2007) Full electromagnetic analysis of grooved-dielectric zone plate antennas for microwave and millimeter-wave applications. IEEE Trans Antennas Propagat 2138-2146

Rodriguez JM, Hristov HD, Grote W(2011) Fresnel zone plate and ordinary lens antennas: comparative study at microwave and terahertz frequencies. 41st EU Microwave Conf(EuMC-20011):894-987

Sanyal GS, Singh M(1968) Fresnel zone plate antenna. J Inst Telecommun Eng, India 265-281

Sazonov D(1999) Computer-aided design of holographic antennas. IEEE Int Antennas and Propagat-Symp, Orlando, Fl, Symp Digest, 2:738-741

Silver S(1984) Microwave antenna theory and design. Peter Peregrines, London

Shuter WL, Chan CP, Li EW, Yeung AK(1984) A metal plate Fresnel zone lens for 4GHz satellite TV reception. IEEE Trans Antennas Propagat 3:306-307

Sluijter J, Herben MHA, Vullers OJG(1995) Experimental validation of PO/UTD applied to Fresnel zone plate antenna. MicrowOpt Technol Lett 2:111-113

Sobel F, Wentworth FL, Wiltse JC(1961) Quasi-optical surface waveguides and other components for the 100-to 300-Gc Region. IRE Trans Microw Theory Tech MTT-9:512-518

Soret J(1875) Ueber die durchKreisgittererzeugtenDiffractionsphunomene. Annalen der Physikund-Chemie 156:99-113

Suhara T, Kobayashi K, Nishihara H, Koyama J(1982) Graded-index Fresnel lenses for integrated optics. Appl Opt 1966-1971

Sussman M(1960) Elementary diffraction theory of zone plates. Am J Physics 11:394-398

Thornton, Strozyk(1983) MCPR-An LPI wideband cable replacement radio. Proc IEEE Southcon-83, Atlanta GA: 21/2-1-21/2-14

Van Buskirk LF, Hendrix CE(1961) The zone plate as a radio frequency focusing element. IRE Trans Antennas Propagat 9:319-320

Van Houten JM, Herben M(1994) Analysis of phase correcting Fresnel-zone plate antenna with dielectric/transparent zones. J EM Waves Applications 8:847-858

Walsby ED, Wang S, Xu J, Yuan T, Blaikie R, Durbin SMT, Cumming DRS(2002) Multilevel silicon diffractive optics for terahertz waves. J Vac Sci Technol B 6:2780-2783

Wang S, Yuan T, Walsby ED, Blaikie RJ, Durbin SM, Cumming DRS, Xu J, Chang X-C(2002) Characterization of T-ray binary lenses. Opt Lett 13:1183-1185

Webb G(2003) New variable for Fresnel zone plate antennas. In: Proceedings of the 2003 Antenna Applications Symp, Allerton Park, Monticello

Webb G, Minin IV, Minin OV(2011) Variable reference phase in diffractive antennas: review, applications and new results. IEEE Antennas Propag Mag 2:78-94

Wiltse J(1985) The Fresnel zone-plate lens. Proc SPIE Symp: 41-47

Wiltse JC(1994) Millimeter wave Fresnel zone plate antennas. Chapter 11, Handbook of millimeter wave and MW engineering for communications and radar(book), SPIE CR54. Bellingham:272-293

Wiltse JC(1998) High-efficiency high-gain Fresnel zone plate antennas. Proc SPIE 3375:286-290

Wiltse JC(2004) Diffraction optics for terahertz waves. Proc SPIE 5411:127-135

Wiltse JC(2012) Fresnel zone plates antennas at terahertz, millimeter-waves and microwave frequencies. Unpublished book

Wood RW(1898) Phase-reversal zone plates and diffraction telescopes. Philos Mag 45:511-523

Wood RW(1934) Physical optics, 3rd edn. The MacMillan Co, New York

Xu J, Chen ZN, Qing X(2013) 270-GHz LTCC-integrated high-gain cavity-backed Fresnel zone plate lens antenna. IEEE Trans Antennas Propagat 4:1679-1687

Yamauchi S, Honma S, Honma T, Nacano H(1990) Focusing properties of Fresnel zone-plate and its applications to a helix radiating a circularly polarized. Electronics Communications Jpn 9:107-113

附录:缩略语

A

AAS	adaptive active antennas 自适应有源天线	
ABF	analogue beam forming 模拟波束成形	
ABS	absorbing strip 吸收条带	
ABS	acrylonitrile butadiene styrene 丙烯腈-丁二烯-苯乙烯	
AC	alternating current 交流	
ACL	auxiliary convergent lens 辅助聚焦透镜	
A/D	analog to digital 模数变换	
ADC	analog-digital converter 模数转换器	
ADG	actual diversity gain 实际分集增益	
A-EFIE	augmented electric field integral equation 增广电场积分方程	
AF	array factor 阵列因子	
A4WP	Alliance for Wireless Power 无线电力联盟	
AiP	antenna-in-package 封装天线	
AIS	air-insulated substations 空气绝缘变电站	
ALTSA	antipodallinearly tapered slot antenna 对拓线性渐变缝隙天线	
AM	additive manufacturing 增材制造	
AM	amplitude modulation 调幅	
AMC	artificial magnetic conductor 人工磁导体	
AMPS	advanced mobile phone system 先进移动电话系统	
AMSR	advanced microwave scanning radiometer 先进微波扫描辐射计	
AoA	angle of arrivals 到达角	
APAA	active phased array antenna 有源相控阵天线	
APEX	atacama pathfinder experiment 阿塔卡马探路者实验	
APM	alternating projection method 交替投影法	
APS	angular power spectrum 角功率谱	
AR	autoregressive 自回归	
AR	axial ratio 轴比	
ARBW	axial ratio bandwidth 轴比带宽	
ARQ	automatic repeat request 自动重传请求	
ASIC	application-specific integrated circuit 专用集成电路	
ASKAP	australian square kilometer array pathfinder 澳大利亚探路者平方公里阵列	
ATCA	australia telescope compact array	

附录：缩略语

	澳大利亚紧凑阵列望远镜		波束优化协议
AUT	antenna under test 待测天线	BSS	broadcasting satellite services
AWAS	analysis of wire Antennas and scatterers		广播卫星业务
	线天线和散射体分析程序	BST	base station 基站
AWG	arbitrary waveform generator	BTL	bell technical laboratories
	任意波形发生器		贝尔技术实验室
AWGN	additive white gaussian noise	BW	bandwidth 带宽
	加性高斯白噪声		
AZIM	anisotropic zero-index material		**C**
	各向异性零折射率材料	CA	carrier aggregation 载波聚合
		CAD	computer aided design
	B		计算机辅助设计
BAN	body area network 人体局域网	CA-RLSA	concentric array radial line slot antenna 同心阵列径向线缝隙天线
BAVA	balanced antipodal Vivaldi antenna	CARMA	combined array for millimeter astronomy 毫米波天文组合阵列
	平衡对拓维瓦尔第天线	CATR	compact antenna test range
BCE	beam capture efficiency		紧缩天线测试场地
	波束截获效率	CBCPW	conductor-backed cPW
BCNT	bundled carbon nanotube		金属背板共面波导
	成束碳纳米管	CBI	cosmic background imager
BCP	buckled cantilever plate 扣式悬臂板		宇宙背景成像仪
BCWC	body-centric wireless communication	CBM	condition-based maintenance
	人体中心无线通信		视情维护
BDF	beam deviation factor 波束偏差因子	CCE	capacitive coupling element
BER	bit error rate 误码率		容性耦合元件
BFN	beam-forming network	CCVS	charge-controlled voltage source
	波束形成网络		电荷控制电压源
BGA	ball grid array 球栅阵列	CDMA	code division multiple access
BHA	backfire helical antenna		码分多址
	背射螺旋天线	CEM	computational electromagnetics
BMI	brain-machine interface 脑机接口		计算电磁学
BOR	body-of-revolution 旋转体		
BRP	beam refinement protocol		

553

CFR	crest factor reduction 波峰因数降低		特征模分析
CFRP	carbon fiber-reinforced plastic 碳纤维增强塑料	CM-AES	covariance matrix adaptation evolutionary strategy 自适应协方差矩阵进化策略
CFZ	cone-like Fresnel zone 锥形菲涅尔区	CMIM	conventional mutual impedance method 传统互阻抗法
CHIME	canadian hydrogen intensity mapping experiment 加拿大氢强度映射实验	CMOS	complementary metal oxide semiconductor 互补金属氧化物半导体
CIARS	centre for intelligent antenna and radio systems 智能天线与射频系统中心	CMRR	common mode rejection ratio 共模抑制比
CLL	capacitively loaded loop 电容加载环	CNC	computer numerical control 计算机数控
CLONALG	clonal selection algorithm 克隆选择算法	CPS	coplanar stripline 共面带线
CM	condition monitoring 状态监测	CPW	coplanar waveguide 共面波导
EFIECMP-EFIE	calderón multiplicative preconditioned, Calderón 乘法预处理 EFIE	CR	crossover rate 交叉率
		CRLH	composite right/left handed 复合左右手
CNT	carbon nanotubes 碳纳米管	CRLH TL	composite right- and left-handed transmission line 复合左右手传输线
COP	center of projection 投影中心		
CP	circular polarization, circularly polarized 圆极化	CSI	channel state information 信道状态信息
CPU/MPU	central/micro processing unit 中央/微处理单元	CSS	chirp spread spectrum Chirp 频谱扩展
CS	cardinal series 主级数	CTE	coefficient of thermal expansion 热膨胀系数
CSO	caltech sub-millimeter observatory 加州理工大学亚毫米波天文台	CSRR	complementary split-ring resonator 互补开口环谐振器
CTIA	cellular telecommunications and internet Association 移动通信与互联网协会	CT	computed tomography 计算机层析成像
CM	common mode 共模	CT/LN	constant tangential/linear normal 常切向/线性法向
CM	constant modulus 恒模		
CMA	characteristic mode analysis		

CVD	chemical vapor deposition 化学气相沉积		DGS	defected ground structure 缺陷地结构
CVX	convex 凸优化		DGTD	discontinuous Galerkin time domain 时域间断伽辽金算法
CW	continuous-wave 连续波		DLA	discrete lens array 离散透镜阵列
CWE	cylindrical wave expansion 柱面波扩展		DLP	digital light project 数字光学投影
CWTSA	constant width tapered slot antenna 辐射槽宽恒定的渐变缝隙天线		DM	differential mode 差模
XPD	cross-polarization discrimination 交叉极化鉴别		DMN	decoupling and matching network 解耦匹配网络
XPI	crosspolar isolation 交叉极化隔离		DMS	defected microstrip structure 缺陷微带结构
XLPE	crosslinked polyethylene 交联聚乙烯		DNG	double-negative 双负
			DOA	direction-of-arrival 波达方向
	D		DOD	drop-on-demand 按需喷墨
DAC	digital to analogue converter 数模转换器		DPS	double positive 双正
DBF	digital beam forming 数字波束成形		DR	dielectric resonator 介质谐振器
DBS	direct broadcast satellite 直播卫星		DRA	dielectric resonator antenna 介质谐振天线
DC	direct current 直流(电)		DS	direct sequence 直接序列
DDC	digital down converter 数字下变频		DSP	digital signal processor 数字信号处理器
DDM	domain decomposition method 区域分解算法		D/U	desired-to-undesired 期望信号与不期望信号之比
DE	differential evolution 差分进化			
DEC	design rule checking 设计规则检查			**E**
DETSA	dual exponentially tapered slot antenna 双指数型渐变缝隙天线		EAD	egyptian axe dipole 埃及斧偶极子
			EBG	electromagnetic band gap 电磁带隙
DFT	discrete Fourier transform 离散傅里叶变换		EBM	electron beam melting 电子束融化
DG	diversity gain 分集增益		ECC	envelope correction coefficient 包络校正系数
DGA	dissolved gas analysis 溶解气体分析		ECR	electron cyclotron resonance 电子回旋共振
DGF	dyadic green's function 并矢格林函数			

EDA	electronic design automation 电子设计自动化		电子顺磁共振
EDG	effective diversity gain 有效分集增益	EPR	ethylene propylene rubber 乙丙橡胶
EDGE	enhanced data rate for GSM Evolution 增强型数据速率GSM演进技术	ERC	European Radio Communications Committee 欧洲无线电通信委员会
EFIE	electric field integral equations 电场积分方程	ERP	effective radiated power 有效辐射功率
EHF	extremely high frequency 极高频	ESA	electrically small antenna 电小天线
EHT	event horizon telescope 事件视界望远镜	ESA	european space agency 欧洲航天局
EIL	edge illumination 边沿照射	ESI	enhanced serial interface 增强型串行接口
EIRP	effective isotropic radiated power 等效全向辐射功率	ESPAR	electronically steerable passive array radiator 电控无源阵列辐射器
EIS	effective isotropic sensitivity 等效全向灵敏度	ESPRIT	estimation of signal parameters via rotational invariance techniques 基于旋转不变性原理的信号参数估计技术
ELDRs	end-loaded dipole resonators 端载偶极子谐振器	ESU	electrostatic units 静电单位
EM	electromagnetic 电磁	ET	edge taper 边沿锥削
EMC	electromagnetic compatibility 电磁兼容性	EUT	equipment under test 待测设备
EMI	electromagnetic interference 电磁干扰	WLB	embedded wafer-level ball grid arraye 嵌入式晶圆级球栅阵列
EMXT	electromagnetic crystal 电磁晶体	EZR	epsilon-zero 零介电常数
EMU	electromagnetic unit 电磁单位		**F**
ENG	epsilon-negative 负介电常数	FAC	full anechoic chamber 全电波暗室
EOC	edge of coverage 覆盖区边缘	F/B	front-to-backratio 前后比
EPA	equivalence principle algorithm 等效原理算法	FCC	federal communication commission 联邦通信委员会
EPDM	ethylene propylene diene monomer 三元乙丙橡胶	F/D	focal length-to-aperture diameter ratio 焦径比
EPR	electron paramagnetic resonance	FDD	frequency division duplexing, Frequency division duplex 频分双工

FDM	fused deposition modeling 熔融沉积成型			频率选择表面
FDMA	frequency division multiple access 频分多址		FTBR	front-to-back ratio 前后比
			FVTD	finite volume time domain method 时域有限体积法
FDTD	finite-difference time-domain 时域有限差分		FSVs	frequency selective volumes 频率选择体结构
FE	finite element 有限元		FZP	fresnel zone plate 菲涅尔区盘
FEC	forward error correction 前向纠错			
FEM	finite element method 有限元法			**G**
FES	functional electrical stimulator 功能性电刺激器		GA	genetic algorithm 遗传算法
			GAA	grid antenna array 栅格天线阵列
FETD	finite element time method method 时域有限元法		GaAs	gallium arsenide 砷化镓
			GAS	geostationary atmospheric sounder 地球同步轨道大气探测仪
FIT	finite integration technique 有限积分方法		GBT	green bank telescope 绿岸射电望远镜
FF	far-field 远场			
FF	fidelity factor 保真度		GCOM	global change observation mission 全球环境变化观测任务
FFT	fast Fourier transform 快速傅里叶变换		GCPW	grounded coplanar waveguide 接地共面波导
FM	frequency modulation 调频			
FMCW	frequency-modulated constant wave 调频连续波		GD	gaussian dipole 高斯偶极子
			GeoSTAR	geostationary synthetic thinned aperture radiometer 地球同步轨道稀疏合成孔径辐射计
FoV	field of view 视场			
FP	fabry-Pérot 法布里-珀罗			
FPA	focal plane array 焦平面阵列		GHz	gigahertzes 吉赫兹
FPGA	field programmable gate arrays 现场可编程门阵列		GMSK	gaussian minimum shift keying 高斯最小频移键控
FRA	frequency response analysis 频率响应分析		GNSS	global navigation satellite system 全球导航卫星系统
FSA	functional small antenna 功能小天线		GO	geometric optics, geometrical optics 几何光学
FSS	fixedsatellite services 固定卫星业务			
FSS	frequency selective surface		GPHA	gaussian profile horn antennae

	高斯剖面喇叭天线
GPIB	general purpose interface bus 通用接口总线
GPOR	general paraboloid of revolution 广义旋转抛物面
GPRS	general packet radio service 通用分组无线业务
GPS	global Positioning System 全球定位系统
GRIN	gradient index 渐变折射率
GSG	ground-signal-ground 地-信号-地
GSGSG	ground-signal-ground-signal-ground 地-信号-地-信号-地
GSM	global system for mobile communications 全球移动通信系统
GSNA	geosynchronous satellite navigation antennae 静止轨道卫星导航天线
GTD	geometrical theory of diffraction 几何绕射理论

H

HBA	high-band array 高频段阵列
HBC	human-body communications 人体通信
HD	high-definition 高清
HDPE	high-density polyethylene 高密度聚合物
HDRR	hemispherical dielectric ring resonator 半球介质环谐振器
HEB	half energy beam 半能量波束
HEBW	half energy beamwidth 半能量波束宽度

HetNets	heterogeneous networks 异构网
HF	high frequency 高频
HFA	high frequency asymptotic 高频渐进
HFCT	high frequency current transformers 高频电流互感器
HHIS	hybrid high-impedance surface 混合高阻抗表面
HIS	high impedance surface 高阻抗表面
HLR	home location register 归属位置寄存器
HM	half-mode 半模
HMFE	half Maxwell fish-eye 半麦克斯韦鱼眼
HMSIW	half-mode substrate-integrated waveguide 半模基片集成波导
HPA	high-power amplifier 高功率放大器
HPBW	half-power beamwidth 半功率波束宽度
HSPA	high-speed packet access 高速分组接入
HTCC	high-temperature co-fired ceramics 高温共烧陶瓷
HWG	hansen-woodyard gain 汉森伍德增益

I

IC	integrated chip 集成芯片
ICE	inductive coupling elements 感性耦合元件
ICP	intracranial pressure 颅内压
ICNIRP	international commission on non-Ionizing radiation protection 国际非电离

	辐射防护委员会		喷气推进实验室
IDFT	inverse digital fourier transform 数字傅里叶逆变换		**K**
IEC	international electrotechnical commission 国际电工委员会	KCL	kirchhoff's current law 基尔霍夫电流定律
IEM	integral equation method 积分方程法	KDI	kirchhoff's diffraction integral 基尔霍夫衍射积分式
IF	intermediate frequency 中频	KIDs	kinetic Inductance detectors
IFA	inverted F-antenna 倒F天线		动力学电感检测器
IID	independent and identically distributed 独立同分布	KVL	kirchhoff's voltage law 基尔霍夫电压定律
ILA	integrated lens antennas 集成透镜天线		**L**
ILDC	incremental length diffraction coefficients 增量长度绕射系数	LAN	local area network 局域网
IMD	implantable device 可植入设备	LAS	largest angular scale 最大角度标度
INC	intelligent network communicator 智能通信网络	LCP	liquid crystal polymer 液晶聚合物
		LDOS	local density of states 光子局域态密度
IR	infrared 红外	LDS	laser direct structuring 激光直接成形
ISI	inter symbol interference 码间干扰	LED	light-emitting diode 发光二极管
ISM	industrial scientific and medical 工业,科学与医疗	LEO	low earth orbit 近地轨道
ITE	information technology equipment 信息技术设备	LEOS	low-earth-orbit satellite 低轨卫星
ITU	International Telecommunications Unit 国际电信联盟	LF	low frequency 低频
		LGA	land grid array 触点栅格阵列
IFFT	inverse fast Fourier transform 快速傅里叶逆变换	LH	left-handed 左手
		LHCP	left-hand circular polarization 左旋圆极化
	J	LHM	left-handed media 左手介质
JCMT	james clerk Maxwell telescope 詹姆斯·克拉克·麦克斯韦尔望远镜	LIM	low-index material 低折射率材料
		LLM	layer laminate manufacturing 层压板制造
JPL	jet propulsion laboratory		

LM	laser melting 激光熔化	WA	leaky-wave antennaL 漏波天线
LMS	least mean square 最小二乘	LWA1	Long Wavelength Array Station 1 1号长波阵列站
LMT	large milli-meter telescope 大型毫米波望远镜		

M

MBA	multibeam antenna 多波束天线
LNA	low noise amplifier 低噪声放大器
ME	magneto-electric 磁电
LN2	liquid nitrogen 液氮
ME	multiplexing efficiency 复用效率
LO	local oscillator 本地振荡器
MEG	mean effective gain 平均有效增益
LOFAR	low frequency array 低频阵列
MEMS	micro-electro-mechanical system 微机电系统
LOM	laminate object manufacturing 层压板制品制造
e-MERLIN	multi-Element Radio Linked Interferometer Network 多元无线电链路干涉仪网络
LOS	line-of-sight 视距
LP	linearly polarized 线极化
MFIE	magnetic field integral equation 磁场积分方程
LPDA	log-periodic dipole array 对数周期偶极子阵列
MG	maximum gain 最大增益
LPF	low pass filter 低通滤波器
MHz	megahertz 兆赫兹
LPLA	log-periodic loop array 对数周期环形阵列
MIC	microwave integrated circuit 微波集成电路
LPVA	log-periodic V array 对数周期V形偶极子阵列
MICS	medical implant communications service 医疗植入通信服务
RL	line-reflect-lineL 线-反射-线
MID	molded interconnect device 模塑互连器件
LS	laser sintering 激光烧结
MIG	metal inert gas 金属惰性气体
LT	low temperature 低温
MIM	metal-insulator-metal 金属-绝缘体-金属
TCC	low temperature co-fired ceramicL 低温共烧陶瓷
MIMO	multiple input and multiple output 多输入多输出
TE	long term evolutionL 长期演化
MIR	microwaveimpulse radar 微波脉冲雷达
LT/QN	linear tangential/quadratic normal 线性切向/二次法向
MIRAS	microwave imaging radiometer with
TSA	linearly tapered slot antennaL 线性锥削槽天线		
LUF	lowest usable frequency 最低可用频率		
UT	lens under testL 待测透镜		

	aperture synthesis 合成孔径微波成像辐射计	MSC	mode-stirred chamber 模式混合暗室
ML	maximum likelihood 最大似然	MSCDA	modified self-complementary dipole array 改进型自互补偶极子阵列
MLFMA	multilevel fast multipole algorithm 多层快速多极子算法	MSE	mean square error 均方误差
MLGFIM	multilevel Green's function interpolation method 多级格林函数迭代法	MT	mobile terminal 移动终端
		MIMOMU-MIMO	multiuser MIMO 多用户MIMO
MM/MTM	metamateiral 超材料	MUSIC	multiple signal classification 多重信号分类
MMIC	monolithic microwave integrated circuit 单片微波集成电路	MW	microwave 微波
		MZR	mu-zero 零磁导率
MMSE	minimum mean square error 最小均方误差		**N**
mmWave	millimeter wave 毫米波	NASA	national aeronautic and space administration (美国)航空航天局
MNA	modified nodal analysis 改进的节点分析	NB	narrowband 窄带
MNG	mu-negative 负磁导率	NC	no compensation 无补偿
MNZ	mu-near-zero 近零磁导率	NEC	numerical electromagnetic code 数值电磁代码
MoM	method of moment 矩量法	NF	near-field 近场
MPA	microstrip patch antenna 微带贴片天线	NF	noise figure 噪声系数
MPT	microwave power transmission 微波能量传输	NFC	near-field communication 近场通信
		NFE	number of function evaluations 评估次数
MR	magnetic resonance 磁共振	NF-FF	near-field-far-field 近场-远场
MRC	maximal ratio combining 最大比合并	NFRP	near-field resonant parasitic 近场谐振寄生
MRI	magnetic resonance imaging 磁共振成像	NGD	negative-group-delay 负群时延
MRS	MR-spectroscopy 磁共振谱	NIC	negative impedance converter 负阻抗变换器
MRTD	multi-resolution time domain 时域多分辨法	NII	negative impedance inverter 负阻抗逆变器
MS	mean square 均方值		
MSA	microstrip antenna 微带天线		

NME	natural mode expansion 固定模式扩展		光子带隙材料
NMOS	n Metal oxide semiconductor N型金属氧化物半导体	PC	photonic crystal 光子晶体
		PC	polycarbonate 聚碳酸酯
NMR	nuclear magnetic resonance 核磁共振	PCA	photoconductive antenna 光电导天线
		PCB	printed circuit board 印制电路板
NNs	neural networks 神经网络	PCIe	peripheral component interconnect express 高速外部组件互连
NRI-TL	negative refractive-index transmission-line 负折射率传输线	PCS	personal communications service 个人通信服务
NSA	normalized site attenuation 归一化场地衰减	PCSA	physically constrainedsmall antenna 有限尺寸小天线
NSDP	numerical steepest descent path method 数值最速下降路径方法	PD	partial discharge 局部放电
		PDC	personal digital cellular 个人数字蜂窝
NU	nonuniform 非均匀	PDMS	polydimethylsiloxane 聚二甲基硅氧烷

O

OATS	open-area test site 开阔测试场	PDN	power distributed networks 供电网络
OCS	open-circuit stable 开路稳定	PE	polyethylene 聚乙烯
OFDM	orthogonal frequency-division multiplexing 正交频分复用	PEC	perfectly electric conductor 理想电导体
OLTC	on-load tap changers 有载分接开关	PEEC	partial element equivalent circuit 部分元等效电路
Omega/sq	ohms per square 欧姆每平方	PEEK	polyetheretherketone 聚醚酮醚
OMT	orthomode transducer 正交模耦合器	PER	packet error ratio 误包率
OTA	over-the-air 空中下载	PET	piezoelectric transducer 压电转换器

P

		PEX	parallel excitation 并联激励
PA	power amplifier 功率放大器	PEXMUX	parallel excitation multiplexing component 并联激励复用组件
PAA	phased array antenna 相控阵天线		
PAE	power-added efficiency 功率附加效率	PH	plane hyperbolic 双曲面
		PHAT	phase transform 相位变换
PAF	phased array feeds 相控阵馈源	HEMT	pseudomorphic high-electron-
PBG	photonic band gap materials		

	mobility transistorp 赝晶高电子迁移率晶体管	PSS	粒子群优化 phase-shifting surface 相移表面
PIAA	power inversion adaptive Array 功率倒置自适应阵列	PTD	physical theory of diffraction 物理衍射理论
PIB	propagation-invariant beam 传播不变波束	PTE	power transfer efficiency 功率传输效率
PIFA	planar inverted-F antenna 平面倒 F 天线	PTFE	polytetrafluoroethylene 聚四氟乙烯
PIFA	printed inverted F antenna 印刷倒 F 天线	PTSA	parabolic tapered slot antenna 抛物线渐变缝隙天线
PIM	passive inter-modulation 无源互调		**Q**
PLA	polylactic acid 聚乳酸	QMC	quadrature mixer correction 正交混频器校正
PMA	power matters alliance 电力事务联盟	Q	quality factor 品质因数
PMC	perfectly magnetic conductor 理想磁导体	QoS	quality of service 服务质量
PML	perfectly matched layer 完美匹配层	QC-laser	quantum cascade laser 量子级联激光
PMMA	polymethylmethacrylate 聚甲基丙烯酸甲脂	QSC	quasi-self-complementary 准自互补
PMMW	passive millimeter-wave 毫米波无源	QUIET	Q/U imaging experiment Q／U 成像实验
PO	physical optics 物理光学		
PoC	proof-of-concept 概念验证		**R**
POM	polyoxymethylene 聚甲醛	RA	reconfigurable antenna 可重构天线
PPSF	polyphenylsulfone 聚苯砜	RAM	radio-absorbing material 射频吸波材料
PR	positive real 正实		
PRI	positive-refractive-index 正折射率	RC	reverberation chamber 混响室
PRPD	phase-resolved partial discharge 局部放电相位分布	RCM	reliability-centered maintenance 以可靠性为中心的维护
PRS	partially reflective surface 部分反射面	RCS	radar cross-section 雷达散射截面
PSA	physicallysmall antenna 小形体天线	RDL	redistribution layer 再分配层
PSD	power spectrum density 功率谱密度	RDMS	reconfigurabledefected microstrip structure 可重构缺陷微带结构
PSO	particle swarm optimization		

RE radiation efficiency 辐射效率
RET remote electrical tilt 远程电子倾斜
REV rotating element electric field vector 旋转单元电场矢量
RF radio frequency 射频
RFID radio frequency identification 射频识别
RF-MEMS radio frequency micro electromechanical system 射频微机电系统
RH right-handed 右手
RHCP right-hand circular polarization 右旋圆极化
RIS reactive impedance surface 纯电抗表面
RLBW return loss bandwidth 回波损耗带宽
RLS recursive least squares 递归最小二乘
RLSA radial line slot antenna 径向线缝隙天线
RLW reduced lateral wave 横向波抑制
RMIM receiving mutual impedance method 接收互阻抗方法
rms root mean square 均方根
RP rapid prototyping 快速原型
RPD ray path difference 射线路径差
RRH remote radio head 射频拉远头
RSSI received signal strength indication 接收信号强度指示
RSW reduced surface wave 表面波抑制
RT room-temperature 室温
RTLS real time location system 实时定位系统
RW rectangular waveguide 矩形波导
Rx receiving 接收

S

SA small antenna 小天线
SAC semi-anechoic chamber 半微波暗室
SAEP shorted annular elliptical patch 短路环形椭圆贴片
SAR shorted annular ring 短路环
SAR specific absorption rate 比吸收率
SBR shoot and bounce ray 弹跳射线法
SCOT smoothed coherence transform 平滑相干变换
SCS short-circuit stable 短路稳定
SCS self-complementary structure 自互补结构
SD spatial diversity 空间分集
SD standard deviation 标准差
SDARS satellite digital audio radio services 卫星数字音频广播业务
SDM spatial division multiplexing 空分复用
SDM spectral domain method 谱域法
SDMA space division multiple access 空分多址
SDS spatial difference smoothing 空间差分平滑
SE shielding effectiveness 屏蔽效能
SEFD system equivalent flux density 系统等效磁通密度

SEM	scanning electron micrograph 扫描电子显微镜		选择性激光烧结
SERS	surface-enhanced Raman scattering 表面增强拉曼散射	SMAP	soil moisture active passive 土壤湿度主被动(探测任务)
SETD	spectral element time domain 时域普元法	SMI	sample matrix inversion 采样矩阵求逆
SG	signal-ground 信号接地	SMOS	soil moisture and ocean Salinity 土壤湿度和海洋盐度(探测任务)
SGU	signal generation unit 信号产生单元	SMP	shape memory polymer 形状记忆聚合物
S/I	signal/interference 信干比	SMRS	sinusoidally modulated reactance surface 正弦调制容抗表面
SIC	substrate integrated circuit 基片集成电路	SMS	short message service 短消息服务
SIIG	substrate integratedimage guide 基片集成镜像波导	SMT	surface-mount technologies 表面贴装技术
SIM	subscriber identity module 用户识别模组	SNG	single negative 单负
SINR	signal-to-interference-plus-noise ratio 信干噪比	SNIR	signal-to-noise-and-interference ratio 信干噪比
SINRD	substrate integratednonradiative dielectric 基片集成非辐射介质	SNOM	scanning near-field optical microscope 近场扫描光学显微镜
SiP	system-in-package 封装系统	SNR	signal-to-noise ratio 信噪比
SISO	single-input single-out 单输入单输出	SoB	system-on-board 板上系统
		SoC	system-on-chip 片上系统
SIW	substrate integrated waveguide 基片集成波导	SOL	short-open-load 短路-开路-负载
		SOLT	short-open-load-thru 短路-开路-负载-直通
SKA	square kilometer array 平方公里阵	SOP	system on packaging 封装系统
SL	stereolithography 立体光刻	SOTM	satellite-on-the-move 移动卫星
SLA	square loop antenna 方环天线	SPDT	single-pole double-throw 单刀双掷
SLC	side lobe canceller 副瓣对消器	SPICE	Simulation Program with Integrated-Circuit Emphasis 电路模拟程序
SLM	selective laser melting 选择性激光熔化		
SLS	sector level sweep 扇区电平扫描	SPMT	single-pole multi-throw 单刀多掷开关
SLS	selective laser sintering		

SPP	surface plasmon polariton 表面等离子体激元	TD-EFIE	time-domain electric field integral equations 时域电场积分方程
SPS	solar power satellite 太阳能发电卫星（空间太阳能电站）	TDMA	time division multiple access 时分多址
SPST	single pole single throw 单刀单掷开关	TDOA	time differences of arrival 到达时间差
SPT	south Pole Telescope 南极望远镜	TDR	time-domain reflectivity 时域反射
SRR	split-ring resonator 开口环谐振器	TE	total efficiency 总效率
SRT	sardinia Radio Telescope 撒丁岛射电望远镜	TE	transverse electric 横电
		TEM	transverse electromagnetic 横电磁
SSC	stator slot couplers 定子槽耦合器	TF	time-frequency 时频
SSP	shorted slotted patch 短路开槽贴片	THz	terahertz 太赫兹
STFFT	short-time fast Fourier transformation 短时快速傅里叶变换	TIS	total isotropic sensitivity 总全向灵敏度
STFT	short-time Fourier transform 短时傅里叶变换	TL	transmission line 传输线
		TM	transverse magnetic 横磁
SU-MIMO/MU-MIMO	single-user and multiuser multiple-input multiple-output 单用户及多用户多输入多输出	TMA	tower-mounted amplifier 塔式放大器
		TO	transformation optics 变换光学
		TPs	transmission poles 传输极点
		TSA	tapered slot antenna 锥削槽天线
SVM	support vector machine 支持矢量机	TT&C	telemetry, tracking and control 遥测, 跟踪与控制
SVSWR	site voltage standing wave ratio 场地电压驻波比	T/R	transmit/receive 收/发
SWR	standing wave ratio 驻波比	TRL	trough reflect line 直通-反射-传输线
T		TRP	total radiated power 总辐射功率
TCDk	thermal coefficient of dielectric constant 介电常数热系数	TTD	true-time delays 实时延迟
		Tx	transmission 发射
TCM	theory of characteristic modes 特征模理论	TZs	transmission zeros 传输零点
3D	three-dimensional 三维	**U**	
TDD	time division duplexing 时分双工	UAT	uniform asymptotic diffraction

	均匀渐近衍射		广域增强系统
UAV	unmanned aerial vehicle 无人飞行器	WDO	wind-driven optimization
UHD	ultrahigh definition 超高清		风驱动优化
UHF	ultra high frequency 超高频	WiMAX	worldwide interoperability for microwave access 全球微波互联接入
ULA	uniform linear array 均匀线阵	WiPoT	Wireless Power Transfer Consortium for Practical Application 无线电力传输应用协会
ULSI	ultralarge-scale integration 超大规模集成	WISP	wireless identification and sensing platform 无线识别和感知平台
USB	universal mobile telecommunication systemsx 通用移动通信系统	WLAN	wirelesslocal area network 无线局域网
USB	universal serial bus 通用串行总线	WPC	wireless power consortium 无线电力联盟
UTD	uniform Theory of Diffraction 一致性绕射理论	WPT	wireless power transfer 无线能量传输
UWB	ultra-wideband 超宽带	WRC	world radio conference 世界无线电大会
		WSN	wirelesssensor network 无线传感器网络

V

VCO	voltage-controlled oscillator 压控振荡器
VHF	very high frequency 甚高频
VLBA	very long baseline array 甚长基线阵列
VLBI	very-long-baseline interferometry 甚长基线干涉计
VLF	very low frequency 甚低频
VNA	vector network analyzer 矢量网络分析仪
VOI	volume of interest 感兴趣区域
VSWR	voltage standing wave ratio 电压驻波比

Y

YM-BPM	yee-mesh-based beam-propagation method 基于 Yee 网格的光束传播方法

Z

ZIM	zero-index material 零折射率材料
ZOR	zeroth-order resonator 零阶谐振器
ZTT	zirconium Tin Titanate 钛酸锆锡

W

WAAS	wide area augmentation system

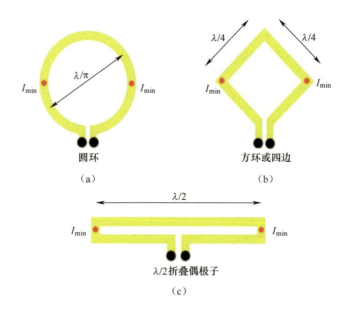

图 17.11 全波环形天线的一些例子

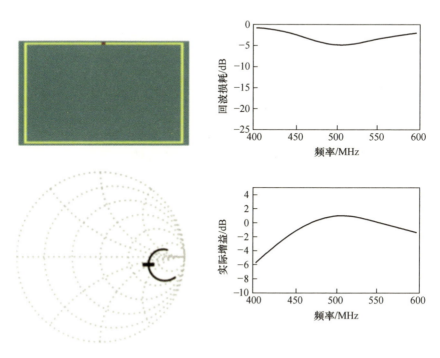

图 17.12 FR4 板上的基本矩形全波回路

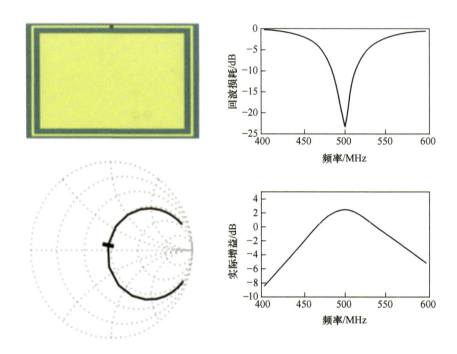

图 17.13　在 FR4 介质薄片上对匹配阻抗进行改变的基本全波回路

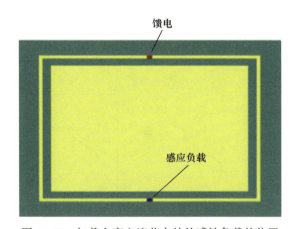

图 17.18　加载在高电流节点处的感性负载的位置

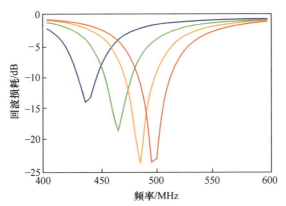

图 17.19 谐振环形天线在调谐电感发生变化时的回波损耗随频率变化而变化的曲线

0.1nH 对应红色的曲线,10nH 对应橙色曲线,32nH 对应绿色曲线,47nH 对应蓝色曲线。

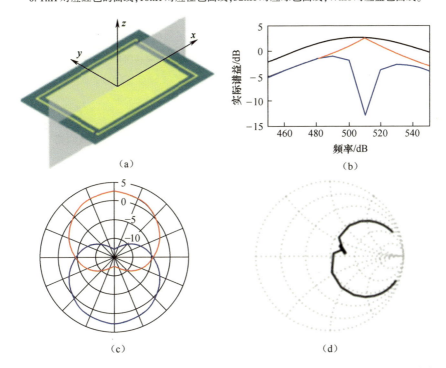

图 17.21 加载电容性负载的谐振环形天线的圆极化响应,如图 17.21 所示,沿顺时针顺序,17.21(a)是一个天线的三维图形,该图形即图 17.20 所示天线,图 17.21(c)方向图所在平面即为该图中灰色的切平面;图 17.21(b)的曲线是在 z 方向的实际增益有关频率的曲线;图 17.21(d)反射系数反映在中心归一化阻抗为 50Ω 的史密斯圆图上的曲线(频段范围 450~550MHz);图 17.21(d)中以红蓝色显示的切割平面在 510MHz 处实际增益的右旋和左旋圆极化分量。实际增益都是黑色曲线。在史密斯原图上,该曲线频率分布在 450MHz~550MHz 之间,标记点在频率为 510MHz 处。)

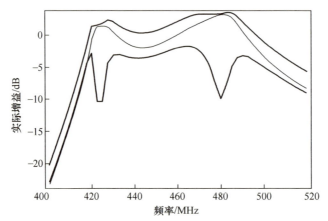

图 17.25 带有主次双谐振环路的双频圆极化天线的增益随频率变化的曲线

(黑色曲线代表总增益,蓝色曲线代表左旋圆极化分量的增益红色曲线代表右旋圆极化分量的增益)

(彩图见书末)

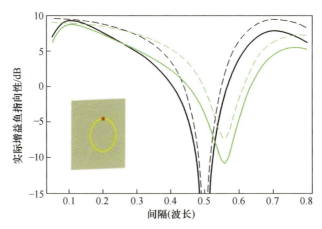

图 17.26 无限接地平面和平面反射器上的谐振回路的方向性系数和实际增益曲线

(有关图的关键字以及天线和反射平面的详细信息,请参见上述文本)

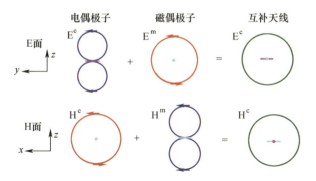

图 21.25 互补天线原理

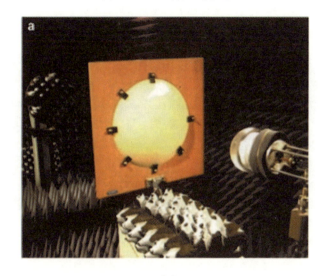

(a)

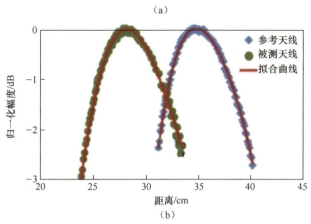

(b)

图 22.36 (a)测试场景图和(b)实测的被测透镜和参考天线的归一化接收功率的比较

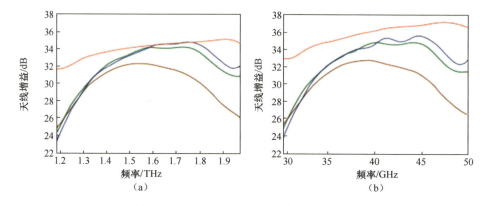

图 26.42 实现的天线增益图与频率的关系

(a)太赫兹;(b)微波频段,其中 2、4、8 阶 FZP 分别对应棕线、绿线、蓝线,平面双曲线为红线。

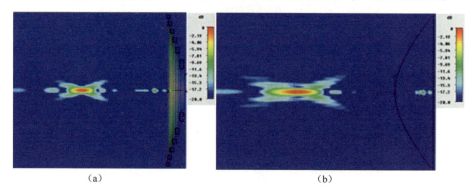

图 26.44 (a)曲面透镜 CFZ.6.75 和(b)平面双曲线(PH)透镜在 yoz 平面的平面波照射聚焦增益图

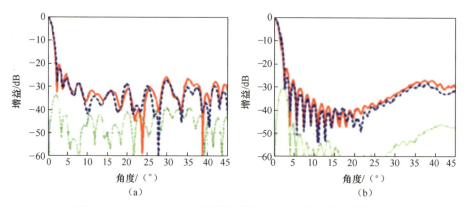

图 26.45 (a)CFZ.6.75 透镜天线和(b)PH 透镜天线的共焦和主极化和交叉极化辐射方向图